Illustrator CS6

全视频微课版 标准教程

张晓燕◎编著

人民邮电出版社
北京

图书在版编目（CIP）数据

Illustrator CS6标准教程 : 全视频微课版 / 张晓燕编著. -- 北京 : 人民邮电出版社, 2019.5
ISBN 978-7-115-49389-7

Ⅰ. ①I… Ⅱ. ①张… Ⅲ. ①图形软件－教材 Ⅳ. ①TP391.412

中国版本图书馆CIP数据核字(2018)第216733号

内容提要

本书系统、全面地讲解了Illustrator CS6的各项功能和使用技巧。全书共分为9章，从图形图像的基本概念讲起，逐步深入到绘图、填充上色、图形编辑、文本、图层、艺术效果、符号、图表、Web、文件格式和打印等软件核心功能和应用方法。

本书采用功能讲解+实战练习的形式，讲解深入，实战性强。读者不但可以学习Illustrator各项功能的使用方法，还可以通过大量精美范例，拓展设计思路，掌握Illustrator在插画、海报、平面广告、包装、网页、动画等方面的应用方法和技巧，轻松完成各类商业设计工作。

本书提供教学资源，包括书中案例的素材文件和最终效果文件，以及在线教学视频，同时配套提供教学PPT课件，方便老师教学、学生学习使用。

本书适合广大Illustrator初学者阅读，以及有志于从事平面设计、插画设计、包装设计、网页制作、动画设计、影视广告设计等工作的读者自学使用，同时也可以作为高等院校相关专业和各类培训班的教材。

◆ 编　　著　张晓燕
　责任编辑　张丹阳
　责任印制　马振武
◆ 人民邮电出版社出版发行　　北京市丰台区成寿寺路 11 号
　邮编　100164　　电子邮件　315@ptpress.com.cn
　网址　http://www.ptpress.com.cn
　三河市君旺印务有限公司印刷
◆ 开本：800×1000　1/16
　印张：17
　字数：493 千字　　　　2019 年 5 月第 1 版
　印数：1－3 000 册　　　2019 年 5 月河北第 1 次印刷

定价：45.00 元

读者服务热线：(010)81055410　印装质量热线：(010)81055316
反盗版热线：(010)81055315
广告经营许可证：京东工商广登字 20170147 号

前言

Foreword

关于 Illustrator CS6

Illustrator CS6 是 Adobe 公司推出的矢量图形编辑软件，是每一位从事平面设计、网页设计、UI 设计、插画设计、动画制作等专业人士必不可少的工具。Illustrator CS6 软件功能非常庞大，绝大多数效果都需要不同工具、命令相互配合，所以用户不仅要把 Illustrator 的基本知识融会贯通，更要对高级功能有深入的理解和更具难度的实例练习。

本书内容

本书是一本中文版 Illustrator 的标准教程。全书结合 126 个操作性案例，让读者在制作实践中轻松掌握 Illustrator 在平面设计、网页设计、UI 设计、插画设计、动画制作等工作中的技术精髓。总的来说，本书的具体内容安排如下。

章节安排	课程内容
第 1 章　初识 Illustrator CS6	主要介绍矢量图形的基本概念，以及 Illustrator 的应用领域、基本功能与工作环境等，帮助读者快速完成入门阶段的学习
第 2 章　绘制图形对象	为读者讲解锚点和路径的相关知识，然后详细介绍了 Illustrator 中各种绘图工具的使用方法，以及图形路径的调整方式等，帮助读者快速掌握矢量图形的基本绘制方法
第 3 章　填充与线条	介绍了单色填充、渐变填充、图案填充和实时上色等各种填充方式，以及描边属性的设置方法，最后讲解了画笔工具的使用技巧
第 4 章　编辑图形对象	主要介绍图形对象的移动、复制和各种变换操作，结合实例详细讲解了图形对象的运算方式
第 5 章　文本的创建和编辑	主要介绍各种文本形式的创建和编辑方式、制表符的应用及各种文本效果的修饰
第 6 章　组织图形对象	介绍了图层、混合和蒙版等图形对象的组合方式，帮助读者更加灵活地组合图形对象
第 7 章　添加艺术效果	主要介绍通过不同的途径为图形对象添加各种艺术效果，并通过多个实例详细讲解了 3D 立体效果的制作方式
第 8 章　符号与图表的制作	主要介绍了符号与图表的创建、编辑和应用等操作
第 9 章　文件的导出和打印	主要介绍图形对象的各种输出方式，以及打印与 PDF 的创建方法

本书特色

为了使读者可以轻松自学并深入了解 Illustrator CS6 的软件功能，本书在版面结构设计上尽量做到了简单明了，如下页图所示。

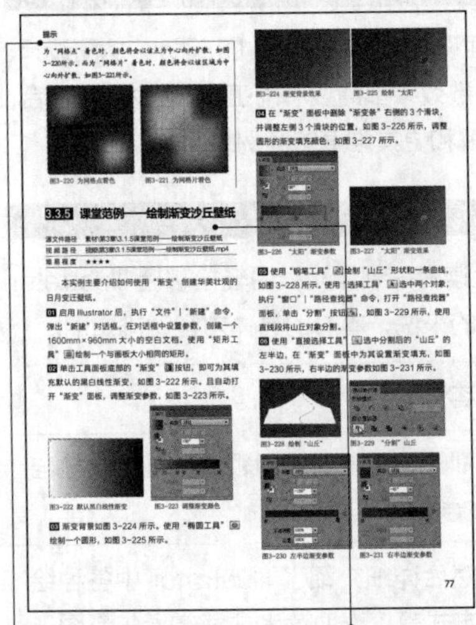

提示：针对软件中的难点和设计操作过程中的技巧进行说明补充。

课堂范例：所有案例均来自商业动画工作中的片段，附带教学视频供读者学习。

重要命令介绍：对菜单栏、选项版、卷展栏等各种命令模块中的选项含义进行解释，部分配图说明。

课后习题：安排若干与对应章节命令有关的习题，可以让读者在学完章节内容后继续强化所学技术。

本书配套资源

资源获取

配套在线教学视频：扫描每章首页提供的二维码可在线观看教学视频，然后对照书本加以实践和练习，以提高学习效率。

本书实例的素材和完成文件：书中所有实例均提供了源文件和素材，读者可以使用 Illustrator CS6 打开或访问。

配套教学 PPT 课件：为方便教学，随书提供 PPT 教学课件，同时，学生扫描每章首页二维码也可在线观看课件。

本书作者

本书由麓山文化编著，具体参加编写和资料整理的有：陈志民、李思蕾、江涛、江凡、张洁、马梅桂、戴京京、骆天、胡丹、陈运炳、申玉秀、李红萍、李红艺、李红术、陈云香、陈文香、陈军云、彭斌全、林小群、刘清平、钟睦、刘里锋、朱海涛、廖博、喻文明、易盛、陈晶、张绍华、黄柯、何凯、黄华、陈文轶、杨少波、杨芳、刘有良、刘珊、赵祖欣、毛琼健、宋瑾等。

由于作者水平有限，书中错误、疏漏之处在所难免。在感谢您选择本书的同时，也希望您能够把对本书的意见和建议告诉我们。

读者服务邮箱：lushanbook@qq.com

读者 QQ 群：327209040

麓山文化

2019 年 5 月

目录

Contents

第 1 章 初识Illustrator

第 2 章 绘制图形对象

本章视频时长：87分钟

第 3 章 填充与线条

本章视频时长：119分钟

第 4 章 编辑图形对象

本章视频时长：92分钟

第 5 章 文本的创建和编辑

本章视频时长：60分钟

第 6 章 组织图形对象

本章视频时长：51分钟

第 7 章 添加艺术效果

本章视频时长：38分钟

第 8 章 符号与图表的制作

本章视频时长：55分钟

第 9 章 文件的导出和打印

第 1 章

初识Illustrator

Illustrator 是 Adobe 公司推出的矢量图形设计软件。在具体讲解 Illustrator 的各项功能之前，本章首先介绍一些图形图像的基本概念，以及 Illustrator 的工作环境、应用领域等基本知识，为后面深入学习打下坚实的基础。

本章学习目标

- 了解位图和矢量图的性质
- 了解 Illustrator 的工作环境
- 了解 Illustrator 的应用领域
- 了解 Illustrator 的基本操作

本章重点内容

- Illustrator 的绘图模式
- Illustrator 的工作环境
- Illustrator 的基本操作

扫 码 看 课 件

扫 码 看 视 频

1.1 图形图像基础

计算机中所有的图形图像都是以数字的方式记录、处理和存储的。它们分为两大类：位图和矢量图。Illustrator CS6作为一款矢量设计软件，不但可以绘制各种精美的矢量图形，也可以导入位图对象，并进行一些特殊的处理。但由于存储和记录的方式不同，Illustrator对它们处理的方式也自然不同。

1.1.1 矢量图形

矢量图形又称为矢量形状或矢量对象，它是一种由称作矢量的数学对象定义的直线和曲线构成的图形。矢量图形由一条条的直线和曲线构成，图形元素被称为对象，每一个对象都是一个独立的实体，具有大小、形状、颜色、轮廓等属性。

矢量图形文件所占的存储空间非常小，而且它与分辨率无关，对其进行任意旋转和缩放后，图形依然会保持清晰、光滑，如图1-1、图1-2所示。矢量图形的这种特性非常适合制作图标、LOGO等需要按照不同尺寸使用的对象。

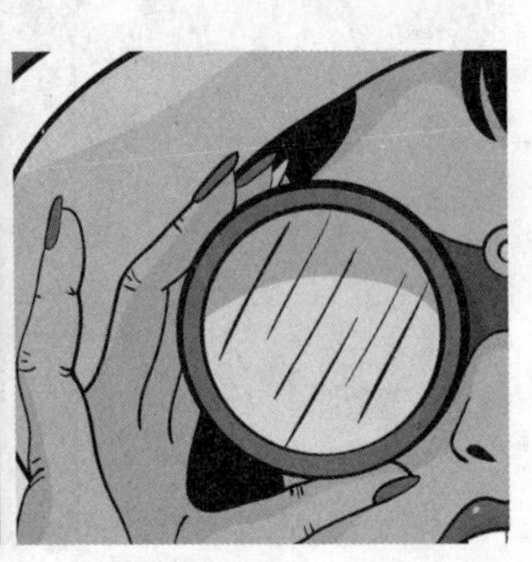

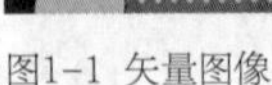

图1-1 矢量图像　　图1-2 放大至600%

1.1.2 位图图像

矢量图形虽然可以任意放大缩小，但缺点是无法表现细微的颜色变化和细腻的色调过渡效果。要表现颜色和色调丰富的图像，就必须使用位图图像格式。数码相机拍摄的照片，以及通过扫描仪扫描的图片，都是通过位图的形式保存的。

位图由大量的像素组成，每一个像素都具有特定的位置和颜色值。位图的优点是可以精确地表现颜色间的细微过渡，便于在各种软件之间交换；缺点是占用的存储空间较大，而且受分辨率的制约，当放大位图图像到一定比例时，可以看到构成图像的无数小方块（即像素），图像也会变得模糊，如图1-3、图1-4所示。

图1-3 位图图像　　图1-4 放大至200%

提示

"像素"是组成位图图像最基本的元素，分辨率是指单位长度内包含的像素的数量，它的单位为像素/英寸（ppi）。分辨率越高，包含的像素越多，图像就越清晰。

1.1.3 色彩基础知识

色彩和形象是用户视觉感知中最快也是最直接的元素，色彩会在第一时间通过眼球反馈到大脑，触发感受，影响情绪。不同的色彩能够给予用户不同的刺激，唤醒用户不同的感受。所以在创作图形时，完美的色彩是至关重要的。

1. 颜色三要素

现代色彩学把色彩分为两大类：有彩色和无彩色。无彩色包括黑色、白色及由黑白两种颜色调和而成的各种不同程度的灰色；有彩色包括可见光谱的中的全部色彩，还包括以红、橙、黄、绿、青、蓝、紫为基本色，通过各种基本色不同量的混合，以及基本色与黑、白、灰之间不同量的混合，形成的色彩。任何色彩都具备三个基本特征——色相、纯度、明度，在色彩学上被称为色彩的三要素。

● 色相

色相是指色彩的相貌。不同波长的光给人的感觉是不同的，将这些感受赋予名称，也就有了红色、黄色、蓝色……光谱中的红、橙、黄、绿、蓝、紫为基本色相。色彩学家将它们以环形排列，再加上光谱中没有的红紫色，形成一个封闭的圆环，就构成了色相环。色相环一般以5、6、8个主要色相为基础，取出处于两种原色中间位置的中间色，由两种原色调和，分别可做出10、12、16、18、24色色相环，图1-5所示为24色色相环。

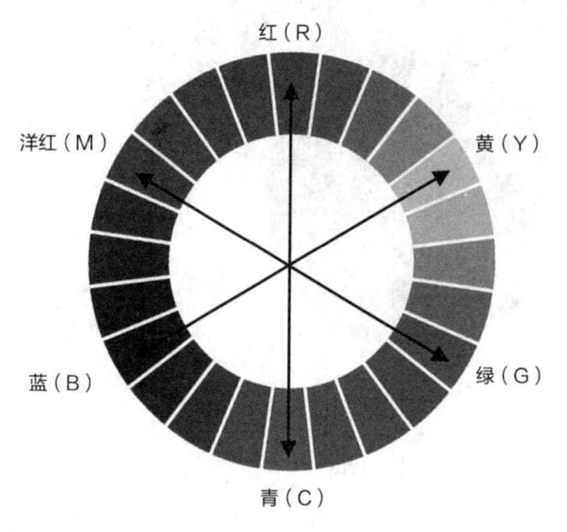

图1-5 色相环

● 纯度

纯度是颜色鲜艳的程度，也称为饱和度，色彩的纯度越高，色相越明确，反之色相越弱。纯度取决于一种颜色的波长单一程度，当混入与其自身明度相似的中性灰时，它的明度没有改变，纯度则降低。饱和度表示色相中彩色成分所占的比例，用百分比来衡量，取值范围为0%~100%，当取值为0%时，颜色为黑色、白色或灰色，当取值为100%时，颜色则完全饱和。

饱和度体现了色彩的内在性格，颜色纯度最高时，色彩就是原色。在颜料中，红色是纯度最高的色相，橙色、黄色、紫色是纯度较高的色相，蓝色、绿色是纯度较低的色相。高纯度的色相加黑色或白色，就降低了该色相的纯度，同时也提高或降低该色相的明度，如图1-6所示。

● 明度

明度指色彩的明暗程度，也可以称作是色彩的亮度或深浅。无论投照光还是反射光，同一波长中光的振幅越宽，色光的明度越高。光线强的时候，感觉比较亮，光强弱的时候，感觉比较暗。色彩的明暗程度就是所谓的明度，明度高是指色彩比较鲜亮；明度低就是色彩比较昏暗，如图1-7所示。

图1-6 纯度

图1-7 明度

明度最适于表现物体的立体感和空间感，物体表面发射的光因波长不同呈现出各种色相，由于反射同一波长的振幅不同，致使颜色的深浅明暗有了差别。无彩色系中明度最高的是白色，明度最低的是黑色。有彩色系中，黄色明度最高，它处于光谱中心，紫色明度最低，处于光谱边缘。有彩色系中加入白色时，会提高明度，加入黑色则降低明度。即便是同一个色相，也有自己的明度变化，如深绿、中绿、浅绿。

提示

色彩的纯度、明度不成正比，纯度高不等于明度高。明度的变化和纯度的变化是不一致的，任何一种色彩加入黑、白、灰后，纯度都会降低。

2. 颜色模式

颜色模式决定了用于显示和打印图像的颜色模型及如何描述和重现图像的色彩，它不仅影响可显示颜色的数量，还影响图像的通道数和图像的文件大小。Illustrator支持的颜色模式主要包括RGB、CMYK、HSB和灰度模式。不同的颜色模式拥有特定的颜色模型，有其不同的作用和优势。

● RGB模式

RGB模式称为加成色，它通过将3种色光（红色、绿色和蓝色）按照不同的组合添加在一起生成可见光谱中的所有颜色，这些颜色进行重叠，会产生青色、洋红色、黄色和白色，如图1-8所示。由于RGB颜色合成可以产生白色，因此也称它们为加色模式。加色模式用于光照、视频和显示器。例如，CRT显示器就是通过红色、绿色和蓝色荧光粉发射光产生颜色。

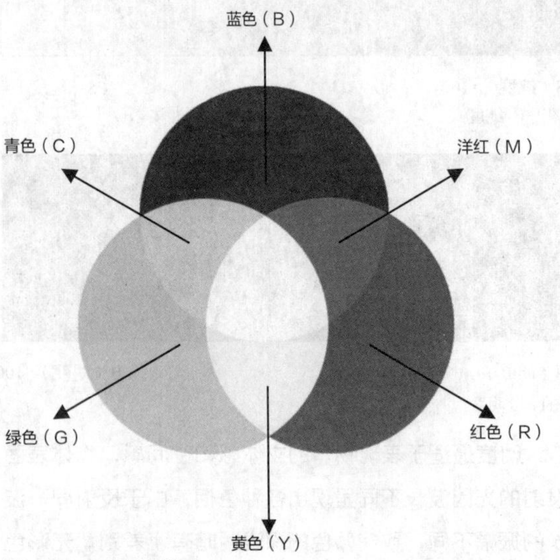

图1-8 RGB模式色谱

RGB模式为彩色图像中每个像素的RGB分量指定一个介于0（黑色）到255（白色）之间的数值。例如，亮红色R值为246，G值为20，而B值为50。当所有分量的值相等时，结果是中性灰色；当所有分量的值均为255时，结果是纯白色，如图1-9所示；当所有分量的值为0时，结果是纯黑色，如图1-10所示。RGB图像通过三种颜色或通道，可以在屏幕上重新生成多达1670（256×256×256）万种颜色，屏幕上的任何一个颜色都可以用一组RGB值来记录和表达；这三个通道可转换为每像素24（8×3）位的颜色信息。

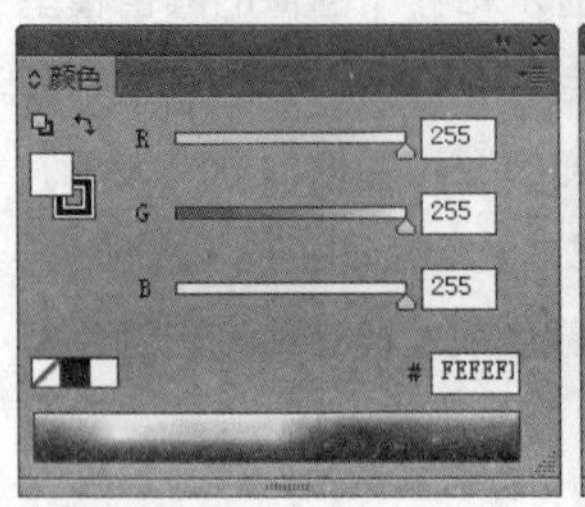

图1-9 纯白色

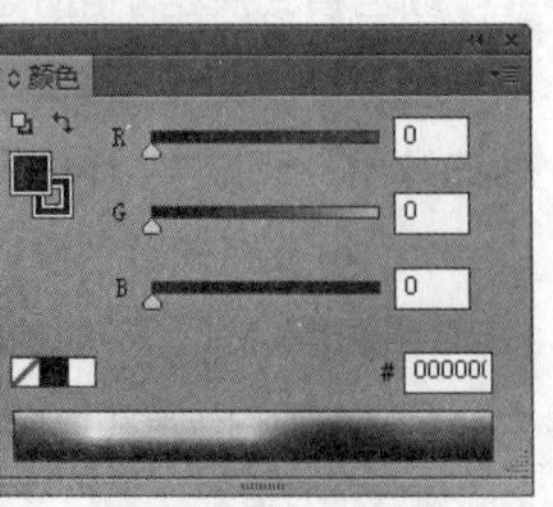

图1-10 纯黑色

● CMYK模式

CMYK颜色模式是一种减色混合模式，它是指本身不能发光，但能吸收一部分光，并将剩余的光反射出去的色料混合模式。所以CMYK模式的原理不是增加光线，而是减去光线，如图1-11所示。

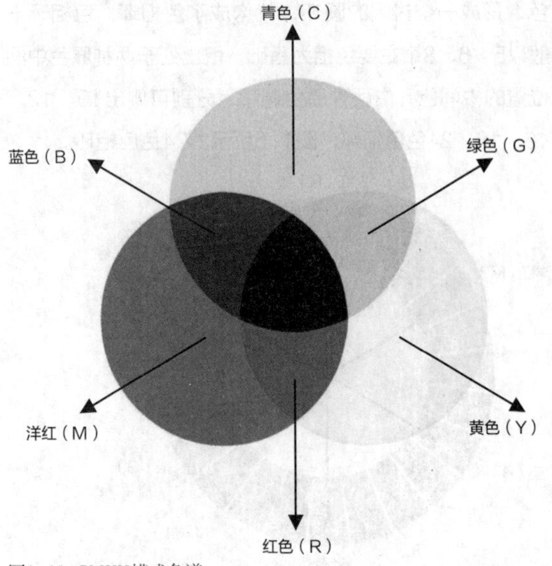

图1-11 CMYK模式色谱

CMYK4个字母分别指青色（Cyan）、洋红（Magenta）、黄色（Yellow）、黑色（Black）,在印刷中代表4种颜色的油墨。每种油墨可以使用从0至100%的值，低油墨百分比接近于白色，如图1-12所示；高油墨百分比则更接近于黑色，如图1-13所示。将4种油墨混合重现颜色的过程称为四色印刷。

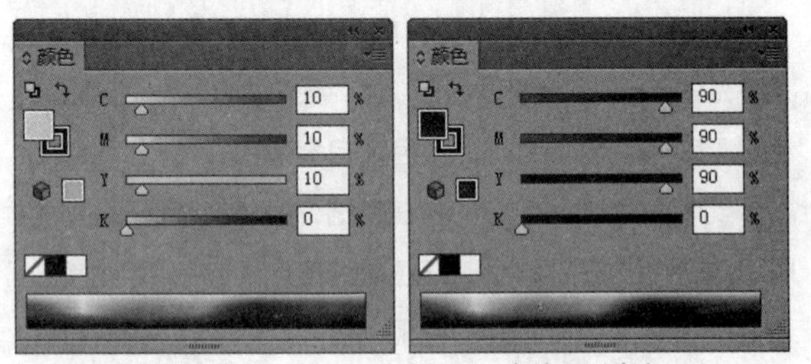

图1-12 低油墨百分比　　图1-13 高油墨百分比

提示

理论上青（C）、洋红（M）、黄色（Y）油墨按照相同的比例混合可以生成黑色，但是在实际印刷中，只能产生纯度很低的一种深灰色，因此，需借助黑色油墨（K）才能印刷出黑色。

● HSB模式

HSB模式以人类对颜色的感觉为基础，描述了颜色的3种基本特性，其中H代表色相，S代表纯度，B代表明度，如图1-14所示。在HSB模式中，S和B呈现的数值越高，纯度和明度越高，画面色彩越艳丽，对视觉的刺激越迅速，具有醒目的效果，但不便于长时间的观看。

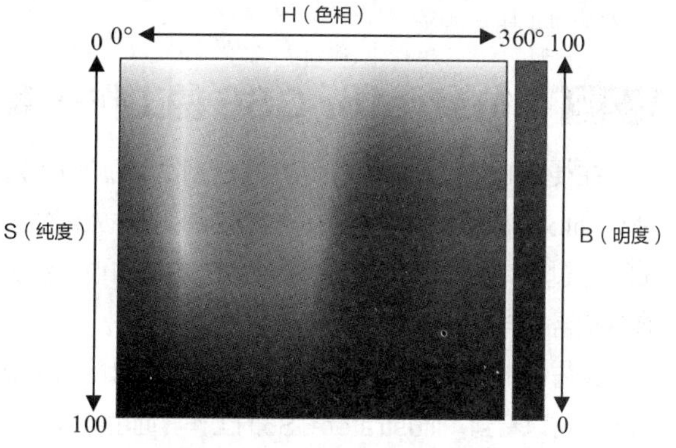

图1-14 HSB模式图示

相关链接	关于色相（H）、纯度（S）和明度（B）的详细介绍请参考本章节“1.颜色三要素”中的内容。

● 灰度模式

灰度模式是用单一的黑色色调来表现图像，如图1-15所示。每个灰度对象都具有从0%（白色）到100%（黑色）的亮度值。灰度模式可以将彩色图稿转换为黑白图稿，如图1-16、图1-17所示。将灰度对象转换为RGB模式时，每个对象的颜色值代表之前的灰度值。

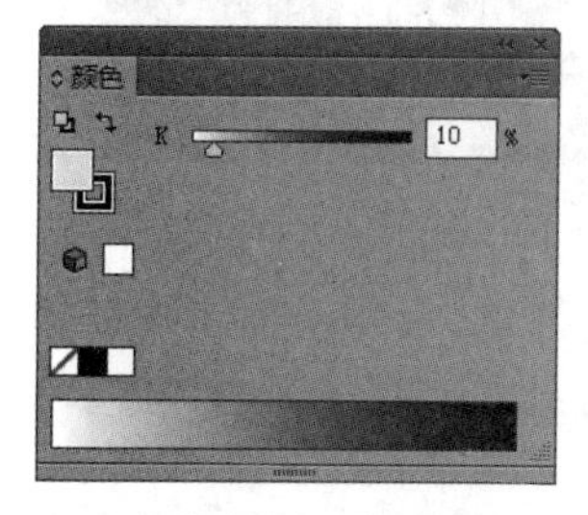

图1-15 灰度模式“颜色”面板

图1-16 彩色图稿

图1-17 黑白图稿

1.2 Illustrator CS6概述

Illustrator能够绘制出不同风格的矢量图形，熟悉Illustrator的工作环境、Illustrator支持的各类文件格式及Illustrator CS6中的新增功能，能够帮助我们更加熟练地运用Illustrator创造出更多完美的作品。

1.2.1 Illustrator 支持的文件格式

Illustrator支持的文件格式包括常见的矢量图形格式（AI和EPS）、Flash的SWF格式及PDF格式等。文件格式决定了图稿的存储内容、存储方式，以及其是否能够与其他应用程序兼容。

- AI格式：Adobe Illustrator的专用格式，现已成为业界矢量图的标准格式。AI格式的文件可在Illustrator、CorelDRAW、Photoshop中打开编辑，在Photoshop中打开编辑时，文件将由矢量格式转换为位图格式。
- PSD格式：Adobe Photoshop的专用格式，PSD文件里面包含有图层、通道、蒙版等多种设计参数，便于下次打开文件时对其进行修改。
- JPEG格式：JPEG是一种高压缩率、有损压缩真彩的图像文件格式，但在压缩文件时可以通过控制压缩的范围，来决定图像的最终质量。它主要用于图像预览和制作网页中使用的图像。

JPEG格式最大的特点就是文件小，因而在注重文件大小的领域应用中使用得非常广泛。JPEG格式支持RGB模式、CMYK模式和灰度颜色模式，但不支持Alpha通道。JPEG格式可以设置较高的压缩率，在压缩保存时会以失真最小的方式丢掉一些肉眼能看到的数据，因此，保存后的图片和原图相比会有差异。

- BMP格式：BMP是英文Bitmap（位图）的简写，它是Windows操作系统中的标准图像文件格式，支持多种Windows应用程序。这种格式的特点是包含的图像信息较丰富，几乎不进行压缩，但由此导致了它与生俱来的缺点——占用磁盘空间过大。
- TIFF格式：TIFF是一种通用的文件格式，绝大多数扫描仪和绘图软件支持。它的特点是图像格式复杂、存储信息多。正因为它存储的图像细微层次的信息非常多，所以图像占用磁盘空间也较大。
- GIF格式：GIF是英文Graphics Interchange Format（图

形交换格式）的缩写。它的特点是压缩比高，磁盘空间占用较少，所以这种图像格式迅速得到了广泛的应用。GIF格式有个小小的缺点，即不能存储超过256色的图像，尽管如此，这种格式仍在网络上大行其道，这和GIF图像文件短小、下载速度快、可用许多具有同样大小的图像文件组成动画等优势是分不开的。

- PNG格式：PNG格式是一种网络图像格式，它汲取了GIF和JPG二者的优点，存储形式丰富，兼有GIF和JPG的色彩模式。它的另一特点是能把图像文件压缩到极限以利于网络传输，但又因为PNG是采用无损压缩方式来减少文件的大小，能保留所有与图像品质有关的信息，这一点与牺牲图像品质以换取高压率的JPG格式有所不同。它的第三个特点是显示速度很快，只需下载1\64的图像信息就可以显示出低分辨率的预览图像。第四个特点是PNG支持透明图像的制作，透明图像在制作网页图像时很有用。
- SWF格式：Adobe Flash的专用格式，是一种后缀名为SWF的动画文件，这种格式的动画图像能够用比较小的体积来表现丰富的多媒体形式。
- SVG格式：SVG是一种开放标准的矢量图形语言，可设计出高分辨率的Web图形页面。用户可以直接用代码来描绘图像，可以用任何文字处理工具打开SVG图像，通过改变部分代码来使图像具有互交功能，并可以随时将其插到HTML中，用浏览器来观看。SVG文件比JPEG和GIF格式的文件要小很多，所以下载也很快。
- DXF格式：DXF是Auto CAD中的矢量文件格式，它以ASCII码方式存储文件，能十分精确地表现图形的大小。许多软件支持DXF格式的输入与输出。
- WMF格式：WMF是Windows中常见的一种图元文件格式，属于矢量文件格式。它具有文件短小、图案造型化的特点，整个图形常由各个独立的组成部分拼接而成，其图形往往较粗糙。
- EMF格式：EMF是微软公司为了弥补使用WMF的不足而开发的一种Windows 32位扩展图元文件格式，也属于矢量文件格式。
- TGA格式：TGA文件是美国True Vision公司为其显示卡开发的一种图像文件格式，TGA的结构比较简单，属于图形、图像数据的通用格式，在多媒体领域有着很大影响，是计算机生成图像向电视转换的一种首选格式。
- CAD格式： Auto CAD的专用格式， Auto CAD交换文件是用于导出Auto CAD绘图或从其他应用程序导入绘图的绘图交换格式。
- CDR格式：CorelDRAW的专用格式，属于矢量图形格式，最大的优点是体积较小，并且可以再处理。
- PDF格式：PDF是一种通用的文件格式，这种文件格式能保留在各种应用程序和平台上创建的字体、图像和版面。Adobe PDF是对全球使用的电子文档和表单进行安全可靠的分发和交换的标准。Adobe PDF在印刷出版工作流程中非常高效。

1.2.2 Illustrator CS6 的工作环境

在使用Illustrator软件进行绘制之前，需要对Illustrator CS6的工作界面有一定的认识，图形对象的绘制是通过不同的工具、不同的命令以及不同面板中的选项的结合来完成的。

运行Illustrator CS6后，打开一个文件，如图1-18所示，可以看到，Illustrator CS6的工作界面由标题栏、菜单栏、工具面板、状态栏、文档窗口、面板以及控制面板等组成。

图1-18 Illustrator CS6工作界面

❶ 菜单栏：菜单栏用于组织菜单内的命令，Illustrator中包含9个主菜单，每一个菜单中都包含不同类型的命令。

❷ 控制面板：控制面板中集成了“画笔”“描边”“图形样式”等常用面板，可以在控制面板中进行相应的参数设置，而且控制面板会随着所选工具和对象的不同而变换选项的内容。

❸ 工具面板：包含用于创建和编辑图形、图像和页面元素的各种工具及工具组。

❹ 标题栏：显示了当前文件的名称、视图比例和颜色模式

等信息。

❺ 文档窗口：编辑和显示图稿的区域。

❻ 画板导航：当在同一个文档中创建了多个画板时，可以通过在文本框中输入画板名称，快速切换至当前编辑的画板。

❼ 视图缩放比例：可在文本框中输入视图的缩放比例。

❽ 面板：用于编辑图稿、设置工具参数和选项。很多面板都有菜单，包含特定于该面板的选项。面板之间可以编组、堆叠和停放。

提示

使用“画板”工具 可以在同一文档中创建多个画板，如图1-19所示。

图1-19 多画板

1.2.3 Illustrator 的绘图模式

在Illustrator中绘图时，新创建的图形会堆叠在原有图形的上方，这是因为默认情况下，Illustrator处于正常绘图模式。我们可以通过在工具面板中切换不同的绘图模式，如图1-20所示，选择在指定对象的下方或者内部绘制其他矢量图形。

1. 正常模式

默认的绘图模式，新绘制的对象总是位于其他对象的顶部，图1-21所示为现有图形，图1-22所示为新绘制的花朵图形。

图1-20 工具面板底部　图1-21 现有图形　图1-22 正常模式下绘制效果

2. 背面模式

单击工具面板底部的“背面绘图” 按钮，这时绘制的矢量对象会显示在所选对象的下方，如图1-23所示。

3. 内部模式

单击工具面板的“内部绘图” 按钮，可以在所选对象的内部绘制图形，如图1-24所示。

图1-23 背面模式下绘制效果

图1-24 内部模式下绘制效果

1.2.4 新增功能介绍

Illustrator CS6对用户界面进行了适当的简化，可以减少完成任务所需要的步骤，而且新增了强大的性能系统，可以提高处理大型、复杂文件的精确度、速度和稳定性，给用户提供了更加快速、流畅的创作体验。

1. 全新的图像描摹

Illustrator CS6利用全新的描摹引擎将位图图像矢量化，无须使用复杂的控件即可获得清晰的线条和精确的轮廓。与早期版本中的“实施描摹”功能相比，它输出的路径和锚点更少，颜色识别更加精确。图1-25~图1-27所示分别为将图像转换为“高保真的照片”和“低保真度照片”的效果。

图1-25 原图效果

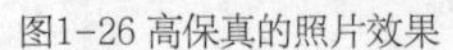

图1-26 高保真的照片效果　　图1-27 低保真度照片效果

2. 创建无缝拼贴的图案

Illustrator CS6可以在“图案选项”面板中设置相应的参数，创建无缝拼贴的矢量图案，如图1-28所示，并且可随时编辑和修改图案，使设计达到最佳的灵活性。

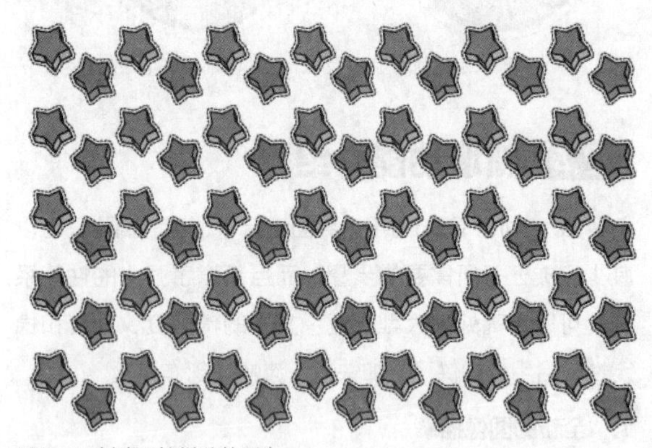

图1-28 创建无缝拼贴的图案

3. 渐变描边

Illustrator CS6可以将渐变应用于描边对象，如图1-29所示，而且同样可以设置不同的渐变效果和不透明度。

4. 高斯模糊的增强功能

Illustrator CS6的阴影和发光等高斯模糊效果的应用速度较之前的版本都有了大幅度的提升，而且在对应的对话框中勾选“预览”复选框，即可在画板中预览实时效果。

图1-29 渐变描边

5. 颜色面板的增强功能

Illustrator CS6的“颜色”面板中的色谱可以进行扩展，如图1-30、图1-31所示，有利于用户更加快速、精确地取样颜色，“十六进制值”还可以进行复制与粘贴，增强了用户的工作效率。

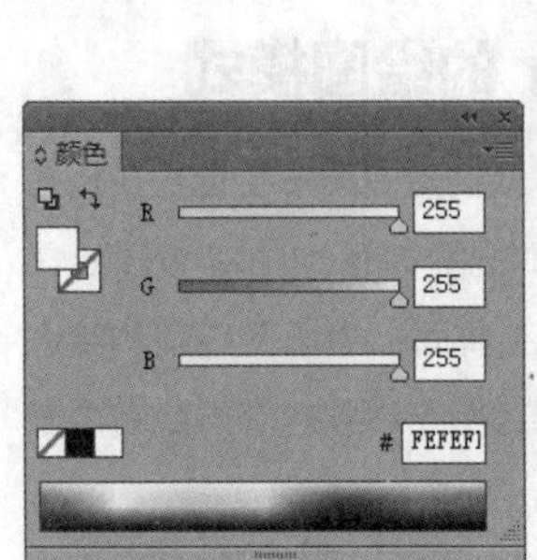

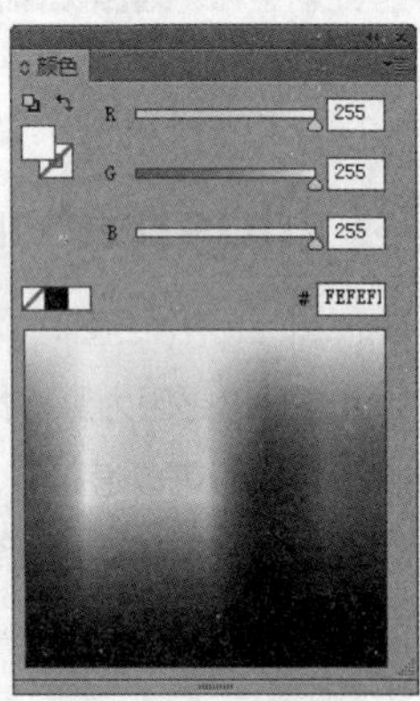

图1-30 默认“颜色”面板　　图1-31 扩展色谱

6. 变换面板的增强功能

在Illustrator CS6中，常用的“缩放描边和效果”选项被整合到“变换”面板中，方便用户快速使用。

7. 可停靠的隐藏工具

工具箱中的工具可以沿水平或垂直方向停靠，使原本隐藏的工具更加方便使用，如图1-32、图1-33所示。

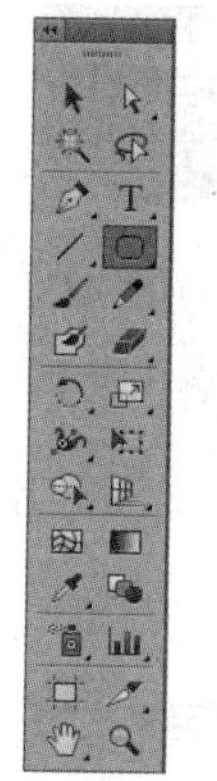

图1-32 默认工具面板

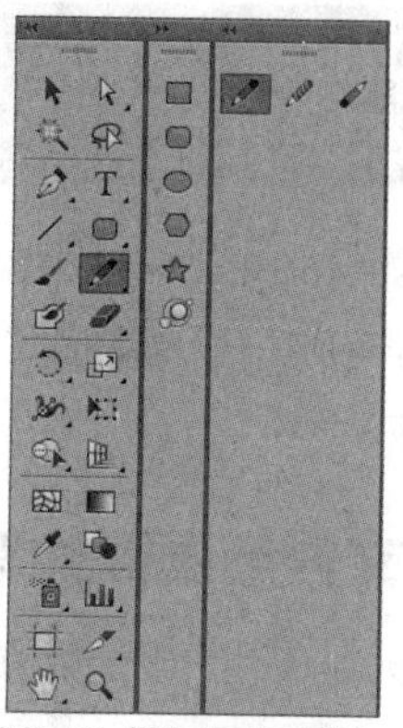
图1-33 停靠的工具面板

1.3 Illustrator CS6的应用领域

Illustrator是最优秀的矢量软件之一，被广泛应用于插画、包装、印刷出版、书籍排版、动画和网页制作等领域。

1. VI 设计

VI是Visual Identity的简称，即视觉识别系统，是以标志、标准字、标准色为核心展开的完整的、系统的视觉表达体系，主要包括企业标志、企业形象、产品造型、广告招牌、包装系统以及印刷出版物等的设计，如图1-34所示。

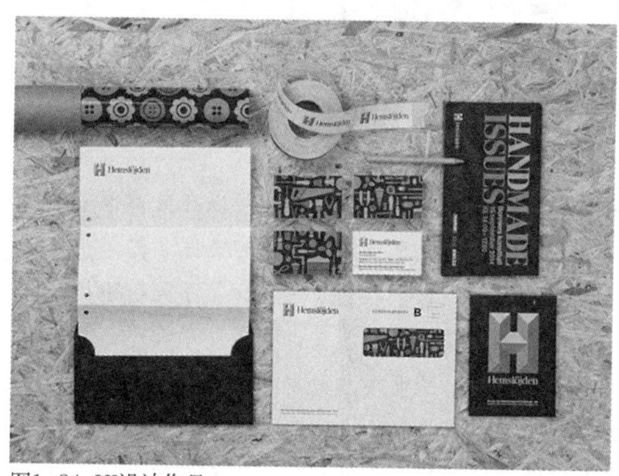

图1-34 VI设计作品

2. UI 设计

UI是User Interface的简称，即用户界面，UI设计是一门结合了计算机科学、美学、心理学、行为学等学科的综合性艺术，一般包括图标制作、网页UI设计、APP UI设计、用户体验设计、交互原型设计等，如图1-35所示。

图1-35 UI设计作品

3. 插画设计

插画是一种重要的视觉传达形式，其应用领域主要包括书籍插画、商业插画、影视插画、公益插画等。Illustrator是绘制矢量插画的首选软件，颜色与线条干净利落，非常适合展现企业风貌，如图1-36所示。

图1-36 插画设计作品

4. 产品设计

通过产品造型设计将产品的功能、结构、材料与生成手段、使用方式统一起来，创造具有较高质量和审美的产品形象，如图1-37所示。

图1-37 产品设计作品

5. 网页和动画设计

网页设计包括版面设计、色彩、动画效果以及图标设计等。在Illustrator中，可以使用切片工具来定义图稿中不同的Web元素的边界，对不同的切片进行优化，使文件变小，Web服务器便能够更加高效地存储和传输图像。同时Illustrator强大的绘图功能也为动画制作提供了非常便利的条件。图1-38所示为网页设计作品，图1-39所示为动画角色设计作品。

图1-38 网页设计作品

图1-39 动画角色设计作品

1.4 Illustrator CS6的基本操作

在Illustrator中绘制图形对象之前，首先要对该软件的基本操作有所了解，如文件的新建、打开与保存及画板的新建与编辑等。

1.4.1 文件与画板的新建

在Illustrator中，用户可以按照自己的需要定义文档尺寸、画板和颜色模式等，创建一个自定义的全新空白文档。也可以从Illustrator提供的预设模板中创建文档。

1. 创建空白文档

启动Illustrator CS6之后，执行“文件”|“新建”命令，或按Ctrl+N快捷键，打开“新建文档”对话框，如图1-40所示。在对话框中设置相应的参数后，单击“确定”按钮，即可创建空白文档。

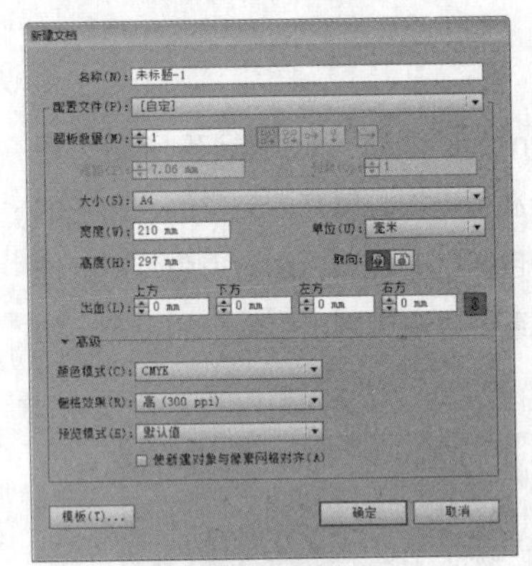

图1-40 “新建文档”对话框

- “名称”：用于设置文档的名称，可以在文本框中输入自定义名称，也可以直接使用默认的文件名称。
- “配置文件”：在该下拉列表中包含了不同输出类型的文档配置文件，每一个配置文件都预设了大小、颜色模式、单位、方向、透明度和分辨率等参数，可以根据不同的创建目的进行选择。
- “画板数量”：可以指定新建文档中的画板数量。如果创建多个画板，对应的“间距”和选项按钮即会显示出来，以此来设置画板在文档中的排列顺序以及间距。若按“按行设置网格”按钮，可以在指定数目的行中排列画板；若按“按列设置网格”按钮，可以在指定数目的列中排列画板；若按“按行排列”按钮，可以将画板排列成一行；若按“按列排列”按钮，可以将画板排列成一个列。若按最右侧的“更改为从右到左的版面”按钮，可按照指定的格式排列多个画板，但是排列顺序会更改为从右到左。

- “大小”：该下拉列表包含了多种常用的尺寸选项。
- “宽度/高度/单位/取向”：用于设置新建文档的宽度、高度和单位。“取向”选项中的“纵向”按钮和“横向”按钮，可以设置文档的方向。
- “出血”：可以指定画板的出血位置，单击右侧的“锁定”按钮，可以对不同的侧面设置不同的出血数值。
- “颜色模式”：可以在该下拉列表中选择CMYK或RGB颜色模式。
- “栅格效果”：可以为文档中的栅格效果选定分辨率。若准备以高分辨率输出到高端打印机，应选择“高（300ppi）”选项。
- “预览模式”：可以为文档设置默认预览模式，可以在“视图”命令菜单中更改此选项。若选择“默认值”，可以在矢量视图中以彩色显示在文档中创建的图稿，放大或缩小时将保持曲线的平滑度；若选择“像素”，可以显示具有栅格化（像素化）外观的图稿，它不会对内容进行栅格化，而是显示模拟的预览，就像内容是栅格一样；若选择“叠印”，可以提供“油墨预览”，模拟混合、透明和叠印在分色输出中的显示效果。
- “使新建对象与像素网格对齐”：勾选该复选框后，在文档中创建图形时，可以让对象自动对齐到像素网格上。
- “模板”按钮：单击该按钮，可以打开“从模板中新建”对话框，从模板中创建文档。

2. 从模板中创建文档

在Illustrator中，提供了许多预设的模板文件，可以通过执行“文件”|“从模板新建”命令，打开“从模板新建”对话框，如图1-41所示。从中选择模板文件，快速制作相应的图形，如信纸、名片、信封、小册子、标签、证书、明信片、贺卡和网页等，图1-42所示打开的是“空白文档-CD盒”。

图1-41 “从模板新建”对话框

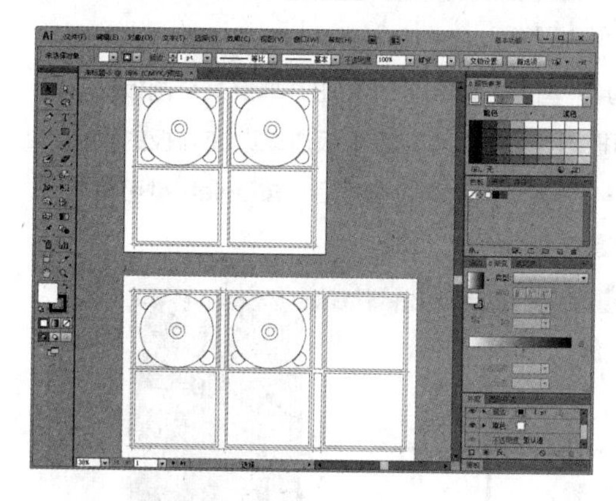

图1-42 “空白文档-CD盒”文件

3. 画板的新建与编辑

在创建新文档时，可以在“新建文档”对话框中设置所需要的画板数量，并在“间距”和“行距”选项中设置画板之间的距离以及排列方式，如图1-43所示。

如果需要在已经打开的文档中添加画板数量，可以使用工具箱中的“画板工具”，在文档窗口的空白处单击并拖曳鼠标，即可创建新的画板，如图1-44所示。

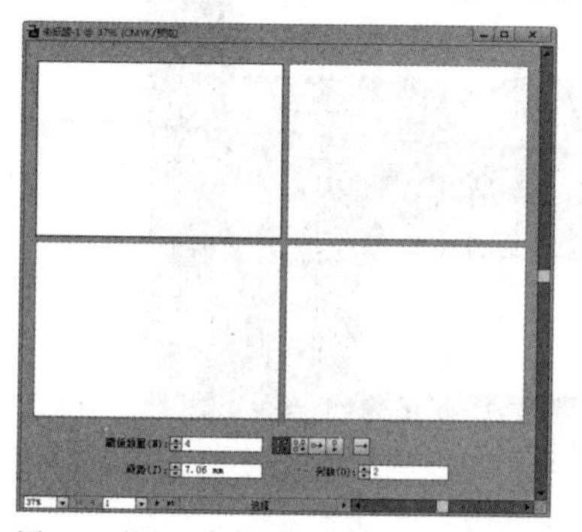

图1-43 设置画板排列方式

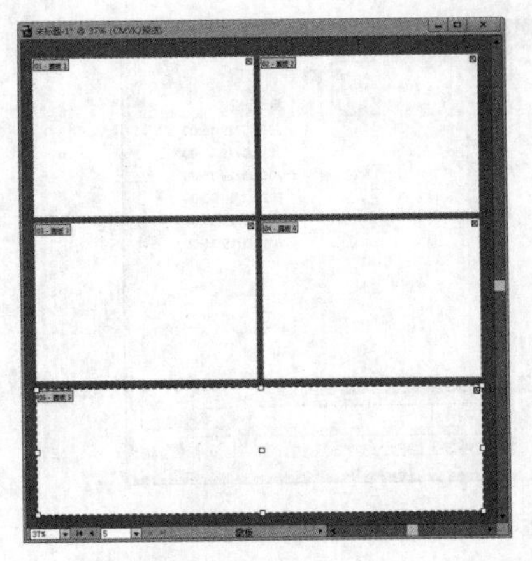

图1-44 创建新画板

使用“画板工具”，单击并拖曳某个画板，可以移动画板的位置，或者拖曳画板边缘改变画板的大小，如图1-45所示。选中某个画板后，按Delete键可将其删除，如图1-46所示。

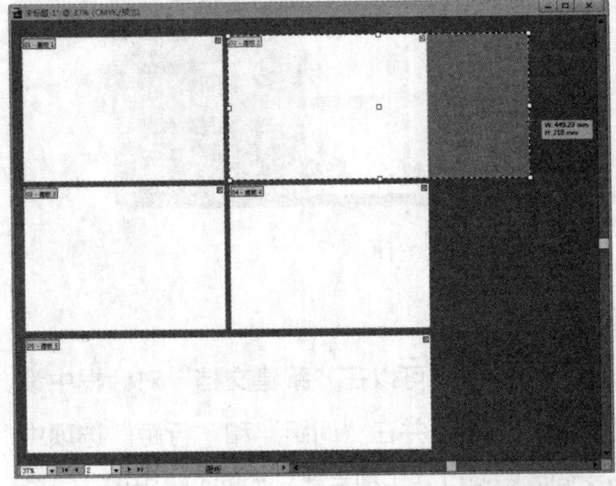

图1-45 改变画板大小

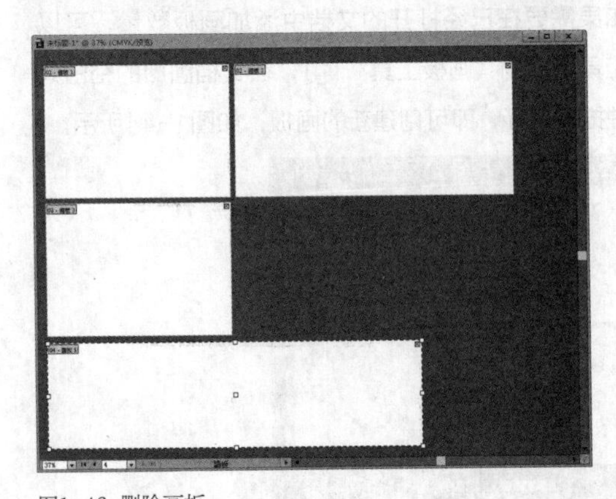

图1-46 删除画板

1.4.2 文件打开与保存

在Illustrator中，可以打开不同格式的文件，如AI、CDR和EPS等格式的矢量文件，也可以打开JPEG等格式的位图文件。并且在Illustrator中对图形进行绘制或者编辑之后，可以将其保存为Illustrator专用格式或位图格式。

1. 打开文件

执行“文件”|“打开”命令或者按Ctrl+O快捷键，打开“打开”对话框，如图1-47所示。从中选择一个文件，单击“打开”按钮或者按Enter键，即可将其打开。若执行“文件”|“最近打开的文件”命令，可以在打开的下拉列表中选择最近打开的10个文件，如图1-48所示，单击文件的名称即可将其打开。

图1-47 “打开”对话框

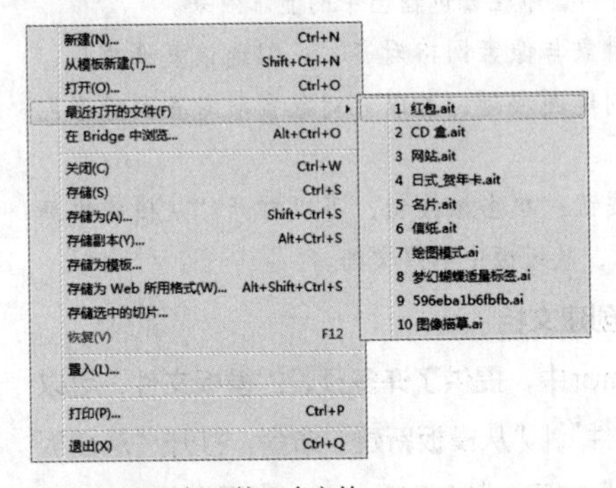

图1-48 最近打开的10个文件

2. 保存文件

存储或导出文件时，Illustrator会将图稿数据写入文件，数据的结构取决于选择的文件格式。Illustrator中的文件可以存储为4种基本格式，即AI、PDF、EPS和SVG，如图1-49所示。这4种格式可以保留所有的Illustrator数据，也可以将文件导出为其他的格式，如图1-50所示。

图1-49 “存储为”对话框

图1-50 “导出”对话框

- **“存储”命令**：执行“文件”|“存储”命令或者按Ctrl+S快捷键，可以保存对当前文档的修改。如果该文件为新建文档，则会弹出“存储为”对话框。
- **“存储为”命令**：执行“文件”|“存储为”命令，可以将当前文档保存为其他名称和格式，又或者保存到其他位置。
- **“存储副本”命令**：执行“文件”|“存储副本”命令，可以基于当前文档保存一个同样的副本，副本文件名称后面会添加“复制”二字。如果不想保存对当前文档的修改，即可通过该命令创建文件的副本，再将原文件关闭。
- **“存储为模板”命令**：执行“文件”|“存储为模板”命令，可以将文档保存为模板，模板中会保留文档中设置的尺寸、颜色模式、辅助线、网格、字符与段落属性、画笔、符号、透明度和外观等属性。
- **“存储为Web所有格式”命令**：执行“文件”|“存储为Web所有格式”命令，可以将文档存储为PNG格式，并可以设置PNG文件的分辨率、透明度和背景颜色等。

1.4.3 关于首选项

在Illustrator中，用户可以对系统预设的一些选项和参数进行修改，包括显示、工具、标尺单位和导出信息等，可以通过这些辅助功能配合绘制图形。如果需要调整这些首选项，可以执行“编辑”|“首选项”命令，打开“首选项”对话框，如图1-51所示。对话框的左侧是各个首选项的名称，单击其中一个名称可以切换到相关的参数内容，进行修改。

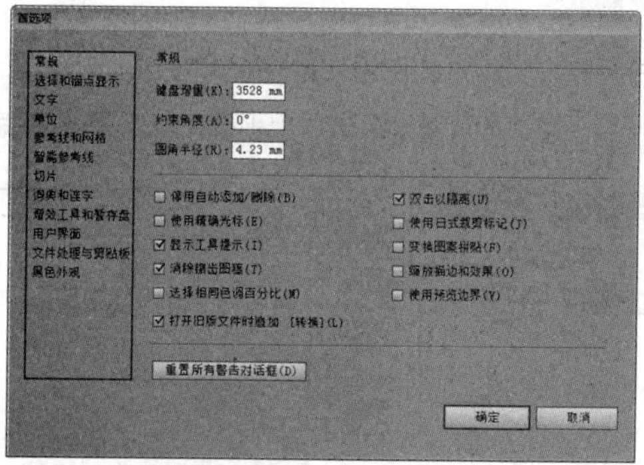

图1-51 “首选项”对话框

1.4.4 设置透视视图

Illustrator主要用来绘制矢量图形，如果通过透视网格的限定，可以在透视模式下绘制图稿，创建立体场景。

选择“透视网格工具”，或者执行“视图”|“透视网格”|“显示网格”命令，即可打开透视网格。Illustrator中提供了一点、两点和三点透视网格，如图1-52~图1-54所示。如果要隐藏透视网格，可以执行“视图”|“透视网格”|“隐藏网格”命令。

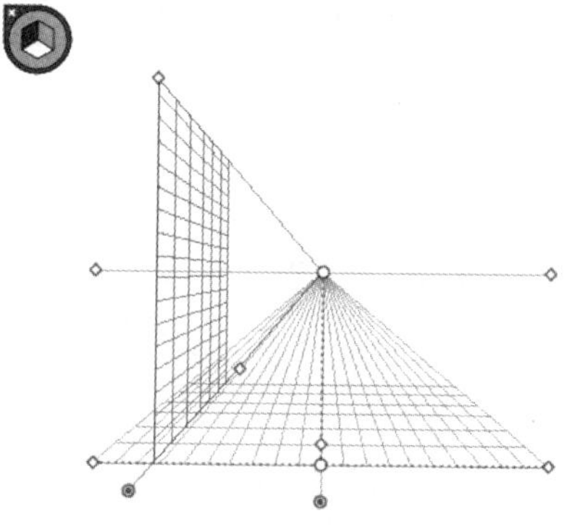

图1-52 一点透视

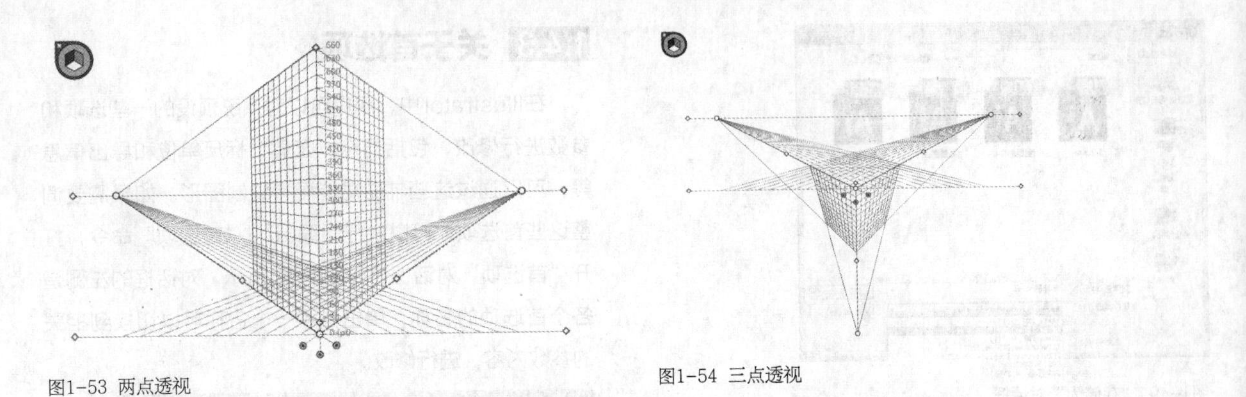

图1-53 两点透视

图1-54 三点透视

透视网格中各组件的作用及名称如图1-55所示。在透视网格的左上角是一个平面切换构件，单击该构件上面的任意一个网格平面，即可切换至该透视平面，在该平面上绘制图形。

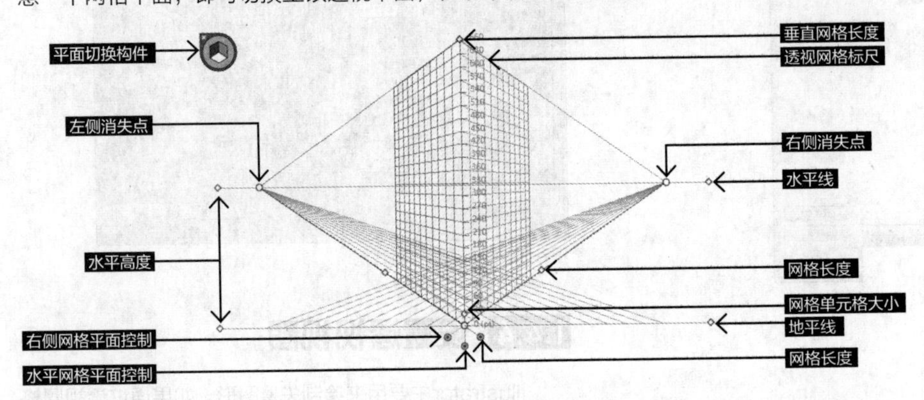

图1-55 透视网格组件

提示

按数字键可以切换透视网格中的活动平面，如按数字键1切换至左平面，按数字键2切换至水平面，按数字键3切换至右平面。

第 2 章

绘制图形对象

Illustrator 最强大的功能便是绘制和编辑矢量图形，Illustrator CS6 不仅提供了各种几何图形的绘制工具，还提供了可以绘制任意形状的直线或曲线图形的钢笔工具。灵活、熟练地使用这些图形绘制工具，是每一个 Illustrator 用户必须掌握的基本技能。

本章学习目标

- 了解路径的基本概念
- 掌握几何工具的应用
- 掌握钢笔工具的应用
- 掌握铅笔工具的应用

本章重点内容

- 几何工具的应用
- 钢笔工具的应用
- 铅笔工具的应用

扫 码 看 课 件　　扫 码 看 视 频

2.1 关于路径

矢量图形是由称作矢量的数学对象定义的直线和曲线构成的，每一段直线和曲线都是一条路径，所有的路径都是通过锚点来连接的。

2.1.1 路径的基本概念

1. 锚点与路径

路径是一个很广泛的概念，既可以是一条单独的路径段，也可以包含多个路径段；既可以是直线，也可以是曲线；既可以是开放式的路径段，如图2-1所示，也可以是闭合的矢量图形，如图2-2所示。Illustrator中的绘图工具，如钢笔工具、铅笔工具、画笔工具、直线段工具、矩形工具等都可以创建路径。

锚点用来连接路径段，曲线上的锚点包含方向线和方向点，如图2-3所示，移动它们的位置和方向可以调整曲线的形状。

图2-1 开放式路径　　图2-2 闭合路径

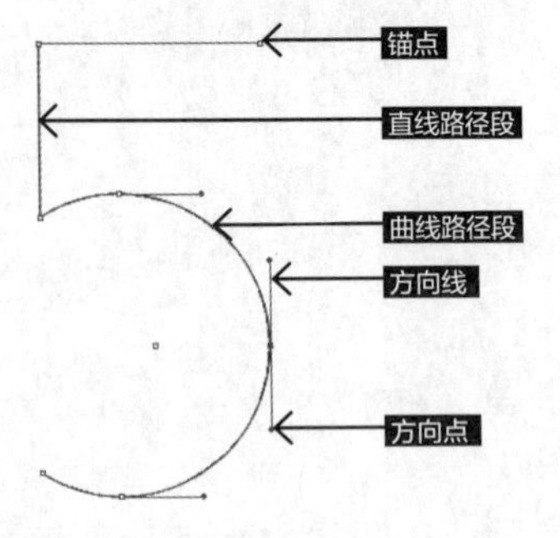

图2-3 路径的组成

锚点分为平滑点和角点，其中平滑的曲线由平滑点连接而成，如图2-4所示；直线和转角曲线由角点连接而成，如图2-5、图2-6所示。

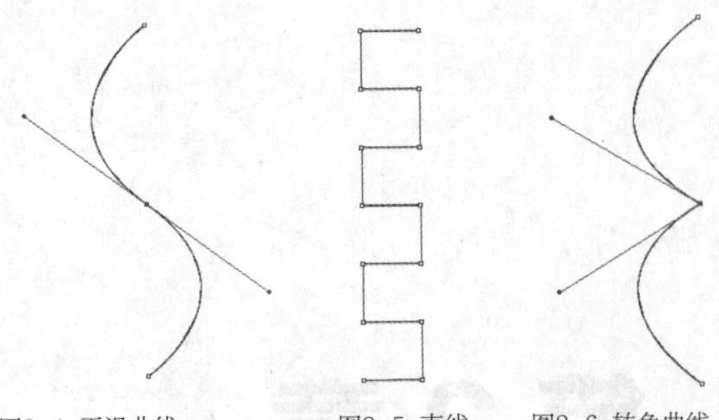

图2-4 平滑曲线　　图2-5 直线　　图2-6 转角曲线

2. 方向线与方向点

使用“直线选择工具”或者“转换锚点工具”选择曲线路径上的锚点，会显示方向线和方向点（也称手柄），如图2-7所示。拖曳方向点可以调整方向线的方向和长度，如图2-8、图2-9所示。

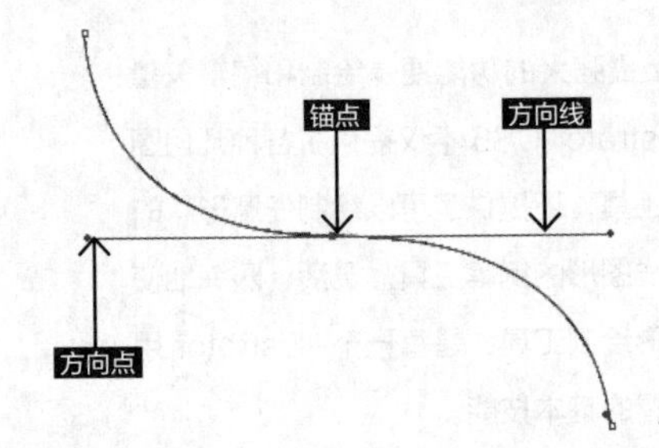

图2-7 选中锚点

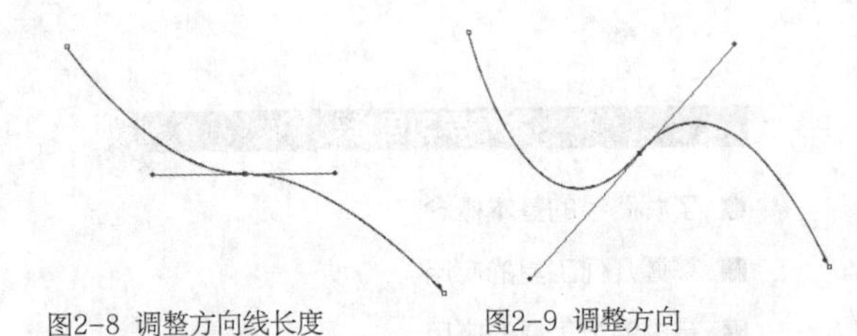

图2-8 调整方向线长度　　图2-9 调整方向

2.1.2 路径的填充与描边色设定

在Illustrator中选中一个图形对象之后，工具箱底部的“填色”和“描边”色块将会显示该对象的填充颜色和描边颜色，如图2-10所示。双击任意一个色块，打开“拾色器”对话框，如图2-11所示，可以改变对应的颜色。

图2-10 选中对象

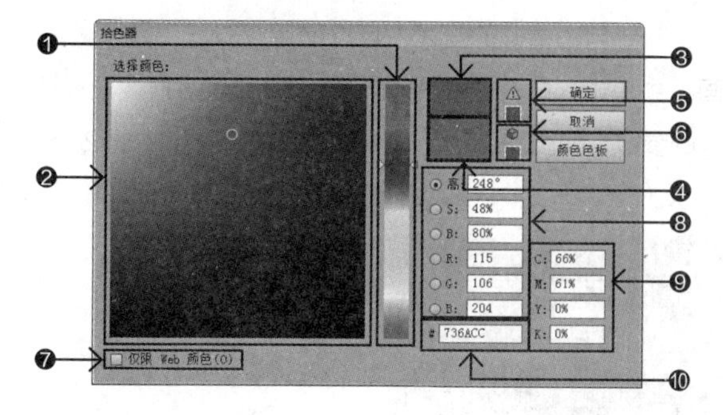

图2-11 “拾色器”对话框

❶ 色谱/颜色滑块：在色谱中单击或拖曳颜色滑块可以定义色相。

❷ 色域：定义色相后，在色域中拖曳圆形标记可以调整当前颜色的深浅。

❸ 当前设置的颜色：显示当前选择的颜色。

❹ 上一次使用的颜色：显示上一次使用的颜色，即打开“拾色器”对话框前原有的颜色。如果要使用前一个颜色，可单击该色块。

❺ 溢色警告：如果当前设置的颜色无法用油墨准确打印出来（如霓虹色），就会出现“溢色警告”按钮。单击该图标它下面的颜色块（Illustrator提供的与当前颜色最为接近的CMYK颜色），可将其替换为印刷色。

❻ 非Web安全色警告：Web安全颜色是浏览器使用的216种颜色。如果当前选择的颜色不能在网上准确显示，就会出现“非Web安全色警告”按钮。单击警告图标或它下面的颜色块，可以用颜色块中的颜色（Illustrator提供的与当前颜色最为接近的Web安全颜色）替换当前颜色。

❼ 仅限Web颜色：勾选该复选框后，色域中只显示Web安全色，如图2-12所示，此时选择的任何颜色都是Web安全颜色。如果图稿要用于网络，可以在这种状态下调整颜色。

❽ HSB颜色/RGB颜色值：单击各个单选钮，可以显示不同的色谱，如图2-13~图2-15所示。也可以直接输入颜色值来精确定义颜色。

❾ CMYK颜色值：可以输入印刷色的颜色值。

❿ 十六进制颜色值：可以输入一个十六进制值来定义颜色。

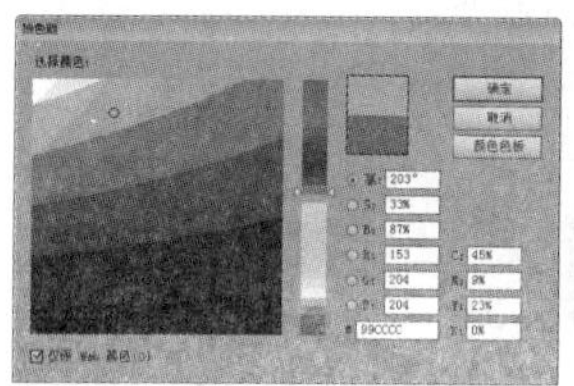
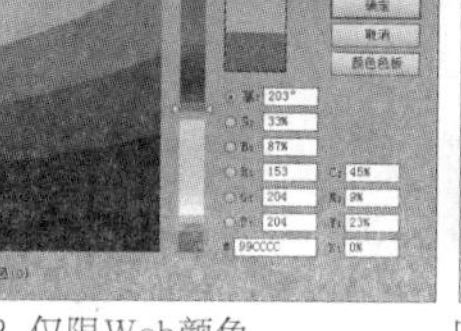

图2-12 仅限Web颜色

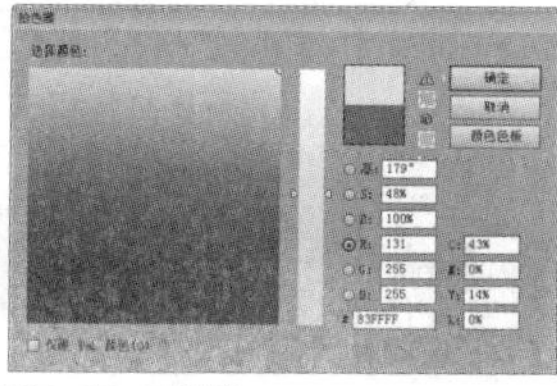

图2-13 R色谱

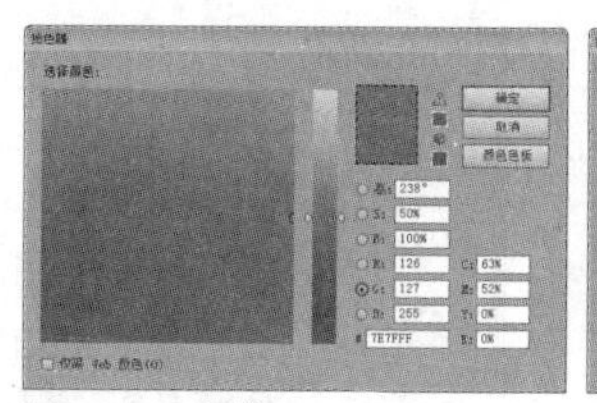

图2-14 G色谱

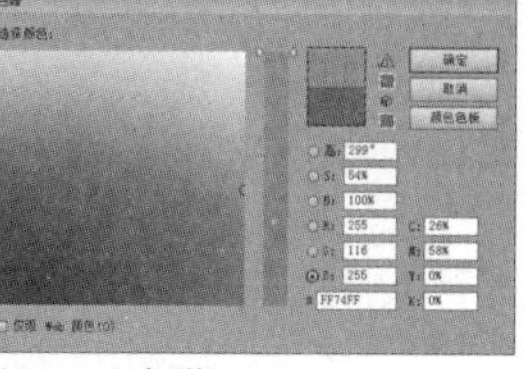

图2-15 B色谱

提示

选中一个图形对象后，工具箱中的“填充”与“描边”色块会显示该图形对象的颜色属性。此时按下D键，工具箱中的“填充”与“描边”将恢复为默认颜色，被选中对象的颜色也会随之改变。

相关链接 | 关于填充与描边的其他操作，请参阅本书第3章。

2.2 基本图形绘制

在Illustrator中包含了各种图形绘制工具，如矩形工具、椭圆工具、多边形工具和星形工具等，都属于最基本的绘图工具。使用这几种看似简单的几何图形工具可以组合成各种复杂的图形。

2.2.1 线条图形

1. 直线段图形

直线段工具、弧线工具和螺旋线工具可以绘制直线段、弧线以及各式各样的线条组合，掌握Illustrator的操作技巧，可以将这些线条组合成各种变幻多端的图形。

● 直线段工具

工具箱中的“直线段工具”用于创建直线，在画板中单击并拖曳鼠标，设定直线的起点和终点即可创建一条直线，如图2-16所示。在绘制的过程中，若按住Shift键，可以创建水平、垂直或者以45°角为基数的直线；若按住Alt键，可以创建以单击点为中心向两侧延伸的直线；若要创建指定长度和角度的直线，可以在画板中单击，打开“直线段工具选项”对话框，设置精确的参数，如图2-17所示，再单击“确定”按钮，完成直线的绘制，如图2-18所示。

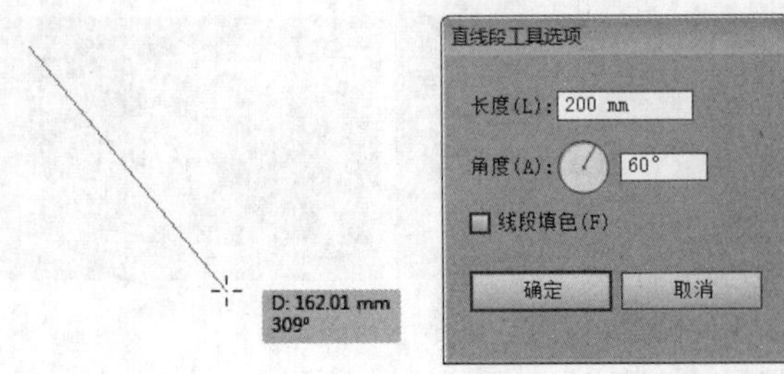

图2-16 绘制直线　　图2-17 “直线段工具选项”对话框

提示

当选择“直线段工具”后，在控制面板中会显示该工具的各种选项，其中“描边粗细”选项可以设置直线段的宽度。

● 弧线工具

工具箱中的“弧线工具”可以创建弧线，弧线的绘制方法与直线的绘制方法基本相同，在画板中单击并拖曳鼠标，设定弧线的起点和终点即可创建一条弧线，如图2-19所示。在绘制的过程中，若按X键，可以切换弧线的凹凸方向，如图2-20所示；若按C键，可以在开放式图形与闭合图形之间切换，图2-21所示为闭合图形；若按住Shift键，可以保持固定的角度；若按↑、↓、←、→方向键，则可以调整弧线的斜率。

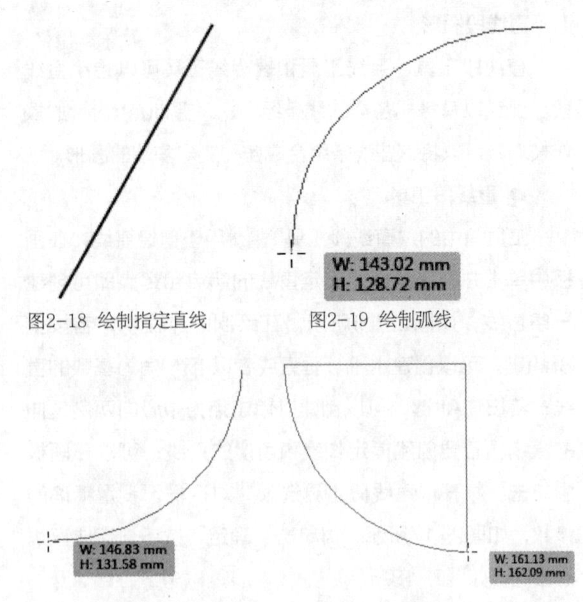

图2-18 绘制指定直线　　图2-19 绘制弧线

图2-20 切换弧线的凹凸方向　　图2-21 闭合图形

若要创建精确的弧线，可以使用“弧线工具”在画板中单击，打开“弧线段工具选项”对话框，设置精确的参数，如图2-22所示，完成弧线的绘制，如图2-23所示。

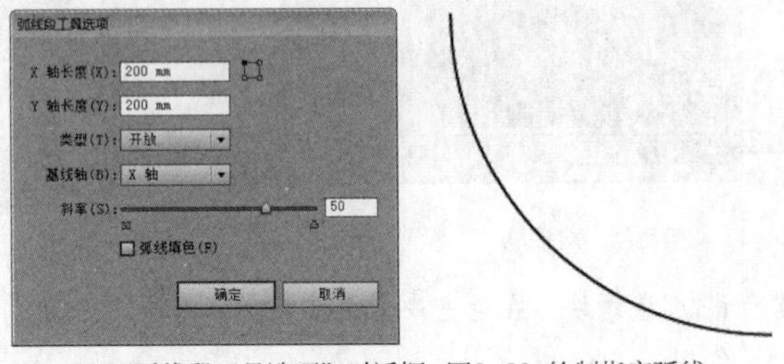

图2-22 “弧线段工具选项”对话框　图2-23 绘制指定弧线

- 参考点定位器：单击参考点定位器上的4个空心方块，可以指定绘制弧线时的参考点，如图2-24、图2-25所示。

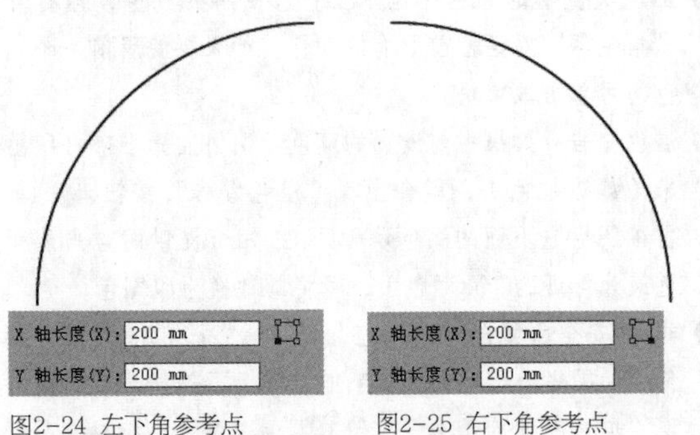

图2-24 左下角参考点　　图2-25 右下角参考点

- X轴长度/Y轴长度：用来设置弧线的长度和高度。
- 类型：该下拉列表中包含“开放”与“闭合”两个选项，用来设置创建开放式弧线或者闭合式弧线。
- 基线轴：该下拉列表中包含“X轴”与“Y轴”两个选项，若选择“X轴”，可以沿水平方向绘制；若选择“Y轴”，则会沿垂直方向绘制。
- 斜率：用来指定弧线的斜率方向，可输入数值或拖曳滑块来调整参数。
- 弧线填色：勾选该复选框后，会用当前的填充颜色为弧线围合的区域填色，如图2-26、图2-27所示。

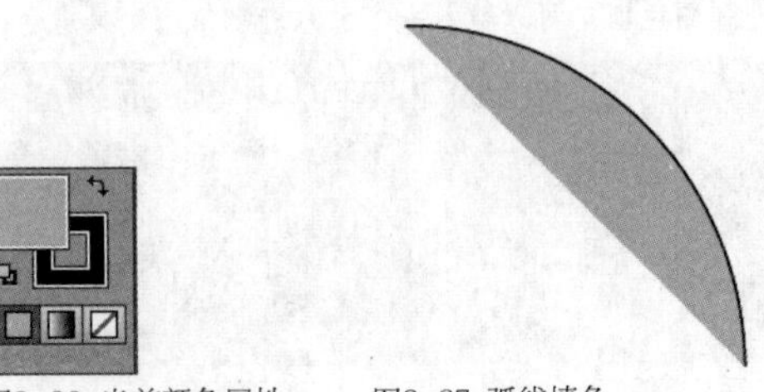

图2-26 当前颜色属性　　图2-27 弧线填色

● 螺旋线工具

工具箱中的“螺旋线工具”可以创建螺旋线，使用该工具在画板中单击并拖曳鼠标，即可绘制螺旋线，如图2-28所示。在拖曳鼠标的过程中可同时旋转螺旋线，若按R键，可以调整螺旋线的方向，如图2-29所示；若按住Ctrl键拖曳鼠标，可以调整螺旋线的紧密程度，如图2-30所示；若按↑方向键，可以增加螺旋，如图2-31所示，按↓方向键则会减少螺旋。

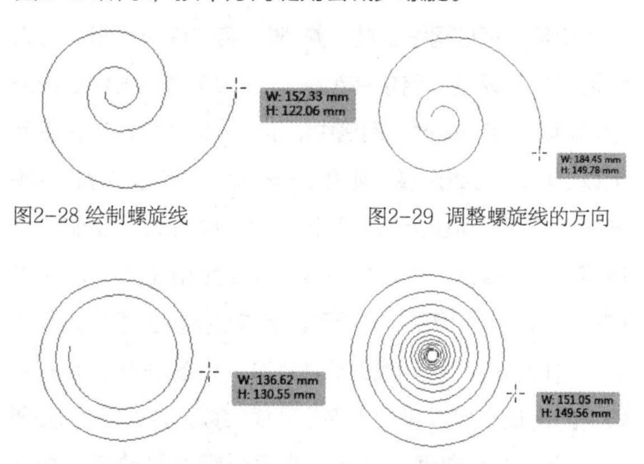

图2-28 绘制螺旋线　图2-29 调整螺旋线的方向

图2-30 调整螺旋线的紧密程度　图2-31 增加螺旋

若要创建精确的螺旋线，可以使用“螺旋线工具”在画板中单击，打开“螺旋线”对话框，设置精确的参数，如图2-32所示，完成螺旋线的绘制，如图2-33所示。

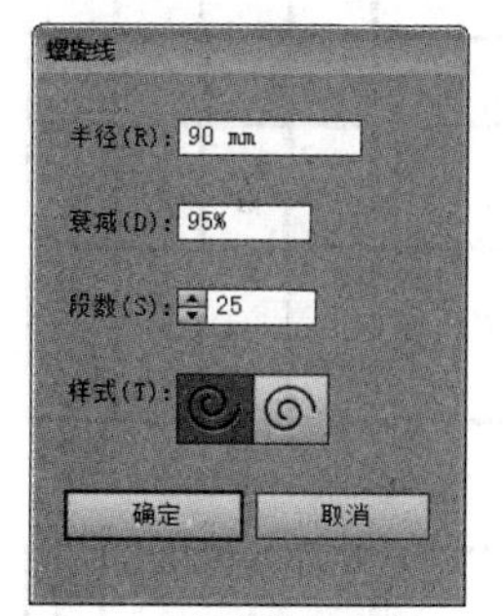

图2-32 “螺旋线”对话框　图2-33 绘制精确的螺旋线

- 半径：用来设置从中心到螺旋线最外侧结束点的距离，该值越高，螺旋线的范围越大。
- 衰减：用来设置螺旋线的每一螺旋相对上一螺旋应减少的量，该值越小，螺旋的间距越小，如图2-34、图2-35所示。

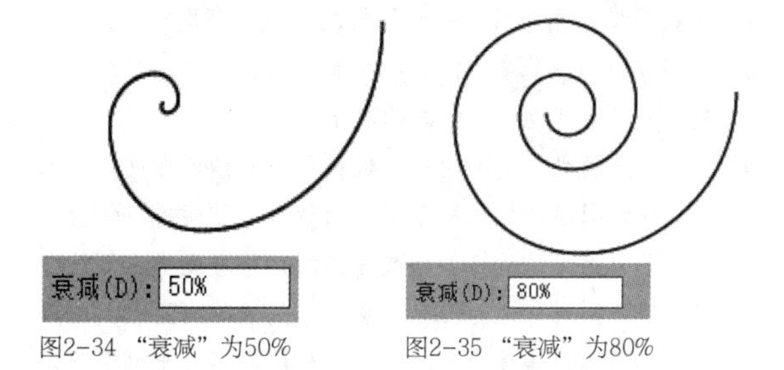

图2-34 “衰减”为50%　图2-35 “衰减”为80%

- 段数：用来设置螺旋线路径段的数量，如图2-36、图2-37所示。

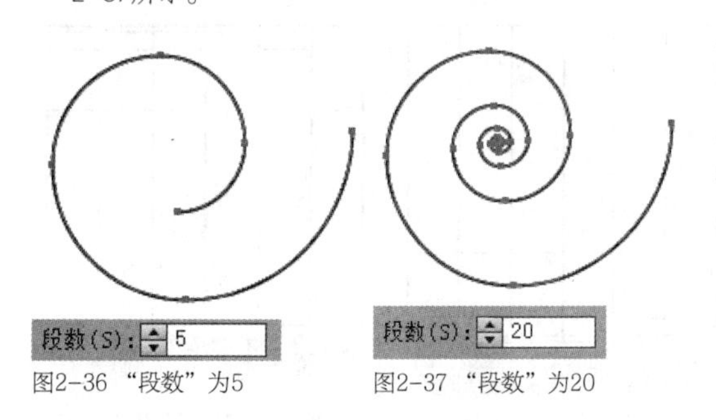

图2-36 “段数”为5　图2-37 “段数”为20

- 样式：用来设置螺旋线的方向。

2. 网格图形

在Illustrator中，网格工具包括“矩形网格工具”和“极坐标网格工具”，掌握这两种工具能够创作出各种效果的网格和图案。

● 矩形网格工具

选择“矩形网格工具”，在画板空白处单击并拖曳鼠标，可以创建自定义网格。若要创建精确的矩形网格，可以使用“矩形网格工具”在画板中单击，打开“矩形网格工具”对话框，如图2-38所示，设置精确数目的分隔线来创建矩形网格，如图2-39所示。

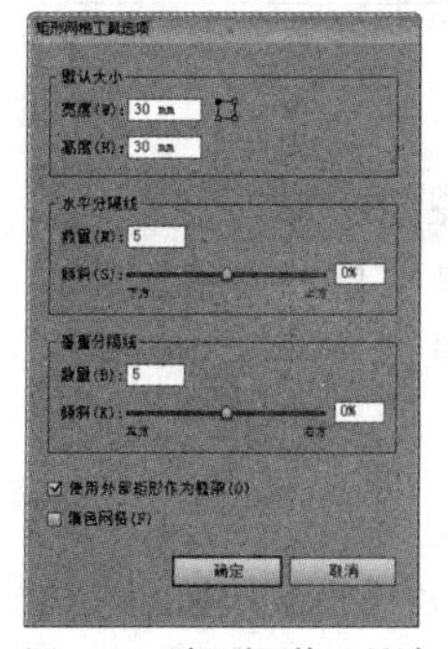

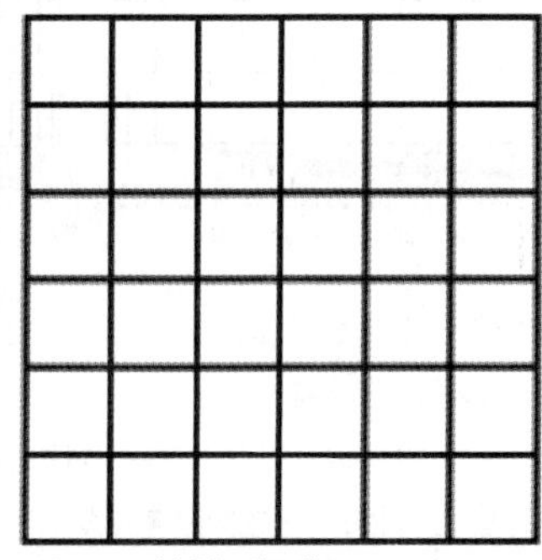
图2-38 “矩形网格工具选项”对话框　图2-39 创建矩形网格

- 宽度/高度：用来设置矩形网格的宽度和高度。
- 参考点定位器：单击参考点定位器上的4个空心方块，可以指定绘制网格时的起始位置。
- “水平分隔线”选项组：“数量”用来设置在网格顶部和底部之间出现的水平分隔线的数量。“倾斜”值决定了水平分隔线从网格顶部或底部倾向于左侧或右侧的方式。当“倾斜”值为0%时，水平分隔线的间距相同，如图2-39所示；该值大于0%时，网格的间距由上到下逐渐变窄，如图2-40所示；该值小于0%时，网格的间距由下到上逐渐变窄，如图2-41所示。

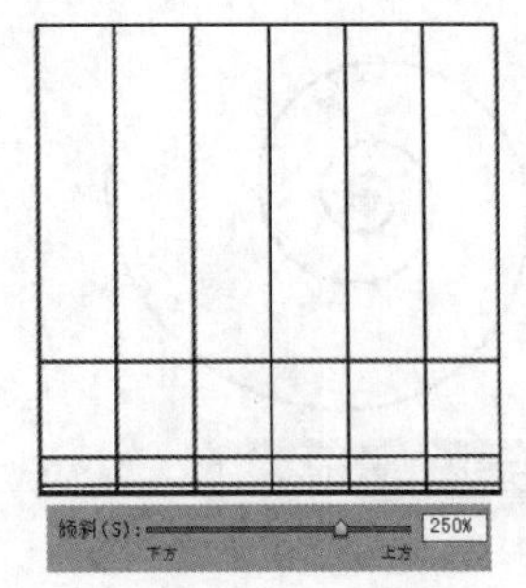

图2-40 “倾斜”值大于0%

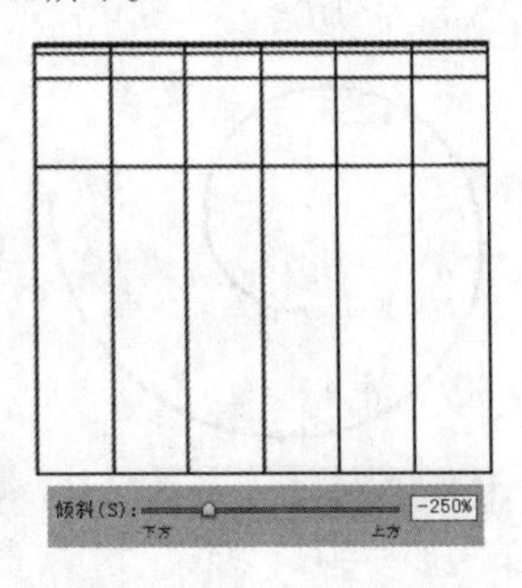

图2-41 “倾斜”值小于0%

- “垂直分隔线”选项组：“数量”用来设置在网格左侧和右侧之间出现的分隔线的数量。“倾斜”值决定了垂直分隔线倾向于左侧或右侧的方式。当“倾斜”值为0%时，垂直分隔线的间距相同，如图2-39所示；该值大于0%时，网格的间距由左到右逐渐变窄，如图2-42所示；该值小于0%时，网格的间距由右到左逐渐变窄，如图2-43所示。

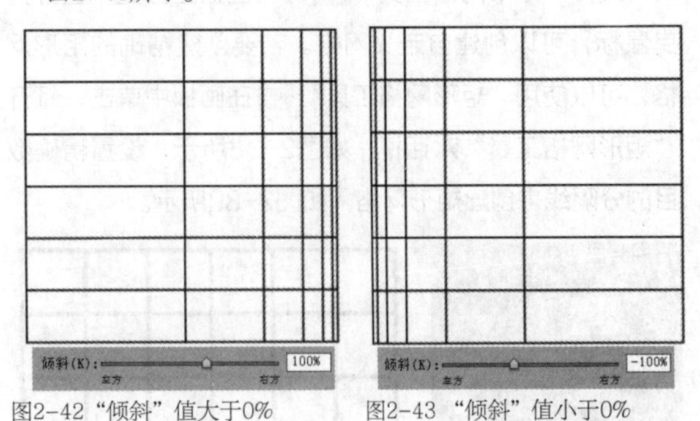

图2-42 “倾斜”值大于0%　图2-43 “倾斜”值小于0%

- 使用外部矩形作为框架：勾选该复选框后，将以单独的矩形对象替换顶部、底部、左侧和右侧线段。此时可在矩形的内部填色，如图2-44所示。
- 填色网格：勾选该复选框后，可在网格线上应用描边颜色，但网格内部不会填色，如图2-45所示。

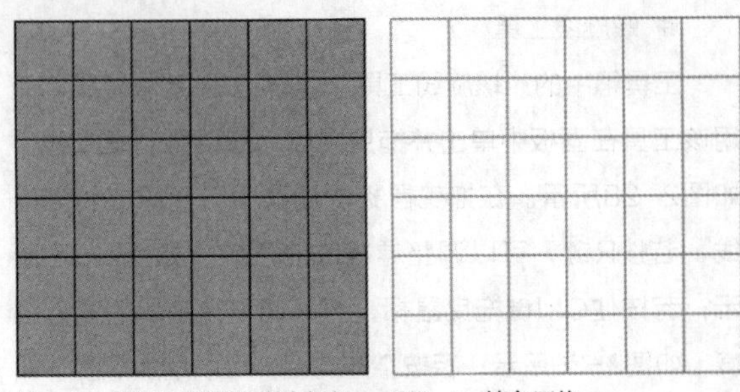
图2-44 使用外部矩形作为框架　图2-45 填色网格

使用“矩形网格工具”时，若按住Shift键，可以创建正方形网格；若按住Alt键，会以单击点为中心向外绘制网格；若按F键，网格中的水平分隔线间距可由下而上以10%的倍数递减，如图2-46所示；若按V键，水平分隔线的间距可由上而下以10%的倍数递减，如图2-47所示；若按X键．垂直分隔线的间距可由左向右以10%的倍数递减，如图2-48所示；若按C键，垂直分隔线的间距可由右向左以10%的倍数递减，如图2-49所示；若按↑方向键，可以增加水平分隔线的数量，如图2-50所示；若按↓方向键，则减少水平分隔线的数量，如图2-51所示；若按→方向键，可以增加垂直分隔线的数量，如图2-52所示；若按←方向键，可以减少垂直分隔线的数量，如图2-53所示。

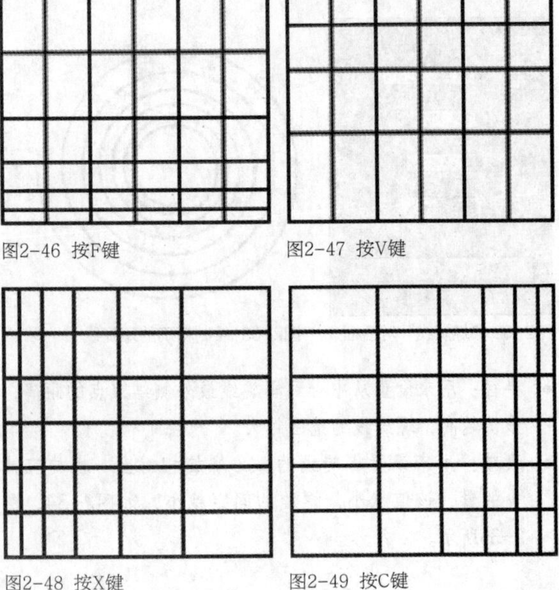
图2-46 按F键　图2-47 按V键

图2-48 按X键　图2-49 按C键

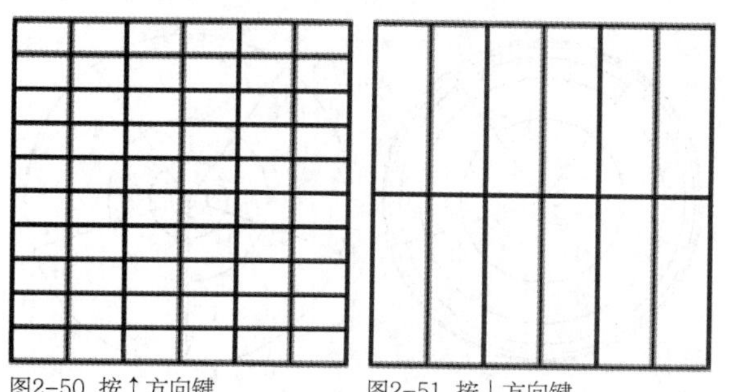

图2-50 按↑方向键　　图2-51 按↓方向键

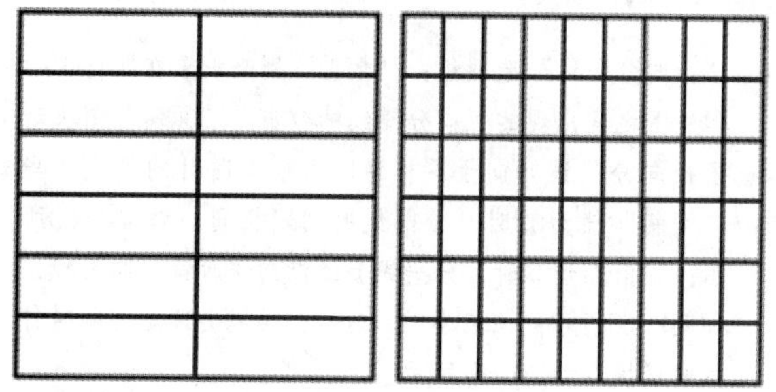

图2-52 按→方向键　　图2-53 按←方向键

练习 2-1 绘制棋盘

源文件路径	素材\第2章\练习2-1绘制棋盘
视 频 路 径	视频\第2章\练习2-1绘制棋盘.mp4
难 易 程 度	★★★

01 启动 Illustrator，执行“文件”|“打开”命令，在“打开”对话框中选择“象棋棋盘 .ai”素材文件，将其打开，如图 2-54 所示。

02 使用“矩形网格工具”，在画面中单击，打开“矩形网格工具选项”对话框，设置网格大小以及网格线数量，如图 2-55 所示。

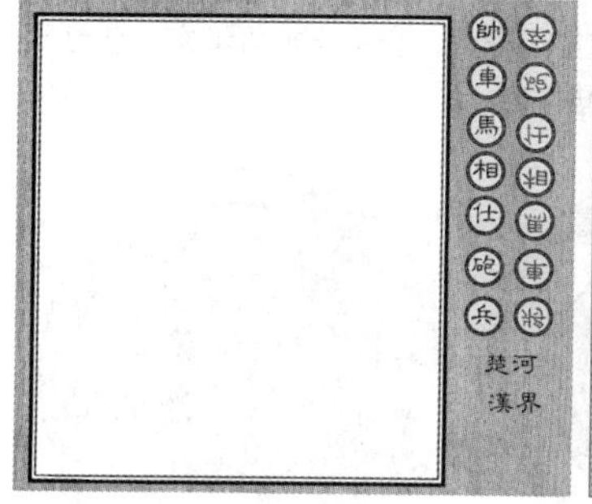

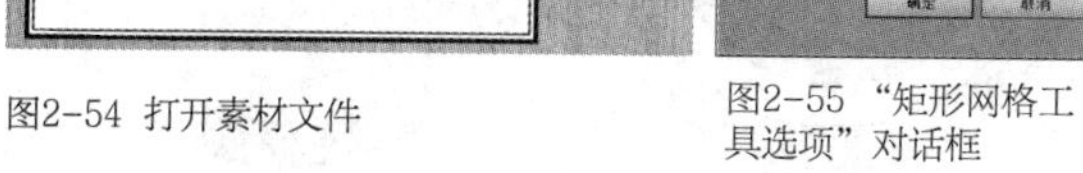

图2-54 打开素材文件　　图2-55 “矩形网格工具选项”对话框

03 单击“确定”按钮，绘制网格，使用“选择工具”调整位置至棋盘上方，如图 2-56 所示。

04 使用“直线段工具”，在网格中绘制两条对角线，如图 2-57 所示。

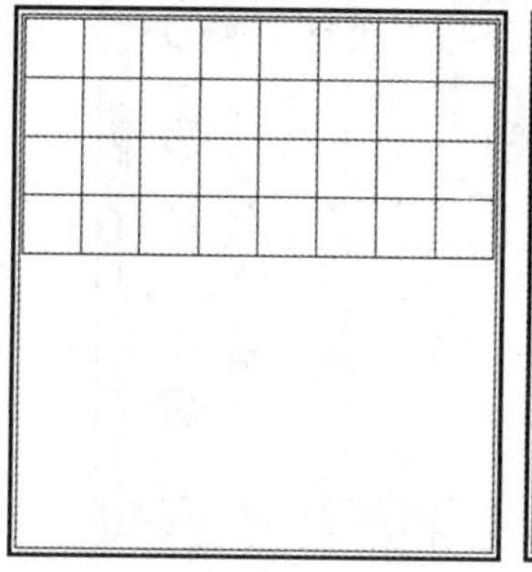

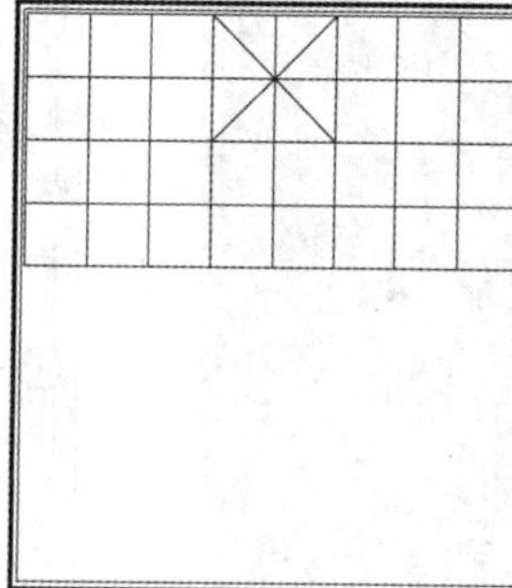

图2-56 网格效果　　图2-57 绘制对角线

提示

在绘制对角线之前，可以执行“视图”|“智能参考线”命令，打开智能参考线，能够帮助我们更加快速准确地找到对应的角点。

05 使用“直线段工具”，在网格中绘制其他棋子的位置参考线，如图 2-58 所示。

06 使用“选择工具”框选网格以及所有绘制的线条，按 Ctrl+G 快捷键编组。再双击“镜像工具”，打开“镜像”对话框，勾选“水平”复选框，再单击“复制”按钮，复制对象，调整位置，如图 2-59 所示。

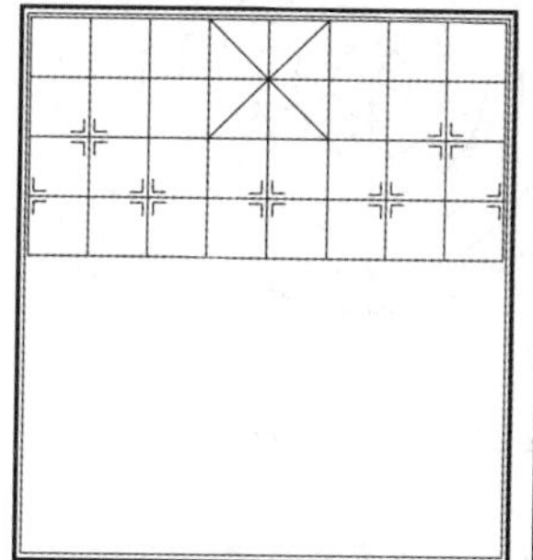

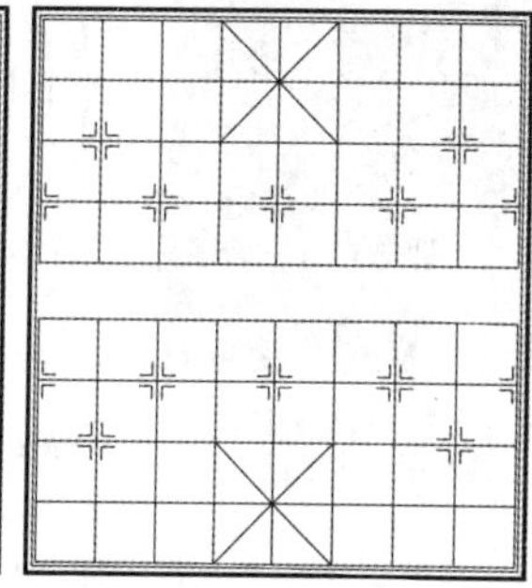

图2-58 绘制棋子参考线　　图2-59 复制棋盘

07 使用“选择工具”将右侧的素材全选，执行“对象”|“排列”|“至于顶层”命令，或者在“图层”面板中调整图层顺序，如图 2-60 所示。再将所有棋子置于棋牌上方，调整位置，完成象棋棋盘的绘制，如图 2-61 所示。

相关链接 关于“图层”面板的相关操作，请参阅本书第6章“6.1图层”。

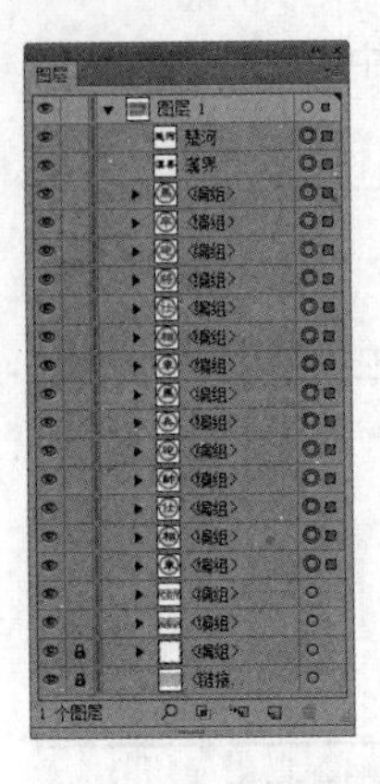

图2-60 “图层”面板

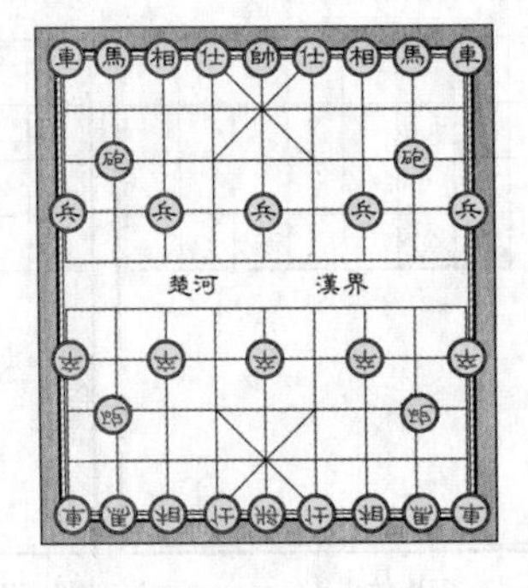

图2-61 象棋棋盘

● 极坐标网格工具

选择“极坐标网格工具”，在画板空白处单击并拖曳鼠标，可以创建自定义网格。若要创建精确的极坐标网格，可以使用“极坐标网格工具”，在画板中单击，打开“极坐标网格工具”对话框，如图2-62所示，设置精确数目的分隔线和大小来创建同心圆，如图2-63所示。

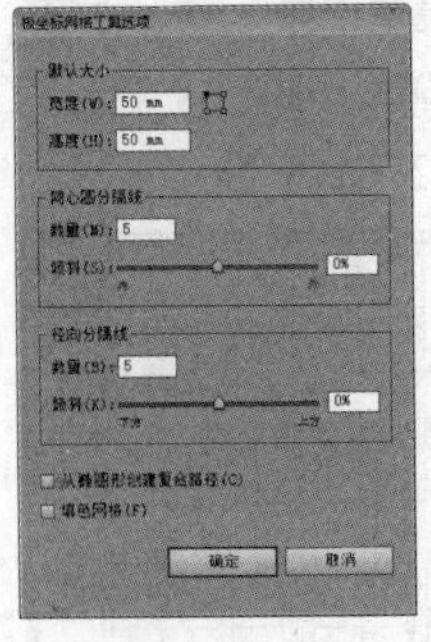

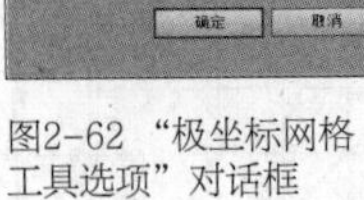

图2-62 “极坐标网格工具选项”对话框

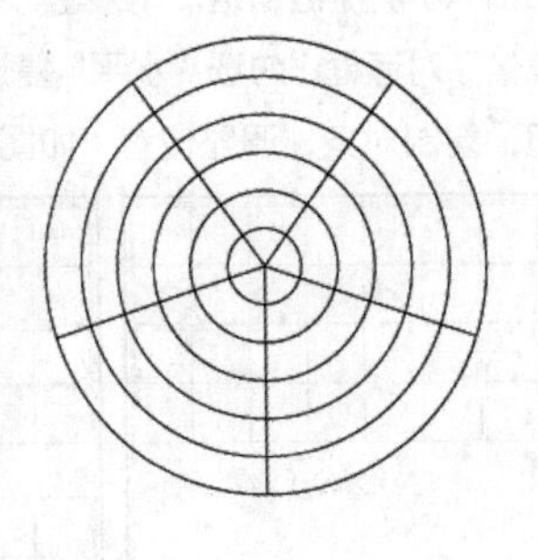

图2-63 精确的极坐标网格

- 宽度高度：用来指定整个网格的宽度和高度。
- 参考点定位器：单击参考点定位器上的4个空心方块，可以指定绘制网格时的起始位置。
- “同心圆分隔线”选项组：“数量”用来设置出现在网格中的圆形同心圆分隔线的数量。“倾斜”值决定了同心圆分隔线倾向于网格内侧或外侧的方式。当“倾斜”值为0%时，同心圆之间的距离相同，如图2-63所示；该值大于0%时，同心圆向边缘聚拢，如图2-64所示；该值小于0%时，同心圆向中心聚拢，如图2-65所示。

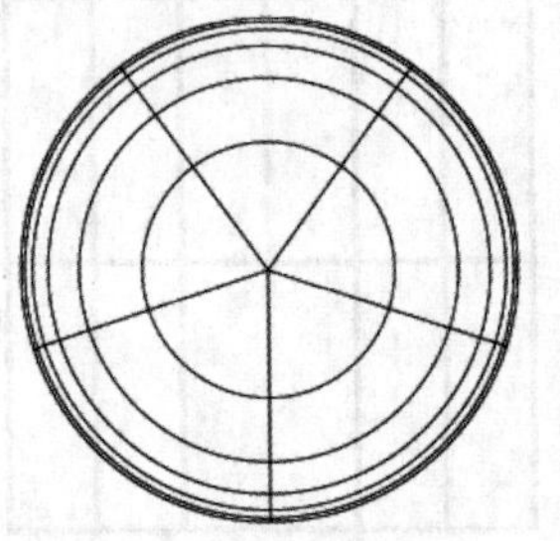

图2-64 “倾斜”值大于0%

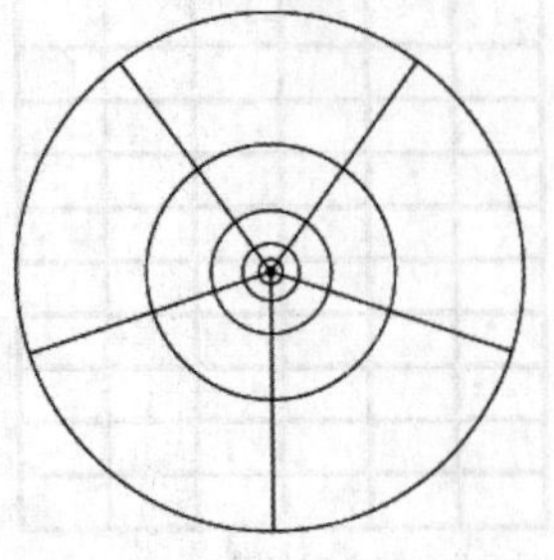

图2-65 “倾斜”值小于0%

- “径向分隔线”选项组：“数量”用来设置在网格中心和外围之间出现的径向分隔线的数量。“倾斜”值决定了径向分隔线倾向于网格逆时针或顺时针的方式。当“倾斜”值为0%时，分隔线的间距相同，如图2-63所示；该值大于0%时，分隔线会逐渐向逆时针方向聚拢，如图2-66所示；该值小于0%时，分隔线会逐渐向顺时针方向聚拢，如图2-67所示。

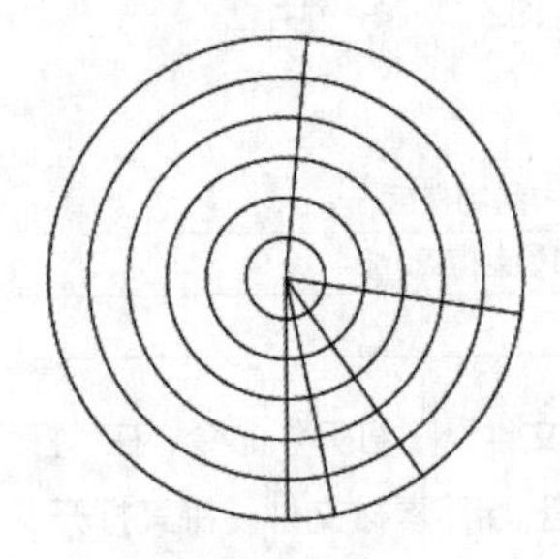

图2-66 “倾斜”值大于0%

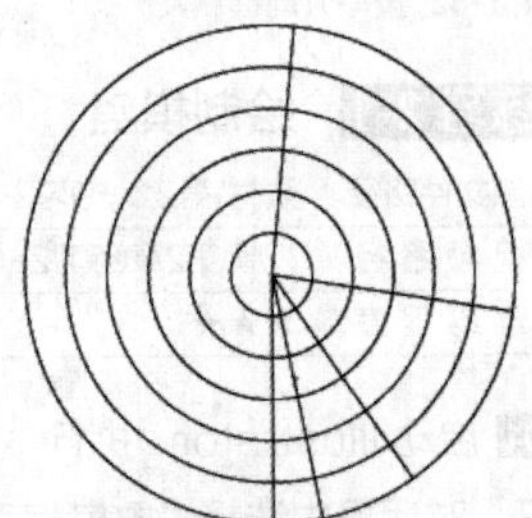

图2-67 “倾斜”值小于0%

- 从椭圆形创建复合路径：勾选该复选框后，可以将同心圆转换为独立的复合路径，并每隔一个圆填色，如图2-68所示。
- 填色网格：勾选该复选框后，会用当前的填充颜色为网格填色，如图2-69所示。

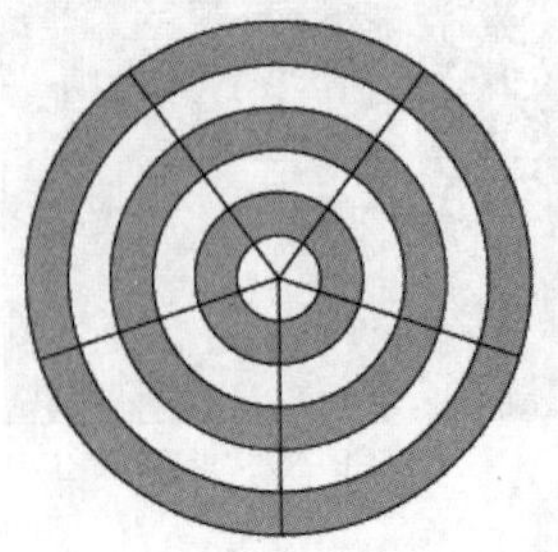

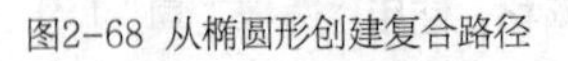

图2-68 从椭圆形创建复合路径

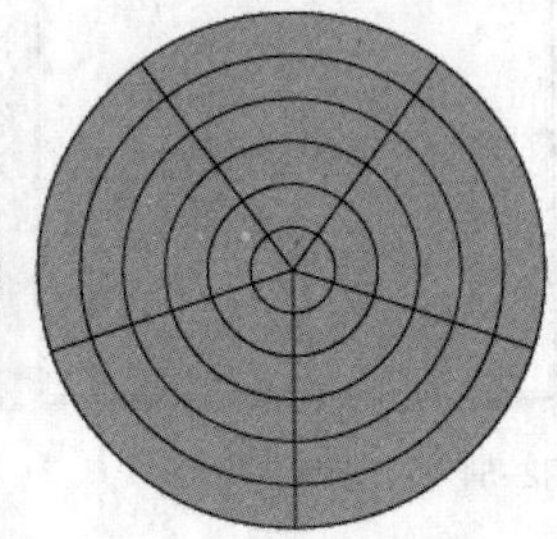

图2-69 填色网格

使用“极坐标网格工具”时，若按住Shift键，可以绘制圆形网格；若按住Alt键，将以单击点为中心向外绘制极坐标网格；若按↑方向键，可增加同心圆的数量，如图2-70所示；若按↓方向键，则会减少同心圆的数量，如图2-71所示；若按→方向键，可增加分隔线的数量，如图2-72所示；若按←方向键，则会减少分隔线的数量，如图2-73所示；若按X键，同心圆会逐渐向网格中心聚拢，如图2-74所示；若按C键，同心圆会逐向边缘扩散，如图2-75所示；若按V键，分隔线会逐渐向顺时针方向聚拢，如图2-76所示；若按F键，分隔线会逐渐向逆时针方向聚拢，如图2-77所示。

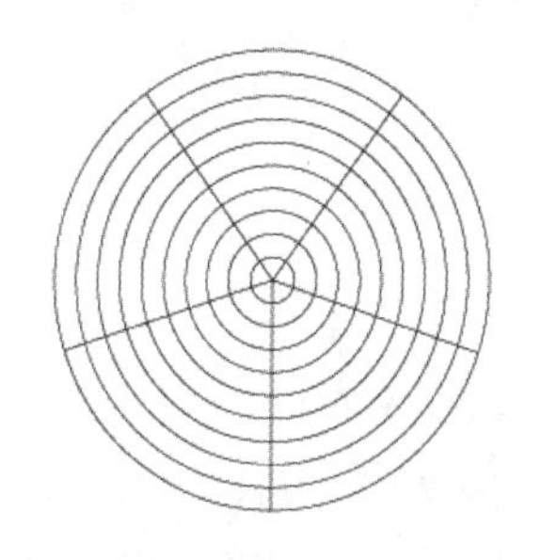

图2-70 按↑方向键

图2-71 按↓方向键

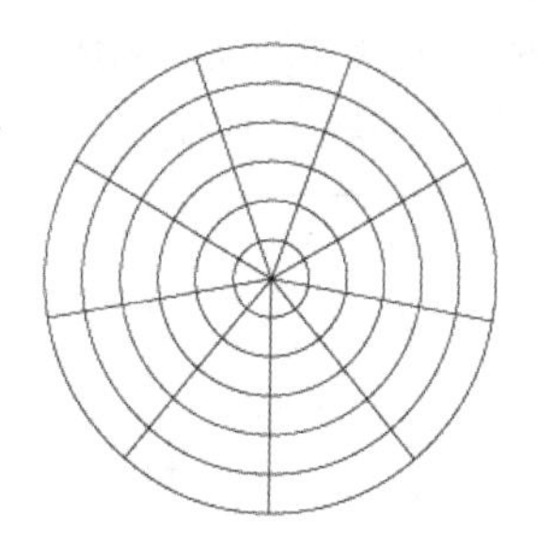

图2-72 按→方向键

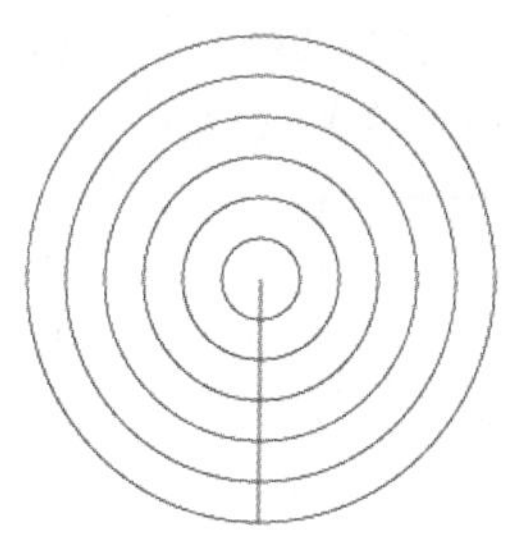

图2-73 按←方向键

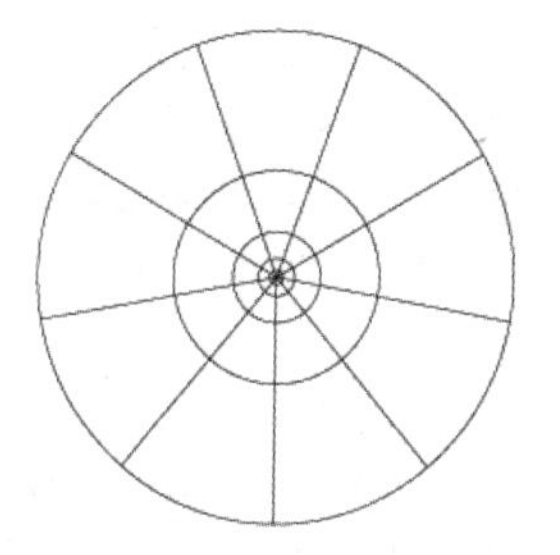

图2-74 按X键

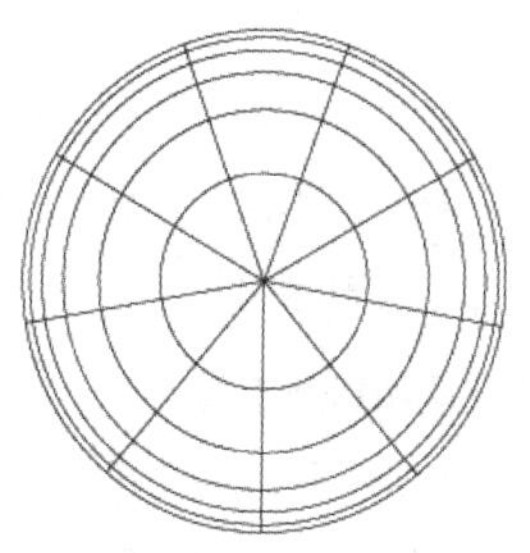

图2-75 按C键

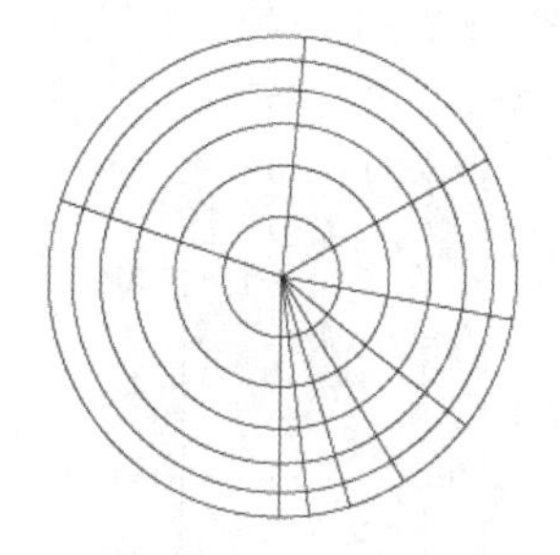

图2-76 按V键

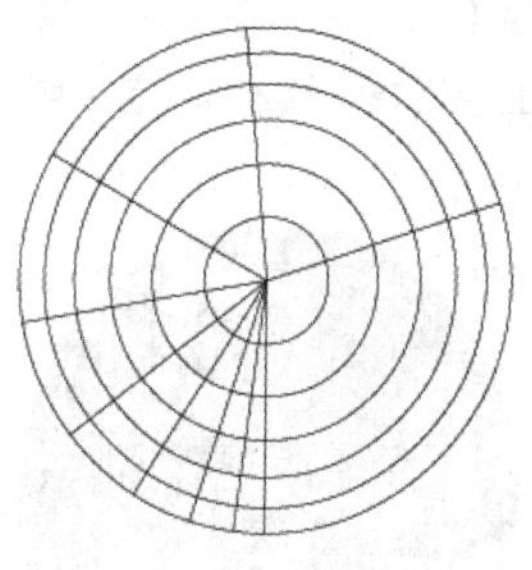

图2-77 按F键

练习 2-2 绘制投靶盘

源文件路径	素材\第2章\练习2-2绘制投靶盘
视频路径	视频\第2章\练习2-2绘制投靶盘.mp4
难易程度	★★

01 启动Illustrator，执行“文件”|“打开”命令，在“打开”对话框中选择“靶盘.ai”素材文件，将其打开，如图2-78所示。

02 使用“极坐标网格工具”，在“靶盘”中心单击，打开“极坐标网格工具选项”对话框，设置对应的参数，如图2-79所示。

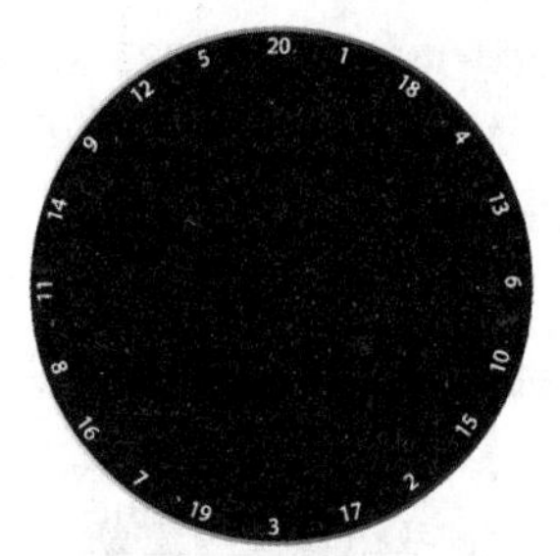

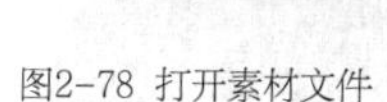

图2-78 打开素材文件

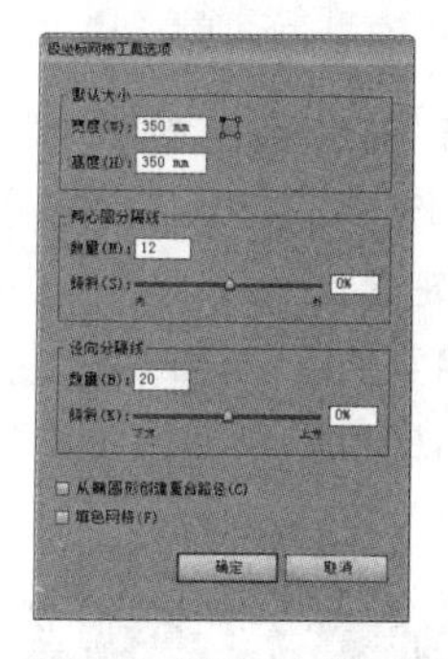

图2-79 “极坐标网格工具选项”对话框

03 使用“选择工具”调整极坐标网格的位置，在控制面板中设置网格无填充，“描边”为白色，“描边粗细”为3px，如图2-80所示。保持对象的选中状态，执行“对象”|“扩展”命令，打开“扩展”对话框，如图2-81所示，单击“确定”按钮，扩展对象。

04 取消所有对象的选择，选择工具箱中的“编组选择工具”，按住Shift键，选择多余的同心圆，再按Delete键将其删除，如图2-82所示。

05 全选剩下的极坐标对象，执行“对象”|“实时上色”|“建立”命令，创建实时上色组。在工具面板底部设置“填充”

为（C25%、M97%、Y91%、K0%），再使用“实时上色工具”为靶盘上色，如图2-83所示。

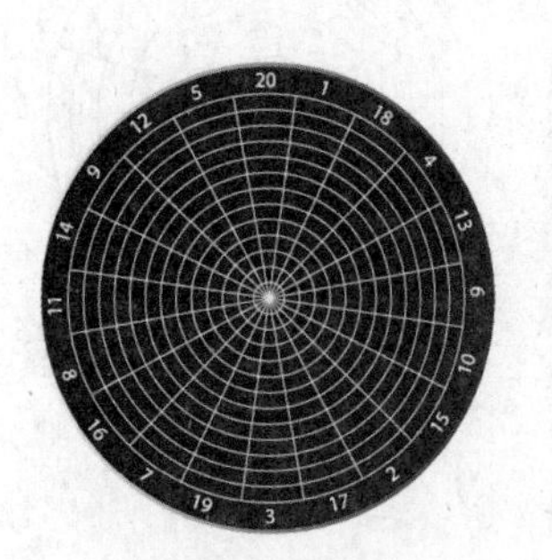

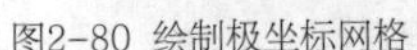
图2-80 绘制极坐标网格

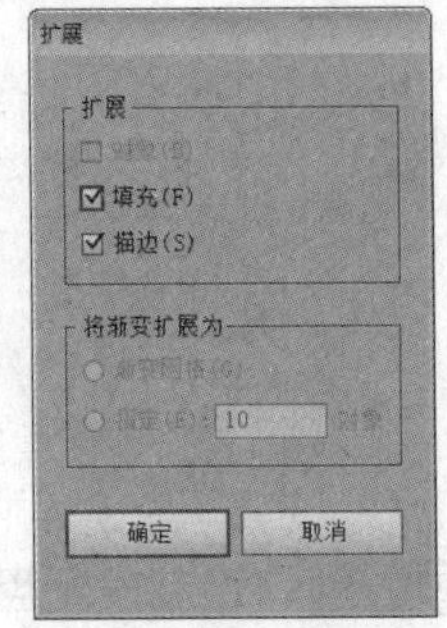

图2-81 “扩展”对话框

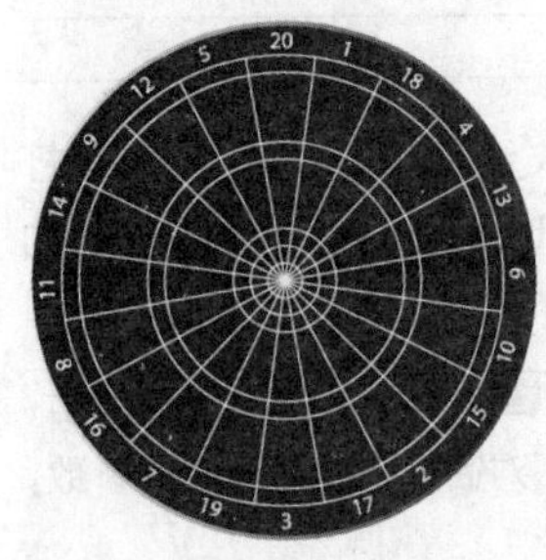

图2-82 删除多余的同心圆

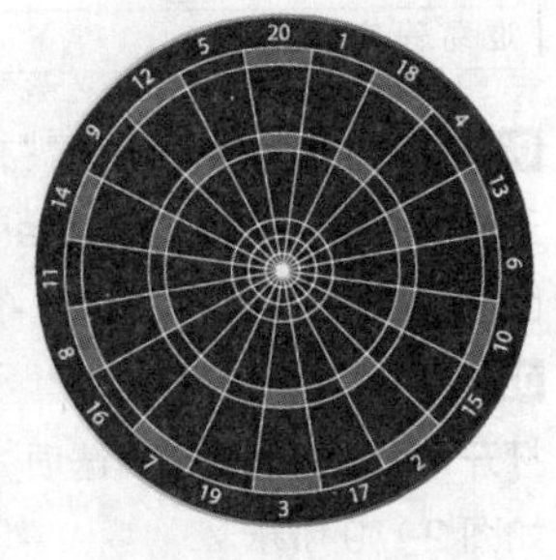

图2-83 为靶盘上色

06 在工具面板底部修改“填充”为（C85%、M35%、Y100%、K0%），使用“实时上色工具”为靶盘上色，如图2-84所示。

07 再使用“椭圆工具”，将指针移至“靶盘”中心，按住Shift+Alt键绘制两个同心圆，如图2-85所示。

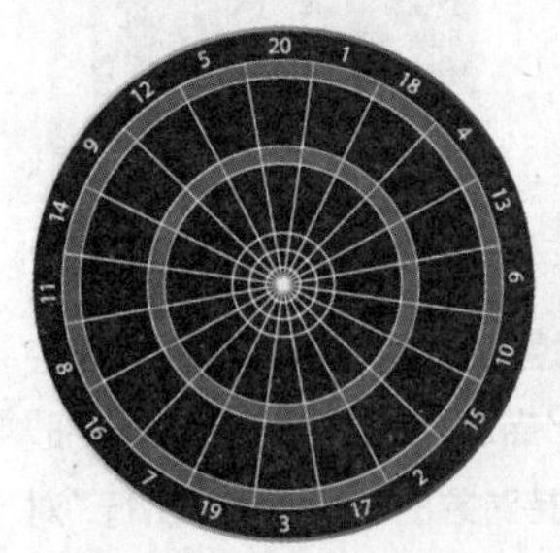

图2-84 为靶盘上色

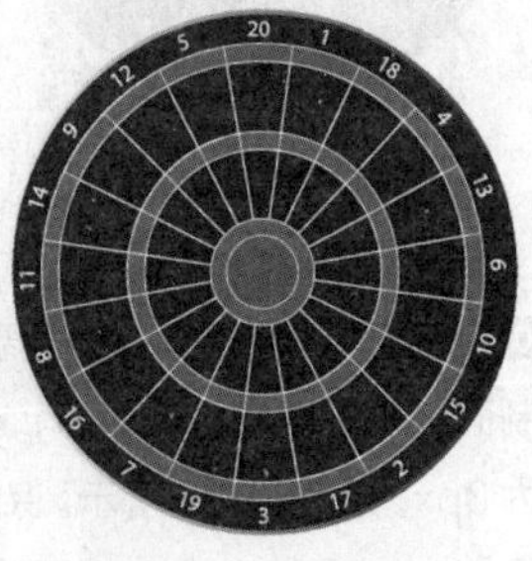

图2-85 绘制同心圆

08 在工具面板底部修改“填充”为（C20%、M20%、Y16%、K0%），再次使用“实时上色工具”为靶盘上色，如图2-86所示。

09 使用“椭圆工具”绘制圆形，填充白色，降低“不透明度”，为“靶盘”绘制反光，如图2-87所示。

图2-86 为靶盘上色

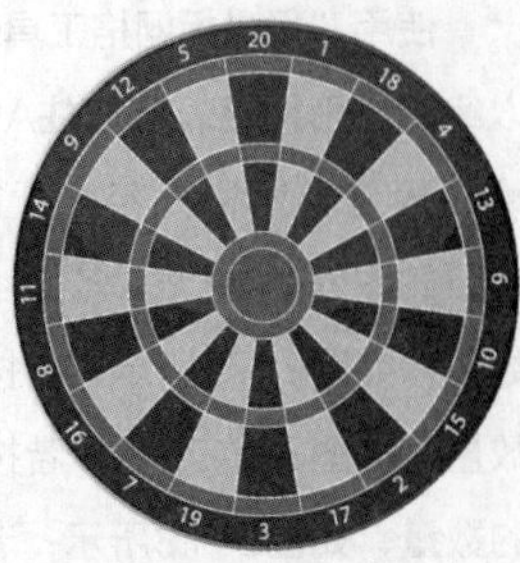

图2-87 最终效果

相关链接	关于本案例中“实时上色组”的相关知识，请参阅本书第3章，最后一步操作运用了“路径查找器”面板和“不透明度”的知识，请参考相关章节内容。

2.2.2 几何图形

1. 矩形工具

使用“矩形工具”可以创建矩形和正方形。选择该工具后，在画板中单击并拖动鼠标，可以创建任意大小的矩形，如图2-88所示。在操作时，若按住Alt键，指针将变为状，此时可由单击点为中心向外绘制矩形；若按住Shift键，可绘制正方形，如图2-89所示；若按住Shift+Alt键，可由单击点为中心向外绘制正方形。

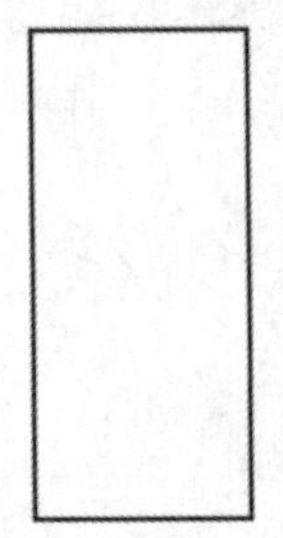

图2-88 绘制矩形

图2-89 绘制正方形

如果要创建一个指定大小的矩形，可以在画板中单击，打开“矩形”对话框，如图2-90所示，在对话框中设置相应参数即可。

2. 圆角矩形工具

使用“圆角矩形工具”可以创建圆角矩形，如图2-91所示。它的使用方式及快捷键与“矩形工具”相同。不同的是，在绘制过程中，若按↑方向键，可以增加圆角半径，直至成为圆形；若按↓方向键，可以减少圆角半径，直至成为方形；若按←方向键或→方向键，可以在方形与圆形之间切换。

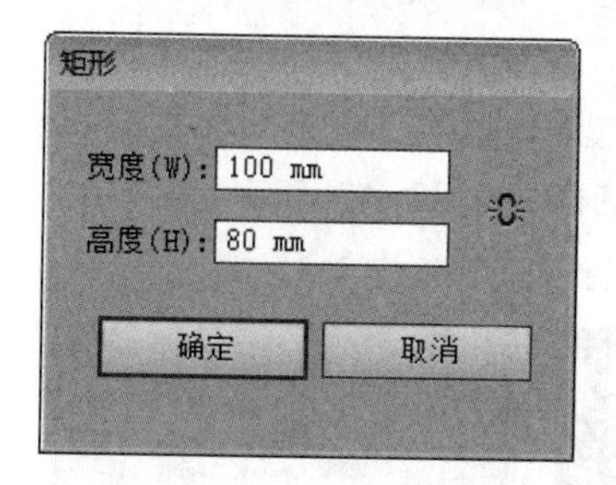

图2-90 “矩形”对话框

如果要创建一个指定大小的圆角矩形，可以在画板中单击，打开“圆角矩形”对话框，如图2-92所示，在对话框中设置相应参数即可。

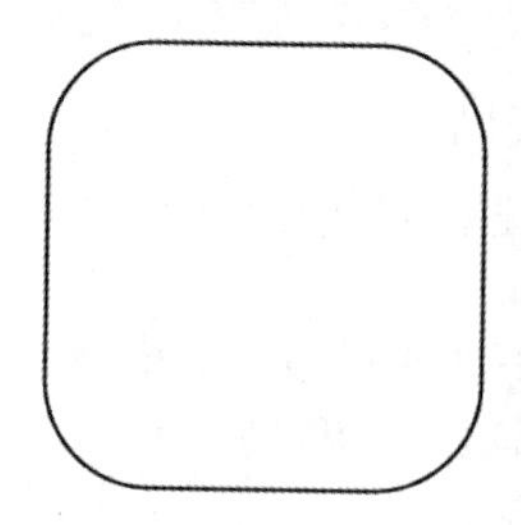

图2-91 绘制圆角矩形

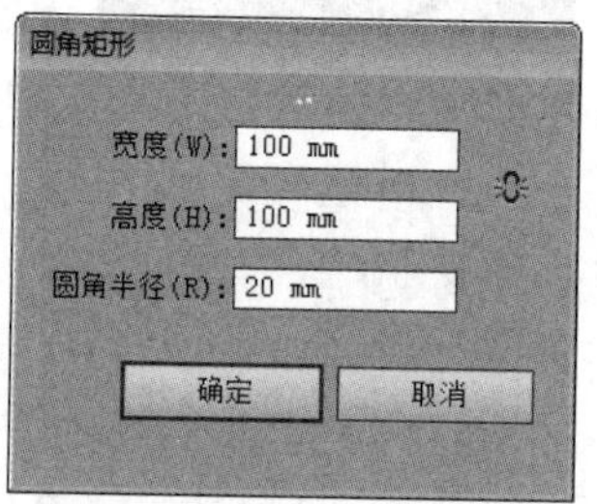

图2-92 “圆角矩形”对话框

3. 椭圆工具

使用“椭圆工具”可以创建圆形和椭圆形，如图2-93所示。选择该工具后，在画板中单击并拖曳鼠标，可以绘制任意大小的椭圆。在操作时，若按住Shift键，可以创建圆形，如图2-94所示；若按住Alt键，可以以单击点为中心向外绘制椭圆；若按Shift+Alt键，则可以以单击点为中心向外绘制圆形。

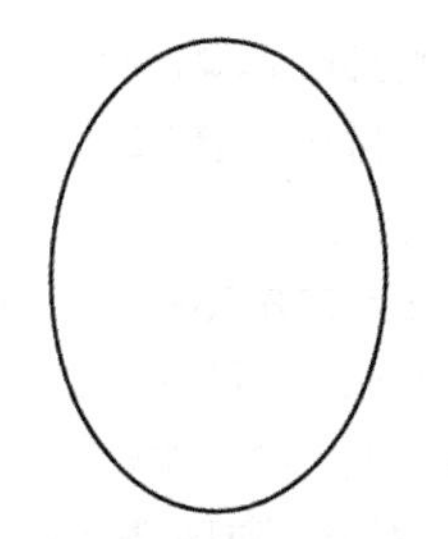

图2-93 绘制椭圆

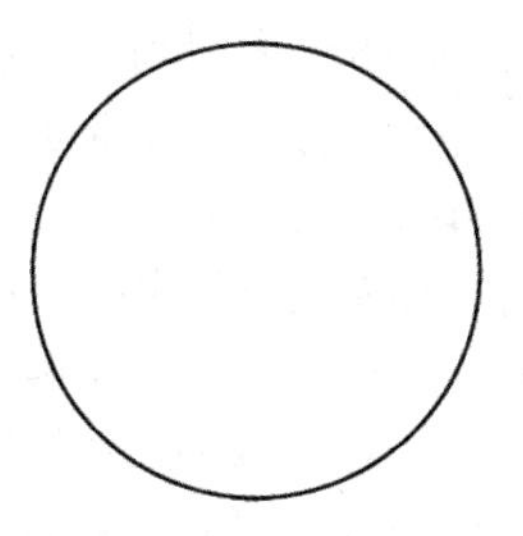

图2-94 绘制圆形

如果要创建一个指定大小的圆形或者椭圆形，可以在画板中单击，打开“椭圆”对话框，如图2-95所示，在对话框中设置相应参数即可。

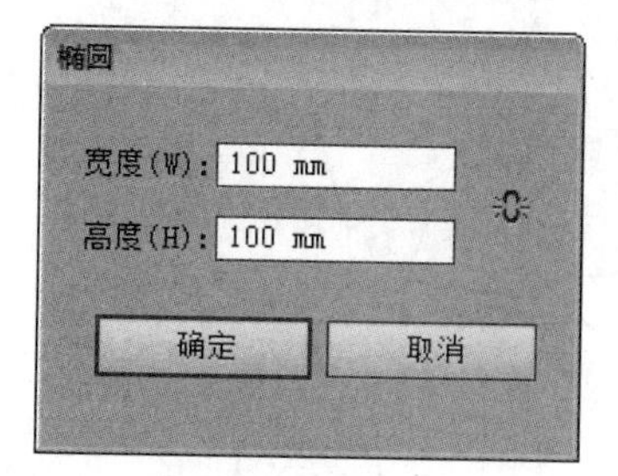

图2-95 “椭圆”对话框

4. 多边形工具

使用“多边形工具”可以创建三边或者三边以上的多边形，如图2-96、图2-97所示。在绘制过程中，若按↑方向键或↓方向键，可增加或减少多边形的边数；拖曳光标可以旋转多边形；若按住Shift键，可以锁定一个不变的角度。

如果要创建一个指定半径和边数的多边形，可以在画板中单击确定一个中心点，打开“多边形”对话框，如图2-98所示，在对话框中设置相应参数即可。

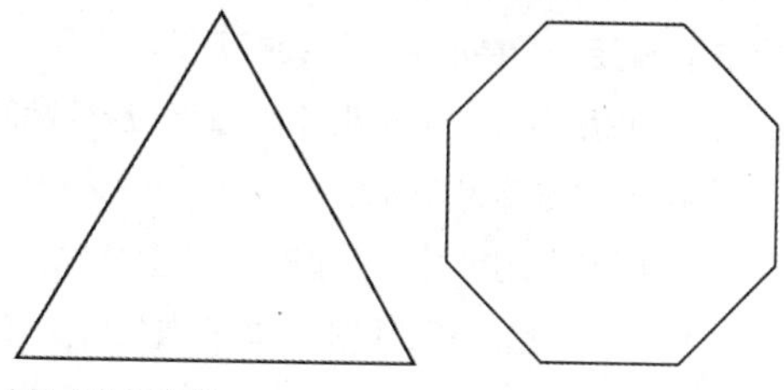

图2-96 三角形　　图2-97 八边形

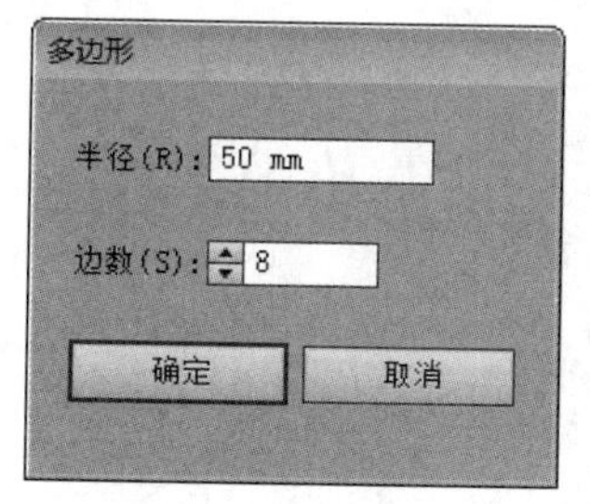

图2-98 “多边形”对话框

5. 星形工具

使用“星形工具”可以创建各种形状的星形，如图2-99所示。在绘制过程中，若按↑方向键或↓方向键，可以增加或减少星形的角点数，如图2-100所示，拖曳光标可以旋转星形。若按住Shift键，可以保持不变的角度；若按Alt键，可以调整星形拐角的角度，如图2-101所示。

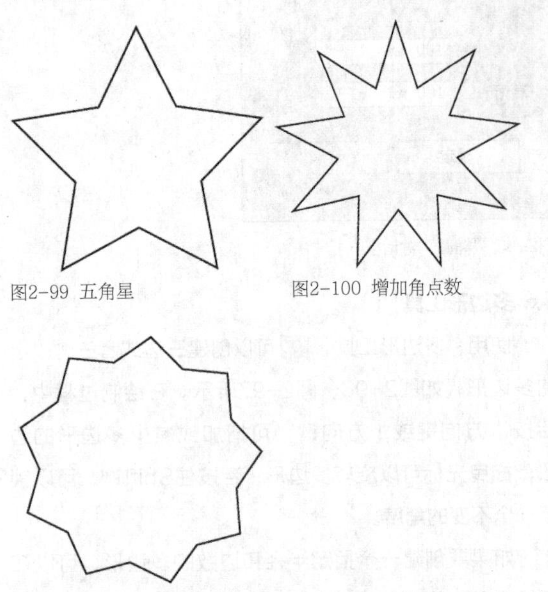

图2-99 五角星　　图2-100 增加角点数

图2-101 调整拐角的角度

如果要更精确地绘制星形，可以使用“星形工具”在画板中单击，确定一个中心点，将会打开“星形”对话框，如图2-102所示，在对话框中设置相应参数即可。其中，“半径1”选项用来指定从星形中心到星形最内点的距离，“半径2”用来指定从星形中心到星形最外点的距离，“角点数”用来指定星形具有的点数，如图2-103所示。

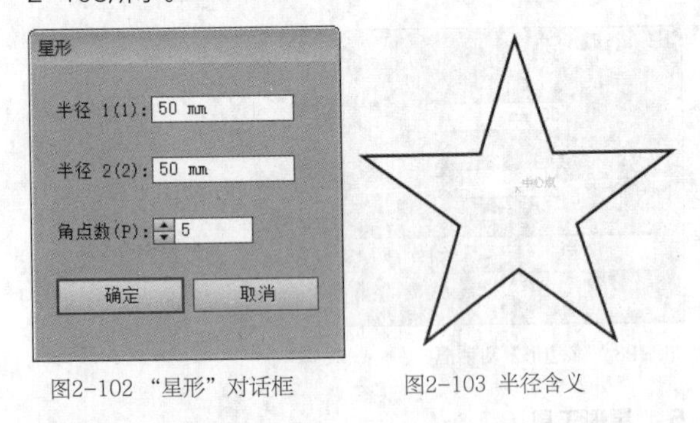

图2-102 “星形”对话框　　图2-103 半径含义

2.2.3 光晕图形

使用“光晕工具” 可以创建由射线、光晕、闪光中心和环形等组件组成的光晕图形，如图2-104所示。光晕图形是矢量图形，它包含中央手柄和末端手柄，手柄可以定位光晕和光环，中央手柄是光晕的明亮中心，光晕路径从该点开始。

双击工具箱中的“光晕工具” 按钮，可以打开“光晕工具选项”对话框，如图2-105所示。在对话框中可以设置光晕的相关参数，各参数的含义如下。

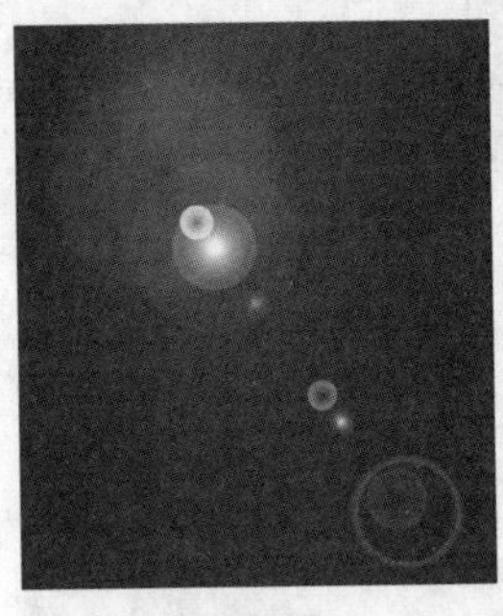

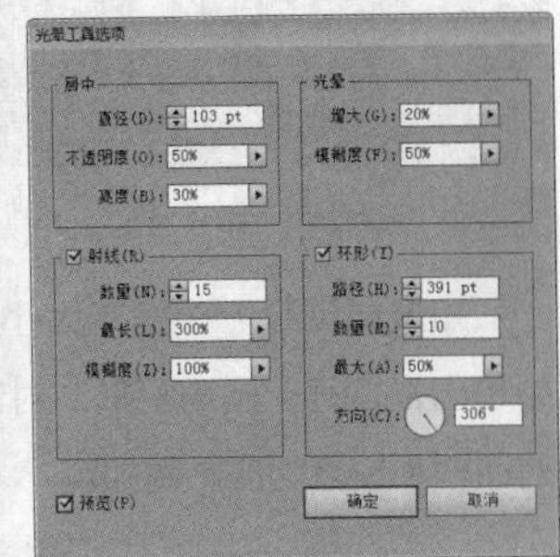

图2-104 光晕图形　　图2-105 “光晕工具选项”对话框

- “居中”选项组：用来设置光晕中心的整体直径、不透明度和亮度。
- “光晕”选项组：“增大”选项用来设置光晕大小的百分比；“模糊度”选项用来设置光晕的模糊程度（0%为锐利，100%为模糊）。
- “射线”选项组：用来设置射线的数量、最长的射线和射线的模糊度。
- “环形”选项组：用来设置光晕中心点与末端光晕之间的路径距离、光环数量和最大的光环，以及光环的方向或角度。

练习 2-3 绘制光晕

源文件路径	素材\第2章\练习2-3绘制光晕
视频路径	视频\第2章\练习2-3绘制光晕.mp4
难易程度	★★

01 启动Illustrator，执行“文件”|“打开”命令，在“打开”对话框中选择“光晕素材.ai”素材文件，单击“打开”按钮，如图2-106所示。

02 使用“光晕工具” ，在画板上单击并按住鼠标不要释放，确定光晕的中央手柄，拖曳鼠标设置中心的大小和光晕的大小，并旋转射线角度，此时按↑方向键或↓方向键可以增加或减少射线数量，如图2-107所示。

图2-106 打开素材文件

图2-107 确定中央手柄和射线

03 释放鼠标，移动指针至画板另一处，再次单击并拖曳鼠标，添加光环并放置末端手柄，如图 2-108 所示。最后释放鼠标，完成光晕的创建，如图 2-109 所示。

图2-108 确定末端手柄

图2-109 光晕效果

2.2.4 课堂范例——用几何工具绘制书桌插画

源文件路径	素材\第2章\2.2.4课堂范例——用几何工具绘制书桌插画
视频路径	视频\第2章\2.2.4课堂范例——用几何工具绘制书桌插画.mp4
难易程度	★★★

本实例主要介绍使用几何工具绘制各种几何图形，组合成一幅几何风格的书桌插画。在绘制过程中，主要练习对线条工具和几何工具的运用。

01 执行“文件”|“新建”命令或按 Ctrl+N 快捷键，新建一个 660mm × 500mm 大小的空白文档。使用“矩形工具”绘制一个与画板大小相同的矩形，设置“填充”为（C50%、M10%、Y18%、K0%），无描边。

1. 绘制木纹书桌

02 使用“圆角矩形工具”，在画面中单击，打开“圆角矩形选项”对话框，设置“宽度”为 600mm，“高度”为 20mm，“圆角半径”为 50mm，单击“确定”按钮绘制圆角矩形。再设置“填充”为（C5%、M5%、Y12%、K0%），“描边”为黑色，“描边粗细”为 3px，调整位置如图 2-110 所示。

03 使用“弧线工具”，运用绘制弧线的相关技巧，在圆角矩形中绘制出不同形状大小的弧线，制作木纹效果，如图 2-111 所示，并对圆角矩形和所有弧线进行编组。

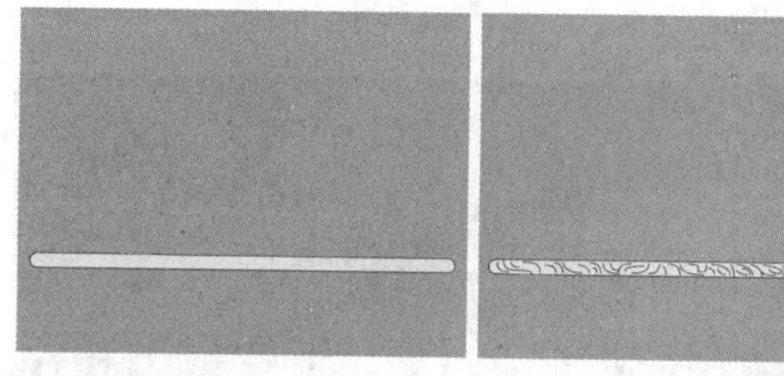

图2-110 绘制书桌　　图2-111 制作木纹效果

2. 绘制台灯灯罩

台灯底座由圆角矩形和一条直线段组成，连接灯罩与灯座的是矩形和同心圆，下面是灯罩的绘制方式。

04 使用“圆形工具”和“矩形工具”绘制圆形和矩形，调整位置如图 2-112 所示。同时选中两个对象，执行“窗口”|“路径查找器”命令，打开“路径查找器”面板，单击“减去顶层”按钮，效果如图 2-113 所示。

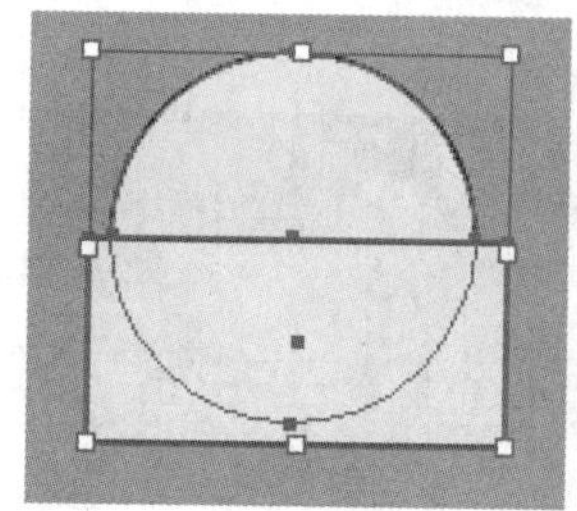

图2-112 绘制圆形和矩形

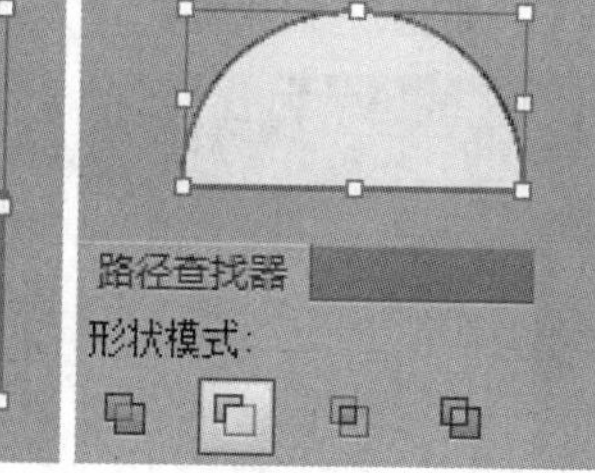

图2-113 减去顶层

05 再次使用“圆形工具”绘制一个圆形，修改“填充”为（C5%、M35%、Y75%、K0%），将其调整至半圆灯罩的下方，如图 2-114 所示，旋转并调整灯罩的位置。

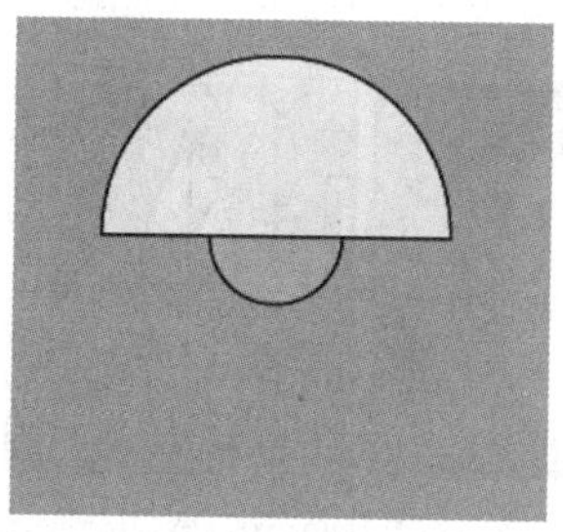

图2-114 绘制灯泡

06 使用“矩形工具” 绘制一个矩形，设置“填充”为（C5%、M10%、Y27%、K0%），无描边。使用“直接选择工具” 依次选择矩形的4个锚点，调整锚点的位置，如图2-115所示，绘制灯光效果，如图2-116所示。

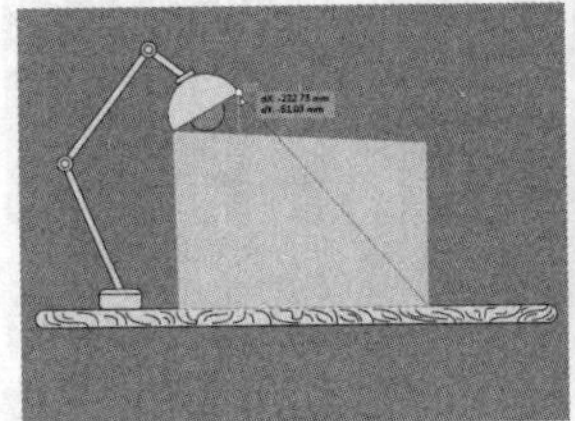

图2-115 绘制矩形

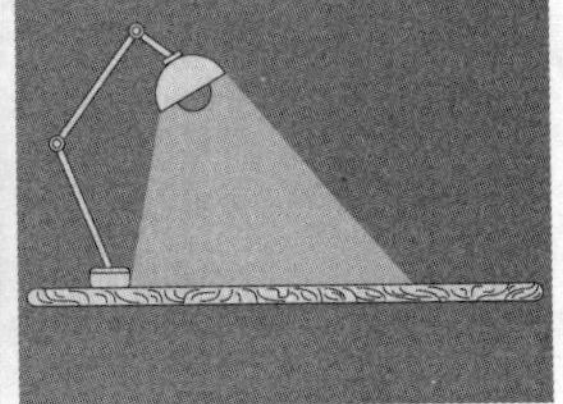

图2-116 制作光线效果

提示

本实例的绘制过程中运用到的“路径查找器”、调整图层顺序等知识，请参考本书“第4章 编辑图形对象”。

3. 绘制绿植

07 运用相同的方式，完成桌面上其他摆件的绘制，效果如图2-117所示。使用“直线段工具” 绘制绿植枝干，如图2-118所示。

图2-117 其他摆件效果

图2-118 绘制绿植枝干

08 使用“椭圆工具” 绘制一个椭圆形，如图2-119所示。使用“钢笔工具组”中的“转换锚点工具” ，单击椭圆上下两个锚点，将其转换为角点，如图2-120所示。使用“直线段工具” 绘制树叶经脉，如图2-121所示。

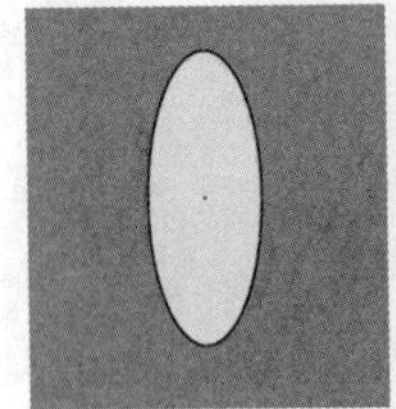

图2-119 绘制椭圆

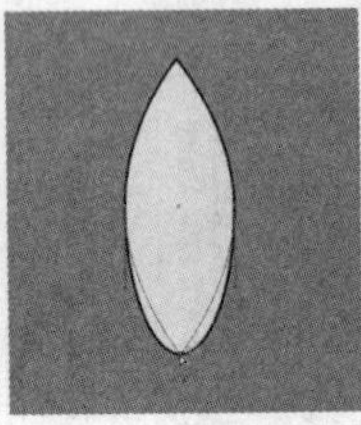

图2-120 转换为角点

图2-121 绘制树叶经脉

09 全选椭圆与线段（即树叶对象），按Ctrl+G快捷键对其编组，调整位置，如图2-122所示。复制多层树叶，调整到合适位置，为电脑桌面添加文字，完成书桌插画的绘制，如图2-123所示。

图2-122 树叶位置

图2-123 最终效果

2.3 自由图形绘制

使用几何工具虽然能够绘制各种几何图形，但是对于较为复杂的图形，绘制步骤会较为烦琐。这时Illustrator中的自由绘制工具便能帮助我们更加快速、灵活地绘制变幻多端的图形。

2.3.1 钢笔工具

在Illustrator中绘制矢量图形时，钢笔工具是最核心的工具，使用该工具可以绘制直线、曲线及任意图形，并可以对已有路径进行编辑。熟练掌握钢笔工具的应用能够帮助用户创造出更加丰富的造型。

1. 绘制直线段

使用“钢笔工具” ，在画板上单击（不要拖曳鼠标）创建一个锚点，然后拖曳鼠标在另一处位置单击，即可创建直线路径，如图2-124所示。若按住Shift键单击，可以将直线的角度限定为45°的倍数。在其他位置单击，可继续绘制直线，如图2-125所示。如果要闭合路径，可以将指针移至第一个锚点上，此时指针会变为 状，再单击鼠标即可闭合路径，如图2-126所示。

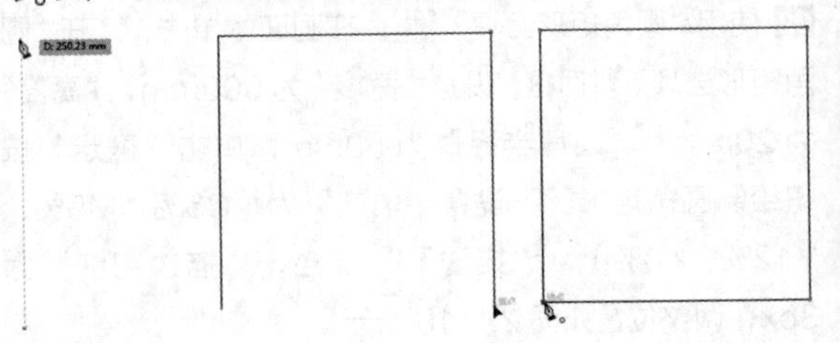

图2-124 创建直线路径　图2-125 创建直线路径　图2-126 闭合路径

提示

在使用“钢笔工具”单击创建锚点时，按住鼠标左键不释放，再按键盘中的空格键并拖曳鼠标，可以重新定位锚点的位置。

2. 绘制曲线

使用“钢笔工具”，在画板上单击并拖曳鼠标，可以创建一个平滑点，如图2-127所示。移动指针至另一处单击并拖曳鼠标，即可创建曲线。若向前一条方向线的相同方向拖曳鼠标，可以创建“S”形曲线，如图2-128所示；若向前一条方向线的相反方向拖曳鼠标，可以创建“C”形曲线，如图2-129所示。绘制曲线时，锚点越少，曲线越平滑。

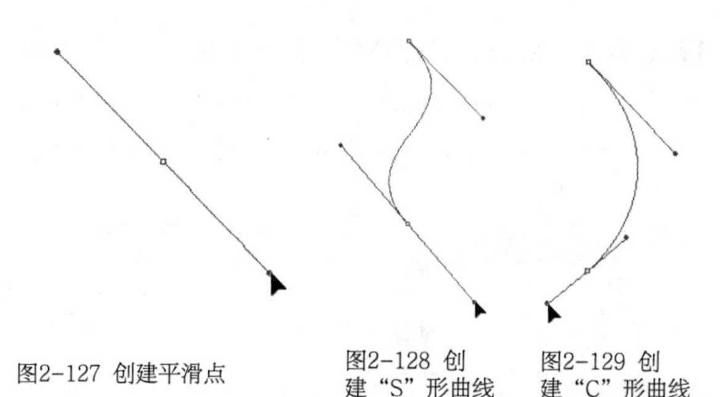

图2-127 创建平滑点　图2-128 创建“S”形曲线　图2-129 创建“C”形曲线

提示

如果要结束开放式路径的绘制，可按住Ctrl键，此时将切换为“选择工具”，拖曳鼠标在远离对象的位置单击，即可结束绘制。也可以拖曳指针至工具面板中，选择切换到其他工具。

3. 绘制转角曲线

如果要绘制与上一段曲线之间出现转折的曲线，首先需要在创建新的锚点前改变方向线的方向。使用“钢笔工具”绘制一段曲线，再将指针移至方向点上，如图2-130所示，单击并按住Alt键向反方向拖曳鼠标，如图2-131所示。释放Alt键和鼠标左键，移动光标至另一处，单击并拖曳鼠标，创建一个新的平滑点，即可创建转角曲线，如图2-132所示。通过拆分方向的方式将平滑点转换成角点，方向线的长度决定下一条曲线的斜度。

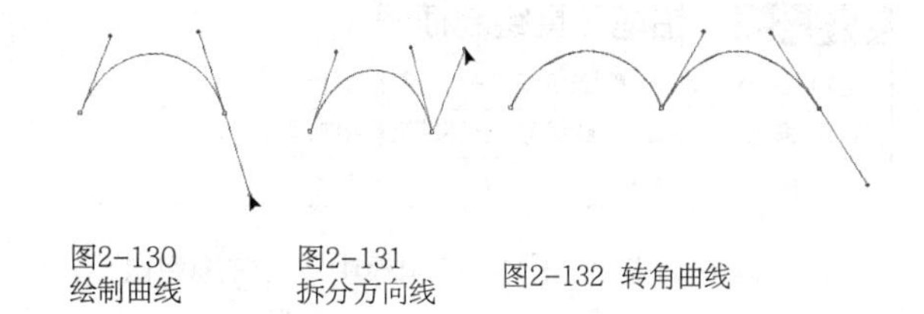

图2-130 绘制曲线　图2-131 拆分方向线　图2-132 转角曲线

4. 在曲线后面绘制直线

使用“钢笔工具”绘制一段直线路径，将指针放在该路径的最后一个锚点上，此时指针将会变为状，如所图2-133示。单击并拖出一条方向线，将该角点转换为平滑点，如图2-134所示。在其他位置单击并拖曳鼠标，即可在直线后面绘制曲线，如图2-135所示。

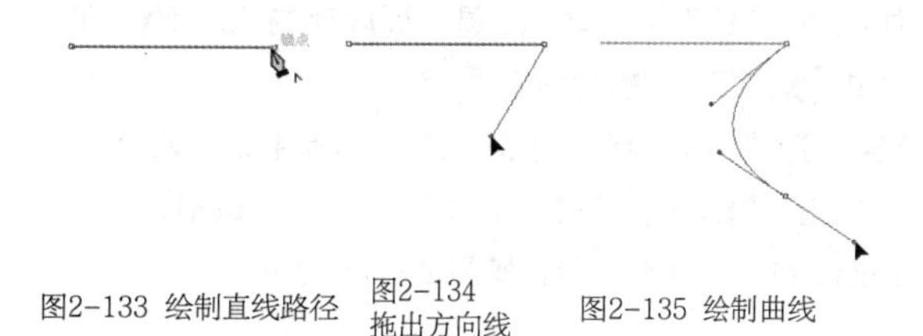

图2-133 绘制直线路径　图2-134 拖出方向线　图2-135 绘制曲线

5. 在直线后面绘制曲线

使用“钢笔工具”绘制一段曲线路径，将指针放在该路径的最后一个锚点上，此时指针将会变为状，如图2-136所示。单击该平滑点将其转换为角点，如图2-137所示。在其他位置单击，不要拖曳鼠标，即可在曲线后面绘制直线，如图2-138所示。

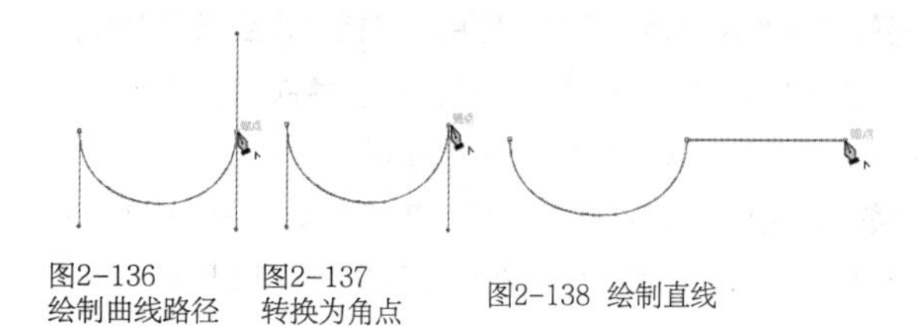

图2-136 绘制曲线路径　图2-137 转换为角点　图2-138 绘制直线

2.3.2 铅笔工具

使用“铅笔工具”可以绘制比较随意的图形，就像用铅笔在画纸上绘图一样，能够帮助用户快速创建素描效果或手绘效果。

练习 2-4 铅笔工具绘制插图

源文件路径	素材\第2章\练习2-4铅笔工具绘制插图
视频路径	视频\第2章\练习2-4铅笔工具绘制插图.mp4
难易程度	★★★

使用“铅笔工具”，在画板中单击并拖曳鼠标，即可绘制路径。将指针移至路径的起点时释放鼠标，可以绘制闭合路径。若在拖曳鼠标时按住Shift键，可以绘制以45°角为增量的斜线；若按住Alt键，可绘制直线。该实例主要介绍“铅笔工具”的基本使用技巧。

01 启动 Illustrator，执行“文件”|“打开”命令，在“打开”对话框中选择“小画板 .ai”素材文件，将其打开。使用“编组选择工具”单击画面中间的白色画板对象，如图 2-139 所示，单击工具面板底部的“内部绘图”模式按钮，切换绘图模式。

02 选择“铅笔工具”，在控制面板中设置无填充，“描边”为棕色，“描边粗细”为 1px，在画板中单击并拖曳鼠标，绘制路径，如图 2-140 所示。

图2-139 “内部绘图”模式

图2-140 绘制路径

03 若对绘制路径不满意，可将铅笔指针移至路径上方，当变成形状“×”消失后，再次单击并拖曳鼠标，即可改变路径的形状，如图 2-141 所示。

04 将指针移至路径的端点处，当指针变为状时，单击并拖曳鼠标，可以延长路径，如图 2-142 所示。

图2-141 改变路径形状

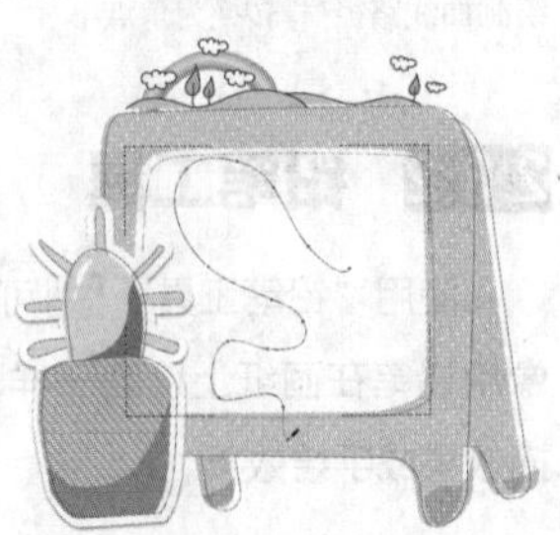

图2-142 延长路径

05 继续使用“铅笔工具”绘制如图 2-143 所示路径。

06 使用“编组选择工具”选中两条路径，如图 2-144 所示。选中“铅笔工具”，将指针移至其中一条路径上的端点，然后单击并按住 Ctrl 键，拖曳鼠标至另一条路径的端点上，指针呈现为状，释放鼠标和 Ctrl 键后，即可连接两条路径，如图 2-145 所示。

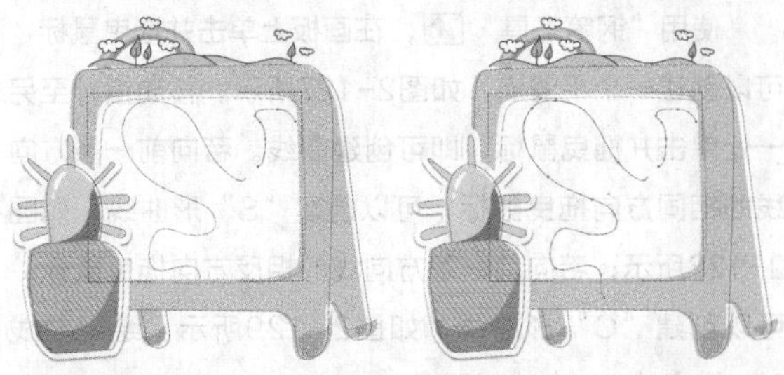

图2-143 绘制路径　　图2-144 选中两条路径

07 运用相同的方式，保持路径的选中状态，使用“铅笔工具”单击路径的一个端点，按住 Ctrl 键拖曳鼠标至另一个端点上，即可闭合路径，如图 2-146 所示。

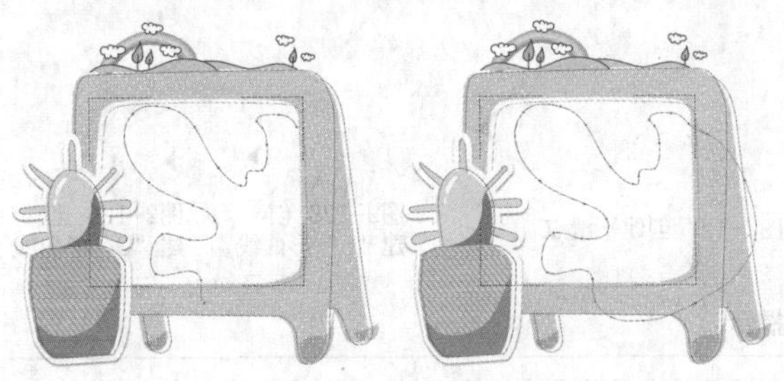

图2-145 连接路径　　图2-146 闭合路径

08 在控制面板或者工具箱底部设置路径的“填充”为（C5%、M8%、Y50%、K0），如图 2-147 所示。运用相同的方式完成其他对象的绘制，如图 2-148 所示。

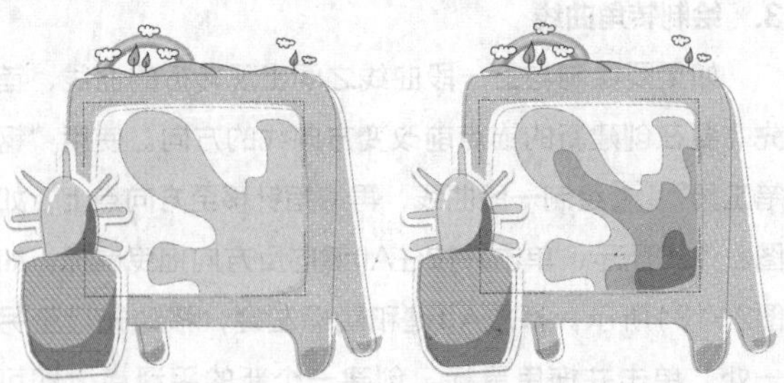

图2-147 填充颜色　　图2-148 最终效果

● 铅笔工具选项

在使用“铅笔工具”绘图前，可以双击“铅笔工具”图标，打开“铅笔工具选项”对话框，如图2-149所示。在该对话框中可以设置锚点数量、路径的长度和复杂程度。

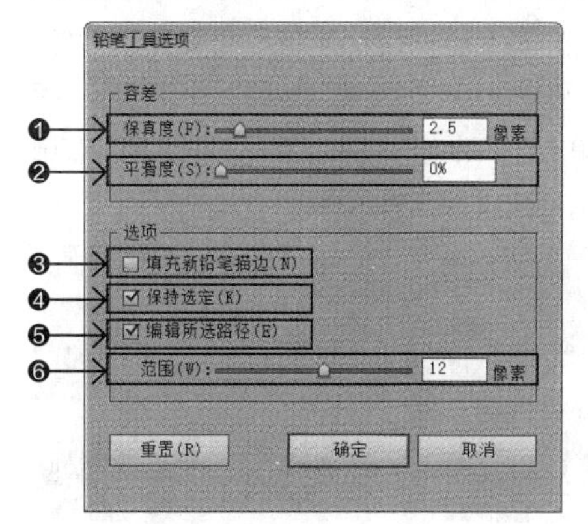

图2-149 “铅笔工具选项”对话框

❶ “保真度”：用来控制必须将鼠标或移动多大距离，Illustrator才会向路径添加新锚点。该值的范围在0.5~20px之间，该值越高，表示保真度越高，路径的变化越小；该值越低，路径越接近于鼠标运行的轨迹，生成更多的锚点，路径也具有更尖锐的角度。

❷ “平滑度”：用来控制铅笔对线条的不平和不规则控制的程度。该值越高，路径越平滑，锚点越少；该值越低，路径越接近于指针运动的轨迹，锚点越多。

❸ “填充新铅笔描边”选项：勾选该复选框后，可以在路径围合的区域填充颜色，即使是开放式路径所形成的区域也会填色；若取消勾选，路径内则不会填充任何颜色。

❹ “保持选定”选项：勾选该复选框后，绘制一条路径后，路径将自动出于选中状态；若取消勾选，绘制一条路径之后，则不会选中任何对象。

❺ “编辑所选路径”选项：可以使用画笔工具对当前选中的路径进行修改。

❻ “范围”：勾选“编辑所选路径”复选框之后，该选项才会显示，用来设置鼠标与现有路径在多大距离之内，才能使用画笔工具编辑路径。

2.3.3 平滑工具

“平滑工具”可以用来使任何工具绘制的路径变得平滑，也可以删除多余的锚点来简化路径。首先选择需要编辑的路径，如图2-150所示，使用“平滑工具”在选定的路径上反复拖曳鼠标，可以使线条变得平滑，如图2-151所示。也可以双击“平滑工具”图标，打开“平滑工具选项”对话框，在该对话框中可以设置平滑工具的参数，如图2-152所示。对话框中“保真度”和“平滑度”的含义与“铅笔工具选项”对话框中的相同。

图2-150 选择路径

图2-151 用平滑工具修改路径

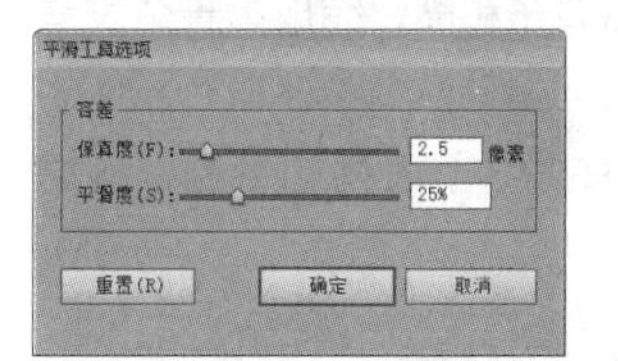

图2-152 “平滑工具选项”对话框

2.3.4 课堂范例——绘制表情

源文件路径	素材\第2章\2.3.4课堂范例——绘制表情
视 频 路 径	视频\第2章\2.3.4课堂范例——绘制表情.mp4
难 易 程 度	★★★★

本实例主要介绍使用铅笔工具制作手绘表情包。

01 启动Illustrator，执行“文件”|“打开”命令，在“打开”对话框中选择“表情.ai”素材文件，将其打开，如图2-153所示。

02 选择“铅笔工具”，在控制面板中设置无填充，“描边”为（C80%、M70%、Y60%、K22%），“描边粗细”为5px，在第一个圆形上绘制眉毛路径，如图2-154所示。

图2-153 打开素材文件

图2-154 绘制眉毛路径

03 保持路径的选中状态，执行“窗口”|“描边”命令，在打开的“描边”面板中设置相关选项，如图 2-155 所示，效果如图 2-156 所示。

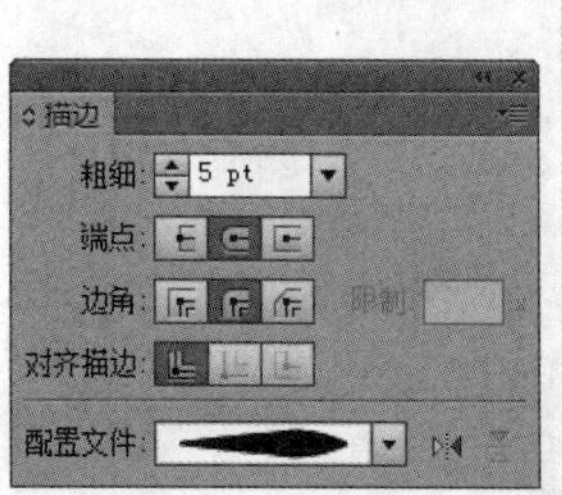

图2-155 “描边”面板

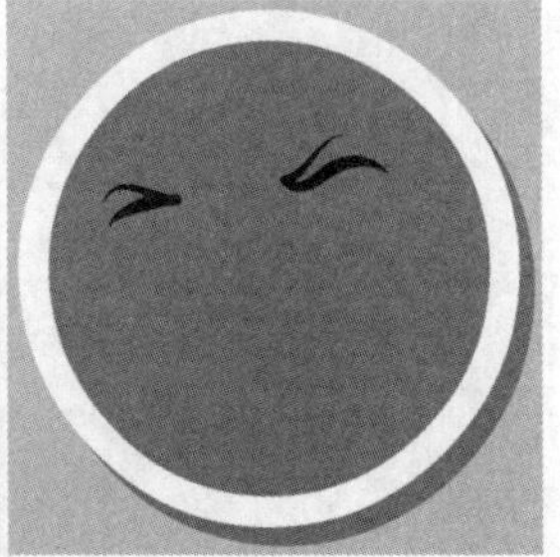
图2-156 描边效果

04 运用相同的方式绘制出鼻子和嘴，完成第一个表情的绘制，如图 2-157 所示。

05 运用相同的方式完成其他 3 个表情的绘制，如图 2-158 所示。

图2-157 第一个表情

图2-158 最终效果

2.4 调整路径形状

在Illustrator中绘制路径后，如果要编辑对象，无论是基本图形对象还是自由图形对象，首先都需要将其选中，再使用不同的路径调整工具对路径进行编辑，绘制更多形状各异的对象。

2.4.1 选择工具

无论是编辑对象还是锚点，都需要先将其选中，Illustrator提供了许多不同的选择工具和命令，对于不同的图形对象，使用的选择工具也会有所不同。

● 选择工具和编组选择工具

使用“选择工具”，将指针放在对象上方，指针将变成状，如图2-159所示。单击鼠标即可将其选中，所选对象的周围会出现一个定界框，如图2-160所示。如果单击并拖曳出一个矩形选框，即可选中选框内的所有对象，如图2-161所示。按住Shift键单击其他未选中的对象，可以添加选择对象，如图2-162所示。若按住Shift键单击已经选中的对象，可以取消选择。在画板空白处单击，可以取消所有选择。

图2-159 将光标放置在对象上

图2-160 定界框

图2-161 框选

图2-162 添加选择

提示

选中一个或多个对象之后，按住Alt键，指针将呈现为状，此时拖曳鼠标可以移动并复制对象。

● 编组选择工具

使用“选择工具”选择多个对象后，按Ctrl+G快捷键可以将其编组。再次使用“选择工具”单击编组对象时，将会选择整个组，如图2-163所示。若使用“编组选择工具”在对象上单击，可以选择组中的单个对象，如图2-164所示，双击即可选择对象所在的组。

图2-163 选择组

图2-164 选择单个对象

● 套索工具

“套索工具” 可以通过绘制不规则的选区来选取对象，使用“套索工具” 在对象周围单击并拖曳出一个选区，如图2-165所示，则在选区内的对象都会被选中，如图2-166所示。

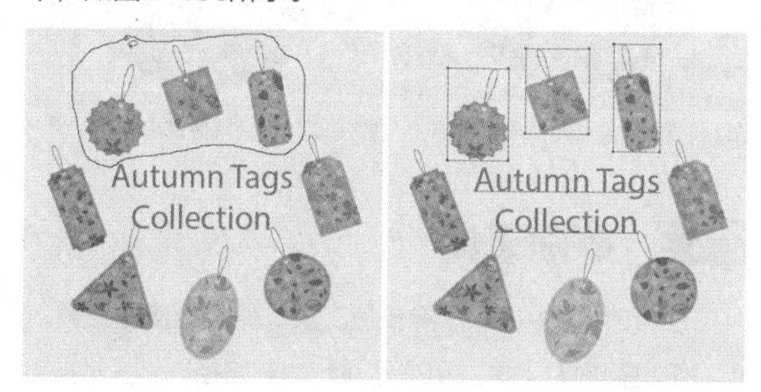

图2-165 绘制选区　　图2-166 选中选区内的对象

● 魔棒工具

“魔棒工具” 可以用来快速选择文档中具备相同填充内容、描边颜色、不透明度和混合模式等属性的所有对象。双击“魔棒工具” 图标，将会选中该工具并打开“魔棒”面板，如图2-167所示。

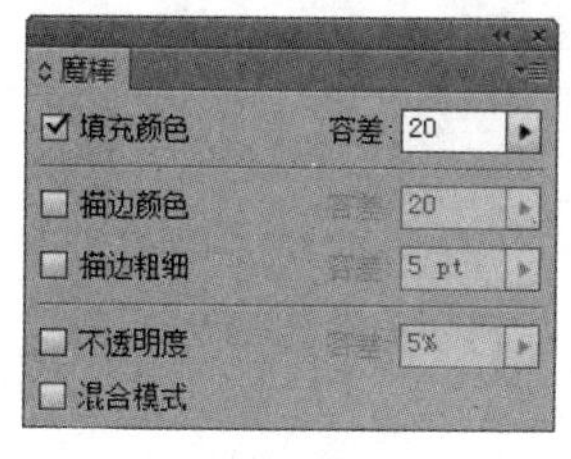

图2-167 “魔棒”面板

在“魔棒”面板中可以设置“魔棒工具” 的选择属性和选择范围，勾选对应的选项，即可选中具有相同该属性的所有对象。“容差”值用来决定符合被选择条件的对象与当前单击的对象的相似程度。此时只勾选“填充颜色”选项，使用“魔棒工具” 在画面中单击一个对象，如图2-168所示，即可同时选中所有填充颜色相同的对象，如图2-169所示。

提示

在使用“魔棒工具” 选择对象之后，若需要添加选择其他对象，可以按住Shift键单击它们；如果要取消选择某个对象，按住Alt键单击即可。

图2-168 单击一个对象　　图2-169 选取相同属性的对象

2.4.2 钢笔调整工具

“钢笔工具”组中包含用来添加、删除和转换锚点的工具，在使用“钢笔工具” 绘制路径之后，可以通过使用这些工具来编辑锚点，以改变路径的形状。

练习 2-5 使用钢笔调整工具制作标签

源文件路径	素材\第2章\练习2-5使用钢笔调整工具制作标签
视频路径	视频\第2章\练习2-5使用钢笔调整工具制作标签.mp4
难易程度	★★

本实例主要介绍“钢笔工具”组中各工具的操作方式。

● 删除锚点工具

01 启动Illustrator，执行“文件”|“打开”命令，在“打开”对话框中选择“标签.ai”素材文件，将其打开。使用“编组选择工具” ，单击画面中间的蓝色圆形路径，将其选中，如图2-170所示。

02 使用“删除锚点工具” ，单击圆形路径顶部的锚点，可以将其删除，路径形状也随之发生改变，如图2-171所示。

图2-170 选中蓝色圆形　　图2-171 删除锚点

● 转换锚点工具

03 使用“转换锚点工具” ，单击圆形路径左右两个向上的方向点，如图 2-172 所示，制作半圆效果，如图 2-173 所示。

图2-172 单击方向点

图2-173 半圆效果

● 添加锚点工具

04 继续保持路径的选中状态，使用“添加锚点工具” ，在路径上单击，可以添加锚点，如图 2-174 所示。继续添加锚点，如图 2-175 所示。该路径为直线路径，所以添加的锚点为角点，若在曲线路径上单击，则会添加平滑点。

图2-174 添加锚点

图2-175 添加锚点

提示

在使用“钢笔工具” 时，将指针放在路径上，当指针变成 状时，单击鼠标可以添加锚点；将指针放在锚点上，当指针变成 状时，单击鼠标可以删除锚点。

05 使用“转换锚点工具” 在角点上单击并向外拖曳出方向线，即可将该角点转换成平滑点，如图 2-176 所示。运用相同的方式完成其他角点的转换，如图 2-177 所示。

提示

若使用“转换锚点工具” 单击平滑点，可以将其转换成没有方向线的角点。

图2-176 将角点转换成平滑点

图2-177 转换其他锚点

2.4.3 擦除工具

Illustrator中提供了橡皮擦工具、路径橡皮擦工具、剪刀工具和刻刀工具，用来擦除和分割路径。

● 路径橡皮擦工具

在画板中选择一个图形对象，如图2-178所示，使用“路径橡皮擦工具” 在所选对象上方单击并拖曳鼠标，如图2-179所示，即可将指针经过的路径删除，如图2-180所示，闭合的路径经过擦除后将会变为开放式路径。

图2-178 选择路径

图2-179 绘制擦除路径

图2-180 擦除效果

● 橡皮擦工具

在画板中选择一个图形对象，使用“橡皮擦工具” 在所选对象上方单击，并拖曳鼠标，如图2-181

所示，即可将指针经过的区域删除，如图2-182所示，无论是开放式路径还是闭合路径，经过“橡皮擦工具”擦除后都将会自动生成闭合路径。

双击“橡皮擦工具”图标，可以打开“橡皮擦工具选项”对话框，在该对话框中可以设置其角度、圆度和直径，如图2-183所示。

图2-181 擦除路径

图2-182 擦除效果

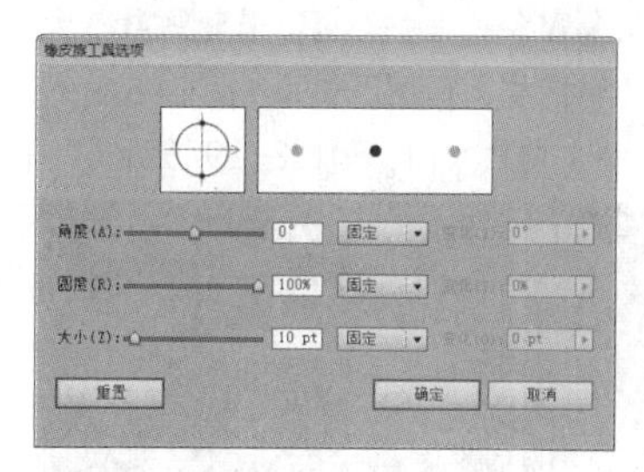

图2-183 “橡皮擦工具选项”对话框

● 剪刀工具

使用“剪刀工具”可以将闭合路径剪切为开放式路径，也可以分割开放式路径。选择“剪刀工具”，在路径上单击即可将其分割，单击的位置将会产生两个重叠的锚点，如图2-184所示。使用“直接选择工具”选择并拖曳其中一个锚点，分割结果如图2-185所示。

图2-184 分割路径

图2-185 分割结果

或者也可以使用“直接选择工具”选择要分割路径的锚点，如图2-186所示。然后单击控制面板中的“在所选锚点处剪切路径”按钮，即可在所选锚点处剪切路径。使用“直接选择工具”移动路径，可以看到分割结果，如图2-187所示。

图2-186 选择锚点

图2-187 分割结果

提示

使用“直接选择工具”选中路径或锚点之后，按Delete键可以将其删除。

● 刻刀工具

在画板中选择一个图形对象，如图2-188所示，使用“刻刀工具”在所选对象上单击并拖动鼠标，即可在图形对象上添加路径，如图2-189所示。使用“直接选择工具”移动路径，分割结果如图2-190所示。

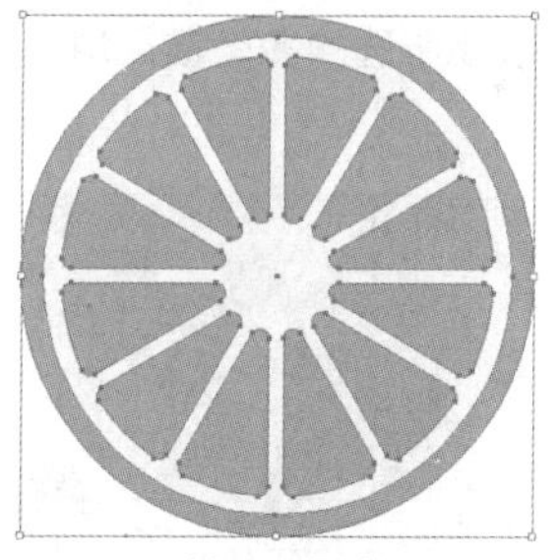

图2-188 选择图形对象

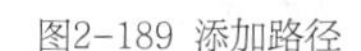

图2-189 添加路径

图2-190 分割结果

2.4.4 编辑路径

绘制路径之后，除了可以对其进行调整、擦除和分割之外，还可以通过“路径”子菜单中的相关命令对其进行偏移、平滑和简化等编辑。

● 连接路径

无论是同一条路径中的两个端点，还是两个条开放式路径，都可以进行连接。连接方式有3种，分别如下。

- 用“钢笔工具”进行连接：选择“钢笔工具”，将指针移至路径的端点上，指针将变成状，单击鼠标，然后将指针移至另一个端点上，当指针变成状时，单击即可连接锚点。
- 用连接按钮进行连接：使用“直接选择工具”选中需要连接的锚点，然后单击控制面板中的“连接所选终点”按钮，即可连接锚点。
- 用连接命令进行连接：使用“直接选择工具”选中开放式路径的两个端点之后，执行“对象”|“路径”|“连接”命令，即可连接锚点。

● 平均分布路径

同时选中多个锚点，如图2-191所示，执行“对象”|“路径”|“平均”命令，可以打开“平均”对话框，如图2-192所示。在对话框中勾选不同的平均分布轴，包括“水平”“垂直”和“两者兼有”3个选项，然后单击“确定”按钮，可以让所选的多个锚点均匀分布，如图2-193所示。

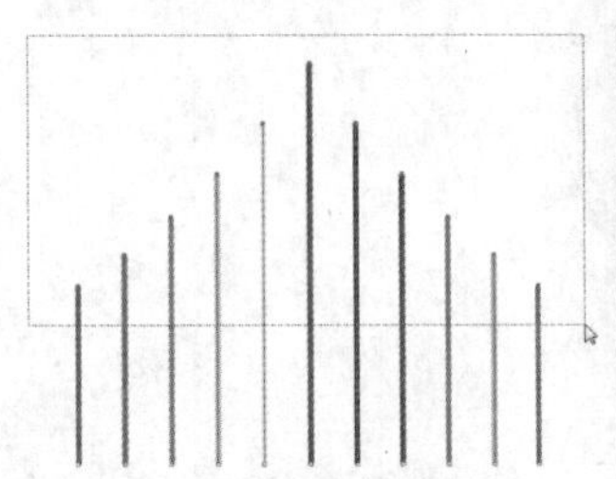

图2-191 选中多个锚点

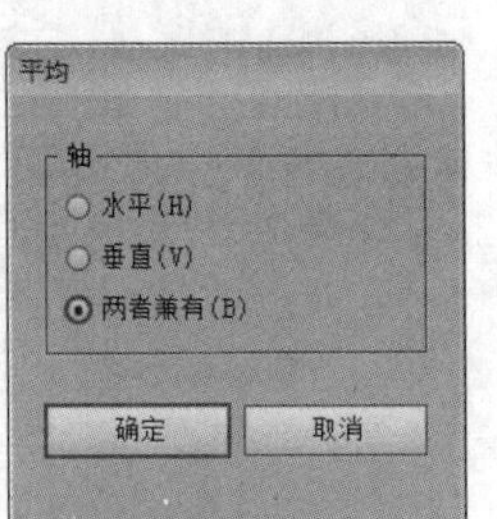

图2-192 “平均”对话框

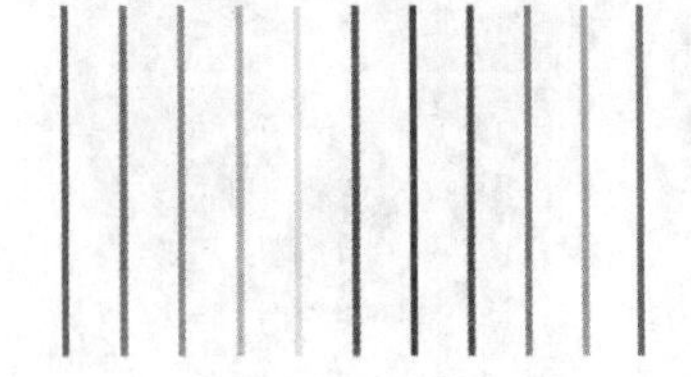

图2-193 水平

● 偏移路径

在画板中选择一个图形对象，如图2-194所示，执行“对象”|“路径”|“偏移路径”命令，可以打开“偏移路径”对话框，如图2-195所示。在对话框中设置相应的参数，可以基于所选路径复制出一条新的路径，常用来创建同心圆图形或制作相互之间保持固定间距的多个对象副本。

图2-194 选择对象

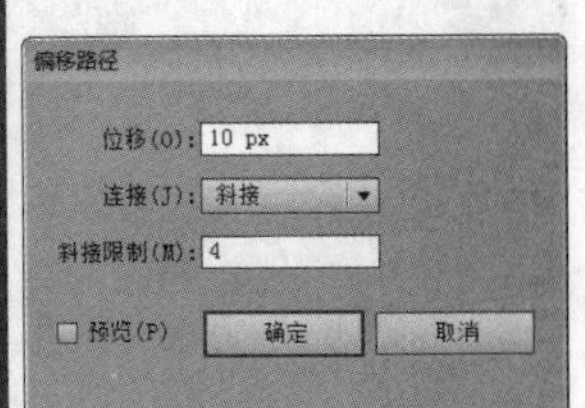

图2-195 “偏移路径”对话框

- “位移”：用来设置新路径的偏移距离。若输入数值大于0，新路径将会向外扩展，如图2-196所示；若输入数值小于0，新路径将会向内收缩，如图2-197所示。

图2-196 “位移”为10px　　图2-197 “位移”为-10px

- “连接”：该下拉菜单中包括“斜接”“圆角”和“斜角”3个选项，用来设置拐角处的连接方式，效果如图2-198、图2-199、图2-200所示。
- “斜接限制”：用来控制角度的变化范围。

图2-198 斜接　　图2-199 圆角

图2-200 斜角

● 简化路径

在画板中选择一个图形对象，如图2-201所示，执行“对象”|“路径”|“简化”命令，可以打开“简化”对话框，如图2-202所示。在对话框中设置相应的参数，可以简化所选路径，删除路径中多余的锚点，使曲线更加平滑，易于编辑。

图2-201 选中对象

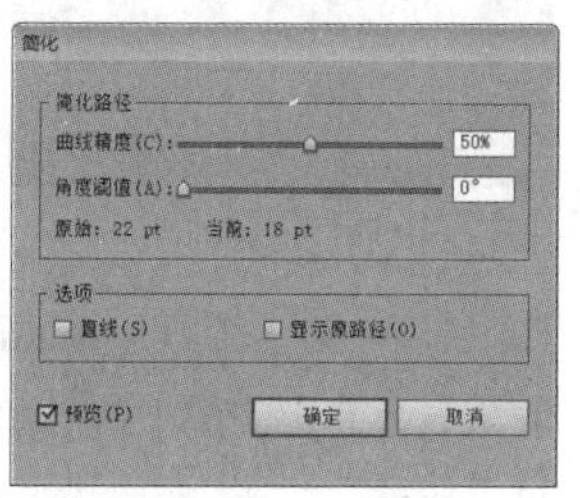

图2-202 “简化”对话框

- “曲线精度”：用来设置简化后的路径与原始路径的接近程度。
- “角度阈值”：用来控制角的平滑度。如果角点的角度小于该选项中设置的数值，将不会改变角点；若角点的角度大于该值，则会被简化，
- “直线”选项：可以在对象的原始锚点之间创建直线，如图2-203所示。
- “显示原路径”选项：可以在简化的路径背后显示原始路径，以便于查看简化前后的对比效果，如图2-204所示。
- “预览”选项：选择该选项后，可以在文档窗口中预览路径的简化效果。

图2-203 在锚点间创建直线　　图2-204 显示原路径

2.4.5 课堂范例——绘制潜水艇

源文件路径	素材\第2章\2.4.5课堂范例——绘制潜水艇
视频路径	视频\第2章\2.4.5课堂范例——绘制潜水艇.mp4
难易程度	★★★★

本实例主要介绍使用钢笔工具组中的工具绘制和编辑路径。

01 执行“文件”|“打开”命令，打开“背景 .ai”素材，如图 2-205 所示。

02 使用“钢笔工具”绘制潜水艇的舱身，设置“填充”为（C11%、M25%、Y84%、K0%），“描边”为黑色，“描边粗细”为 5px，如图 2-206 所示。

图2-205 打开素材文件

图2-206 绘制舱身

03 使用“钢笔工具”绘制两段弧线，设置“描边”为黑色，“描边粗细”为 5px。使用“椭圆工具”绘制 8 个小圆，设置“填充”为黑色，无描边，如图 2-207 所示。并对图层进行编组。

04 使用“椭圆工具”绘制圆形，再执行“对象”|“路径”|“偏移路径”命令，在打开的对话框中设置“位移”为 -15px，单击“确定”按钮确定应用偏移，得到同心圆。然后分别设置“填充”为（C38%、M55%、Y98%、K0%）和（C96%、M86%、Y60%、K35%），“描边”为黑色，“描边粗细”为 5px，如图 2-208 所示。

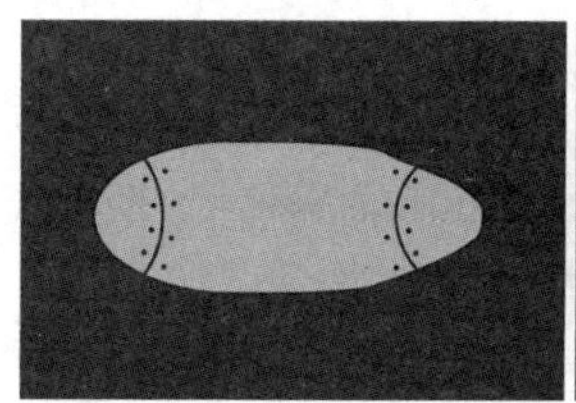

图2-207 绘制弧线和圆形

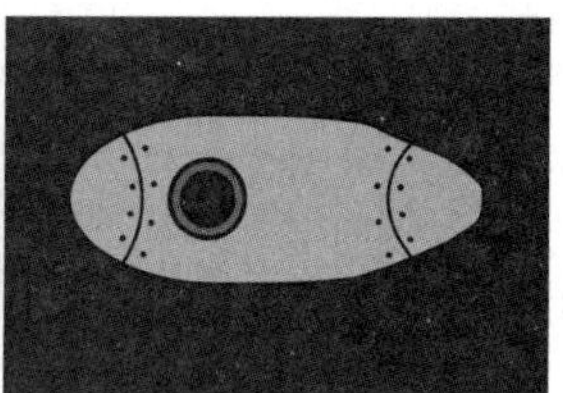

图2-208 应用偏移绘制同心圆

05 使用“椭圆工具”绘制黑色小圆，如图 2-209 所示。使用“矩形工具”绘制两个矩形，设置“填充”为（C53%、M38%、Y30%、K0%），无描边，旋转

45°，调整位置如图 2-210 所示。

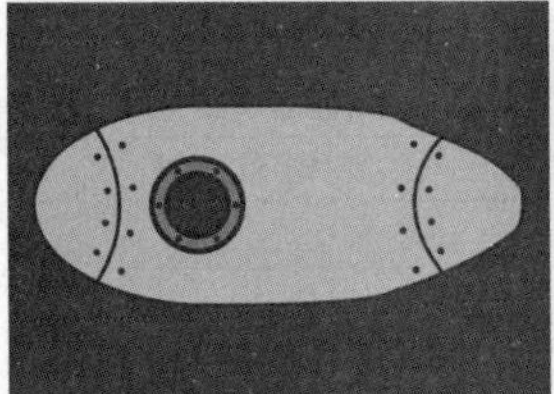

图2-209 绘制小圆

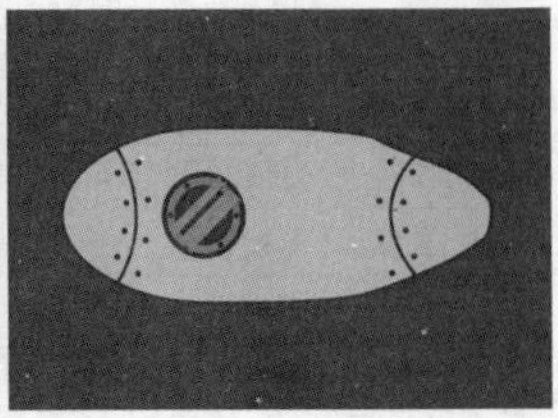

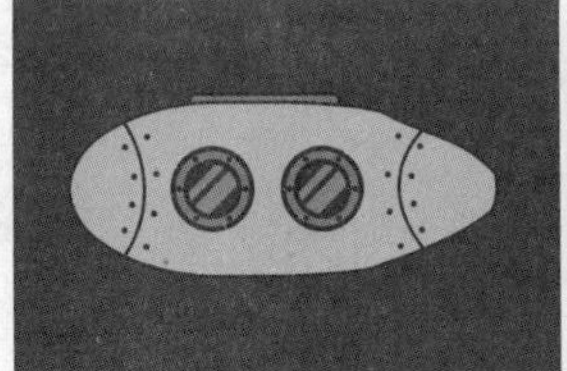

图2-210 绘制反光矩形

06 选择“椭圆工具”，将光标放在同心圆的中心点上，按 Shift+Alt 键，绘制圆形，如图 2-211 所示。使用“选择工具”，按住 Shift 键同时选中矩形和圆，按 Ctrl+7 快捷键创建剪切蒙版，如图 2-212 所示。

图2-211 绘制圆形

图2-212 创建剪切蒙版

07 完成潜水艇窗户的绘制，选择所有窗户对象，并按 Ctrl+G 快捷键对其进行编组。使用“选择工具”，按住 Alt 键向右拖曳，复制一个窗户，如图 2-213 所示。

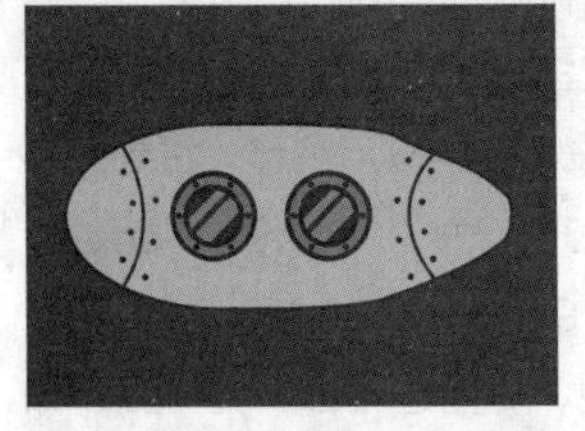

图2-213 复制窗户

08 使用“圆角矩形工具”绘制“圆角半径”为 10px 的圆角矩形，设置“填充”为（C38%、M55%、Y98%、K0%），“描边”为黑色，“描边粗细”为 5px，将其放置在舱身后方，如图 2-214 所示。

09 继续使用“圆角矩形工具”绘制“圆角半径”为 20px 的圆角矩形，使用“删除锚点工具”删除下方的锚点，并使用“转换锚点工具”将下方的其余两个平滑点转换为角点，调整路径形状，效果如图 2-215 所示。

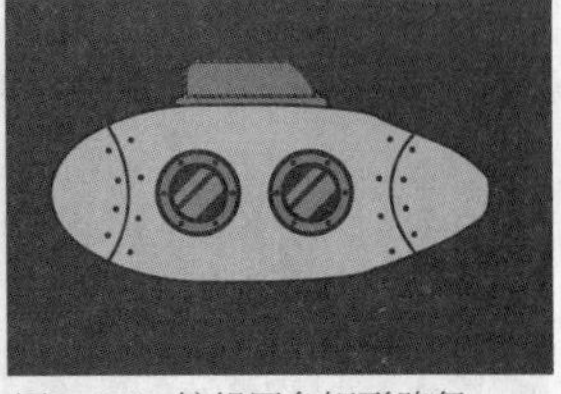

图2-214 绘制圆角矩形

图2-215 编辑圆角矩形路径

10 运用相同的方式，结合几何图形工具和钢笔工具，绘制潜望镜、舱翼、螺旋桨和探照灯，如图 2-216、图 2-217 所示。对潜水艇的所有部件进行编组，并在“图层”面板中将编组图层锁定。

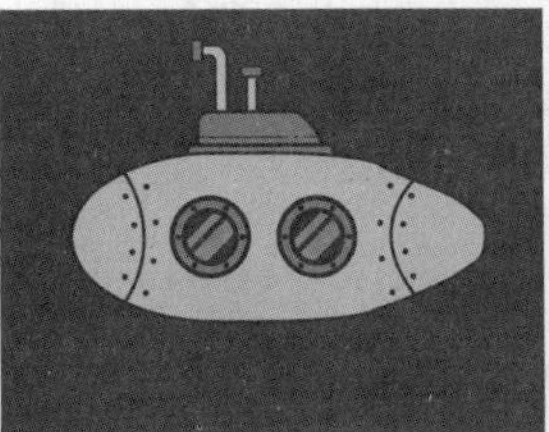

图2-216 绘制潜望镜

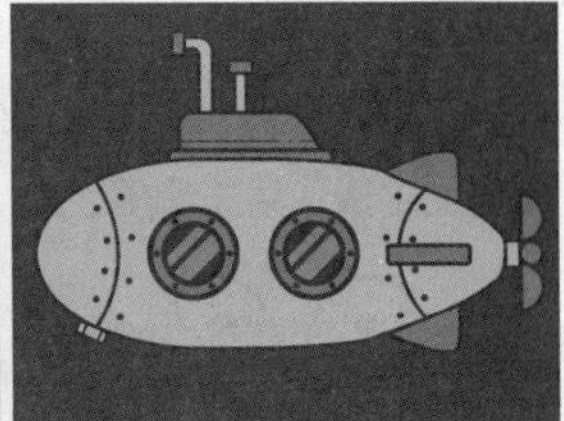

图2-217 潜水艇效果

11 使用“套索工具”或“直接选择工具”选中文档边缘所有正方形中靠内侧的锚点，如图 2-218 所示。执行“对象”|“路径”|“平均”命令，在“平均”对话框中勾选“两者皆有”选项，单击“确定”按钮，应用平均操作，再在控制面板中降低“不透明度”，最终效果如图 2-219 所示。

图2-218 框选内部锚点

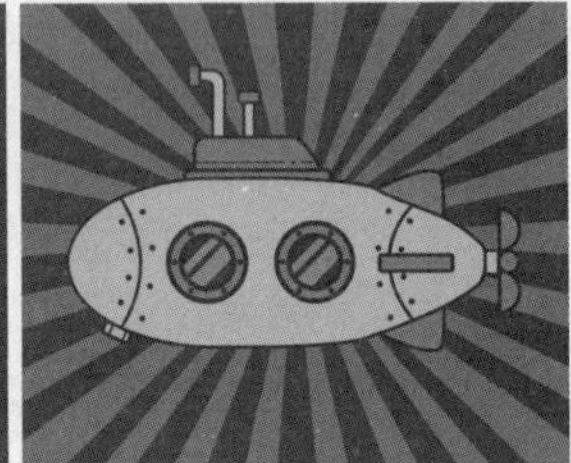

图2-219 平均路径效果

2.5 图像描摹

Illustrator中的图像描摹功能，可快速准确地将照片、扫描图像或其他位图图像转换为可编辑的矢量图形。Illustrator CS6中的图像描摹功能，与早期版本中的“实施描摹”功能相比，制作过程更加直接。

2.5.1 预设图像描摹

在Illustrator中打开或置入一张位图图像，并将其选中，如图2-220所示。单击控制面板中的“图像描摹”图像描摹按钮右侧的下拉按钮，打开下拉列表，如图2-221所示，可以选择不同的描摹选项，即可得到相应的描摹效果，如图2-222~图2-233所示。

图2-220 打开位图图像

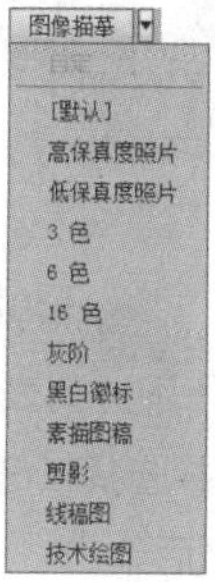

图2-221 “图像描摹”选项

图2-222 “默认”

图2-223 “高保真度照片”

图2-224 “低保真度照片”

图2-225 “3色”

图2-226 “6色”

图2-227 “16色”

图2-228 “灰阶”

图2-229 “黑白徽标”

图2-230 “素描图稿”

图2-231 “剪影”

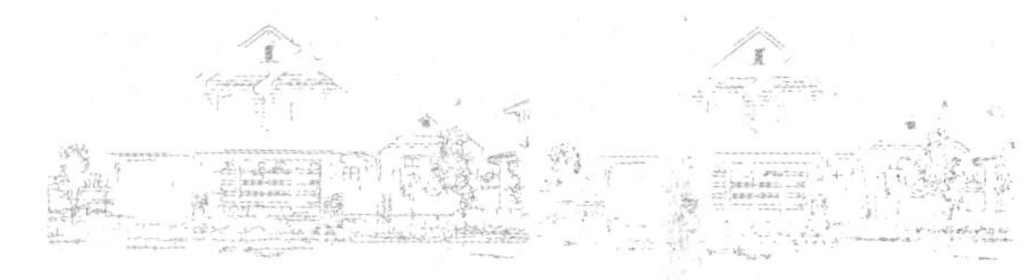

图2-232 “线稿图” 　图2-233 “技术绘图”

2.5.2 “图像描摹”面板

选中一张图像之后，如图2-234所示，执行“窗口”|“图像描摹”命令，可以打开“图像描摹”面板，如图2-235所示。在该面板中可以设置描摹的样式、程度和效果，设置完成之后单击面板底部的“描摹”按钮，即可应用描摹。

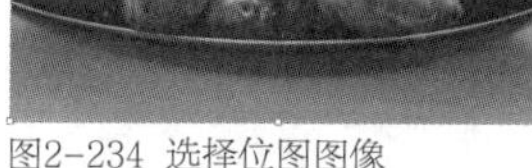

图2-234 选择位图图像

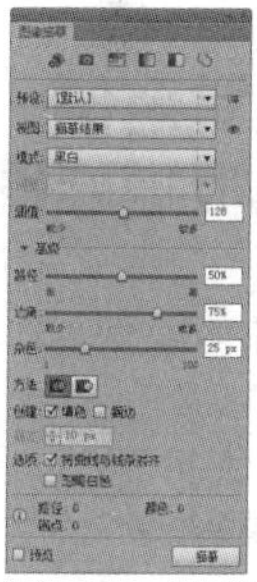

图2-235 “图像描摹”面板

- “预设”：该选项中包括“默认”“高保真度照片”“低保真度照片”“3色”等描摹预设，与控制面板中的描摹样式相同，单击该选项右侧的“管理预设”按钮，可以将当前的设置参数保存为一个描摹预设，方便以后使用。
- “视图”：如果想要查看矢量轮廓或源图像，可以选择对象，然后在该选项的下拉列表中选择相应的选项。单击该选项右侧的眼睛图标，即可显示原始图像。

- “模式/阈值”：用来设置描摹结果的颜色模式，包括“彩色”“灰度”和“黑白”。选择“黑白”时，可以指定一个“阈值”，所有比该值亮的像素会转换为白色，比该值暗的像素会转换为黑色。
- “调板”：设置“模式”为“彩色”或“灰度”时，才会显示该选项，可以指定用来从原始图像生成彩色或灰度描摹的调板。
- “颜色”：设置“模式”为彩色时，才会显示该选项，用来指定在颜色描摹结果中使用的颜色数。
- “路径”：用来控制描摹形状和原始像素形状间的差异。该值较低时，创建较紧密的路径拟和；该值较高时，创建较疏松的路径拟和。
- “边角”：用来指定侧重角点。该值越大，角点越多。
- “杂色”：用来指定描摹时忽略的区域（以像素为单位）。该值越大，杂色越少。
- “方法”：用来指定一种描摹方法。单击“邻接”按钮，可创建木刻路径；单击“重叠”按钮，则创建堆积路径。
- “填色/描边”：勾选“填色”选项，可在描摹结果中创建填色区域。勾选“描边”选项，并在下方的选项中设置描边宽度值，可在描摹结果中创建描边路径。
- “将曲线与线条对齐”：用来指定略微弯曲的曲线是否被替换为直线。
- “忽略白色”：用来指定白色填充区域是否被替换为无填充。

2.5.3 课堂范例——使用色板库中的色板描摹图像

源文件路径	素材\第2章\2.5.3课堂范例——使用色板库中的色板描摹图像
视 频 路 径	视频\第2章\2.5.3课堂范例——使用色板库中的色板描摹图像.mp4
难 易 程 度	★★★

本实例主要介绍使用色板库中的色板对图像进行描摹操作，制作风格的图像效果。

01 启动 Illustrator 后，执行“文件”|“打开”命令，打开“照片.jpg”素材，如图 2-236 所示。

02 使用“选择工具”选中图像，执行“窗口”|“色板库”|“艺术史”|“巴洛克风格”命令，打开“巴洛克风格”色板面板，如图 2-237 所示。

图2-236 打开素材图片

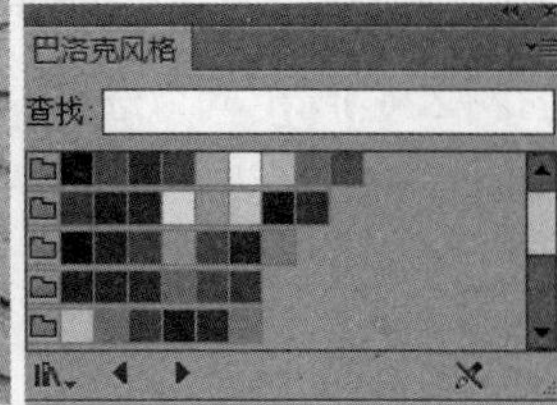

图2-237 “巴洛克风格”色板库

03 执行“窗口”|“图像描摹”命令，打开“图像描摹”面板，在“模式”下拉列表中选择“彩色”选项，在“调板”下拉列表中选择“巴洛克风格”色板库，如图 2-238 所示。然后单击“描摹”按钮，即可将该色板库中的颜色应用到图像描摹中，如图 2-239 所示。

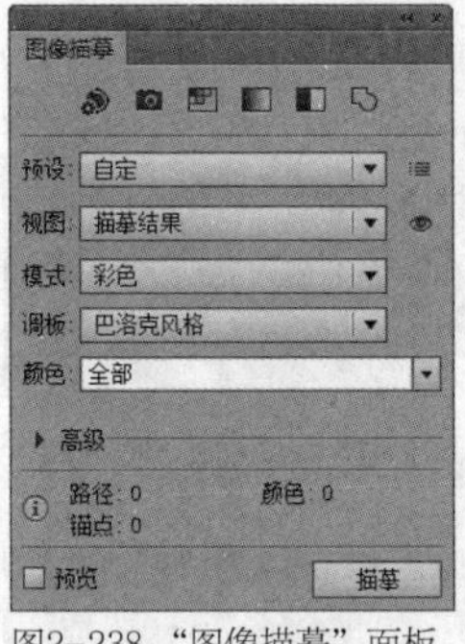

图2-238 “图像描摹”面板

图2-239 图像描摹效果

2.6 综合训练——绘制夏日卡片

源文件路径	素材\第2章\2.6综合训练——绘制夏日卡片
视 频 路 径	视频\第2章\2.6综合训练——绘制夏日卡片.mp4
难 易 程 度	★★★★★

本实例综合使用几何工具、钢笔工具、选择工具等多种工具和方法,绘制一张夏日卡片。

1. 绘制海浪

01 启动 Illustrator 后，执行“文件”|“新建”命令，打开“新建”对话框，在对话框中设置参数，新建一个 A4 大小的横向空白文档。

02 使用“矩形工具”绘制一个画板大小的矩形，设置“填充”为（C0%、M14%、Y27%、K0%），无描边，如图2-240所示。

03 使用“矩形工具”绘制一个矩形，设置“填充”为（C35%、M3%、Y25%、K0%），无描边，使用“钢笔工具”在矩形上方路径添加锚点，如图2-241所示。

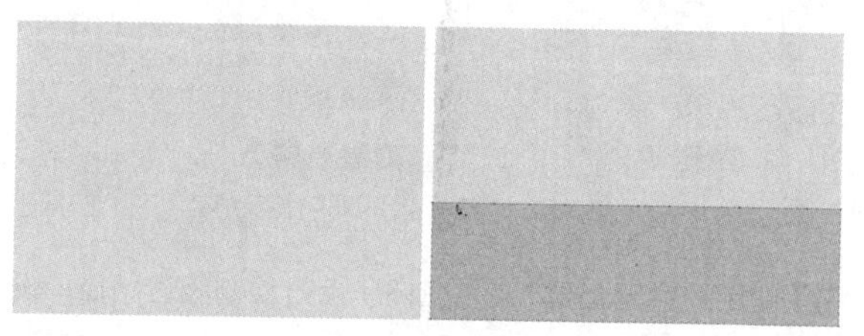

图2-240 绘制矩形背景　　图2-241 添加锚点

04 使用“转换锚点工具”单击并拖曳添加的锚点，将角点转换成平滑点，制作海浪效果，如图2-242所示。

05 使用“选择工具”选中矩形海浪对象，按住Alt向下拖曳，复制一层，执行两次，并分别设置复制的海浪“填充”为（C45%、M0%、Y30%、K0%）和（C55%、M0%、Y38%、K0%），如图2-243所示，完成海浪的绘制。

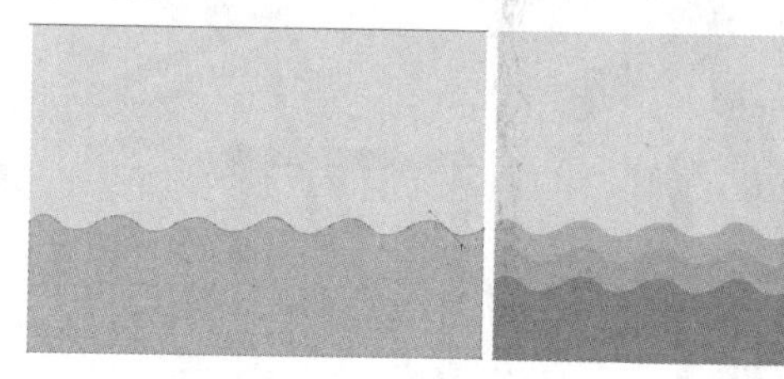

图2-242 将角点转换成平滑点　　图2-243 海浪效果

2. 绘制太阳

06 使用“星形工具”在画板中单击，打开“星形”对话框，设置“角点数”为8，单击“确定”按钮，关闭对话框，将自动绘制的星形删除。再将星形工具光标移至画板的中心位置，按住Shift+Alt快捷键，调整星形的拐角，绘制一个8角星形，设置“填充”为（C0%、M56%、Y72%、K0%），无描边，如图2-244所示。

07 使用“直接选择工具”，按住Shift键选择星形的所有角点，再按控制面板中的“将所选锚点转换为平滑”按钮，得到星形效果如图2-245所示。

图2-244 绘制星形　　图2-245 将所选锚点转换为平滑

08 双击工具箱中的“旋转工具”图标，打开“旋转”对话框，设置“角度”为25°，单击“复制”按钮，得到一个星形副本，修改“填充”为（C0%、M44%、Y75%、K0%），如图2-246所示。

09 使用“椭圆工具”，将光标移至星形的中心位置，按住Shift+Alt快捷键绘制一个圆，设置“填充”为（C6%、M5%、Y65%、K0%），无描边，如图2-247所示，完成太阳的绘制。

图2-246 复制并旋转星形　　图2-247 太阳效果

3. 绘制饮料

10 使用“矩形工具”绘制一个“圆角半径”为30px的圆角矩形，设置“填充”为（C0%、M44%、Y75%、K0%），无描边，使用“直接选择工具”，按住Shift键依次单击左下角的两个锚点，将其选中，按Enter键，打开“移动”对话框，设置参数如图2-248所示。

11 单击“确定”按钮，关闭对话框，移动锚点。运用相同的方式移动右下角的锚点，设置“水平”为负数，效果如图2-249所示。

12 使用“转换锚点工具”，单击圆角矩形上方的4个锚点，将其转换成角点，如图2-250所示。再使用“删除锚点工具”，单击最上方的两个锚点，将其删除，如图2-251所示。

图2-248 “移动”对话框　　图2-249 移动锚点

图2-250 转换锚点　　图2-251 删除锚点

13 保持圆角矩形的选中状态，执行“对象”|“路径”|“偏移路径”命令，打开“偏移路径”对话框，设置参数如图 2-252 所示。单击“确定”按钮，应用偏移效果，并修改新图形的“填充”为白色，如图 2-253 所示。

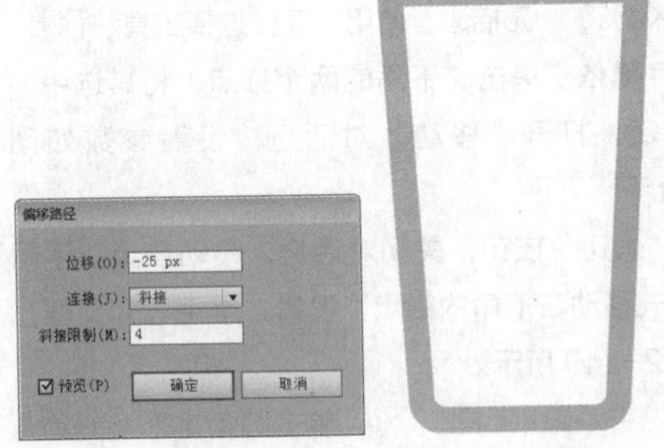

图2-252 “偏移路径”对话框　　图2-253 偏移结果

14 再次应用偏移，并修改新图形的“填充”为（C5%、M35%、Y2%、K0%），如图 2-254 所示。保持该对象的选中状态，使用“橡皮擦工具”，按住 Alt 键，在对象上半部拖曳一个选框，释放鼠标将选框内的内容擦除，如图 2-255 所示。

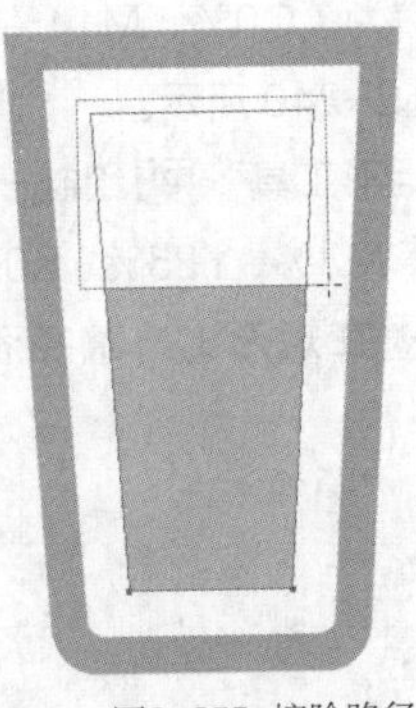

图2-254 再次应用偏移　　图2-255 擦除路径

15 使用“钢笔工具”在杯子上方绘制吸管路径，设置无填充，“描边”为（C0%、M44%、Y75%、K0%），在“描边”面板中设置样式，如图 2-256 所示。按 Ctrl+C、Ctrl+F 快捷键复制吸管路径，并缩小其“描边粗细”和“填充”，效果如图 2-257 所示。在“图层”面板中，将第一条吸管路径调整至杯子下方，效果如图 2-258 所示。

16 使用“椭圆工具”在杯子中绘制气泡，如图 2-259 所示，完成饮料的绘制。

图2-256 绘制吸管路径　　图2-257 复制吸管路径

图2-258 调整图层顺序　　图2-259 饮料效果

17 对饮料对象进行编组，调整其位置即大小，如图2-260所示。

18 运用本章所学知识，完成画面中其他对象的绘制，如图2-261所示。

图2-260 饮料位置

图2-261 最终效果

2.7 课后习题

本实例主要使用几何图形工具和钢笔工具等，绘制一个扁平化的小丑形象，如图2-262所示。

源文件路径	素材\第2章\习题——绘制扁平化小丑形象
视频路径	视频\第2章\习题——绘制扁平化小丑形象.mp4
难易程度	★★★

图2-262 习题——绘制扁平化小丑形象

第 3 章

填充与线条

填充与线条是构成画面的基本元素。填充是指在路径或者矢量图形内部填充颜色、渐变或图案；线条是指路径的轮廓，具有粗细、颜色和虚实变化。本章将详细讨论填充和描边的方法，以及画笔工具在绘制矢量图形中的具体应用技巧。

本章学习目标

- ■ 了解填充的 3 种方式
- ■ 掌握实时上色的方式
- ■ 掌握描边的设置方法
- ■ 掌握画笔工具的应用

本章重点内容

- 3 种填充方式
- 图形对象的描边
- 画笔工具的应用

扫 码 看 课 件

扫 码 看 视 频

3.1 单色填充

在Illustrator中，可通过在“颜色”“色板”和“渐变”面板中设置相关颜色参数，为矢量图形填充颜色。

3.1.1 使用“颜色”面板填充并编辑颜色

选择“窗口”|“颜色”命令，打开“颜色”面板，如图3-1所示。单击面板右上角的“面板选项”按钮，在弹出的快捷菜单中包含“显示选项”“颜色模式”“反向”“补色”及“创建新色板”命令，如图3-2所示。

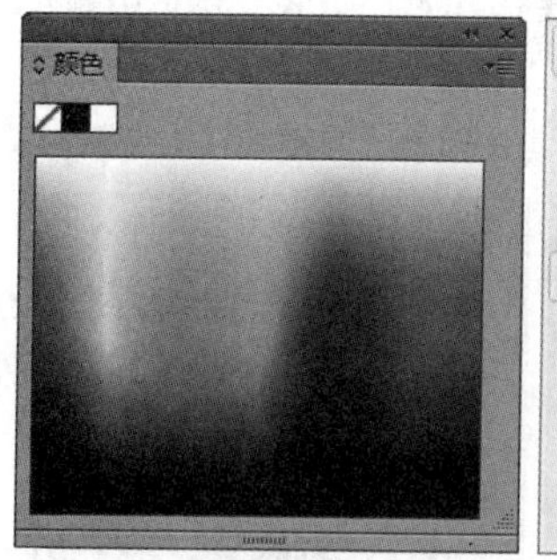

图3-1 默认“颜色”面板

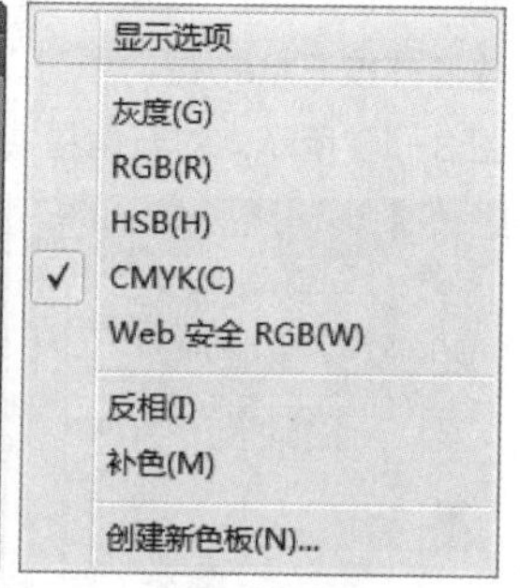

图3-2 “面板选项”菜单

单击快捷菜单中的“显示选项”命令，切换“颜色”面板，如图3-3所示。在面板中提供了色谱、各个颜色值滑块和文本框等设置选项。

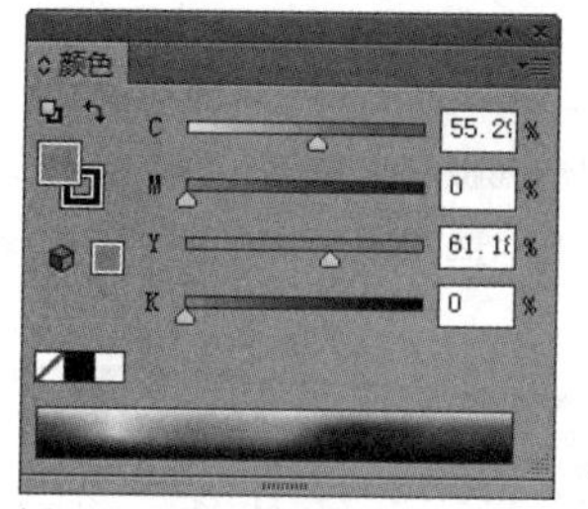

图3-3 “显示选项”的“颜色”面板

再次单击面板右上角的“面板选项”按钮，选择快捷菜单中的“RGB（R）”颜色模式命令，切换“颜色”面板，如图3-4所示。

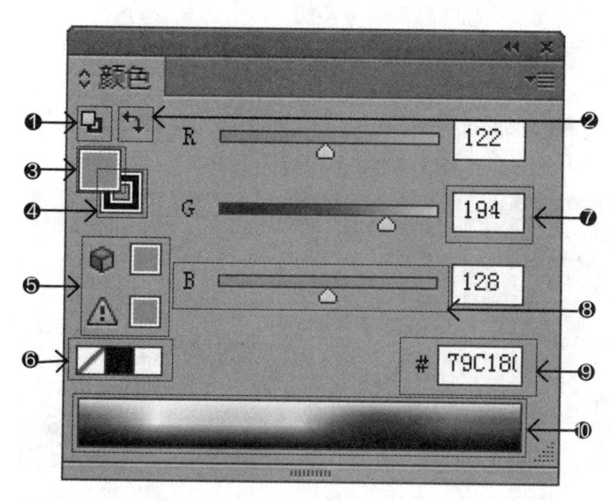

图3-4 RGB模式“颜色”面板

“颜色”面板中各选项的含义如下。

❶“默认颜色和描边”按钮：单击该按钮，可以切换颜色和描边的默认值，如图3-5所示。

❷“互换颜色和描边”按钮：单击该按钮，可以交换颜色和描边设置的数值，如图3-6所示。

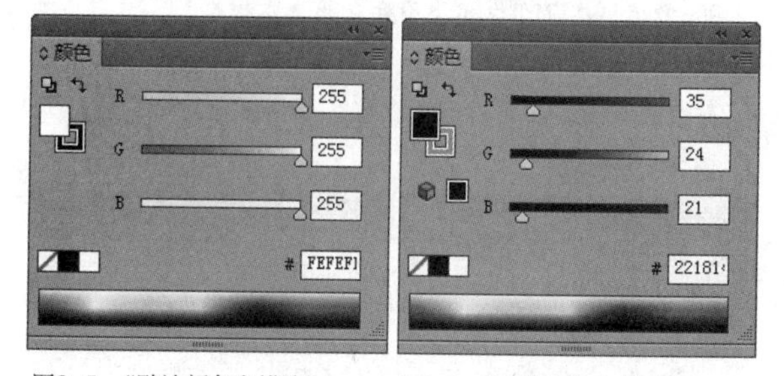

图3-5 “默认颜色和描边”　图3-6 “互换颜色和描边”

❸“颜色”按钮：默认状态下，该按钮位于上方，处于选中状态，可以调整颜色参数，设置“颜色”颜色值。双击该按钮，即可弹出“拾色器”对话框，如图3-7所示。

❹“描边”按钮：单击该按钮，将其选中，使其位于上方，即可设置“描边”颜色值，如图3-8所示。双击该按钮，同样可打开“拾色器”对话框，。

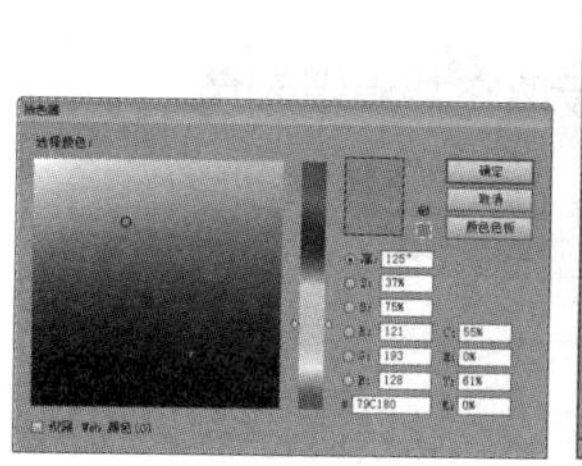
图3-7 “拾色器”对话框

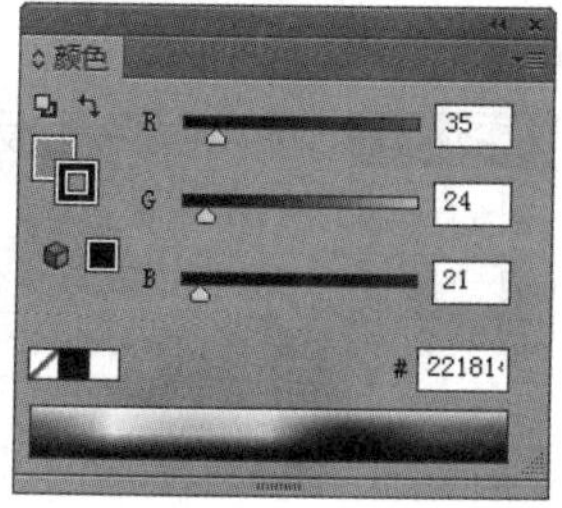

图3-8 设置“描边”

❺“颜色警告”按钮：若所设置的颜色值超出Web颜色范围，则会显示按钮，单击即可校正颜色；若所设置的颜色值超出所选颜色模式的色域，则会显示按钮，单击即可校正颜色，如图3-9所示。

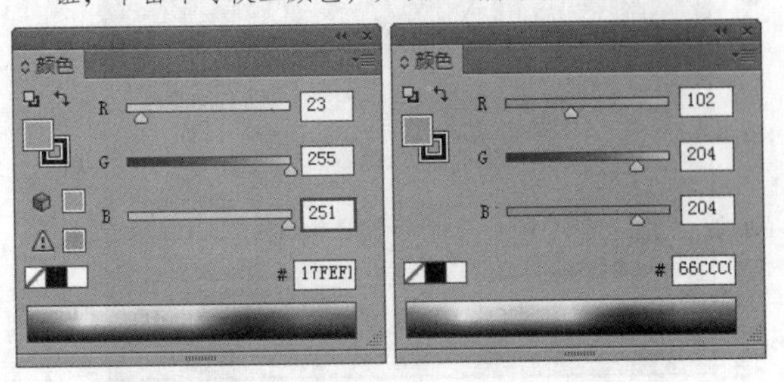

图3-9 “颜色警告”按钮校正颜色

❻“快速定义颜色”按钮：包括“无”“黑色”和“白色”三个按钮，单击任意一个即可设置为相应的颜色。

❼“颜色值”文本框：可以在文本框中输入对应的颜色值。

❽“颜色值”滑块：可以通过滑动滑块设置对应颜色值。

❾“十六进制颜色值”文本框：可以在文本框中直接输入RGB数值，在CMYK模式下不存在此文本框。

❿“色谱”：将指针移至此处，变成吸管状态，在任意颜色处单击，即可将颜色吸取，颜色值也随之变化，如图3-10所示。

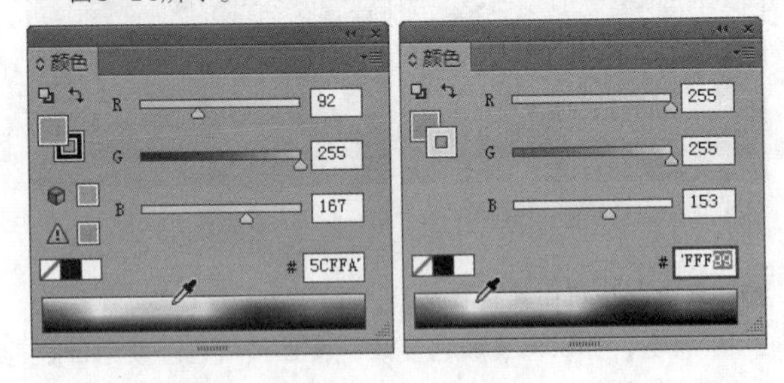

图3-10 吸取颜色

提示

在“面板菜单”中选择的颜色模式只是改变颜色的调整方式，不会改变图像的颜色模式。若要更改图像的颜色模式，可执行“文件”|“文档颜色模式”下拉菜单中的命令进行更改。

练习 3-1 使用颜色面板填充并编辑颜色

源文件路径	素材\第3章\练习3-1使用颜色面板填充并编辑颜色
视频路径	视频\第3章\练习3-1使用颜色面板填充并编辑颜色.mp4
难易程度	★★

01 启动Illustrator，执行“文件”|“打开”命令，在“打开”对话框中选择“猴子.ai”素材文件，单击“打开”按钮，如图3-11所示。

02 选择工具箱中的“选择工具”，在猴子身后的五角星处单击，将其选中，显示路径，如图3-12所示。

图3-11 打开素材文件　　图3-12 选中路径

03 打开“颜色”面板，在C、M、Y、K文本框中输入数值并按Enter键，也可以拖曳对应滑块调整颜色，如图3-13所示。对五角星填充颜色，如图3-14所示。

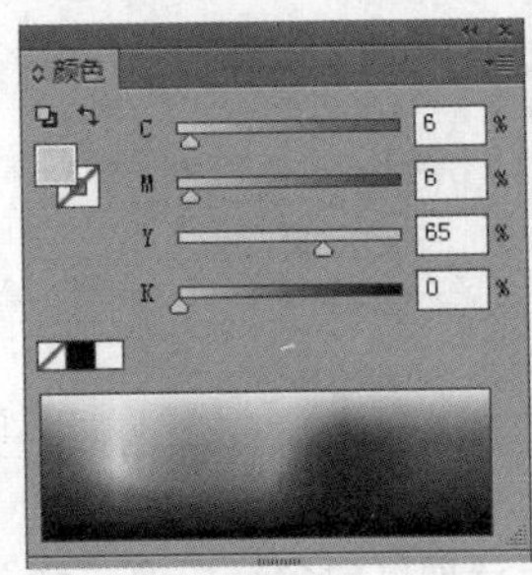

图3-13 调整颜色　　图3-14 填充颜色

04 运用相同的方式，对其他4个小五角星填充颜色，如图3-15所示。

05 选择工具箱中的“选择工具”，在画面背景处单击，将其选中，显示路径，单击面板右上角的“面板选项”按钮，在弹出的快捷菜单中选择“反相”命令，如图3-16所示。

图3-15 填充五角星　　图3-16 选择“反相”命令

06 “反相”效果如图3-17所示。按Ctrl+Z键可撤销反相效果，如图3-18所示。

图3-17 反相效果

图3-18 撤销反相效果

07 再次单击面板右上角的“面板选项”按钮，在弹出的快捷菜单中选择“补色”命令，如图3-19所示，“补色”效果如图3-20所示。

图3-19 选择“补色”命令

图3-20 补色效果

提示

“反相”命令是指颜色的每种成分更改为颜色标度上的相反值。例如，RGB颜色的R值为100，“反相”命令将把R更改为155（255 − 100 = 155）；而“补色”命令是指将颜色的每种成分更改为基于所选颜色的最高和最低RGB值总和的新值，选择“补色”命令时，Illustrator会自动相加当前颜色的最低和最高 RGB 值，然后从该值中减去每个成分的值，产生新的 RGB 值。例如，RGB值为（R102、G153、B51），Illustrator将高值（153）和低值（51）相加，产生新值（204）。再从该新值中减去现有颜色的每个RGB值，产生新RGB补值：204 − 102（当前R值）= 102 为新的R值，204 − 153（当前G值）= 51 为新的G值，204 − 51（当前B值）= 153为新的B值。

“补色”只是色相相补，而亮度、饱和度都与原来相同。“反相”则是色相、亮度、饱和度同时相补。

3.1.2 使用“色板”面板填充对象

“色板”面板中提供了Illustrator预设颜色、渐变和图案，统称为“色板”。单击任一色板，即可将其应用到所选对象的颜色或描边中。也可将自定义的颜色、渐变或绘制的图案储存至“色板”面板中，方便下次使用。执行“窗口”|“色板”命令，打开“色板”面板，包含选项如图3-21所示。

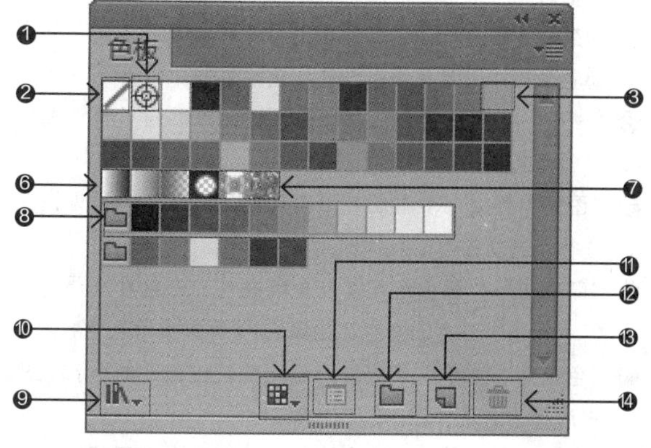

图3-21 默认“色板”面板

单击“色板”面板右上角的“面板选项”按钮，可打开快捷菜单，该菜单中包含图3-22所示命令。选择不同的选项可以快速切换视图，图3-23所示为“小列表视图”。

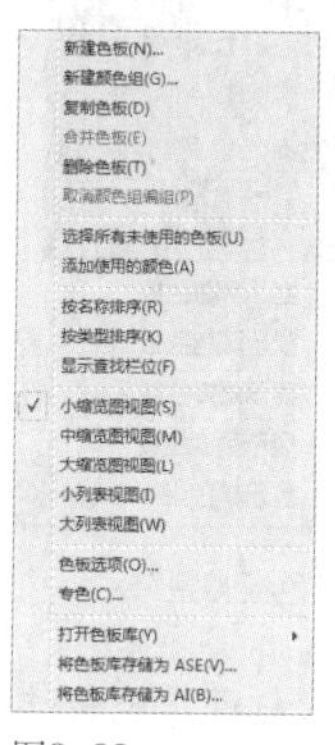

图3-22 “面板选项”菜单

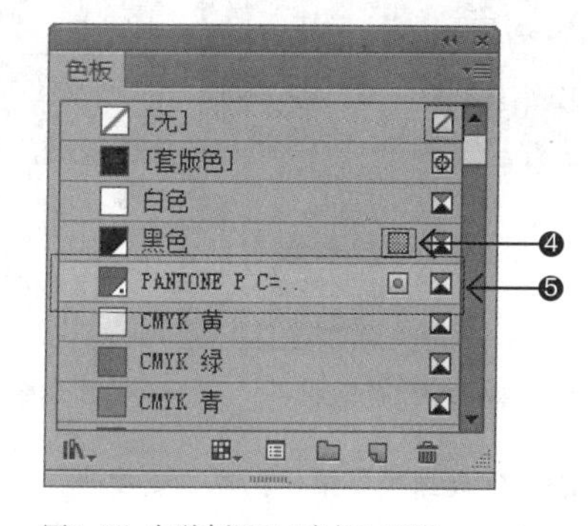

图3-23 小列表视图“色板”面板

“色板”面板中各选项的含义如下。

❶“套版色”色板：利用它填充或描边的图形可以由PostScript打印机进行分色打印。例如，套准标记使用“套版色”，印刷时可以在打印机上精准对齐。该色板是Illustrator内置色板，不能删除。

❷“无颜色/描边”色板：单击该按钮，可以删除图形的颜色和描边设置。

❸“印刷色”色板：印刷色是指由4种标准印刷油墨（青色、洋红色、黄色和黑色）组成的颜色，图标为

"CMYK符号"，在默认状态下，Illustrator会将新建色板定义为印刷色。

❹ "全局色"：若将色板定义为全局色，在编辑该色板时，所有使用该颜色的对象都会自动更新。

❺ "专色"：专色是指在印刷时，不通过印刷C、M、Y、K四色混合而成的颜色，而是使用一种特定的油墨，如金属色油墨、荧光色油墨和霓虹色油墨等。

❻ "渐变"色板：单击任一渐变色板，可以应用预设渐变进行填充或描边。

❼ "图案"色板：单击任一图案色板，可以应用预设图案进行填充或描边。

❽ "颜色组"：颜色组可以包含印刷色、专色和全局色，但不能包含图案、渐变、无颜色/描边或套版色色板。

❾ "色板库"菜单：单击该按钮，可以在打开的下拉菜单中选择一个色板库。

❿ "色板类型"菜单：单击该按钮，可以在打开的下拉菜单中选择在面板中显示"颜色""渐变""图案"或"颜色组"，如图3-24、图3-25所示。

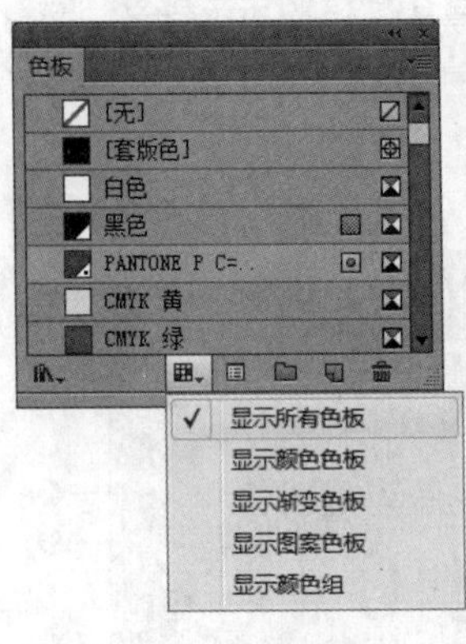

图3-24 默认"色板类型"

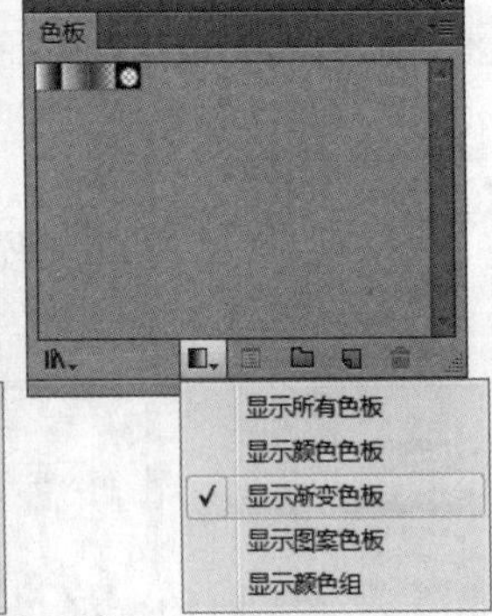

图3-25 选择"色板类型"

⓫ "色板选项"按钮：单击该按钮，可以打开"色板选项"对话框，当选中"图案"色板时，该按钮名称为"编辑图案"，单击即可对图案进行编辑。

⓬ "新建颜色组"按钮：按住Ctrl键单击多个色板，再单击该按钮，可以将它们创建到一个颜色组中。

⓭ "新建色板"按钮：单击该按钮，在弹出的"新建色板"对话框中可以设置创建新色板的参数，如图3-26所示。在"颜色类型"下拉列表中包括"印刷色"和"专色"选项，也可以勾选"全局色"复选框定义新色板为全局色色板。

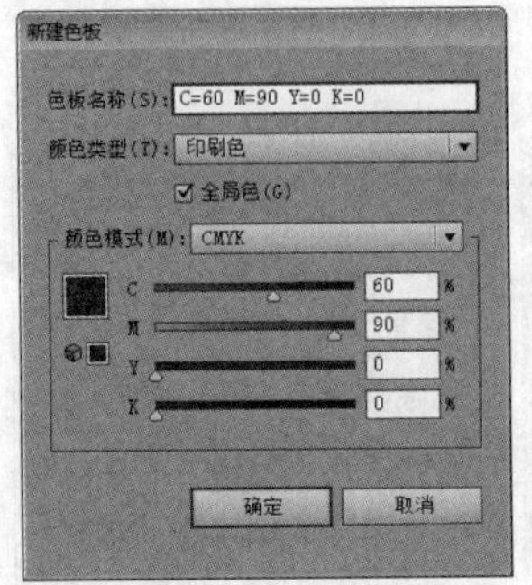

图3-26 "新建色板"对话框

⓮ "删除色板"按钮：选择一个色板，再单击该按钮，可以将其删除。

提示

若要删除文档中未使用的所有色板，可以单击"色板"面板右上角的"面板选项"按钮，在弹出的快捷菜单中选择"选择所有未使用的色板"命令，然后单击"删除色板"按钮。

练习 3-2 将图稿中的颜色添加到色板面板

源文件路径	素材\第3章\练习3-2将图稿中的颜色添加到色板面板
视频路径	视频\第3章\练习3-2将图稿中的颜色添加到色板面板.mp4
难易程度	★★

01 启动Illustrator，执行"文件"|"打开"命令，在"打开"对话框中选择"狗.ai"素材文件，单击"打开"按钮，如图3-27所示。执行"窗口"|"色板"命令，打开"色板"面板，如图3-28所示。

图3-27 打开素材文件

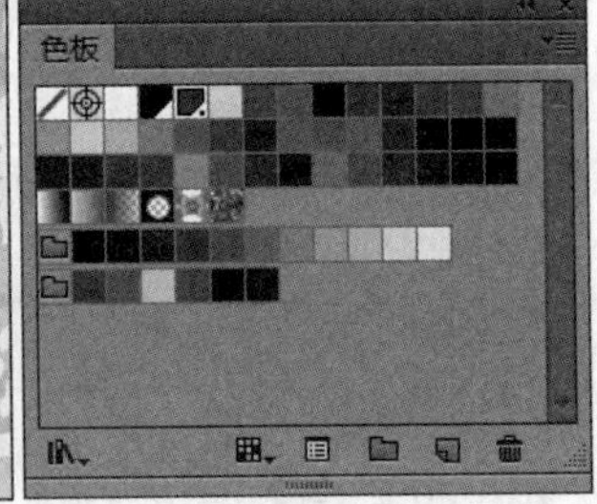

图3-28 打开"色板"面板

02 单击"色板"面板右上角的"面板选项"按钮，在弹出的快捷菜单中选择"选择所有未使用的色板"命令，选中文档中未使用的所有色板，如图3-29所示，单击面板底部的"删除色板"按钮，将其删除，如图3-30所示。

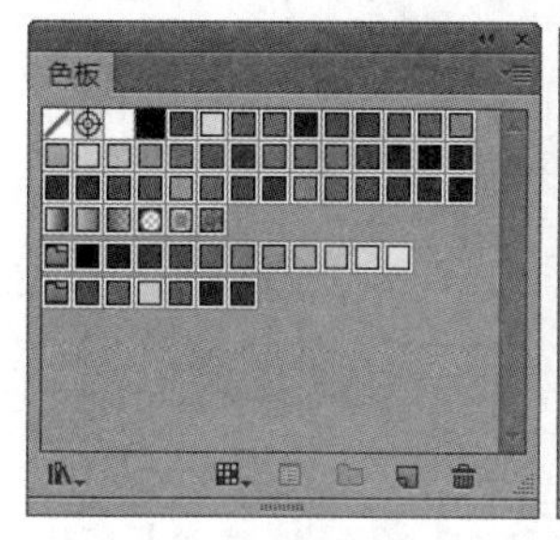

图3-29 选中未使用色板

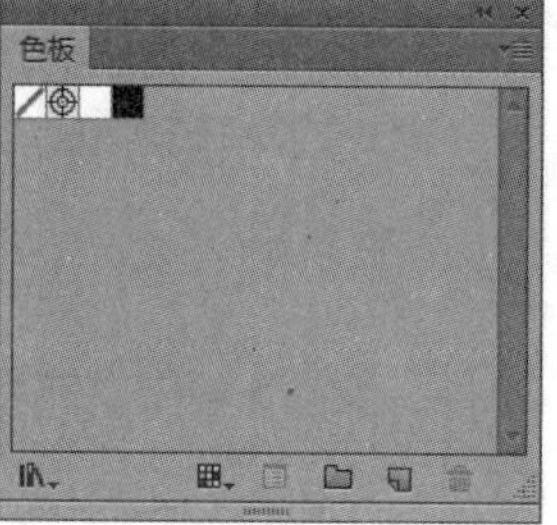

图3-30 删除未使用色板

03 单击“色板”面板右上角的“面板选项”按钮，在弹出的快捷菜单中选择“添加使用的颜色”命令，将文档中使用的所有颜色加入色板中，如图 3-31 所示。

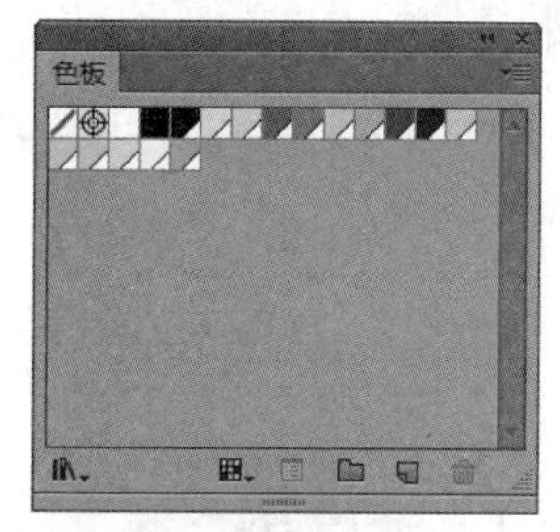

图3-31 添加使用的颜色

04 按住 Shift 键，选中所有使用的颜色色板，单击面板底部的“新建颜色组”按钮，在弹出的“新建颜色组”对话框中输入名称，如图 3-32 所示。单击“确定”按钮即可创建颜色组，如图 3-33 所示。

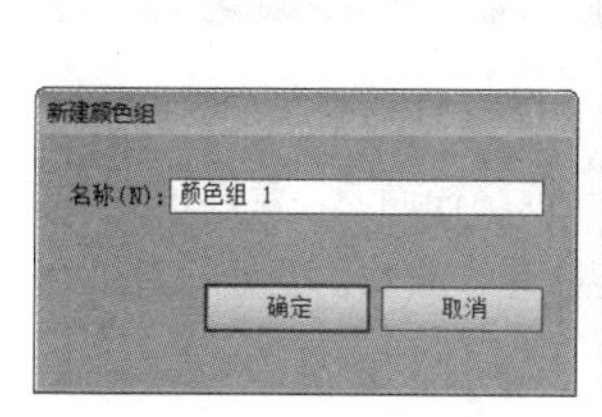

图3-32 “新建颜色组”对话框

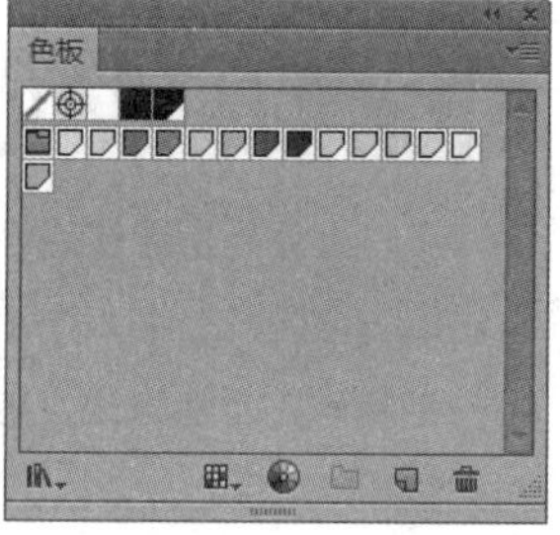

图3-33 新建颜色组

05 单击面板底部的“色板库”菜单按钮，在弹出的菜单中选择“存储色板”命令，如图 3-34 所示。接着弹出“另存为”对话框，如图 3-35 所示，设置名称和存储位置，将色板存储。

06 在编辑其他文档时，若需要使用该色板中的颜色，即可单击面板底部的“色板库”菜单按钮，在下拉菜单中选择“其他库”命令，在“打开”对话框中选择存储的色板，如图 3-36 所示，即可打开一个单独的色板库，如图 3-37 所示。

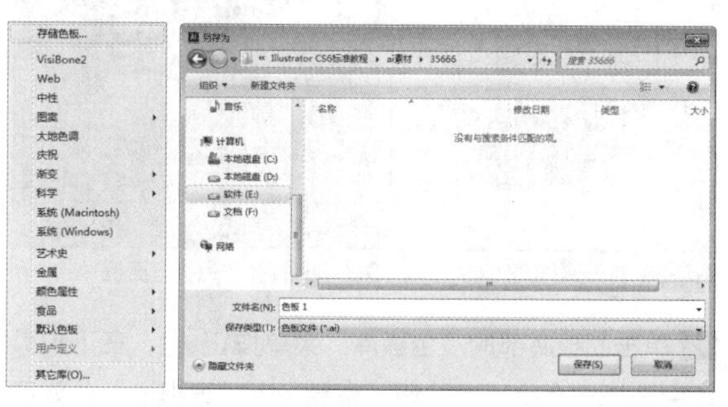

图3-34 “色板库”菜单　图3-35 “另存为”对话框

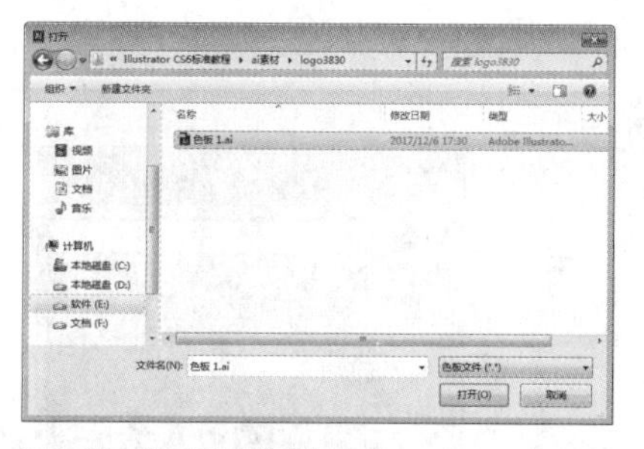

图3-36 “打开”对话框

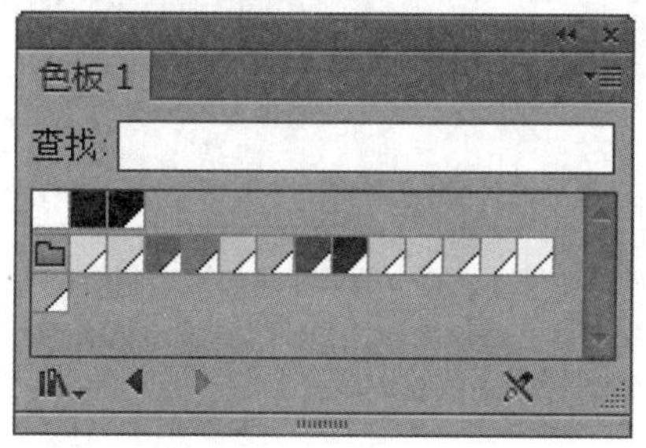

图3-37 打开存储的“色板 1”

3.1.3 课堂范例——用色板库面板填色

源文件路径	素材\第3章\3.1.3课堂范例——用色板库面板填色
视 频 路 径	视频\第3章\3.1.3课堂范例——用色板库面板填色.mp4
难 易 程 度	★★★

本实例主要介绍如何使用“色板”面板对矢量图形进行填色。

01 执行“文件”|“打开”命令或按 Ctrl+O 快捷键，打开“花 .ai”素材文件，如图 3-38 所示。执行“窗口”|“色板”命令，打开“色板”面板，如图 3-39 所示。

图3-38 打开素材文件

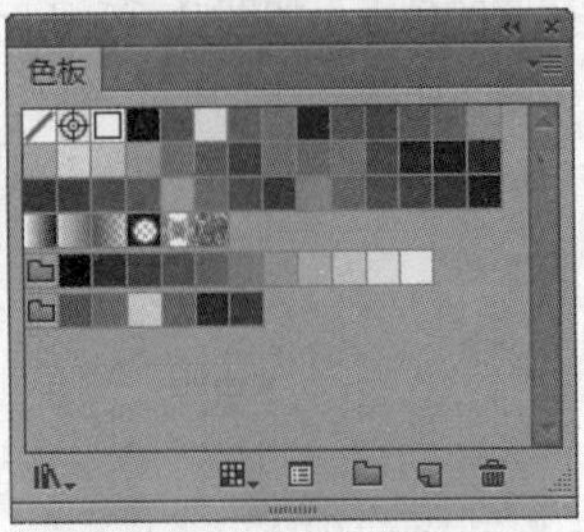

图3-39 打开“色板”面板

02 单击面板底部的“色板库”菜单按钮，在下拉菜单中选择一个色板库，如“食品” | “冰淇淋”，如图3-40所示。单击将“冰淇淋”色板打开，如图3-41所示。

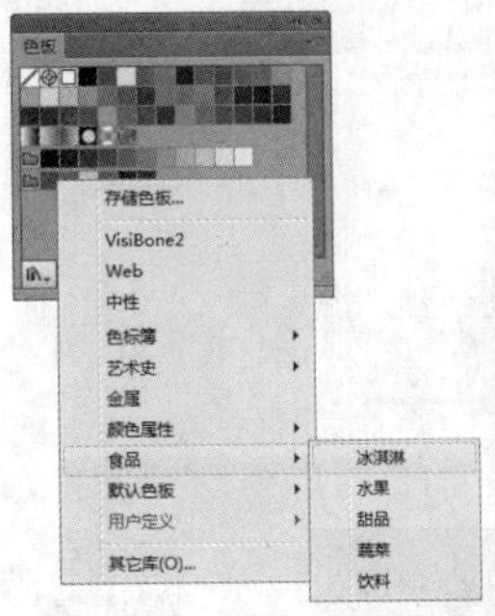

图3-40 选择色板库

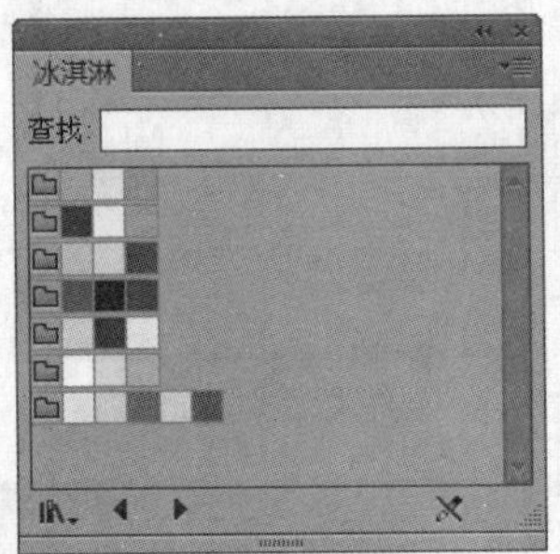

图3-41 “冰淇淋”色板库

提示

在打开的“色板库”面板中，单击面板底部的或按钮，即可预览所有预设“色板库”，也可以单击面板底部的“色板库”菜单按钮进行选择。

03 选择工具箱中的“选择工具”，按住Shift键，在相同的花瓣处单击，将其选中，如图3-42所示。

图3-42 选择相同花瓣

04 在打开的“冰淇淋”色板库中单击一个色板，如图3-43所示，即可对选中的花瓣填充颜色，如图3-44所示。

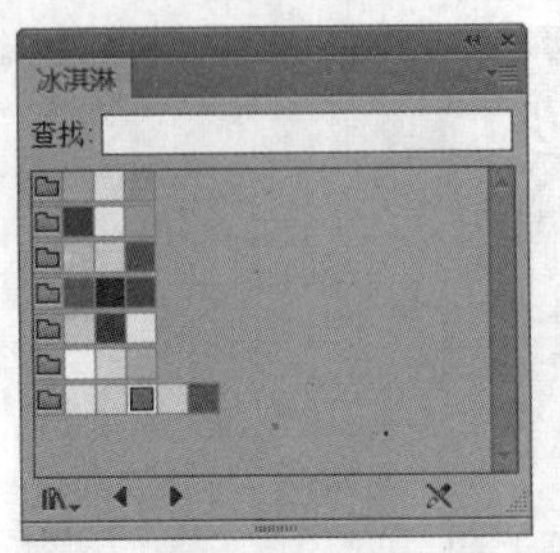

图3-43 选择色板

图3-44 上色

提示

在使用“选择工具”选择花瓣时，先单击“图层”面板右上角的“面板选项”按钮，在弹出的快捷菜单中选择“释放到图层（顺序）”命令，如图3-45所示，即可单独选中每一瓣花瓣。

05 运用相同的方式，完成“花”的上色，效果如图3-46所示。

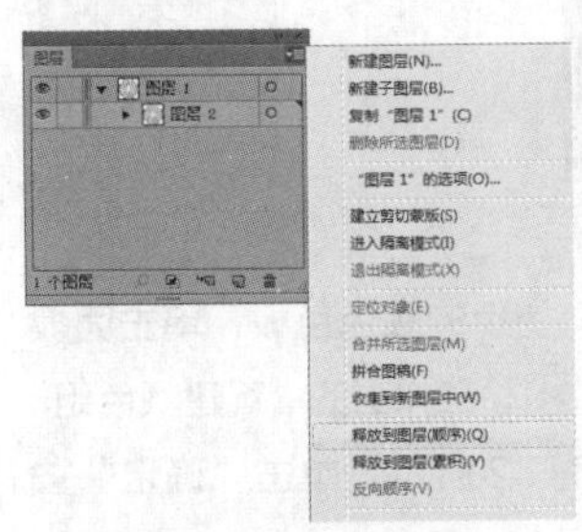

图3-45 选择命令

图3-46 上色效果

3.2 实时上色

实时上色是指通过路径将图形分割成多个区域，可以对每一个区域上色，对每一段路径描边，是Illustrator中一种特殊的上色方式，能快速、准确、便捷、直观地对矢量图形上色。

3.2.1 关于实时上色

实时上色是一种更为直观的上色方式，它与通常的上色工具不同，当路径将图形分割成几个区域时，使用普通的填充手段只能对某个对象进行填充，而使用实时上色工具可以自动检测并填充路径相交的区域。

“实时上色工具”和“实时上色选择工具”位于“形状生成器工具组”中，如图3-47所示。双击“实时上色工具”按钮或“实时上色选择工具”按钮，可以打开相应的工具选项对话框。在对话框中对实时上色的选项及显示进行相应的设置，如图3-48、图3-49所示。

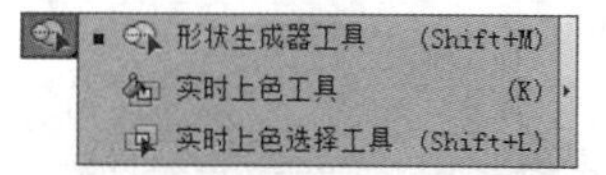

图3-47 “形状生成器”工具组

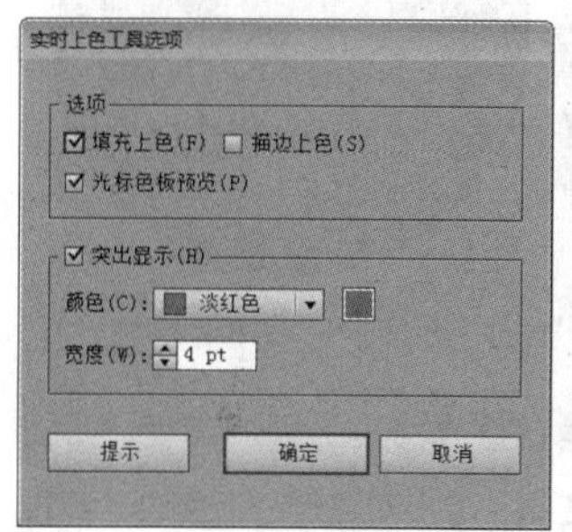

图3-48 “实时上色工具选项”对话框

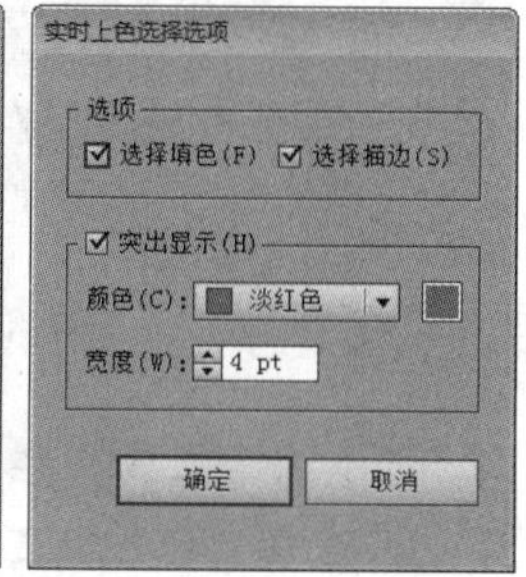

图3-49 “实时上色选择选项”对话框

“实时上色工具选项”和“实时上色选择选项”对话框中各选项的含义如下。

“填充上色”复选框：对实时上色组中的各区域上色。

“描边上色”复选框：对实时上色组中的各边缘上色。

“光标色板预览”复选框：从“色板”面板中选择颜色时显示，勾选该选项，实时上色工具光标会显示3种颜色色板。选定填充或描边颜色及“色板”面板中紧靠该颜色左侧和右侧的颜色，如图3-50所示。按键盘中的左右方向键可以切换相邻的颜色，如图3-51所示。

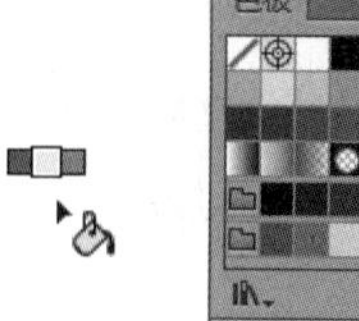

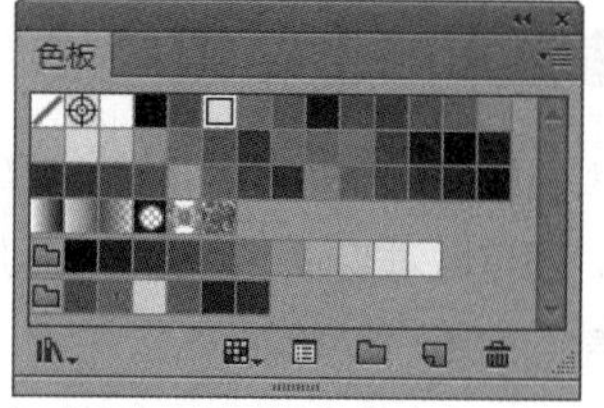

图3-50 光标显示“色板”面板中的颜色

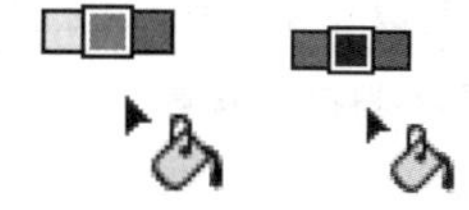

图3-51 切换相邻的颜色

“显示突出”复选框：勾画出光标当前所在区域或边缘的轮廓，用粗线突出显示表面。细线突出显示边缘。

“颜色”：设置突出显示线的颜色。可以从菜单中选择颜色，也可以单击上色色板，以指定颜色。

“宽度”：指定突出显示轮廓线的粗细。

使用“实时上色工具”对矢量图形进行实时上色时，首先需要将此图形创建为一个实时上色组。建立了实时上色组后，每条路径都可以进行编辑，并且移动或改变路径的形状时，Illustrator会自动将颜色应用于编辑后的路径组成的新区域。

3.2.2 创建实时上色组

同时选中多个图形，再执行“对象”|“实时上色”|“建立”命令，即可创建实时上色组，所选对象会自动编组。在实时上色组中，可以为边缘和表面上色。边缘是一条路径与其他路径交叉之后处于交点之间的路径，表面是一条边缘或多条边缘所围成的区域。边缘可以描边，区域可以填充。

使用“选择工具”选择需要创建实时上色组的所有对象，再执行“对象”|“实时上色”|“建立”命令，创建实时上色组，如图3-52所示。使用“实时上色工具”可对其上色，如图3-53所示。若执行“对象”|“实时上色”|“释放”命令，即可将实时上色效果释放，回到原始状态，如图3-54所示。

图3-52 创建实时上色组

图3-53 对实时上色组上色

图3-54 释放实时上色组

如果没有选中任何对象或未创建实时上色组时，就使用“实时上色工具”在画面上单击，系统会弹出提示对话框，勾选“不再显示”复选框后关闭，则不会再出现该提示，如图3-55所示。

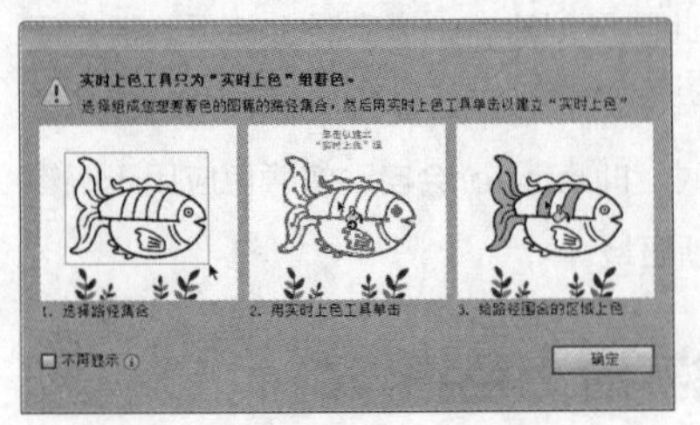

图3-55 提示对话框

3.2.3 在实时上色组中调整路径

创建实时上色之后，可以对实时上色组中的路径进行编辑，并且在移动或改变路径形状的过程中，Illustrator会自动将原有的颜色应用于编辑后的路径所形成的新区域中。

图3-56所示为由一个圆形路径和一条直线路径组成的实时上色组，图3-57所示为对实时上色组上色后的效果。

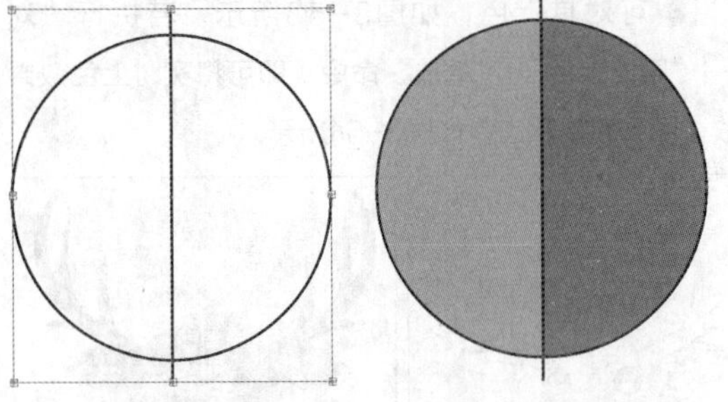

图3-56 圆与直线的实时上色组　图3-57 实时上色组上色效果

使用“直接选择工具”选中直线路径，移动、旋转或缩放该路径，实时上色组中的颜色区域都将自动发生改变，如图3-58、图3-59所示。

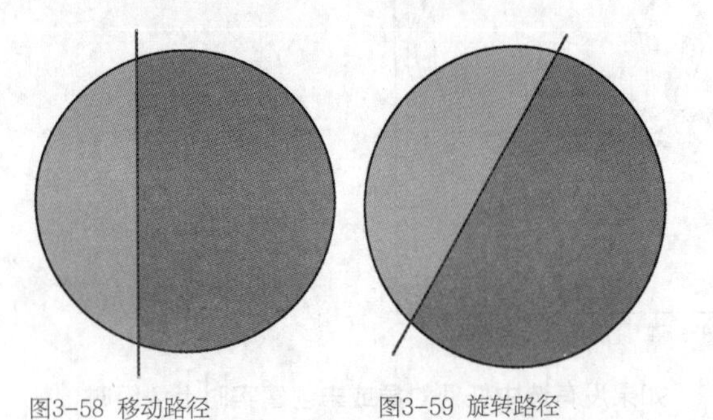

图3-58 移动路径　图3-59 旋转路径

若将该路径缩放或移动至不相交的位置，或者将路径删除，则实时上色组中的颜色将会被所占区域较大的颜色所替换，如图3-60、图3-61所示。

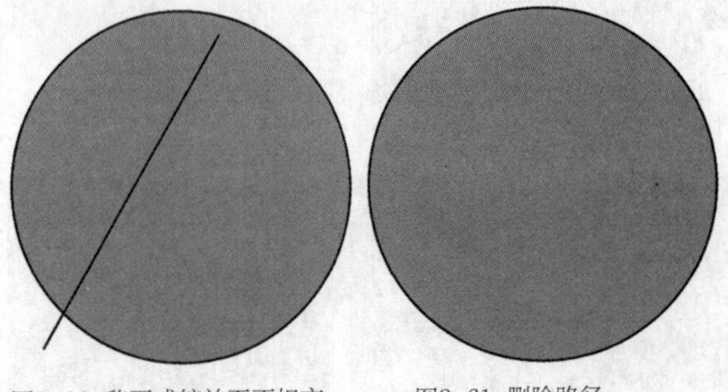

图3-60 移至或缩放至不相交　图3-61 删除路径

使用“钢笔工具”在直线路径上添加锚点，如图3-62所示，再使用“锚点工具”对路径进行编辑，实时上色组中的颜色区域也将自动发生改变，如图3-63所示。

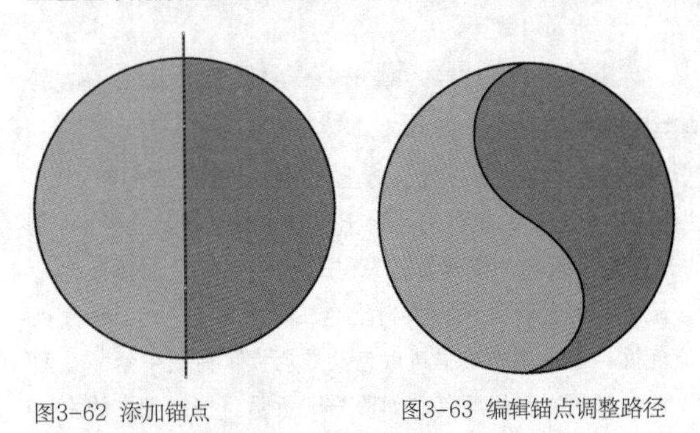

图3-62 添加锚点　图3-63 编辑锚点调整路径

3.2.4 编辑实时上色组

在实时上色组中，除了可以移动、旋转、删除、编辑路径之外，还可以对实时上色组进行添加新路径、合并、释放、调整间隙、扩展等操作。

1. 合并实时上色组

创建一个实时上色组之后，可以在其中添加新的路径，生成新的表面和边缘，然后再对其进行编辑。

练习 3-3 合并实时上色组

源文件路径	素材\第3章\练习3-3合并实时上色组
视频路径	视频\第3章\练习3-3合并实时上色组.mp4
难易程度	★★

01 启动Illustrator，执行“文件”|“打开”命令，在“打开”对话框中选择“销售标签.ai”素材文件，单击“打开”按钮，打开素材文件，如图 3-64 所示。

02 按 Ctrl+A 快捷键全选对象，再执行“对象”｜“实时上色”｜“建立”命令，创建实时上色组。使用“直线工具”绘制两条无填色、无描边的水平直线，然后全选对象，如图 3-65 所示。

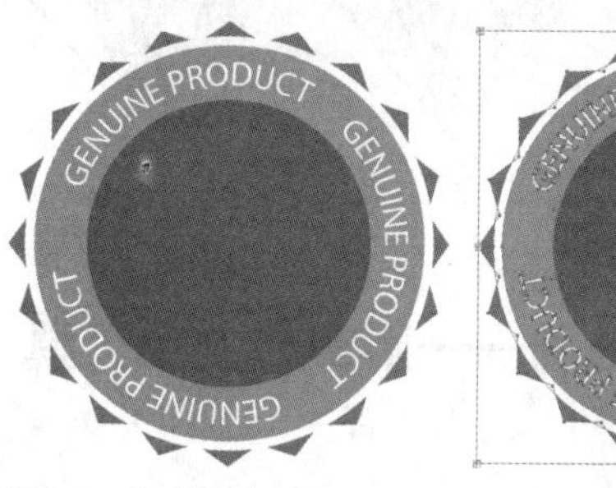

图3-64 实时上色组对象

图3-65 绘制两条水平直线

03 执行“对象”|“实时上色”|“合并”命令，或单击控制面板中的“合并实时上色”按钮，将两条直线合并到实时上色组中，如图 3-66 所示。使用“实时上色工具”对其上色，如图 3-67 所示。

图3-66 合并实时上色组

图3-67 使用“实时上色工具”上色

04 向实时上色组添加路径之后，可以使用“编组选择工具”或“锚点工具”编辑路径的形状，颜色区域将随之发生改变，如图 3-68、图 3-69 所示。

图3-68 移动路径　　图3-69 编辑路径形状

05 添加文字与五角星进行装饰，完成销售标签的制作，如图 3-70、图 3-71 所示。

图3-70 添加五角星装饰

图3-71 添加文字装饰

2. 封闭实时上色间隙

实时上色组中的间隙是路径与路径之间未交叉时留下的小空间，若图稿中存在间隙，如图3-72所示，在填充颜色的过程中将无法将颜色填充到指定的区域。存在间隙的路径，颜色会溢出到相邻的区域，如图3-73所示。

练习 3-4 封闭实时上色组

源文件路径	素材\第3章\练习3-4封闭实时上色组
视 频 路 径	视频\第3章\练习3-4封闭实时上色组.mp4
难 易 程 度	★ ★

01 启动 Illustrator，执行“文件”|“打开”命令，在“打开”对话框中选择“热气球 .ai”素材文件，单击“打开”按钮，打开素材文件，如图 3-72 所示。

02 按 Ctrl+A 快捷键全选对象，再执行“对象”｜“实时上色”｜“建立”命令，创建实时上色组。在“色板”或“颜色”面板中定义颜色，再使用“实时上色工具”在热气球下方单击，填充颜色。因为路径之间存在间隙，填充的颜色将会溢出到相邻的区域，如图 3-73 所示。

图3-72 实时上色组对象

图3-73 上色溢出效果

03 按 Ctrl+A 快捷键全选对象，执行“对象”|“实时上色”|“间隙选项”命令，打开“间隙选项”对话框，在“上色停止在”选项中选择“大间隙”，如图 3-74 所示，即可将画面中路径间的间隙封闭，如图 3-75 所示。

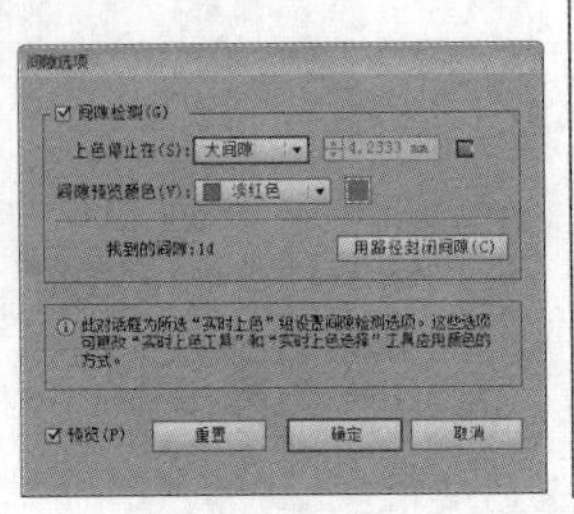
图3-74 “间隙选项”对话框

图3-75 封闭间隙

04 继续使用“实时上色工具”为对象填色，则不会再溢出，如图 3-76 所示。完成其他区域的填色，如图 3-77 所示。

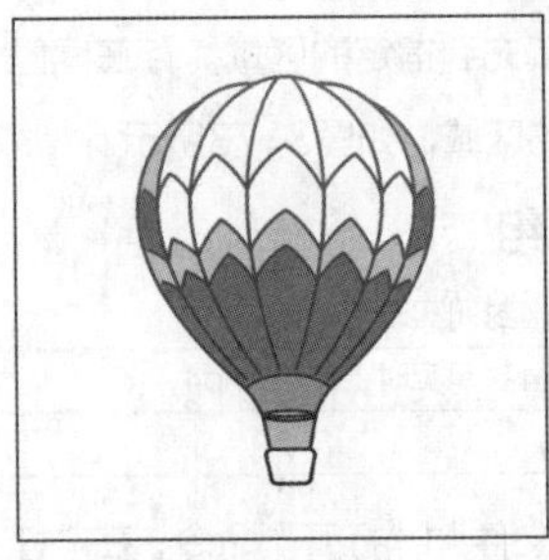
图3-76 填色不会再溢出

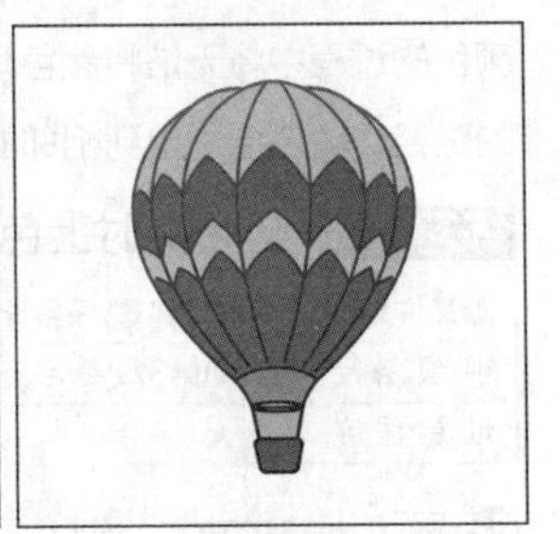
图3-77 完成填色

在“间隙选项”对话框的“上色停止在”选项中，可以选择“自定间隙”选项，然后在后面的文本框中调整参数或直接输入具体数值，如图3-78所示。调整之后，所选实时上色组的填色效果也会发生改变，如图3-79所示。

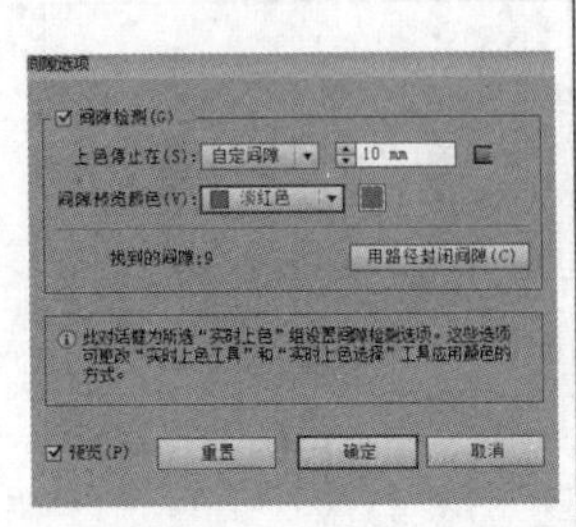
图3-78 “间隙选项”对话框

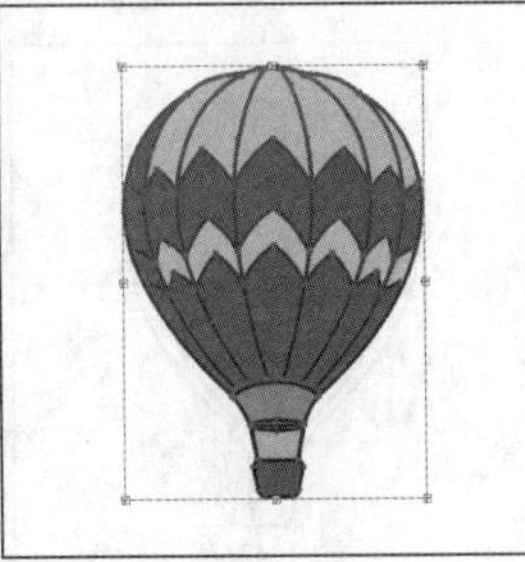
图3-79 填色效果发生改变

3. 扩展实时上色间隙

选择实时上色组，如图3-80所示，执行“对象”|“实时上色”|“扩展”命令，可以将上色扩展为多个普通图形。使用“直接选择工具”或“编组选择工具”可以选择其中的图形进行编辑，如图3-81所示。

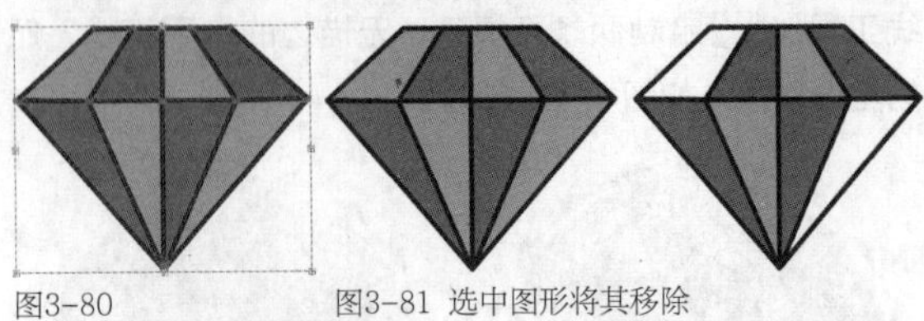
图3-80 选择实时上色组对象　图3-81 选中图形将其移除

3.2.5 课堂范例——用实时上色工具填色

源文件路径	素材\第3章\3.2.5课堂范例——用实时上色工具填色
视频路径	视频\第3章\3.2.5课堂范例——用实时上色工具填色.mp4
难易程度	★★★

本实例主要介绍如何使用“实时上色工具”对矢量图形进行填色。

01 按 Ctrl+O 快捷键，打开“矢量建筑 .ai”素材文件，如图 3-82 所示。

02 使用“选择工具”选择“建筑组”，执行“对象”|“实时上色”|“建立”命令，创建实时上色组，如图 3-83 所示。

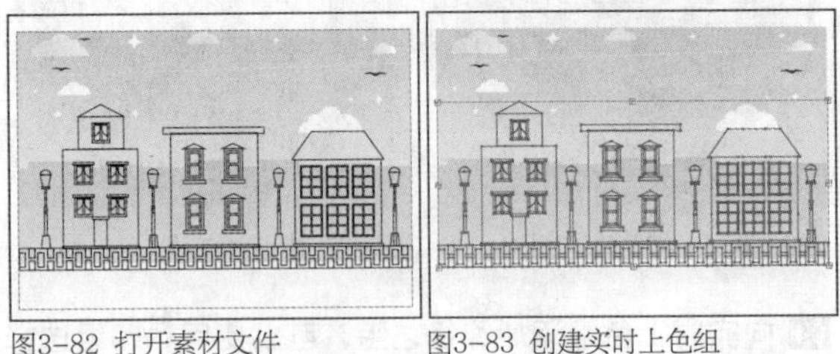
图3-82 打开素材文件　图3-83 创建实时上色组

提示

在使用“实时上色工具”为实时上色组填色时，可以在“颜色”“色板”和“渐变”面板中选取颜色。

03 执行“窗口”|“色板库”|“其他库”命令，在“打开”对话框中打开“卡通城市插画”色板，如图 3-84 所示。并单击选择一个色样，如图 3-85 所示。

04 选择“实时上色工具”，将指针移动到对象上方，这时指针下方的对象会显示红色的边框，如图 3-86 所示。单击即可填充选定的颜色，如图 3-87 所示。

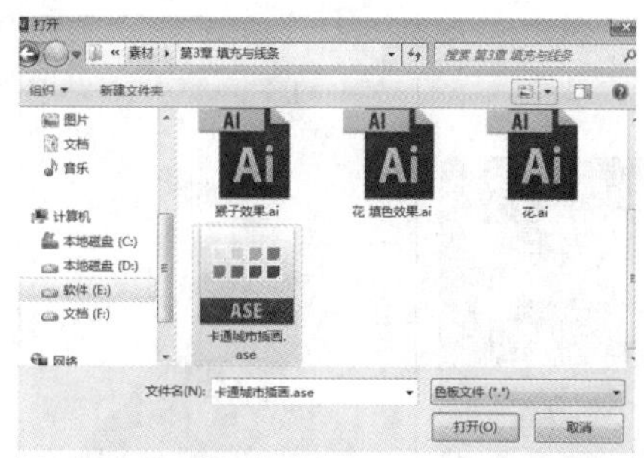

图3-84 “打开”对话框

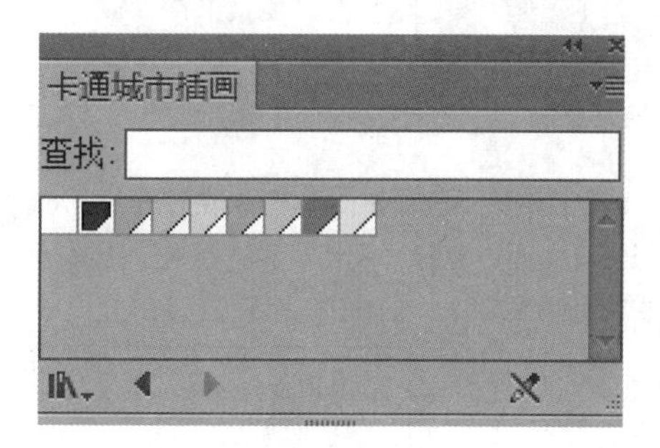

图3-85 “卡通城市插画”色板

图3-86 选择填色区域

图3-87 使用“实时上色工具”填色

05 选择“实时上色选择工具”，按住Shift键在画面中单击，选中多个表面，如图3-88所示。然后在“卡通城市插画”色板中单击一个色样，为选中的对象填色，如图3-89所示。

图3-88 “实时上色选择工具”选择对象

图3-89 填色

06 运用相同的方式完成对所有对象的填色操作，如图3-90所示。再选择“实时上色选择工具”，按住Shift键在画面中单击，选中所有对象的边缘，如图3-91所示。

图3-90 完成所有填色

图3-91 选中所有边缘

07 然后单击“颜色”面板或工具箱中的“无”按钮，如图3-92所示，删除所有描边颜色，完成卡通城市插画的绘制，如图3-93所示。

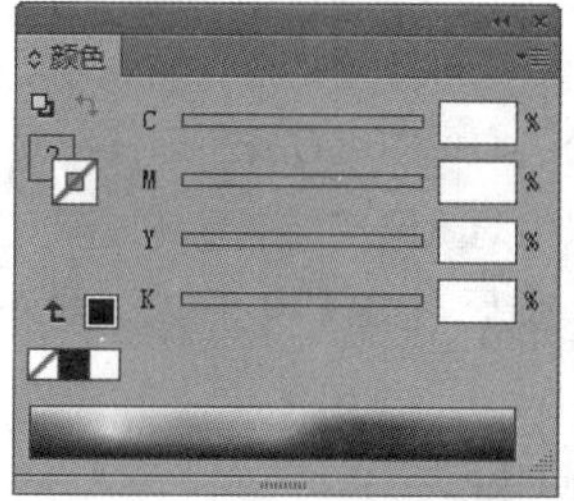

图3-92 单击“无”按钮

图3-93 完成插画绘制

3.3 渐变填充

使用渐变填充可以在任何颜色之间创建平滑的颜色过渡效果。Illustrator中提供了大量预设的渐变库，用户也可以将自定义渐变存储为色板，从而便于将渐变应用于多个对象。灵活地掌握运用渐变效果，可以更加方便快捷地表现出对象的空间感和体积感，使作品效果更加丰富。

3.3.1 创建渐变填充

渐变填充是为所选图形填充两种或者多种颜色，并使各颜色之间产生平滑过渡效果，在为所选对象进行渐变填充时，可使用工具箱中的“渐变”工具进行填充，还可以在“渐变”面板中调整渐变参数。

使用“选择工具”单击选中一个对象，如图3-94所示，单击工具面板底部的“渐变”按钮，即可为其填充默认的黑白线性渐变，如图3-95所示，并弹出“渐变”面板。

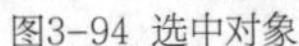

图3-94 选中对象

图3-95 默认黑白线性渐变

1. 【渐变】面板

执行“窗口”|“渐变”命令即可打开“渐变”面板，在“渐变”面板中可以为对象选择渐变填充或渐变描边的类型，并设置相应的参数，如图3-96所示，其中各选项的含义如下。

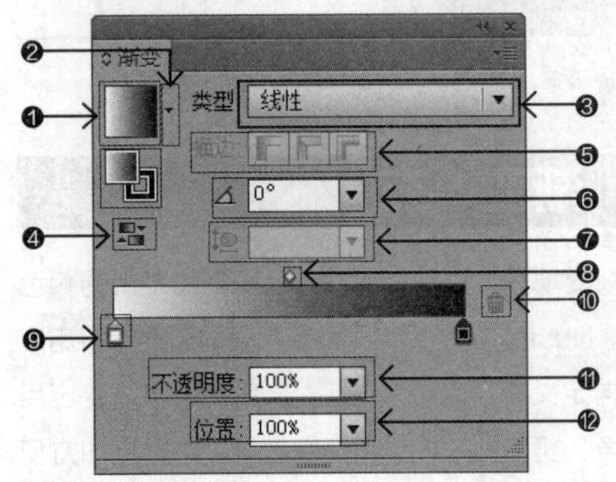

图3-96 “渐变”面板

❶“渐变填充框”：可以预览当前设置的渐变颜色，单击即可为所选对象进行渐变填充。

❷“渐变菜单”按钮：单击该按钮▾，可以在打开的下拉菜单中选择一个预设的渐变，如图3-97~图3-99所示。

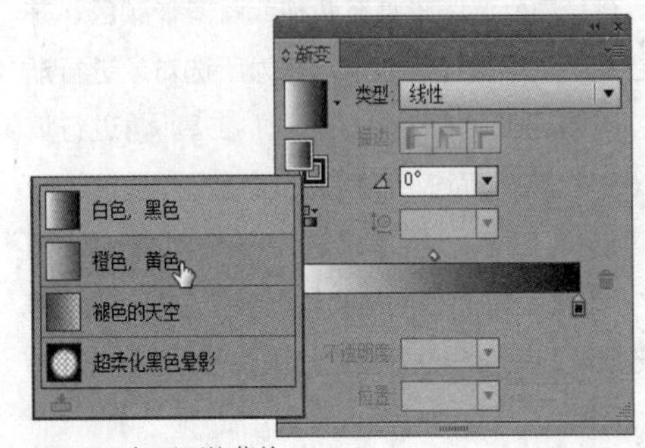

图3-97 打开下拉菜单

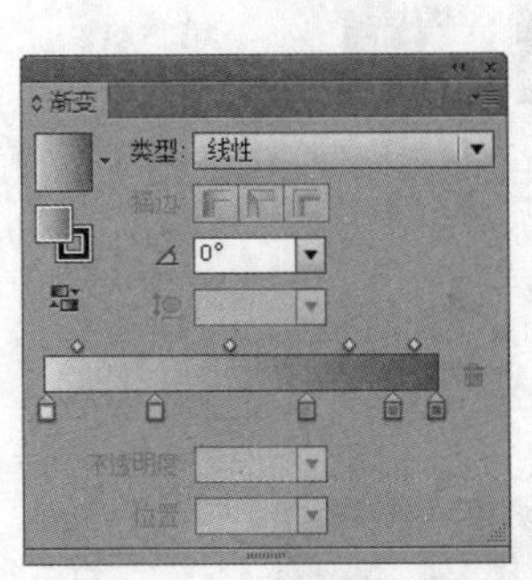

图3-98 选择预设渐变

图3-99 应用预设渐变

❸“类型”：单击右侧的下拉按钮▾，可以在打开的下拉列表中选择渐变类型，包括“线性”和“径向”选项，“径向渐变”如图3-100、图3-101所示。

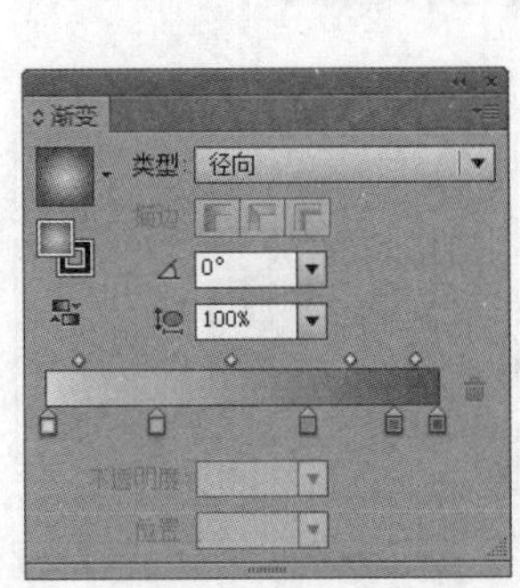

图3-100 “径向渐变”类型

图3-101 “径向渐变”效果

❹“反向渐变”按钮：单击该按钮，可以将所设置的填充颜色顺序翻转，如图3-102、图3-103所示。

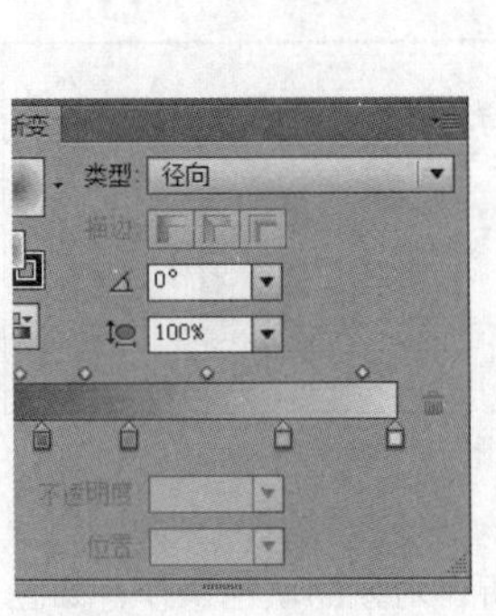

图3-102 “反向渐变”设置

图3-103 “反向渐变”效果

❺“描边”：“描边”选项中的三个按钮只有在使用渐变

色对路径进行描边时才会显示出来，如图3-104所示。若按按钮，可以在描边中应用渐变，如图3-105所示；若按按钮，可以沿描边应用渐变，如图3-106所示；若按按钮，可以跨描边应用渐变，如图3-107所示。

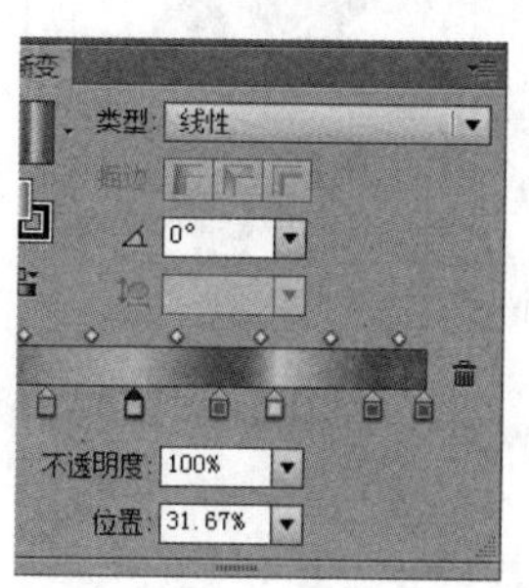

图3-104 “描边”按钮

图3-105 在描边中应用渐变

图3-106 沿描边应用渐变

图3-107 跨描边应用渐变

❻“角度”：用来设置线性渐变的角度，可以单击右侧的按钮，在打开的下拉列表中选择预设的角度，也可以在文本框中输入指定的数值，如图3-108、图3-109所示。

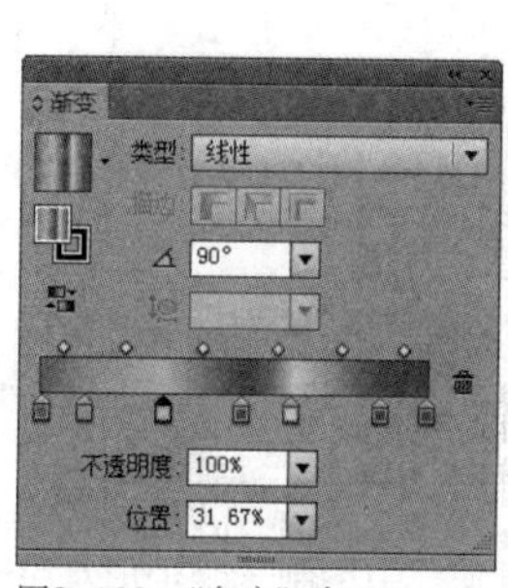

图3-108 “角度”为90°

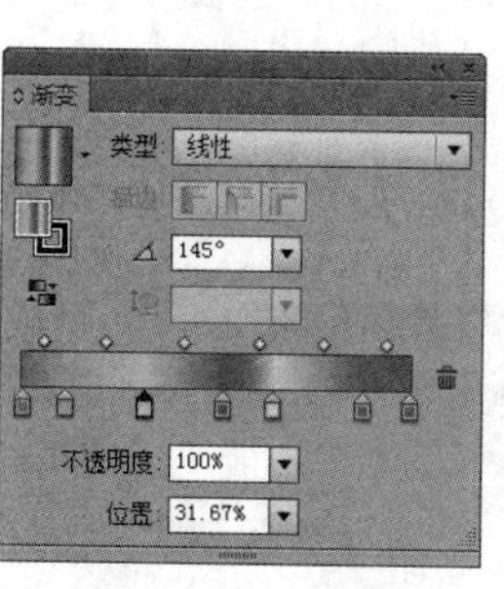

图3-109 “角度”为145°

❼“长宽比”：该选项只有在填充“径向”渐变时才会显示出来，用来设置数值，创建椭圆渐变。可以单击右侧的按钮，在打开的下拉列表中选择预设的长宽比例，也可以在文本框中输入指定的数值，如图3-110、图3-111所示，同时可以在“角度”文本框中设置数值，旋转椭圆。

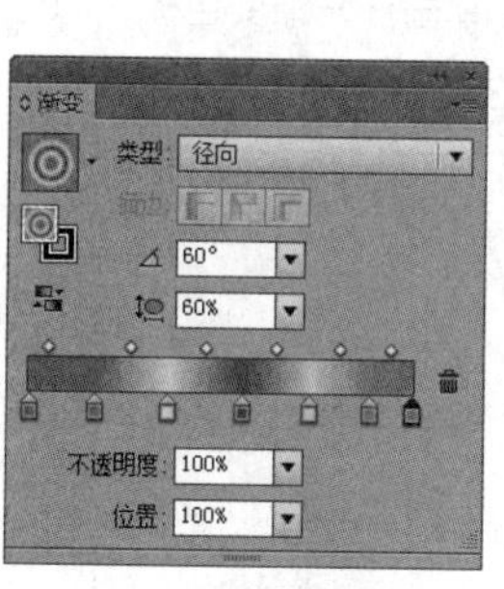

图3-110 设置“长宽比”

图3-111 椭圆渐变

❽“中点”：相邻的两个滑块之间会自动创建一个中点，用来定义相邻滑块之间颜色的混合位置。

❾“渐变滑块”：渐变滑块用来设置渐变颜色和颜色位置。

❿“删除滑块”按钮：单击选中一个滑块，然后单击该按钮，可以将所选颜色滑块删除。

⓫“不透明度”：单击选中一个滑块，该选项即可显示。在文本框中设置“不透明度”值，可以使颜色呈现半透明效果。

⓬“位置”：单击选中一个滑块，该选项即可显示，用来定义滑块的位置。

2. 打开【渐变库】面板

使用“选择工具”单击选中一个对象，如图

3-112所示，执行“窗口”|“色板”命令，打开“色板”面板，单击“色板”面板底部的“色板库”菜单按钮，打开下拉菜单，单击“渐变”选项，在“渐变”下拉菜单中包含了各种预设的渐变库，如图3-113所示。

图3-112 选中对象

图3-113 “色板库”菜单

选择其中一个渐变库，即可打开一个单独的面板，如图3-114所示。在该面板中单击任一渐变色板，即可为所选对象应用该渐变，如图3-115所示。

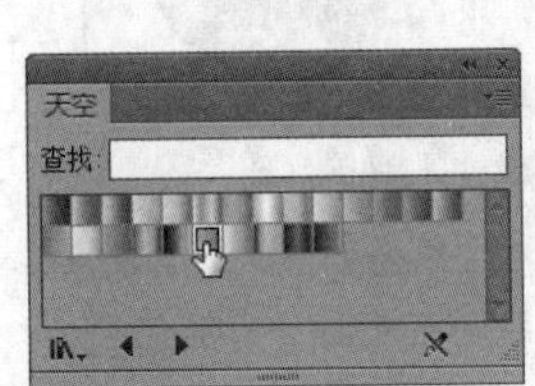

图3-114 “天空”色板库　图3-115 应用色板库中的渐变

3. 同时为多个对象创建渐变

使用“选择工具”选中多个对象，如图3-116所示。在“色板”面板中单击选择一个预设的渐变，可以为每一个选中的图形应用该渐变，如图3-117所示。若使用“渐变”工具在所选图形上方单击，并拖曳鼠标，可以重新应用渐变，并且这些对象将作为一个整体应用该渐变，如图3-118所示。

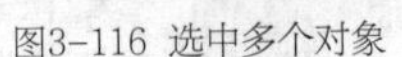

图3-116 选中多个对象

图3-117 对象单独应用渐变

图3-118 对象整体应用渐变

练习3-5 巧妙应用渐变颜色

源文件路径	素材\第3章\练习3-5 巧妙应用渐变颜色
视频路径	视频\第3章\练习3-5 巧妙应用渐变颜色.mp4
难易程度	★★★

01 按 Ctrl+O 快捷键，打开“风景画 .ai”素材文件，如图 3-119 所示。使用“画板工具”在界面空白处绘制一个新画板，如图 3-120 所示。

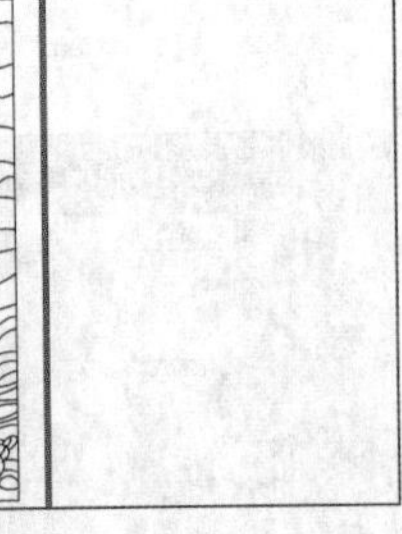

图3-119 打开素材文件 图3-120 创建新画板

02 使用“矩形工具”在新画板中绘制一个矩形，单击工具面板底部的“渐变” 按钮，即可为其填充默认的黑白线性渐变，如图 3-121 所示。且自动打开“渐变”面板，调整渐变颜色，如图 3-122 所示。

图3-121 默认渐变效果

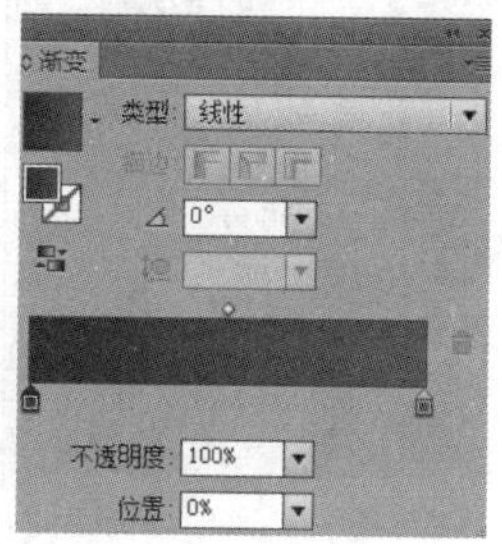

图3-122 调整渐变颜色

03 保持该渐变矩形的选取状态，执行“对象” | “扩展”命令，打开“扩展”对话框，勾选“填充”与“指定”选项，并且在“指定”文本框中设置扩展对象数量为 10，如图 3-123 所示。

04 单击“确定”按钮，关闭“扩展”对话框，将渐变对象扩展为图形对象，且这些图形会编为一组，通过剪切蒙版控制显示区域，如图 3-124 所示。

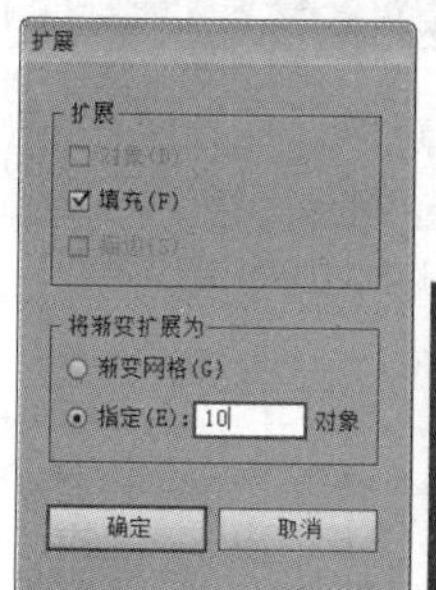

图3-123 “扩展”对话框

图3-124 将渐变对象扩展为图形对象

05 保持该矩形的选取状态，执行“窗口” | “色板”命令，打开“色板”面板，如图 3-125 所示。单击“色板”面板右上角的“面板选项”按钮 ，在打开的快捷菜单中选择“添加选中的颜色”命令，将渐变扩展的各个颜色添加到“色板”面板中，如图 3-126 所示。

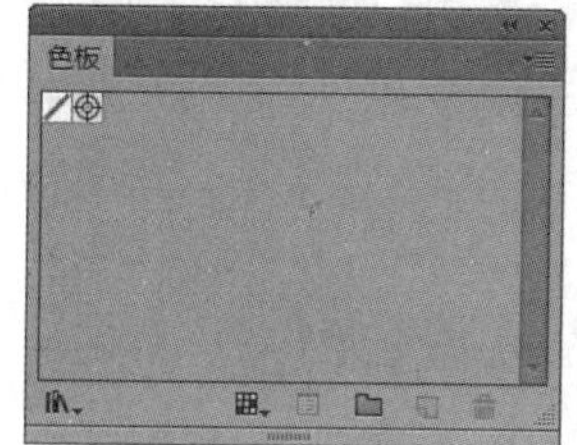

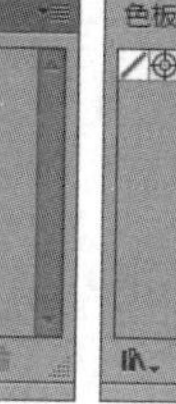
图3-125 “色板”面板

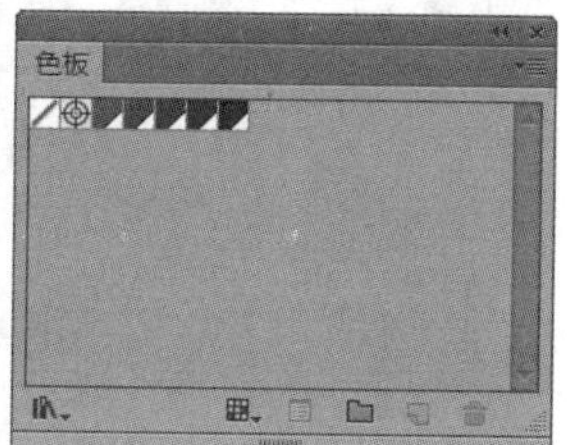

图3-126 添加选中的颜色

06 切换到“画板 1”中进行编辑，应用“色板”面板中添加的“渐变扩展颜色”为“风景画”填色，如图 3-127 所示。

图3-127 填充颜色

07 运用相同的方式，在“画板 2”中绘制矩形，并分别填充渐变颜色，渐变颜色参数如图 3-128 所示。再将渐变对象扩展为图形对象。

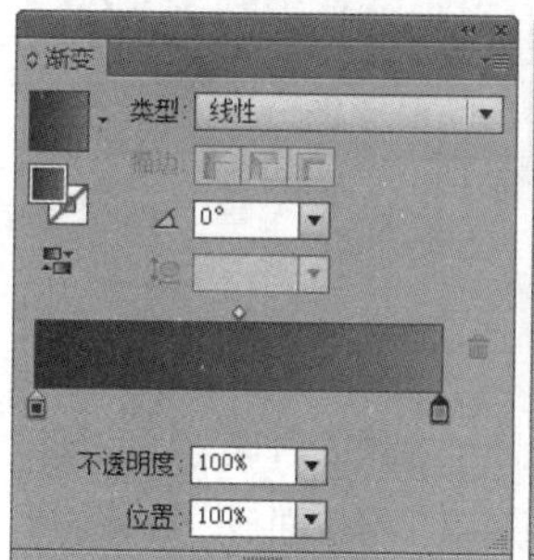

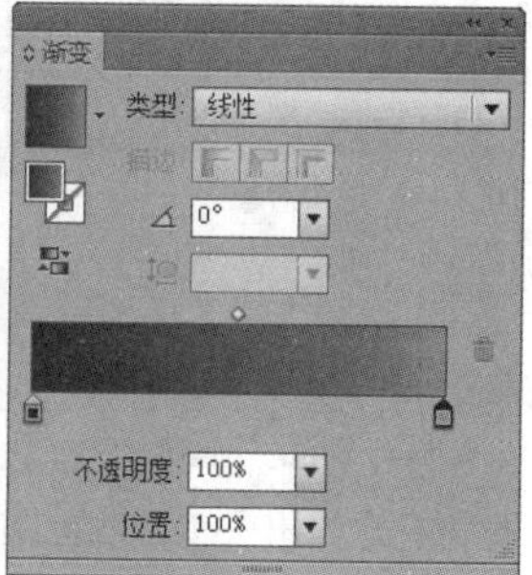

图3-128 渐变颜色参数

08 再运用相同的方式绘制其他的渐变矩形，并将渐变扩展的各个颜色添加到“色板”面板中，如图 3-129 所示。应用“色板”面板中添加的颜色和其他色板完成“风景画”的填色，如图 3-130 所示。

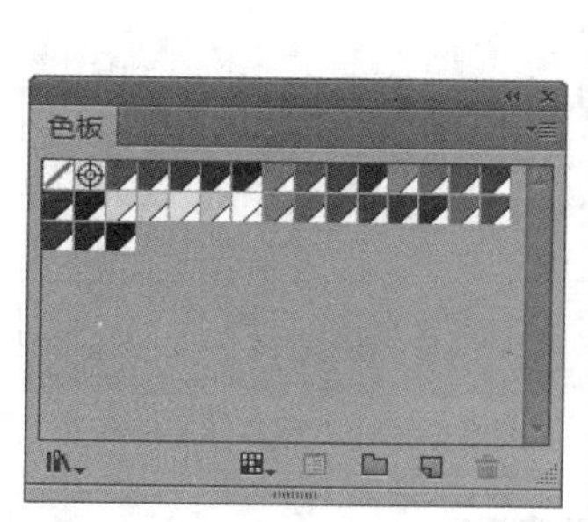

图3-129 添加渐变扩展的颜色

图3-130 完成“风景画”的填色

3.3.2 改变渐变颜色

当在“渐变”面板中选择“线性渐变”类型时，渐变颜色条最左侧的颜色为渐变色的起始颜色，最右侧的颜色为终止颜色；若选择“径向渐变”类型，则最左侧的渐变滑块代表颜色填充的中心点颜色，呈辐射状向外扩展过渡到最右侧的颜色。

使用“选择工具”单击选中渐变对象，如图3-131所示，执行“窗口”|“渐变”命令，打开“渐变”面板，这时，“渐变”面板中会显示所选对象应用的渐变颜色参数，如图3-132所示。

图3-131 选中对象

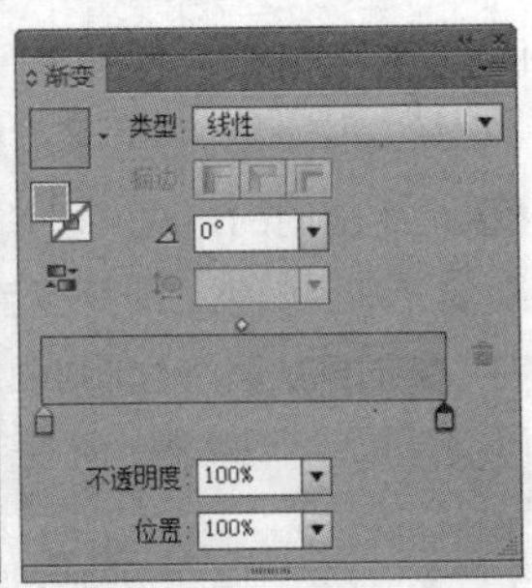

图3-132 “渐变”面板显示渐变参数

1. 在渐变面板中改变颜色

在“渐变”面板中，双击一个颜色滑块，将会在该滑块下方弹出一个“颜色编辑器”下拉面板，在该面板右侧包含“颜色”按钮和“色板”按钮，单击即可互相切换。在“颜色”面板中可以拖曳滑块或输入数值来改变渐变颜色，如图3-133所示；在“色板”面板中，可以单击选择其中一个色板来修改滑块的颜色，如图3-134所示。设置完成后按键盘中的Enter键，即可将该面板关闭。

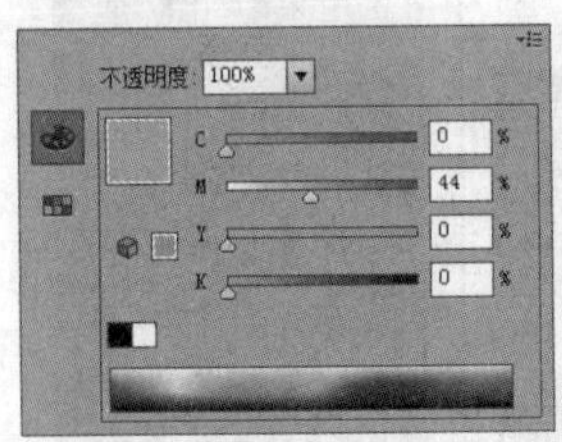

图3-133 “颜色”下拉面板

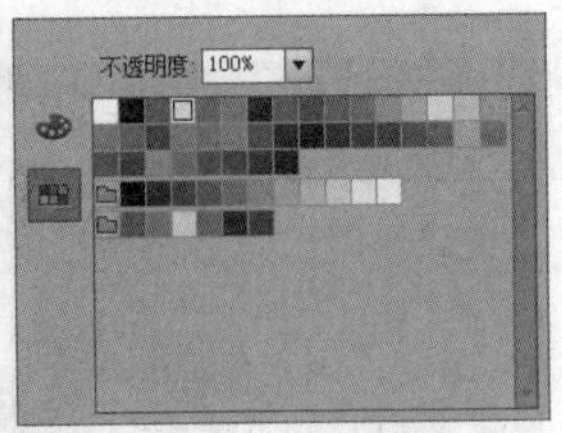

图3-134 “色板”下拉面板

2. 在“颜色”面板中改变颜色

在“渐变”面板中单击选择一个滑块，如图3-135所示。执行“窗口”|“颜色”命令，打开“颜色”面板，在该面板中显示了所选滑块的颜色值，如图3-136所示。

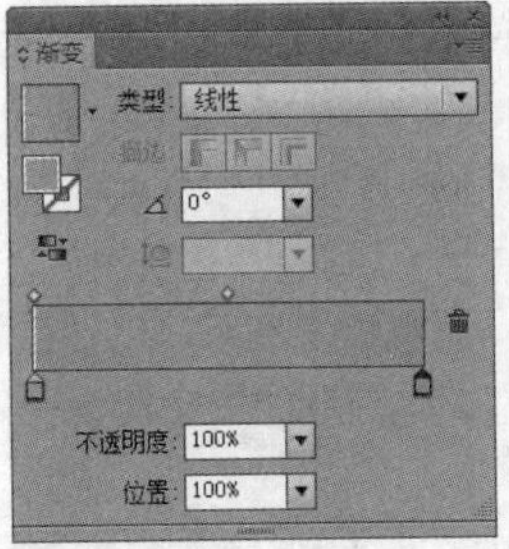

图3-135 “渐变”面板

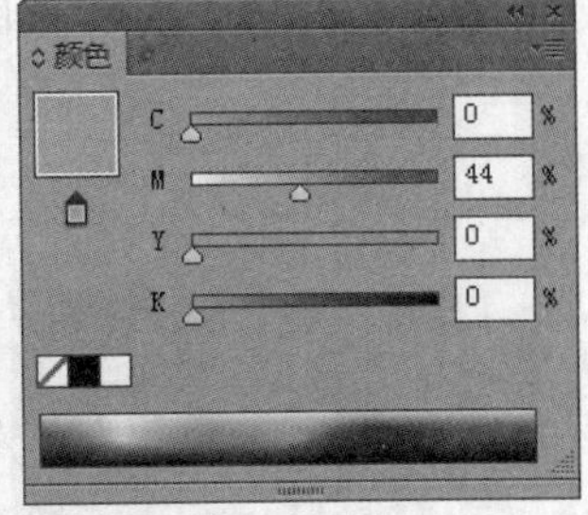

图3-136 “颜色”面板

拖曳“颜色”面板中的颜色滑块或直接在对应的文本框中输入颜色值，即可调整渐变滑块的颜色，如图3-137、图3-138所示。

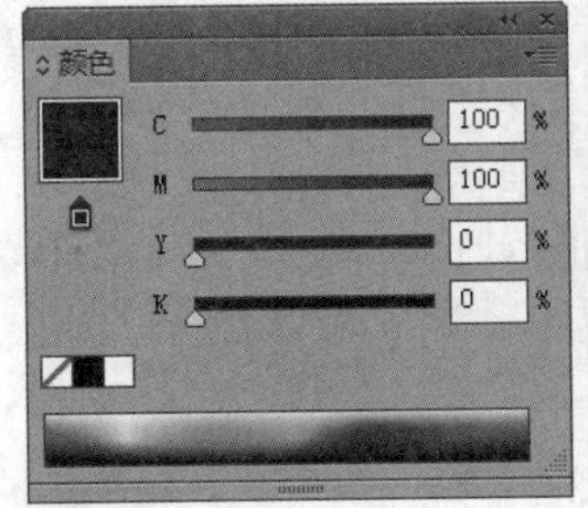

图3-137 调整颜色值

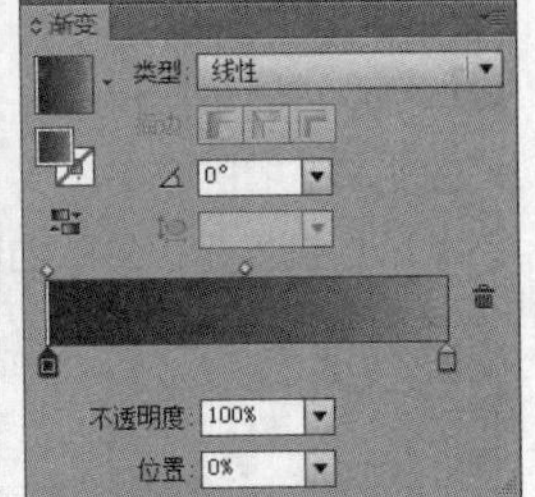

图3-138 改变对应滑块颜色

3. 在“色板”面板中改变颜色

在“渐变”面板中单击选择一个滑块，如图3-139所示。执行“窗口”|“色板”命令，打开“色板”面板，按住Alt键，单击该面板中的一个色板，如图3-140所示，即可将该色板应用到所选滑块上，如图3-141所示。也可以直接将一个色板拖曳至滑块上，即可改变该滑块的颜色。

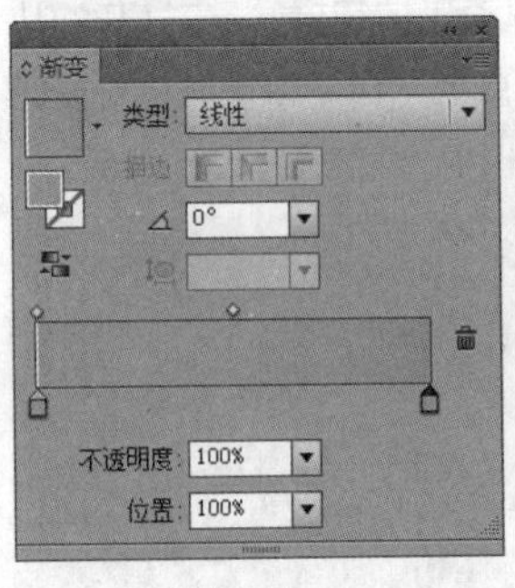

图3-139 选择滑块

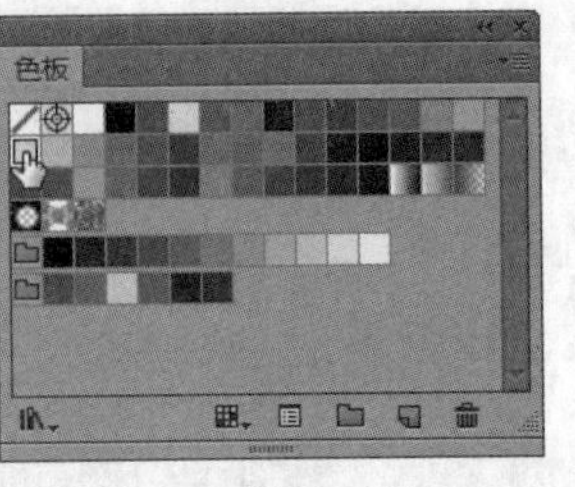

图3-140 在“色板”中单击一个色板

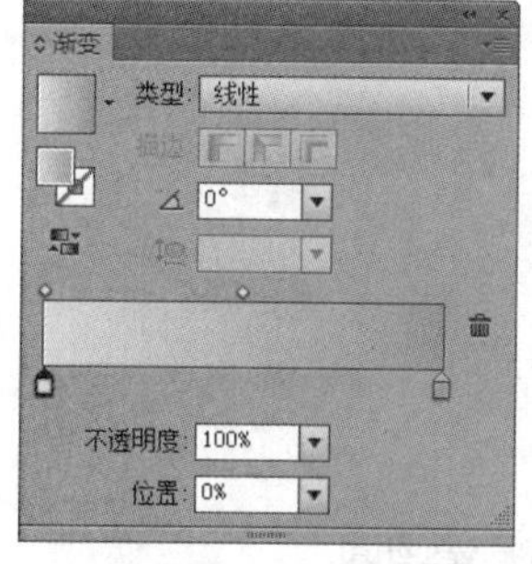

图3-141 应用色板颜色

● 添加渐变滑块

在“渐变”面板中，将指针移至“渐变色条”下方的空白处，指针左下角会出现一个+号，如图3-142所示。单击即可添加新的滑块，如图3-143所示。

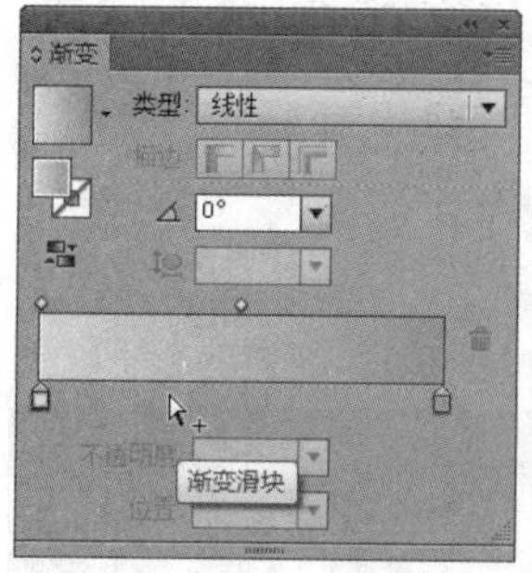

图3-142 光标下方出现+号

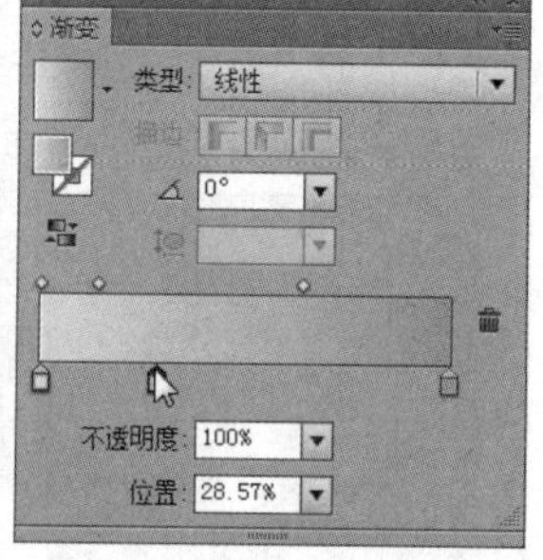

图3-143 添加新的滑块

在“色板”面板中单击一个色块并将其拖至“渐变”面板中的“渐变色条”上，可以添加一个该色板颜色的滑块，如图3-144、图3-145所示。

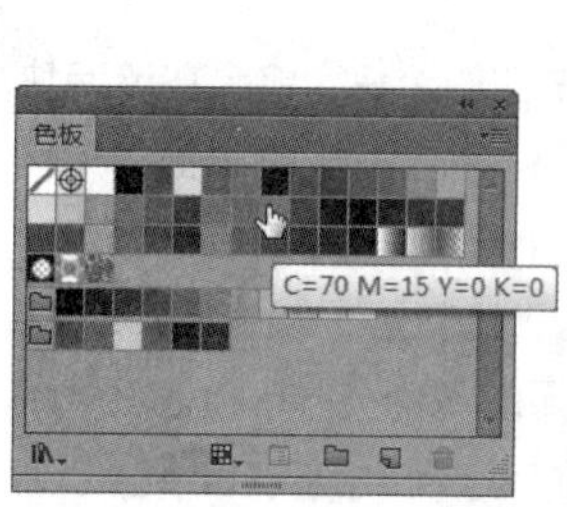

图3-144 单击并拖曳色板

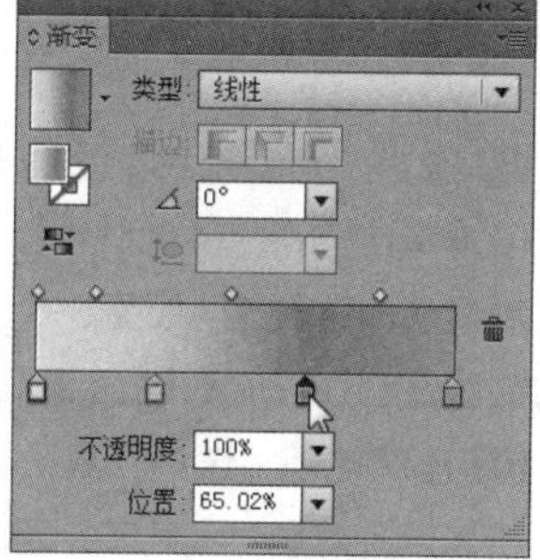

图3-145 添加指定颜色的滑块

● 删除渐变滑块

在“渐变”面板中单击选择一个滑块，然后单击面板底部的“删除”按钮，可以将所选滑块删除，如图3-146、图3-147所示，也可以直接将需要删除的滑块拖曳至面板之外，即可将其删除。

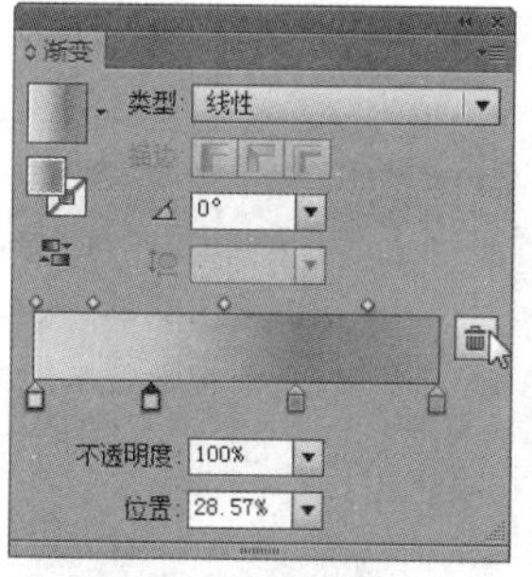

图3-146 单击选中一个滑块

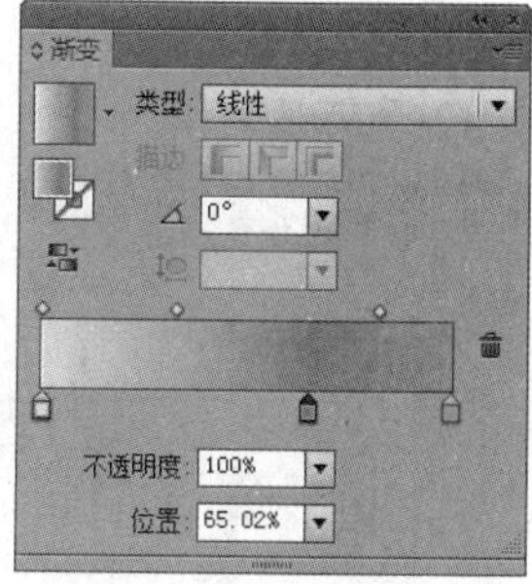

图3-147 将渐变滑块删除

● 复制与替换渐变滑块

在“渐变”面板中，按住Alt键并拖曳一个滑块，可以将其复制，如图3-148所示。如果按住Alt键拖曳一个滑块至另一个滑块上方，可以替换两个滑块的位置，如图3-149所示。

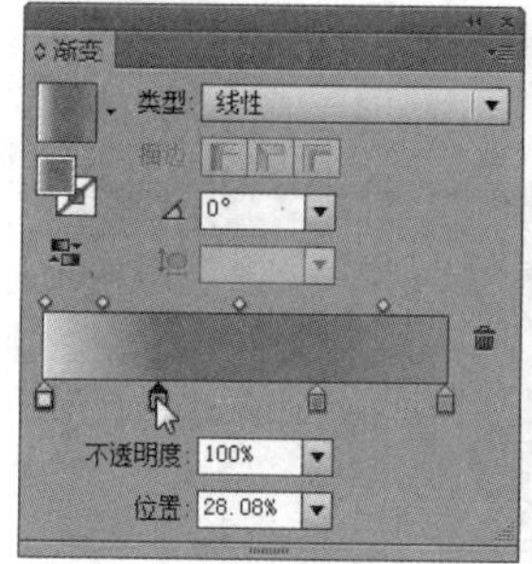

图3-148 复制渐变滑块

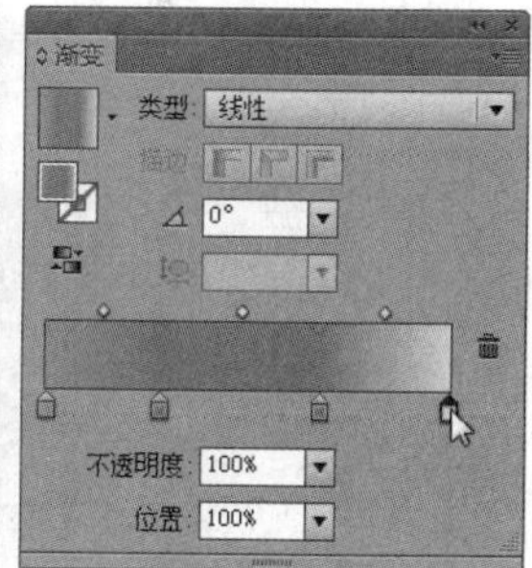

图3-149 替换渐变滑块

● 调整渐变滑块之间的混合位置

在“渐变”面板中，拖曳一个滑块，相邻滑块之间的中心点位置也会随之发生改变，如图3-150、图3-151所示。

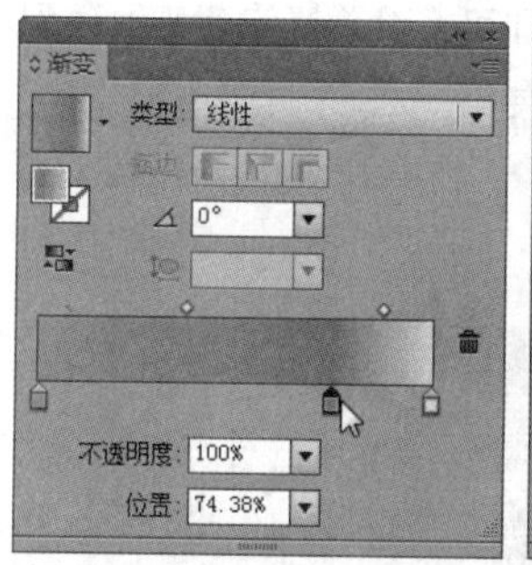

图3-150 拖曳滑块

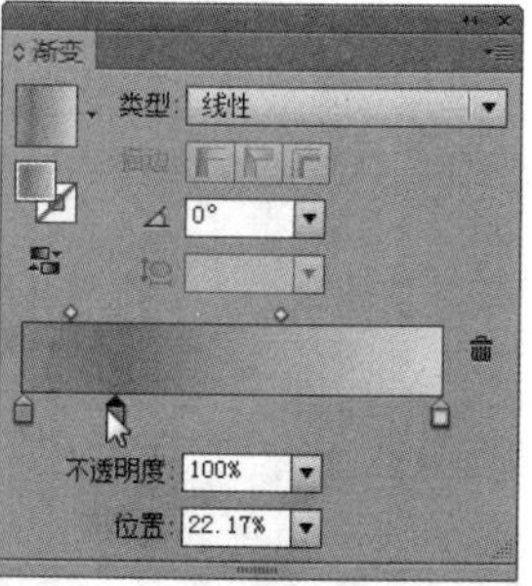

图3-151 中心点位置改变

在“渐变色条”上，每两个渐变滑块的中间会自动出现一个菱形的中点滑块，如图3-152所示。移动该中心点可以改变两侧相邻滑块之间的颜色混合位置，如图3-153所示。

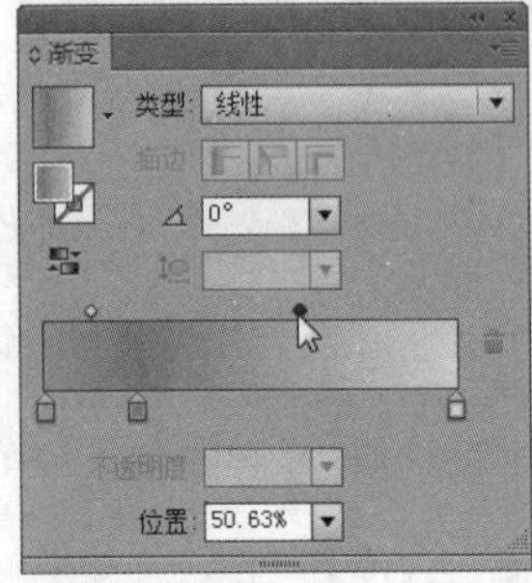

图3-152 菱形中心点

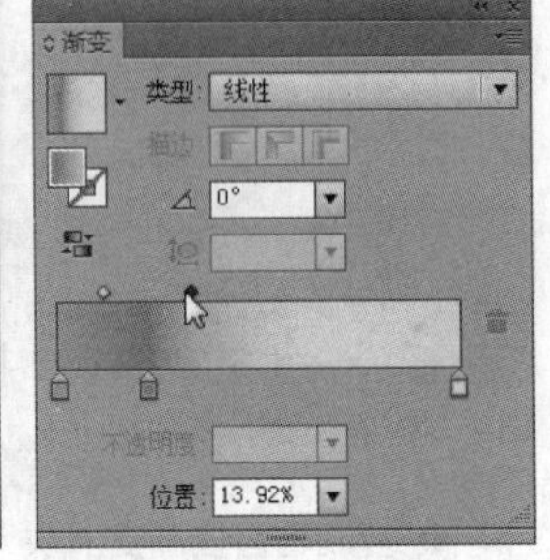

图3-153 调整中心点位置

提示

在Illustrator中，默认情况下打开的编辑面板区域都较小。在“渐变”面板中编辑渐变颜色时，若滑块数量较多，不易进行编辑。这时，可以将指针放在面板右下角，当指针呈现双箭头形状时，如图3-154所示，单击并拖曳鼠标，可以将面板拉宽，如图3-155所示。

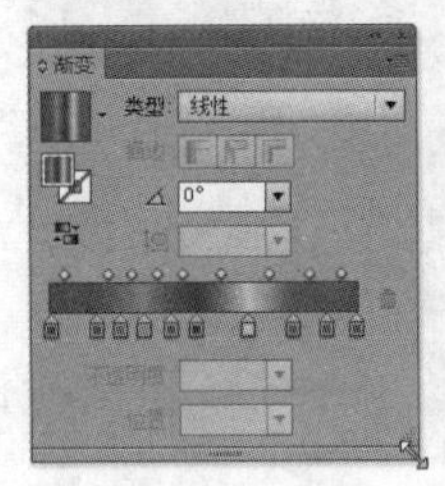

图3-154 双箭头指针

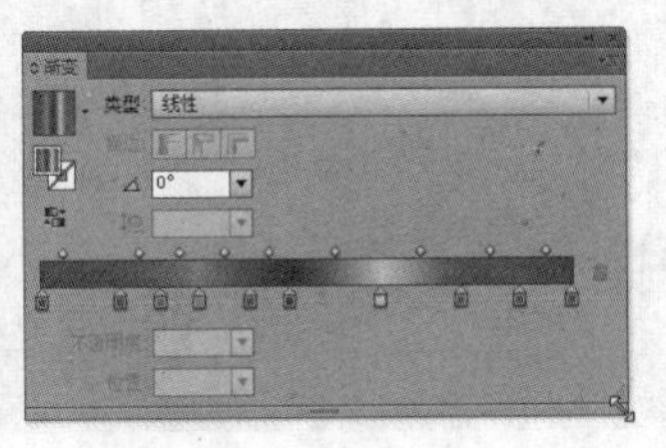

图3-155 拉宽面板

4. 储存渐变

在“渐变”面板中调整好渐变之后，如图3-156所示，单击“色板”面板中的“新建色板”按钮，打开“新建色板”对话框，输入渐变名称，如图3-157所示。单击“确定”按钮，即可将设置好的渐变保存到“色板”面板中，方便以后使用，如图3-158所示。

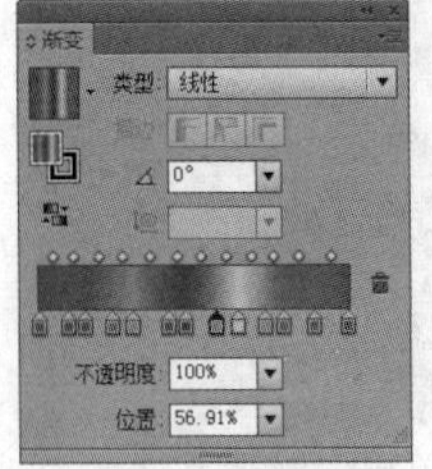

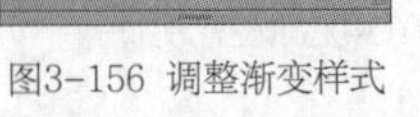

图3-156 调整渐变样式

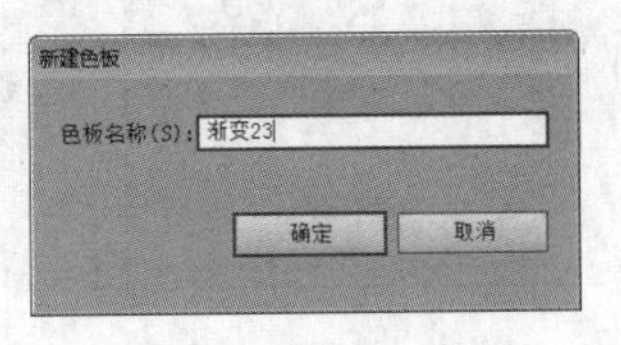

图3-157 “新建色板”对话框

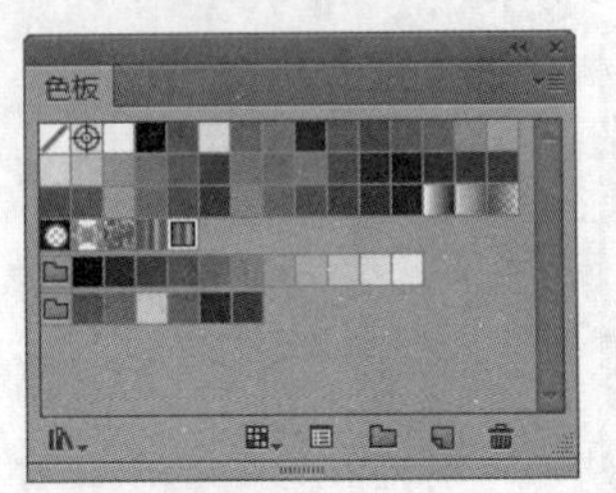

图3-158 新建色板

练习 3-6 改变渐变颜色调整画面

源文件路径	素材\第3章\练习3-6改变渐变颜色调整画面
视 频 路 径	视频\第3章\练习3-6改变渐变颜色调整画面.mp4
难 易 程 度	★★

01 按 Ctrl+O 快捷键，打开“自然风景 .ai”素材文件，如图 3-159 所示。使用“选择工具”单击天空背景，将其选中，执行“窗口”|“渐变”命令，打开“渐变”面板，这时“渐变”面板中会显示所选对象应用的渐变颜色参数，如图 3-160 所示。

图3-159 打开素材文件

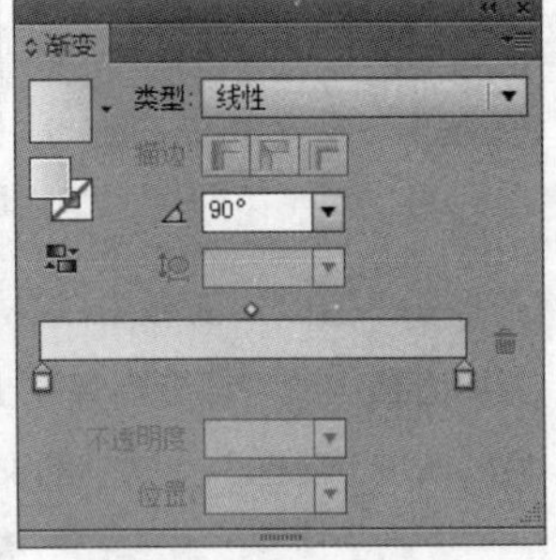

图3-160 打开“渐变”面板

02 双击“渐变颜色条”上右侧的滑块，将会在该滑块下方弹出一个“颜色编辑器”下拉面板。在该面板中拖曳滑块调整数值，如图 3-161 所示。调整天空的颜色，如图 3-162 所示。

03 再次使用“选择工具”，按住 Shift 键依次单击所有云朵对象，将其选中，如图 3-163 所示。单击“渐变”面板中“渐变颜色条”上右侧的滑块，将其选中，如图 3-164 所示。

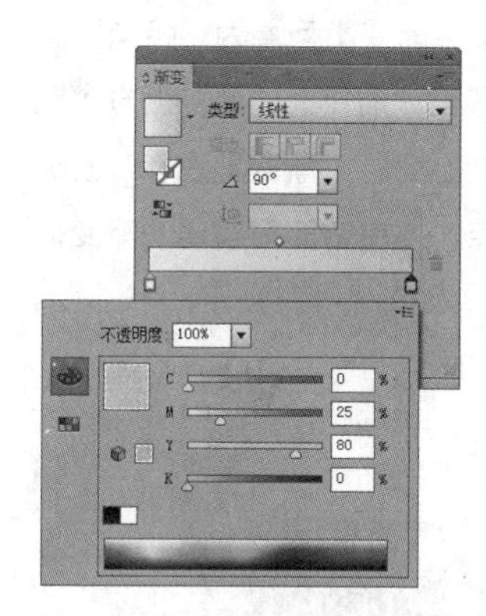

图3-161 在下拉面板中改变颜色

图3-162 调整天空的颜色

图3-163 选中所有云朵

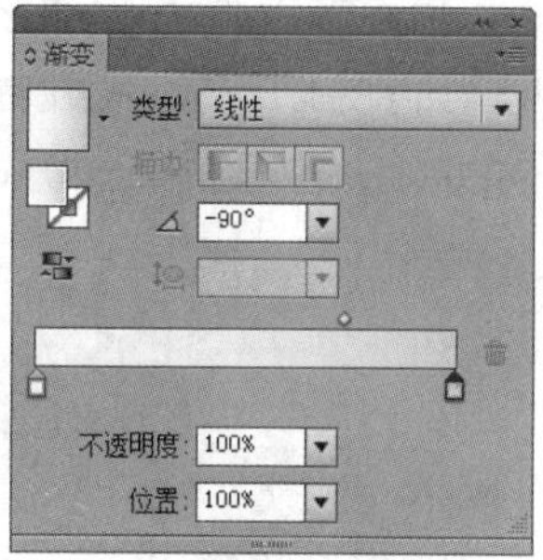

图3-164 选中渐变滑块

04 执行“窗口” | “色板”命令，打开“色板”面板，按住 Alt 键单击其中一个色板，如图 3-165 所示。调整云朵的渐变颜色，如图 3-166 所示。

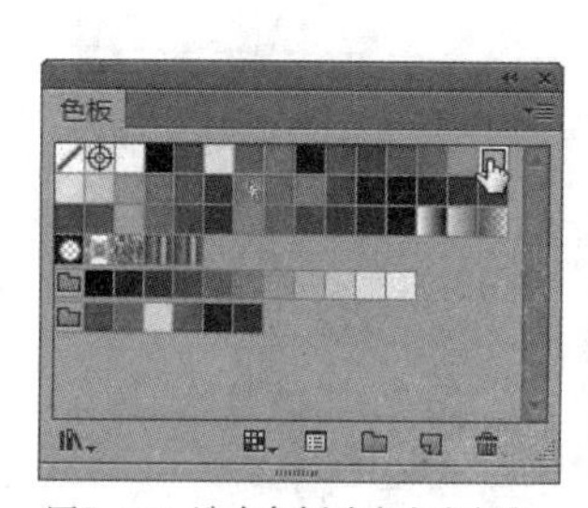

图3-165 选中色板改变渐变颜色

图3-166 调整云朵颜色效果

3.3.3 调整渐变效果

“渐变”工具拥有“渐变”面板中的大部分功能，在工具箱中单击“渐变”工具按钮或按G键，即可切换到“渐变”工具为对象添加或编辑渐变。

使用“选择工具” 单击选中一个对象，如图3-167所示。在“渐变”面板中定义要使用的渐变色，再使用“渐变”工具在要应用渐变的开始位置上单击，拖曳鼠标至渐变的结束位置，释放鼠标即可应用渐变，如图3-168所示。

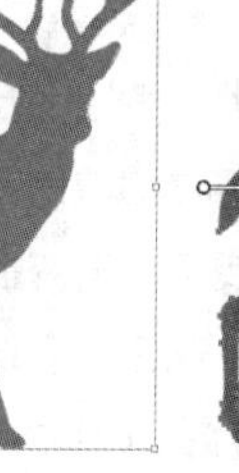

图3-167 选中对象

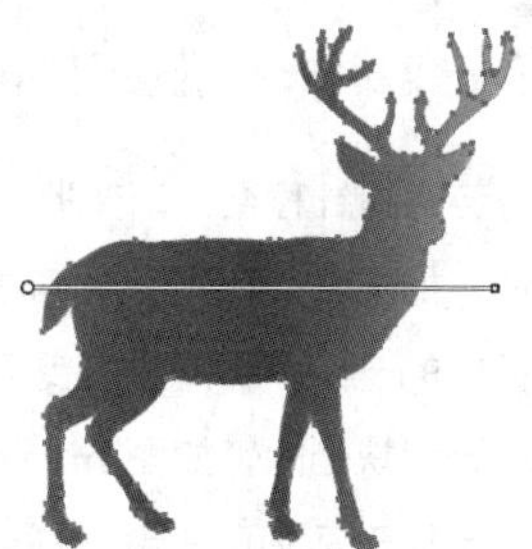

图3-168 应用渐变

提示

执行“视图” | “隐藏批注者”命令，可以将渐变批注者隐藏，再次执行即可显示。

1. 调整线性渐变

在“渐变”面板中设置“渐变类型”为“线性”。此时“渐变批注者”左侧的圆形图标代表渐变的原点，拖曳它即可水平移动“渐变批注者”，从而调整渐变效果，如图3-169所示。拖曳“渐变批注者”右侧的圆形图标可以调整渐变的半径，如图3-170所示。

图3-169 水平移动“渐变批注者” 图3-170 调整渐变半径

若将指针移至“渐变批注者”右侧的圆形图标外，

指针将呈现↻状，此时单击并拖曳鼠标可以旋转“渐变批注者”，从而调整渐变效果，如图3-171、图3-172所示。

图3-171 旋转“渐变批注者”　　图3-172 旋转“渐变批注者

若将指针移至“渐变批注者”下方，将会显示渐变滑块，如图3-173所示。编辑滑块的方式同在“渐变”面板中的一致，将滑块拖曳至“渐变批注者”外侧，可以将该滑块删除，如图3-174所示。单击并拖曳滑块，可以调整渐变颜色的混合位置，如图3-175所示。

图3-173 显示“渐变滑块”

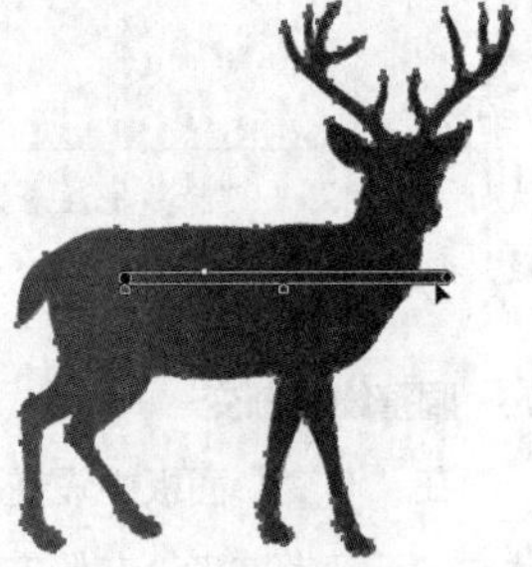

图3-174 删除“渐变滑块”

图3-175 拖曳“渐变滑块”

提示

在使用“渐变工具”为所选对象添加渐变时，在画板中单击并拖曳鼠标可以任意调整渐变的方向和位置，直至得到最佳渐变效果。若在拖曳鼠标时按住Shift键，即可将渐变的方向控制为水平、垂直或45°角的倍数。

2. 调整径向渐变

在“渐变”面板中设置“渐变类型”为“径向”，如图3-176所示。将光标移至“渐变批注者”上方，则会显示一个圆形的虚线选框。此时“渐变批注者”左侧的圆形图标代表渐变的原点，拖曳它即可移动“渐变批注者”，从而调整渐变效果，如图3-177所示。

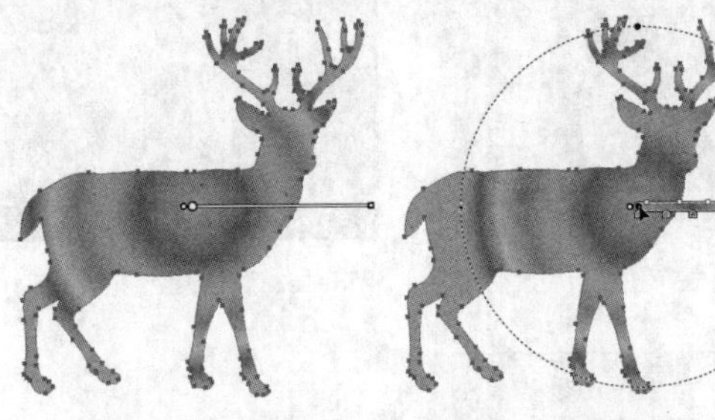

图3-176 径向“渐变批注者”　　图3-177 移动“渐变批注者”

拖曳圆形选框左侧的圆形图标可以调整渐变的覆盖半径，如图3-178所示。拖曳圆形选框中间的空心圆形图标，可以同时调整渐变的原点和方向，如图3-179所示。

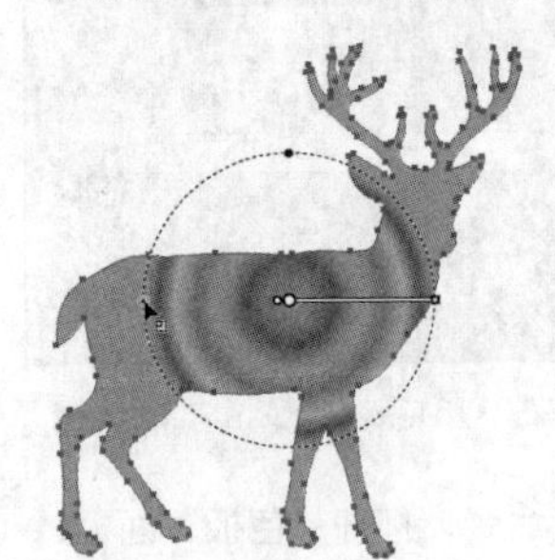

图3-178 调整覆盖半径

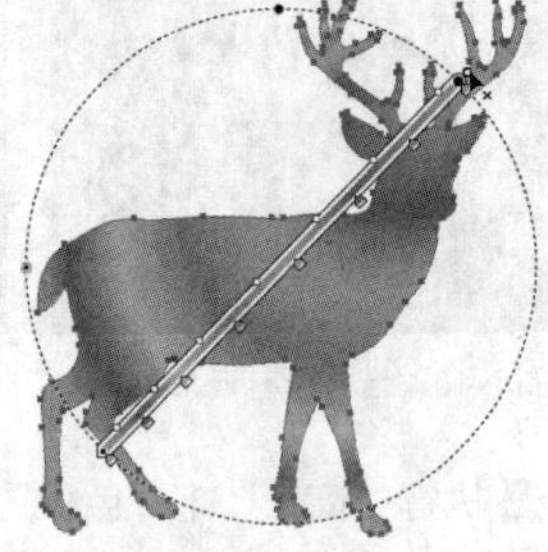

图3-179 调整渐变原点和方向

向上或向下拖曳圆形选框上方的实心圆形图标，可以调整渐变的覆盖半径，生成椭圆渐变，如图3-180所示。当指针将呈现↻状时，单击并拖曳鼠标可以旋转椭圆渐变，从而调整渐变效果，如图3-181所示。

图3-180 椭圆渐变

图3-181 旋转“椭圆渐变”

3.3.4 网格渐变填充

渐变网格由网格点、网格线和网格片构成，如图3-182所示。通过对网格点、网格片着色，创建颜色之间平滑的过渡效果，常用于制作写实效果的作品。

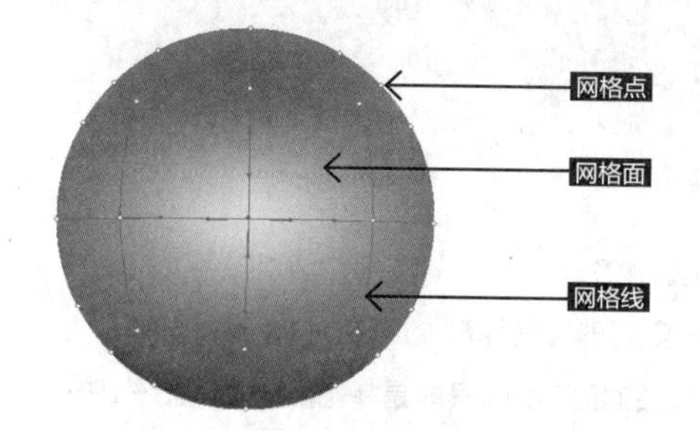

图3-182 渐变网格

提示

渐变网格和渐变填充一样，都能为对象创建各种颜色之间平滑的过渡效果。二者的区别在于渐变填充可以应用于一个或多个对象，但渐变的方向只能是单一的。而渐变网格只能应用于一个对象，但却可以在渐变区域内生成多个渐变，并且可以沿不同的方向分布。

1. 创建渐变网格

● 使用网格工具创建

使用“网格工具”，在填充了单色的对象上单击可添加网格，单击一次所添加的网格包括水平网格线、垂直网格线及它们相交的网格点。选择网格点并拖动可编辑网格的形态，若拖动填充了颜色的网格点，即可改变该区域的颜色效果。

练习 3-7 创建渐变网格

源文件路径	素材\第3章\练习3-7创建渐变网格
视频路径	视频\第3章\练习3-7创建渐变网格.mp4
难易程度	★★

01 按Ctrl+O快捷键，打开“气球.ai”素材文件，如图3-183所示。首先在“色板”或“颜色”面板中定义网格点的颜色，如图3-184所示。

02 再使用“网格工具”为对象创建网格，将指针放在对象上方，当指针呈现状时，如图3-185所示，单击鼠标，即可为对象添加最低网格线数，如图3-186所示。

图3-183 创建网格渐变对象

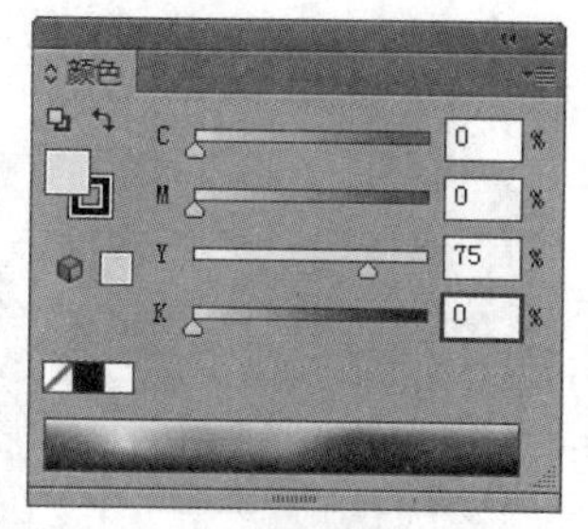

图3-184 在“颜色”面板中定义颜色

图3-185 显示添加网格指针

图3-186 单击添加网格

03 继续在其他位置单击，可添加其他的网格点，图3-187所示为在已有网格线上添加网格点，图3-188所示为在网格面中单击添加网格点。

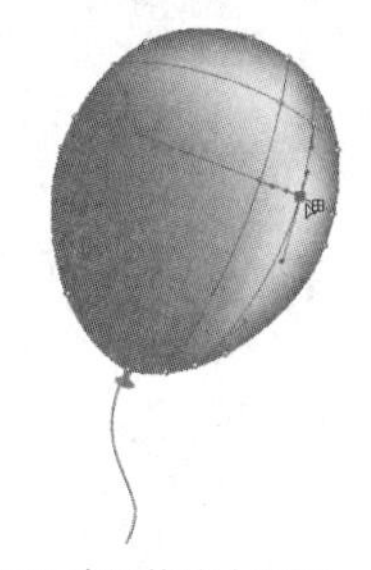

图3-187 在网格线上添加

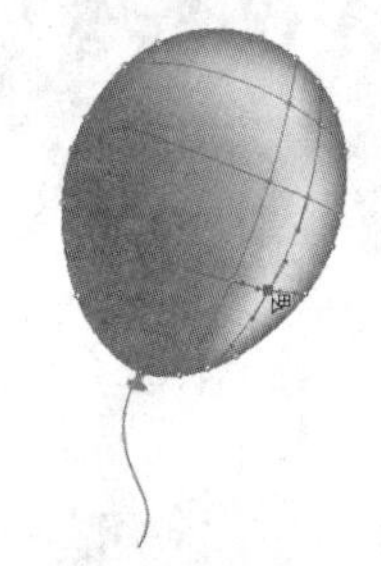

图3-188 在网格面中添加

提示

位图图像、复合路径和文本对象无法创建网格渐变。而且，创建的网格越复杂，系统性能也会越低。因此，最好是创建若干小而简单的网格对象，而不要创建单个复杂的网格。

● 使用命令创建

使用命令创建渐变网格，可以设置指定数量的网格线，首先选择对象，如图3-189所示。然后执行“对象”|“创建渐变网格”命令，即可打开“创建渐变网格”对话框，设置网格的行数和列数，如图3-190所示。单击“确定”按钮即可将该对象转换成渐变网格对象，如图3-191所示。

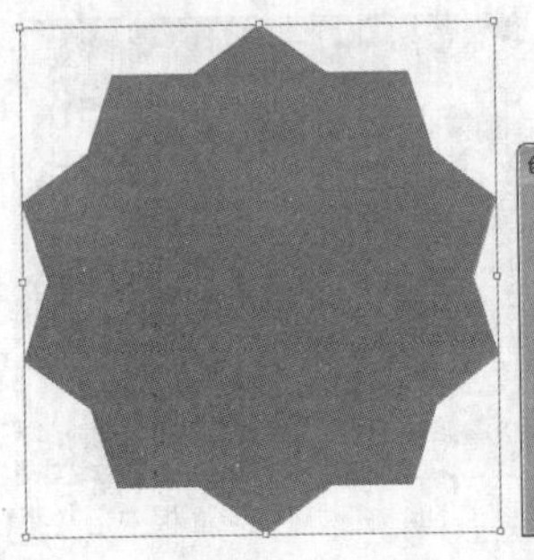

图3-189 选中对象

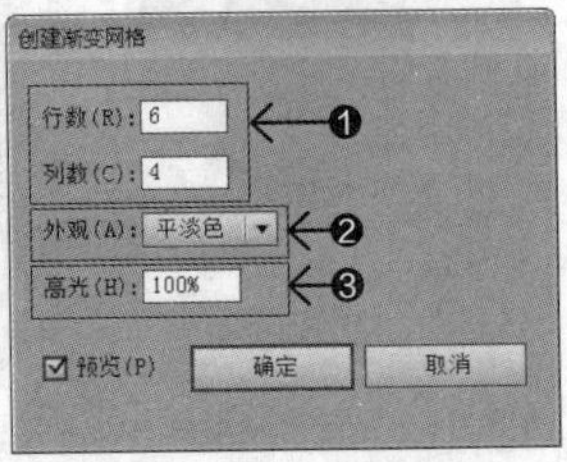

创建渐变网格
行数(R): 6
列数(C): 4
外观(A): 平淡色
高光(H): 100%
预览(P) 确定 取消

图3-190 “创建渐变网格”对象

❶“行数/列数”文本框：通过输入数值来设置网格线的行数与列数，限定范围为1-50。

❷“外观”：在下拉菜单中选择用来设置高光位置和创建方式的选项。若选择“平淡色”，则不会创建高光，如图3-191所示；若选择“至中心”，则会在对象中心创建高光，如图3-192所示；若选择“至边缘”，则会在对象的边缘创建高光，如图3-193所示。

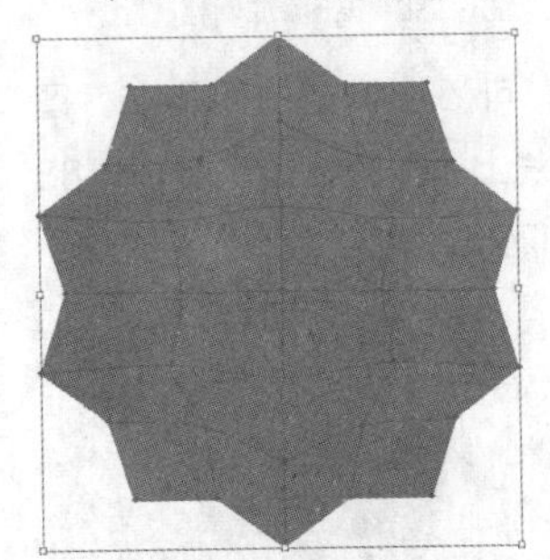

图3-191 创建渐变网格

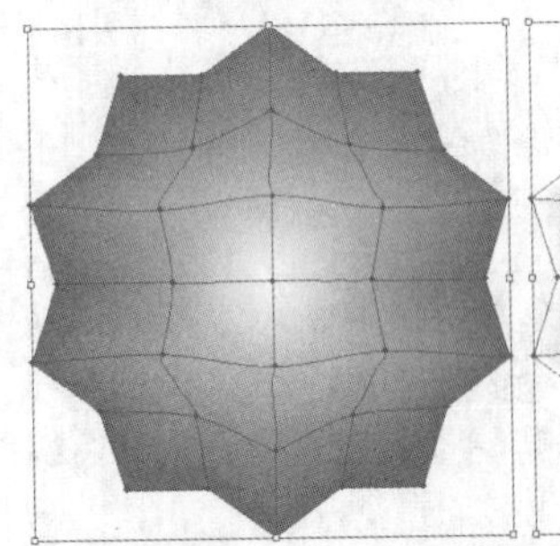

图3-192 选择“至中心”

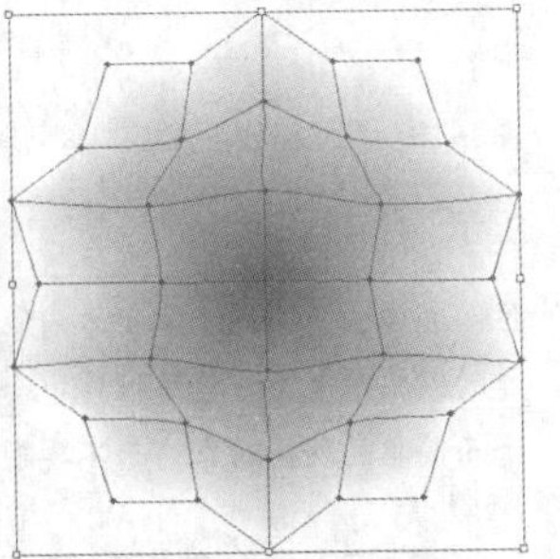

图3-193 选择“至边缘”

❸“高光”：通过输入数值用来设置高光的强度，该值越高，高光越明显，如图3-194、图3-195所示，若设置为0%，则不会应用高光。

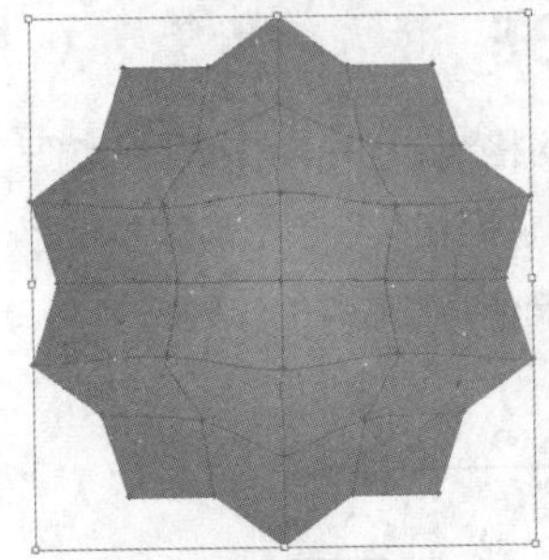

图3-194 “高光”为30%

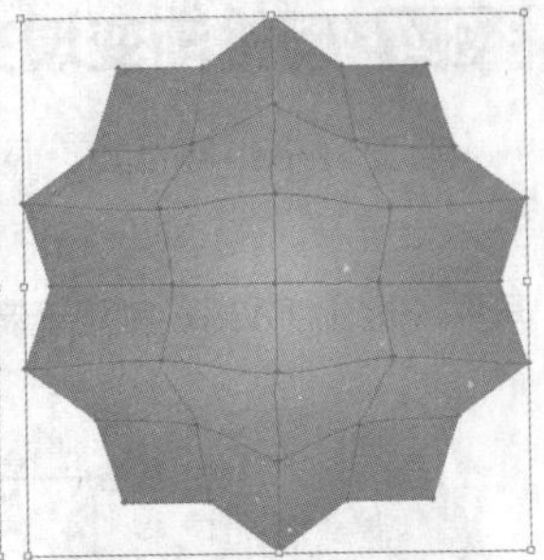

图3-195 “高光”为50%

2. 编辑渐变网格

● 将渐变图形转换为渐变网格

渐变填充的渐变方向只能是单一的，如图3-196所示。若想为应用了渐变填充的对象添加更加复杂的渐变效果，可以将其转换成渐变网格对象。使用“网格工具”单击渐变对象，即可将其转换成渐变网格，但是会丢失原有的渐变颜色，如图3-197所示。

图3-196 渐变填充对象

图3-197 转换成渐变网格对象

若想在原有渐变效果上进行编辑，可以先选择渐变对象，然后执行“对象” | “扩展”命令，打开“扩展”对话框，在该对话框中勾选“填充”和“渐变网格”选项，如图3-198所示。单击“确定”按钮关闭对话框后，再使用“网格工具”单击渐变对象，即可将其转换成渐变网格对象，而且不会丢失原有渐变颜色，如图3-199所示。

● 编辑“网格点”

渐变网格中的网格点与锚点的基本属性相同，可以对其进行添加、删除、移动等操作。与之不同的是，网格点具备接受颜色的特性，并且调整网格点上的方向线，可以控制颜色的变化范围。

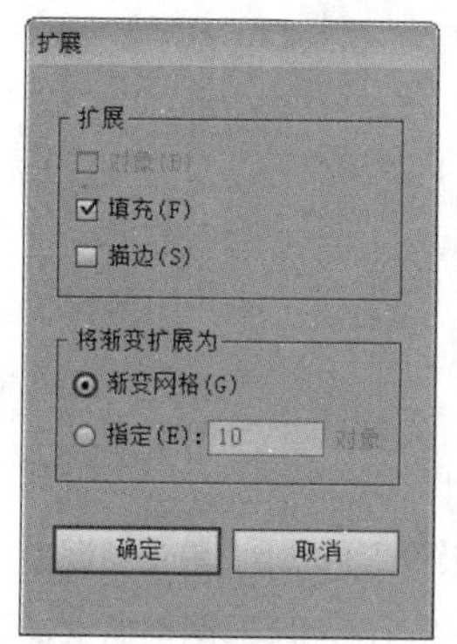

图3-198 “扩展”对话框

图3-199 转换成渐变网格对象

● 选择网格点

使用“网格工具”，将指针移至网格点上，此时网格点为空心方块砖，当指针呈现状时，如图3-200所示。单击即可将该网格点选中，选中的网格点变为实心方块，如图3-201所示。

图3-200 未选中时的网格点

图3-201 选中后的网格点

使用“直接选择工具”，在网格点上单击，也可以选中网格点，如图3-202所示，按住Shift键单击其他的网格点，可以同时选中多个网格点进行编辑，如图3-203所示。

图3-202 选中网格点

图3-203 同时选择多个网格点

使用“直接选择工具”，单击并在渐变网格对象上拖曳出一个矩形选框，即可将选框内的所有网格点选中，如图3-204所示。使用“套索工具”，单击并在渐变网格对象上绘制不规则选框，也可将选框内的所有网格点选中，如图3-205所示。

图3-204 选中选框内的网格点

图3-205 选中套索选框内的网格点

● 移动网格点

使用“网格工具”或“直接选择工具”选中网格点后，单击并拖曳鼠标即可移动，如图3-206所示。若按住Shift键拖曳鼠标，即可将移动范围限制在网格线上，该网格线的形状不会发生改变，如图3-207所示。

图3-206 移动网格点

图3-207 在网格线上移动网格点

● 调整方向线

调整网格点方向线的方式与调整锚点方向线的方式相同，可以使用“网格工具”或“直接选择工具”进行移动。移动方向线时，网格线的形状也会随之发生改变，如图3-208所示。若按住Shift键拖曳方向线，则该网格点上的所有方向线都会随之移动，如图3-209所示。

图3-208 移动方向线

图3-209 移动所有方向线

● 添加与删除网格点

使用“网格工具”，在网格线或网格片上单击即可添加网格点。将指针移至网格点上，按住Alt键，指针将呈现状时，如图3-210所示，单击该网格点即可将其删除，与该点相交的网格线也会被删除，如图3-211所示。

图3-210 “删除”指针

图3-211 删除网格点

● 为网格点着色

选中网格点之后，在“颜色”面板中拖曳滑块或输入数值调整颜色，如图3-212所示，即可修改所选网格点的颜色，如图3-213所示。

选中网格点之后，在“色板”面板中单击一个色板，如图3-214所示，即可为其着色，如图3-215所示。也可以直接将“色板”面板中的色板拖曳至网格点上为其着色。

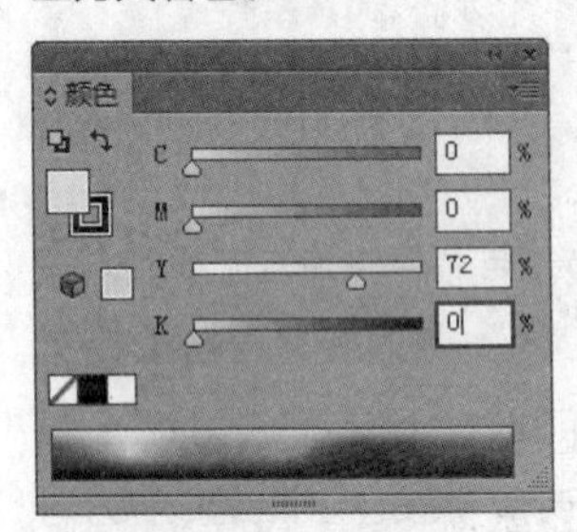

图3-212
在“颜色”面板中调整颜色

图3-213 修改所选网格点颜色

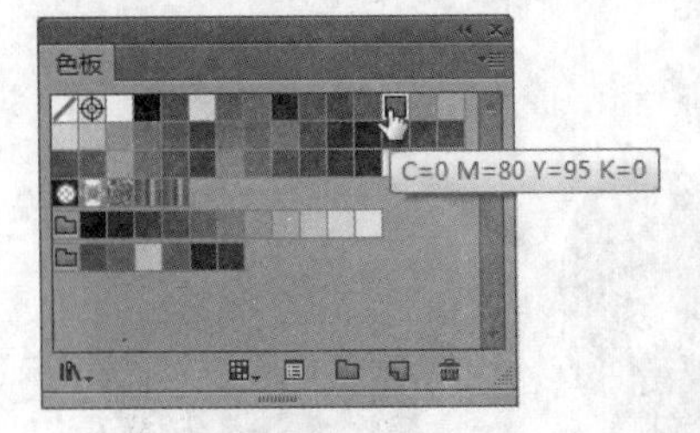

图3-214 在“色板”面板中选择色板

图3-215 为网格点着色

选中网格点之后，使用“吸管工具”单击画板中其他对象，即可将该对象的颜色应用到所选网格点上，如图3-216、图3-217所示。

图3-216 吸取颜色

图3-217 为网格点着色

提示

为网格点着色之后，使用“网格工具”，在网格对象上方单击添加网格点，此时将生成与着色网格点颜色相同的网格点。若按住Shift键单击，即可添加网格点，而不改变其颜色。

● 编辑“网格片”

使用“直接选择工具”在网格片上单击可以将其选中，如图3-218所示。单击并拖曳鼠标，可以移动网格片，如图3-219所示。选中网格片之后，可以在“颜色”面板和“色板”面板中设置填充颜色，也可以使用“吸管工具”吸取其他对象上方的颜色，为网格点着色，方式与为网格点着色的方式相同。

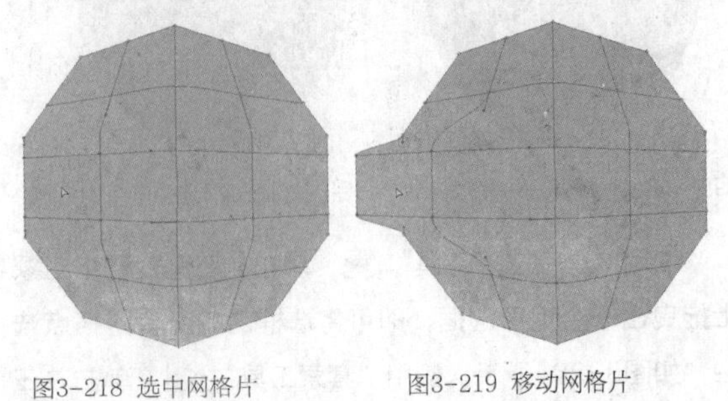

图3-218 选中网格片　　图3-219 移动网格片

提示

为“网格点”着色时，颜色将会以该点为中心向外扩散，如图3-220所示。而为“网格片”着色时，颜色将会以该区域为中心向外扩散，如图3-221所示。

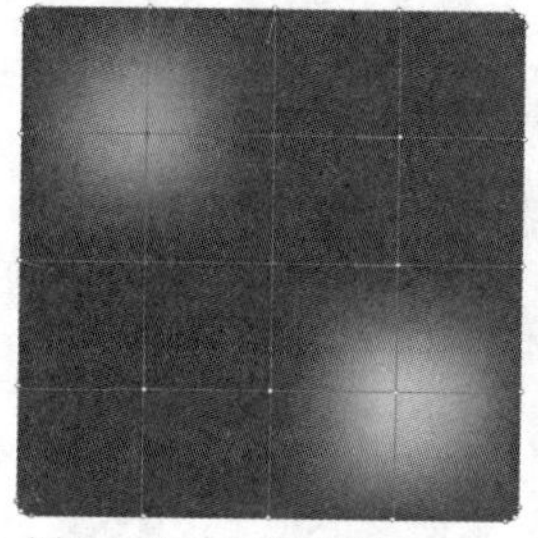

图3-220 为网格点着色

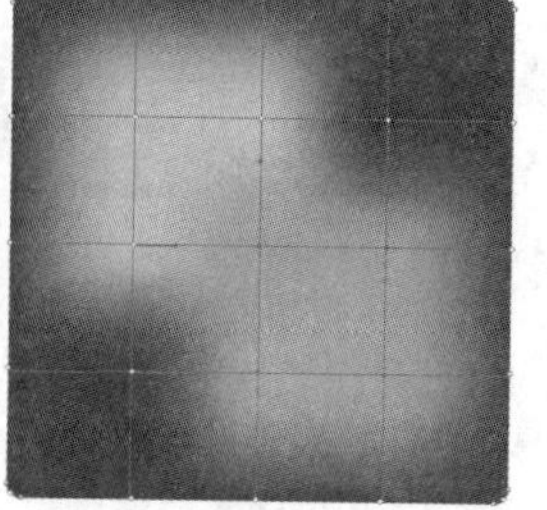

图3-221 为网格片着色

3.3.5 课堂范例——绘制渐变沙丘壁纸

源文件路径	素材\第3章\3.3.5课堂范例——绘制渐变沙丘壁纸
视 频 路 径	视频\第3章\3.3.5课堂范例——绘制渐变沙丘壁纸.mp4
难 易 程 度	★★★★

本实例主要介绍如何使用“渐变”创建华美壮观的日月变迁壁纸。

01 启用 Illustrator 后，执行“文件”|“新建”命令，弹出“新建”对话框。在对话框中设置参数，创建一个1600mm×960mm 大小的空白文档。使用“矩形工具” 绘制一个与画板大小相同的矩形。

02 单击工具面板底部的“渐变” 按钮，即可为其填充默认的黑白线性渐变，如图 3-222 所示。且自动打开“渐变”面板，调整渐变参数，如图 3-223 所示。

图3-222 默认黑白线性渐变

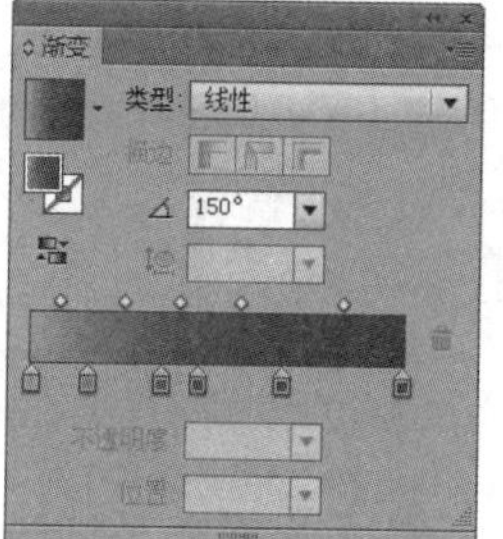

图3-223 调整渐变颜色

03 渐变背景如图 3-224 所示。使用“椭圆工具” 绘制一个圆形，如图 3-225 所示。

图3-224 渐变背景效果

图3-225 绘制“太阳”

04 在“渐变”面板中删除“渐变条”右侧的 3 个滑块，并调整左侧 3 个滑块的位置，如图 3-226 所示，调整圆形的渐变填充颜色，如图 3-227 所示。

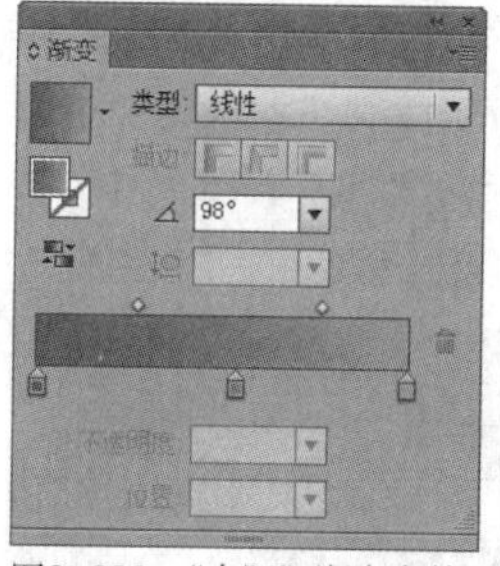

图3-226 “太阳”渐变参数

图3-227 “太阳”渐变效果

05 使用“钢笔工具” 绘制“山丘”形状和一条曲线，如图 3-228 所示。使用“选择工具” 选中两个对象，执行“窗口”|“路径查找器”命令，打开“路径查找器”面板，单击“分割”按钮 ，如图 3-229 所示，使用直线段将山丘对象分割。

06 使用“直接选择工具” 选中分割后的“山丘”的左半边，在“渐变”面板中为其设置渐变填充，如图 3-230 所示，右半边的渐变参数如图 3-231 所示。

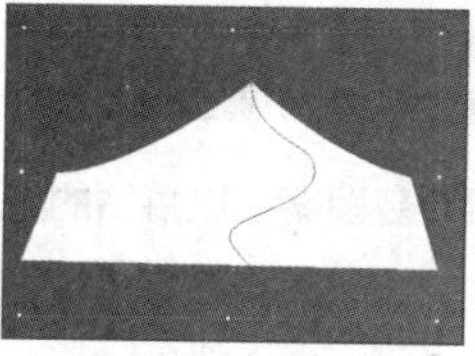

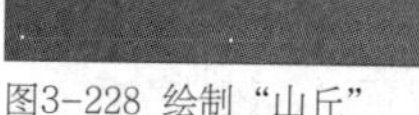

图3-228 绘制“山丘”

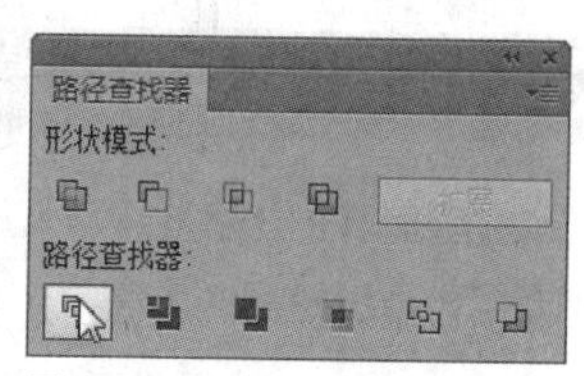

图3-229 “分割”山丘

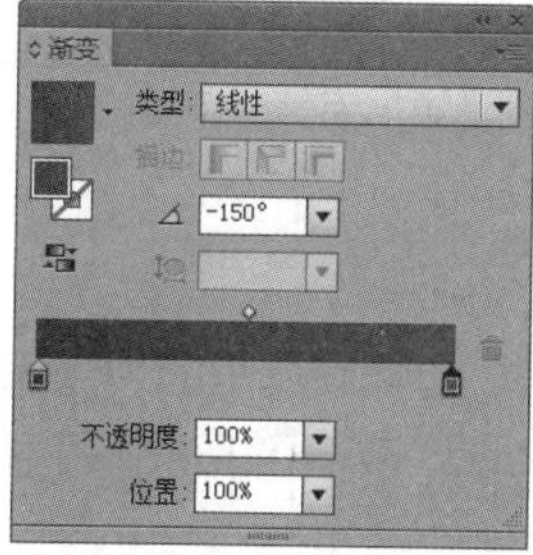

图3-230 左半边渐变参数

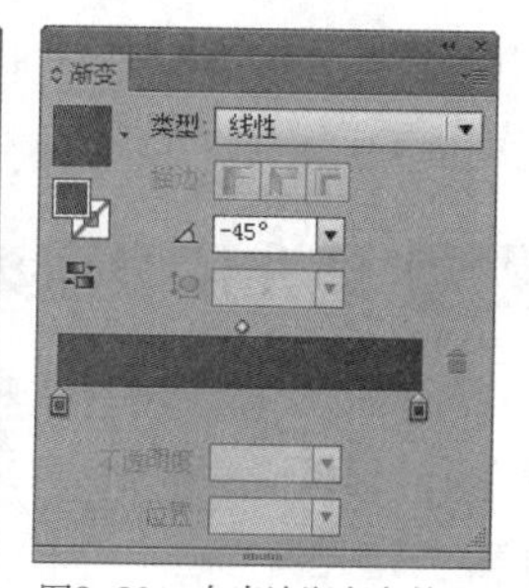

图3-231 右半边渐变参数

07 “山丘”的渐变效果如图3-232所示。复制多层“山丘”对象，调整位置并分别设置不同的渐变，如图3-233所示。

图3-232 “山丘”渐变效果

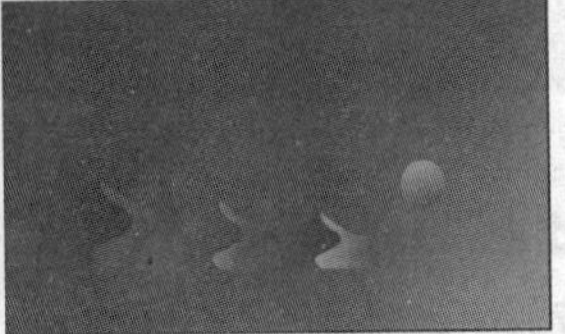

图3-233 不同渐变效果的山丘

08 再次复制多层“山丘”对象，调整位置及大小，如图3-234所示。运用相同的方式绘制“云朵”，添加渐变，调整“不透明度”，然后再添加“繁星、月亮与云朵.ai”素材，完成沙丘壁纸的绘制，如图3-235所示。

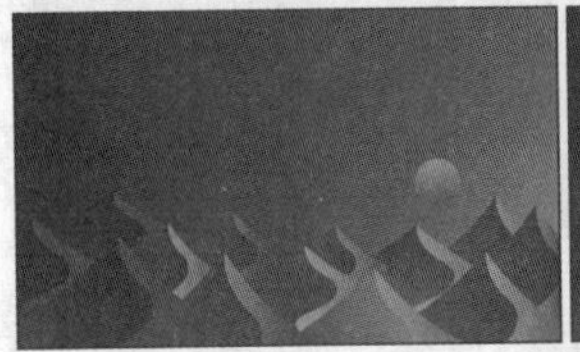

图3-234 复制对个“山丘”

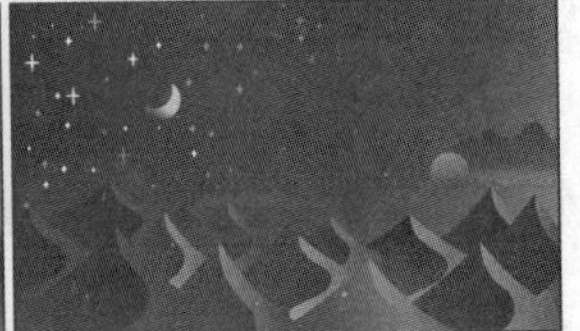

图3-235 最终效果

提示

在该案例的制作中，“山丘”“太阳”和“云朵”所应用到的渐变均来自“背景”的渐变颜色，“背景”的渐变颜色从左至右依次为（C6%、M43%、Y63%、K0%），（C7%、M65%、Y51%、K0%），（C38%、M73%、Y49%、K0%），（C50%、M72%、Y51%、K4%），（C64%、M71%、Y53%、K9%）和（C78%、M71%、Y53%、K14%）。

3.4 图案填充

“图案填充”是指运用大量重复图案，以拼贴的方式填充对象内部或者边缘，会使对象呈现更丰富的视觉效果。Illustrator中提供了很多图案预设，在“色板”面板和色板库中可以选择需要的预设图案，而且用户还可以创建自定义图案进行填充，创造更加完美的作品。

3.4.1 填充预设图案

为对象应用图案填充效果，首先应打开相应的“图案库”，选择预设或者自定义的图案，再将图案应用到对象的填色或者描边。

1. 打开图案库面板

执行“窗口”|“色板库”|“图案”命令，在打开的下拉菜单中选择相应的选项，如图3-236所示，即可打开对应的“图案库”面板，如图3-237所示。

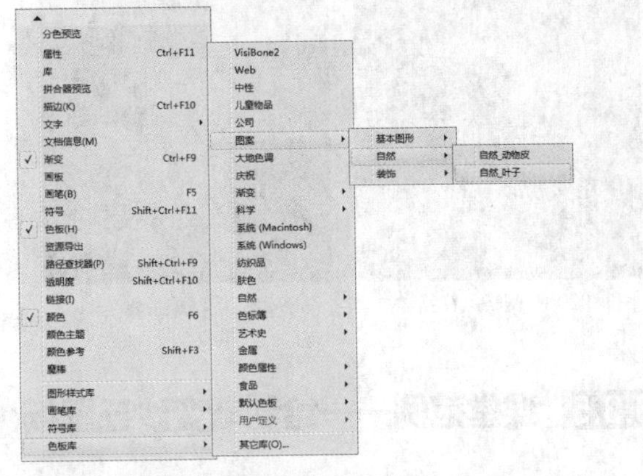

图3-236 “图案”下拉菜单

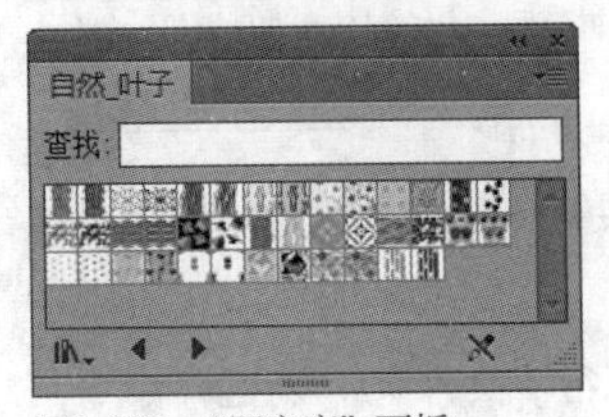

图3-237 “图案库”面板

单击打开的“图案库”面板左下角的“色板库”菜单按钮，可以选择打开其他的“图案库”，如图3-238所示。单击面板底部的◀和▶按钮，可以在所有预设“图案库”中循环切换。单击“色板”面板中的“色板库”菜单按钮，也可以选择打开其他的“图案库”，如图3-239所示。

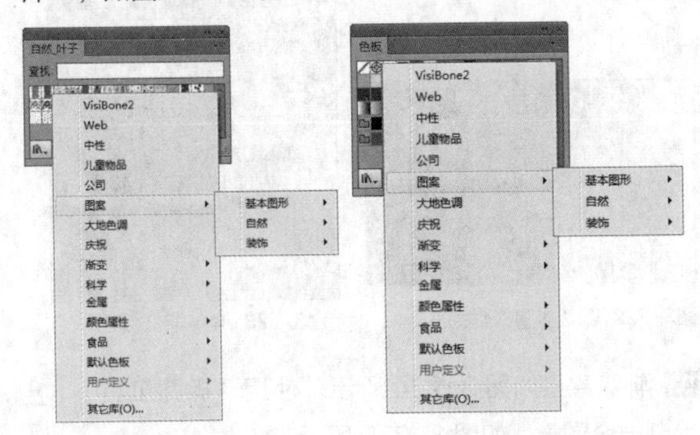

图3-238 “色板库”菜单　　图3-239 “色板库”菜单

2. 变换图案

在为对象填充图案之后，可以使用“选择工具” 、“旋转工具” 、“镜像工具” 、“比例缩放工具” 和“倾斜工具” 等工具对对象与图案进行变换操作，也可以单独变换图案。

练习 3-8 变换图案

源文件路径	素材\第3章\练习3-8变换图案
视频路径	视频\第3章\练习3-8变换图案.mp4
难易程度	★★

01 按 Ctrl+O 快捷键，打开“银杏叶.ai”素材文件，如图 3-240 所示。执行“窗口” | “色板库” | “图案”命令，在打开的下拉菜单中选择相应的选项，打开“自然 - 叶子”图案库面板，如图 3-241 所示。

图3-240 打开素材文件

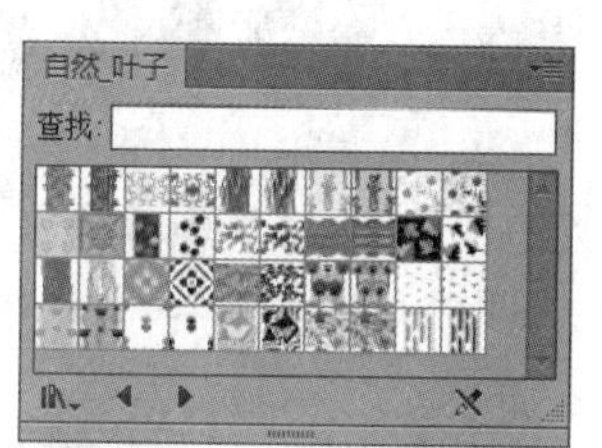

图3-241 “自然-叶子”图案库面板

02 使用“选择工具” ，单击银杏叶对象，将其选中，然后在“自然 - 叶子”图案库面板中单击一个图案色板，如图 3-242 所示，即可将其应用到所选对象上，如图 3-243 所示。

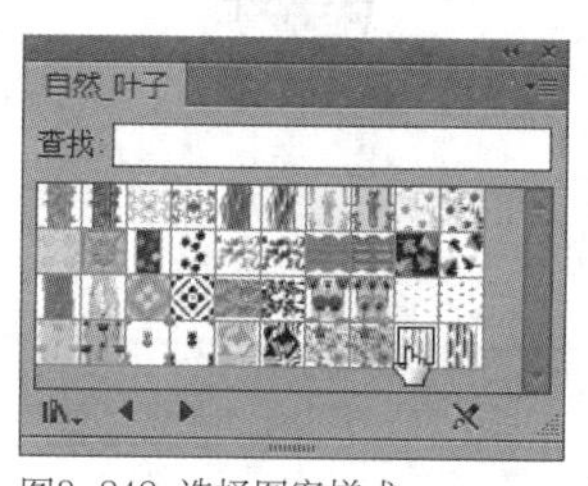

图3-242 选择图案样式

图3-243 为对象填充图案

03 保持对象的选中状态，选择“旋转工具” ，在对象周围单击并拖曳鼠标，可以旋转对象，填充的图案不会发生改变，如图 3-244 所示。若按住 ~ 键单击并拖曳鼠标，即可旋转填充图案，对象不会发生改变，如图 3-245 所示。

图3-244 旋转对象　　图3-245 旋转图案

04 若要精确旋转图案，可双击“旋转工具” 按钮，打开“旋转”对话框，在对话框中只勾选“变换图案”选项，然后输入精确的旋转参数，如图 3-246 所示，单击“确定”按钮即可应用旋转，如图 3-247 所示。

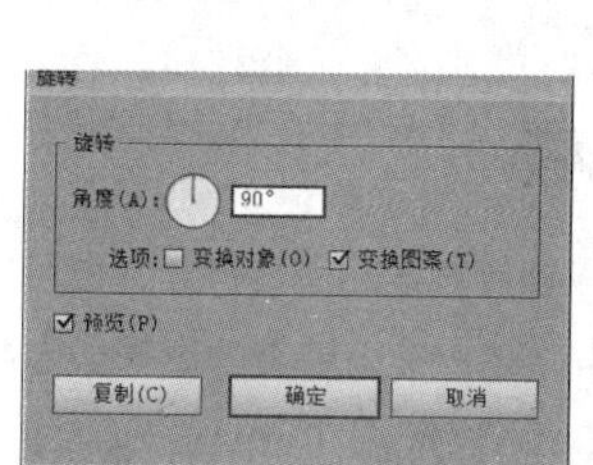

图3-246 “旋转”对话框

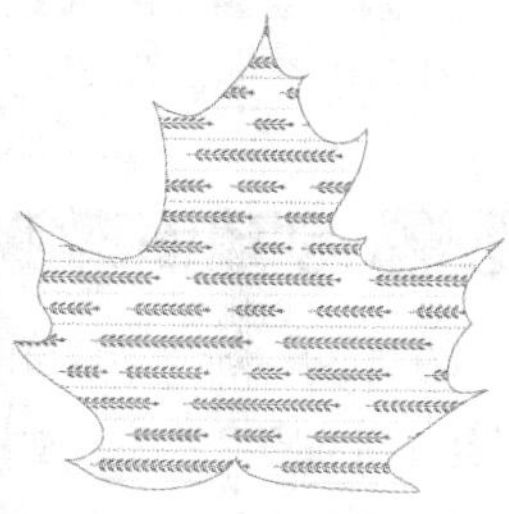

图3-247 应用旋转

提示

在使用“选择工具” 、“旋转工具” 和“比例缩放工具” 等工具对填充了图案的对象进行变换操作时，按住~键即可变换图案。选中该对象再双击变换工具图标，在相应的对话框中设置具体的变换数值，即可精确变换图案。

3. 调整图案位置

在为对象填充图案之后，可以使用“标尺工具”精确定义图案的起始位置，首先按Ctrl+R快捷键显示标尺，再执行“视图” | “标尺” | “更改为全局标尺”命令，打开“全局标尺”，如图3-248所示。

图3-248 打开“全局标尺”

将光标放在窗口右上角，单击并拖曳出一个十字交叉线，拖曳至需要定义图案起点的位置上，即可调整图案的拼贴位置，如图3-249所示。若在窗口左上角水平标尺与垂直标尺的相交处双击鼠标，如图3-250所示，即可恢复图案的拼贴位置。

图3-249 调整图案的拼贴位置

图3-250 恢复图案的拼贴位置

3.4.2 创建图案色板

在Illustrator中不仅可以使用预设的图案样式，也可以创建新的图案色板。选中需要定义为图案的图形或者位图，如图3-251所示。再执行“对象”|“图案”|“建立”命令，打开“图案选项”面板，如图3-252所示，在该面板中设置对应的参数，即可创建和编辑图案，其中各选项的含义如下。

图3-251 选中图形

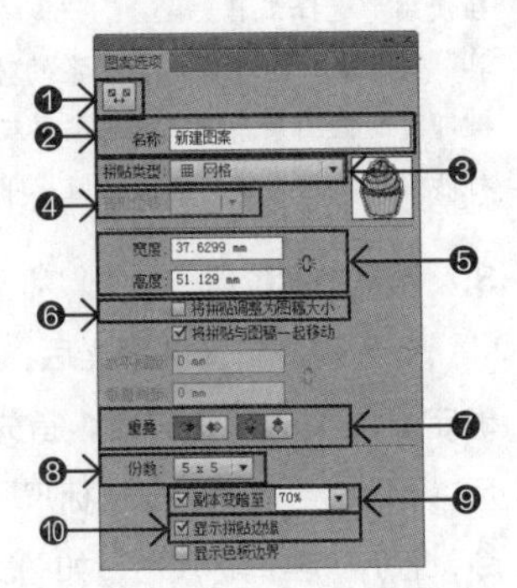

图3-252 “图案选项”面板

❶“图案拼贴工具”：单击该工具后，选中的基本图案周围会出现定界框，如图3-253所示。拖曳定界框上的控制点可以调整拼贴间距，如图3-254所示。

❷“名称”：可以为自定义的图案命名。

❸“拼贴类型”：打开下拉菜单可以选择图案的拼贴方式，效果分别如图3-255所示。

图3-253 显示定界框　　图3-254 调整拼贴间距

图3-255 拼贴方式效果

❹“砖形位移”：如果“拼贴类型”选择为“砖形”，该选项才会显示，可以在下拉菜单中设置图形的位移距离，如图3-256、图3-257所示。

图3-256 “砖形位移”为1/4　　图3-257 “砖形位移”为4/5

❺“宽度/高度”：可以调整拼贴图案的宽度和高度。按文本框后面的按钮，即可进行等比例缩放操作。

❻“将拼贴调整为图稿大小”：若勾选该项，可以将拼贴调整到与所选图形相同的大小。如果要设置拼贴间距的精确数值，可勾选该项，然后在“水平间距”和“垂直间距”选项中输入具体数值。

❼“重叠”：若“水平间距”和“垂直间距”为负值，则在拼贴时图案会产生重叠，按该选项中的按钮，可以设置重叠方式。可以设置4种组合方式，包括左侧在前、右侧在前、顶部在前、底部在前，效果分别如图3-258~图3-261所示。

图3-258 左侧和顶部在前

图3-259 左侧和底部在前

图3-260 右侧和顶部在前

图3-261 右侧和底部在前

❽“份数”：可以设置拼贴数量，包括3×3、5×5和7×7等选项，图3-262、图3-263所示的“份数”分别为1×3和3×5。

图3-262 “份数”为1×3

图3-263 “份数”为3×5

❾“副本变暗至”：可以设置图案副本的显示程度，该值越高副本显示越明显。图3-264、图3-265所示是设置该值分别为20%和50%时的效果。

图3-264 设置“副本变暗至”为20%

图3-265 设置“副本变暗至”为50%

❿“显示拼贴边缘”：勾选该项，可以显示基本图案的边界框，如图3-266所示。取消勾选，则隐藏边界框，如图3-267所示。

图3-266 显示边界框

图3-267 隐藏边界框

提示

执行“对象”|“图案”|“拼贴边缘颜色”命令，可以打开“图案拼贴边缘颜色”对话框，修改基本图案边界框的颜色，如图3-268、图3-269所示。

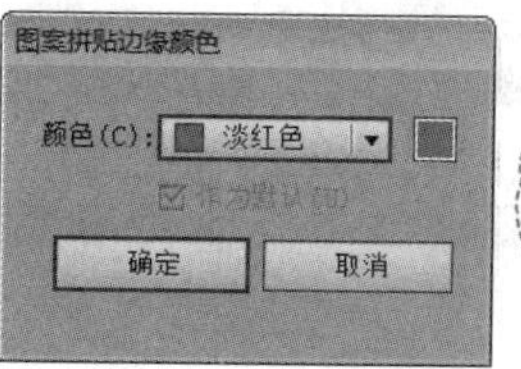

图3-268 “图案拼贴边缘颜色”对话框

图3-269 修改基本图案边界框

练习 3-9 定义对象的局部为图案

源文件路径	素材\第3章\练习3-9定义对象的局部为图案
视频路径	视频\第3章\练习3-9定义对象的局部为图案.mp4
难易程度	★★

01 按 Ctrl+O 快捷键，打开“图像.ai”素材文件，如图 3-270 所示。

02 使用“矩形工具”绘制一个矩形，设置无填充、无描边，将其移动至需要定义为图案的区域，如图 3-271 所示。

图3-270 打开素材文件

图3-271 绘制矩形

03 执行“对象”|“排列”|“置于底层”命令，将矩形移至最底层。再使用“选择工具”，单击并拖曳出一个选框，将图案对象与矩形同时选中，如图 3-272 所示。

04 执行“窗口”|“色板”命令，打开“色板”面板，将剪切蒙版对象拖曳至“色板”面板中，即可创建为图案，如图 3-273 所示。

图3-272 全选对象

图3-273 创建为图案

05 使用“画板工具”在界面空白处创建一个新画板，再使用“矩形工具”绘制一个矩形，如图 3-274 所示。将“色板”面板中新创建的色板拖至矩形中，即可应用该图案填充，如图 3-275 所示。

图3-274 创建新画板

图3-275 为矩形填充图案

练习 3-10 创建无缝拼贴图案

源文件路径	素材\第3章\练习3-10创建无缝拼贴图案
视频路径	视频\第3章\练习3-10创建无缝拼贴图案.mp4
难易程度	★★

01 按 Ctrl+O 快捷键，打开“卡通小猫.ai”素材文件，如图 3-276 所示。

02 按 Ctrl+A 快捷键全选对象，然后执行“对象”|“图案”|“建立”命令，进入“新建图案”工作界面。在打开的“图案选项”面板中，设置“拼贴类型”为“砖形（按行）”“份数”为“3×3”，如图 3-277 所示。

图3-276 打开素材文件

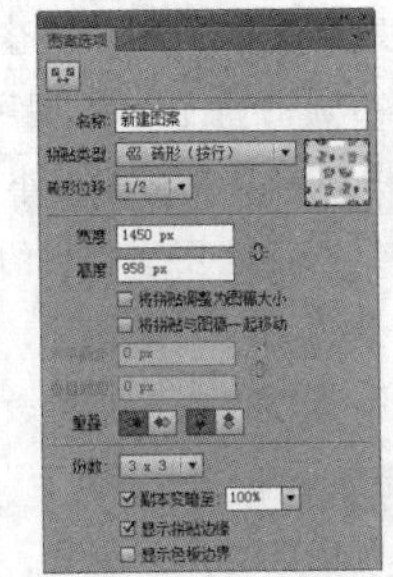

图3-277 “图案选项”面板

03 设置完成之后，单击文档窗口右上角的“完成”按钮，退出“新建图案”工作界面，如图 3-278 所示。自定义的图案将会保存至“色板”面板中，如图 3-279 所示。

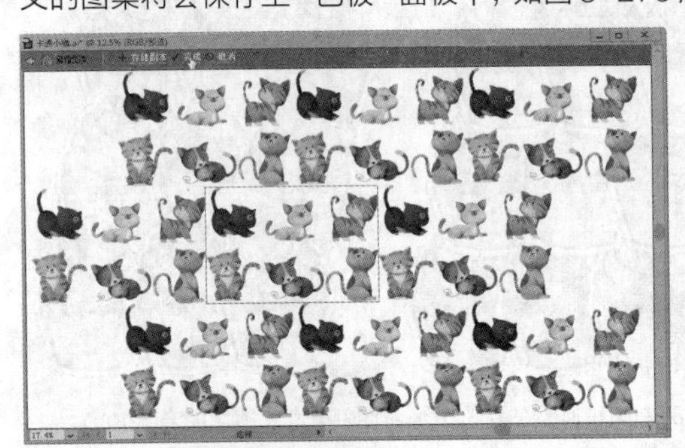

图3-278 “新建图案”工作界面

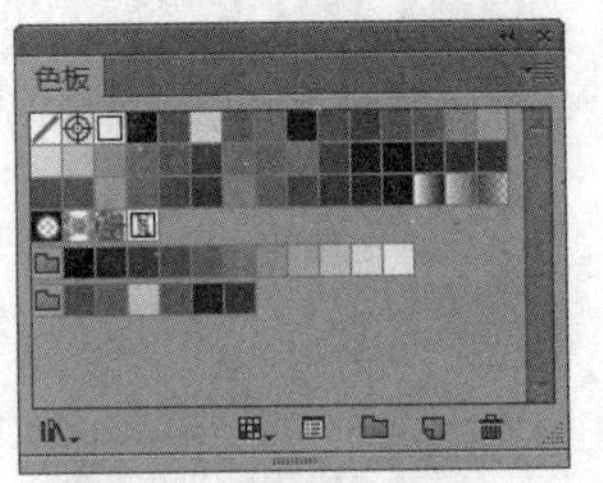

图3-279 自定义图案

04 使用“矩形工具”绘制一个矩形，在工具箱底部单击“填色”按钮，设置为当前编辑状态，然后在“色板”面板中单击新创建的色板，即可应用该图案填充，如图3-280 所示。

05 在使用 “比例缩放工具”，按住 ~ 键单击并拖曳图案，可以调整图案填充的数量及大小，如图 3-281 所示。

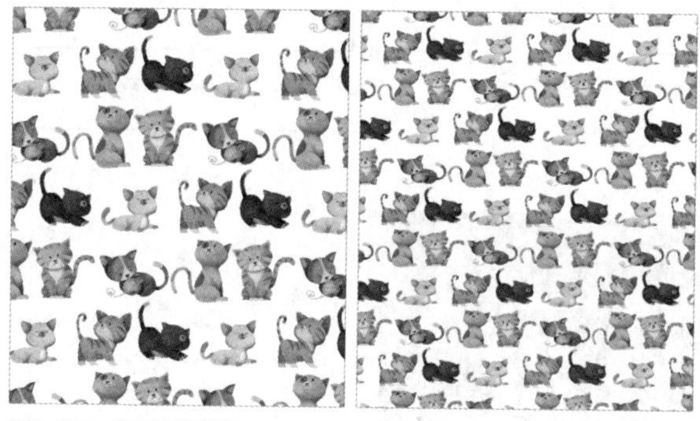

图3-280 应用图案填充　　图3-281 调整图案填充的数量及大小

3.4.3 修改图案

在Illustrator 中创建了新的图案色板之后，可以对其进行修改和更新，以创建更加满意的图案样式。

练习 3-11 修改和更新图案

源文件路径	素材\第3章\练习3-11修改和更新图案
视 频 路 径	视频\第3章\练习3-11修改和更新图案.mp4
难 易 程 度	★★

01 按 Ctrl+O 快捷键，打开“彩色角马.ai”素材文件，如图 3-282 所示。在“色板”面板中单击一个图案色板，将其选中，如图 3-283 所示。

图3-282 打开素材文件　　图3-283 选择一个图案色板

02 执行“对象” | “图案” | “编辑图案”命令，进入“新建图案”工作界面，如图 3-284 所示。在打开的“图案选项”面板中重新编辑图案参数，设置“拼贴类型”为“十六进制（按行）”“份数”为“3×3”，如图 3-285 所示。

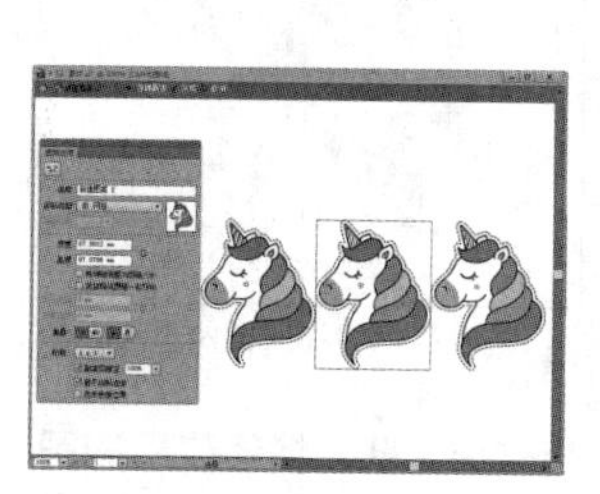

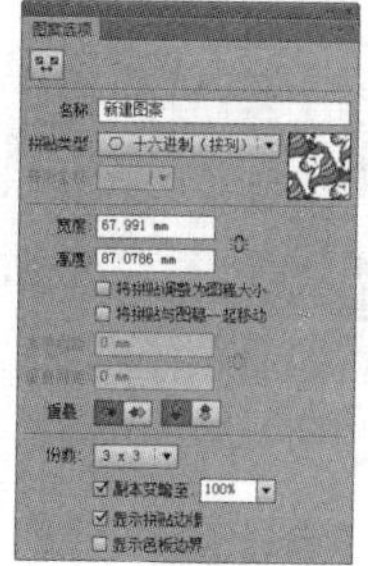

图3-284 “新建图案”工作界面　图3-285 编辑图案参数

03 编辑完成之后，单击文档窗口右上角的“完成”按钮，退出“新建图案”工作界面，画板中应用该图案填充的对象，填充效果也发生改变，如图 3-286 所示。在画板空白处单击，取消选择任何对象，如图 3-287 所示。

图3-286 填充效果　　图3-287 取消选择任何对象

04 使用“画板工具”在界面空白处创建一个新画板，然后将“色板”面板中的图案色板拖曳至空白画板中，如图 3-288 所示。

05 选中该图案图形，执行“编辑” | “编辑颜色” | “重新着色图稿”命令，打开“重新着色图稿”对话框，如图 3-289 所示。

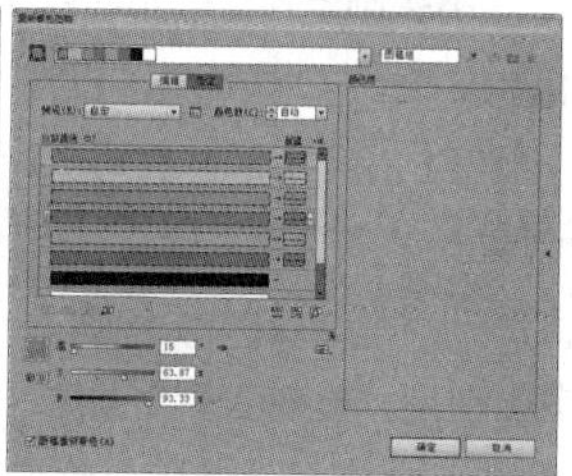

图3-288 新画板　　图3-289 “重新着色图稿”对话框

06 在“重新着色图稿”对话框中调整当前使用的颜色，如图 3-290 所示，单击“确定”按钮，关闭对话框，替换所选对象的颜色，如图 3-291 所示。

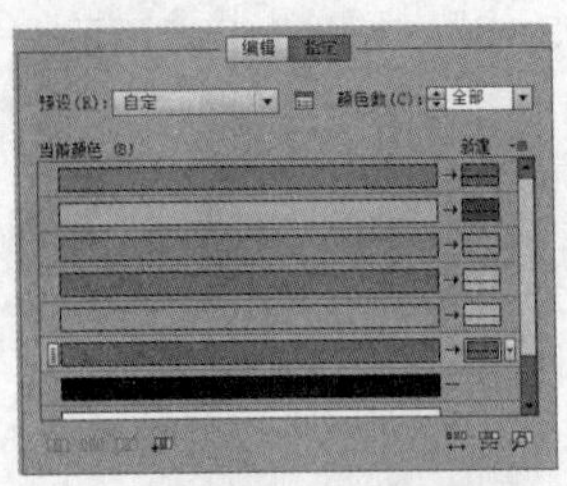
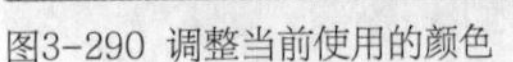

图3-290 调整当前使用的颜色

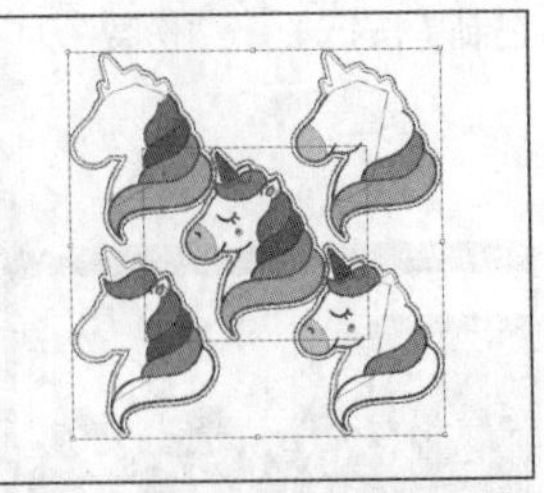

图3-291 替换所选对象的颜色

07 使用“选择工具”，按住 Alt 键，将修改后的图形拖曳至“色板”面板中的原有图案色板上，如图 3-292 所示。释放鼠标替换图案色板之后，填充该图案的图形对象会自动更新，如图 3-293 所示。

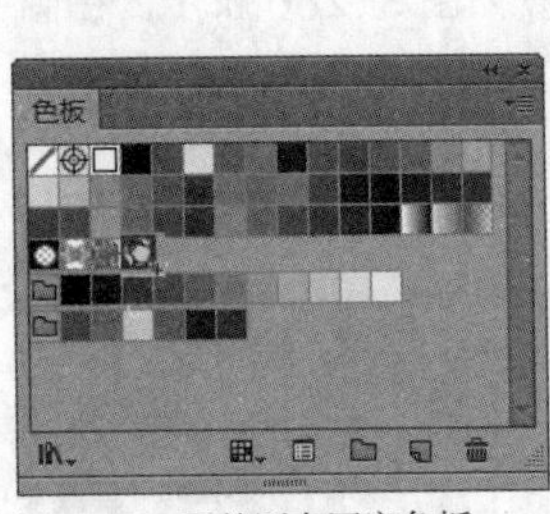

图3-292 覆盖原有图案色板

图3-293 自动更新图案填充

提示

在“色板”面板中双击需要编辑的图案色板，也可以打开“图案选项”面板。

3.4.4 课堂范例——创建几何图案拼贴

源文件路径	素材\第3章\3.4.4课堂范例——创建几何图案拼贴
视 频 路 径	视频\第3章\3.4.4课堂范例——创建几何图案拼贴.mp4
难 易 程 度	★★★

本实例主要介绍如何创建自定义图案拼贴。

01 按 Ctrl+O 快捷键，打开“建筑剪影 .ai”素材文件，如图 3-294 所示。使用“画板工具”在界面空白处创建一个新画板，使用“直线段工具”在新画板中绘制一条垂直直线，如图 3-295 所示。

02 使用“旋转工具”，按住 Alt 键在直线段的一个端点上方单击，弹出“旋转”对话框，设置“旋转角度”为 120°，如图 3-296 所示，单击“复制”按钮，旋转并复制直线段。按 Ctrl+D 快捷键重复应用变换，如图 3-297 所示。全选三段直线，按 Ctrl+G 快捷键对其进行编组。

图3-294 打开素材文件

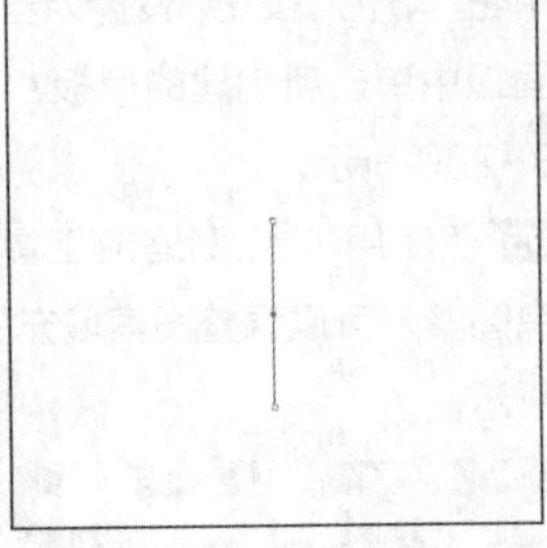

图3-295 绘制垂直直线

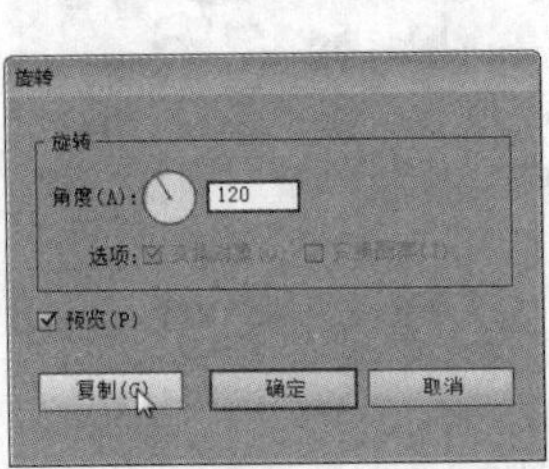

图3-296 “旋转”对话框

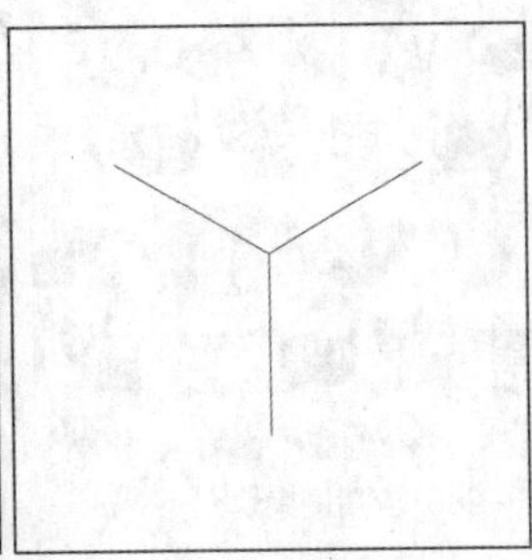

图3-297 绘制直线段组

03 使用“矩形工具”沿直线段的端点绘制一个矩形，填充任意颜色，执行“对象”|“排列”|“置于底层”命令，将矩形置于直线段组的下方，如图 3-298 所示。然后全选矩形与直线段组。

04 执行“窗口”|“路径查找器”命令，打开“路径查找器”面板，在该面板中单击“分割”按钮，如图 3-299 所示，使用直线段将矩形分割。

图3-298 调整排列顺序

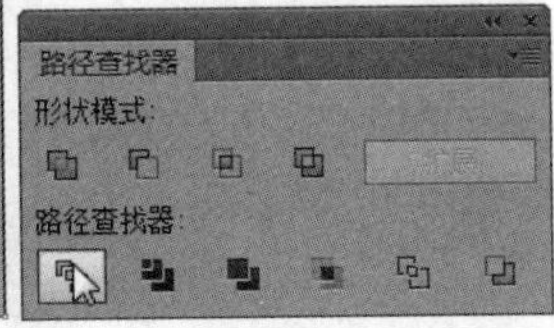

图3-299 “分割”对象

05 使用“直接选择工具”，按住 Shift 键单击选择矩形底部的两个端点，如图 3-300 所示。按 Delete 键将其删除，如图 3-301 所示。

06 使用“直接选择工具”，选择分割形成的三角形，重新填充颜色并去除所有描边，如图 3-302 所示。全选三角形，按 Ctrl+G 快捷键编组。

07 使用“旋转工具”，按住 Alt 键在三角形组的下方端点上单击，弹出“旋转”对话框，设置“旋转角度”

为 60°，单击“复制”按钮，旋转并复制三角形组，如图 3-303 所示。

图3-300 选中端点

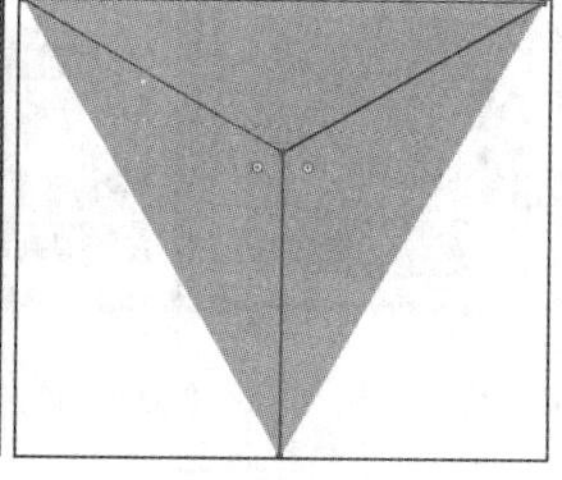
图3-301 删除端点

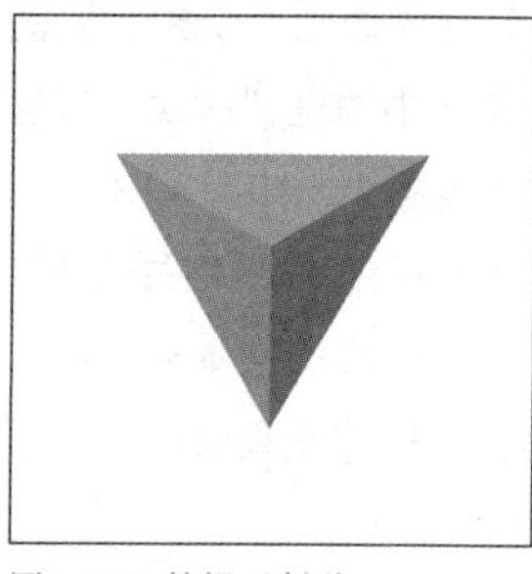
图3-302 编辑三角形

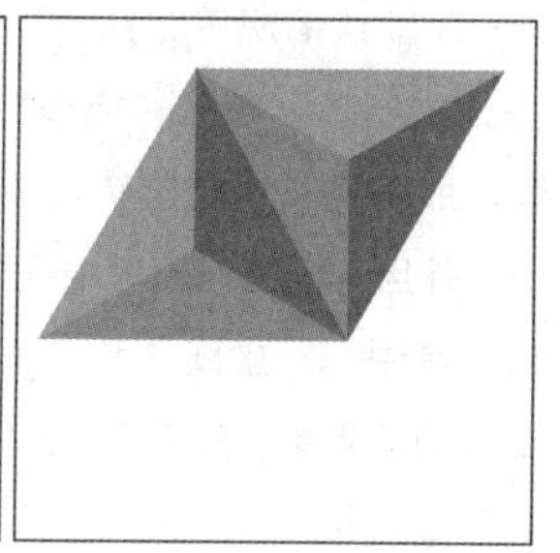
图3-303 旋转并复制

08 按 Ctrl+D 快捷键重复应用变换，如图 3-304 所示。全选三角形组，按 Ctrl+G 快捷键对其进行编组。

09 保持所有新建对象的选中状态，执行“对象”|“图案”|“建立”命令，进入“新建图案”工作界面。在打开的“图案选项”面板中，设置“拼贴类型”为“十六进制（按列）”“份数”为“3×3”，如图 3-305 所示。

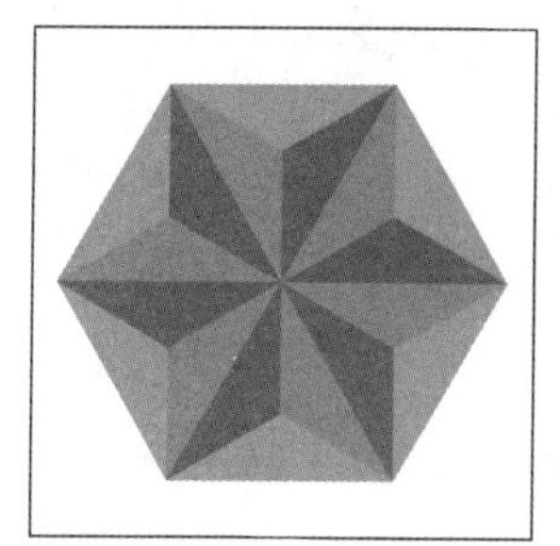
图3-304 重复应用变换

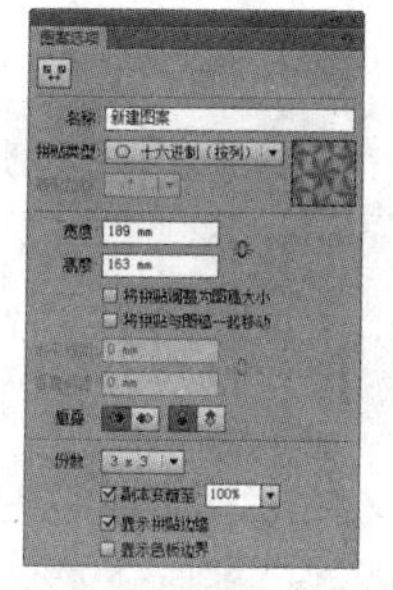

图3-305 “图案选项”面板

10 设置完成之后，单击文档窗口右上角的“完成”按钮，退出“新建图案”工作界面，自定义的图案将会保存至“色板”面板中，如图 3-306 所示。

11 切换到“画板 1”中，选中上方的建筑剪影，单击“色板”面板中的新建图案色板，填充所选对象，如图 3-307 所示。

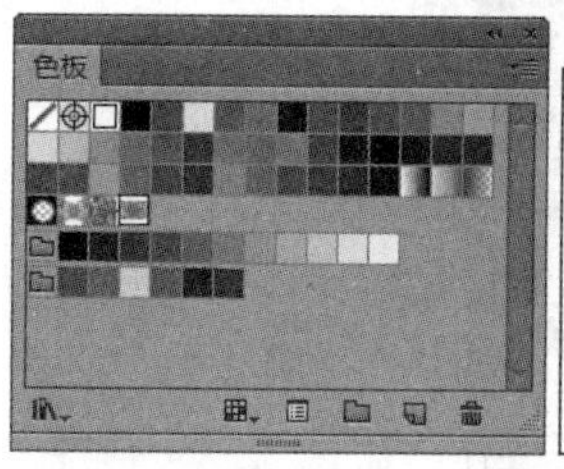

图3-306 保存至“色板”面板中

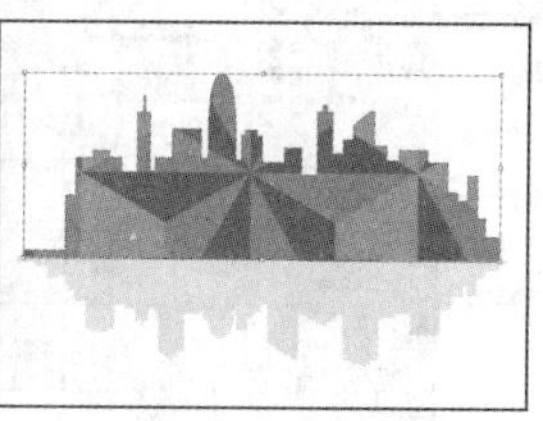
图3-307 填充建筑

12 保持对象的选中状态，双击“比例缩放工具”图标，打开“比例缩放”对话框，设置缩放参数，并勾选“变换图案”复选框，如图 3-308 所示。单击“确定”按钮，应用缩放，完成填充，如图 3-309 所示。

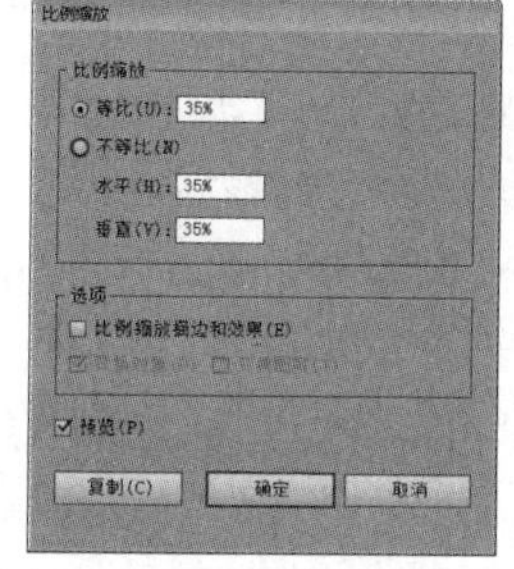

图3-308 “比例缩放”对话框

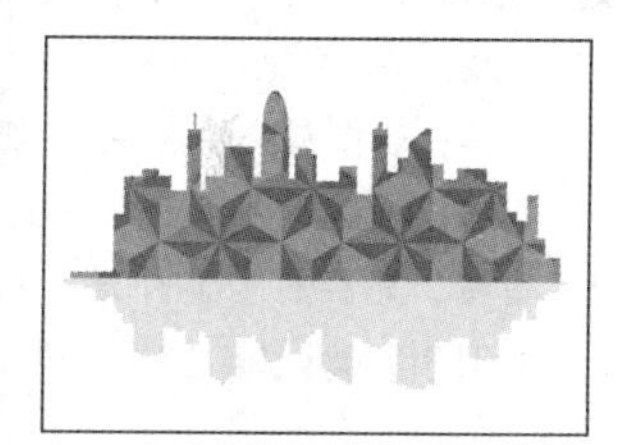
图3-309 最终效果

3.5图形对象描边

“描边”是指将路径设置为可见的轮廓，具备粗细、颜色、虚实等性质。描边可以应用于整个对象，也可以应用于实时上色组，可为实时上色组中不同的区域应用不同的轮廓线。

3.5.1 描边外观

1. “描边”面板

执行“窗口”|“描边”命令，打开“描边”面板，如图3-310所示。该面板主要用来设置描边的粗细、对齐方式、斜接限制、线条连接和线条端点等参数，也可以选择实线描边或虚线描边。通过选择不同的样式，设置相关参数，可以创作各种不同的描边效果。

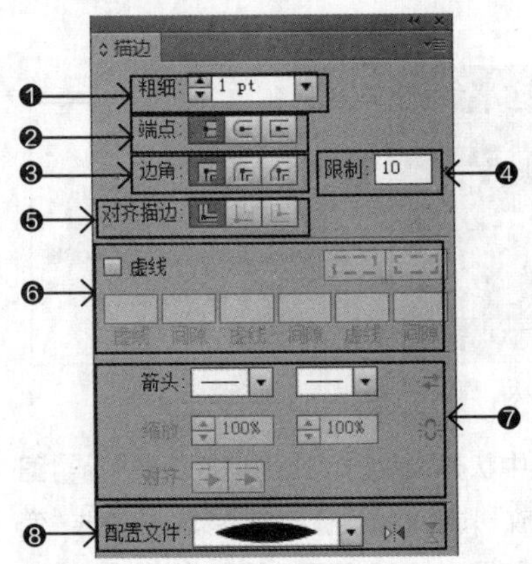

图3-310 “描边”面板

❶“粗细”：用来设置轮廓线的宽度，该值越高，轮廓线越粗，设置范围在0.25~1000pt。

❷“端点”按钮：用来设置轮廓线各端点的形状。若按平头端点按钮，路径将会在终点处结束，如图3-311所示；若按圆头端点按钮，路径的两段将会呈现半圆形的圆滑效果，如图3-312所示；若按方头端点按钮，路径将会向外延长1/2描边粗细的距离，如图3-313所示。

图3-311 平头端点　图3-312 圆头端点　图3-313 方头端点

❸“边角”按钮：用来设置直线拐角处的形状，包括斜接连接、圆角连接和斜角连接，如图3-314~图3-316所示。

图3-314 斜接连接　图3-315 圆角连接　图3-316 斜角连接

❹“限制”：用来设置斜角的大小；

❺“对齐描边”：用来设置描边与路径的对齐方式，包括描边居中对齐、使描边内侧对齐和使描边外侧对齐，如图3-317~图3-319所示。

❻“虚线”复选框：勾选该复选框，即可显示相关参数的设置选项。

❼“箭头”：可以为路径的端点添加箭头。

❽“配置文件”：可以打开下拉列表，选择配置样式。

图3-317 描边居中对齐　图3-318 使描边内侧对齐　图3-319 使描边外侧对齐

2. 虚线

在默认情况下，所选对象的描边均为实线，如图3-320所示。若在“描边”面板中勾选“虚线”复选框，即可将实线描边转换成虚线描边，如图3-321所示。并且“描边”面板中会显示设置虚线的相关选项参数，其中，“虚线”和“间隔”对应的文本框，可以设置相应参数，来控制虚线的线长和间隔长度，如图3-322所示。

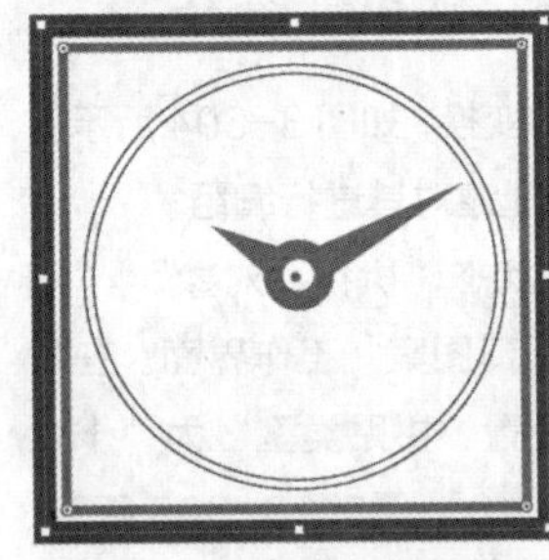

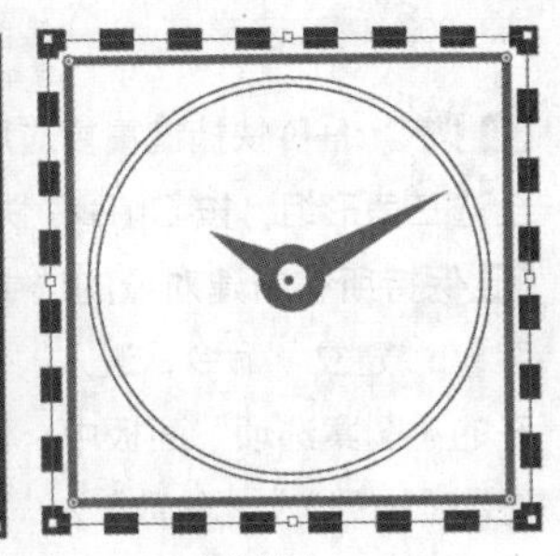

图3-320 实线描边　图3-321 虚线描边

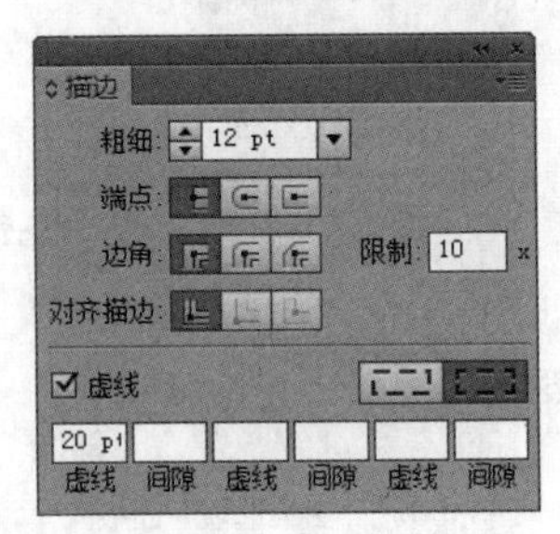

图3-322 “描边”面板

“虚线”选项右侧的两个按钮也会在勾选“虚线”复选框之后显示出来。若按按钮，可以保留虚线和间隙的精确长度，如图3-323所示；若按按钮，可以使虚线与边角和路径终端对齐，并调整至适合长度，如图3-324所示。

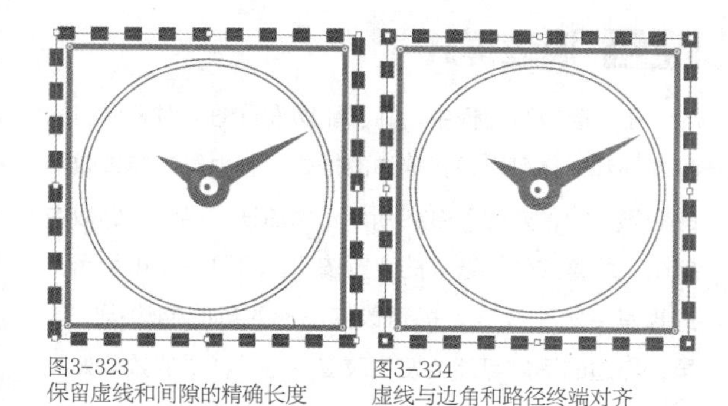

图3-323
保留虚线和间隙的精确长度

图3-324
虚线与边角和路径终端对齐

创建虚线描边之后，在“端点”选项中可以修改虚线的端点，使其呈现不同的外观。若按平头端点按钮，可创建平头端点的虚线，如图3-325所示；若按圆头端点按钮，可创建圆头端点的虚线，如图3-326所示；若按方头端点按钮，可扩展虚线端点，如图3-327所示。

图3-325 平头端点

图3-326 圆头端点

图3-327 方头端点

3. 箭头

“描边”面板中的“箭头”选项可以为描边路径添加箭头效果，并且还可以通过不同选项参数的设置创建不同的箭头效果。选中一个路径对象之后，可以在“箭头”选项右侧的两个下拉菜单中为路径的起点和终点添加箭头，如图3-328、图3-329所示。若在该下拉菜单中选择“无”，即可为所选对象删除箭头样式。

图3-328 添加箭头

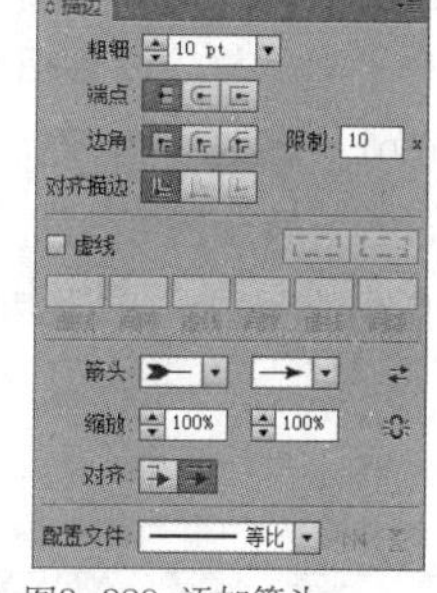

图3-329 添加箭头

在“缩放”选项中可以设置箭头的缩放比例，单击右侧的链接按钮，可以同时调整起点箭头和终点箭头的缩放比例，如图3-330所示。在“对齐”选项中包含两个按钮，若按按钮，箭头会超出路径的末端，如图3-331所示；若按按钮，箭头则正好位于路径的终点处，如图3-332所示。

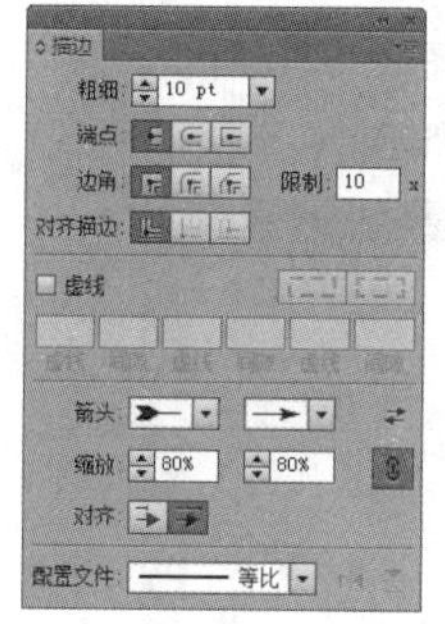

图3-330 缩放箭头

图3-331 箭头超出路径的末端

图3-332 箭头位于路径的终点处

练习 3-12 创建邮票齿孔效果

源文件路径	素材\第3章\练习3-12创建邮票齿孔效果
视频路径	视频\第3章\练习3-12创建邮票齿孔效果.mp4
难易程度	★★★

01 启用 Illustrator 后，执行“文件”|“新建”命令，弹出“新建”对话框，在对话框中设置参数，创建一个100mm×60mm大小的空白文档。使用“矩形工具”绘制一个与画板大小相同的矩形，设置填充颜色为（C25%、M25%、Y40%、K0%），如图3-333所示。

02 再次使用“矩形工具” 在画板中单击，打开“创建矩形”对话框，设置相应参数，创建一个“宽度”为38mm、“高度”为50mm大小的矩形。并且在控制面板中设置“填充”为白色，“描边”为（C25%、M25%、Y40%、K0%），“描边粗细”为5pt，如图3-334所示。

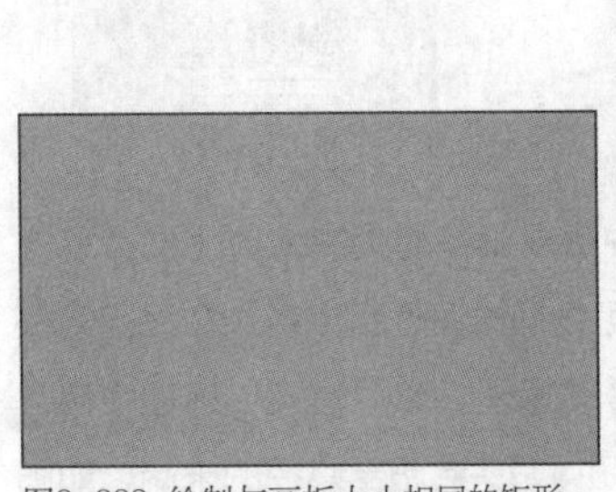

图3-333 绘制与画板大小相同的矩形

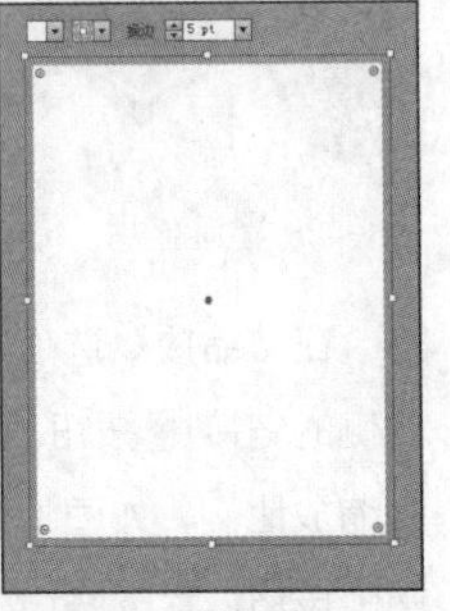

图3-334 绘制矩形

03 执行“窗口”|“描边”命令，打开“描边”面板，在该面板中按“圆头端点” 按钮，勾选“虚线”复选框，然后设置对应的参数，如图3-335所示，即可生成邮票齿孔效果，如图3-336所示。

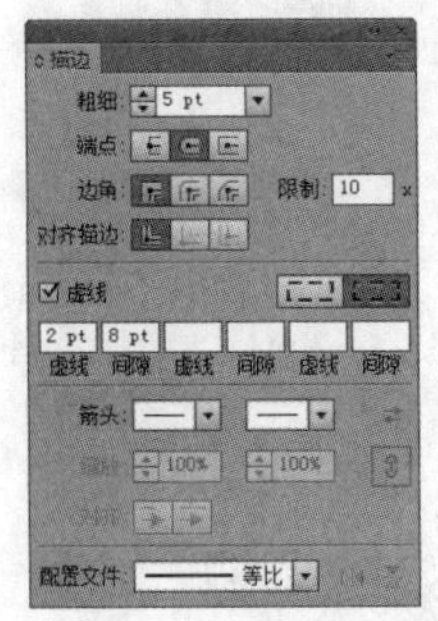

图3-335 设置“描边”参数

图3-336 邮票齿孔效果

04 执行“文件”|“置入”命令，置入“插画.jpg”素材文件，如图3-337所示。再执行“文件”|“打开”命令，打开“邮戳.ai”素材文件，将邮戳图案复制到邮票上方，完成邮票的制作，如图3-338所示。

图3-337 置入素材

图3-338 最终效果

3.5.2 描边样式

在“描边”面板中，除了能够设置图形对象描边的基本外观，还可以设置描边的样式。选中具有描边效果的图形对象，如图3-339所示，然后在“描边”面板中单击“配置文件”选项的下拉按钮，如图3-340所示。选择其中一个样式，即可改变图形对象的描边样式效果，描边的宽度可能会发生改变，各种样式的效果如图3-341所示。

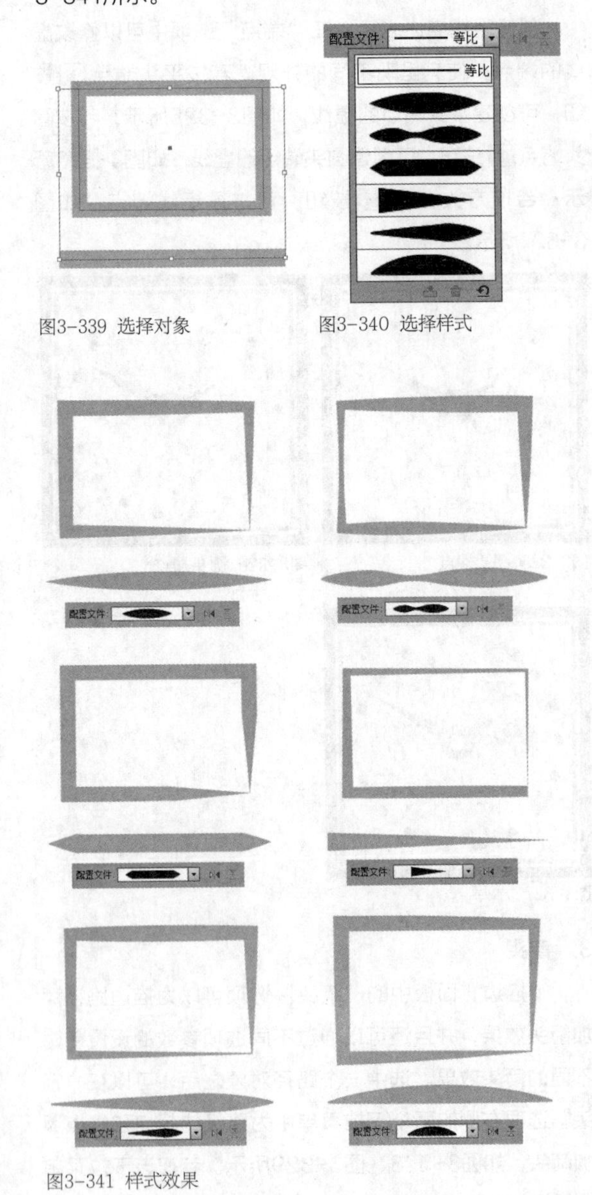

图3-339 选择对象

图3-340 选择样式

图3-341 样式效果

在“配置文件”选项右侧有两个控制按钮：“纵向翻转”按钮和“横向翻转”按钮，单击不同的按钮后，图形对象中的描边效果会相应地翻转，从而改变描边样式效果。图3-342所示为“纵向翻转”，图3-343所示为“横向翻转”。

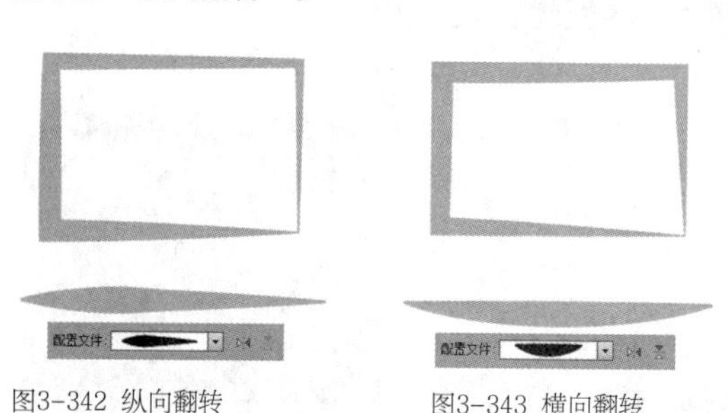

图3-342 纵向翻转　　图3-343 横向翻转

练习 3-13 绘制装饰画

源文件路径	素材\第3章\练习3-13绘制装饰画
视频路径	视频\第3章\练习3-13绘制装饰画.mp4
难易程度	★★★

01 启动 Illustrator CS6，执行“文件”|“打开”命令，在“打开”对话框中选择“装饰画.ai”素材文件。单击“打开”按钮，将其打开，如图 3-344 所示。

02 选择“钢笔工具”，在控制面板中设置“填充”为无，“描边”为白色，“描边粗细”为 5pt。然后在画面空白处绘制一条曲线，如图 3-345 所示。

图3-344 打开素材文件　　图3-345 描边路径

03 使用“选择工具”选中绘制的曲线，执行“窗口”|“描边”命令，打开“描边”面板，在该面板底部单击“配置文件”选项，在打开的下拉菜单中选择一个“宽度配置文件”，所选曲线将应用该样式，如图 3-346 所示。

04 继续使用“钢笔工具”绘制多条路径，如图 3-347 所示。

05 运用相同的方式，在“描边”面板中或在工具选项栏中选择“变量宽度配置文件”，为曲线添加不同的宽度样式，如图 3-348 所示。

06 在“图层”面板中单击图层“花 1”和“花 2”前面的“眼睛”图标，将其显示出来，单击对应图层后面的圆形定位按钮，如图 3-349 所示，可将其选中。

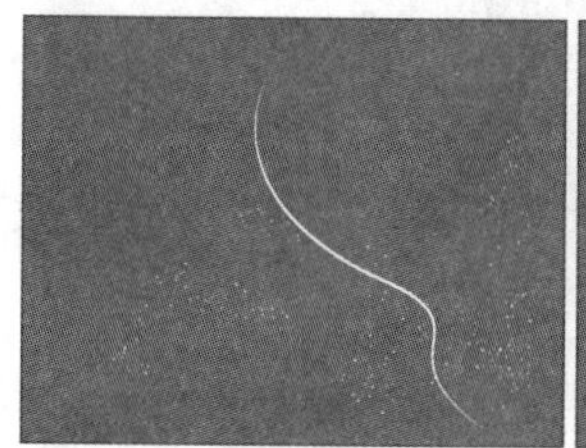

图3-346 应用样式　　图3-347 绘制多条路径

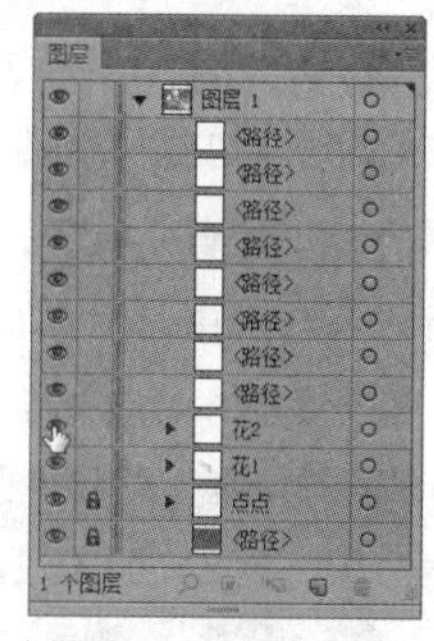

图3-348 添加宽度样式　　图3-349 “图层”面板

07 使用“选择工具”调整花的位置和大小，如图 3-350 所示。复制更多的花与花瓣对象，装饰画面，如图 3-351 所示。

图3-350 调整花朵位置　　图3-351 最终效果

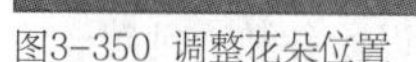

3.5.3 改变描边宽度

在Illustrator中，对于矢量图形的描边效果，不仅可以通过“描边”面板和控制面板设置相应参数，还可以使用“宽度工具”调整描边宽度，让描边产生粗细变化。

1. 在“描边”面板中改变描边宽度

选中一个对象之后，可以在“描边”面板的“粗细”选项中更改描边粗细，也可以通过在工具选项栏的“描边粗细”选项中设置数值来改变描边粗细，如图 3-352、图3-353所示。

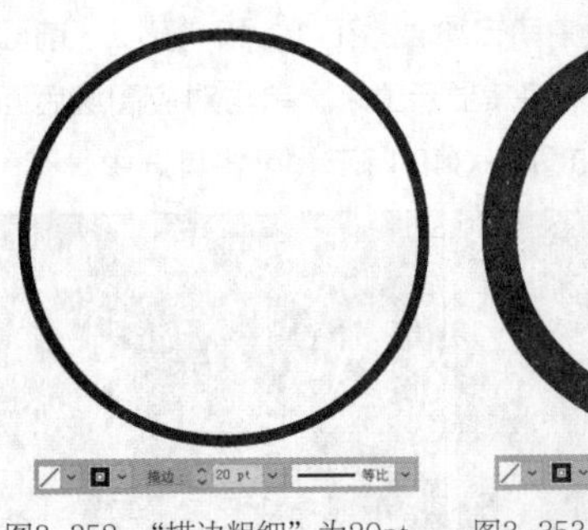
图3-352 “描边粗细”为20pt

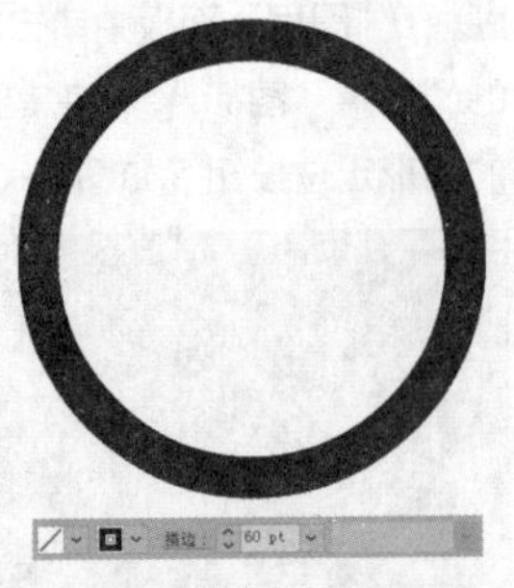
图3-353 “描边粗细”为60pt

2. 在“外观”面板中改变描边宽度

选择一个应用了描边的对象，执行“窗口”|“外观”命令，打开“外观”面板，在该面板中显示了所选对象应用的所有“填充”与“描边”样式，如图3-354所示。单击其中一个选项，即可打开相应的编辑面板，可以在该面板中修改“描边”参数，如图3-355所示。

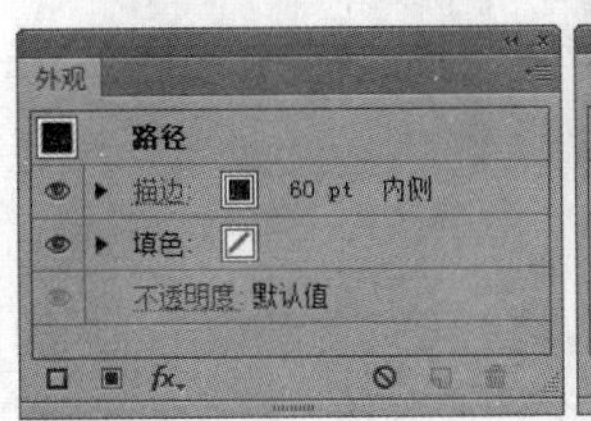

图3-354 “外观”面板

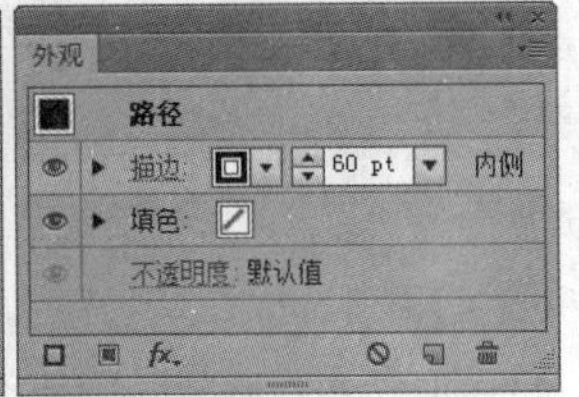

图3-355 修改“描边”参数

练习 3-14 创建双重描边效果

源文件路径	素材\第3章\练习3-14创建双重描边效果
视频路径	视频\第3章\练习3-14创建双重描边效果.mp4
难易程度	★★

01 启用 Illustrator 后，执行“文件”|“新建”命令，弹出“新建”对话框，在对话框中设置参数，创建一个空白文档。选择“文字工具”T，在“字符”面板中设置字体和大小，如图 3-356 所示。然后在面板中单击并输入文字，如图 3-357 所示。

02 保持文字的选中状态，执行“文字”|“创建轮廓”命令，将文字转换成图形。使用“编组选择工具”单独选择每一个数字，为其填充不同的颜色，如图 3-358 所示。

03 使用“编组选择工具”选中数字“2”，执行“窗口”|“外观”命令，打开“外观”面板，如图 3-359 所示，上面显示了所选对象的描边与填充属性。

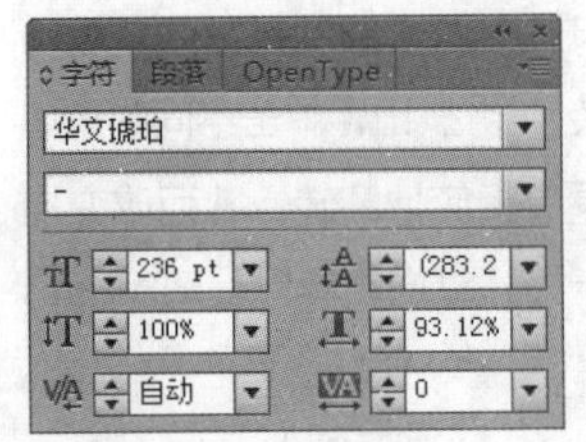

图3-356 “字符”面板

图3-357 输入文字

2018
图3-358 填充颜色

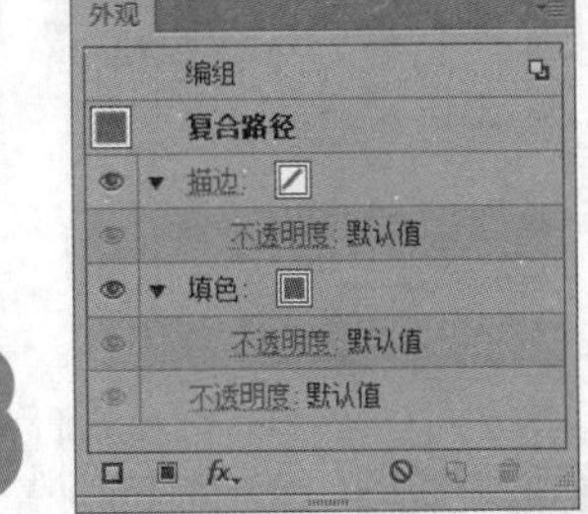

图3-359 “外观”面板

04 在“外观”面板中单击“描边”选项，为数字设置描边属性，如图 3-360 所示。

05 单击“外观”面板左下角的“添加新描边”按钮，为所选对象添加一个新描边，并调整描边参数，如图 3-361 所示。

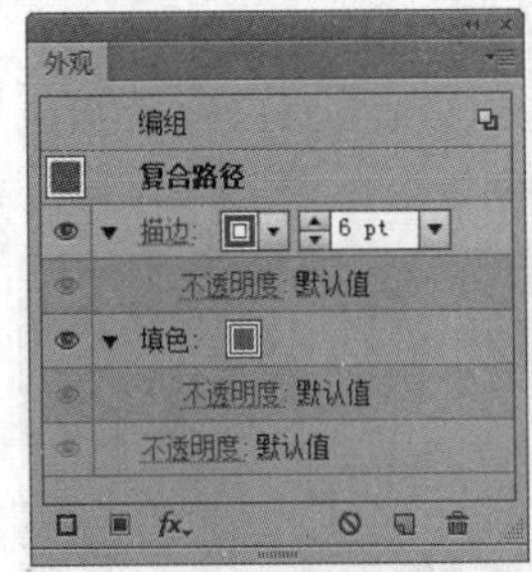

图3-360 “外观”面板

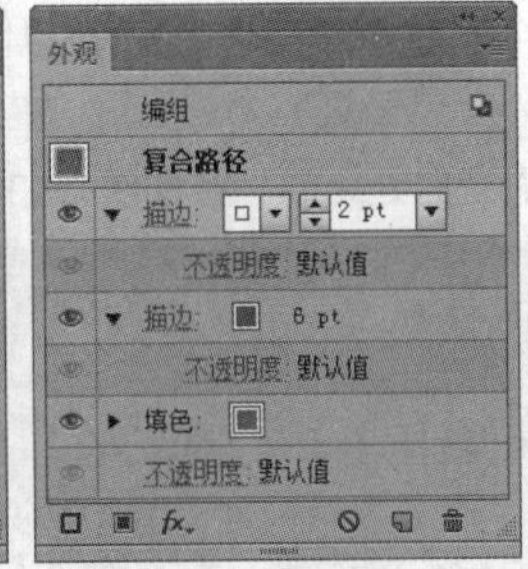

图3-361 “外观”面板

06 所选对象的描边效果如图 3-362 所示。运用相同的方式，完成其他 3 个数字的描边，效果如图 3-363 所示。按 Ctrl+A 快捷键全选数字对象，再按 Ctrl+C 快捷键将其拷贝至剪贴板中。

图3-362 描边效果 图3-363 数字描边效果

07 执行“文件”|“打开”命令，打开“文字背景 .ai”素材文件，如图 3-364 所示。按 Ctrl+V 快捷键粘贴文

字对象，如图 3-365 所示。

图3-364 打开素材文件

图3-365 添加数字对象

08 保持文字的选中状态，在“图层”面板中调整文字图层的顺序，如图 3-366 所示。

09 使用“编组选择工具”和“选择工具”，调整数字的位置及旋转角度，最终效果如图 3-367 所示。

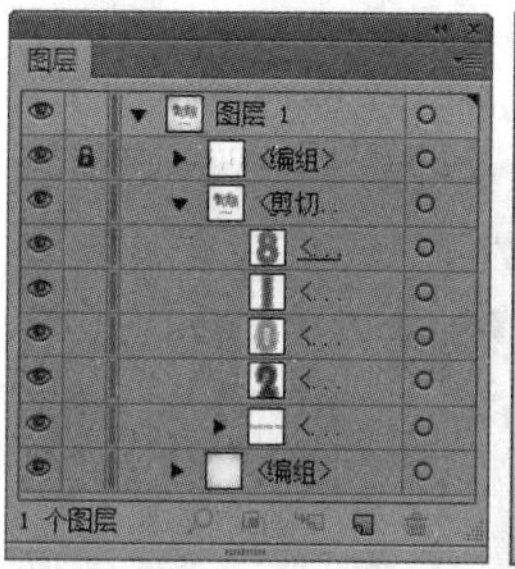

图3-366 “图层”面板

图3-367 最终效果

3. 使用“宽度工具”改变描边宽度

在默认情况下，使用“宽度工具”调整描边的宽度时，将会同时改变对象描边两侧的宽度，如图3-368 所示。若想单独改变描边一侧的宽度，那么在选择该工具后，要按住Alt键单击并拖曳描边的一侧，即可改变所拖曳一侧的宽度，如图3-369所示。

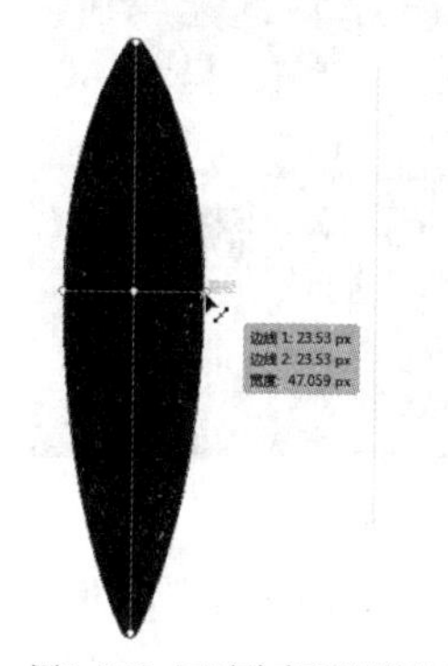

图3-368 同时改变两侧的宽度

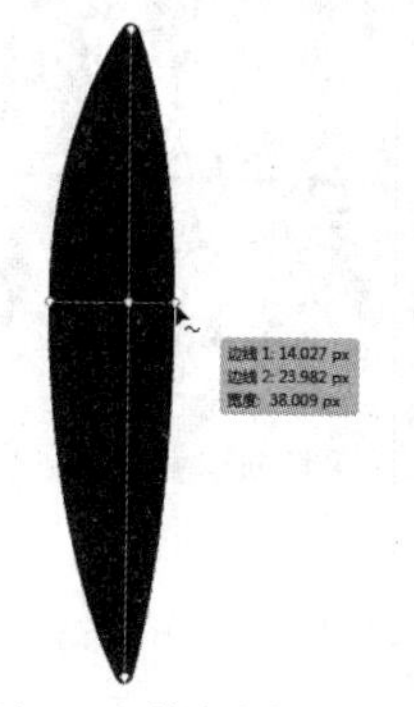

图3-369 单独改变一侧的宽度

练习 3-15 使用宽度工具绘制餐具

源文件路径	素材\第3章\练习3-15使用宽度工具绘制餐具
视 频 路 径	视频\第3章\练习3-15使用宽度工具绘制餐具.mp4
难 易 程 度	★★★

01 按 Ctrl+O 快捷键，打开“餐具 .ai”素材文件，如图 3-370 所示。

02 使用“直线段工具”，按住 Shift 键，在“叉子”下方绘制一条垂直线段，然后在控制面板中设置无填充、“描边”为（C25%、M25%、Y40%、K0%）、“描边粗细”为 20pt，接着在“描边”面板中单击“圆头端点”按钮，如图 3-371 所示。

图3-370 打开素材文件

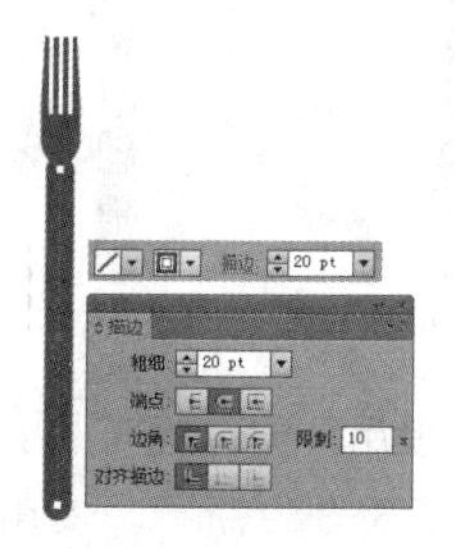

图3-371 绘制直线段

03 保持路径的选中状态，使用“宽度工具”，将光标移至路径底部的锚点处，然后单击并向右拖曳鼠标，将底部拉宽，如图 3-372 所示。

04 再将光标移至路径顶部的锚点处，然后单击并向左拖曳鼠标，将底部调窄，如图 3-373 所示。

05 保持路径的选中状态，使用“选择工具”，按住 Alt 键并向右平行移动，将其复制，如图 3-374 所示。

06 使用“直线段工具”，按住 Shift 键，在路径上方绘制一条垂直线段，在控制面板中设置无填充、“描边”为（C25%、M25%、Y40%、K0%）、“描边粗细”为 20pt，接着在“描边”面板中单击“圆头端点”按钮，如图 3-375 所示。

图3-372 拉宽直线底部　图3-373 调窄直线顶部　图3-374 复制直线段　图3-375 绘制直线段

07 保持路径的选中状态，使用“宽度工具”，将光标移至路径中间的锚点处，然后按住 Alt 键的同时，单击并向左拖曳鼠标，向左拉宽，如图 3-376 所示。

08 再将光标移至路径中间的锚点处，然后单击并向上拖曳鼠标，即可调整控制点的位置，如图 3-377 所示。若按住 Alt 键，拖曳即可移动并复制该控制点，如图 3-378 所示。

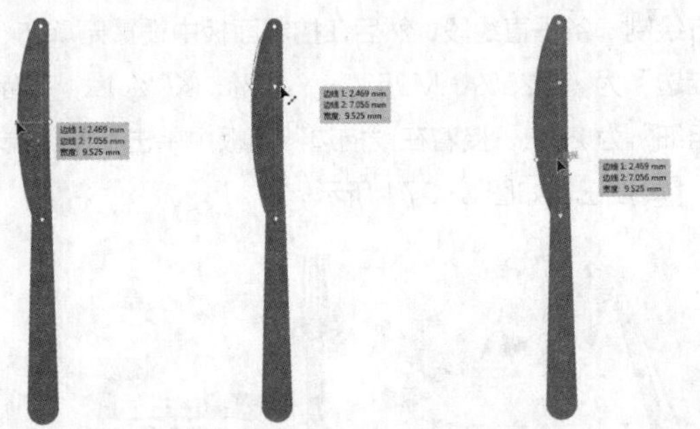

图3-376 拉宽左侧 图3-377 调整控制点位置 图3-378 复制控制点

09 使用“选择工具”，调整已绘制好的刀叉的位置，如图 3-379 所示。使用“直线段工具”，按住 Shift 键，绘制两条垂直线段，在控制面板中设置无填充、“描边”为白色、“描边粗细”为 1pt，调整位置，如图 3-380 所示。

图3-379 调整位置 图3-380 绘制白色直线段

3.5.4 课堂范例——创建毛边字

源文件路径	素材\第3章\3.5.4课堂范例——创建毛边字
视 频 路 径	视频\第3章\3.5.4课堂范例——创建毛边字.mp4
难 易 程 度	★★★

01 按 Ctrl+O 快捷键，打开“素材 .ai”素材文件，如图 3-381 所示。

02 使用“直线段工具”，按住 Shift 键，并在文字上方绘制 4 条水平线段，在控制面板中设置无填充、无描边，按 Ctrl+A 快捷键，全选文字与直线，如图 3-382 所示。

图3-381 打开素材文件 图3-382 绘制直线段

03 执行“窗口”|“路径查找器”命令，打开“路径查找器”面板，单击“分割”按钮，如图 3-383 所示，使用直线段将文字对象分割。

04 保持对象的选中状态，执行“对象”|“实时上色”|“建立”命令，创建实时上色组，如图 3-384 所示。

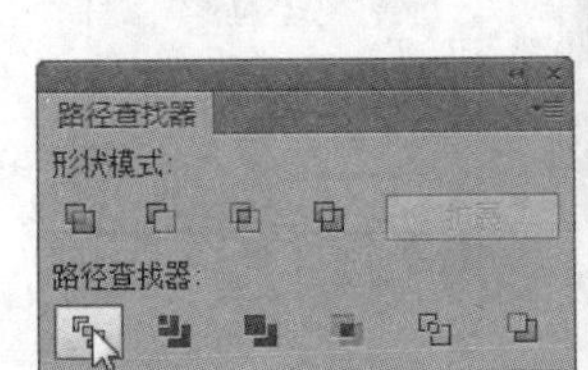

图3-383 “路径查找器”面板 图3-384 创建实时上色组

05 使用“实时上色工具”对实时上色组上色，效果如图 3-385 所示。

06 在工具选项卡中设置“描边”为黄色，“描边粗细”为 4pt，如图 3-386 所示。

图3-385 实时上色效果 图3-386 添加描边

07 执行“窗口”|“描边”命令，打开“描边”面板，勾选“虚线”复选框，并设置相关参数，如图 3-387 所示。毛边文字效果如图 3-388 所示。

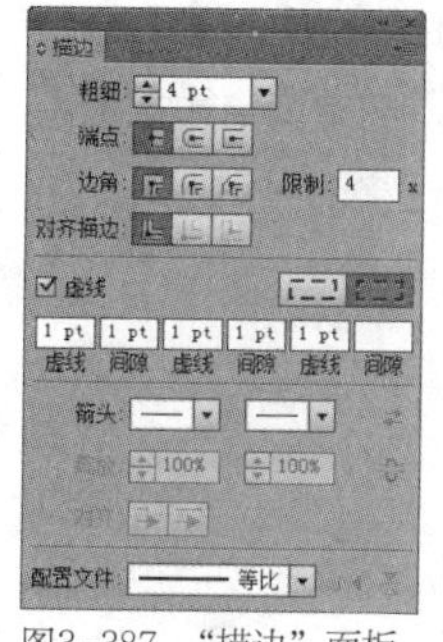

图3-387 “描边”面板

图3-388 最终效果

3.6 画笔应用

在Illustrator中可以创建画笔效果，画笔可以为路径的外观添加不同的风格，模拟出类似毛笔、钢笔、油画笔等笔触效果。所有画笔效果都可以通过“画笔工具”和“画笔”面板的设置来实现，帮助用户创建各种风格的作品。

3.6.1 画笔工具

使用“画笔工具” 可以在画板中自由地绘制各种风格的路径效果。在“画板”面板中选择一种画笔，在画板中单击并拖曳鼠标，即可绘制路径并会对其应用相应的画笔描边。

练习 3-16 用画笔工具绘制插画

源文件路径	素材\第3章\练习3-16用画笔工具绘制插画
视频路径	视频\第3章\练习3-16用画笔工具绘制插画.mp4
难易程度	★★

01 按 Ctrl+O 快捷键，打开“插画.ai”素材文件，如图 3-389 所示。

02 选择“画笔工具” ，在工具选项栏中单击“画笔定义”选项的下拉按钮，打开“画笔”下拉面板，选择“5 点圆形”画笔，设置“描边粗细”为 1pt，如图 3-390 所示。

图3-389 打开素材文件

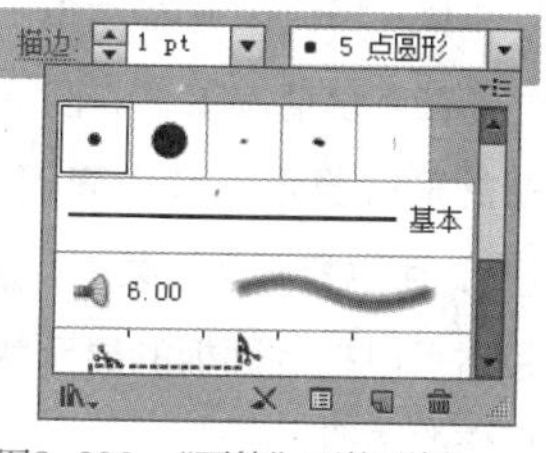

图3-390 “画笔”下拉面板

03 使用“画笔工具” 在画面中单击并拖曳鼠标，绘制路径，如图 3-391 所示。

04 保持路径的选中状态，将指针移至路径的端点上，单击并拖曳鼠标可以延长路径，如图 3-392 所示。

图3-391 绘制路径

图3-392 延长路径

05 继续使用“画笔工具” ，在画面中单击，并按住 Alt 键进行绘制，当指针呈现出 状时释放鼠标，可以绘制闭合路径，如图 3-393 所示。保持路径的选中状态，然后在工具选项栏中设置“填充”颜色，如图 3-394 所示。

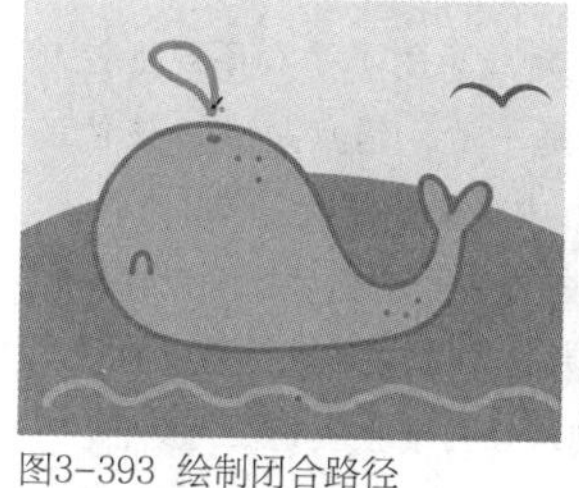

图3-393 绘制闭合路径

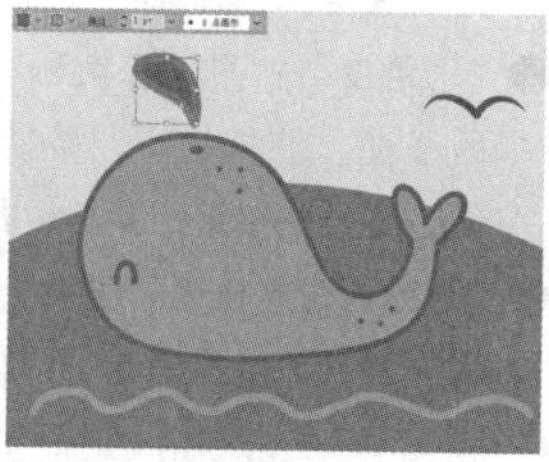

图3-394 填充路径

06 继续使用“画笔工具” ，完成插画的绘制，如图 3-395 所示。

图3-395 最终效果

图3-396 编辑路径

提示

使用“画笔工具”绘制的图形是路径，所以可以使用锚点编辑工具对其进行编辑和修改，如图3-396所示。也可以在“描边”面板中调整画笔描边的粗细。

● “画笔工具”选项

双击“画笔工具”，可以打开“画笔工具选项”对话框，如图3-397所示。该对话框中包含设置画笔工具的各项参数，可以用来控制画笔的绘制效果。

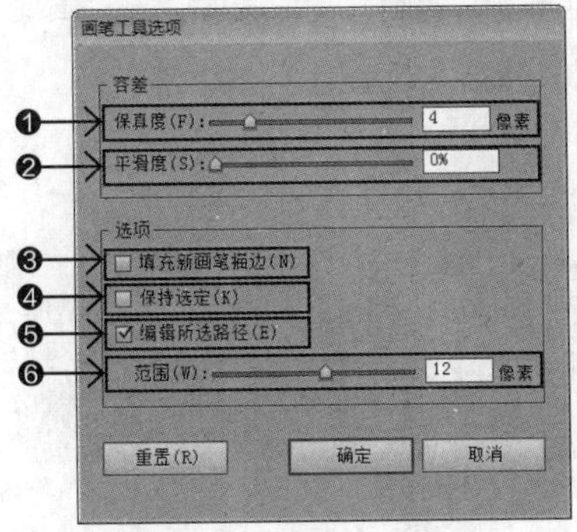

图3-397 “画笔工具选项”对话框

❶“保真度”：用来控制必须将指针移动多大距离，Illustrator才会向路径添加新锚点，范围在0.5~20pt之间。该值越高，表示保真度越高，路径的变化越小；该值越低，路径越接近于鼠标运行的轨迹，生成更多的锚点，且路径会具有更尖锐的角度。

❷“平滑度”：用来控制画笔对线条的不平和不规则控制的程度。该值越高，路径越平滑，锚点越少；该值越低，路径越接近于鼠标运行的轨迹，锚点越多。

❸“填充新画笔描边”选项：勾选该复选框后，可以在路径围合的区域填充颜色，即使是开放式路径所形成的区域也会填色；若取消勾选，则路径内不会填充任何颜色。

❹“保持选定”选项：勾选该复选框后，绘制一条路径，路径将自动处于选中状态；若取消勾选，绘制一条路径，则不会选中任何对象。

❺“编辑所选路径”选项：可以使用画笔工具对当前选中的路径进行修改。

❻“范围”：勾选“编辑所选路径”复选框之后，该选项才会显示，用来设置指针与现有路径在多大距离之内，才能使用画笔工具编辑路径。

3.6.2 画笔面板

使用“画笔工具”可以创建出各种不同风格的路径效果，而使用“画笔”面板可以对这些效果进行编辑和管理。在画板中单击一种画笔样式，即可为所选路径对象添加应用对应的画笔效果。

1. “画笔”面板

执行“窗口”|“画笔”命令，打开“画笔”面板，如图3-398所示，面板中包含了5种类型的画笔，分别是书法画笔、散点画笔、毛刷画笔、图案画笔和艺术画笔。

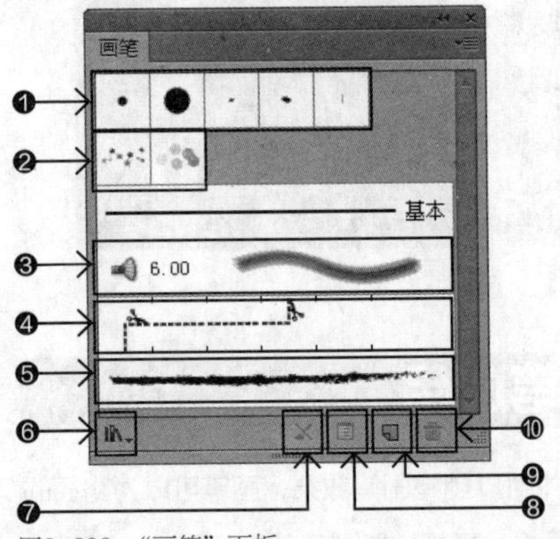

图3-398 “画笔”面板

❶~❺“画笔类型”：包含5种类型的画笔，分别是书法画笔❶、散点画笔❷、图案画笔❸、毛刷画笔❹和艺术画笔❺。

❻“画笔库菜单”按钮：单击该按钮，可以打开下拉列表，选择预设的画笔库。

❼“移去画笔描边”按钮：该按钮只有在选中一个对象后才会显示，单击该按钮可以删除该对象应用的画笔描边。

❽“所选对象的选项”按钮：该按钮只有在选中一个对象后才会显示，单击该按钮，可以打开对应的“画笔选项”对话框。

❾“新建画笔”按钮：单击该按钮，可以打开“新建画笔”对话框，选择新建画笔的类型。若将面板中的一个画板拖至该按钮上，可以复制该画笔。

❿“删除画笔”按钮：选中一个或多个画笔样式，单击该按钮可以将所选画笔删除。

提示

默认情况下，“画板”面板中显示了当前文件中用到的所有画笔。

● “画笔”面板菜单

在默认情况下，“画笔”面板中的画笔以缩览图视图的形式显示，单击面板右上角的“面板菜单”按钮，可以打开面板菜单，如图3-399所示。面板菜单中包含可以控制面板的显示状态，以及复制、删除画笔等操作的选项。

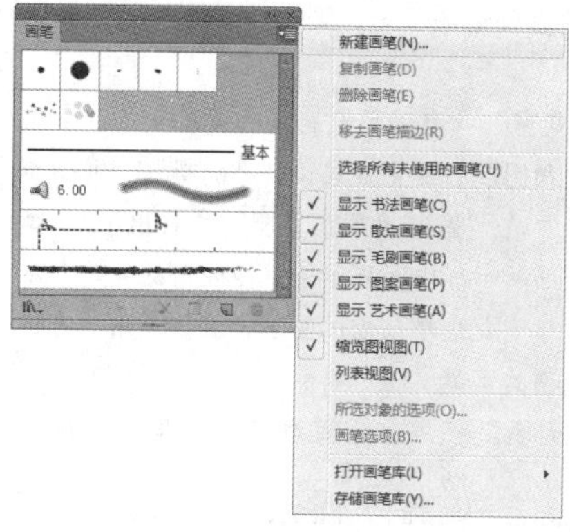

图3-399 面板菜单

- “选择所有未使用的画笔”：执行该命令可以选中文档中未使用过的画笔样式。
- “显示画笔类型”：包括“显示书法画笔”“显示散点画笔”“显示毛刷画笔”“显示图案画笔”和“显示艺术画笔”。可以勾选需要查看的画笔类型选项，也可以单独选择只显示其中一种类型的画笔，图3-400所示为“显示散点画笔”。
- “视图选项”：包括“缩览图视图”和“列表视图”。其中，“缩览图视图”表示只显示画笔样式的缩览图，不显示名称，将光标移动到一个画笔样式上，才可以显示对应的名称。而“列表视图”可以同时显示画笔的名称和缩览图，并且会以图标的形式显示画笔的类型，如图3-401所示。

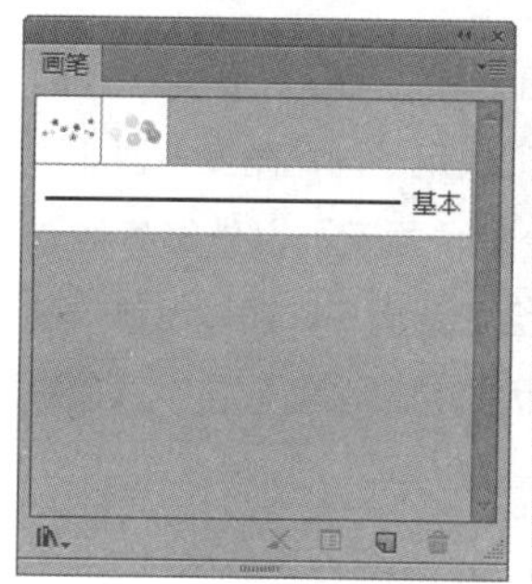

图3-400 显示散点画笔

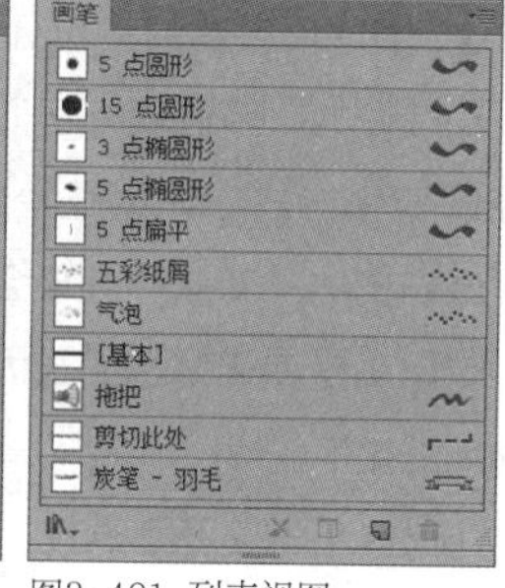

图3-401 列表视图

- “所选对象的选项”：打开所选对象使用的画笔对应的“描边选项”对话框。
- “画笔选项”：打开所选画笔样式对应的“画笔选项”对话框。
- “打开画笔库”：可在下拉列表中选择需要的画笔库。
- “储存画笔库”：将当前的画笔库储存，方便下次使用。

2. “画笔库”面板

Illustrator中提供了一组预设画笔，即“画笔库”。单击“画笔”面板底部的“画笔库菜单”按钮，或者执行“窗口”|“画笔库”命令，在打开的下拉菜单中选择一个画笔，即可打开对应的“画笔库”面板。

如要将“画笔库”面板中的画笔添加到“画笔”面板中，可以单击并拖曳至“画笔”面板中。如果选择了“画笔库”中的画笔，并且在画面中应用到该画笔，则会自动添加到“画笔”面板中。

练习 3-17 用画笔库涂鸦

源文件路径	素材\第3章\练习3-17用画笔库涂鸦
视频路径	视频\第3章\练习3-17用画笔库涂鸦.mp4
难易程度	★★

01 按 Ctrl+O 快捷键，打开“涂鸦.ai”素材文件，如图 3-402 所示。在“图层”面板的“背景”图层上方新建“涂鸦”图层，如图 3-403 所示。

图3-402 打开素材文件

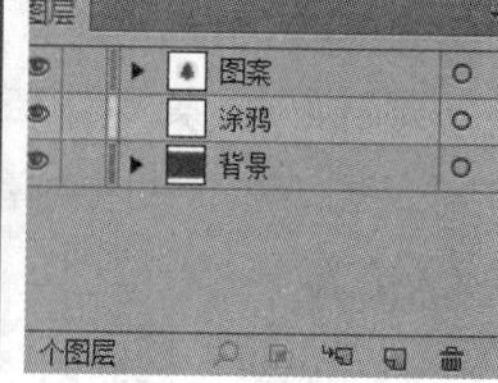

图3-403 新建图层

02 使用“选择工具”将背景矩形选中，单击工具箱底部的“描边”按钮，使其处于编辑状态。再执行“窗口”|“画笔库”|“艺术效果”|“艺术效果－画笔”命令，打开“艺术效果－画笔”画笔库面板，单击选中一个画笔样式，如图 3-404 所示。

03 即可为所选对象应用该画笔描边，调整描边颜色，如图 3-405 所示。

图3-404 “艺术效果-画笔”画笔库

图3-405 应用描边

04 然后单击“艺术效果－画笔”画笔库面板底部的“加载上一画笔库”按钮，切换到“艺术效果－油墨”画笔库面板，单击选中一个画笔样式，如图3-406所示。然后使用“画笔工具”，在图层“涂鸦”中创建涂鸦效果，最终效果如图3-407所示。

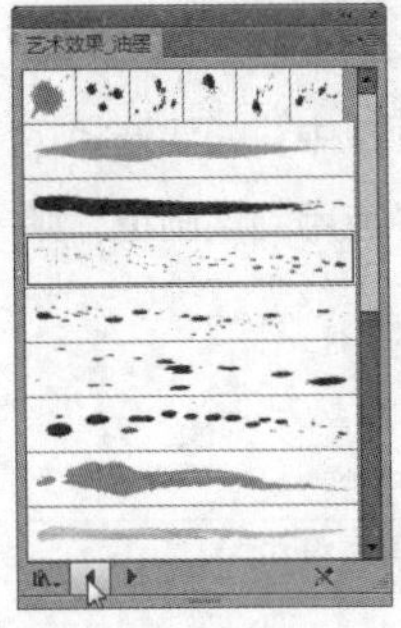

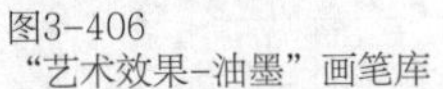

图3-406
“艺术效果-油墨”画笔库

图3-407 最终效果

3.6.3 画笔类型

Illustrator中包含5种画笔类型：书法画笔、散点画笔、毛刷画笔、图案画笔和艺术画笔，在相应的“画笔选项”对话框中可以对每种画笔类型进行编辑和定义。

1. 书法画笔

“书法画笔”绘制的描边模拟书法效果。在“画板”面板中包含6种不同效果的书法画笔样式，双击任意书法画笔，可以打开对应的“书法画笔选项”对话框，在该对话框中可以编辑画笔样式的角度、直径和圆度，如图3-408所示。

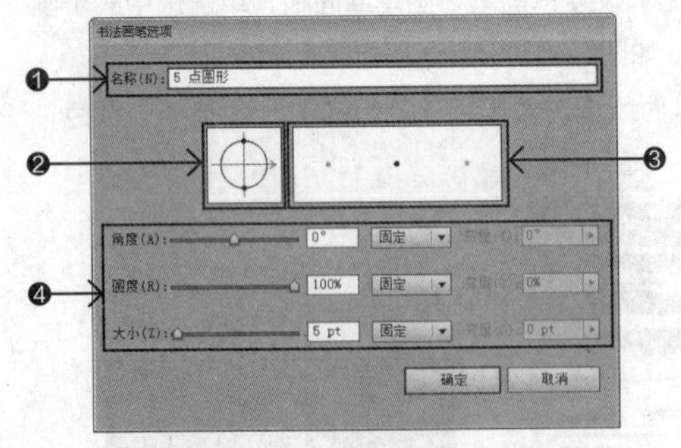

图3-408 书法画笔选项

❶“名称”：可输入或修改画笔的名称。

❷“画笔形状编辑器”：单击并拖曳窗口中的箭头可以调整画笔的角度，如图3-409所示。单击并拖曳黑色的圆形图标可以调整画笔的圆度，调整为椭圆画笔，如图3-410所示。

❸“画笔效果预览窗”：可以预览画笔的调整效果。如果将画笔的角度和圆度的变化方式设为“随机”，并调整“变量”参数，在“画笔效果预览窗”中将出现3个画笔，如图3-411所示。中间显示的是修改前的画笔，左侧显示的是随机变化最小范围的画笔，右侧显示的是随机变化最大范围的画笔。

❹“角度/圆度/大小”：用来设置画笔的角度、圆度和直径。

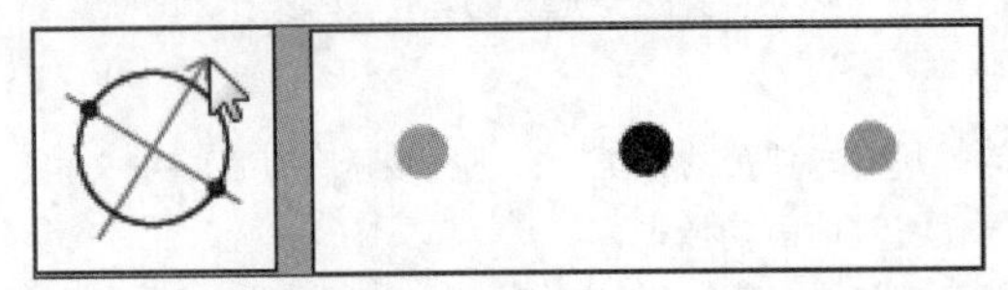

图3-409 画笔形状编辑器

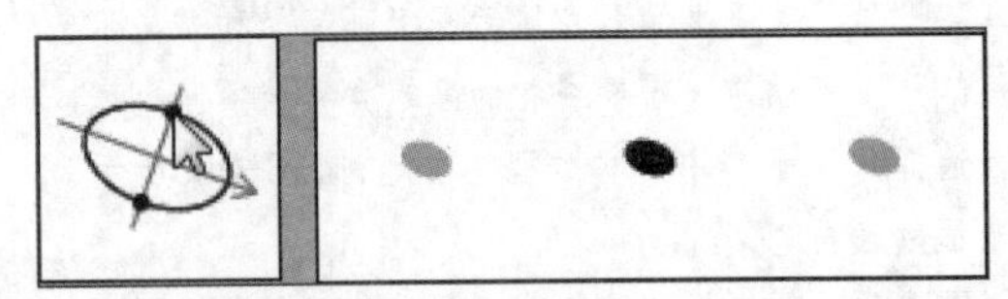

图3-410 调整为椭圆画笔

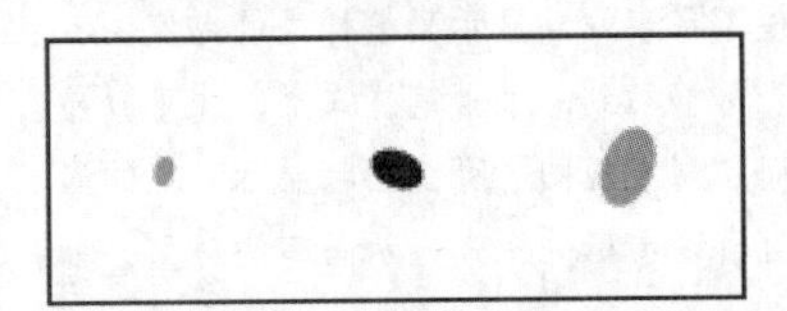

图3-411 画笔效果预览窗

这3个选项右侧的下拉列表中包含了“固定”“随机”和“压力”等选项，它们决定了画笔角度、圆度和直径的变化方式。如果选择除“固定”以外的其他选项，则右侧的“变量”选项会显示出来，通过设置“变量”可以确定变化范围的最大值和最小值。各个选项的具体用途如下。

- “固定”：若选择该选项，则所创建的画笔将会具备固定的角度、圆度或直径。
- “随机”：若选择该选项，则所创建的画笔的角度、圆度或直径将会含有随机变量。此时可以在“变量”文本框中输入具体的数值，来指定画笔特征的变化范围。
- “压力”：当计算机配有数位板时，该选项才会显示出来。此时可根据压感笔的压力，创建不同角度、圆度或直径的画笔。在“变量”文本框中输入具体的数值后，可以指定画笔特性将在原始值的基础上有多大变化。

- “光笔轮”：当计算机配有数位板时，该选项才会显示出来。可以根据压感笔的操纵情况，创建具备不同直径的画笔。
- “倾斜”：当计算机配有数位板时，该选项才会显示出来。可以根据压感笔的倾斜角度，创建不同角度、圆度或直径的画笔。该选项与“圆度”一起使用时非常有用。
- “方位”：当计算机配有数位板时，该选项才会显示出来。根据压感笔的压力，创建不同角度、圆度或直径的画笔。该选项对于控制书法画笔的角度（特别是在使用像笔刷一样的画笔时）非常有用。
- “旋转”：当计算机配有数位板时，该选项才会显示出来。根据压感笔的旋转角度，创建不同角度、圆度或直径的画笔。该选项对于控制书法画笔的角度（特别是在使用像平头画笔一样的画笔时）非常有用。

2. 散点画笔

“散点画笔”是将设定好的图案沿指定路径分布。双击任意散点画笔，可以打开对应的“散点画笔选项”对话框，如图3-412所示。

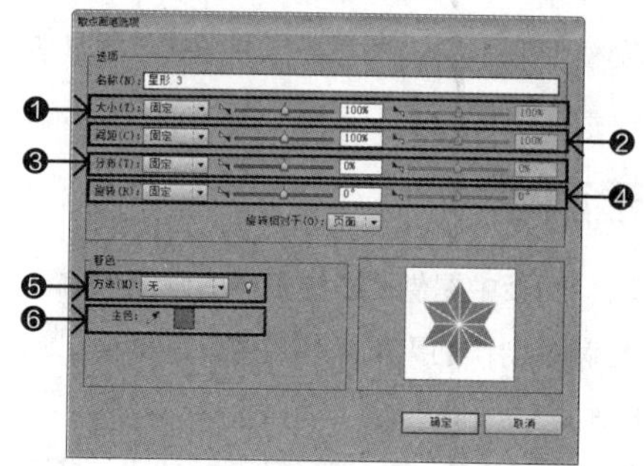

图3-412 散点画笔选项

❶“大小”：用来设置散点图形的大小。

❷“间距”：用来设置散点图形之间的间距。

❸“分布”：用来控制路径两侧图形与路径之间的距离，该值越大，图形离路径越远。

❹“旋转”：用来设置散点对象相对于页面或路径进行旋转，若选择“页面”选项，图形会以页面的水平方向为基准旋转；若选择“路径”选项，则图形会按照路径的走向旋转。在“旋转”选项中设置图形的旋转角度。

❺“方法”：用来设置图形的颜色处理方法，包括“无”“色调”“淡色和暗色”和“色相转换”。

❻“主色”：用来设置图形中最突出的颜色。如果要修改主色，可以选择对话框中的吸管工具，然后在右下角的预览框中单击样本图形，将单击点的颜色定义为主色。

3. 图案画笔

“图案画笔”绘制的路径由重复的图案拼贴组成。双击任意图案画笔，可以打开对应的“图案画笔选项”对话框，如图3-413所示。

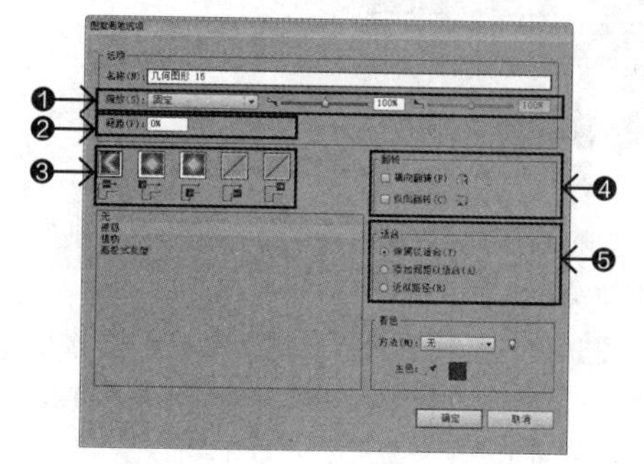

图3-413图案画笔选项

❶“缩放”：用来设置图案相对于原始图形的缩放比例，范围为1%~10000%。

❷“间距”：用来设置各个图案之间的间距。

❸“拼贴选项”按钮：包含5个拼贴选项按钮，依次为“边线拼贴”“外角拼贴”“内角拼贴”“起点拼贴”和“终点拼贴”。通过单击这些按钮，可以将图案应用于路径的不同部分。对于要定义的拼贴，单击拼贴按钮，然后在下拉菜单中选择一个图案，该图案就会出现在与其对应的路径上。如果需要恢复成原来的图案样式，可以选择“原稿”选项。若选择“无”，则所选择的图案窗口将不会显示任何图案。

❹“横向翻转/纵向翻转”：可以改变图形相对于路径的方向。若选择“横向翻转”，图案将会沿路径的水平方向翻转；若选择“纵向翻转”，图案将会沿路径的垂直方向旋转。

❺“适合”：用来设置图案适合路径的方式。包括“伸展以适合”“添加间距以适合”和“近似路径”选项。

4. 毛刷画笔

“毛刷画笔”绘制的路径带有毛刷的自然画笔外观，模拟出使用真实画笔和纸张绘制时的自然、流畅的画笔描边效果。双击任意毛刷画笔，可以打开对应的“毛刷画笔选项”对话框，如图3-414所示。

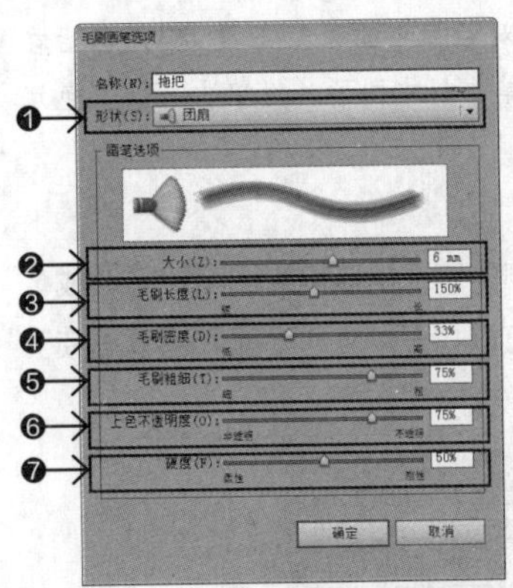

图3-414 毛刷画笔选项

❶“形状”：包含10种不同的画笔模型，这些模型提供了不同的绘制体验和毛刷画笔路径的外观。

❷“大小”：通过拖曳滑块或输入数值来指定画笔的直径，范围在1~10mm。如同物理介质画笔，毛刷画笔的直径从毛刷的笔端（金属裹边处）开始计算。

❸“毛刷长度”：是指从画笔与笔杆的接触点到毛刷尖的长度，范围在25%~300%。

❹“毛刷密度”：是指在毛刷颈部的指定区域中的毛刷数，范围在1%~100%。

❺“毛刷粗细”：用来调整毛刷的粗细，从精细到粗糙，范围在1%~100%。

❻“上色不透明度”：用来设置所使用的的画笔的不透明度。画笔的不透明度可以在1%（半透明）~100%（不透明）。

❼“硬度”：用来设置毛刷的坚硬度。该值较低时，毛刷会很轻便；若该值较高，则毛刷会变得坚硬。毛刷的硬度范围在1%~100%。

5. 艺术画笔

“艺术画笔”是根据路径的长度均匀拉伸画笔形状或对象形状。双击任意艺术画笔，可以打开对应的“艺术画笔选项”对话框，如图3-415所示。

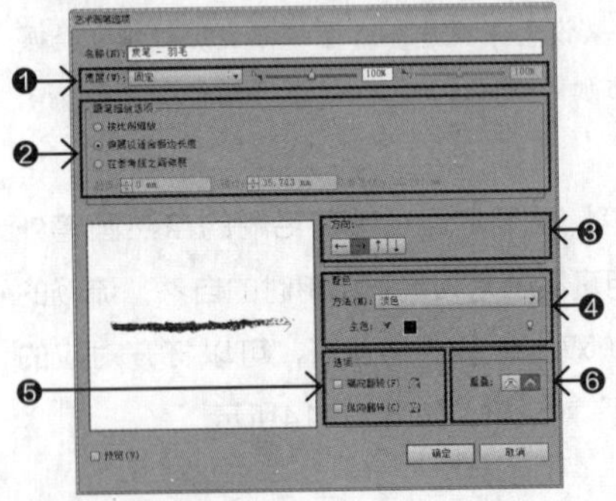

图3-415 艺术画笔选项

❶“宽度”：用来设置图形的宽度。

❷“画笔缩放选项”：若选择“按比例缩放”，可保持画笔图形的比例不变；若选择“伸展以适合描边长度”，可拉伸画笔图形，以适合路径长度；若选择“在参考线之间伸展”，然后在下方的“起点”和“终点”选项中输入数值，对话框中会出现两条参考线，此时可拉伸或缩短参考线之间的对象以使画笔适合路径长度，参考线之外的对象比例保持不变。通过这种方法创建的画笔为分段画笔。

❸“方向”：通过单击对应的箭头按钮来设置图形相对于线条的方向。单击←按钮，可以将描边端点放在图稿左侧；单击→按钮，可以将描边端点放在图稿的右侧；单击↑按钮，可以将描边端点放在图稿的顶部；单击↓按钮，可以将描边端点放在图稿的底部。

❹“着色”：可以设置描边颜色和着色方法。可使用该下拉列表从不同的着色方法中进行选择，或者单击对话框中的“吸管工具”，在左下角的预览框中单击样本图形拾取颜色。

❺“横向翻转/纵向翻转”：可以改变图形相对于路径的方向。

❻“重叠”：按该选项中对应的按钮，可以避免对象边缘的连接和皱褶重叠。

3.6.4 新建画笔

虽然“画笔”面板中提供了多种多样的画笔样式，但还是不能完全满足创作的需求。有时可以根据自己的需要来定义新的画笔。

单击“画笔”面板中的“新建画笔”按钮，打开“新建画笔”对话框，如图3-416所示。在该对话框中选择需要创建的画笔类型后，将会打开对应的画笔选项对话框，参照“3.6.3 画笔类型”中的相关介绍设置参数，单击“确定”按钮，即可完成自定义画笔的创建，新建的画笔会保存至“画笔”面板中，如图3-417所示。

提示

如果要创建散点画笔、艺术画笔或图案画笔，首先需要创建将要使用的图形，并且该图形不能包含渐变、混合、画笔描边、网格、位图图像、图表、置入的文件和蒙版。此外，对于艺术画笔和图案画笔，图稿中不能包含文字。若包含文字，需先将文字对象转换为轮廓，再使用轮廓图形创建画笔。

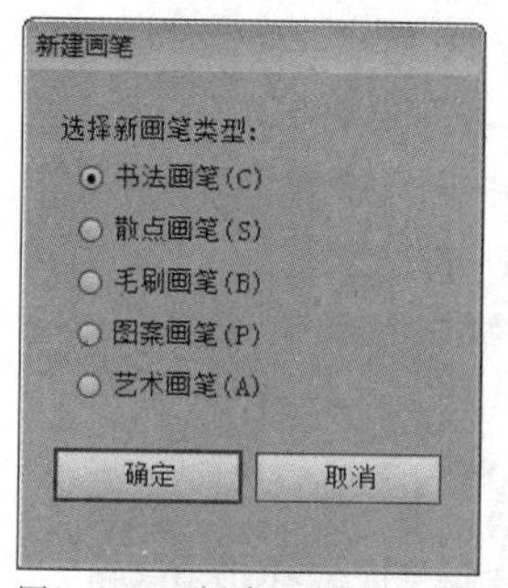

图3-416 “新建画笔”对话框

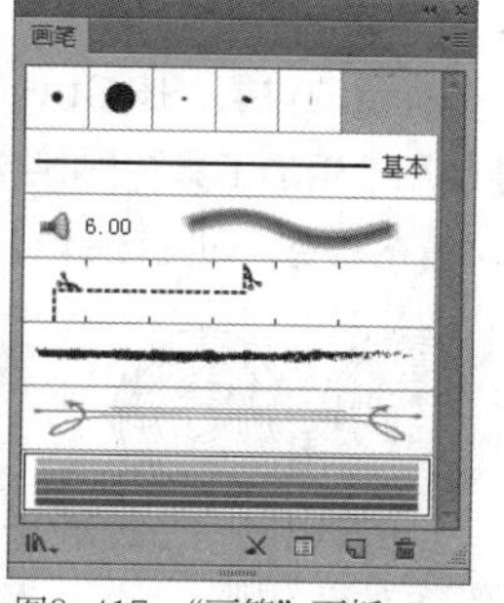

图3-417 “画笔”面板

3.6.5 课堂范例——使用自定义画笔创建图形

源文件路径	素材\第3章\3.6.5课堂范例——使用自定义画笔创建图形
视 频 路 径	视频\第3章\3.6.5课堂范例——使用自定义画笔创建图形.mp4
难 易 程 度	★★★★

本实例主要介绍如何创建和使用自定义画笔。

01 启用 Illustrator 后，执行“文件”|“新建”命令，弹出“新建”对话框，在对话框中设置参数，创建一个 960mm×1200mm 大小的空白文档。使用“矩形工具”绘制一个长条，在工具选项栏中设置“填充”为黑色，“描边”为无，如图 3-418 所示。

02 使用“选择工具”，单击矩形对象，按住 Alt 键水平向右拖曳复制该矩形，并且使两个矩形紧靠着排列，如图 3-419 所示。再按 Ctrl+D 快捷键，重复上一步的操作，复制多个矩形，如图 3-420 所示。

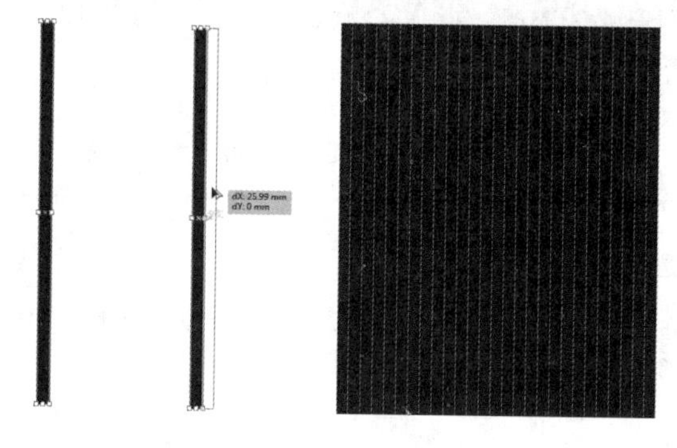

图3-418 绘制长条　图3-419 复制长条　图3-420 重复复制操作

提示

执行“视图”|“智能参考线”命令，打开智能参考线即可帮助我们自动对齐。

相关链接 | 关于复制对象的相关知识点，请参阅本书第4章。

03 继续使用“选择工具”，按住 Shift 键选择所有间隔的矩形，在控制面板中改变“填充”为白色，如图 3-421 所示。

04 按 Ctrl+A 快捷键全选矩形。再单击“画笔”面板底部的“新建画笔”按钮，在打开的“新建画笔”对话框中选择一个画笔类型选项，图3-422所示为勾选“艺术画笔”选项。

图3-421 修改填充颜色

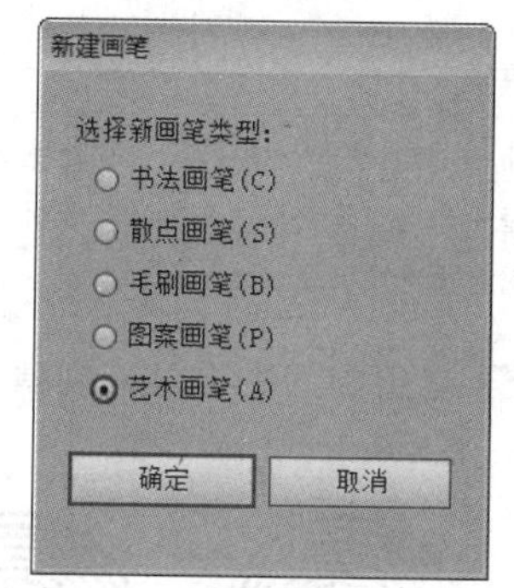

图3-422 选择新建画笔类型

05 单击“确定”按钮，打开对应的画笔选项对话框，如图 3-423 所示。根据“3.6.3 画笔类型”中讲述的对话框设置方法，设置所需的画笔类型，此处使用的是默认设置。

06 单击“确定”按钮，关闭对话框，画笔会自动保存到“画笔”面板中，如图 3-424 所示。

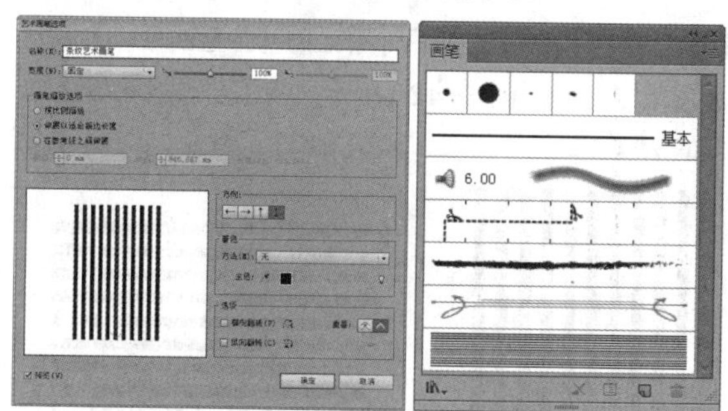

图3-423 “艺术画笔选项”对话框　图3-424 保存新建画笔

07 创建一个新画板，使用“椭圆工具”绘制一个椭圆，设置“填充”为无，“描边”为黑色，“描边粗细”为 1pt。然后保持对象的选中状态，单击“画笔”面板中的新建艺术画笔，即可应用该画笔，如图 3-425 所示。

08 复制一个应用了新建艺术画笔的图形对象，使用“直接选择工具” 单击图形定界框的右下角，将其选中，如图 3-426 所示。按 Delete 键，将其删除，得到一个 3/4 圆，如图 3-427 所示。

图3-425 应用新建画笔 图3-426 选中1/4圆 图3-427 创建3/4圆

提示

执行“编辑”|“首选项”|“常规”命令，在“首选项”对话框中勾选“缩放描边和效果”选项，即可在缩放图形大小的同时按原有比例缩放画笔描边。

09 运用相同的方式，创建 1/4 圆和 1/2 圆，如图 3-428 所示。

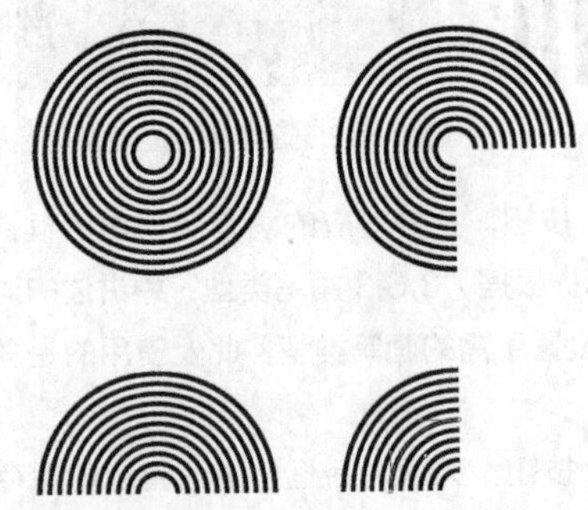

图3-428 创建1/4圆和1/2圆

10 再使用“直线段工具” 绘制两条直线段，为其添加画笔描边，如图 3-429 所示，调整至与圆形无缝连接的宽度。

图3-429 绘制直线

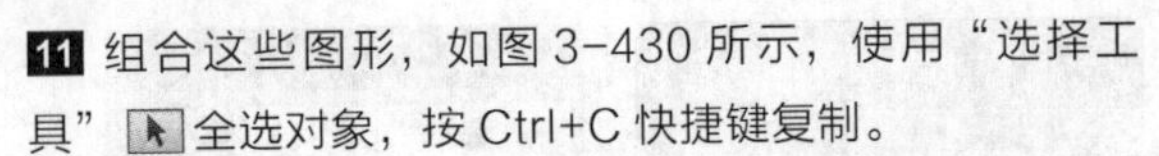

11 组合这些图形，如图 3-430 所示，使用“选择工具” 全选对象，按 Ctrl+C 快捷键复制。

12 使用“矩形工具” 绘制一个与对象同样大小的矩形，填充渐变，如图 3-431 所示。

图3-430 组合图形

图3-431 创建渐变矩形

13 保持矩形对象的选中状态，单击工具选项栏中的“不透明度”按钮，打开“不透明度”面板，单击右上角的面板菜单按钮 。在打开的下拉菜单中选择“建立不透明度蒙版”命令，然后单击“渐变缩览图”，如图 3-432 所示。

14 按 Ctrl+V 快捷键粘贴图形，完成对象的颜色填充，如图 3-433 所示。

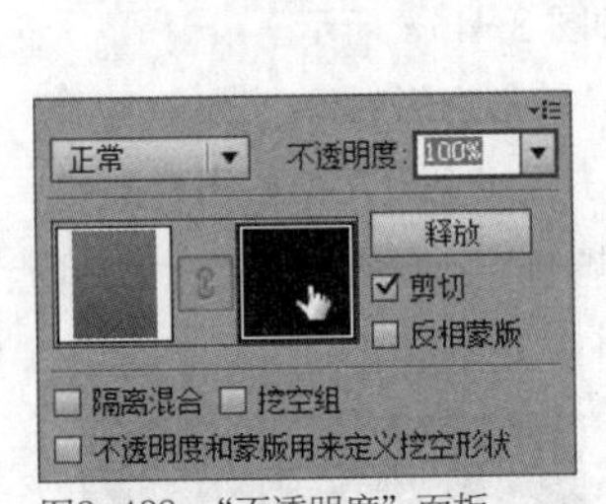

图3-432 “不透明度”面板

图3-433 最终效果

相关链接	关于“旋转”“复制”等操作方式，请参阅“第4章”。

提示

在应用新建的画笔时，可以在“描边”面板或控制面板中调整画笔描边的粗细。

3.7 综合训练——绘制炫彩数字

源文件路径	素材/第3章/3.7综合训练——绘制炫彩数字
视 频 路 径	视频/第3章/3.7综合训练——绘制炫彩数字.mp4
难 易 程 度	★★★★★

本实例主要介绍如何运用渐变填充结合几何图形的绘制及布尔运算，绘制炫彩数字。

01 启用 Illustrator 后，执行“文件”|“新建”命令，弹出“新建”对话框，在对话框中设置参数，创建一个 150mm × 100mm 大小的空白文档。

02 使用“椭圆工具” 绘制一个 50mm × 50mm 大小的正圆形，设置无填充，“描边”为渐变色，参数如图 3-434 所示，“描边粗细”为 50pt，效果如图 3-435 所示。

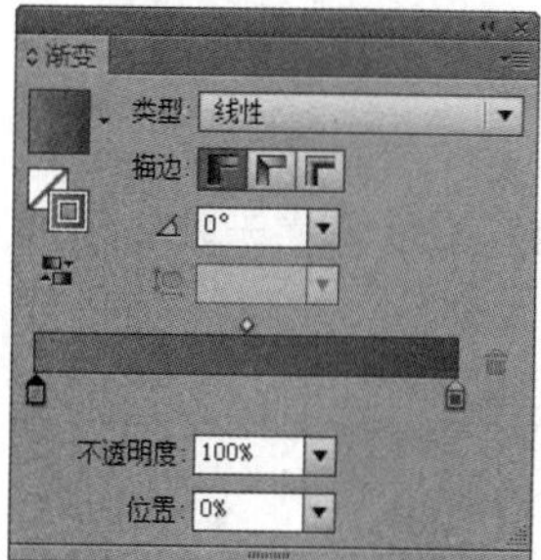

图3-434 渐变参数

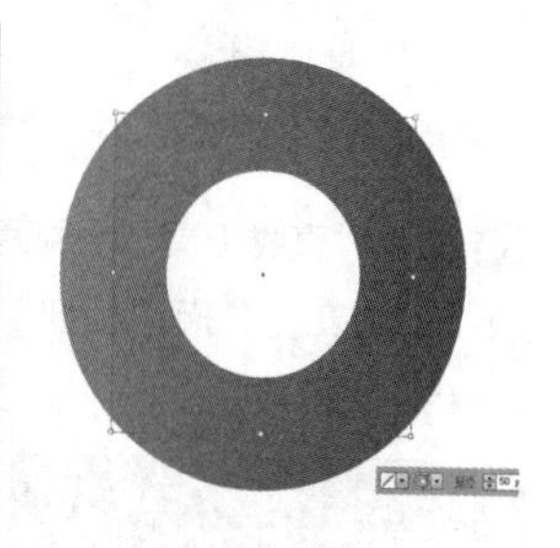
图3-435 圆形效果

03 按 Ctrl+C 和 Ctrl+F 快捷键原地复制一层圆形，修改渐变填充，如图 3-436、图 3-437 所示。

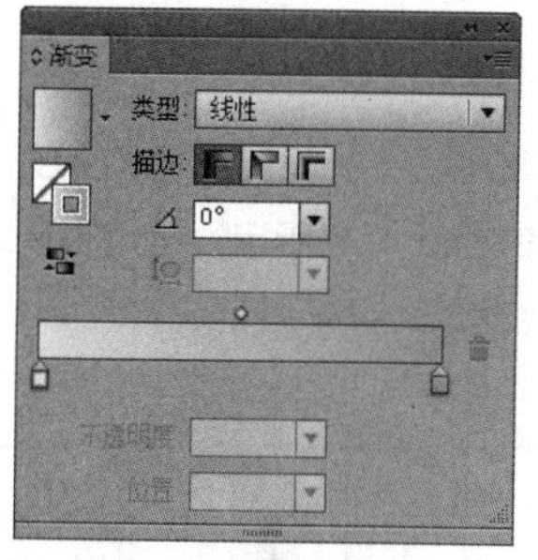

图3-436 渐变参数

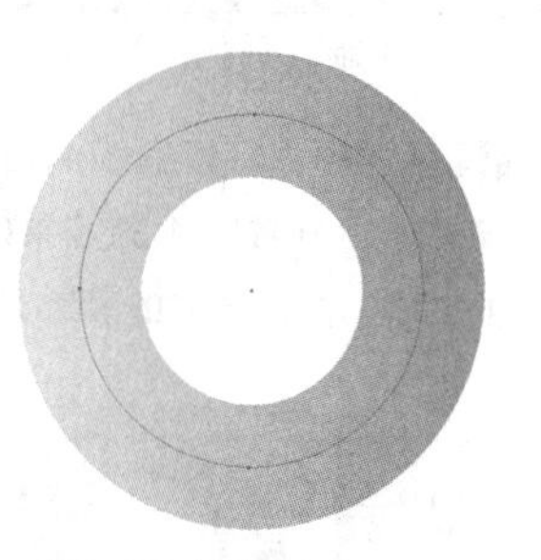
图3-437 填充效果

04 使用“钢笔工具” 在复制的圆形右下角添加锚点，如图 3-438 所示。然后使用“直接选择工具” 选中锚点，按 Delete 键将其删除，如图 3-439 所示。

05 使用“选择工具” 单击对象，将其选中。在“描边”面板中单击“圆头端点”按钮，如图 3-440 所示，得到的效果如图 3-441 所示。

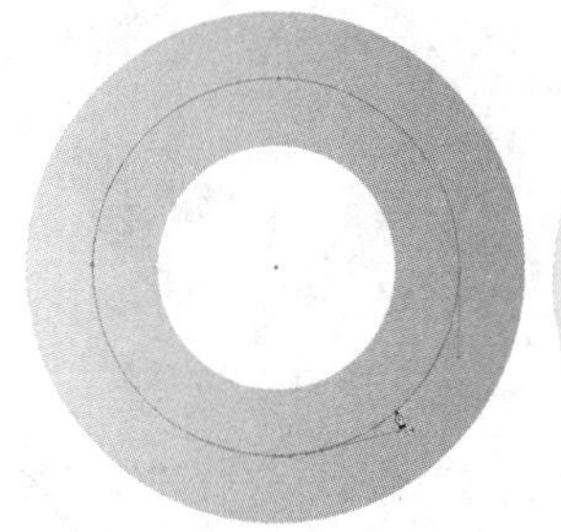
图3-438 添加锚点

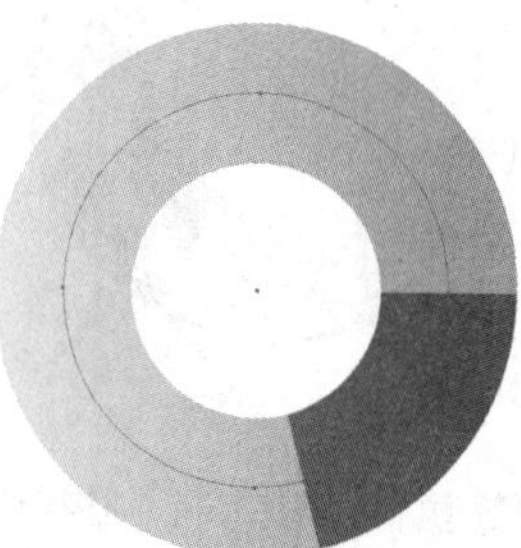
图3-439 删除锚点

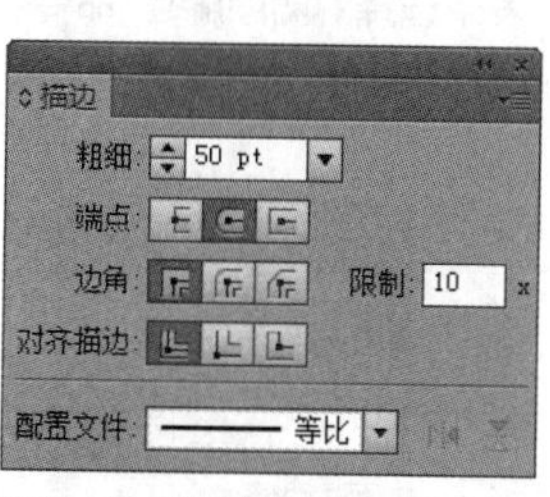

图3-440 描边属性

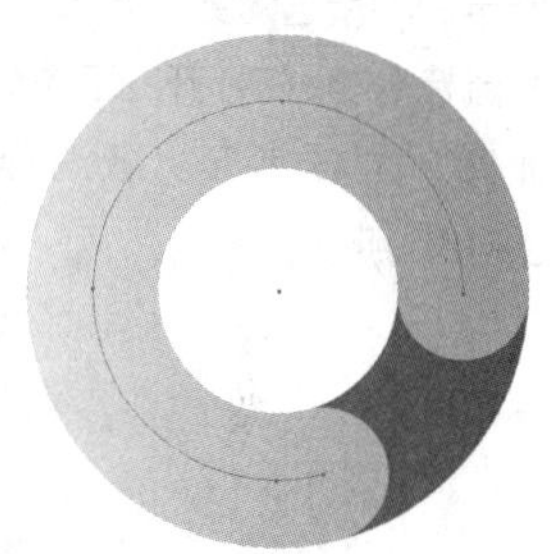
图3-441 描边效果

06 保持对象的选中状态，按 Ctrl+C 和 Ctrl+F 快捷键原地复制一层，修改“描边粗细”为 10pt，拖曳定界框进行旋转操作，并将其后移一层，效果如图 3-442 所示。

07 再选中最上方的对象，执行“对象”|“路径”|“轮廓画描边”命令，将圆形路径转换为轮廓，如图 3-443 所示。

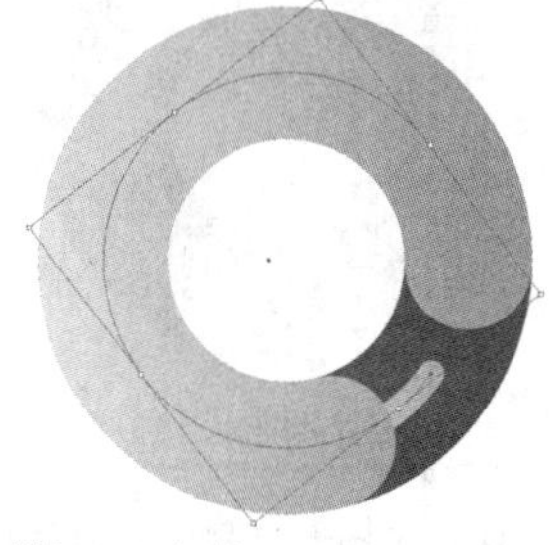
图3-442 复制一层并调整描边粗细

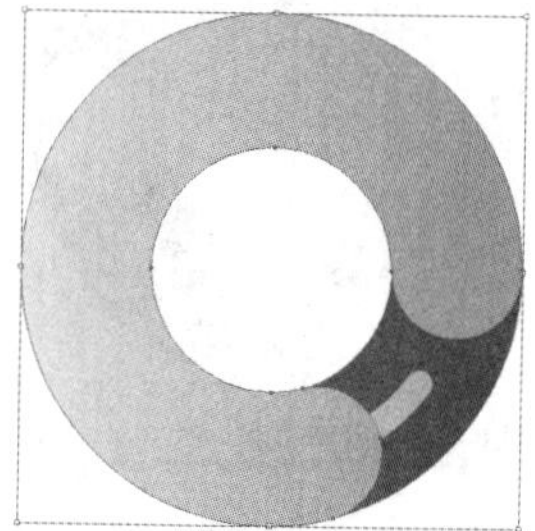
图3-443 轮廓化描边

08 使用“椭圆工具” 绘制 3 个相同大小的圆形，设置无填充，“描边”为黑色，调整位置后的效果如图 3-444 所示。

09 使用“选择工具” ，按住 Shift 键同时选中 3 个圆形和轮廓化的描边路径，如图 3-445 所示。

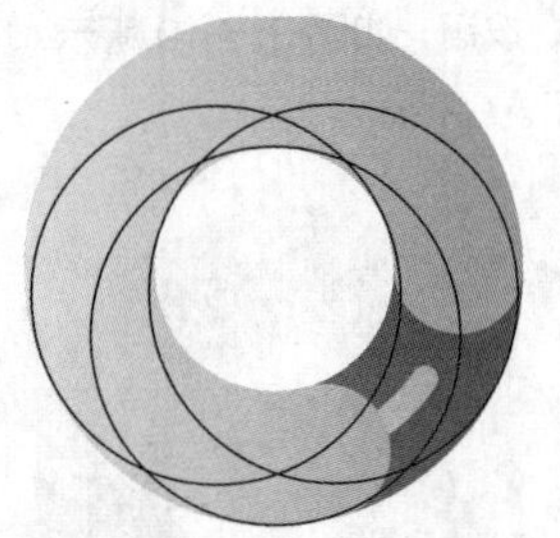

图3-444 创建3个圆形

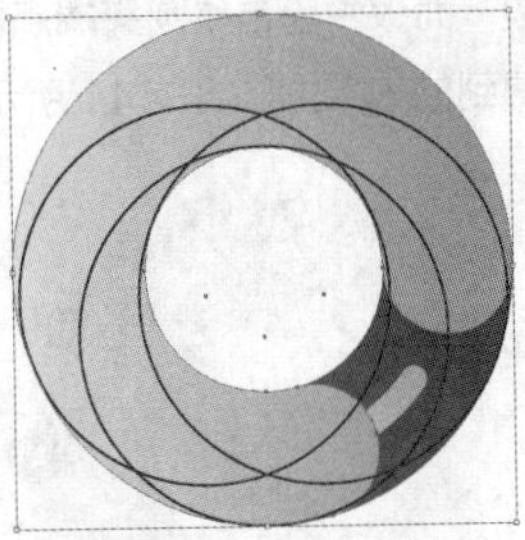

图3-445 同时选中4个对象

10 执行“窗口”|“路径查找器”命令，在打开的“路径查找器”面板中单击“分割”按钮，如图3-446所示。将所选对象分割成单独的对象，并在对象上方单击鼠标右键，在打开的下拉列表中选择“取消编组”命令，如图3-447所示，取消分割对象的自动编组，如图3-448所示。

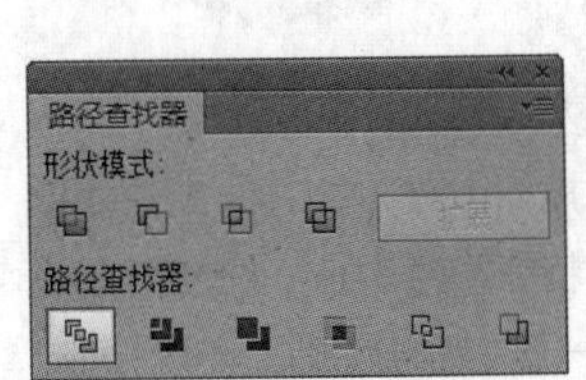

图3-446 单击“分割”按钮

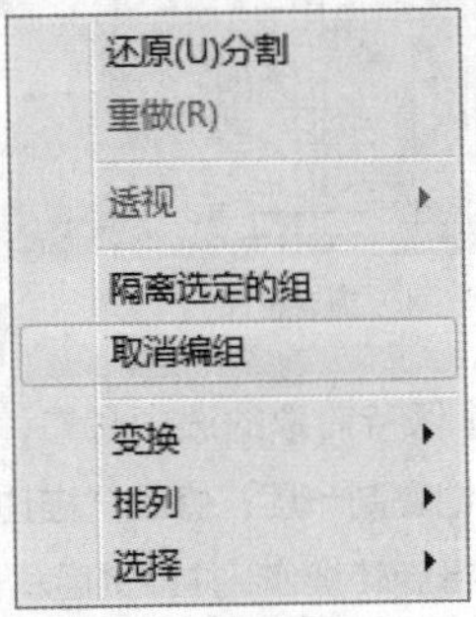

图3-447 “取消编组”命令

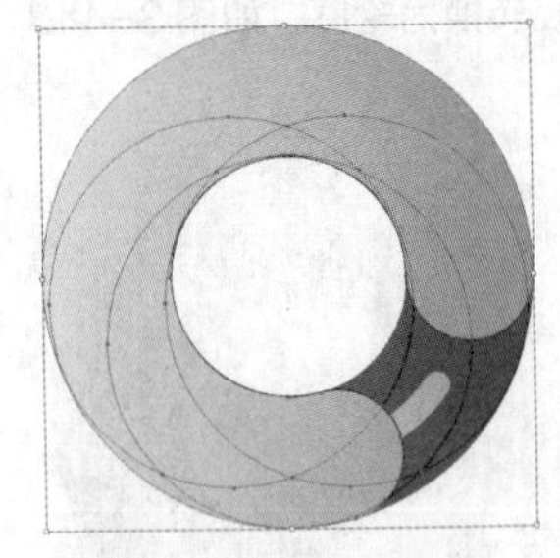

图3-448 取消编组

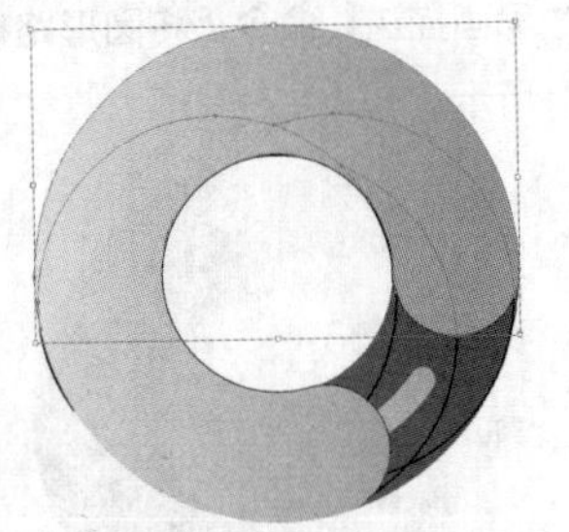

图3-449 同时选中对象

11 使用“选择工具”，按住Shift键同时选中图3-449所示的图形，单击“路径查找器”面板中的“联集”按钮，如图3-450所示，将其合并，如图3-451所示。

12 运用相同的方式合并其他对象，并将多余的分割路径删除，得到的图形如图3-452所示。为其填充不同的渐变，效果如图3-453所示。

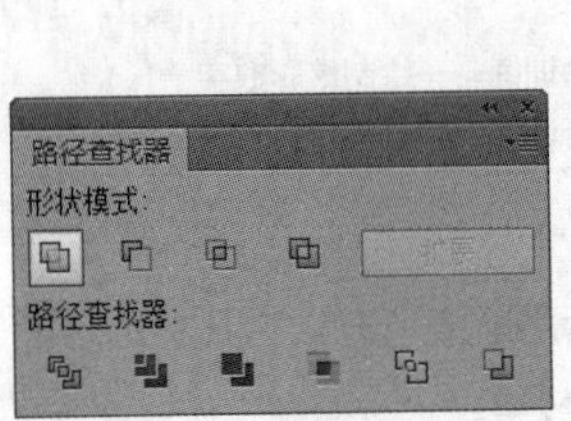

图3-450 单击“联集”按钮

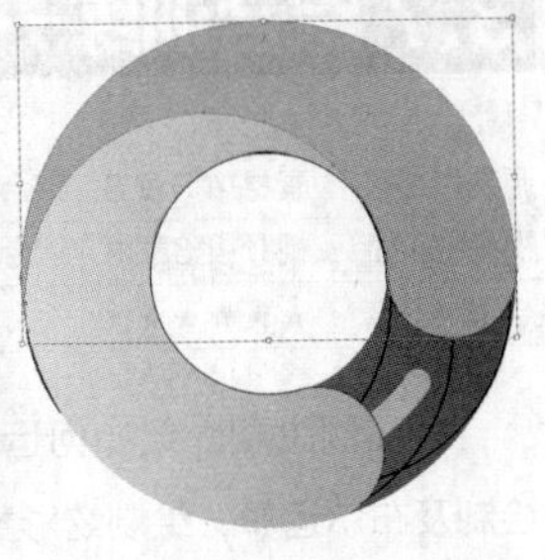

图3-451 合并对象

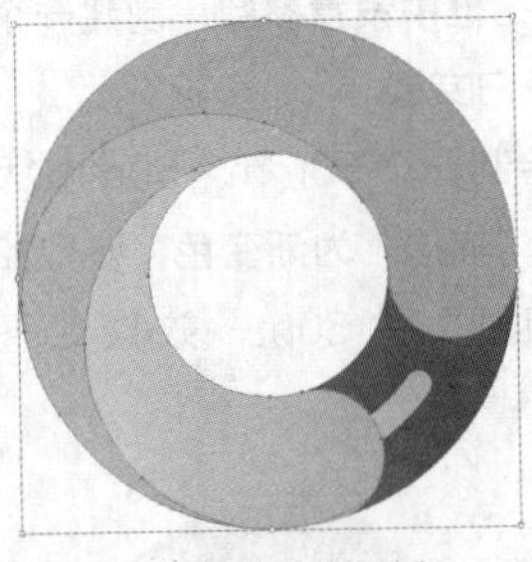

图3-452 处理分割后的路径

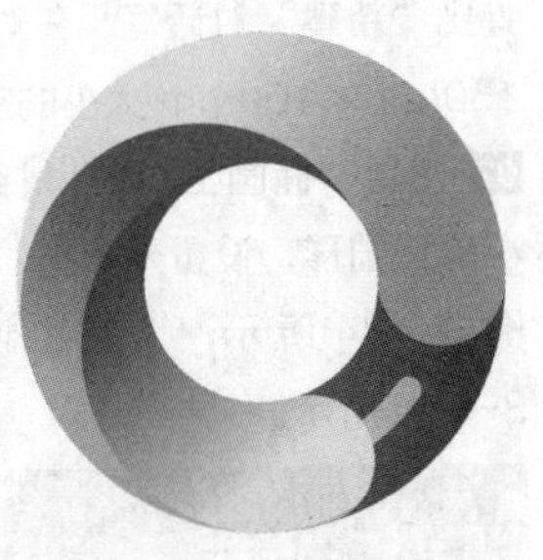

图3-453 填充渐变

13 使用“直线工具”绘制两条直线，设置无填充，“描边”为渐变，“描边粗细”为50pt，如图3-454、图3-455所示。

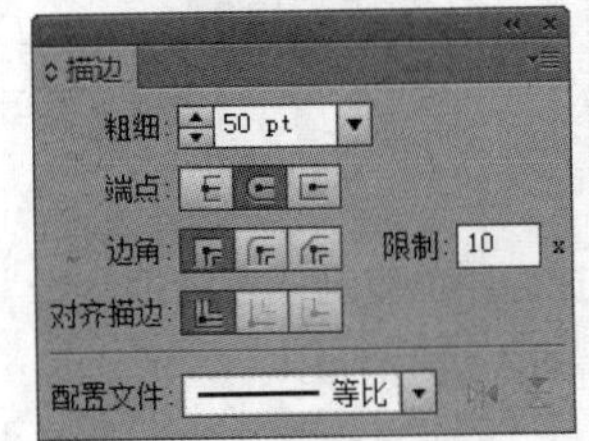

图3-454 描边属性

图3-455 直线描边效果

14 复制直线，拖曳锚点将其缩短，并设置不同的渐变填充，得到数字1的效果如图3-456所示。运用相同的方式，添加更多的装饰，如图3-457所示。

图3-456 创建数字1

图3-457 添加装饰

15 在所有对象的底层绘制一个与画板大小相同的矩形，填充渐变，如图3-458所示。执行“文件”|“置入”

命令，将“素材 .ai”素材文件置入文档中，调整位置后得到的最终效果如图 3-459 所示。

图3-458 添加背景

图3-459 最终效果

3.8 课后习题

本实例主要使用几何图形工具、钢笔工具、填充和描边等工具和命令，绘制一张色彩明丽的扑克牌，如图3-460所示。

源文件路径	素材\第3章\习题——绘制扑克牌
视频路径	视频\第3章\习题——绘制扑克牌.mp4
难易程度	★★★

图3-460 习题——绘制扑克牌

第 4 章

编辑图形对象

Illustrator 是矢量软件，绘制矢量图形是它最主要的功能。Illustrator 中可以对绘制的矢量图形进行编辑，通过变换、变形、封套、混合和组合等方法，改变其形状，进而得到所需的图形。

本章我们将详细讨论复制与变换、液化工具组、封套扭曲工具的使用方法，并了解路径形状与对齐排列对象的使用技巧。

本章学习目标

- 掌握复制与变换对象的使用方法
- 掌握液化工具的使用方法
- 掌握封套扭曲工具的使用方法
- 了解路径形状的应用
- 了解对齐与排列图形对象的应用

本章重点内容

- 液化工具的使用
- 封套扭曲的使用
- 路径形状的应用

扫 码 看 课 件　　扫 码 看 视 频

4.1 复制与变换对象

在Illustrator中，复制对象是编辑图形常用的基础操作，在编辑图形时，利用复制与变换命令可以创建复杂的图形。变换操作包括对对象进行缩放、旋转、镜像、倾斜等。通过打开“变换”面板或执行“对象”|“变换”命令可以进行变换操作。

4.1.1 复制与缩放对象

1. 复制和剪切命令

单击选中一个图形对象，执行“编辑”|“复制”命令或按Ctrl+C快捷键，即可将其复制到剪贴板中。若执行“编辑”|“剪切”命令或按Ctrl+X快捷键，则会将所选对象剪切到剪贴板中。

执行“复制”或者“剪切”命令之后，再执行“编辑”|“粘贴”命令或按Ctrl+V快捷键，可以将剪贴板中的对象粘贴到指定位置。

2. 粘贴命令

在执行“复制”或“剪切”命令之后，“编辑”菜单栏中将会显示5种粘贴命令，根据需要选择执行不同的命令可以对图稿进行特殊的复制与粘贴。

- “粘贴”命令：可以将对象粘贴在文档窗口的中心位置。
- “贴在前面”命令：如果没有选择任何对象，执行该命令时，粘贴的对象会位于被复制的对象上方，且与之重合。如果执行该命令前选择了一个对象，则粘贴的对象会堆叠在所选对象的上方。
- “贴在后面”命令：如果没有选择任何对象，执行该命令时，粘贴的对象会位于被复制的对象下方，且与之重合。如果执行该命令前选择了一个对象，则粘贴的对象会堆叠在所选对象的下方。
- “就地粘贴”命令：可以将对象粘贴到当前画板上，粘贴后的位置与复制该对象时所在的位置相同。
- “在所有画板上粘贴”命令：如果文档中创建了多个画板，可以在所有画板的相同位置粘贴对象。

提示

单击图形对象，按住Alt键，拖曳鼠标至空白处并释放鼠标，可以完成图形对象的复制和粘贴。

练习 4-1　复制图形对象

源文件路径	素材\第4章\练习4-1复制图形对象
视频路径	视频\第4章\练习4-1复制图形对象.mp4
难易程度	★★

01 启动Illustrator，执行“文件”|“打开”命令，在“打开”对话框中选择“枫叶.ai”素材文件，单击“打开”按钮，如图4-1所示。

02 单击素材枫叶，执行“编辑”|“复制”的命令，将所选对象复制到剪贴板中，再执行“编辑”|“粘贴”命令，得到新的枫叶副本，如图4-2所示。

03 同样单击素材枫叶，按Alt键，拖曳鼠标至空白处，至其产生新的图形路径，并释放鼠标，可以得到新的枫叶副本，如图4-3所示。

图4-1 打开素材文件

图4-2 完成“复制”与“粘贴”命令

图4-3 拖曳枫叶过程

3. 缩放对象

缩放对象是围绕某个固定参考点对对象进行放大或缩小的工具，因此根据参考点的不同，比例选择的不同，所选对象的缩放方法也会不同。

- 缩放命令

单击图形对象，执行“对象”|“变换”命令，在下拉菜单栏里选择“比例缩放”选项，打开“比例缩放”

对话框，如图4-4所示，在对话框中设置相应的参数即可对对象进行缩放。

● 比例缩放工具

使用“比例缩放工具”可以对对象设置参考点，并以该参考点为基础缩放对象。双击工具箱中“比例缩放工具”按钮，也可以打开“比例缩放”对话框，填入相应数值，如图4-4所示。

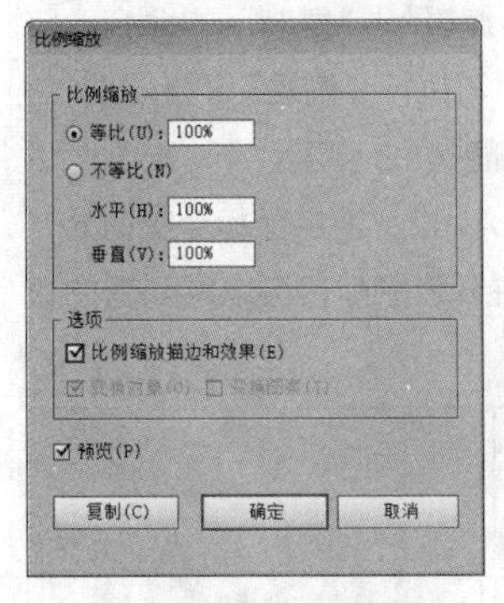

图4-4 “比例缩放”对话框

提示

在“比例缩放”对话框中设置参数时，若勾选“不等比”选项，可以分别指定“水平”和“垂直”缩放比例，进行不等比缩放。使用“比例缩放工具”单击缩放对象，并拖曳鼠标，可自由缩放对象。若在离对象较远的位置拖曳鼠标，可以小幅度地缩放对象。

练习 4-2 缩放图形对象

源文件路径	素材\第4章\练习4-2缩放图形对象
视频路径	视频\第4章\练习4-2缩放图形对象.mp4
难易程度	★★

01 启动 Illustrator，执行“文件”|“打开”命令，或者按 Ctrl+O 快捷键，打开“雪人.ai”素材文件，如图4-5 所示。

02 单击雪人，执行“对象”|“变换”命令，在下拉菜单里选择“缩放”命令，或者双击“比例缩放工具”按钮，打开“比例缩放”对话框，在对话框中选择“等比缩放”，勾选“比例缩放描边和效果”选项，如图4-6 所示，单击“确定”按钮，完成雪人的缩放，如图4-7 所示。

图4-5 打开素材文件

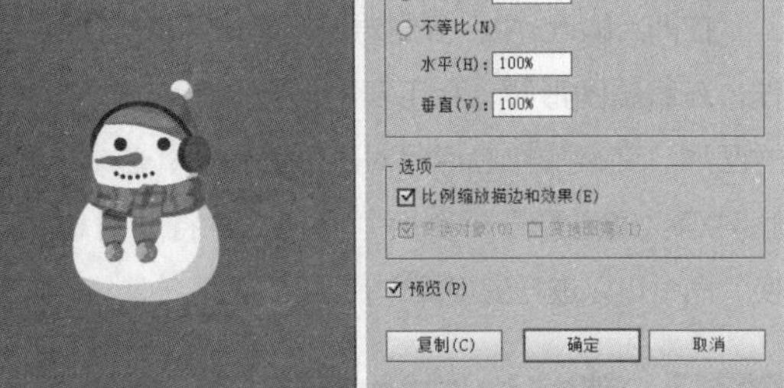

图4-6 “比例缩放”参数

图4-7 完成缩放

4.1.2 旋转与镜像对象

1. 旋转对象

旋转对象指将对象围绕某个指定参考点进行翻转的工具，默认情况下参考点是对象的中心点，如果选择多个对象，则这些对象围绕同一个参考点旋转。

● 旋转命令

单击旋转对象，执行“对象”|“变换”命令，在下拉菜单里选择“旋转”选项，打开“旋转”对话框，在对话框中设置相应的参数，即可对对象进行缩放。

● 旋转工具

双击工具箱中“旋转工具”按钮，打开“旋转”对话框，输入图形对象所要旋转的角度，即可按照指定的角度旋转对象。当旋转角度为正数时，对象沿逆时针方向旋转；当旋转角度为负数时，对象沿顺时针方向旋转。若双击“旋转工具”按钮，按Alt键单击，可以将单击点设置为参考点，同时打开“旋转”对话框；若在拖曳鼠标后按住Alt键，则可以复制对象，并旋转图形对象的副本。

练习 4-3 旋转图形对象

源文件路径	素材\第4章\练习4-3旋转图形对象
视频路径	视频\第4章\练习4-3旋转图形对象.mp4
难易程度	★★★

01 启动 Illustrator，执行“文件”|“新建”命令，新建一个空白文档。

02 单击工具箱中“椭圆工具”按钮，单击空白画布，打开“椭圆”对话框，输入相应数值，如图 4-8 所示。并打开“渐变”面板，设置填充色为渐变（C0%、M0%、Y0%、K0%），（C0%、M50%、Y100%、K0%），无描边，如图 4-9 所示，效果如图 4-10 所示。

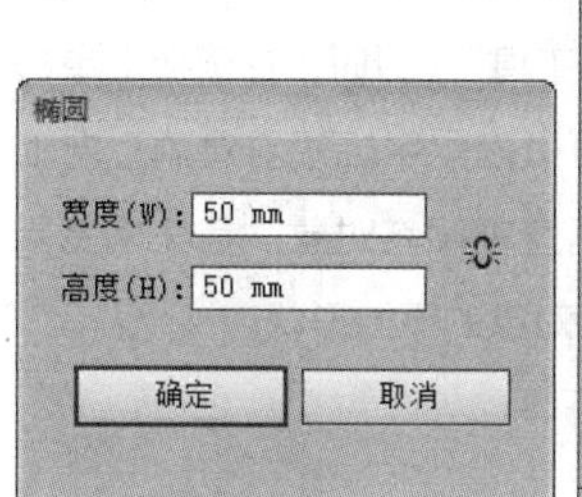

图4-8 设置椭圆参数

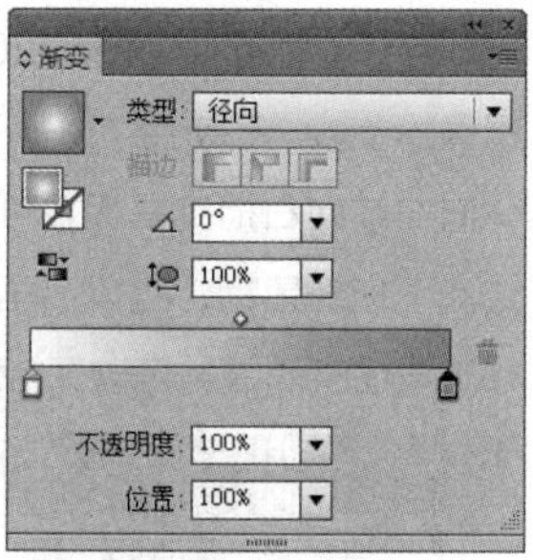

图4-9 设置渐变参数

03 选取圆形，选择工具箱中“旋转工具”，按住 Alt 键，将光标移至圆形的最左侧的锚点上方单击，确定旋转中心点，将会打开“旋转”对话框。在对话框中输入相应数值，如图 4-11 所示，单击“复制”按钮，得到一个圆形副本，如图 4-12 所示。

图4-10 渐变圆形效果图

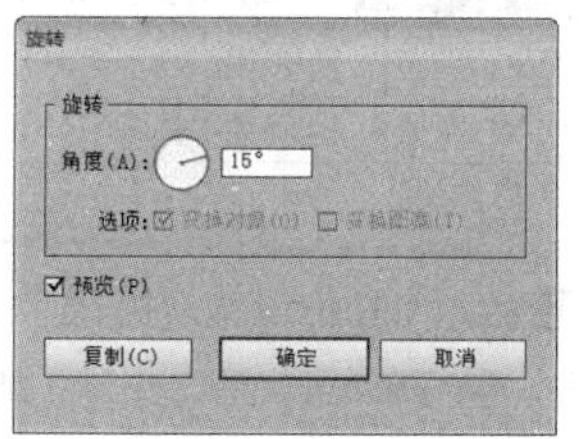

图4-11 “旋转”参数

04 然后选取这两个圆，执行“窗口”|“路径查找器”命令，打开“路径查找器”面板，单击“分割”按钮，将两个圆形分割。单击鼠标右键，选择“取消编组”命令，再把多余的路径删除，效果如图 4-13 所示。

图4-12 圆形与圆形副本

图4-13 分割后的效果图

相关链接 关于“路径查找器”面板的相关知识点，请参阅本章“4.4 路径形状”。

05 选取分割后的图形对象，选择工具箱中“旋转工具”，按住 Alt 键，将光标移至对象左侧的锚点上方单击，确定旋转中心点，将会打开“旋转”对话框。在对话框里设置相应数值，如图 4-14 所示，单击“复制”按钮，旋转并复制对象，如图 4-15 所示。然后按 Ctrl+D 快捷键重复旋转复制的操作，最终效果如图 4-16 所示，完成曲奇饼的制作。

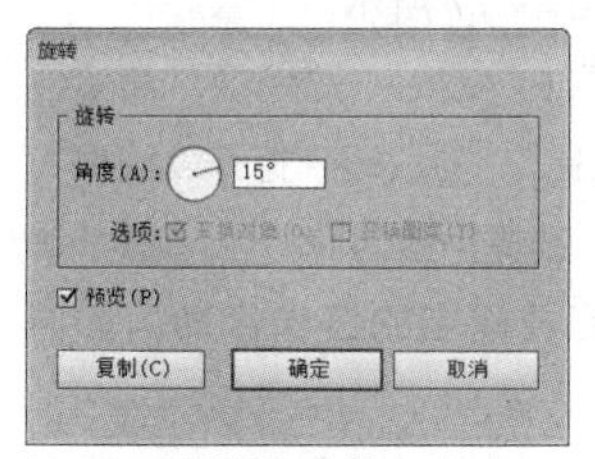

图4-14 “旋转”参数

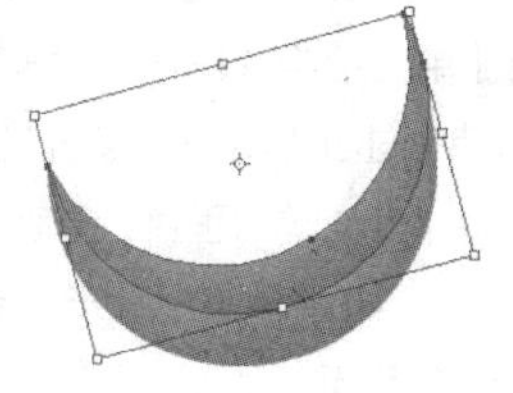

图4-15 旋转并复制对象

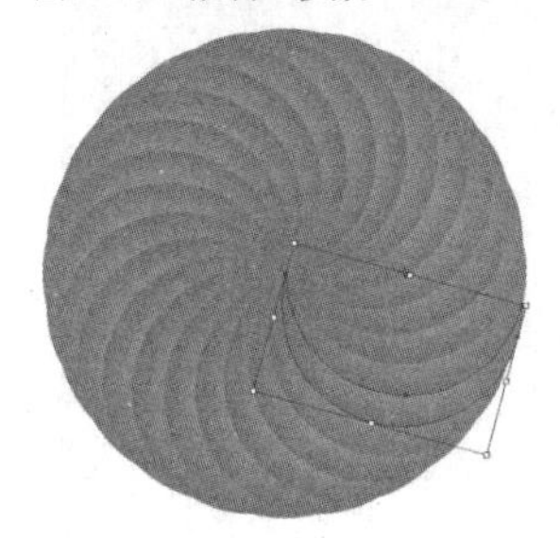

图4-16 最终效果

2. 镜像对象

镜像对象指以一条不可见轴线为参照对对象进行翻转，也可基于参考点翻转对象。

- 对称命令

单击镜像对象，执行“对象”|“变换”命令，在下拉的菜单栏里选择“对称”命令，打开“镜像”对话框，设置相应的参数即可对所选对象执行“对称”操作。

● 镜像工具

双击工具箱中"镜像工具"按钮，可以打开"镜像"对话框。若要镜像对象沿着水平线或"X"轴翻转，勾选"水平"；若要镜像对象沿着垂直线或"Y"轴翻转，勾选"垂直"。并在文本框里填入需要旋转的角度。

选择镜像对象后，使用"镜像工具"，在画布中单击并拖曳鼠标可自由旋转图形对象。按Shift键拖曳鼠标，可限制旋转角度为45°的倍数。使用"镜像工具"在画布中单击，指定镜像轴上的一点（不可见），释放鼠标，在另一处位置单击，确定镜像轴的第二个点，则所选对象会基于定义的轴翻转。

练习 4-4 使用镜像工具编辑图案

源文件路径	素材\第4章\练习4-4使用镜像工具编辑图案
视频路径	视频\第4章\练习4-4使用镜像工具编辑图案.mp4
难易程度	★★

01 启动 Illustrator，执行"文件"|"打开"命令，打开"福 .ai"素材文件，如图 4-17 所示。

02 单击福字，执行"对象"|"变换"|"镜像"命令，或者双击工具栏的"镜像工具"按钮，打开"镜像"对话框。勾选"垂直"选项，选择角度为 90°，单击"确定"，如图 4-18 所示，完成福字的镜像翻转，如图 4-19 所示。

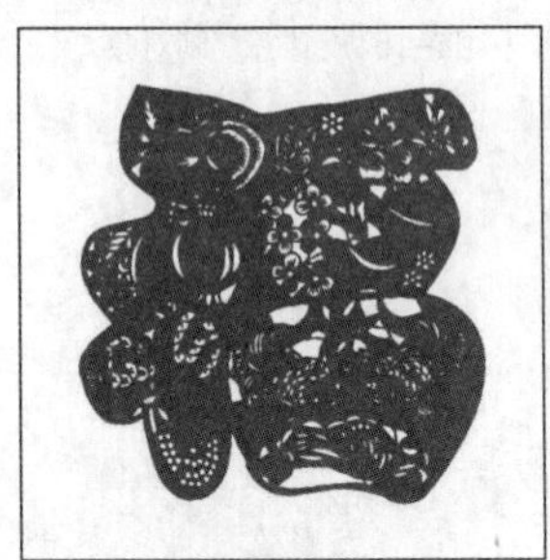

图4-17 打开素材文件

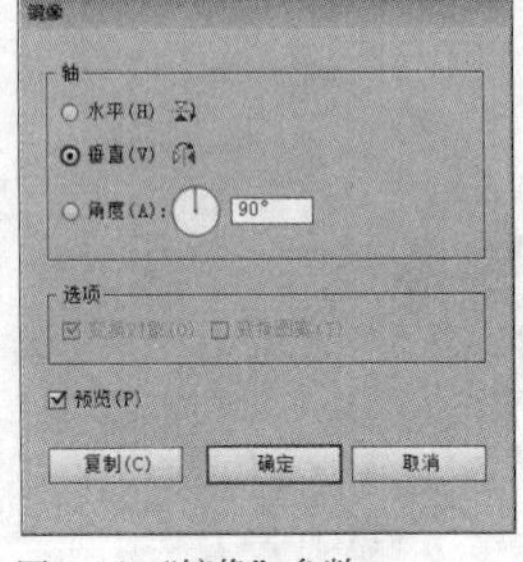

图4-18 "镜像"参数

图4-19 完成福字"镜像"翻转

4.1.3 倾斜与整形对象

1. 倾斜对象

倾斜对象是指以对象的参考点为基准，将图案对象向各个方向倾斜。

● 倾斜命令

单击倾斜对象，执行"对象"|"变换"命令，在下拉的菜单栏里选择"倾斜"命令，打开"倾斜"对话框，如图4-20所示，设置相应的参数即可对所选对象执行"倾斜"操作。

● 倾斜工具

双击工具箱中"倾斜工具"按钮，也可以打开"倾斜"对话框，如图4-20所示，在对话框中可以设置精确的参数。在使用"倾斜工具"时，在画板上单击并向左或向右拖曳鼠标，可以沿水平轴倾斜对象；向上或向下拖曳鼠标，可以沿垂直轴倾斜对象。若在拖曳鼠标时按住Shift键，可以保持对象的原始形状。

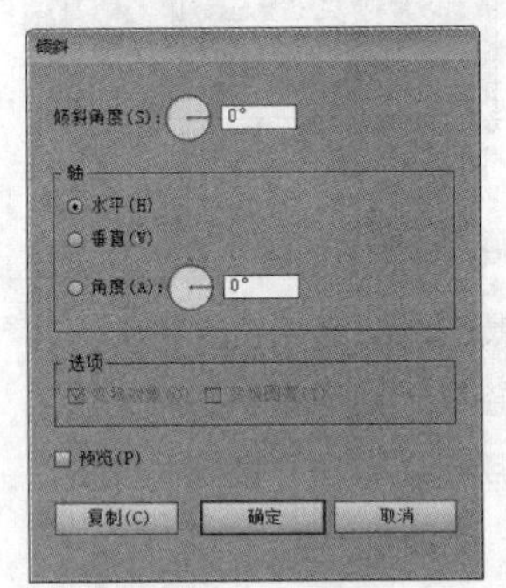

图4-20 "倾斜"对话框

练习 4-5 使用倾斜工具编辑图案

源文件路径	素材\第4章\练习4-5使用倾斜工具编辑图案
视频路径	视频\第4章\练习4-5使用倾斜工具编辑图案.mp4
难易程度	★★

01 启动 Illustrator，执行"文件"|"打开"命令，打开"自行车 .ai"素材文件，如图 4-21 所示。

02 单击自行车，执行"对象"|"变换"|"倾斜"命令，或者双击工具栏中"倾斜工具"按钮，打开"倾斜"对话框。在"倾斜角度"里输入 -20°，在角度里输入 90°，单击"确定"按钮，如图 4-22 所示，完成自行车倾斜操作，如图 4-23 所示。

图4-21 打开素材文件

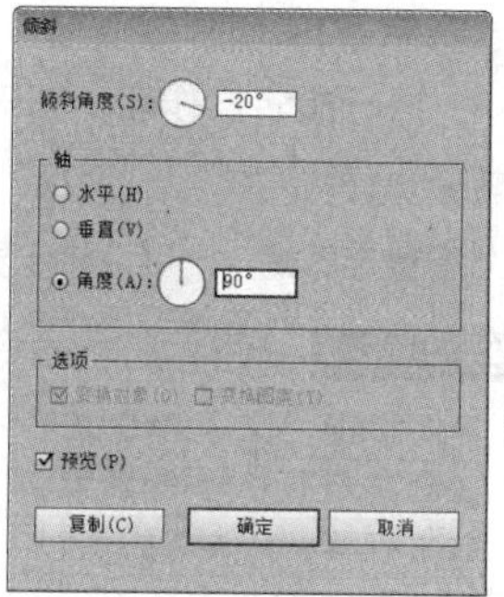

图4-22 设置倾斜参数

图4-23 完成倾斜操作

2. 整形对象

整形对象指在保持路径整体细节完整的同时，可以通过在路径上自动添加锚点并改变锚点位置的方式快速调整路径的形状。

选择图形对象的整个路径，单击“整形工具” ，将光标定位在所要拉伸的锚点或路径线段上方，然后单击，按Shift键可单击更多的锚点或路径线段。拖动突出显示的锚点以调整路径，若单击路径线段，突出显示且周围带有方框的锚点将添加到路径。

练习 4-6 使用整形工具编辑图案

源文件路径	素材\第4章\练习4-6使用整形工具编辑图案
视 频 路 径	视频\第4章\练习4-6使用整形工具编辑图案.mp4
难 易 程 度	★★

01 启动 Illustrator，执行“文件”|“打开”命令，打开“少女 .ai”素材文件，如图 4-24 所示。

02 单击“钢笔工具” 按钮，在女孩头发上拖动光标绘制一条开放路径，设置无填充，描边为（C0%、M36%、Y18%、K0%），如图 4-25 所示。

03 选取该路径，单击工具箱中的“整形工具” 按钮，选择路径上的任意一点，并拖动鼠标，拉伸到所需效果后释放鼠标，如图 4-26 所示。运用同样的方法，将少女剩下的头发细节勾画出来，最终效果如图 4-27 所示。

图4-24 打开素材文件

图4-25 绘制一条开放路径

图4-26 整形操作

图4-27 完成路径调整

4.1.4 变换对象

● 分别变换命令

选择图形对象后，若要同时应用移动、旋转和缩放，可以通过“分别变换”命令来进行操作。单击对象，执行“对象”|“变换”命令，在下拉菜单栏里选择“分别变换”命令，打开“分别变换”对话框，如图 4-28所示。

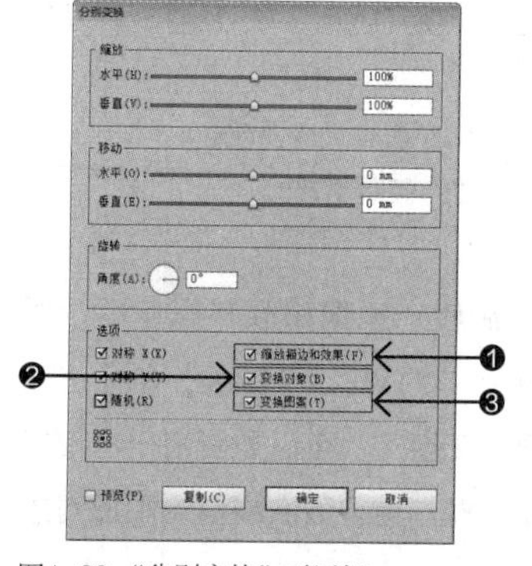

图4-28 “分别变换”对话框

● 变换面板

选择图形对象后，在“变换”面板的选项中输入数值并按下Enter键，可以让对象按照设定的参数进行精确变换，如图4-29所示。此外，选择菜单中的命令，还可以对图案、描边等单独应用变换。

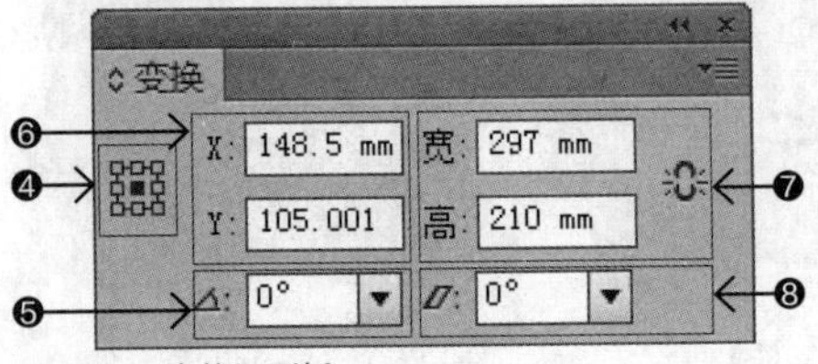

图4-29 “变换”面板

❶“缩放描边和效果”选项：勾选该选项后，描边和效果会与对象一同缩放；若取消勾选，则仅缩放对象，描边和效果（包括填充图案）的比例不变。

❷“变换对象”选项：勾选该选项后，若图形对象填充了图案，则变换对象时，图案保持不变，仅缩放对象。

❸“变换图案”选项：勾选该选项后，若图形对象填充了图案，则变换对象时，对象保持不变，仅缩放图案。同时勾选“变换对象”和“变换图案”时，即可同时缩放对象和图案，并且保持描边和效果的比例不变。

❹“参考点定位器”：进行旋转或缩放操作时，对象以参考点为基准变换，默认情况下，参考点为图形对象的中心。如果需要改变它的位置，可单击参考点定位器上的空心方块进行选择。

❺“X/Y”：分别代表了图形对象在水平和垂直方向上的位置，在这两个选项中输入数值，可精确定位图形对象在画布上的位置。

❻“宽/高”：分别代表了对象的宽度和高度，在这两个选项中输入数值，可将图案对象缩放到指定的宽度和高度。如果按选项右边的“锁定比例”按钮，则可以进行等比缩放。

❼“旋转”：可输入图形对象的旋转角度。

❽“倾斜”：可输入对象的倾斜角度。

● 再次变换命令

进行移动、缩放、旋转、镜像和倾斜操作后，保持对象的选取状态，执行“对象”|“变换”命令，在下拉菜单栏里选择“再次变换”，可以重复前一个变换操作。在需要对同一变换操作重复数次或复制图形对象时，该命令特别有用。

● 重置定界框

进行旋转操作后，图形对象的定界框也会随之旋转，执行“对象”|“变换”命令，在下拉菜单栏里选择“重置定界框”，可以将定界框恢复到水平方向。

练习 4-7 使用变换命令编辑图案

源文件路径	素材\第4章\练习4-7使用变换命令编辑图案
视频路径	视频\第4章\练习4-7使用变换命令编辑图案.mp4
难易程度	★★

01 启动Illustrator，执行“文件”|“新建”命令，新建一个空白文档。

02 单击工具箱中的“椭圆形工具”按钮，在画布空白处单击，按住Shift键对角拖动光标并释放，绘制一个圆形路径，设置无填充，“描边”为黑色，如图4-30所示。使用“直接选择工具”，删除1/4路径，效果如图4-31所示。

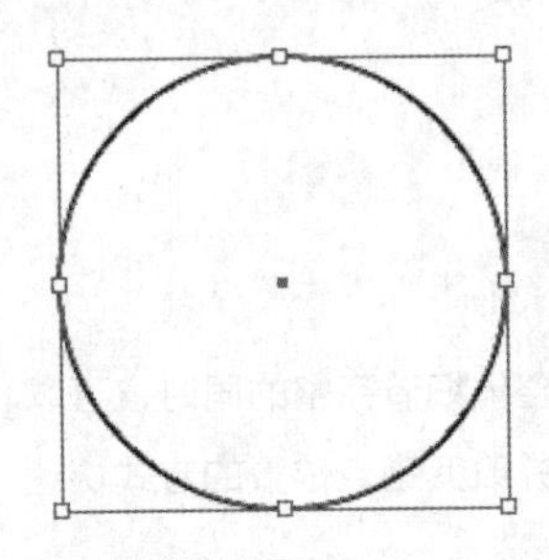
图4-30 绘制椭圆

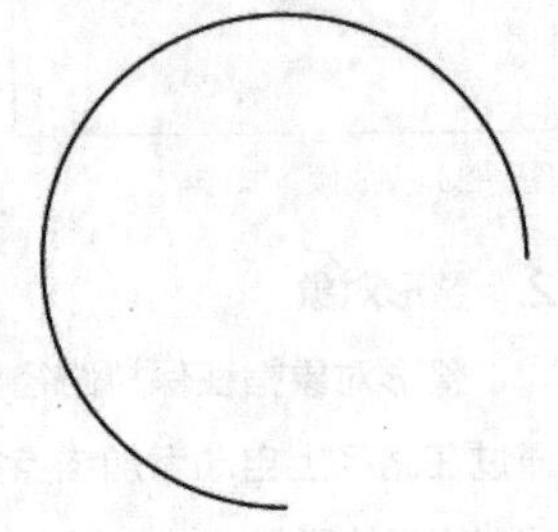
图4-31 删除1/4路径

03 执行“对象”|“变换”命令，在下拉菜单里选择“分别变换”，设置参数如图4-32所示，单击“复制”按钮，并按Ctrl+D快捷键复制多次，最终效果如图4-33所示。

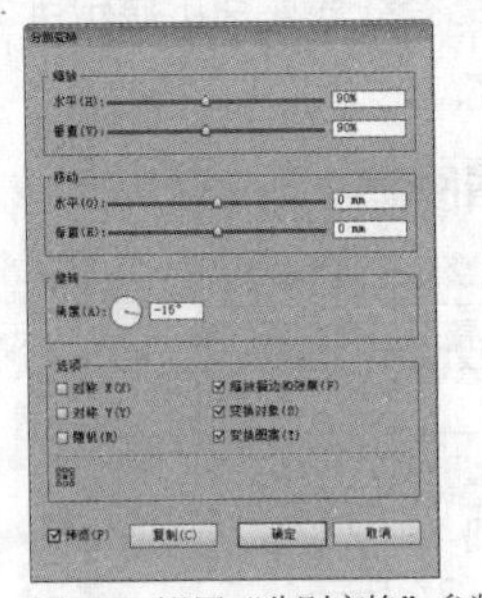
图4-32 设置“分别变换”参数

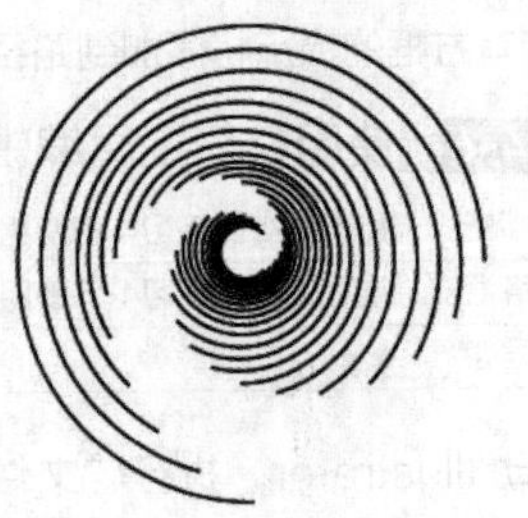
图4-33 变换效果

4.1.5 课堂范例——创建海浪

源文件路径	素材\第4章\4.1.5课堂范例——创建海浪
视频路径	视频\第4章\4.1.5课堂范例——创建海浪.mp4
难易程度	★★★

本案例利用复制与变换工具绘制一幅海浪主题的插画。

01 启动 Illustrator，执行“文件”|“新建”命令，打开“新建文档”对话框，新建一个 200mm×150mm 的空白文档。

02 单击“矩形工具”按钮，再单击空白画布，打开“矩形”对话框，输入参数值如图 4-34 所示。打开“渐变”面板，设置矩形填充色为径向渐变，渐变色值为（C0%、M0%、Y100%、K0%），（C0%、M50%、Y100%、K0%），如图 4-35 所示，效果如图 4-36 所示。

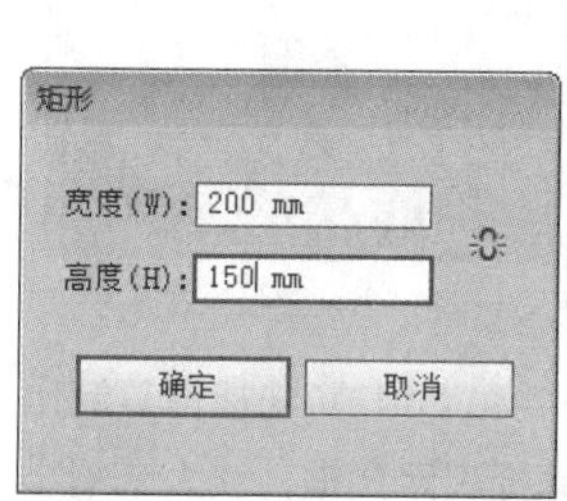

图4-34 “矩形”参数

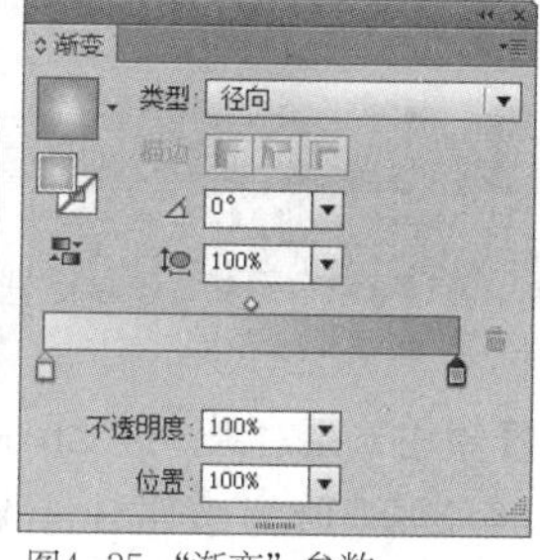

图4-35 “渐变”参数

03 单击工具箱里的“椭圆工具”按钮，单击空白画布，打开“椭圆”对话框，输入圆的参数，单击“确定”按钮，如图 4-37 所示。打开“渐变”面板，设置圆的填充色为渐变，渐变色值为（C50%、M0%、Y0%、K0%），（C80%、M0%、Y0%、K15%），无描边，如图 4-38 所示。再利用“渐变工具”，从上至下拖动光标来改变渐变颜色的中心位置，效果如图 4-39 所示。

图4-36 渐变效果

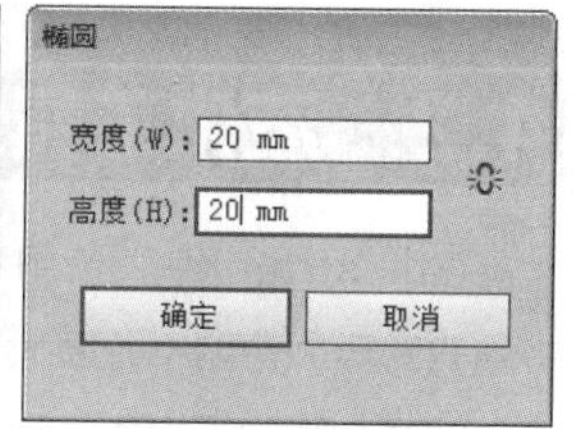

图4-37 “椭圆”参数

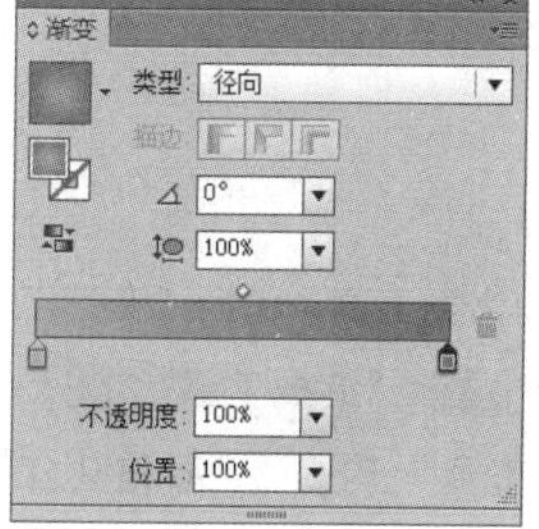

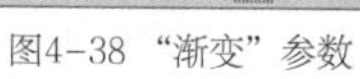
图4-38 “渐变”参数

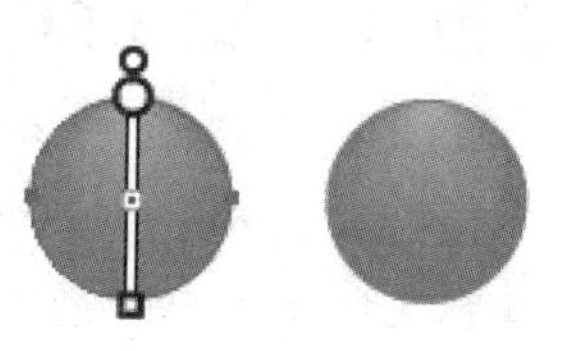
图4-39 渐变效果

04 执行“对象”|“变换”|“分别变换”命令，在打开的“分别变换”对话框中输入参数，如图 4-40 所示，单击“复制”，复制出圆的副本。再打开“渐变”面板，把渐变的填充色值修改为（C50%、M0%、Y0%、K0%），（C80%、M20%、Y0%、K15%）。

05 全选两个圆形，执行“对象”|“变换”|“比例缩放”命令，在打开的“比例缩放”对话框中输入参数，如图 4-41 所示。单击“复制”，再按 Ctrl+D 快捷键重复复制缩小的操作，效果如图 4-42 所示。并将其进行编组。

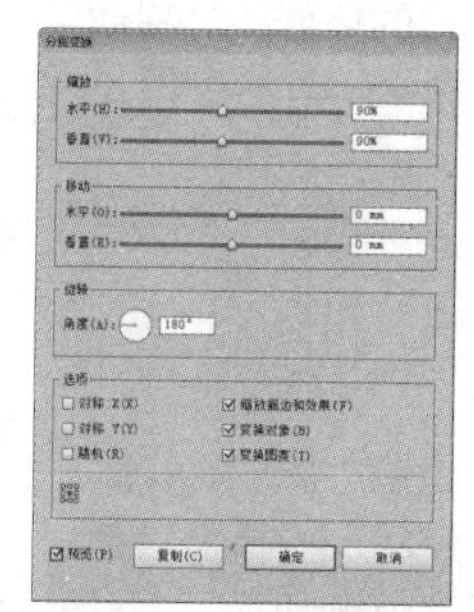
图4-40 “分别变换”参数

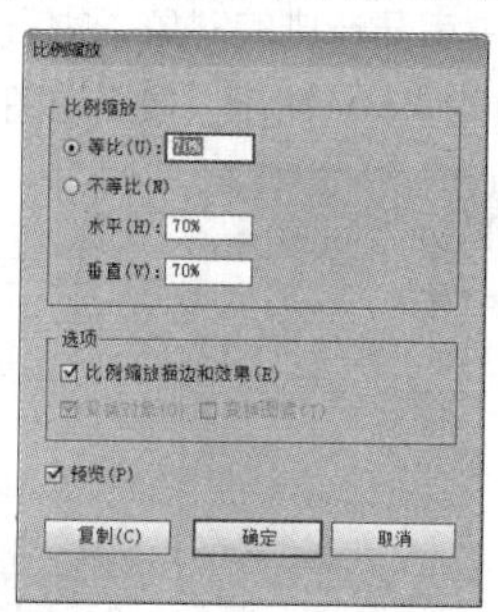

图4-41 “比例缩放”参数

06 执行“对象”|“变换”|“移动”命令，在打开的“移动”对话框中输入参数，如图 4-43 所示，单击“复制”按钮，应用变换。按 Ctrl+D 快捷键重复复制移动的操作，对所得到的图形进行编组，如图 4-44 所示。

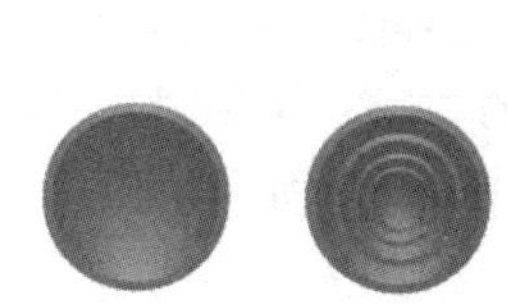

图4-42 变换效果

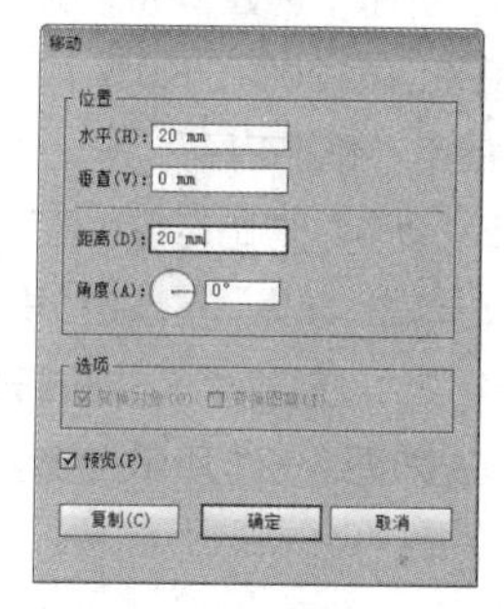

图4-43 “移动”参数

图4-44 移动效果

07 选取编好组的图形对象，再次执行“对象”|“变换”|“移动”命令，在打开的“移动”对话框中输入参数，如图 4-45 所示，单击“复制”按钮，应用变换。再按 Ctrl+D 快捷键重复复制移动的操作，效果如图 4-46 所示。

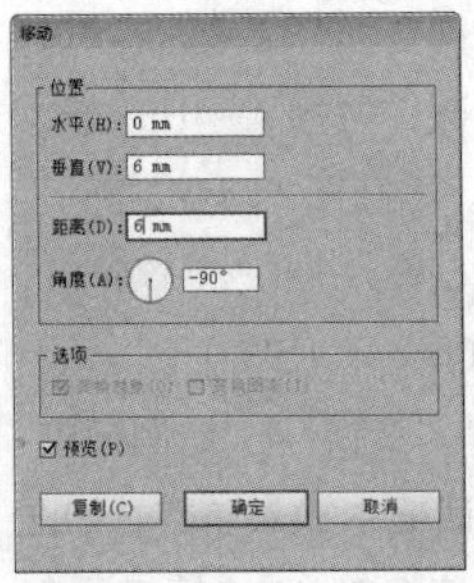

图4-45 “移动”参数

图4-46 移动效果

08 选中错开一排的对象，执行相同的操作，“移动”参数如图 4-47 所示，效果如图 4-48 所示。

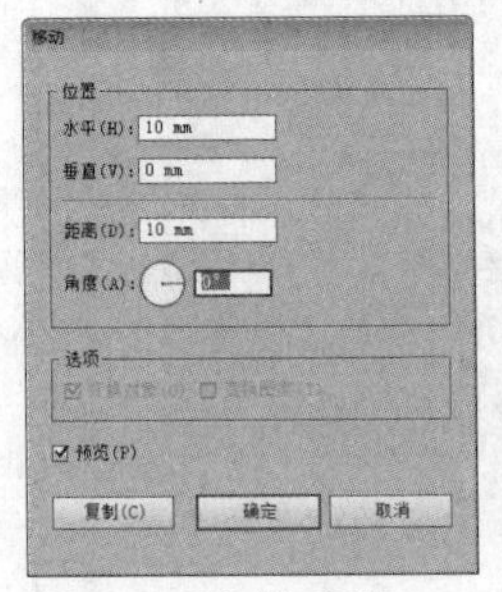

图4-47 “移动”参数

图4-48 海浪效果

09 单击工具箱里“椭圆工具”按钮，在画板空白处单击，打开“椭圆”对话框，输入圆的参数，如图 4-49 所示。创建圆形，并设置“填充”为（C0%、M50%、Y100%、K0%），无描边，如图 4-50 所示。

10 使用“椭圆工具”，任意绘制四个椭圆，并全选，执行“窗口”|“路径查找器”命令，打开“路径查找器”面板。单击“联集”按钮，并填充白色，执行“效果”|“风格化”|“投影”命令，在打开的“投影”对话框中输入参数，如图 4-51 所示，效果如图 4-52 所示。

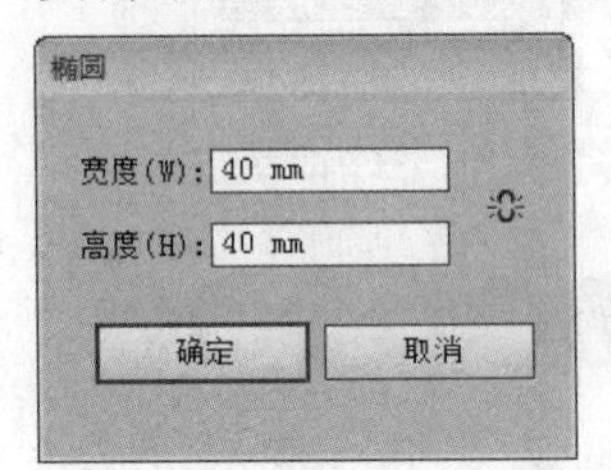

图4-49 “椭圆”参数

图4-50 太阳效果

11 利用“矩形工具”按钮，绘制一个与背景参数一样的矩形，全选编组后的海浪、太阳，如图 4-53 所示。执行“对象”|“剪贴蒙版”|“建立”命令，创建剪贴蒙版，效果如图 4-54 所示。

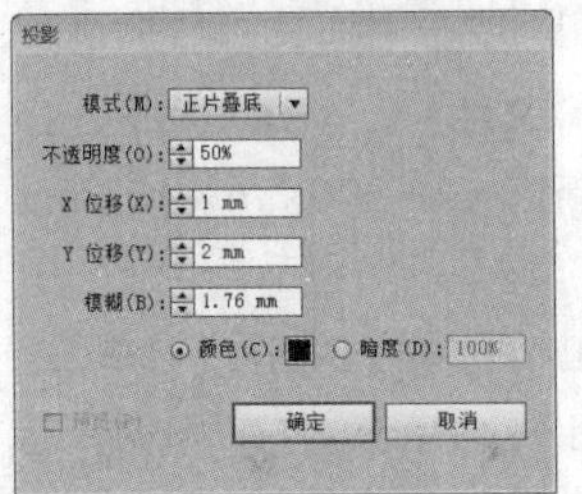

图4-51 “投影”参数

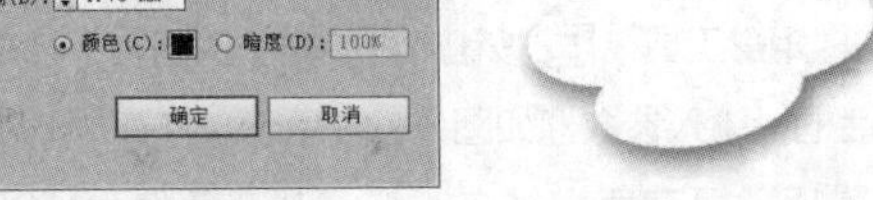

图4-52 云朵效果

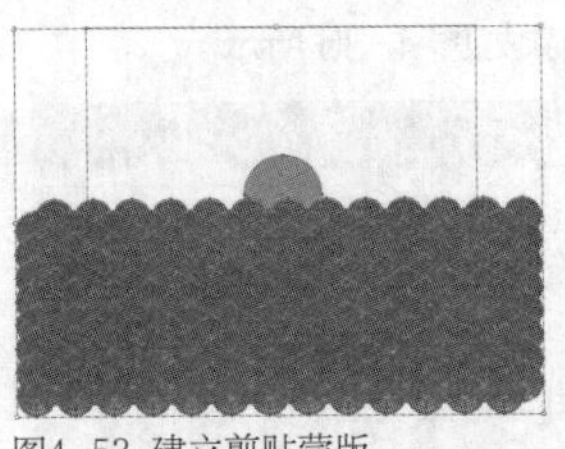

图4-53 建立剪贴蒙版

图4-54 “剪贴蒙版”效果

12 单击云朵对象，按 Ctrl+C 和 Ctrl+V 快捷键复制出几个云朵副本，按住 Shift 键拖曳定界框，放大或缩小云朵副本，并放在合适的位置。最终效果如图 4-55 所示。

图4-55 最终效果

4.2 液化工具组

在Illustrator中，使用液化工具组能够使对象产生特殊的变形，功能十分强大，可以对图形进行变形、扭曲、缩拢、膨胀等操作。液化工具可以处理未选取的图形，如果要将扭曲限定为一个或多个对象，可在使用液化工具之前先选择这些对象。

4.2.1 液化类工具

Illustrator中提供了7种液化类工具，包括“变形工具”、“旋转扭曲工具”、“缩拢工具”、“膨胀工具”、“扇贝工具”、“晶格化工具”和“皱褶工具”。使用这些工具在对象上单击并拖曳鼠标即可扭曲对象，在单击时，按住鼠标按键的时间越长，变形效果越强烈。

练习 4-8 使用液化类工具组编辑图案

源文件路径	素材\第4章\练习4-8使用液化类工具组编辑图案
视 频 路 径	视频\第4章\练习4-8使用液化类工具组编辑图案.mp4
难 易 程 度	★★

1. 变形工具

“变形工具”以手指涂抹的方式对图形变形，通过对笔头大小、角度、变形强度进行调整，可创建出较随意的变形效果，是液化工具组里比较常用的工具，

01 启动 Illustrator，执行“文件”|“打开”命令，打开“树 .ai”素材文件，使用“选择工具”单击树叶图形，如图 4-56 所示。

图4-56 选中对象

02 双击“变形工具”按钮，打开“变形工具选项”对话框，输入相应数值，如图 4-57 所示。在树叶图形路径上单击并拖曳鼠标，使其扭曲变形，制作简易的波浪树叶效果，如图 4-58 所示。

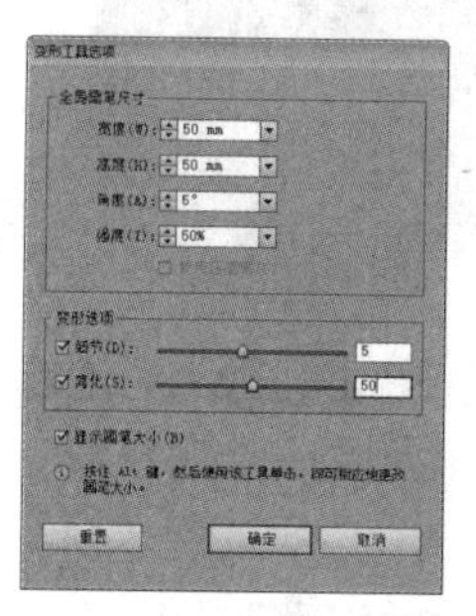

图4-57 “变形工具选项”对话框

图4-58 变形树叶效果

提示

在使用任意液化工具时，按住Alt键在画板空白处单击并拖曳鼠标，可以调整工具的大小。

2. 旋转扭曲工具

“旋转扭曲工具”通过延迟单击对象的方式，可创建出旋涡状的变形效果。如果要将扭曲限定为一个或者多个对象，可在使用液化工具之前先选择这些对象。

01 用“选择工具”按钮单击树叶图形，双击“旋转扭曲工具”按钮，打开“旋转扭曲工具选项”对话框，输入相应数值，如图 4-59 所示。

02 在图形路径上单击不松手，所选范围路径就会产生旋转扭曲的效果，延迟的时间约长，所扭曲的效果就会越大，如图 4-60 所示，制作出旋转树叶的艺术效果。

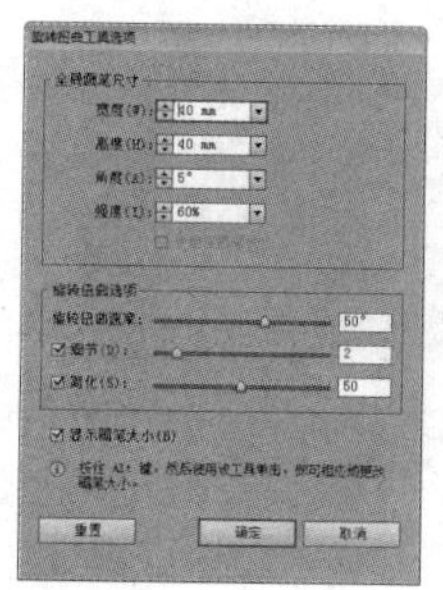

图4-59 “旋转扭曲工具选项”对话框

图4-60 旋转扭曲效果

3. 缩拢工具

“缩拢工具”通过向十字线方向移动控制点的方式对图形对象进行挤压和收缩，使图形产生向内收缩的变形效果。

01 使用“选择工具”单击树叶图形，双击“缩拢工具”按钮，打开“缩拢工具选项”对话框，输入相应数值，如图 4-61 所示。

02 在图形路径上单击并进行拖曳，所选范围路径就会向内缩拢，如图 4-62 所示，制作出贴合树枝形状的树叶效果。

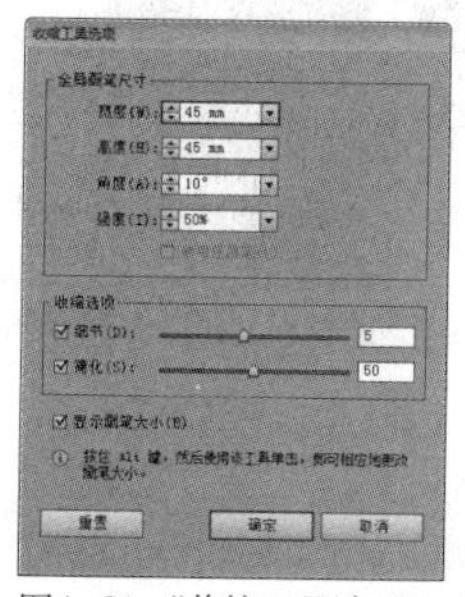

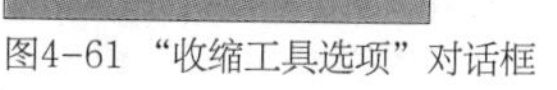

图4-61 “收缩工具选项”对话框

图4-62 收缩效果

4. 膨胀工具

“膨胀工具” 通过向十字线方向移动控制点的方式扩展对象，来创建与“缩拢工具”相反的扩张和膨胀效果。

01 使用“选择工具” 单击树叶图形，双击“膨胀工具” 按钮，打开“膨胀工具选项”对话框，输入相应数值，如图 4-63 所示。

02 在图形路径之外单击或拖曳鼠标，所选范围路径就会向外膨胀；在图形路径之内单击或拖曳鼠标，所选范围路径就会向内凹陷，效果如图 4-64 所示。

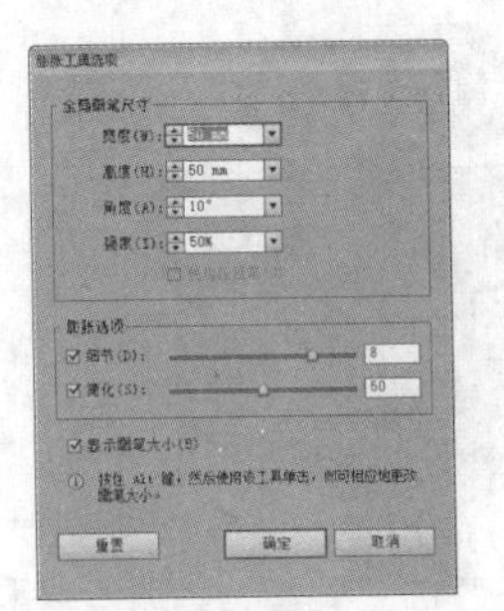

图4-63 “膨胀工具选项”对话框

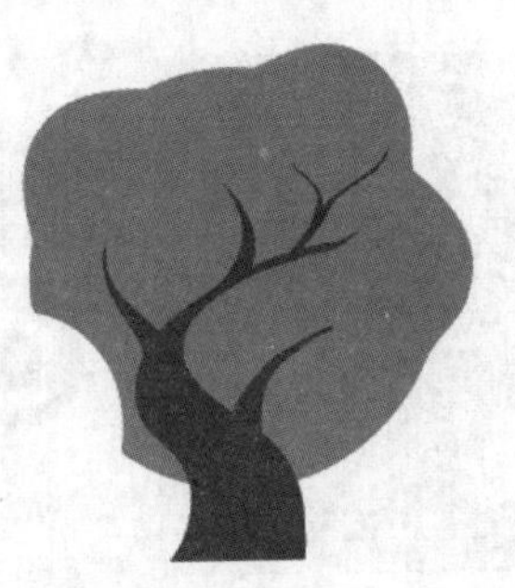

图4-64 膨胀效果

5. 扇贝工具

“扇贝工具” 通过对对象的轮廓添加随机弯曲的细节，来创建类似贝壳表面的纹路效果。

01 双击“扇贝工具” 按钮，打开“扇贝工具选项”对话框，输入相应数值，如图 4-65 所示。

02 在图形路径上单击或拖曳鼠标，所选范围路径就会向内产生细腻的纹路变形，效果如图 4-66 所示。

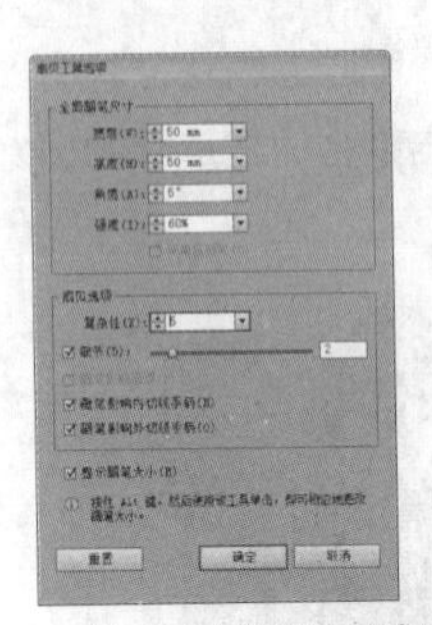

图4-65 “扇贝工具选项”对话框

图4-66 扇贝效果

6. 晶格化工具

“晶格化工具” 可以向对象的轮廓添加随机锐化的细节，生成与“贝壳工具”相反放射效果（贝壳工具产生的是向内的弯曲，“晶格化工具”产生的是向外的尖锐凸起）。

01 双击“晶格化工具” 按钮，打开“晶格化工具选项”对话框，输入相应数值，如图 4-67 所示。

02 在图形路径上单击或拖曳鼠标，所选范围路径就会产生向外凸起的纹路变形，效果如图 4-68 所示。

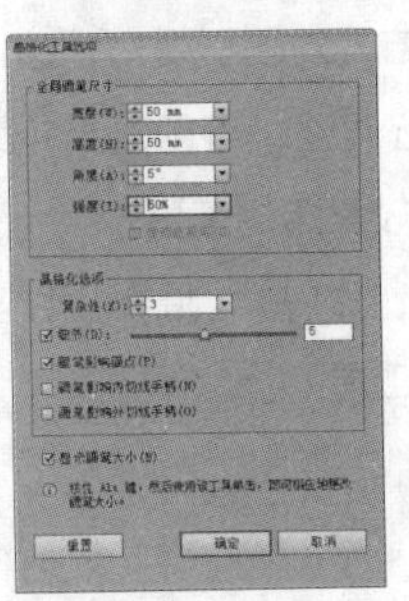

图4-67 “晶格化工具选项”对话框

图4-68 晶格化效果

7. 皱褶工具

“皱褶工具” 可以向对象的轮廓产生类似锯齿边缘的皱褶细节，产生不规则的起伏变形效果。

01 双击“皱褶工具” 按钮，打开“膨胀工具选项”对话框，输入相应数值，如图 4-69 所示。

02 在图形路径上单击或拖曳鼠标，所选范围路径就会产生不规则的起伏变形，效果如图 4-70 所示。

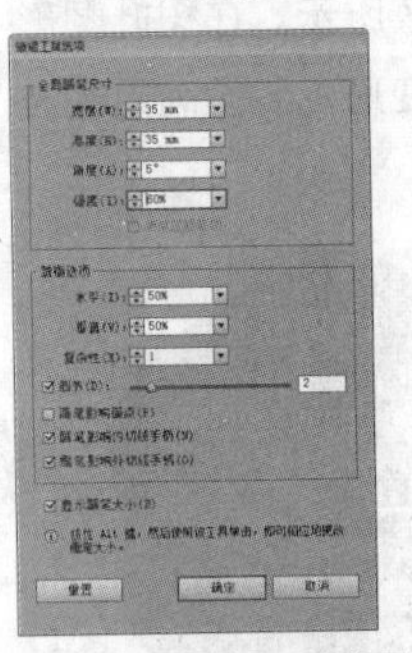

图4-69 “皱褶工具选项”对话框

图4-70 皱褶效果

4.2.2 液化类工具选项对话框

双击任意一个液化类工具，如图4-71所示，都可以打开“变形工具选项”对话框，如图4-72所示，来进行设置。

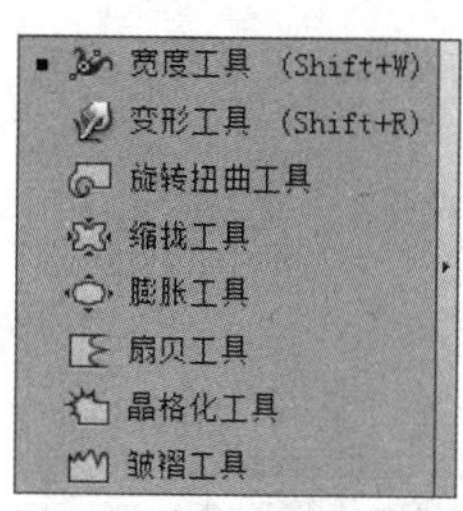

图4-71 液化工具选项组

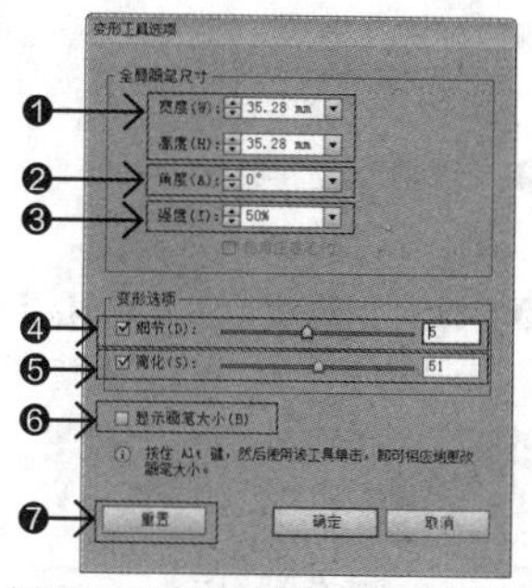
图4-72 “变形工具选项”对话框

❶“宽度/高度”选项：用来设置使用工具时画笔的大小。

❷“角度”选项：用来设置使用工具时画笔的方向。

❸“强度”选项：用来设置扭曲的改变速度，输入的数值越高，扭曲对象的速度越快。

❹“细节”：用来设置引入对象轮廓的各点的间距，数值越高，间距越小。

❺“简化”：可以减少多余锚点的数量，但不会影响图形的整体外观，该选项用于变形、旋转扭曲、收缩和膨胀工具。

❻“显示笔画大小”：勾选该选项，则会在画板中显示工具的形状和大小。

❼“重置”：单击该按钮，可以将对话框中各项参数恢复为Illustrator默认状态。

4.2.3 课堂范例——使用液化工具绘制时尚插画

源文件路径	素材\第4章\4.2.3课堂范例——使用液化工具绘制时尚插画
视频路径	视频\第4章\4.2.3课堂范例——使用液化工具绘制时尚插画.mp4
难易程度	★★★

本实例主要介绍使用路径查找器和形状生成器工具创建复合形状。

01 启动Illustrator，执行“文件”|“打开”命令，或者按Ctrl+O快捷键，打开“人物.ai”素材文件，如图4-73所示。

02 使用“选择工具”单击人物头部的椭圆对象，将其选中，如图4-74所示。

03 选择“变形工具”，将光标移动到椭圆上，光标变成圆形，按住Alt键调整画笔大小，单击并拖曳鼠标，使椭圆产生变形效果，如图4-75所示。继续调整椭圆形状，绘制人物发型，如图4-76所示。

图4-73 打开素材文件

图4-74 选中椭圆对象

图4-75 变形效果

图4-76 继续变形

04 选择“旋转扭曲工具”，将光标移动到椭圆上，光标变成圆形，按住Alt键调整画笔大小，单击并拖曳鼠标，使对象产生旋转扭曲效果，如图4-77所示。继续进行调整，绘制人物发型，效果如图4-78所示。

图4-77 旋转扭曲效果

图4-78 发型效果

05 使用“椭圆工具”绘制一个圆形，填充与头发相同的颜色，如图4-79所示。使用“旋转扭曲工具”制作发型效果，如图4-80所示。

06 运用相同的方式，使用“直线工具”绘制线条，对其进行扭曲变形操作，装饰人物发型，最终效果如图4-81所示。

图4-79 绘制圆形

图4-80 旋转扭曲

图4-81 最终效果

4.3 封套扭曲

Illustrator中提供了多种不同的变形封套，可以使对象按照封套的形状产生变形。封套用于扭曲和改变对象的形状，被扭曲的对象称为封套内容。封套类似于容器，封套内容则类似于水，将水装进圆形容器时，水的边界就会呈现为圆形；将水装进方形容器时，水的边界又会呈现为方形。封套扭曲也与之类似，能够达到重新塑造对象形状的目的。

4.3.1 用变形建立

1. 打开“变形选项”对话框

Illustrator提供了15种预设的封套形状，对于除图表、参考线和连接对象外的其他对象，通过“用变形建立”命令都可以对其进行封套扭曲。执行“对象”|“封套扭曲”命令，在下拉菜单里选择“用变形建立”选项，打开“变形选项”对话框，如图4-82所示。在“样式”里有15种变形样式，如图4-83所示，选择其中一种变形样式后，可以拖曳下面的滑块调整变形参数，修改扭曲程度及透视效果。

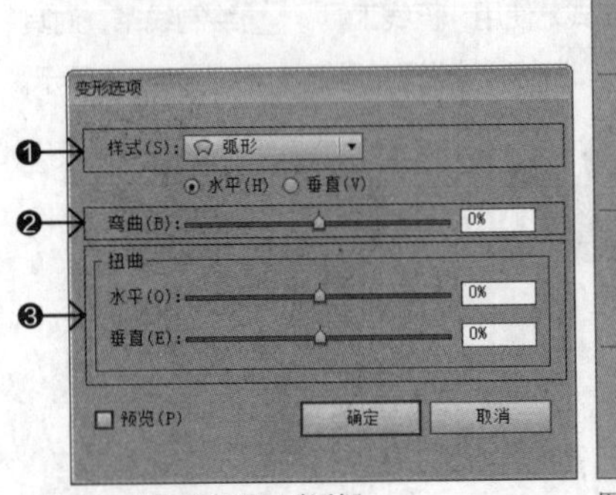

图4-82 “变形选项”对话框

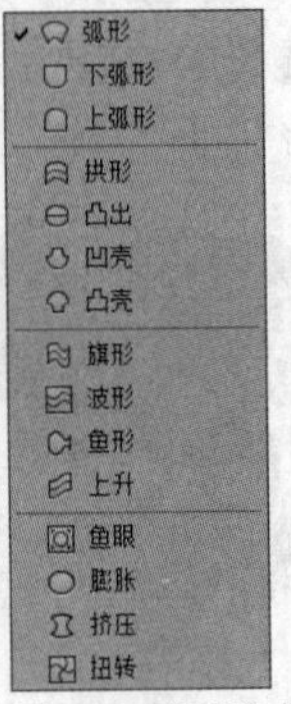

图4-83 变形样式

❶“样式”选项：用来选择预设的变形样式，效果分别如图4-84~图4-99所示。

❷“弯曲”选项：用来设置扭曲的程度，设置的程度越高，扭曲强度越大。

❸“扭曲”选项：用于创建透视扭曲效果，包括“水平”和“垂直”两个扭曲选项。

图4-84 原图

图4-85 “弧形”效果

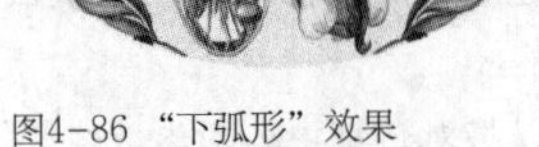

图4-86 “下弧形”效果

图4-87 “上弧形”效果

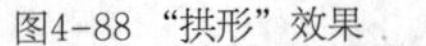

图4-88 “拱形”效果

图4-89 “凸出”效果

图4-90 “旗形”效果

图4-91 “波形”效果

图4-92 “凹壳”效果

图4-93 “凸壳”效果

图4-94 “鱼形”效果

图4-95 “上升”效果

图4-96 “鱼眼”效果

图4-97 “膨胀”效果

图4-98 “挤压”效果

图4-99 “扭转”效果

提示

在图形制作的过程中，除了图表、参考线和连接对象以外，其他对象都可以进行封套扭曲。并且可以随时对扭曲后的对象进行编辑、删除，或扩展封套内容。

2. 修改变形效果

执行“用变形建立”命令扭曲对象以后，可以选择对象，执行“对象”|“封套扭曲”|“用变形重置”命令，打开“变形选项”对话框修改变形参数，也可以选择使用其他的封套扭曲对象。

4.3.2 用网格建立

用网格建立封套扭曲是指在对象上创建变形网络，然后通过调整网格点来扭曲对象，可控性比预设的封套更加强大。

练习 4-9 用网格建立封套扭曲

源文件路径	素材\第4章\练习4-9用网格建立封套扭曲
视 频 路 径	视频\第4章\练习4-9用网格建立封套扭曲.mp4
难 易 程 度	★★

01 启动 Illustrator，执行“文件”|“打开”命令，打开“对象 .ai”素材文件。使用“选择工具”，单击选择对象，如图 4-100 所示。

02 执行“对象”|“封套扭曲”|“用网格建立”命令，打开“封套网格”面板，设置“网格”的参数，如图 4-101 所示。单击“确定”按钮，生成变形网格，如图 4-102 所示。

图4-100 选择素材

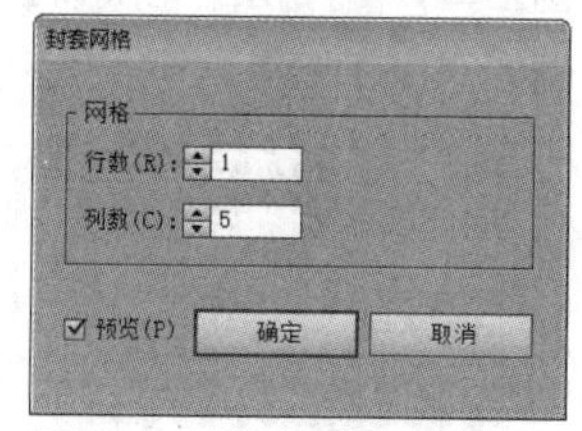

图4-101 “封套网格”对话框

图4-102 生成变形网格

03 使用“直接选择工具”，在需要变形的网格处单击并拖曳鼠标，可以调整变形效果，如图 4-103 所示。

04 保持对象的选取状态，可以在控制面板中修改网格线的行数和列数，如图 4-104 所示。也可以单击“重设封套形状”按钮，将网格恢复为原有的状态。

图4-103 调整变形效果

图4-104 修改网格线参数

提示

执行“用变形建立”和“用网格建立”命令创建封套扭曲后，可以将对象选中，然后直接在控制面板中选择其他的样式，修改参数或修改网格的数量。

4.3.3 编辑封套

创建封套扭曲后，所有封套对象将会合并到同一个图层上，在“图层”面板中的名称为“封套”。封套和封套内容都可以重新进行编辑。

练习 4-10 用顶层对象创建封套扭曲

源文件路径	素材\第4章\练习4-10用顶层对象创建封套扭曲
视 频 路 径	视频\第4章\练习4-10用顶层对象创建封套扭曲.mp4
难 易 程 度	★★★

01 启动 Illustrator，执行“文件”|“打开”命令，打开“图形 .ai”素材文件，如图 4-105 所示。使用“椭圆工具”，按住 Shift 键在中心位置绘制一个圆，如图 4-106 所示。

图4-105 打开素材文件

图4-106 绘制一个圆

02 按 Ctrl+A 快捷键全选对象，执行“对象”|“封套扭曲”|“用顶层对象建立”命令，或者按 Alt+Ctrl+C 快捷键创建封套扭曲，即可用圆形扭曲下方图案，如图 4-107 所示。

03 使用“选择工具”将对象选中，单击控制面板中的“编辑内容”按钮，或者执行“对象”|“封套扭曲”|“编辑内容”命令，封套内容便会释放出来，如图 4-108 所示。

04 在“渐变”面板中设置渐变参数，修改图形的填充，然后再单击“编辑内容”按钮，恢复封套扭曲，如图 4-109 所示。

05 选择封套扭曲对象，然后使用路径编辑工具、变形工具等可以修改封套。图 4-110、图 4-111 所示为使用“缩拢工具”对其进行变形处理后的效果。

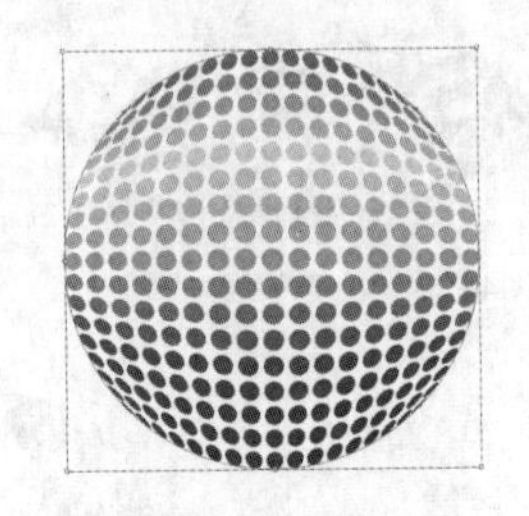

图4-107 创建封套扭曲

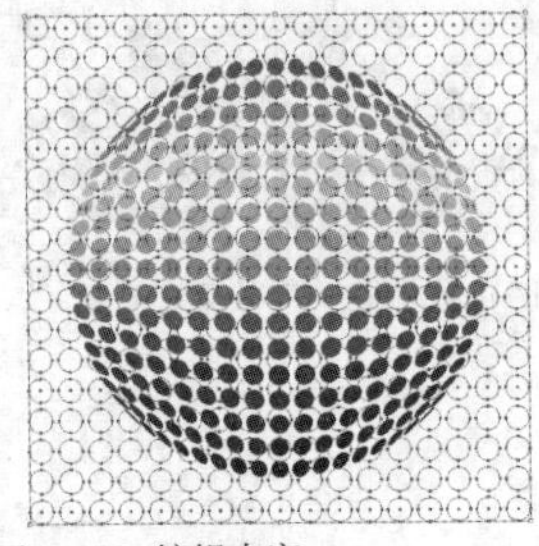

图4-108 编辑内容

图4-109 修改图形填充

图4-110 缩拢对象

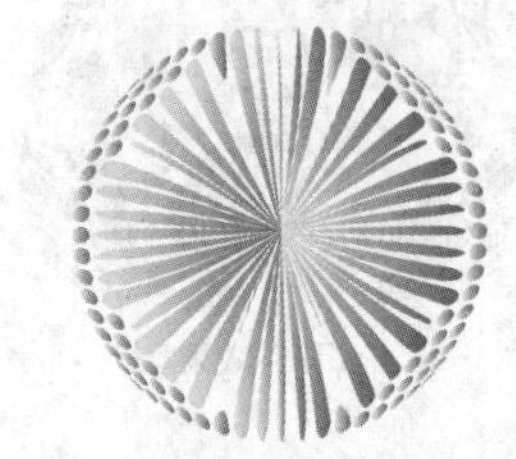

图4-111 缩拢效果

● 关于封套选项

封套选项决定了以何种形式扭曲对象，以便使之适合封套。要设置封套选项，可以选择封套扭曲对象，然后执行“对象”|“封套扭曲”|“封套选项”命令，打开“封套选项”对话框进行设置，如图4-112所示。

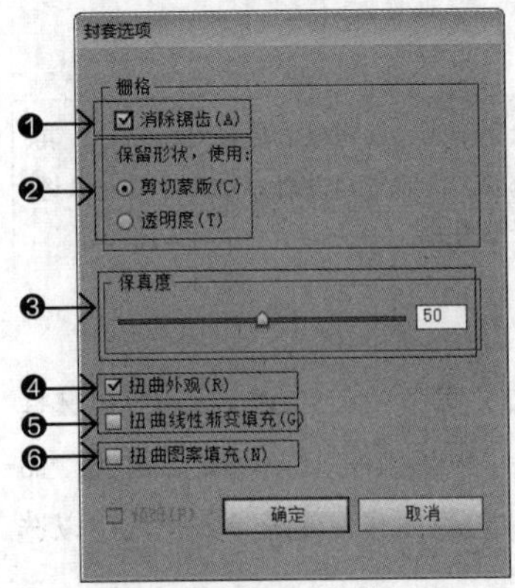

图4-112 “封套选项”对话框

❶“消除锯齿”选项：勾选该选项，会使对象的边缘变得更加平滑，这个选项会增加处理时间。

❷“保留形状，使用：”选项：使用非矩形封套扭曲对象时，可以在该选项中指定栅格以怎样的形式保留形状。若勾选“剪切蒙版”选项，可在栅格上使用剪切蒙版；若勾选“透明度”选项，可以对栅格应用Alpha渠道。

❸“保真度”选项：指定要使对象适合封套模型的精确程度。该值越大，封套内容的扭曲效果越接近封套的形状，但会产生更多的锚点，同时也会增加处理时间。

❹“扭曲外观”选项：如果封套内容添加了效果或图形样式等外观属性，选择该选项，可以使外观与对象一起扭曲。

❺“扭曲线性渐变填充”选项：如果被扭曲的对象填充了线性渐变，勾选该选项可以将线性渐变与对象一起扭曲。

❻“扭曲图案填充”选项：如果被扭曲的对象填充了图案，勾选该选项可以使图案与对象一起扭曲。

1. 释放封套扭曲

创建封套扭曲后，若要取消封套扭曲，可以将对象选中，然后执行“对象”|“封套扭曲”|“释放”命令，即可将对象恢复为封套扭曲前的状态。如果封套扭曲是“用变形建立”或“用网格建立”命令创建的，则还会释放出一个封套形状图形，它是一个单色填充的网格对象。

2. 扩展封套扭曲

选择封套扭曲对象，执行“对象”|“封套扭曲”|“扩展”命令，可以将它扩展为普通的图形。对象仍然保持扭曲状态，并且可以继续编辑和修改，但无法恢复为封套前的状态。

4.3.4 课堂范例——制作飘动扭曲效果

源文件路径	素材\第4章\4.3.4课堂范例——制作飘动扭曲效果
视频路径	视频\第4章\4.3.4课堂范例——制作飘动扭曲效果.mp4
难易程度	★★★

本实例主要介绍使用“从网格建立”创建封套扭曲，制作飘动扭曲效果海报。

01 启动Illustrator，执行“文件”|“打开”命令，打开“海报.ai”素材文件，如图4-113所示。使用“选择工具”选中3个字母对象，如图4-114所示。

图4-113 打开素材文件

图4-114 选择字母对象

02 执行“对象”|“封套扭曲”|“从网格建立”命令，打开“封套网格”对话框设置“行数”和“列数”，如图4-115所示。单击“确定”按钮，生成网格，如图4-116所示。

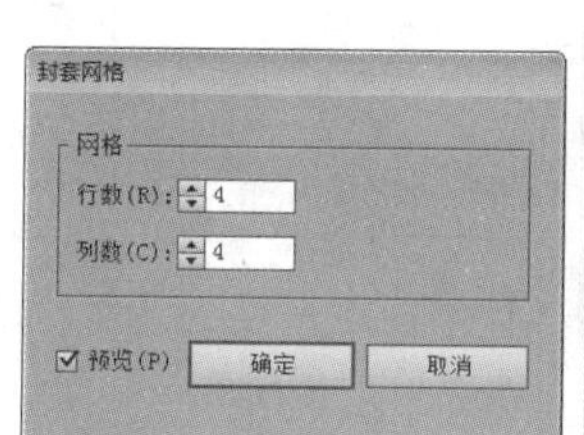

图4-115 “封套网格”对话框

图4-116 生成网格

03 使用“网格工具”在网格上单击，添加3条网格线，如图4-117所示。

04 使用“直接选择工具”调整锚点和网格，扭曲的网格效果如图4-118所示。

图4-117 添加网格线

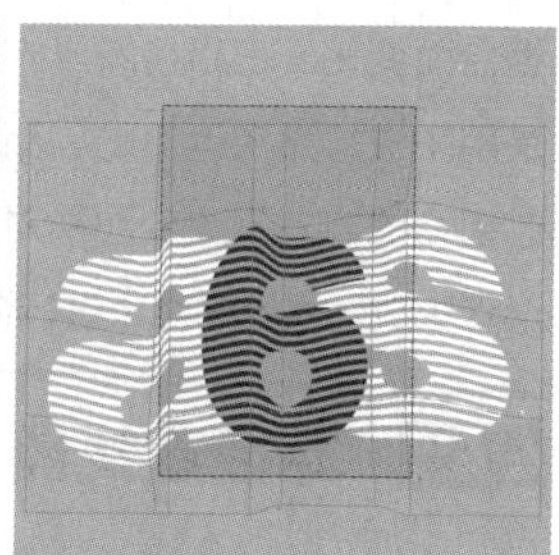

图4-118 调整扭曲效果

05 执行“对象”|“扩展”命令，扩展封套对象，然后取消编组，将3个文字分离，调整位置如图4-119所示。使用“选择工具”旋转文字对象，调整位置如图4-120所示。

06 使用“文字工具” T 添加文字装饰，完成飘动扭曲海报的制作，效果如图 4-121 所示。

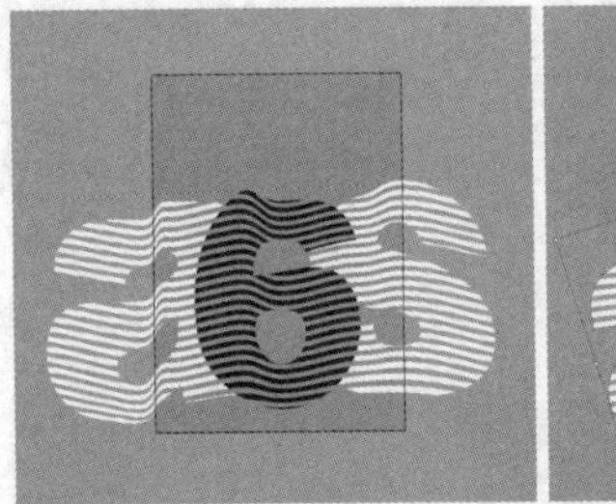

图4-119 调整位置

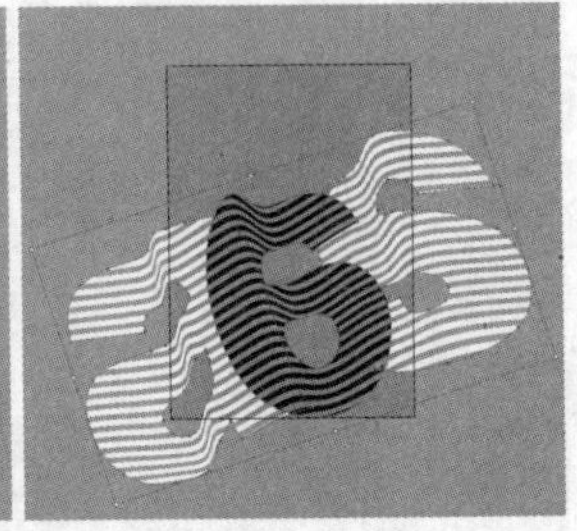

图4-120 旋转文字对象

图4-121 最终效果

4.4 路径形状

在Illustrator中， 图形对象的外形不仅能够通过变形工具与液化工具来改变，还可以通过路径的各种运算或组合而变化。在路径编辑方式中，“路径查找器”面板是用来进行路径运算的，而复合路径与复合形状则是通过组合的方式来改变图形对象的显示效果。还可以通过形状生成器直接对对象进行合并、编辑和填充。

4.4.1 路径查找器

通过使用“路径查找器”面板中的相关选项，可以将两个或多个图形进行相加、相减或相交等操作，从而生成更加复杂的图形。

● 路径查找器面板

选择两个或多个重叠图形后，执行“窗口”|“路径查找器”命令，打开“路径查找器”面板，如图4-122所示。通过单击该面板中的相应按钮，可以对所选对象进行合并、分割和修剪等操作。

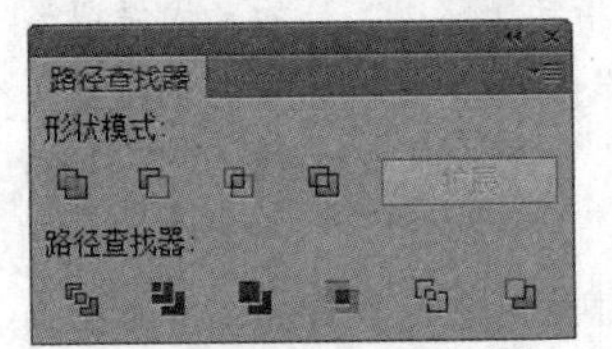

图4-122 “路径查找器”面板

1. 形状模式

- “联集” ：单击该按钮，可以将选中的两个或多个图形合并为一个图形，合并后轮廓线及其重叠的部分融合在一起，最顶部对象的颜色决定了合并后对象的颜色，如图4-123所示。

图4-123 “联集”效果

- “减去顶层” ：单击该按钮，将会用后面的图形减去它前面的所有图形，而保留后面图形的填充和描边，如图4-124所示。

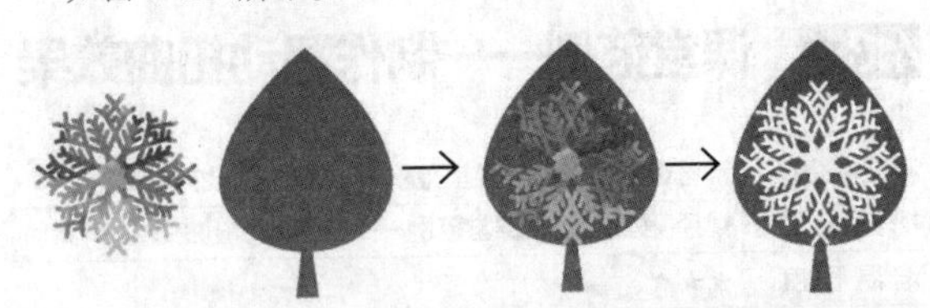

图4-124 “减去顶层”效果

- “交集” ：单击该按钮，将会删除图形重叠区域以外的部分，重叠部分显示最顶部图形的填充和描边，如图4-125所示。

图4-125 “交集”效果

- “差集”：单击该按钮，只保留图形非重叠部分，而重叠部分被挖空，最终的图形显示最顶部图形的填充和描边，如图4-126所示。

图4-126 “差集”效果

2. 路径查找器

- “分割”：单击该按钮，将会对图形的重叠区域进行分割，分割后的图形可单独进行编辑且保留原图形的填充和描边，并自动编为一组，如图4-127所示。

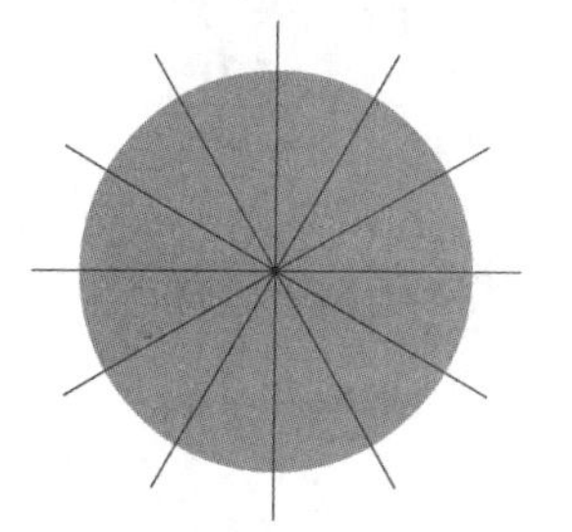
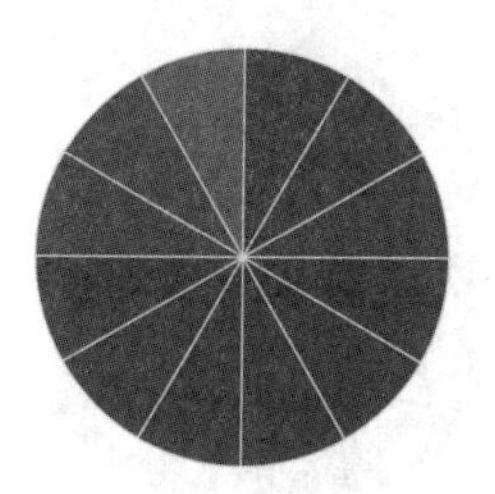

图4-127 “分割”效果

- “修边”：单击该按钮，将后面的图形与前面的图形重叠的部分删除，并保留对象的填充，且无描边，如图4-128所示。

图4-128 “修边”效果

- “裁剪”：单击该按钮，只保留图形的重叠部分，最终的图形显示最后面图形的颜色，且无描边，如图4-129所示。

图4-129 “裁剪”效果

- “轮廓”：单击该按钮，只保留图形的轮廓，轮廓的填充色为自身的颜色，如图4-130所示。

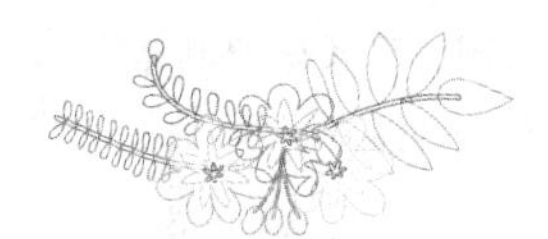

图4-130 “轮廓”效果

- “减去后方对象”：单击该按钮，可以用最前面的图形减去后面所有的图形，保留最前面图形的非重叠部分及填充和描边，如图4-131所示。

图4-131 “减去后方对象”效果

练习 4-11 使用路径查找器绘制立体图标

源文件路径	素材\第4章\练习4-11使用路径查找器绘制立体图标
视频路径	视频\第4章\练习4-11使用路径查找器绘制立体图标.mp4
难易程度	★★★

01 启动Illustrator，执行“文件”|“新建”命令，新建一个150mm×150mm大小的空白画板。

02 选择“多边形工具”，按住Shift键在画板空白处单击并拖曳出一个六边形，设置任意填充颜色，无描边，如图4-132所示。切换到“选择工具”，将六边形旋转 30°，如图 4-133 所示。

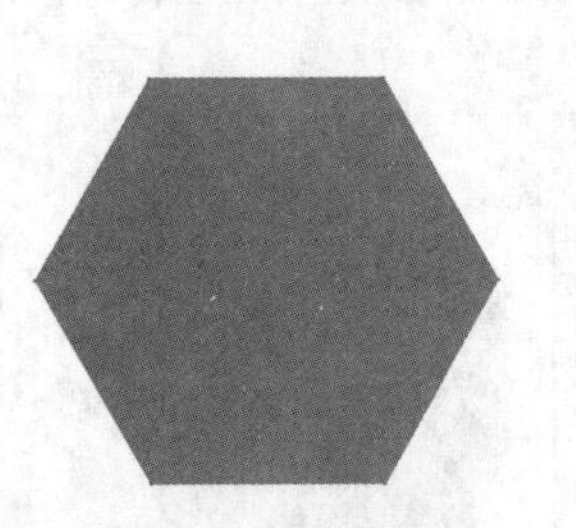

图4-132 绘制六边形

图4-133 旋转六边形

03 选择“直线工具”，将光标放在六边形的中心点上，按住 Shift+Alt 键绘制一条直线，如图 4-134 所示。

04 保持对象的选中状态，双击“旋转工具”，在打开的“旋转”对话框中设置“角度”为 60°，按“复制”按钮，旋转并复制直线。然后按 Ctrl+D 快捷键重复该操作，得到多条直线，如图 4-135 所示。

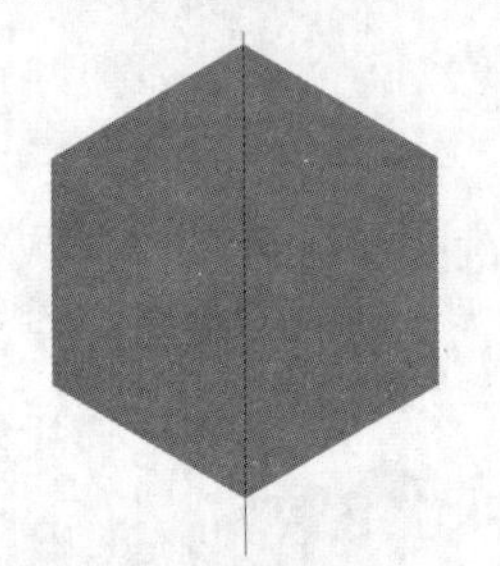

图4-134 绘制直线

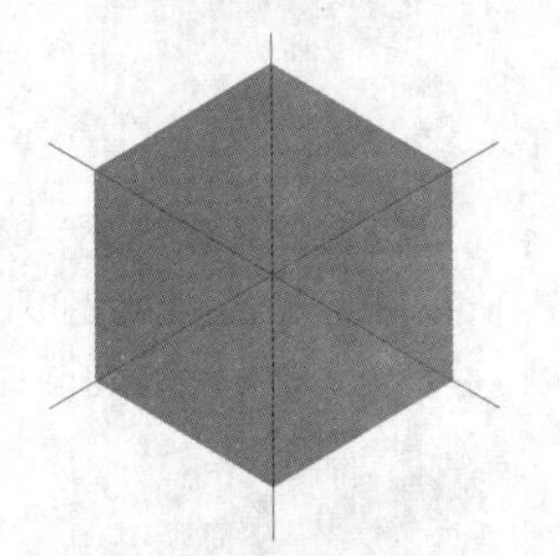

图4-135 创建多条直线

05 按 Ctrl+A 快捷键全选对象，单击“路径查找器”面板中的“分割”按钮，如图 4-136 所示。用直线分割六边形，如图 4-137 所示。

06 使用“编组选择工具”选择上方相邻的两个三角形，如图 4-138 所示。单击“路径查找器”面板中的“联集”按钮，如图 4-139 所示。

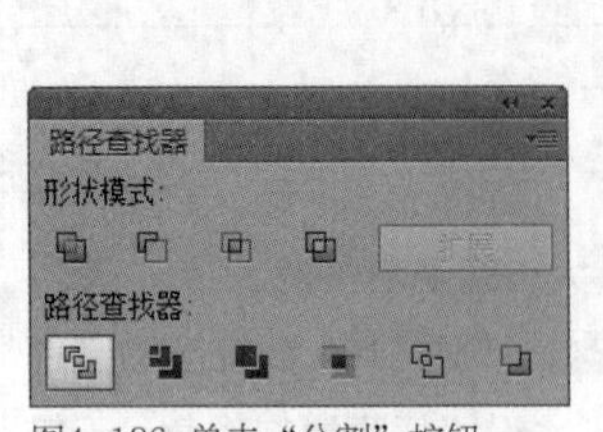

图4-136 单击“分割”按钮

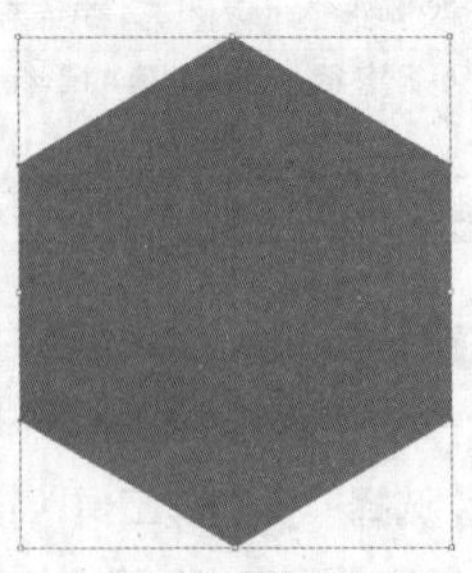

图4-137 分割六边形

图4-138 选择相邻的三角形

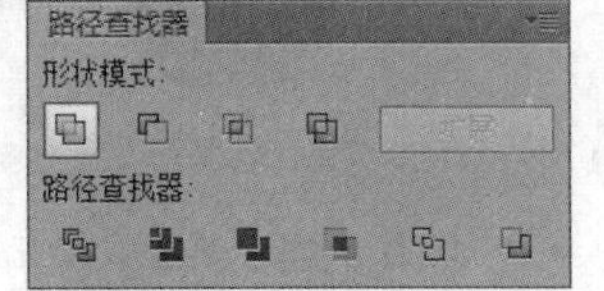

图4-139 单击“联集”按钮

07 合并后的对象如图 4-140 所示，改变其填充颜色，如图 4-141 所示。

图4-140 合并效果

图4-141 修改填充颜色

08 运用相同的操作方式，完成其他两个立体表面的制作，如图 4-142 所示。

图4-142 立体效果

09 使用“选择工具”选择立体图形，按住 Alt 键向右拖曳，将其复制并移动，如图 4-143、图 4-144 所示。

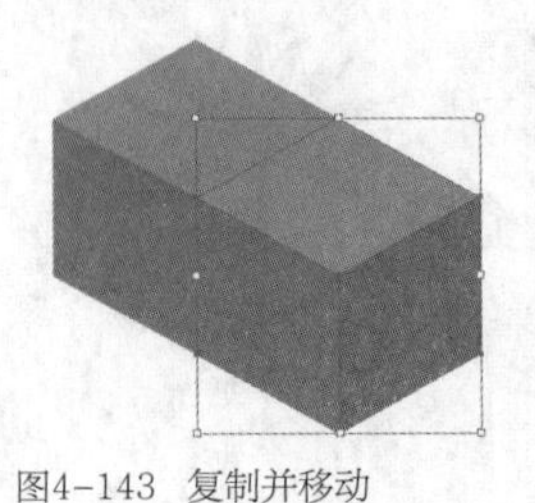

图4-143 复制并移动

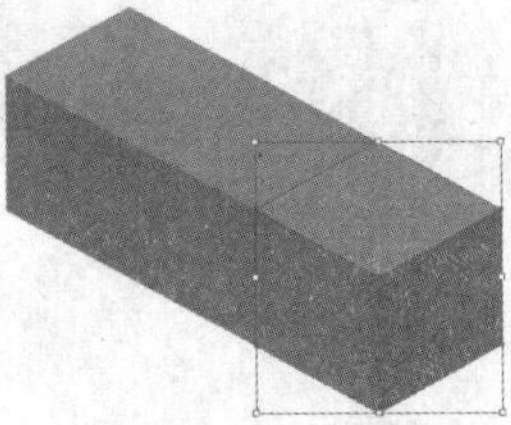

图4-144 复制并移动

10 运用相同的方式，继续复制一个立体对象，如图 4-145 所示。执行“对象”|“排列”|“后移一层”命令，将其移至前一个对象下方，如图 4-146 所示。

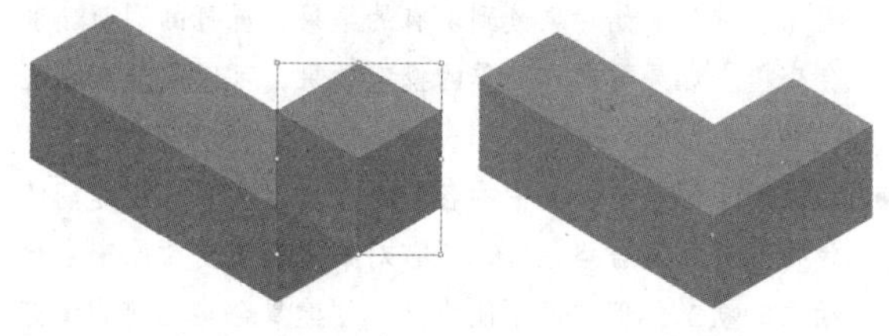

图4-145 继续复制对象　　图4-146 调整排列顺序

11 运用相同的方式，复制立体对象，并调整位置如图 4-147 所示。最后再复制一层放在所有对象中间，最终效果如图 4-148 所示。

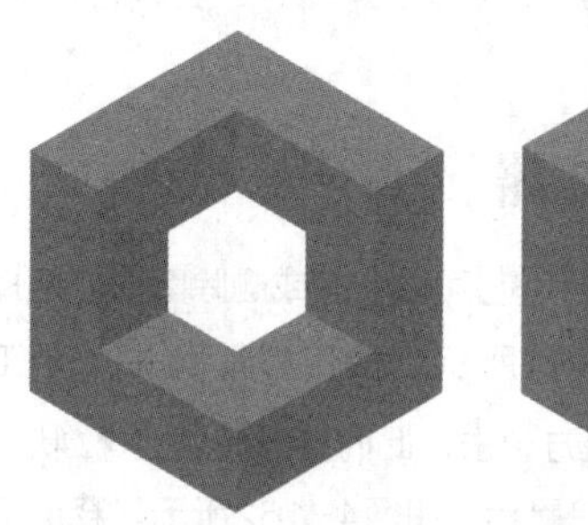

图4-147 继续复制和调整对象

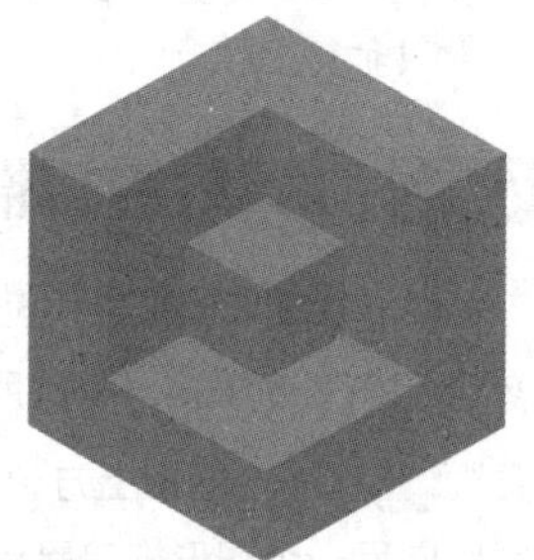

图4-148 最终效果

4.4.2 复合对象

1. 复合形状

复合形状可以通过相加、相减、交集或差集的方式组合多个图形。在创建复合形状后，既能够保留原图形各自的轮廓，对图形进行非破坏性的处理，还可以更改其形状模式。

2. 复合路径

复合路径是由一条或多条简单的路径组合而成的图形，可以产生挖空效果，即可以在路径的重叠处呈现空洞。选中多个对象后，执行“对象”|“复合路径”|“建立”命令，即可创建复合路径，它们会自动编组，并应用最后一个对象的填充内容和样式。使用“直接选择工具”或“编组选择工具”可以选择部分对象进行移动，复合路径的空洞也会随之改变。

练习 4-12 创建和编辑复合对象

源文件路径	素材\第4章\练习4-12创建和编辑复合对象
视频路径	视频\第4章\练习4-12创建和编辑复合对象.mp4
难易程度	★★★

01 启动 Illustrator，执行“文件”|“打开”命令，在“打开”对话框中选择“素材.ai”素材文件，将其打开，如图 4-149、图 4-150 所示。

图4-149 打开素材文件

图4-150 “图层”面板

02 使用“选择工具”，按住 Shift 键单击 3 个字母对象，将它们同时选中，按 Ctrl+8 快捷键创建为复合路径，如图 4-151、图 4-152 所示。

图4-151 创建复合路径

图4-152 “图层”面板

03 按 Ctrl+A 快捷键，全选对象。单击“路径查找器”面板“形状模式”选项组中的“减去顶层”按钮，如图 4-153 所示。此时将会合并所有图形，如图 4-154 所示。

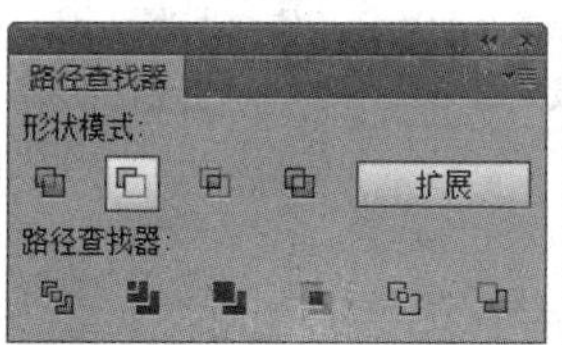

图4-153 单击“减去顶层”按钮

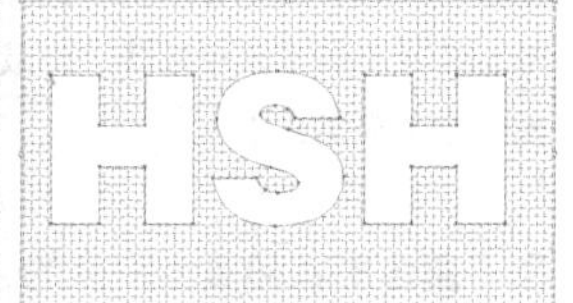

图4-154 合并效果

04 上一步操作之后，图形的结构将会发生改变，如图 4-155 所示。按 Ctrl+Z 快捷键撤销上一步操作。按住 Alt 键再次单击“减去顶层”按钮，即可创建复合形状。此时，图形的外观虽然合并成一个整体，但是各个图形的轮廓都完好无损，如图 4-156 所示。

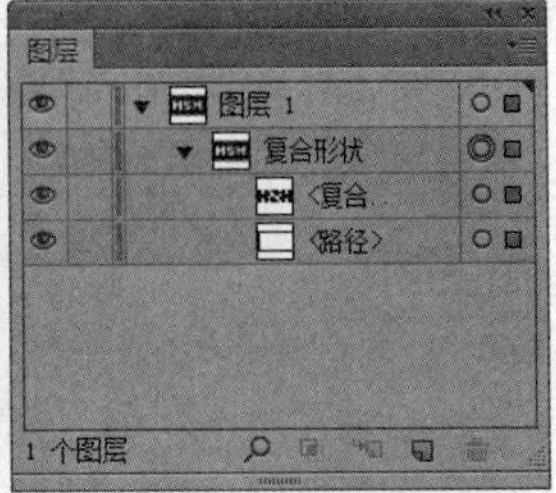

图4-155 图形的结构发生改变　图4-156 图形的结构完好无损

05 使用"编组选择工具"在文字对象上双击鼠标，将其选中，如图 4-157 所示。然后按住 Alt 键单击"路径查找器"面板中的"交集"按钮，即可修改所选图形的形状模式，如图 4-158 所示。

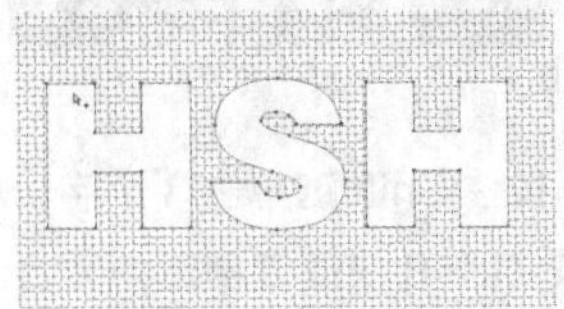

图4-157 选中文字对象　图4-158 "交集"效果

06 使用"直接选择工具"或"编组选择工具"可以选择和编辑复合形状，也可以使用锚点编辑工具修改对象的形状，如图 4-159 所示。或者修改复合形状的填充、样式或透明度，如图 4-160 所示。

图4-159 编辑对象形状　图4-160 修改填充

提示

选择一个复合形状后，单击"路径查找器"面板中的"扩展"按钮，可以扩展复合形状，删除多余的路径，使之成为一个图形。若在面板菜单中选择"释放复合形状"命令，可以将原有图形重新分离出来。

3. 复合形状和复合路径的区别

复合形状是通过"路径查找器"面板组合的图形，可以生成相加、相减和相交等不同的运算结果，而复合路径只能创建挖空效果。

图形、路径、编组对象、混合、文本、封套、变形和复合路径，以及其他复合形状都可以用来创建复合形状，而复合路径则由一条或多条简单的路径组成。

- 由于要保留原始图形，复合形状要比复合路径生成的文件大，并且在显示包含复合形状的文件时，计算机要一层一层地从原始对象读到现有的结果，屏幕的刷新速度会变慢。如果要制作简单的挖空效果，可以用复合路径代替复合形状。
- 释放复合形状时，其中的各个对象可以恢复为创建前的效果；释放复合路径时，所有对象可以恢复为原来各自独立的状态，但它们不能恢复为创建复合路径前的填充内容和样式。
- 在复合路径中，各个路径的形状虽然可以处理，但无法改变各个对象的外观属性、图形样式或效果，并且无法在"图层"面板中单独处理这些对象。因此，如果希望更灵活地创建复合路径，可以创建一个复合形状，然后将其扩展。

4.4.3 形状生成器

"形状生成器工具"可以合并或删除图形。选择多个图形，如图4-161所示，使用"形状生成器工具"在一个图形上方单击，此时指针呈现为▶+状，然后向另一个图形拖曳鼠标，如图4-162所示。释放鼠标后即可将两个图形合并，如图4-163所示。

若按住Alt键，指针将呈现为▶-状，如图4-164所示。此时单击合并后的图形或图形边缘，则可以将其删除，如图4-165、图4-166所示。

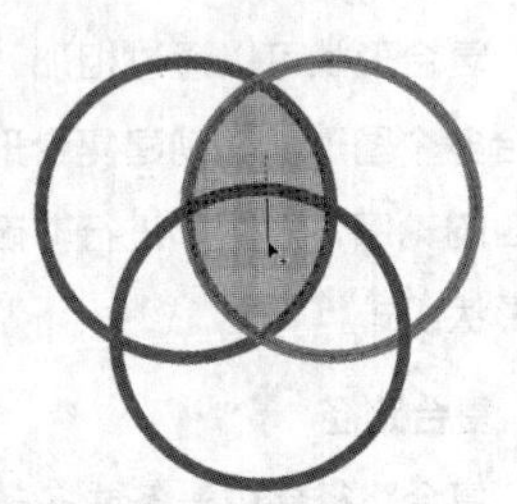

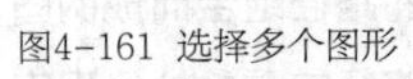

图4-161 选择多个图形　图4-162 单击并拖曳鼠标

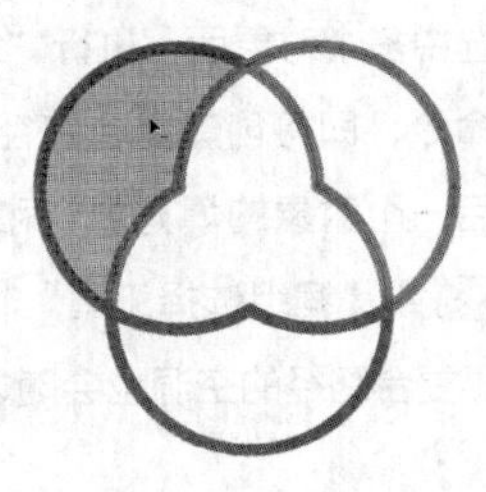

图4-163 合并图形　图4-164 指针形状

图4-165 删除图形

图4-166 最终效果

练习 4-13 使用形状生成器绘制穿插标志

源文件路径	素材\第4章\练习4-13使用形状生成器绘制穿插标志
视频路径	视频\第4章\练习4-13使用形状生成器绘制穿插标志.mp4
难易程度	★★

01 启动 Illustrator，执行“文件”|“新建”命令，新建一个 300px×300px 大小的空白画板。使用“直线段工具” 绘制一条直线，如图 4-167 所示。

02 保持直线的选中状态，双击“旋转工具” 按钮，在打开的“旋转”对话框中设置参数，如图 4-168 所示。单击“复制”按钮，复制并旋转直线，如图 4-169 所示。

03 使用“钢笔工具” 测量两条相邻线段之间的距离，如图 4-170 所示。

图4-167 绘制直线

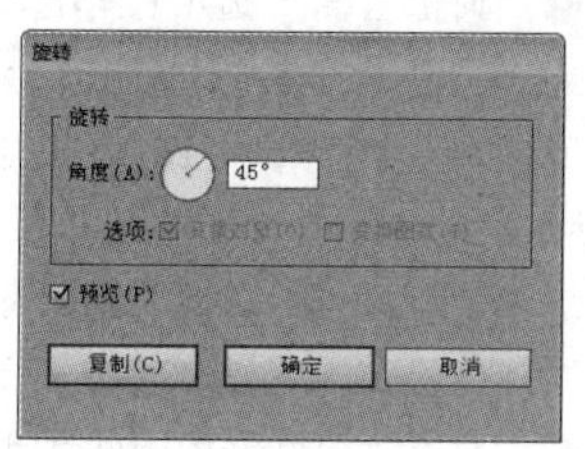

图4-168 “旋转”对话框

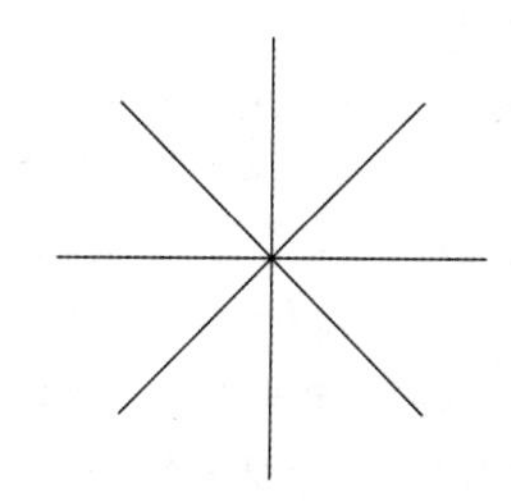

图4-169 复制并旋转直线

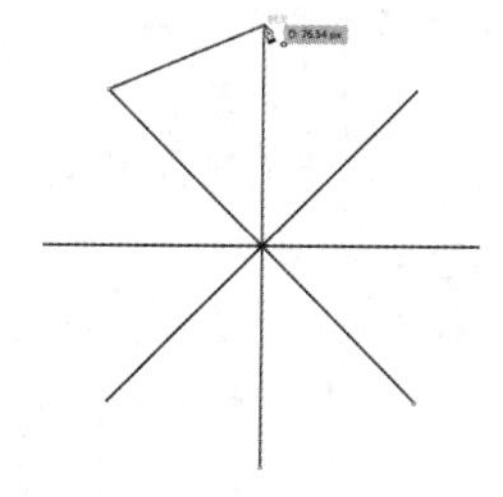

图4-170 测量距离

04 选择“椭圆工具” ，按住 Alt 键在任意直线端点处单击，在打开的“椭圆”对话框中输入测量的距离作为圆形的直径，如图 4-171 所示。单击“确定”按钮，以单击点为圆心绘制圆形，如图 4-172 所示。

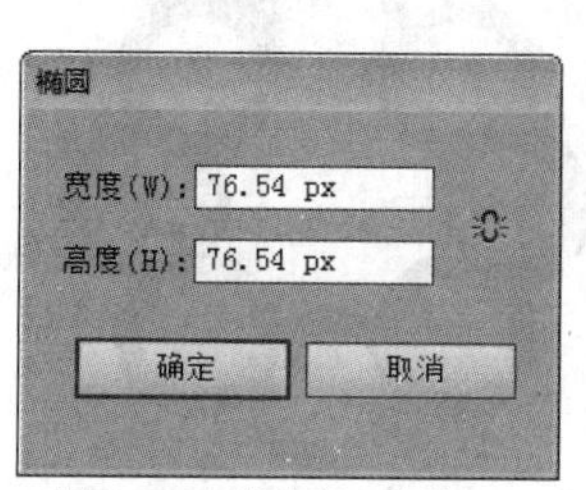

图4-171 “椭圆”对话框

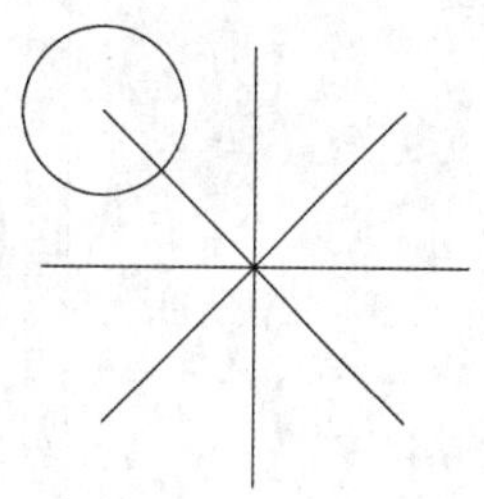

图4-172 绘制圆形

05 选择“旋转工具” ，按住 Alt 键在直线交叉处单击，在打开的“旋转”对话框中输入数值，如图 4-173 所示。单击“复制”按钮，旋转并复制圆形，如图 4-174 所示。按 Ctrl+D 快捷键重复该操作，得到的效果如图 4-175 所示。

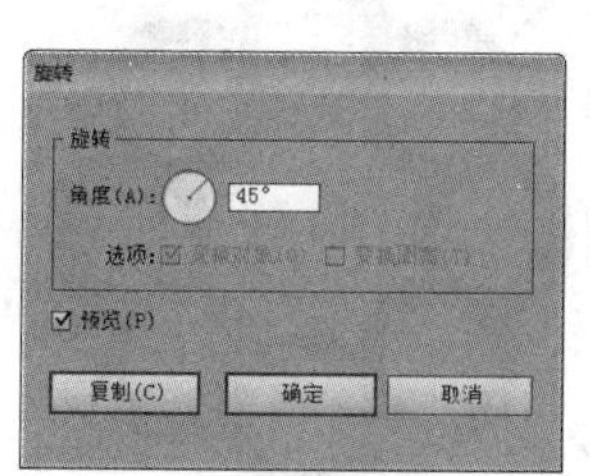

图4-173 “旋转”对话框

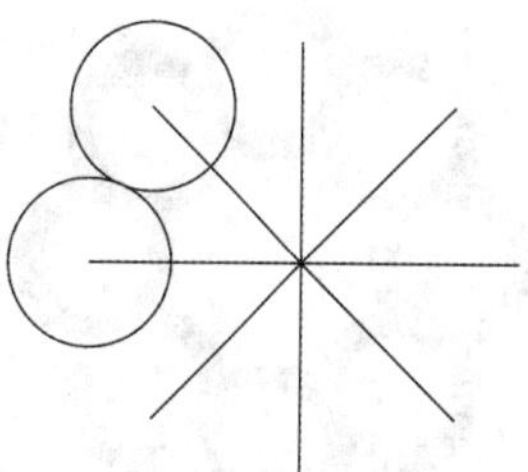

图4-174 旋转并复制圆形

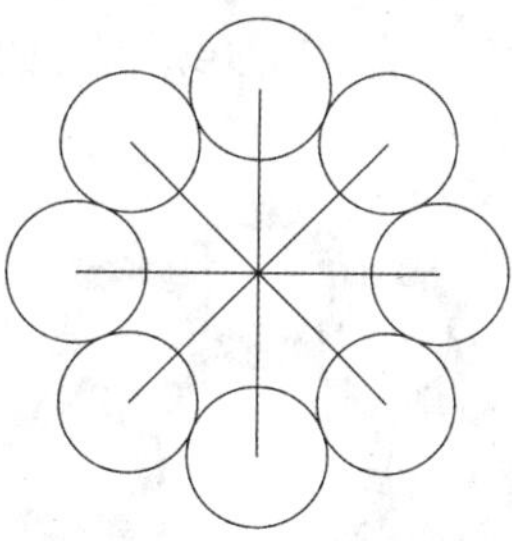

图4-175 圆形效果

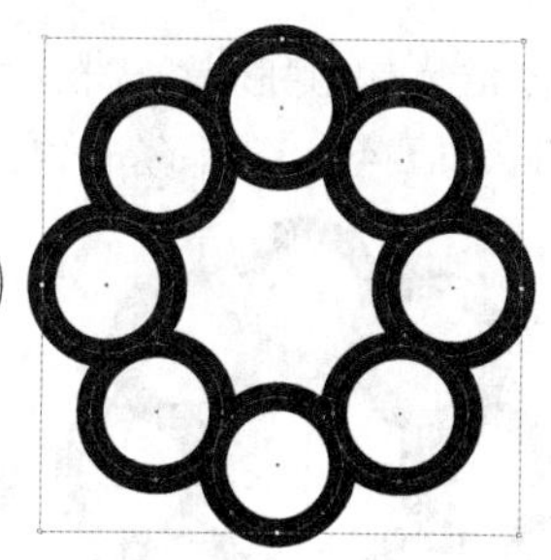

图4-176 描边效果

06 删除所有直线。选择所有圆形，在控制面板中设置“描边”为黑色，“描边大小”为 16pt，如图 4-176 所示。

07 保持对象的选中状态，执行“对象”|“扩展”命令，在打开的“扩展”对话框中勾选相关选项，如图 4-177 所示。单击“确定”按钮，扩展所选对象，如图 4-178 所示。

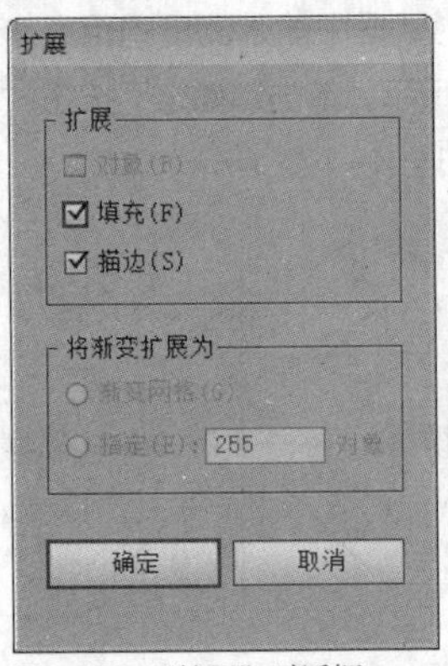

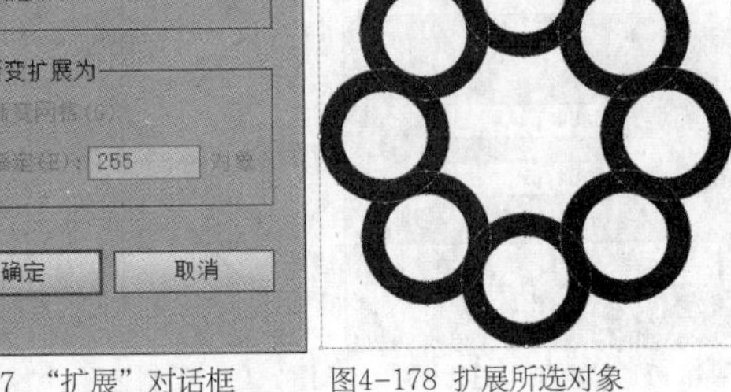

图4-177 “扩展”对话框　　图4-178 扩展所选对象

08 选择“形状生成器工具”，将指针放在图形上方，指针将变成▸₊状，如图 4-179 所示。单击并拖曳鼠标至另一个图形区域，如图 4-180 所示。释放鼠标后，即可将两个区域合并，如图 4-181 所示。

图4-179 光标形状　　图4-180 拖曳鼠标

09 继续使用“形状生成器工具”进行拖曳，生成的形状如图 4-182 所示。

图4-181 生成形状　　图4-182 生成形状效果

10 使用“编组选择工具”选择不同的区域，为对象填充不同的颜色，完成穿插标志的制作，如图 4-183 所示。

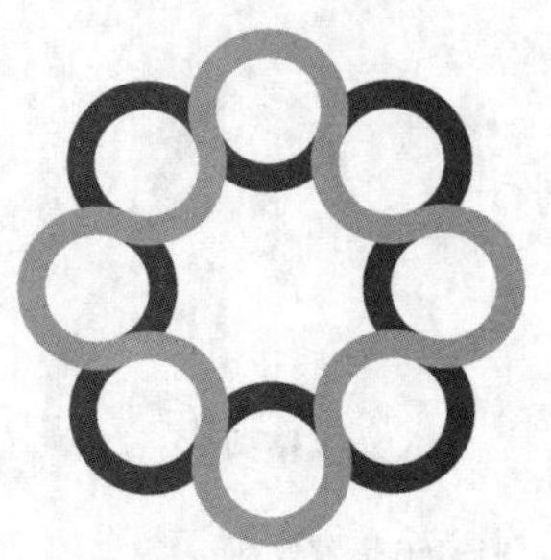

图4-183 穿插标志效果

● 形状生成器工具选项

双击“形状生成器工具”，可以打开“形状生成器工具选项”对话框，如图4-184所示。

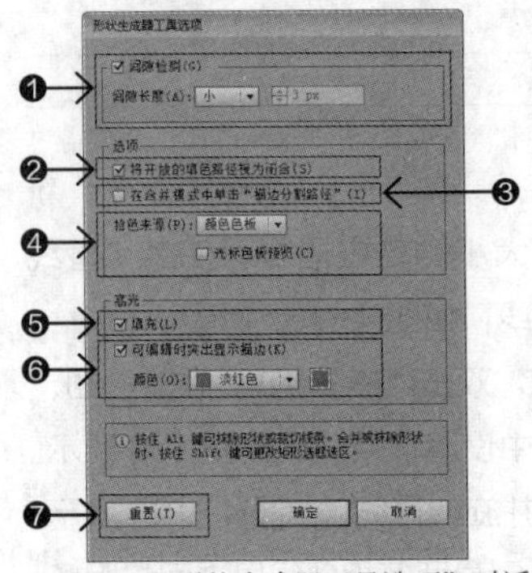

图4-184 “形状生成器工具选项”对话框

❶ “间隙检测”选项：勾选该选项后，可以在“间隙长度”下拉列表中选择预设的间隙长度，包括小（3点）、中（6点）和大（12点）。也可以选择“自定义”选项，然后在右侧的文本框中输入数值，定义精确的间隙长度，此后Illustrator会查找仅接近指定间隙长度值的间隙，因此应确保指定间隙长度值与实际长度接近。

❷ “将开放的填色路径视为闭合”选项：勾选该选项，可以为开放的路径创建一个不可见的边缘以封闭图形，单击图形内部时，会创建一个形状。

❸ 在合并模式中单击“描边分割路径”：在进行合并图形操作时，单击描边可分割路径。在拆分路径时，指针将会呈现▷✂状。

❹ “拾色来源”选项：在该选项的下拉列表中包含“图稿”和“颜色色板”选项。选择“颜色色板”选项时，可以从颜色色板中选择颜色来给对象上色，此时可勾选“光标色板预览”复选框，预览和选择颜色。Illustrator会提供实时上色风格光标色板，它允许使用方向键循环选择色板面板中的颜色。选择“图稿”选项

时，则可以从当前图稿所用的颜色中选择颜色。

❺“填充”：勾选该复选框后，将光标放在可合并的路径上方，路径区域将会以灰色突出显示。

❻“可编辑时突出显示描边/颜色”：勾选该选项后，将光标放在图形上方时，Illustrator会突出显示可编辑的描边。在“颜色”选项中可以修改显示颜色。

❼“重置”：单击该按钮，可以恢复为Illustrator默认的参数。

4.4.4 课堂范例——运用布尔运算绘制渐变花朵

源文件路径	素材\第4章\4.4.4课堂范例——运用布尔运算绘制渐变花朵
视 频 路 径	视频\第4章\4.4.4课堂范例——运用布尔运算绘制渐变花朵.mp4
难 易 程 度	★★★

本实例主要介绍使用路径查找器和形状生成器工具创建复合形状。

01 执行“文件”|“新建”命令或按 Ctrl+N 快捷键，新建一个 300mm×300mm 大小的空白文档。使用“圆形工具”，按住 Shift 键绘制一个任意大小的圆形，设置无填充，“描边”为黑色，如图 4-185 所示。

02 选择“旋转工具”，按住 Alt 键在圆形边缘上任意一点处单击，打开“旋转”对话框，设置“角度”为 30°，按“复制”按钮，旋转并复制圆形。再多次按 Ctrl+D 快捷键重复该操作，得到效果如图 4-186 所示。

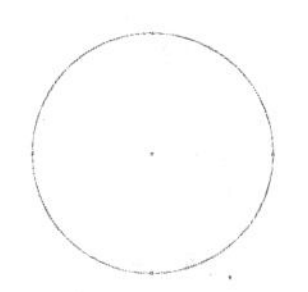

图4-185 绘制圆形

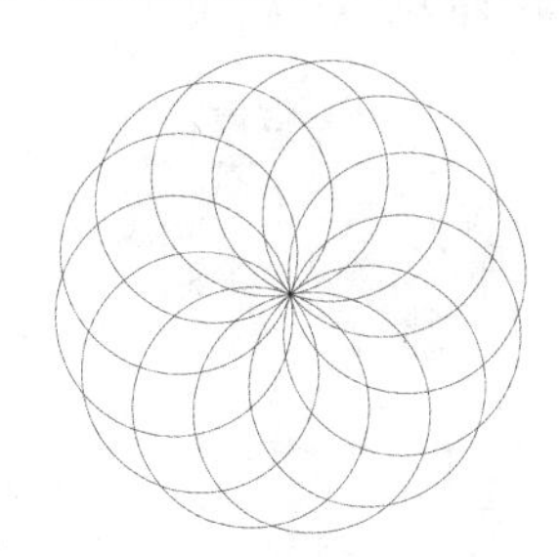

图4-186 旋转并复制圆形效果

03 全选对象，按Ctrl+C和Ctrl+F快捷键复制所有对象，并对其进行编组，在“图层”面板中将其隐藏，如图 4-187 所示。

04 选择“选择工具”，按住 Ctrl 键选中相邻的两个圆形，如图 4-188 所示。

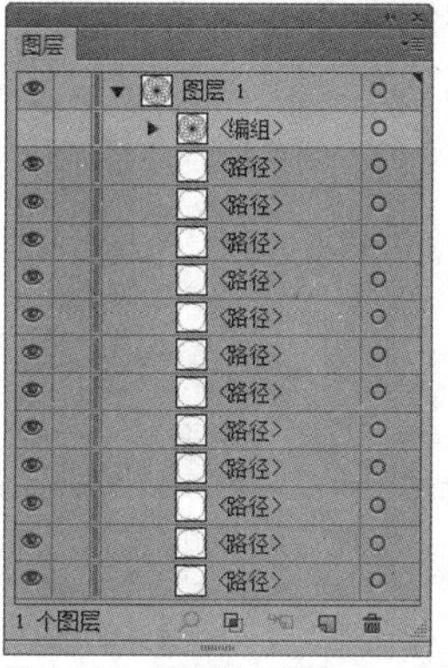

图4-187 “图层”面板

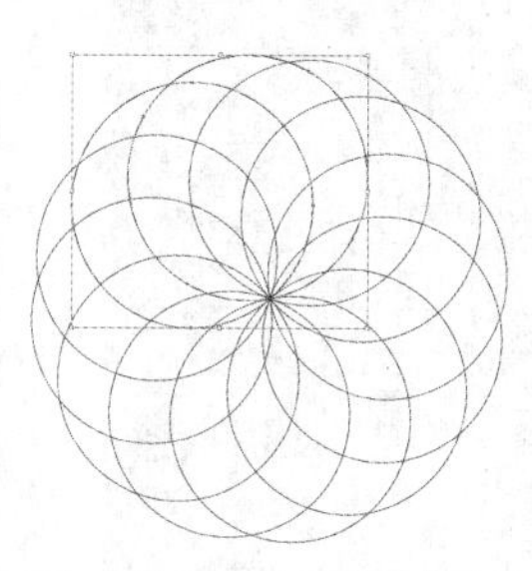

图4-188 选中相邻的两个圆形

相关链接	关于“图层”面板的具体使用方式，请参阅本书第6章。

05 单击“路径查找器”面板中的“交集”按钮，如图 4-189 所示。得到复合路径如图 4-190 所示。

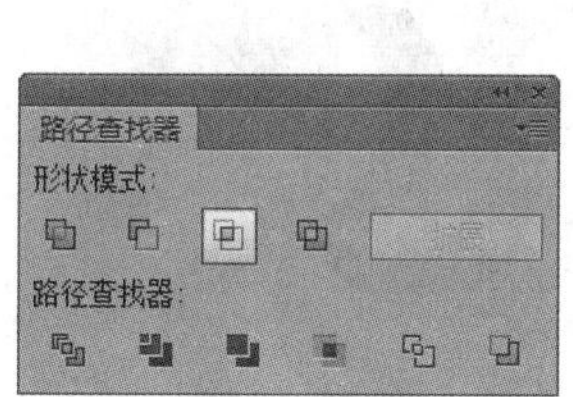
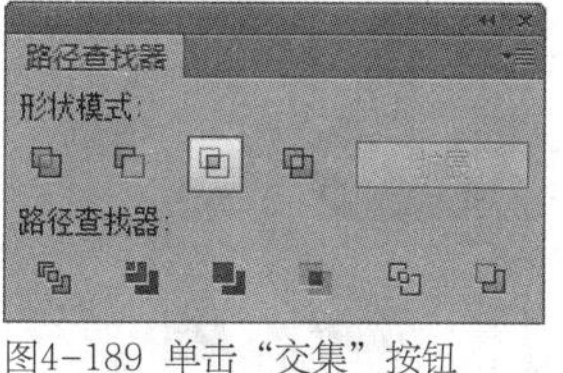

图4-189 单击“交集”按钮

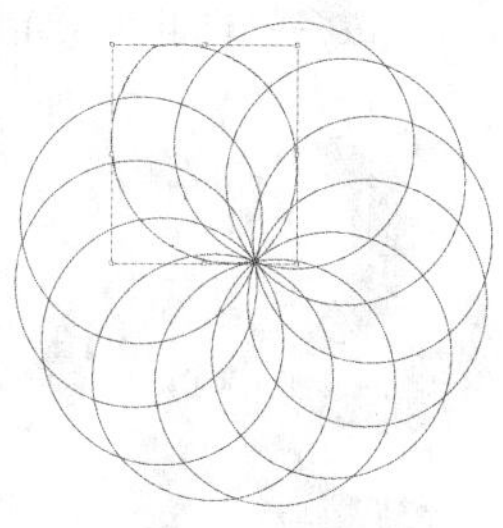

图4-190 复合路径效果

06 运用相同的方式，对每一对相邻的圆形进行布尔运算，得到效果如图 4-191 所示。

07 使用“选择工具”选择每一个画板，为其填充任意颜色，调整排列顺序如图 4-192 所示。

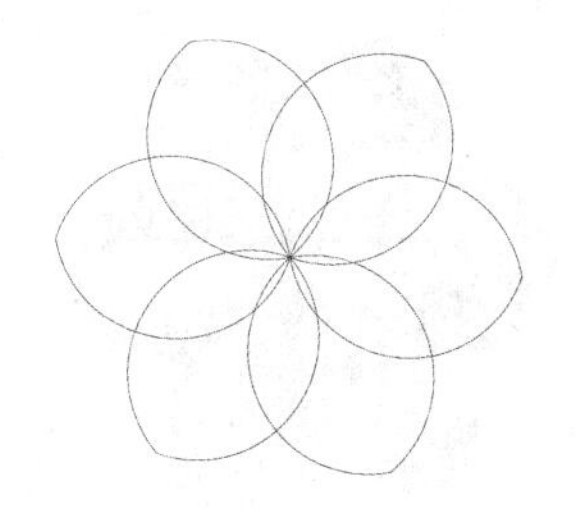

图4-191 花朵轮廓效果

图4-192 填充效果

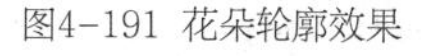

相关链接	关于调整排列顺序的具体操作方式，请参阅本章4.5小节。

08 在“图层”面板中将得到的花瓣图层隐藏，将隐藏的编组图层显示出来，如图 4-193、图 4-194 所示。

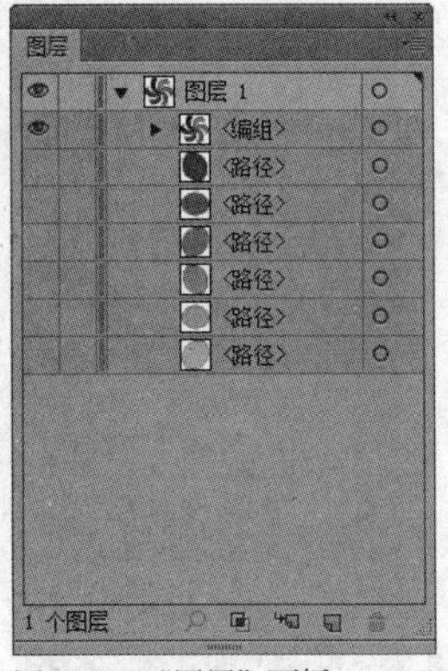

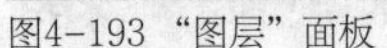

图4-193 “图层”面板

图4-194 显示效果

09 选中编组对象，使用“形状生成器工具” 在对象相应位置单击并拖曳光标，生成的图案如图 4-195 所示。

10 使用“编组选择工具” 选择多余的路径对象，按 Delete 键将它们删除，如图 4-196 所示。

图4-195 生成图案效果

图4-196 删除多余路径

11 在“图层”面板中显示所有被隐藏的图层对象，如图 4-197 所示。调整花瓣的排列顺序，如图 4-198 所示。

图4-197 显示所有图层

图4-198 调整花瓣效果

12 执行“窗口”|“色板库”|“渐变”|“明亮”命令，打开“明亮”色板库，为花瓣应用不同的渐变颜色，如图 4-199 所示。

13 全选对象，设置“描边”为白色，“描边粗细”为 2pt，最终效果如图 4-200 所示。

图4-199 渐变花瓣效果　　图4-200 最终效果

4.5 对齐与排列图形对象

默认状态下，Illustrator中新绘制的图形总是位于先前绘制的图形的上面。对象的堆叠方式将决定其重叠部分如何显示，因此，调节堆叠顺序会影响图稿的显示效果。下面将详细介绍图形的排列及对象的对齐与分布。

4.5.1 排列图形对象

1. 使用“排列”命令调整堆叠顺序

选择对象，如图4-201所示，执行“对象”|“排列”命令，或者在所选对象上方单击鼠标右键，执行相同的命令，可以在下拉菜单里选择一种图形的排列方式，如图4-202所示。

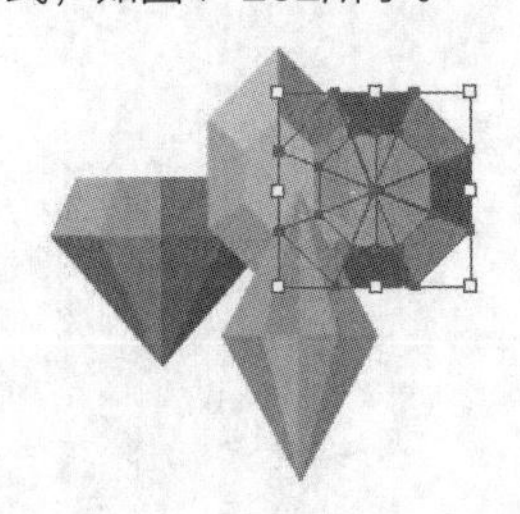

图4-201 选择对象

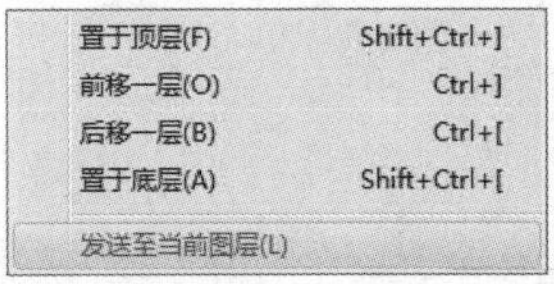

置于顶层(F) Shift+Ctrl+]
前移一层(O) Ctrl+]
后移一层(B) Ctrl+[
置于底层(A) Shift+Ctrl+[
发送至当前图层(L)

图4-202 “排列”命令

- “置于顶层”：将所选对象移至当前图层或当前组中所有对象的最顶层，如图4-203所示。
- “前移一层”：将所选对象的堆叠顺序向前移一层，如图4-204所示。

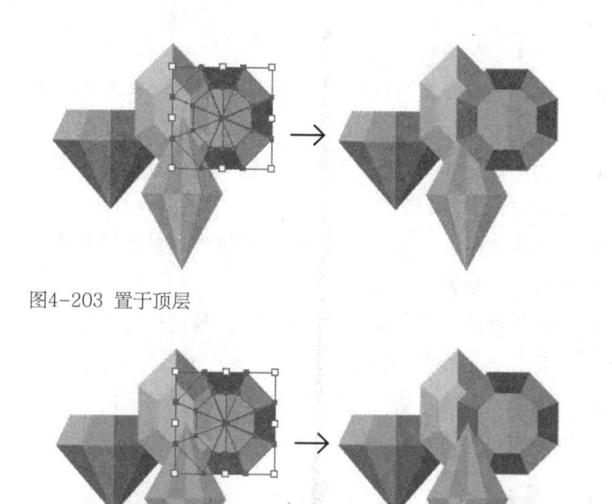

图4-203 置于顶层

图4-204 前移一层

- “后移一层”：将所选对象的堆叠顺序向后移一层，如图4-205所示。
- “置于底层”：将所选对象移至当前图层或当前组中所有对象的最底层，如图4-206所示。

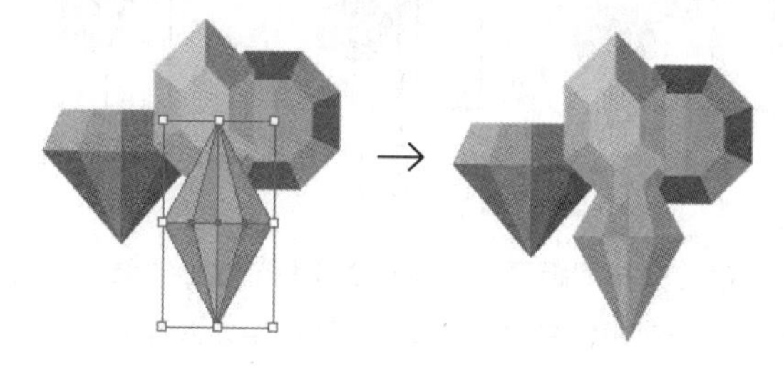

图4-205 后移一层

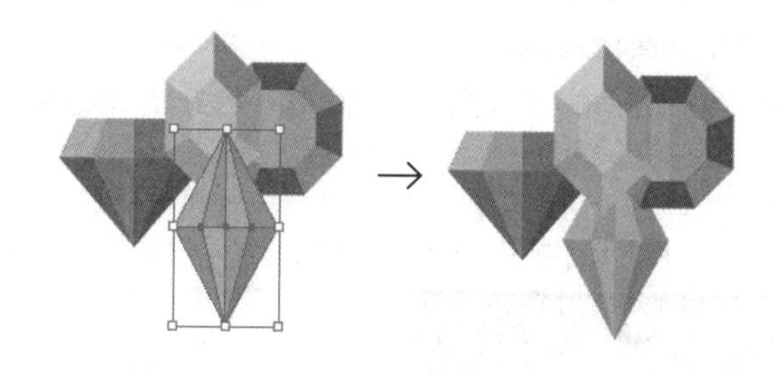

图4-206 置于底层

提示

对象的堆叠顺序取决于当前的绘图模式，关于绘图模式的相关知识点，请参阅本书第1章。

2. 用“图层”面板调整堆叠顺序

对象的堆叠顺序与“图层”面板中图层的堆叠顺序是一致的，因此，通过“图层”面板中图层的堆叠顺序，可以编辑比较复杂的图稿，如图4-207、图4-208所示。

图4-207 “水果”素材

图4-208 “图层”面板

相关链接 关于“图层”面板的相关知识点，请参阅本书第6章。

4.5.2 对齐与分布对象

选择一个或多个对象进行对齐与分布时，可以执行“窗口”|“对齐”命令，打开“对齐”面板，或者直接在“控制”面板中选择相关对齐选项，可以沿指定的轴对齐或分布所选对象。

1. “对齐”面板

选择多个对象，如图4-209所示，执行“窗口”|“对齐”命令，打开“对齐”面板，如图4-210所示。单击该面板中的任一按钮，可以沿着指定的轴将它们对齐。

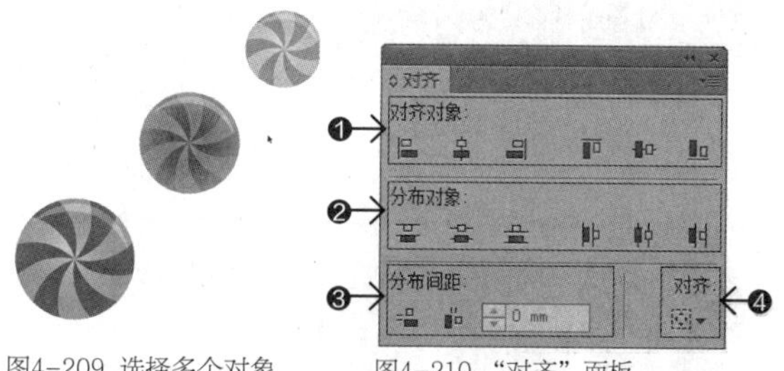

图4-209 选择多个对象　　图4-210 “对齐”面板

❶“对齐对象”：对选择的两个或两个以上的对象按照指定的位置或区域进行对齐排列。

- “水平左对齐”：沿着水平线Y轴进行对象的左端对齐，如图4-211所示。

- “水平居中对齐”：沿着水平线Y轴进行对象的居中对齐，如图4-212所示。
- “水平右对齐”：沿着水平线Y轴进行对象的右端对齐，如图4-213所示。
- “垂直顶对齐”：沿着水平线X轴进行对象的顶端对齐，如图4-214所示。
- “垂直居中对齐”：沿着水平线X轴进行对象的居中对齐，如图4-215所示。
- “垂直底对齐”：沿着水平线X轴进行对象的底端对齐，如图4-216所示。

图4-211 水平左对齐 图4-212 水平居中对齐 图4-213 水平右对齐

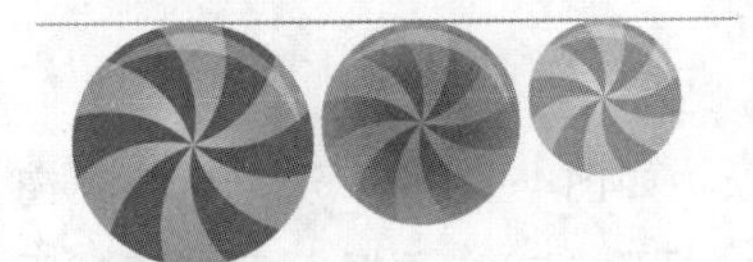

图4-214 垂直顶对齐

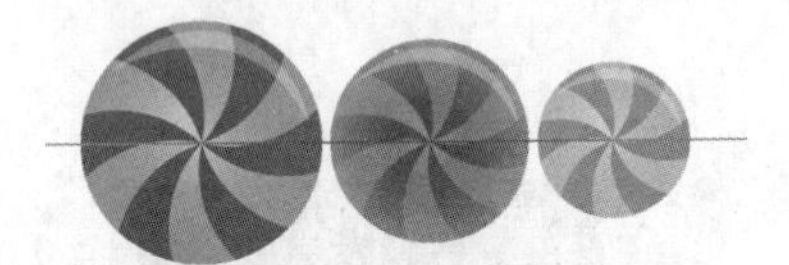

图4-215 垂直居中对齐

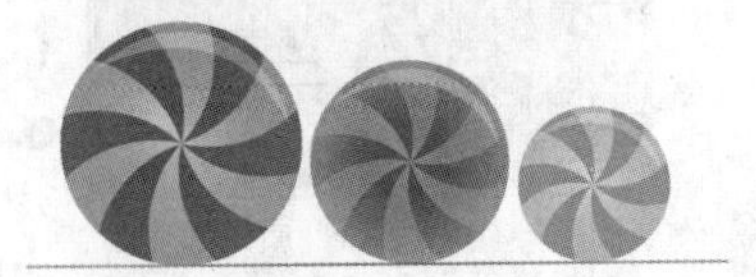

图4-216 垂直底对齐

❷“分布对象”：对选择的三个或三个以上的对象按照指定的位置或区域进行平均分布。

- “垂直顶分布”：沿着水平线X轴进行对象的顶端平均分布，如图4-217所示。
- “垂直居中分布”：沿着水平线X轴进行对象的居中平均分布，如图4-218所示。
- “垂直底分布”：沿着水平线X轴进行对象的底端平均分布，如图4-219所示。
- “水平左分布”：沿着水平线Y轴进行对象的左端平均分布，如图4-220所示。
- “水平居中分布”：沿着水平线Y轴进行对象的居中平均分布，如图4-221所示。
- “水平右分布”：沿着水平线Y轴进行对象的右端平均分布，如图4-222所示。

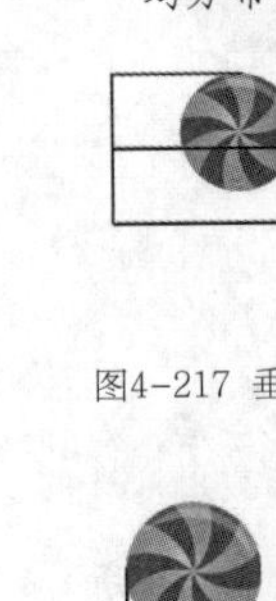

图4-217 垂直顶分布

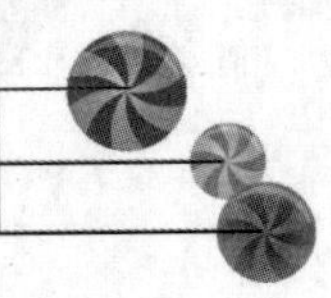

图4-218 垂直居中分布

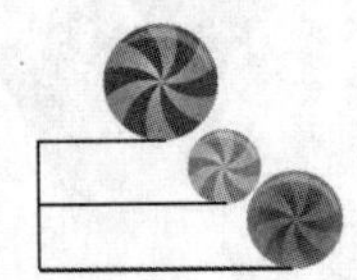

图4-219 垂直底分布

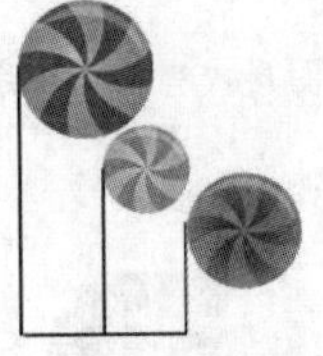

图4-220 水平左分布

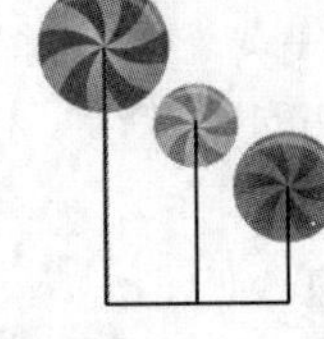

图4-221 水平居中分布

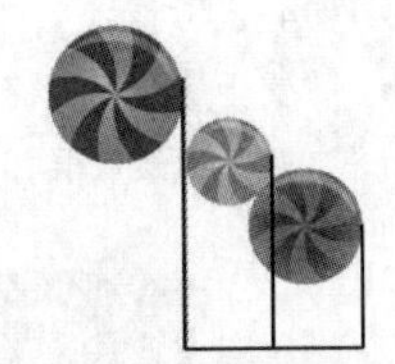

图4-222 水平右分布

❸“分布间距”：选择两个或两个以上对象，单击其中一个对象，在“分布间距”选项中输入数值，然后再单击对应按钮，即可让所选图形按照设定的数值均匀分布，如图4-223所示。

- “垂直分布间距”：沿着垂直线Y轴按照输入的距离数值来分布对象，如图4-224所示。
- “水平分布间距”：沿着水平线X轴按照输入的距离数值来分布对象，如图4-225所示。

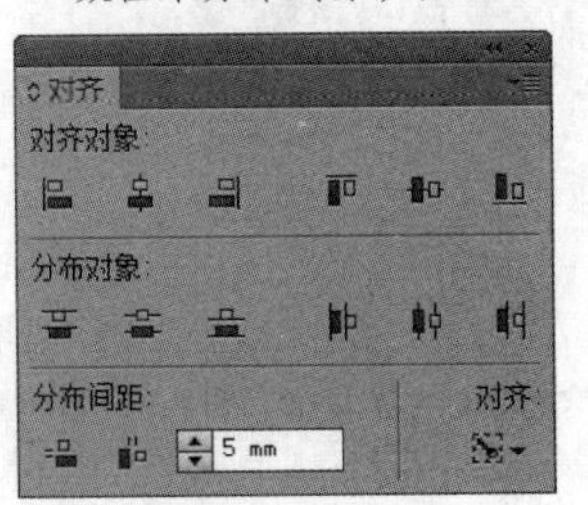

图4-223 “分布间距”数值

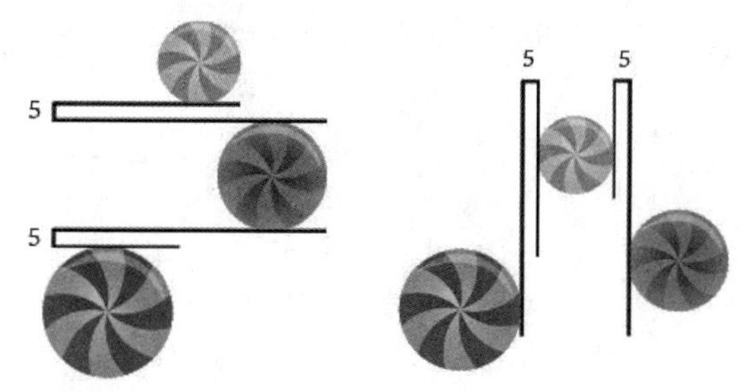

图4-224 垂直分布间距　　图4-225 水平分布间距

提示

在进行对齐与分布操作时，如果要以所选对象中的一个对象为基准来对齐或分布其他对象，可在选择对象之后，再单击这个对象，然后单击所需的对齐和分布按钮。默认情况下，Illustrator会根据对象的路径来计算对象的对齐与分布。当处理具有不同描边粗细的对象时，可单击“对齐”面板右上角 按钮，在下拉菜单里选择“使用预览边界”改为使用描边边缘来进行对象的对齐与分布。

❹“对齐”：该选项用来确定对齐的参照对象。包括“对齐所选对象”、“对齐关键对象”和“对齐画板”选项。

4.5.3 课堂范例——对齐分布矢量图标

源文件路径	素材\第4章\4.5.3课堂范例——对齐分布矢量图标
视频路径	视频\第4章\4.5.3课堂范例——对齐分布矢量图标.mp4
难易程度	★★

本实例主要介绍使用“对齐”面板和圆角矩形工具创建图标背景。

01 启动Illustrator，执行“文件”|“打开”命令，或者按Ctrl+O快捷键，打开“图标.ai”素材文件，如图4-226所示。

02 使用“选择工具”，按住Shift键同时选中画板中上方的5个图标，如图4-227所示。

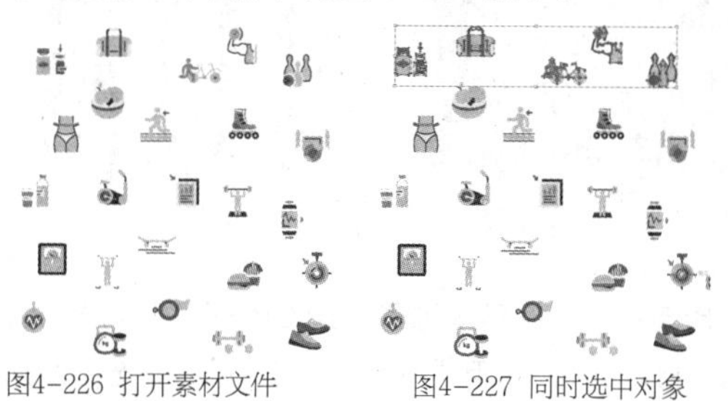

图4-226 打开素材文件　　图4-227 同时选中对象

03 在“对齐”面板中依次单击“水平居中分布”按钮和“垂直居中对齐”按钮，如图4-228所示，效果如图4-229所示。

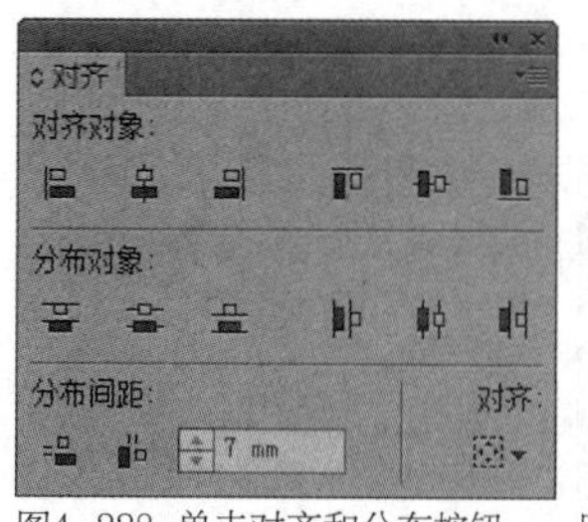

图4-228 单击对齐和分布按钮　　图4-229 对齐效果

04 运用相同的方式完成画板中所有图标的对齐与分布操作，效果如图4-230所示。

05 单击“图层”面板中的“图层2”，使其处于编辑状态。使用“圆角矩形工具”在画板上单击，打开“圆角矩形”对话框，设置大小参数，如图4-231所示。

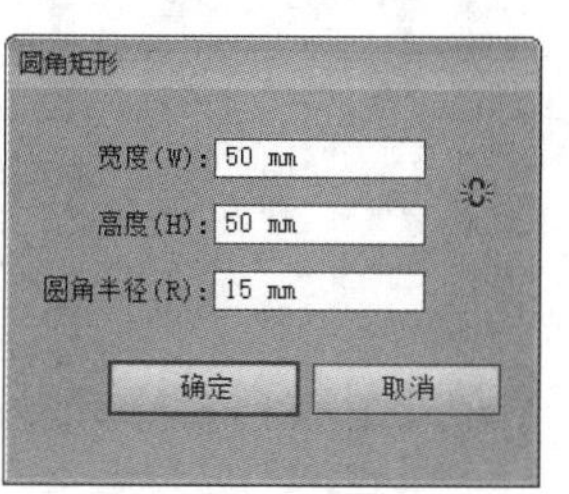

图4-230 完成所有对齐与分布操作　　图4-231 “圆角矩形”对话框

06 单击“确定”按钮，创建圆角矩形，设置“填充”为（C3%、M18%、Y58%、K0%），无描边，调整位置，如图4-232所示。

07 按Ctrl+C和Ctrl+F快捷键，原地复制4个圆角矩形，在“图层”面板中将它们选中，如图4-233所示。

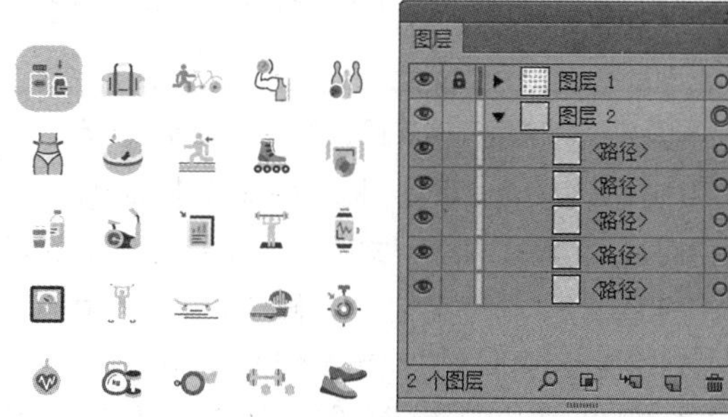

图4-232 创建圆角矩形　　图4-233 选中圆角矩形对象

08 在“对齐”面板中单击“对齐”下拉列表，选择“对齐关键对象”选项，并在“分布间距”文本框中设置“间距值”为7mm，然后单击“水平分布间距”按钮，如图4-234所示，应用分布，效果如图4-235所示。

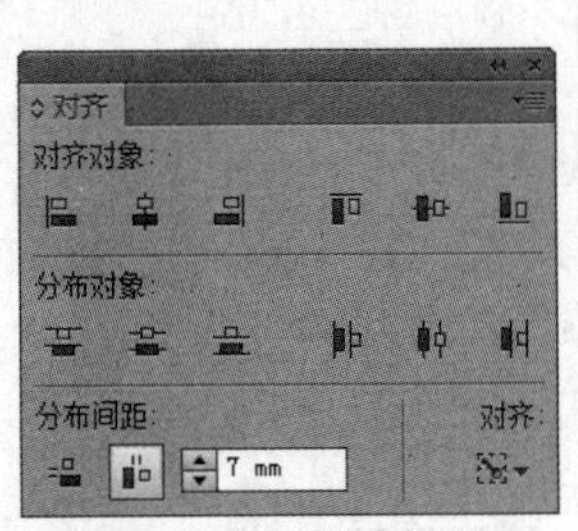

图4-234 设置水平分布间距

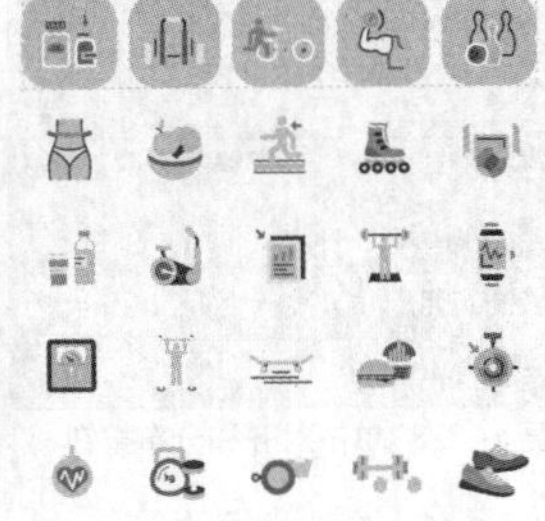
图4-235 分布效果

09 使用“圆角矩形工具”创建不同颜色的圆角矩形，如图4-236所示。运用相同的方式为所有图标创建背景，如图4-237所示。

图4-236 创建不同颜色的圆角矩形

图4-237 创建图标背景

4.6 综合训练——绘制扁平风格插画

源文件路径	素材\第4章\4.6综合训练——绘制扁平风格插画
视频路径	视频\第4章\4.6综合训练——绘制扁平风格插画.mp4
难易程度	★★★★★

本训练综合使用几何工具、路径查找器、对齐、变换等多种工具和命令，绘制一幅扁平化的植物插画。

01 启动Illustrator，执行“文件”|“新建”命令，新建一个500px×350px大小的空白画板。使用“矩形工具”绘制一个和画板大小相同的矩形，与画板对齐，并设置“填充”为（C6%、M10%、Y9%、K0%），无描边，如图4-238所示。在“图层”面板中将该图层锁定。

图4-238 创建矩形

02 使用“圆角矩形工具”在画板中单击，打开“圆角矩形”对话框，设置参数如图4-239所示。创建一个圆角矩形条，设置“填充”为（C40%、M45%、Y50%、K5%），无描边。复制一层，使用“直接选择工具”选择左侧的锚点，按Delete键将其删除，加深填充颜色，效果如图4-240所示。

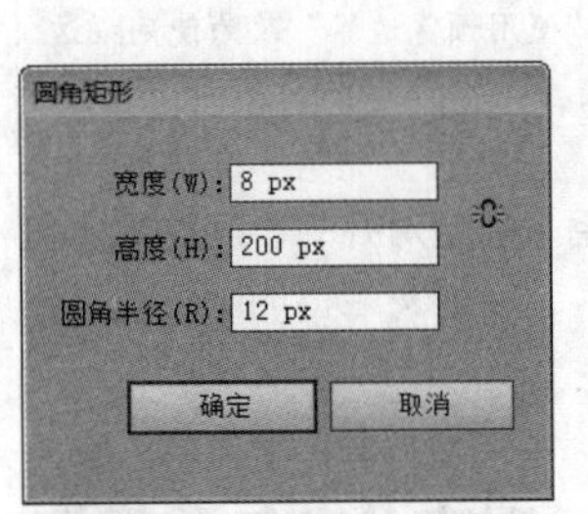

图4-239 “圆角矩形”对话框

图4-240 创建圆角矩形

03 再次使用“圆角矩形工具”，在画板中单击，设置参数如图4-241所示。创建圆角矩形条，设置“填充”为（C50%、M12%、Y100%、K0%），无描边。

04 使用“选择工具”选中上一步中绘制的圆角矩形条，按住Shift+Alt键向右拖曳，将其复制并移动，然后按Ctrl+D快捷键重复该操作，复制多个对象，如图4-242所示。

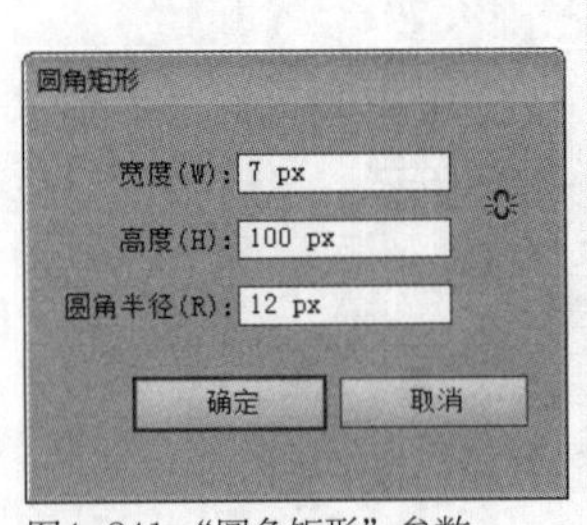

图4-241 “圆角矩形”参数

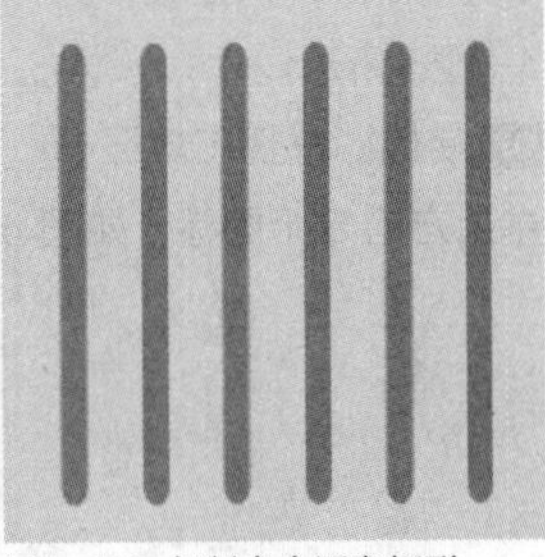
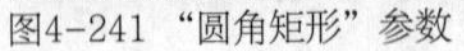
图4-242 复制多个圆角矩形

05 选择最右侧的圆角矩形条，按Ctrl+C和Ctrl+F快捷键复制该对象，使用“直接选择工具”选中底部的锚点向上拖曳，将其缩短，更改“填充”为（C35%、M4%、Y50%、K0%），如图 4-243 所示。运用相同的方式，创建颜色逐渐变浅的形状，如图 4-244 所示。并对其进行编组。

06 运用相同的方式，创建其他的圆角矩形条对象，如图 4-245 所示。

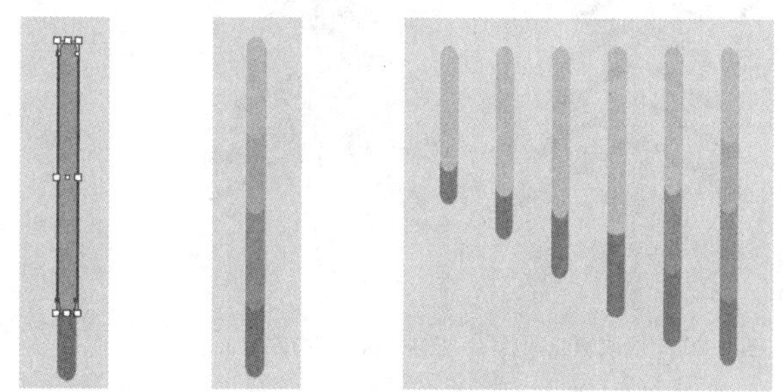

图4-243 更改圆角矩形属性　图4-244 创建逐渐渐变圆角矩形条　图4-245 圆角矩形条效果

07 使用“选择工具” 框选上一步操作中创建的圆角矩形条，如图 4-246 所示。双击“旋转工具” 按钮，打开“旋转”对话框，设置参数如图 4-247 所示。单击“确定”按钮应用旋转变换，如图 4-248 所示。

08 保持对象的选中状态，单击“对齐”面板中的“水平右对齐”按钮，得到效果如图 4-249 所示。按 Ctrl+G 快捷键对其进行编组。

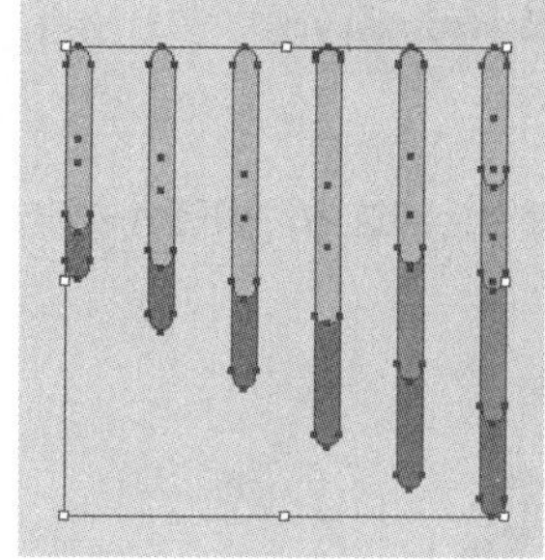

图4-246 全选圆角矩形对象

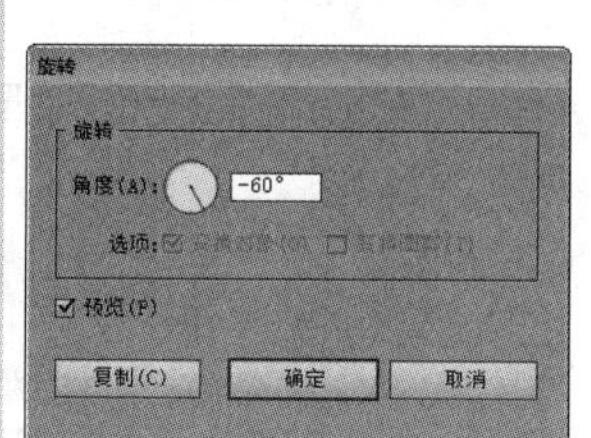

图4-247 “旋转”对话框

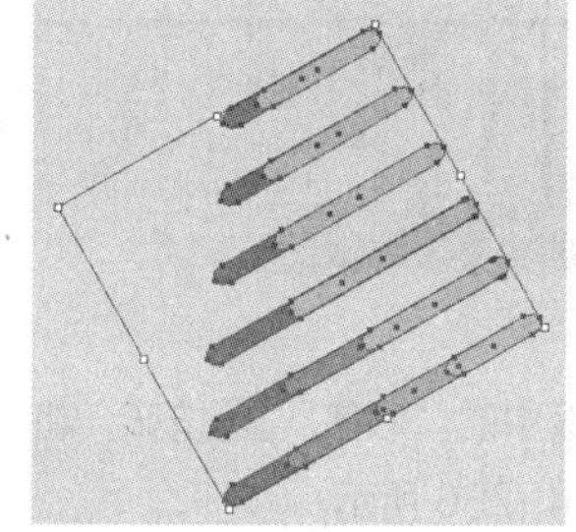

图4-248 旋转变换效果

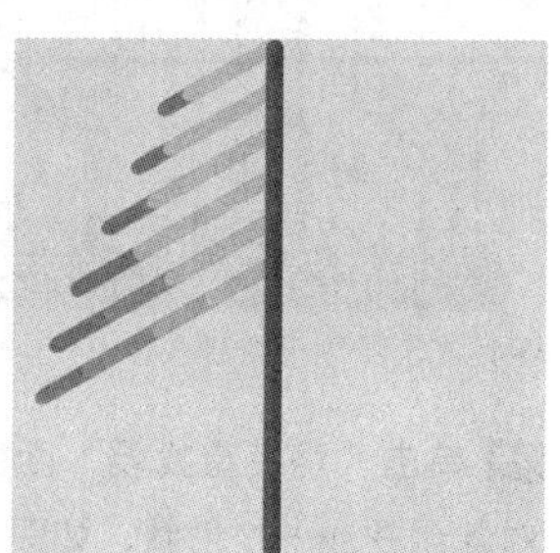

图4-249 水平右对齐效果

09 双击“镜像工具” 按钮，打开“镜像”对话框，设置参数如图 4-250 所示，单击“复制”按钮，将对象复制并翻转至另一侧，如图 4-251 所示。

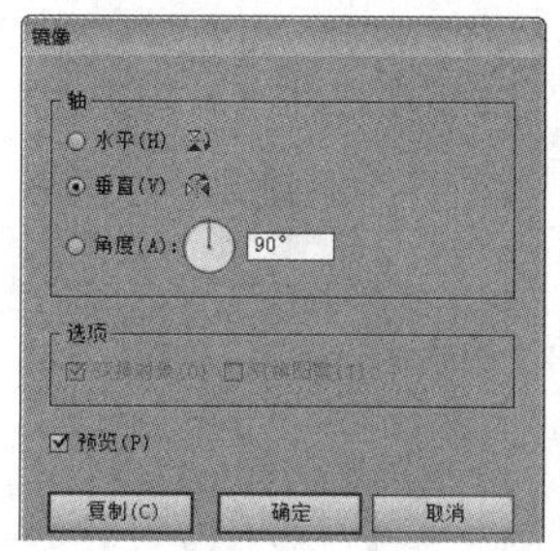

图4-250 “镜像”对话框　图4-251 翻转并复制效果

10 运用以上步骤中的操作方式，结合绘制几何形状和“对齐”面板等所学知识完成其他两种矢量植物的绘制，效果如图 4-252 所示。

11 使用“圆角矩形工具” 绘制三个不同的圆角矩形对象，全部选中，单击“对齐”面板中的“水平居中对齐” 按钮，使其对齐如图 4-253 所示。保持对象的选中状态，单击“路径查找器”面板中的“联集” 按钮，使其合并成一个形状，如图 4-254 所示。

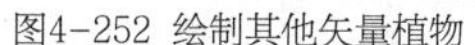

图4-252 绘制其他矢量植物

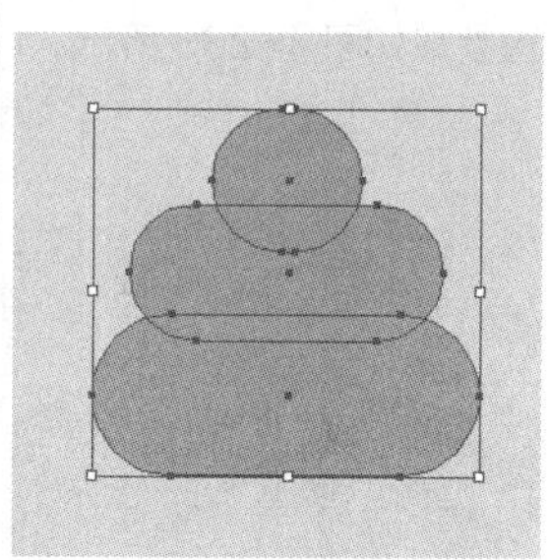

图4-253 对齐圆角矩形

12 使用“直线段工具” 绘制一条无填充无描边的垂直线段，并与上一步骤中的形状水平居中对齐，选中两个对象，如图 4-255 所示。

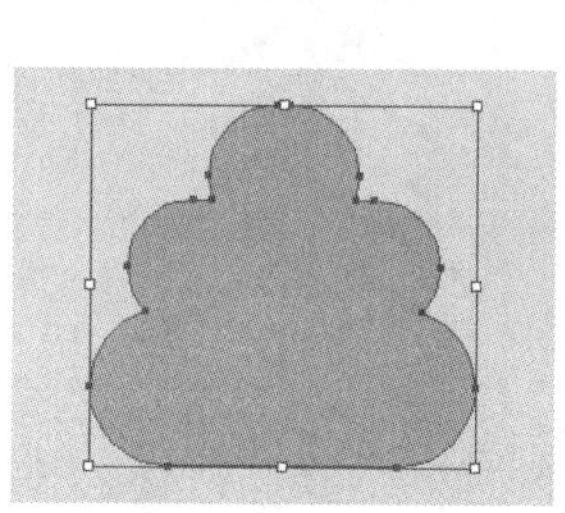

图4-254 合并形状

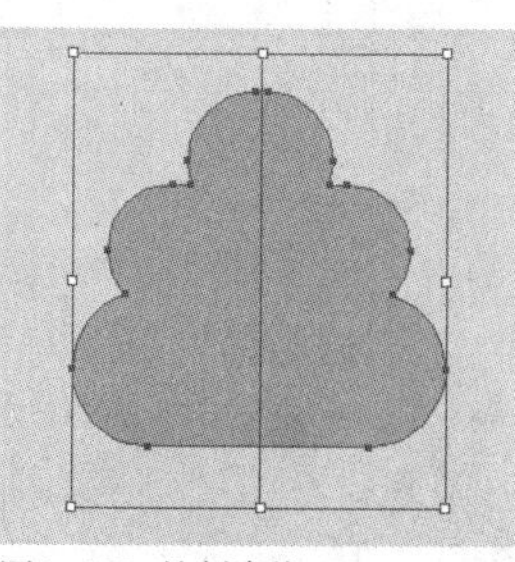

图4-255 绘制直线

13 单击“路径查找器”面板中的“分割”按钮，将形状分割成相同的两半，并设置不同的颜色填充，如图4-256所示。

14 使用几何工具绘制其他的装饰形状，如图4-257所示。

图4-256 分割并填充对象

图4-257 装饰植物

15 运用相同的操作方式绘制树干，如图4-258所示。再使用“圆角矩形工具”绘制形状，调整位置如图4-259所示。保持对象的选中状态，执行“对象”|“变换”|“分别变换”命令，打开“分别变换”对话框，设置参数如图4-260所示。

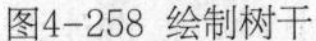

图4-258 绘制树干

图4-259 绘制圆角矩形

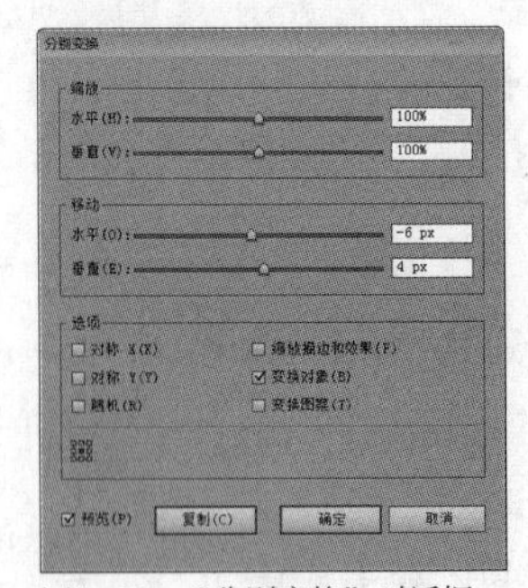

图4-260 “分别变换”对话框

图4-261 变换并复制对象

16 单击“复制”按钮，变换并复制对象，按Ctrl+D快捷键，重复该操作，得到效果如图4-261所示。

17 修改填充颜色，如图4-262所示。运用相同的方式完成植物的绘制，如图4-263所示。

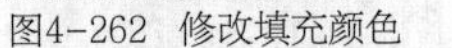

图4-262 修改填充颜色

图4-263 植物效果

18 完成所有植物的绘制，并对每一株植物进行编组，对齐底部，如图4-264所示。

图4-264 对齐所有植物对象

19 在植物底部绘制一排圆形，全部选中，如图4-265所示。

图4-265 绘制一排圆形

20 单击“路径查找器”面板中的“联集”按钮，将对象合并成一个形状，如图4-266所示。

图4-266 合并所有圆形

21 使用“橡皮擦工具”，按住 Alt 键在底部拖曳出一个矩形选框，删除合并形状的下半部分，最终效果如图 4-267 所示。

图4-267 最终效果

4.7 课后习题

本实例主要使用变换、文字工具等多种工具和命令，制作一幅背景酷炫的海报，如图4-268所示。

源文件路径	素材\第4章\习题——制作酷炫风格海报
视频路径	视频\第4章\习题——制作酷炫风格海报.mp4
难易程度	★★★

图4-268 习题——制作酷炫风格海报

第 5 章

文本的创建和编辑

文字是设计作品中传达信息、强化主题最直接的方式。Illustrator CS6 的文字功能十分强大，它支持 Open Type 字体和特殊字形，可以调整字体大小、间距，控制行和列的排列等。Illustrator CS6 不仅可以创建和编辑各种字体，还具有特殊的排版功能。本章主要介绍各种文本样式的创建和编辑方式及制表符的应用。

本章学习目标

- 掌握文字工具的使用方式
- 了解文本格式
- 了解段落格式
- 掌握修饰文本的方法

本章重点内容

- 文本工具的使用
- 设置文本的格式
- 修饰文本的方法

扫 码 看 课 件

扫 码 看 视 频

5.1 创建文本

Illustrator中包含7种文字工具，可以使用这些文字工具创建点文字、段落文字或路径文字。点文字会从单击位置开始，随着字符输入沿水平或垂直方向扩展；区域文字会利用对象边界来控制字符排列；路径文字会沿开放或封闭路径的边缘排列。

5.1.1 使用文字工具

使用“文字工具” T 和“直排文字工具” IT 可以创建水平和垂直方向排列的点文字或区域文字。

1. 创建点文字

点文字是指从单击位置开始，随着字符输入而扩展的横排或直排文本。创建的每一行文本都是独立的，对其编辑时，该行将会扩展或缩短，但不会换行。这种方式非常适合输入标题等文字量较少的文本。

练习 5-1 创建点文字

源文件路径	素材\第5章\练习5-1创建点文字
视频路径	视频\第5章\练习5-1创建点文字.mp4
难易程度	★★

01 启动Illustrator，执行“文件”|“打开”命令，在“打开”对话框中选择“节礼日.ai”素材文件，将其打开，如图5-1所示。

02 选择“文字工具” T，在控制面板中单击“字符”按钮，打开下拉字符面板，设置字体和字体大小，如图5-2所示。

图5-1 打开素材文件

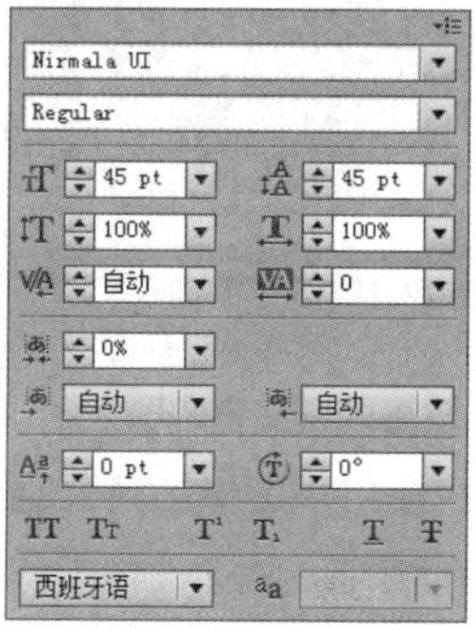

图5-2 下拉字符面板

03 将指针放在需要输入文字的位置，光标呈现 I 状时单击处会变成闪烁的文字输入状态，如图5-3所示，输入文字即可。

04 输入完成之后，按Esc键，或者单击工具面板中的其他工具，即可结束输入，如图5-4所示。

图5-3 文字输入状态

图5-4 完成输入

提示

创建点文字时应尽量避免单击画板中的图形，否则会将图形转换为区域文字的文本框或者路径文字的路径。若需要在现有图形上方输入文字，可以先将图形图层锁定或隐藏。

2. 创建区域文字

区域文字也称为段落文字，它利用对象的边界来控制字符排列，当文本到达边界时，会自动换行。这种方式非常适合输入宣传册等一个或多个段落的文本。

练习 5-2 创建区域文字

源文件路径	素材\第5章\练习5-2创建区域文字
视频路径	视频\第5章\练习5-2创建区域文字.mp4
难易程度	★★

01 启动Illustrator，执行“文件”|“打开”命令，在“打开”对话框中选择“背景.ai”素材文件，将其打开，如图5-5所示。

02 选择“直排文字工具” IT，在控制面板中单击“字符”按钮，打开下拉字符面板，设置字体和字号大小，如图5-6所示。

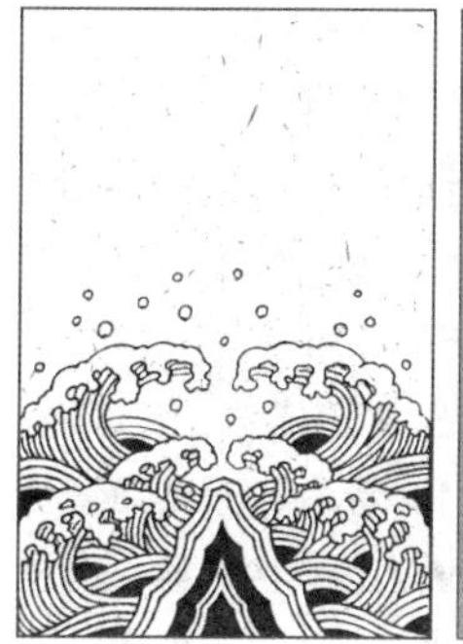

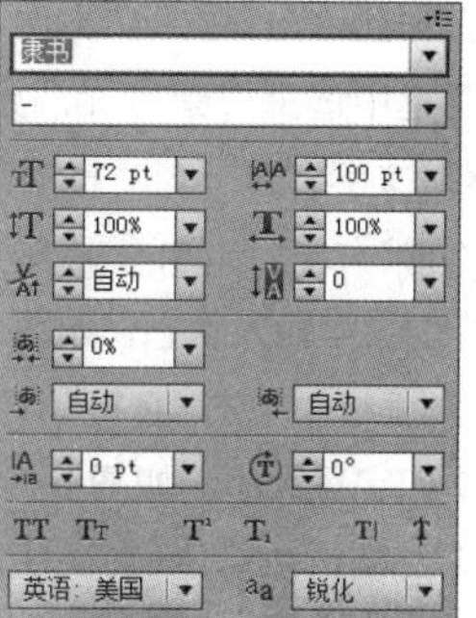

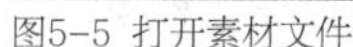

图5-5 打开素材文件

图5-6 下拉字符面板

03 在画板中单击并拖曳出一个矩形选框，如图 5-7 所示，释放鼠标后即可输入文字，文字会限定在矩形选框内，并自动换行，如图 5-8 所示。

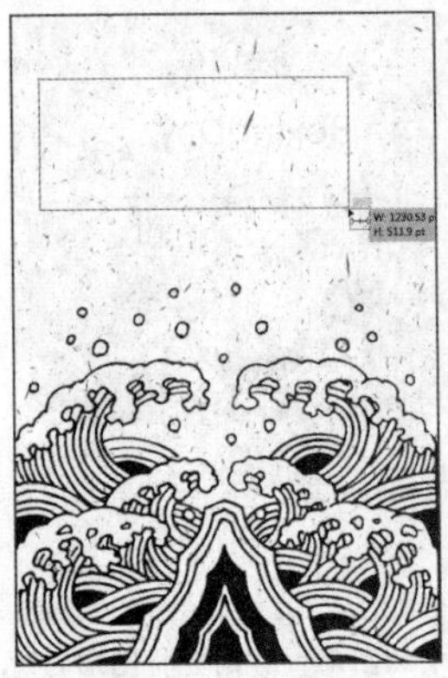

图5-7 创建矩形选区

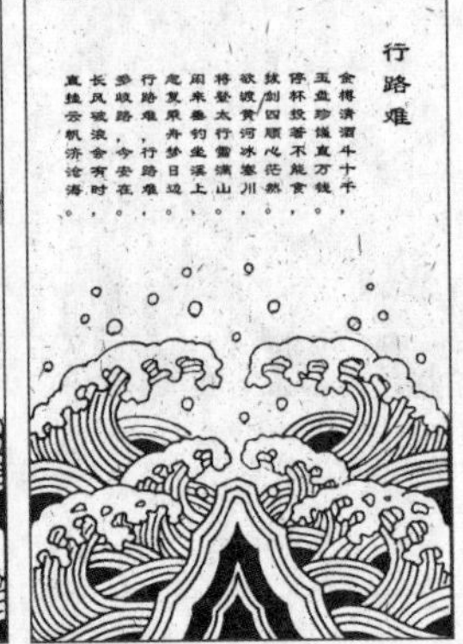

图5-8 输入文字

提示

使用“文字工具” 或“直排文字工具” 时，将指针放在画板上，光标呈现 状时，可以创建点文字；若将指针放在封闭的路径上，光标将呈现 状，可以创建区域文字；若将指针放在开放式路径上，光标将呈现 状，可以创建路径文字。

5.1.2 使用区域文字工具

使用“区域文字工具” 和“直排区域文字工具” 可以在定义的图形区域内输入文字，创建多种多样的文字排列效果。

练习 5-3 使用区域文字工具

源文件路径	素材\第5章\练习5-3使用区域文字工具
视频路径	视频\第5章\练习5-3使用区域文字工具.mp4
难易程度	★★

01 启动 Illustrator，执行“文件”|“打开”命令，在“打开”对话框中选择“素材 .ai”素材文件，将其打开。选择“区域文字工具” ，将指针放在一个封闭图形上，光标将变成 状，如图 5-9 所示。然后单击，图形将变成闪烁的文字输入状态，如图 5-10 所示。

02 在控制面板中单击“字符”按钮，打开下拉字符面板，设置字体和字号大小，如图 5-11 所示。打开本章素材中的文本文档，按 Ctrl+A 快捷键全选文字内容，再按 Ctrl+ C 快捷键将其复制。返回 Illustrator 软件中，按 Ctrl+V 快捷键粘贴文字，如图 5-12 所示。

图5-9 打开素材文件

图5-10 文字输入状态

03 在矩形框的右下角出现一个带“+”号的小方框，表示文字内容超出了该区域所能容纳的数量，可以使用“选择工具” 拖曳矩形框的锚点，将其放大至完全容纳下所有文字，如图 5-13 所示。

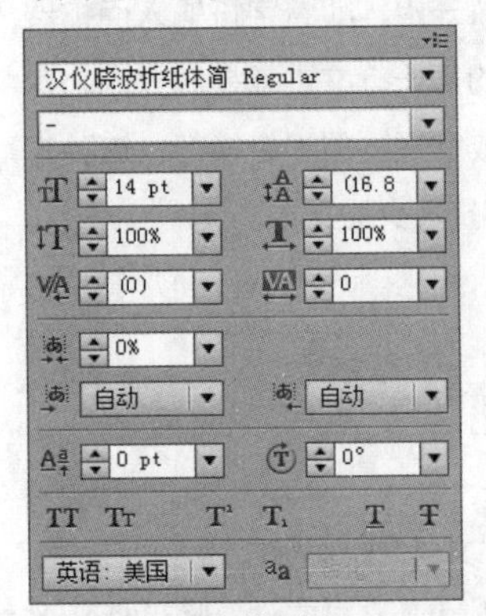

图5-11 下拉字符面板

图5-12 粘贴文字内容

图5-13 展示所有文字

1. 设置区域文字选项

使用“选择工具” 选择区域文字对象，如图 5-14所示。执行“文字”|“区域文字选项”命令，可以打开“区域文字选项”对话框，如图5-15所示，在该对话框中可以设置文本内容的显示区域与排列方式，各选项含义如下。

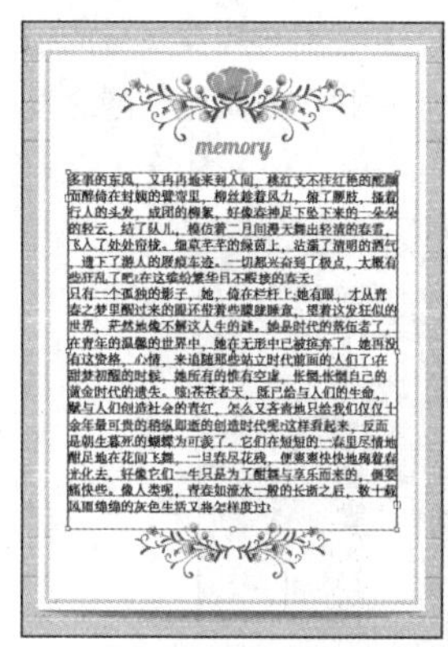

图5-14 选择区域文字对象

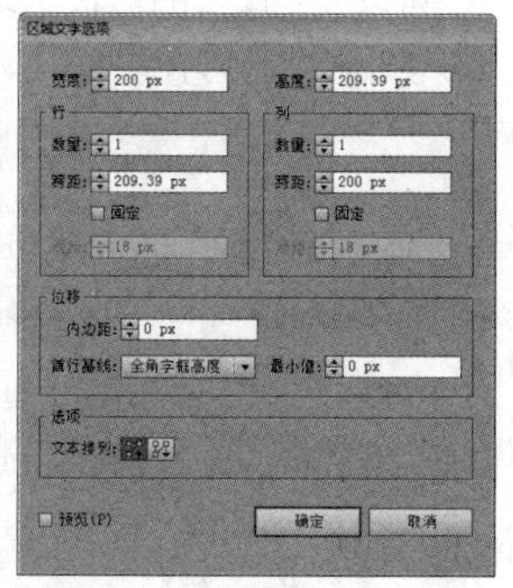

图5-15 “区域文字选项”对话框

- “宽度/高度”：用于设置文本区域的大小。若文本区域不是矩形，则该值将用于确定对象边框的尺寸。
- “行”选项组：如果要创建文本行，可在“数量”选项内设置对象包含的行数，在“跨距”选项内设置单行的高度，在“间距”选项内设置行与行之间的间距。若勾选“固定”选项，调整区域大小时，只会改变行数和栏数，不会改变高度；若取消勾选该选项，行高将会随文字区域大小的不同而产生变化。图5-16所示为“区域文字选项”对话框中设置的参数，图5-17所示为创建的文本行。

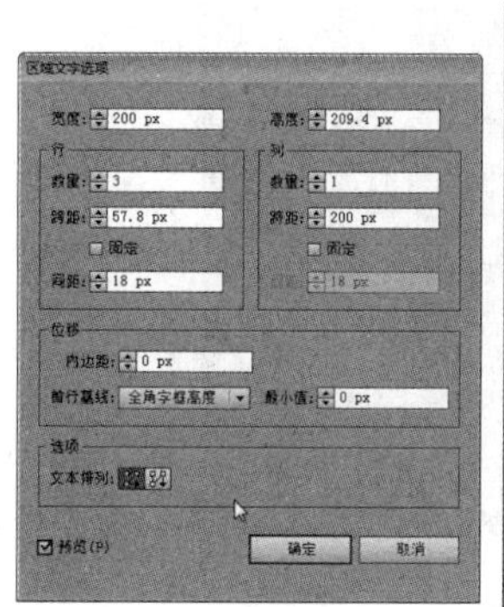

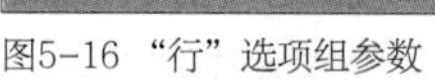

图5-16 “行”选项组参数

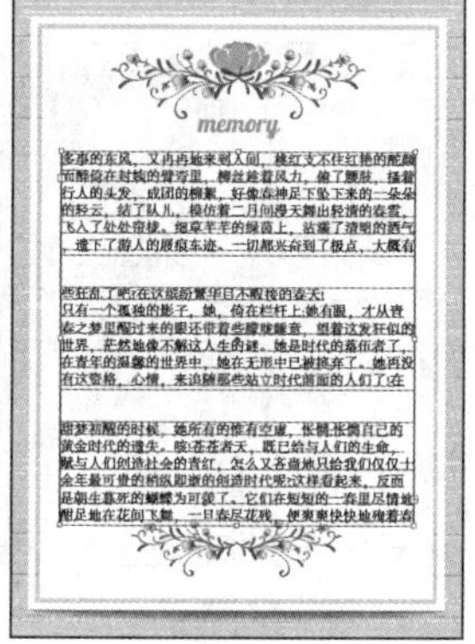

图5-17 文本行效果

- “列”选项组：如果要创建文本列，可在“数量”选项内设置对象包含的列数，在“跨距”选项内设置单列的宽度，在“间距”选项内指定列与列之间的间距。若勾选“固定”选项，调整区域大小时，只会改变行数和栏数，而不会改变宽度；若取消勾选该选项，栏宽将会随文字区域大小的不同而产生变化。图5-18所示为“区域文字选项”对话框中设置的参数，图5-19所示为创建的文本效果。

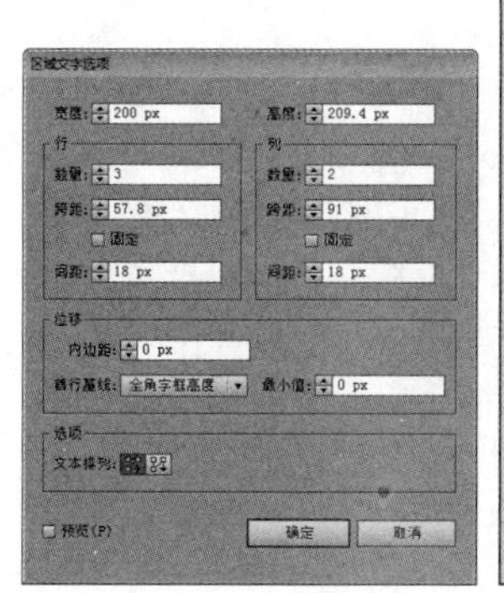

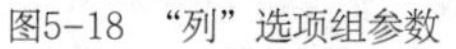

图5-18 “列”选项组参数

图5-19 文本列效果

- “位移”选项组：用来调整内边距和首行文字的基线。在区域文字中，文本和边框路径之间的距离被称为内边距。在“内边距”选项中输入数值，可以改变文本区域的边距。图5-14所示为无内边距的文字，图5-20所示为“内边距”为5px的文字。在“首行基线”选项下拉列表中选择一个选项，可以控制第一行文本与对象顶部的对齐方式，包括“字母上缘”“大写字母高度”“行距”“X高度”等对齐选项。这种对齐方式被称为首行基线位移。在“最小值”文本框中，可以设置基线位移的最小值。图5-21所示是“位移”选项的设置参数，图5-22所示为文本效果。

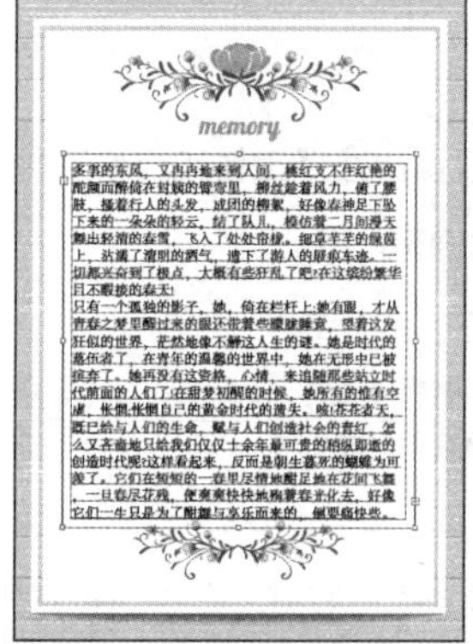

图5-20 “内边距”为5px

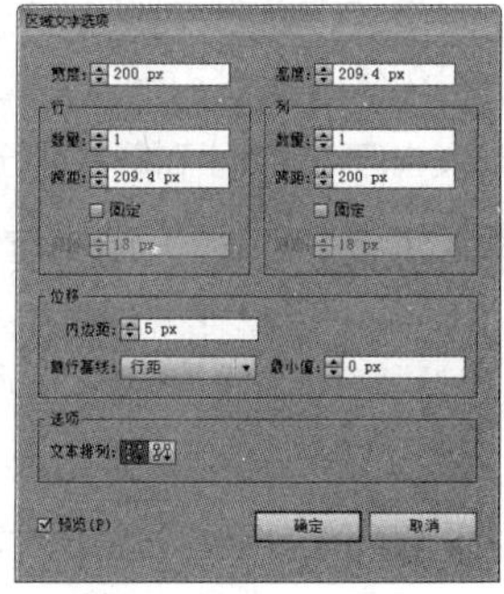

图5-21 “位移”选项参数

- “文本排列”按钮：用来设置文本流的走向，即文本的阅读顺序。若单击按钮，文本将按行从左到右排列，如图5-23所示；若单击按钮，文本将按列从左到右排列，如图5-24所示。

图5-22 “首行基线”为“行距”

图5-23 按行从左到右排列

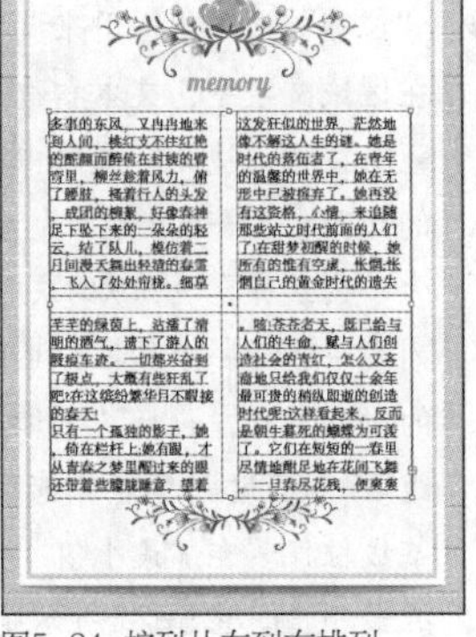

图5-24 按列从左到右排列

2. 编辑区域文字

● 调整文本区域的形状

创建区域文字之后，可以使用选择工具和变换工具对文本区域的大小和形状进行调整。

练习 5-4 编辑区域文字

源文件路径	素材\第5章\练习5-4编辑区域文字
视频路径	视频\第5章\练习5-4编辑区域文字.mp4
难易程度	★★

01 启动 Illustrator，执行“文件”|“打开”命令，在“打开”对话框中选择“区域文字 .ai”素材文件，将其打开，如图 5-25 所示。

02 使用“选择工具” 将其选中，然后单击并拖曳定界框上的控制点，可以调整文本区域的大小，如图 5-26 所示。

03 将“选择工具” 指针放在定界框控制点周围，当指针变成↷状时，拖曳鼠标，旋转文本框，字符将会在新区域内重新排列，文字的大小和角度不会发生改变，如图 5-27 所示。

04 使用“直接选择工具” ，单击并拖曳文本框的锚点，可以改变图形的形状，文字的排列形状也将随之发生改变，如图 5-28 所示。

图5-25 打开素材文件

图5-26 调整文本框大小

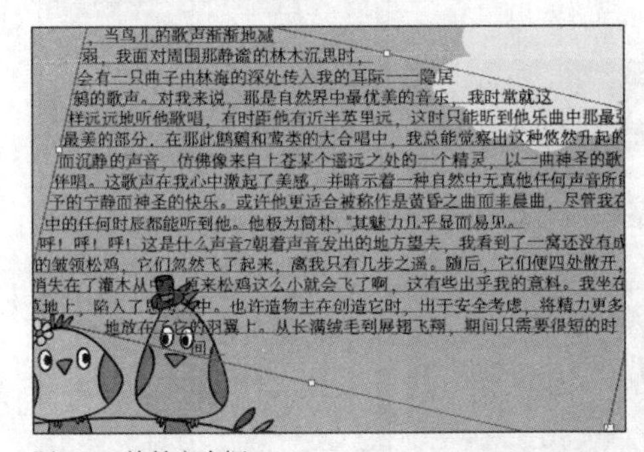

图5-27 旋转文本框

图5-28 改变文本框的形状

05 若使用“旋转工具” 和“比例缩放工具” 进行操作，可以将文字和文本框同时旋转或缩放，如图5-29、图5-30所示。

图5-29 旋转文字与文本框

图5-30 缩放文字与文本框

5.1.3 使用路径文字工具

使用“路径文字工具” 和“直排路径文字工具” 可以创建沿开放或封闭路径排列的文字。

练习 5-5 使用路径文字工具

源文件路径	素材\第5章\练习5-5使用路径文字工具
视频路径	视频\第5章\练习5-5使用路径文字工具.mp4
难易程度	★★

01 启动Illustrator，执行“文件”|“打开”命令，在“打开”对话框中选择“素材.ai”素材文件，将其打开，如图5-31所示。选择“路径文字工具” ，将光标放在一个路径上，光标将变成 状，如图5-32所示。

02 单击鼠标，图形将变成闪烁的文字输入状态，如图5-33所示，输入文字，文字将会沿该路径排列。按Esc键结束文字输入，即可创建路径文字，如图5-34所示。

图5-31 打开素材文件

图5-32 将光标放在路径上

图5-33 文字输入状态

图5-34 创建路径文字

提示

在创建路径文字时，无论是在开放式路径还是闭合路径上单击，进入输入文字状态，路径的填充和描边属性都将会被自动删除。

● 设置路径文字选项

选择一个路径文字，如图5-35所示。执行“文字”|“路径文字”|“路径文字选项”命令，打开“路径文字选项”对话框，如图5-36所示，在对话框中可以设置路径文字效果的相关参数。

图5-35 选择路径文字

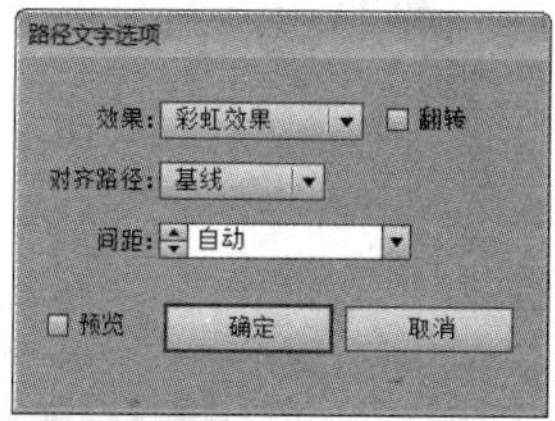

图5-36 “路径文字选项”对话框

- “效果”：在该下拉列表中，可以选择用于扭曲路径文字字符方向的选项，默认为“彩虹效果”，如图5-35所示，其他效果分别如图5-37~图5-40所示。
- “翻转”复选框：勾选该选项即可翻转路径上的文字。
- “对齐路径”：用来设置字符对齐路径的方式，效果分别如图5-41~图5-44所示。

图5-37 倾斜效果

图5-38 3D带状效果

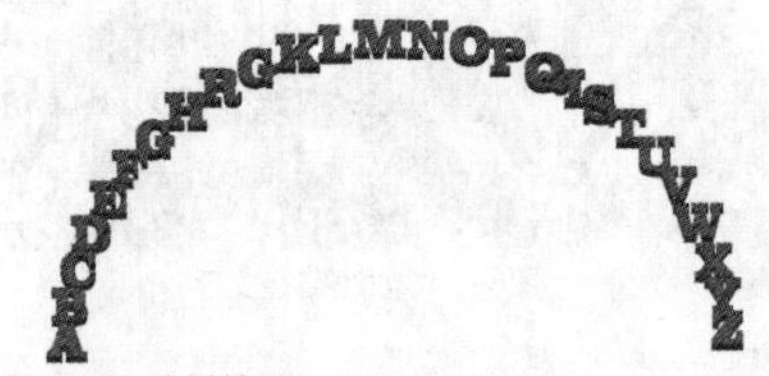

图5-39 阶梯效果

图5-40 重力效果

图5-41 字母上缘

图5-42 字母下缘

图5-43 中央

图5-44 基线

- “间距”：当字符围绕尖锐曲线或者锐角曲线排列时，因为突出展开的关系，字符之间可能会出现额外的间距。此时，可以通过调整“间距”选项来缩小曲线上字符间的间距。

● 编辑路径文字

创建路径文字之后，可以使用选择工具将路径选中，然后修改路径的形状从而改变文字的排列形状，还可以调整文字在路径上的位置。

练习 5-6 编辑路径文字

源文件路径	素材\第5章\练习5-6编辑路径文字
视 频 路 径	视频\第5章\练习5-6编辑路径文字.mp4
难 易 程 度	★★

01 启动Illustrator，执行“文件”|“打开”命令，在“打开”对话框中选择“大象.ai”素材文件，将其打开，如图5-45所示。

02 使用“选择工具” 选中路径文字，显示定界框，单击并拖曳定界框上的锚点，可以调整路径的形状和大小，如图5-46所示。

图5-45 打开素材文件

图5-46 调整路径文字的定界框大小

03 按 Ctrl+Z 快捷键撤销上一步操作。继续使用“选择工具”，将光标放在文字左侧的中点标记上，光标将会变成状，如图 5-47 所示。此时单击并拖曳鼠标，可以移动文字在路径上的位置，如图 5-48 所示。

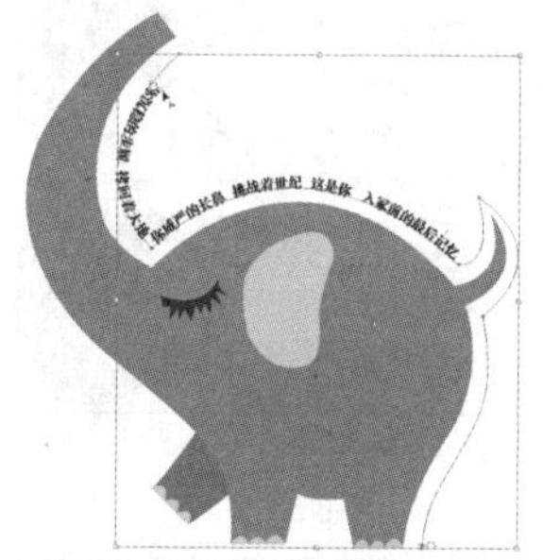

图5-47 光标位置

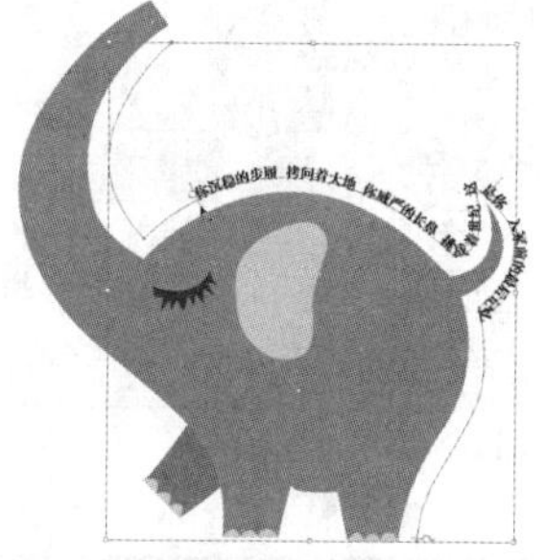

图5-48 拖曳光标移动文字

04 将光标移至路径文字另一个中点标记上，光标将变成状，如图 5-49 所示。此时单击鼠标并将中心标记拖曳至路径的另一端，可以翻转文字，如图 5-50 所示。

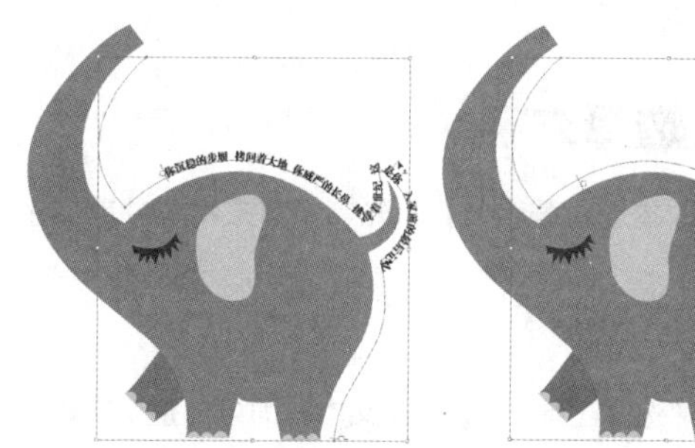

图5-49 光标位置　　图5-50 翻转文字

05 按 Ctrl+Z 快捷键撤销操作，回到初始状态。使用“直接选择工具”，将光标移至路径锚点上，如图 5-51 所示。单击并拖曳鼠标改变路径的形状，文本将会随路径的变化而重新排列，如图 5-52 所示。

图5-51 光标位置　　图5-52 调整路径

5.1.4 置入文本

在Illustrator中，除了可以使用不同的文字工具来创建文本，还可以将其他程序中创建的文本导入图稿中使用，并且将保留文本的字符和段落样式。

1. 将文本导入新建的文档中

执行“文件”|“打开”命令，在“打开”对话框中选择将要使用的文本文件，单击“打开”按钮，可以将其导入新建文档中。若选择的是纯文本（.txt）文件，将会打开“文本导入选项”对话框，如图5-53所示。在该对话框中可以指定用以创建文件的平台和字符集，其中“额外回车符”选项可以指定处理额外回车符的方式，“额外空格”选项可以指定用制表符替换空格字符的数量。若选择的是Word文档，将会打开“Microsoft Word选项”对话框，如图5-54所示。

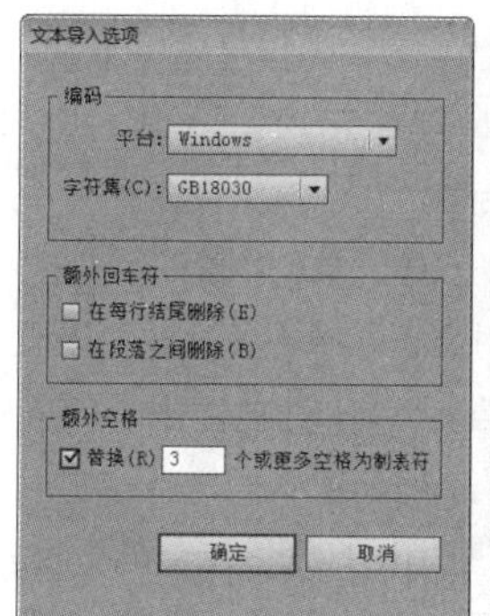

图5-53 “文本导入选项”对话框

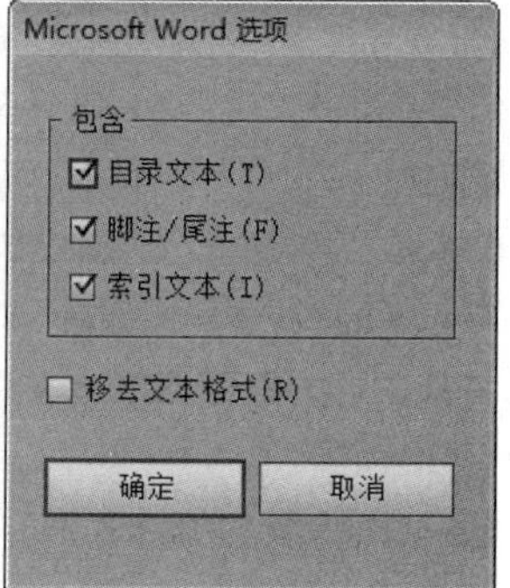

图5-54 “Microsoft Word选项”对话框

2. 将文本置入现有的文档中

打开一个文档后，执行“文件”|“置入”命令，在“置入”对话框中选择将要使用的文本文件，单击“置入”按钮，可以将其置入当前文件中。

5.1.5 课堂范例——制作菜单

源文件路径	素材\第5章\5.1.5课堂范例——制作菜单
视频路径	视频\第5章\5.1.5课堂范例——制作菜单.mp4
难易程度	★★★

本实例主要介绍如何将文本置入已打开的文档中。

01 启动 Illustrator，执行“文件”|“打开”命令，在“打

开”对话框中选择“菜单 .ai”素材文件，将其打开，如图 5-55 所示。

02 选择“文字工具” T，在控制面板中单击“字符”按钮，打开下拉字符面板，设置字体和字号大小，如图 5-56 所示。

图5-55 打开素材文件

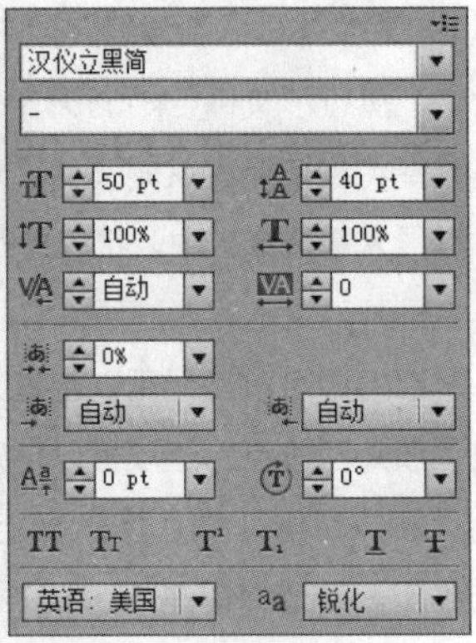

图5-56 下拉字符面板

03 将光标放在需要输入文字的位置，光标呈现 状时，单击鼠标并输入文字，如图 5-57 所示。

04 执行“文件”|“置入”命令，在“置入”对话框中选择本章素材中的“菜单文本 .txt”，单击“置入”按钮，将会弹出“文本导入选项”对话框。单击“确定”按钮将其关闭，即可将文本文档置入当前文件中，如图 5-58 所示。

05 在控制面板中单击“字符”按钮，打开下拉字符面板，修改字体和字体大小，如图 5-59 所示，效果如图 5-60 所示。

图5-57 输入文字

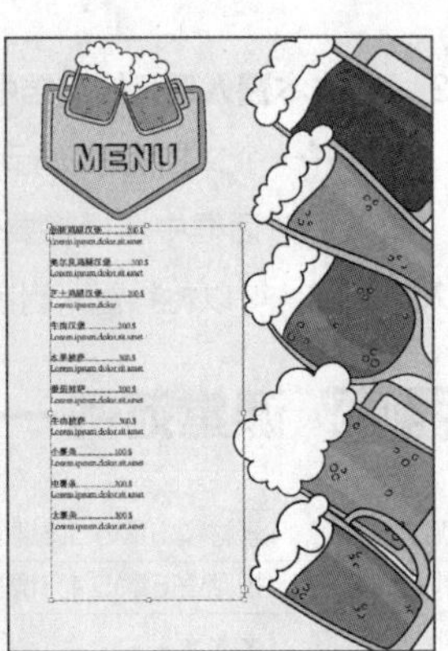

图5-58 置入文字

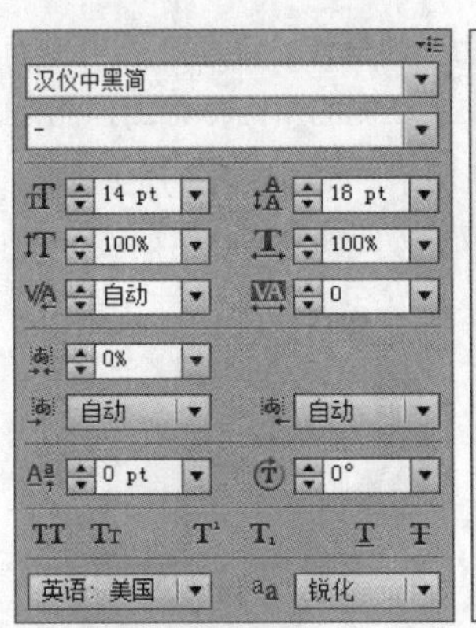

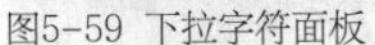

图5-59 下拉字符面板

图5-60 菜单效果

5.2 设置文本格式

在Illustrator中创建文字时，可以通过“字符”面板或控制面板中的相关选项设置文本的字体、大小、间距和行距等属性。

5.2.1 选择文字

在对文本进行编辑时，首先需要将文字对象或文字字符选中。

1. 选择文字对象

使用“选择工具” 单击文本，即可将整个文本对象选中，如图5-61所示。选择对象之后，可以对其进行移动、旋转或者缩放等操作，如图5-62所示。也可以在控制面板修改其填充、描边和不透明度或在“字符”面板中修改字符样式。

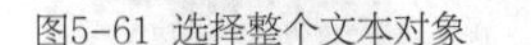

图5-61 选择整个文本对象

图5-62 旋转文本对象

2. 选择文字

使用“文字工具” T 在文本上单击并拖曳鼠标可以

选择一个或多个字符，如图5-63所示。然后再执行“选择”|“全部”命令或按Ctrl+A快捷键，即可将文字对象中的所有字符选中，如图5-64所示。选中需要编辑的字符之后，即可修改其字体、大小和颜色等属性，也可以修改所选文字内容或删除所选文字。

图5-63 选择字符

图5-64 选择所有字符

5.2.2 设置文字

在创建和编辑文本对象时，除了可以在控制面板中快速设置字符格式之外，还可以执行“窗口”|“文字”|“字符”命令，打开“字符”面板，如图5-65所示，在该面板中可以为文档中的单个字符设置格式。

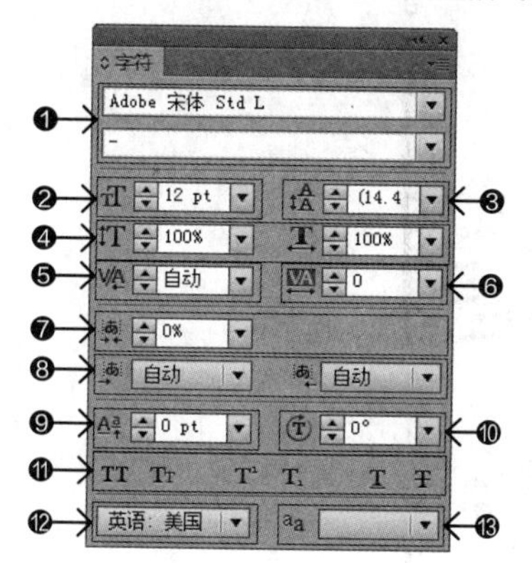

图5-65 “字符”面板

提示

在默认情况下，“字符”面板只显示常用的选项，单击面板右上角的“面板选项”按钮，在打开的下拉面板中选择“显示选项”命令，可以显示所有选项。

“字符”面板中各选项的含义如下：

❶ 字体和样式：单击“设置字体系列”选项右侧的下拉按钮，可以在打开的下拉列表中选择系统中安装的字体，其中有一部分英文字体，还可以在“设置字体样式”选项的下拉列表中选择一种样式。

❷ “设置字体大小”：该选项用来设置字体的大小，可以在文本框中输入具体数值，或者单击右侧的下拉按钮，在打开的下拉列表中选择字体大小，还可以单击左侧的按钮进行调整。

❸ “设置行距”：用来设置文本中行与行之间的垂直间距，默认情况下为“自动”，即行距为字体大小的120%，如10pt的文字使用12pt的行距。该值越高，行距越宽，如图5-66、图5-67所示。

图5-66 “字体大小”为18pt，“行距”为18pt

图5-67 “字体大小”为18pt，“行距”为25pt

❹ 缩放文字：“垂直缩放”和“水平缩放”选项用来缩放字符或文本。图5-66所示为原文字，图5-68所示为不等比例缩放，图5-69所示为等比例缩放。

图5-68 “垂直缩放”为75%，“水平缩放”为100%

图5-69 “垂直缩放”为75%，“水平缩放”为75%

❺ “字符微调”：用来增加或减少特定字符之间的间距。首先使用任意文字工具在需要调整的两个字符间单击，进入输入状态，如图5-70所示。然后在该选项中设置数值调整两个字符间的间距。若该值为正值，可以加大字距，如图5-71所示；若为负值，则会减小字距，如图5-72所示。

图5-70 原图像“字距微调”为0

图5-71 “字距微调”为200

❻ “字距调整”：用来放宽或收紧文本中的字符间距。若该值为正值，字距变大，如图5-73所示；若为负值，字距变小，如图5-74所示。

图5-72 “字距微调”为-200

图5-73 “字距调整”为100

图5-74 “字距调整”为-100

❼ 使用空格：“插入空格（左）”和“插入空格（右）”用来设置字符前后的空白间隙。图5-75所示为插入空格（左）的效果；图5-76所示为插入空格（右）的效果。

❽ “比例间距”：设置比例间距的百分比来压缩字符间的空格。该值越高，字符间的空格越窄，但效果不太明显，如图5-77、图5-78所示。

图5-75 “插入空格（左）”为“3/4全角空格”

图5-76 “插入空格（右）”为“1全角空格”

图5-77 “比例间距”为50%

图5-78 “比例间距”为100%

❾ “基线偏移”：基线是字符排列于其上的一条不可见的直线，该选项用来设置基线的位置。若该值为正值，可以将字符的基线移至文字行基线的上方；若为负值，可以将基线移至文字基线的下方，如图5-79所示。

❿ “字符旋转”：用来设置字符的旋转角度，如图5-80、图5-81所示。

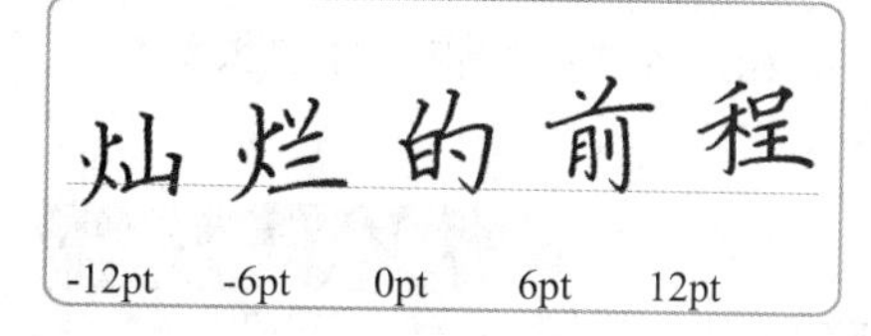

图5-79 设置“基线偏移”

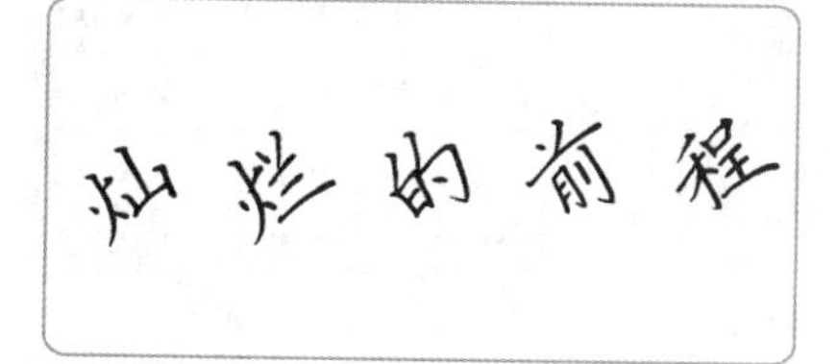

图5-80 “字符旋转”为30°

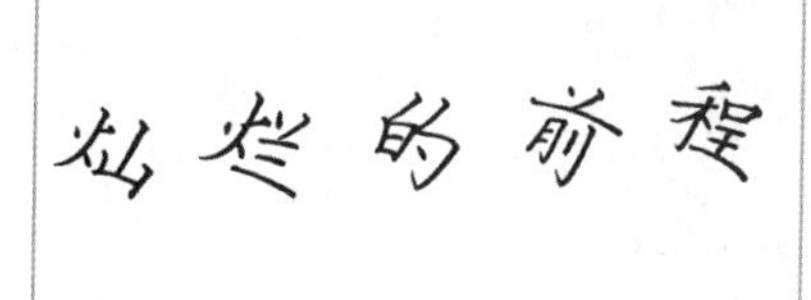

图5-81 “字符旋转”为-30°

⓫ 特殊样式：用来创建特殊的文字样式。包括“全部大小字母”、“小型大写字母”、“上标”和“下标”（用于缩小文字，并相对于字体基线升高或降低文字）、“下划线”（用于为文字添加下划线）和“删除线”（用于在文字中央添加删除线）。

⓬ 语言：在该下拉列表中选择适当的词典，为文本指定一种语言，以方便拼写检查和生成连字符。

⓭ “消除锯齿”：用来设置消除文本锯齿的方式，使文字边缘更加清晰。

5.2.3 特殊字符

在Illustrator中编辑文字时，许多字体都包括特殊的字符，在“字形”面板和“OpenType”面板中可以设置特殊字形的使用规则。

1. “字形”面板

“字形”面板可以查看字体中的字形，并在文档中插入特定的字形。使用任意文字工具在文本中单击，进入文字输入状态，如图5-82所示，执行“窗口”|“文字”|“字形”命令，打开“字形”面板，如图5-83所示。默认情况下，该面板中显示了当前所选字体的所有字形，在面板中双击一个字符，即可将其插入文本中，如图5-84所示。

图5-82 文字输入状态

图5-83 “字形”面板

图5-84 插入字符

在“字形”面板底部选择一个不同的字体系列和样式可以改变字体，如图5-85所示。若选择的字体是“OpenType字体”时，可以打开“显示”选项的下拉菜单，选择一种类别，将面板限制为只显示特定类型的字形，如图5-86所示。

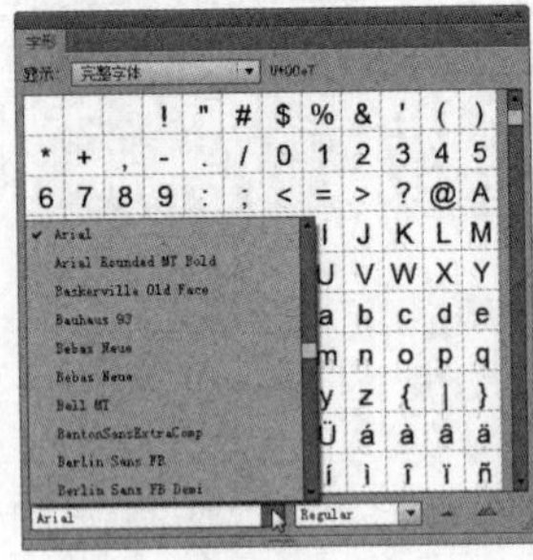

图5-85 选择字体

图5-86 选择显示类型

2. “OpenType”面板

OpenType字体是Windows和Mac操作系统都支持的字体，使用该字体后，在这两个操作平台间交换文件时，不会出现字体替换或其他导致文本重新排列的问题。此外，OpenType字体还包含花式字、标题和文本替代字、序数字和分数字等风格化字符。

选择应用了OpenType字体的文字对象，如图5-87所示，执行“窗口”|“文字”|“OpenType”命令，打开“OpenType”面板，如图5-88所示。在该面板中按相应的按钮，可以设置连字、替代字符和分数字等字形的使用规则。

图5-87 OpenType字体

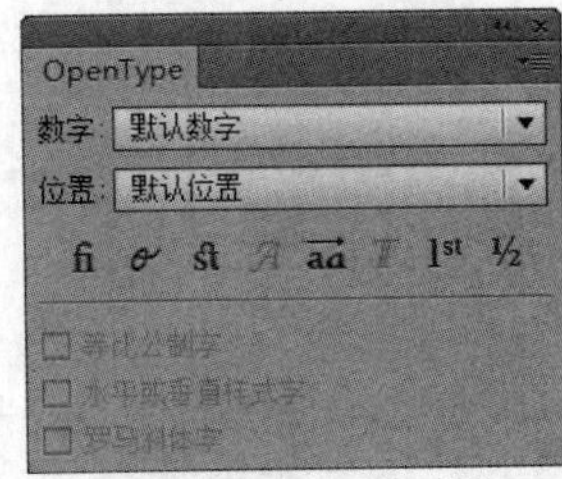

图5-88 “OpenType”面板

提示

在“字符”面板中可以看到字体名称左侧有不同的图标，其中 O 状图标代表OpenType字体； a 状图标代表Type1字体； TT 状图标代表TrueType字体。

5.2.4 创建字符样式

字符样式是多种字符格式属性的集合，在“字符样式”面板中可以创建和编辑字符所要应用的字符样式。

练习 5-7 创建和编辑字符样式

源文件路径	素材\第5章\练习5-7创建和编辑字符样式
视频路径	视频\第5章\练习5-7创建和编辑字符样式.mp4
难易程度	★

1. 创建字符样式

01 启动Illustrator，执行“文件”|“打开”命令，在“打开”对话框中选择“促销字符 .ai”素材文件，将其打开，选择其中一个文本对象，如图 5-89 所示。

02 在“字符”面板中修改相关参数，如图 5-90 所示，在控制面板中修改“填充”为（C0%、M45%、

Y22%、K0%），“描边”为白色，“描边粗细”为4pt，效果如图 5-91 所示。

图5-89 选择文字对象

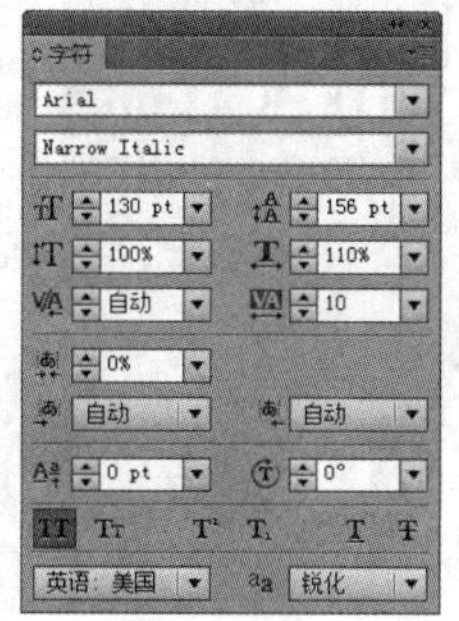

图5-90 更改参数

图5-91 文字效果

03 执行“窗口”|“文字”|“字符样式”命令，打开“字符样式”面板，单击面板底部的“创建新样式”按钮，或者单击面板右上角的面板菜单按钮，在打开的面板菜单中选择“新建字符样式”命令，在打开的对话框中输入自定义名称，如图 5-92 所示。单击“确定”按钮，将该文本的字符样式保存在面板中，如图 5-93 所示。

04 在画板中选择另外的文本对象，在“字符样式”面板中单击新添加的字符样式，如图 5-94 所示。即可将该样式应用到所选文本对象上，调整位置如图 5-95 所示。

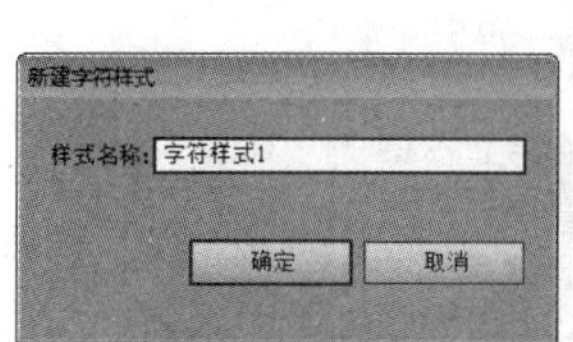

图5-92 “新建字符样式”对话框

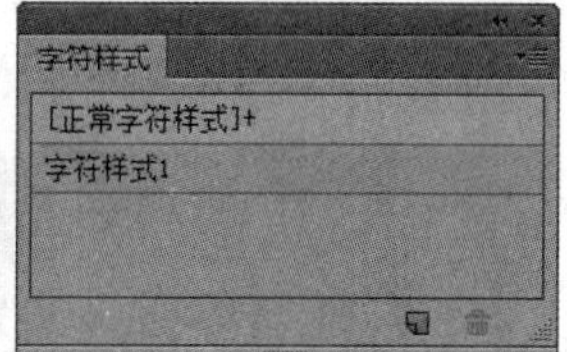

图5-93 “字符样式”面板

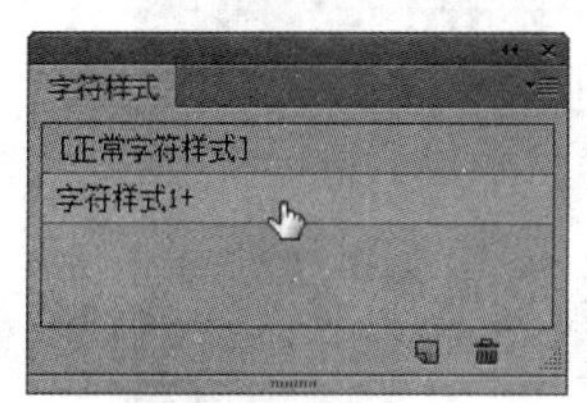

图5-94 选择字符样式

图5-95 最终效果

2. 编辑字符样式

创建字符样式之后，可以对其进行修改，但是在修改时，使用该样式的所有文本都会发生改变。

单击“字符样式”面板右上角的面板菜单按钮，在打开的面板菜单中选择“字符样式选项”命令，打开“字符样式选项”对话框，在对话框中可以修改样式参数，如图 5-96 所示。图 5-97 所示为在该面板的“字符颜色”选项中修改颜色后的效果，画板中应用了该样式的字符效果都发生了改变。

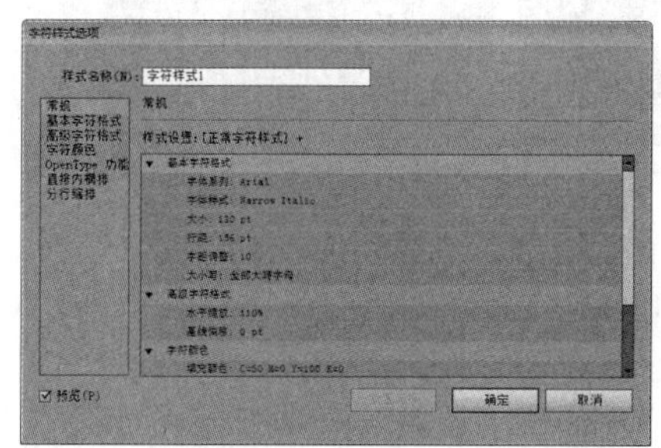

图5-96 “字符样式选项”对话框

图5-97 更改字符样式后的效果

5.2.5 课堂范例——制作旅游海报

源文件路径	素材\第5章\5.2.5课堂范例——制作旅游海报
视频路径	视频\第5章\5.2.5课堂范例——制作旅游海报.mp4
难易程度	★★★

本实例主要介绍“字符”面板中相关参数的设置。

01 启动 Illustrator，执行“文件”|“打开”命令，在“打开”对话框中选择“快乐暑假.ai”素材文件，将其打开，如图 5-98 所示。

02 在控制面板中设置“填充”为白色，“描边”为无。执行“窗口”|“文字”|“字符”命令，打开“字符”面板，设置字符样式参数如图 5-99 所示。选择“文字工

具”，在画板中单击并输入文字，如图5-100所示。

图5-98 打开素材文件

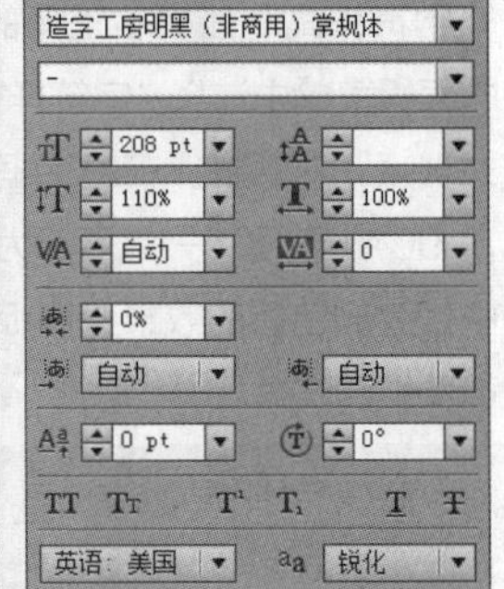

图5-99 字符参数

提示

在使用“文字工具”输入文字时，按Enter键可以换行。

03 继续使用“文字工具”选中上一步中输入的文字，如图5-101所示，按住Alt键的同时按→方向键两次，可以调整所选字符的字距，如图5-102所示。

图5-100 输入文字

图5-101 选中字符

提示

使用“文字工具”选中字符之后，按Alt+←、→方向键，可以调整字符的间距；若所选对象包含两行或两行以上的文字内容，按Alt+↑、↓方向键，可以调整行距。

04 按Esc键结束文字输入，切换到“选择工具”，在画板任意空白处单击，取消选中文字对象。在“字符”面板中更改参数，如图5-103所示。再使用“文字工具”在画板中单击并输入文字，如图5-104所示。

图5-102 调整间距

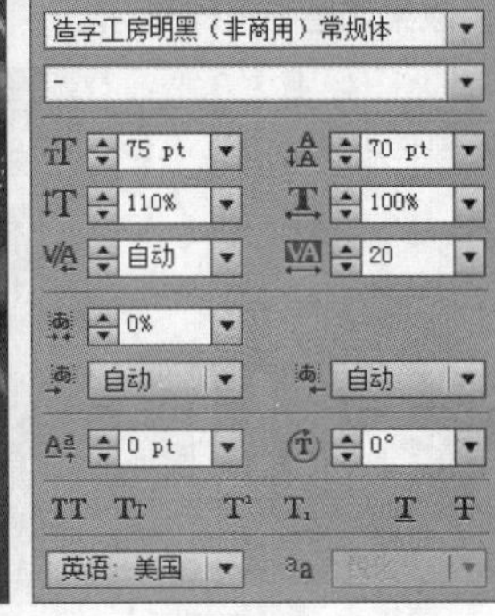

图5-103 字符参数

05 选中第2行中的“5”字，如图5-105所示，在“字符”面板中将“插入空格(左)”和“插入空格(右)”的数值均更改为“1/8全角空格”，在所选字符的左右添加空格，效果如图5-106所示。

06 运用相同的方式，完成其他文字内容的输入，效果如图5-107所示。

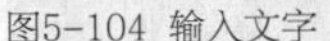

图5-104 输入文字

图5-105 选中字符

图5-106 插入空格

图5-107 最终效果

5.3 设置段落格式

段落格式是指段落的对齐与缩进、段落的间距和悬挂标点等属性。执行“窗口”|“文字”|“段落”命令，可以打开“段落”面板，如图5-108所示，可以设置所选文本内容的段落格式。除此之外，在控制面板中单击“段落”按钮打开下拉段落面板，也可以设置段落格式。

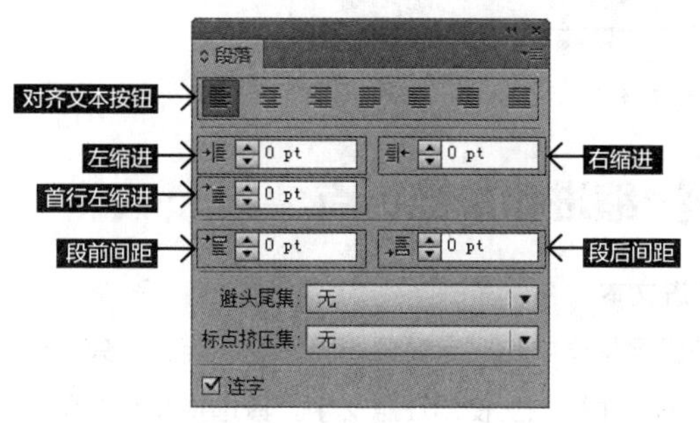

图5-108 “段落”面板

图5-110 居中对齐

5.3.1 段落的对齐方式与间距

1. 段落的对齐方式

使用任意文字工具选择文字对象或者在要修改的段落前单击，插入光标，然后在“段落”面板中单击一个对齐按钮，即可应用该对齐方式。对齐方式包括“左对齐”、“居中对齐”、“右对齐”、“两端对齐，末行左对齐”、“两端对齐，末行居中对齐”、“两端对齐，末行右对齐”和“全部两端对齐”，效果分别如图5-109~图5-115所示。

图5-109 左对齐

图5-111 右对齐

图5-112 两端对齐，末行左对齐

图5-113 两端对齐，末行居中对齐

图5-114 两端对齐，末行右对齐

图5-115 全部两端对齐

2. 段落间距

在“段前间距”选项中设置数值，可以增加当前所选段落与上一段落的间距，如图5-116所示；在“段后间距”选项中设置数值，可以增加当前段落与下一段落之间的间距，如图5-117所示。

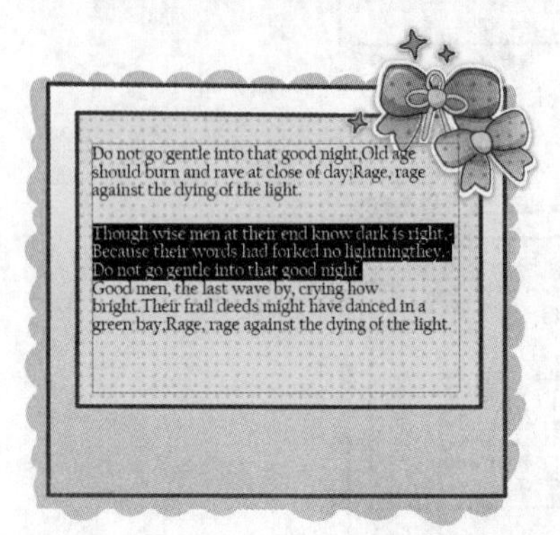

图5-116 调整“段前间距”

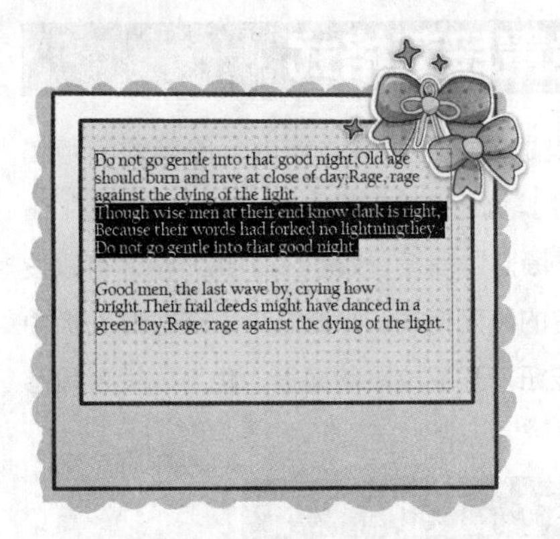

图5-117 调整“段后间距”

5.3.2 缩进和悬挂标点

1. 缩进文本

缩进是指文本和文字对象边界间的间距量，只会对所选段落产生影响。使用任意文字工具选择文字对象或在要修改的段落前单击，进入文字输入状态，如图5-118所示。在“左缩进”选项中设置数值，可以使文字向文本框的右侧边界移动，如图5-119所示；在“右缩进”选项中设置数值，可以使文字向文本框的左侧边界移动，如图5-120所示。

图5-118 文字输入状态

图5-119 左缩进

图5-120 右缩进

在“首行左缩进”选项中设置数值，可以调整首行文字的缩进。若输入正值，文本首行将向右侧移动，如图5-121所示；若输入负值，则会向左侧移动，如图5-122所示。

图5-121 “首行左缩进”为15pt 图5-122 “首行左缩进”为-15pt

2. 悬挂标点

悬挂标点可以通过将标点符号移至段落边缘之外的方式，让文本边缘显得更加对称，包含“罗马式悬挂标点”“视觉边距对齐方式”和“标点溢出”3种对齐方式。

选择文字对象之后，执行“文字”|“视觉边距对齐方式”命令，将此选项打开，即决定了所选文字对象中所有段落的标点符号的对齐方式。罗马式标点符号和字母边缘都会溢出文本边缘，使文字看起来严格对齐。单击“字符”面板左上角的“面板选项”按钮，在打开的面板菜单中选择“中文标点溢出”选项，也可以打开“罗马式悬挂标点”。

5.3.3 创建段落样式

执行“窗口”|“文字”|“段落样式”命令，可以打开“段落样式”面板，如图5-123所示。在该面板中可以创建、应用和管理段落样式，操作方式与创建字符样式相同。

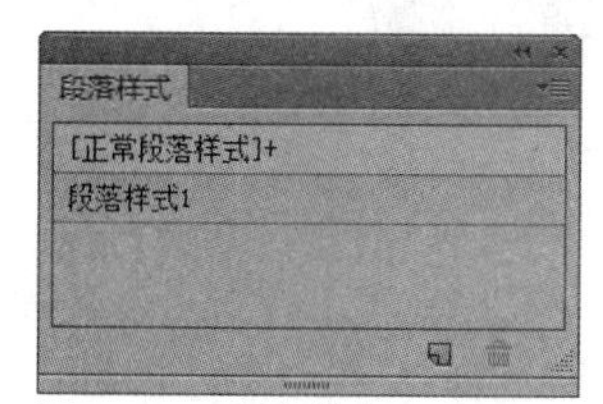

图5-123 “段落样式”面板

在“段落样式”面板中选择一个段落样式后，双击该样式名称，或者单击“段落样式”面板右上角的面板菜单按钮，在打开的面板菜单中选择“段落样式”选项，打开“段落样式选项”对话框，如图5-124所示。在对话框中可以修改样式参数，改变段落样式效果。

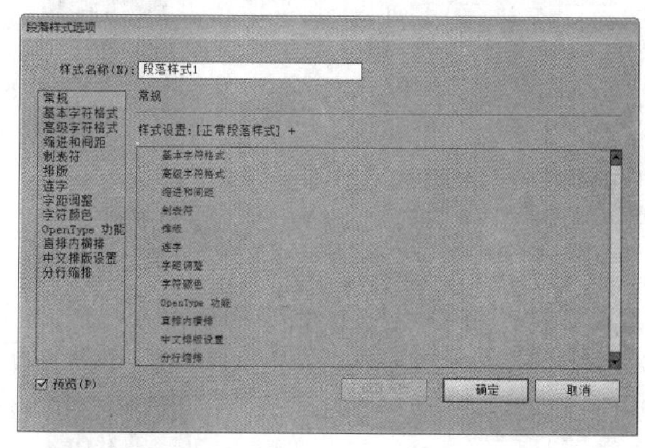

图5-124 “段落样式选项”对话框

5.3.4 课堂范例——制作画册内页

源文件路径	素材\第5章\5.3.4课堂范例——制作画册内页
视 频 路 径	视频\第5章\5.3.4课堂范例——制作画册内页.mp4
难 易 程 度	★★★

本实例主要介绍通过设置“字符”和“段落”面板中的相关参数，调整文本间的排列方式，制作画册内页。

01 启动 Illustrator，执行“文件”|“打开”命令，在“打开”对话框中选择“画册内页 .ai”素材文件，将其打开，如图 5-125 所示。

图5-125 打开素材文件

02 执行“窗口”|“文字”|“字符”命令，打开“字符”面板，设置字符样式参数如图 5-126 所示。

03 选择“文字工具”，在画板中单击，进入文字输入状态，单击控制面板中“段落”选项右侧的“居中对齐”按钮，设置对齐方式，然后输入文字，如图 5-127 所示。

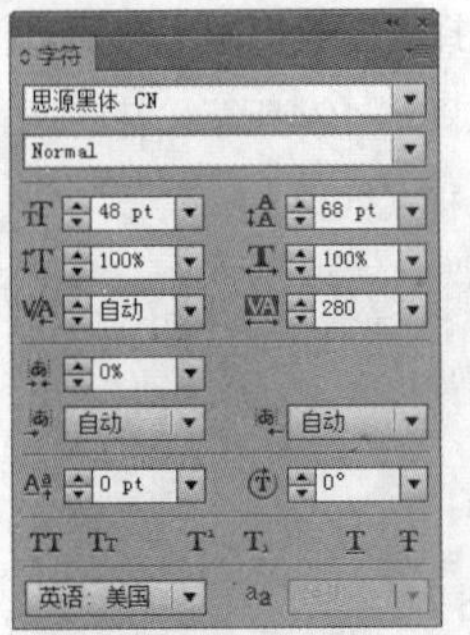

图5-126 字符参数

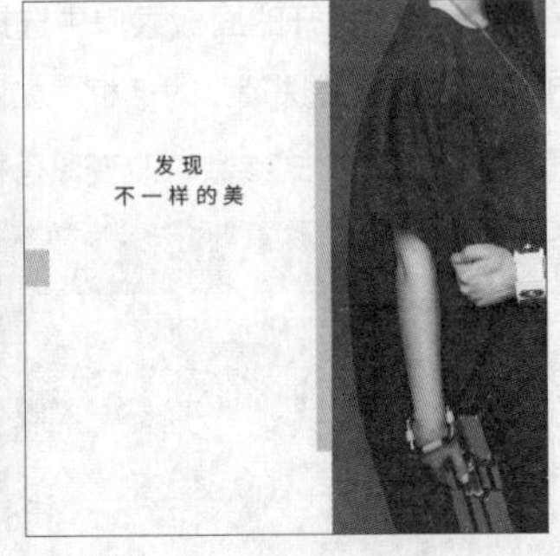

图5-127 输入文字

04 在“字符”面板中更改参数，如图 5-128 所示，输入文字，如图 5-129 所示。

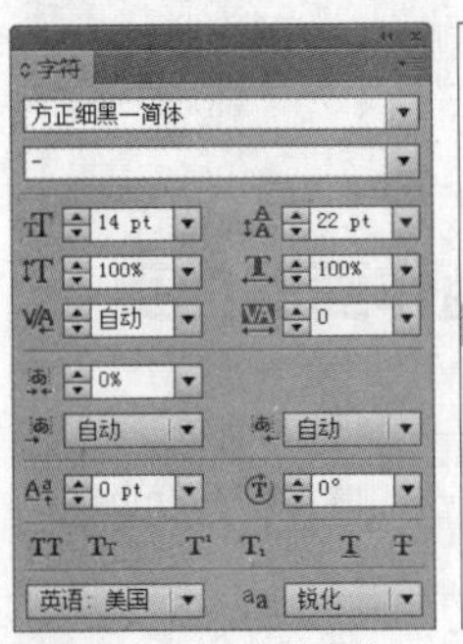

图5-128 更改字符参数

图5-129 输入文字

05 使用步骤 2 中的字符参数，继续输入文字，如图 5-130 所示。

图5-130 输入文字

06 使用“直线工具”绘制一条水平直线。然后使用“选择工具”选中文字和直线对象，如图 5-131 所示。单击控制面板中“水平居中对齐”按钮，水平居中对齐所选对象，如图 5-132 所示。

07 继续使用“文字工具”创建区域文字，参数分别如图 5-133、图 5-134 所示，在控制面板中“段落”选项右侧单击“两端对齐，末端左对齐”按钮，设置对齐方式，效果如图 5-135 所示。

图5-131 选择对象

图5-132 水平居中对齐

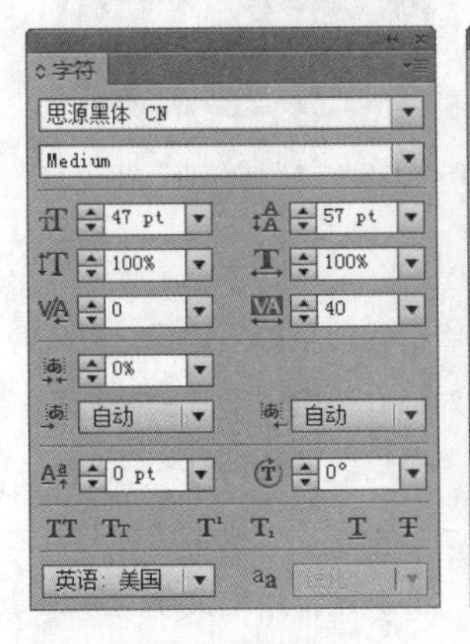

图5-133 英文文本参数

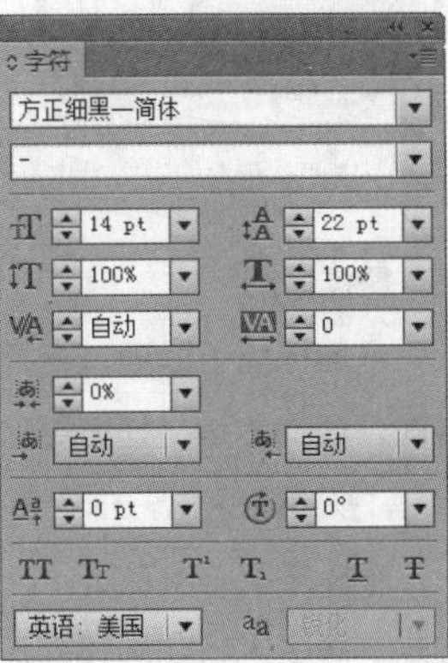

图5-134 中文文本参数

08 将“文字工具”光标放在“Adobe Illustrator”字样处，进入文字输入状态，或者将该字样选中，如图 5-136 所示。执行“文字”|“适合标题”命令，可以让标题适合文字区域的宽度，使之与正文对齐，如图 5-137 所示。

图5-135 两端对齐，末端左对齐　图5-136 选中字符

09 绘制 3 个圆形，并再次创建一个区域文字对象，如图 5-138 所示。

10 执行“窗口”|“文字”|“段落样式”命令，打开“段落样式”面板，单击面板底部的“创建新样式”按钮，将该文本的段落样式保存在面板中，如图 5-139 所示。运用相同的方式在“字符样式”面板中将该文本对象的字符样式保存，如图 5-140 所示。

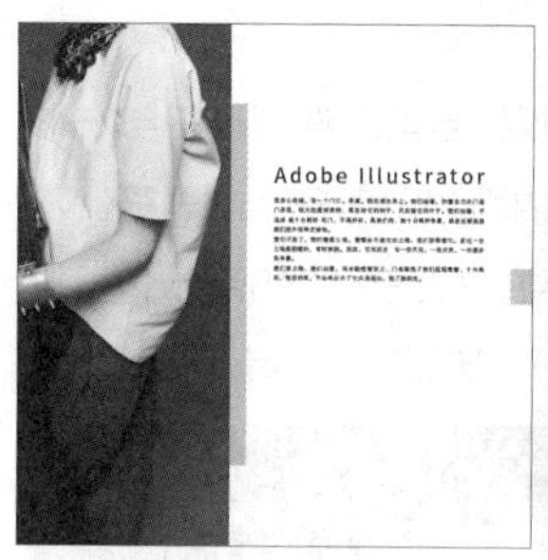

图5-137 适合标题

图5-138 创建区域文字

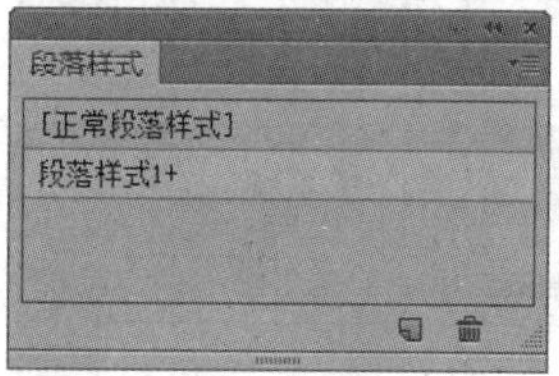

图5-139 新建段落样式

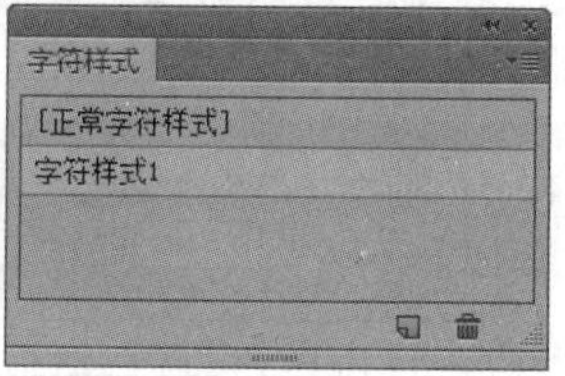

图5-140 新建字符样式

11 使用“段落样式 1”和“字符样式 1”完成其他两个文本对象的创建，如图 5-141 所示。调整对齐方式，画册内页效果如图 5-142 所示。

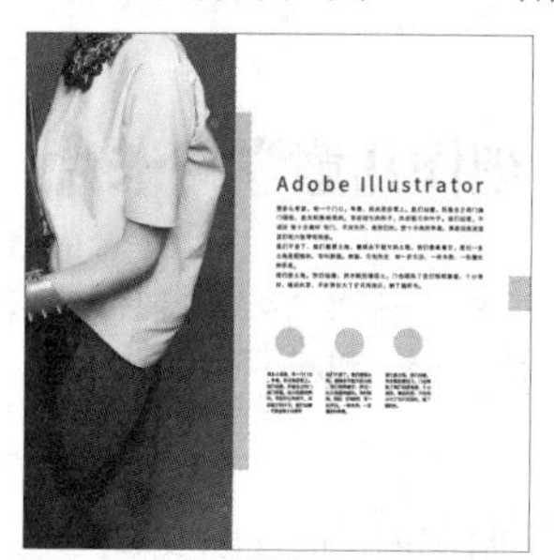

图5-141 应用样式

图5-142 最终效果

5.4 制表符

大多数字体因为字形的原因会导致成比例地留空，所以使用不同宽度的字母插入多个空格不会使文本栏均匀地对齐，这时就需要使用制表符来使文本对齐。通过“制表符”面板中的标尺可以控制制表符的停顿处，

5.4.1 创建制表符

执行“窗口”|“文字”|“制表符”命令，打开“制表符”面板，如图5-143所示。可以通过在该面板中设置制表符定位点、对齐和停顿等选项来创建制表符。

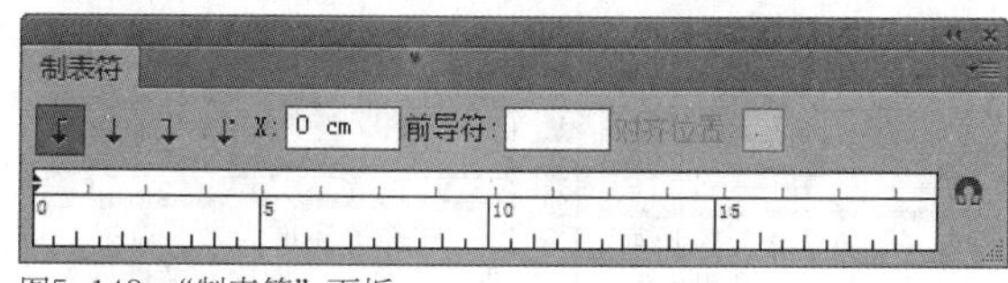

图5-143 “制表符”面板

1. 制表符对齐按钮

“制表符对齐按钮”用来指定如何相对于制表符位置对齐文本。单击“左对齐制表符”按钮，可以靠左侧对齐横排文本，右侧边距会因长度不同而参差不齐；单击“居中对齐制表符”按钮，可按制表符标记居中对齐文本；单击“右对齐制表符”按钮，可以靠右侧对齐横排文本，左侧边距会因长度不同而参差不齐；单击“小数点对齐制表符”按钮，可以将文本与指定字符（例如句号或货币符号）对齐放置，在创建数字列时，它特别有用。

2. 制表尺

在制表尺上单击可以添加制表位，如图5-144所示，或者在X/Y文本框中输入刻度，然后按Enter键，即可在X/Y刻度处添加制表位，如图5-145所示。从标尺上选择一个制表位后可进行拖曳。如果要同时移动所有制表位，可按住Ctrl键拖曳制表符。拖曳制表位的同时按住Shift键，可以让制表位与标尺单位对齐。

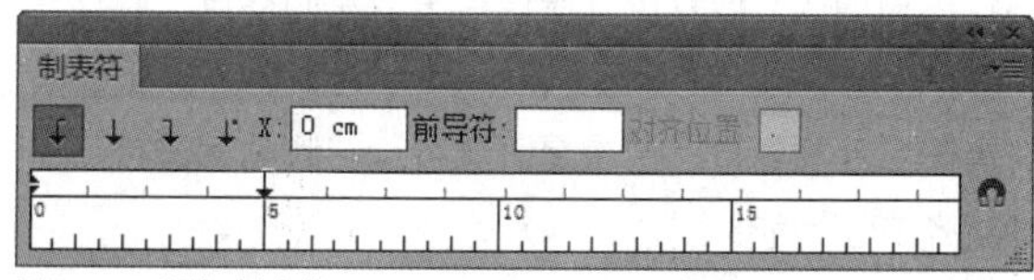

图5-144 添加制表位

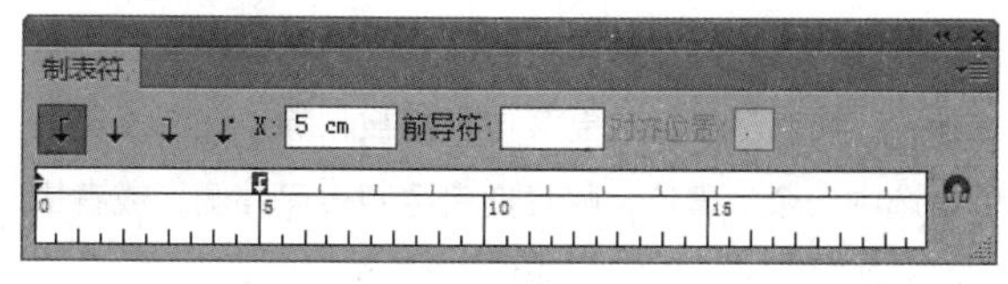

图5-145 在指定位置处添加制表位

3. 首行缩排 / 悬挂缩排

使用文字工具单击要缩排的段落，单击“将面板置于文本上方”按钮，可以将“制表符”面板对齐到当前所选文本对象上方，并自动调整宽度以适合文本的宽度。如图5-146所示。

拖曳标尺左侧“首行缩排”图标时，可以缩排首行文本，如图5-147所示；拖曳“悬挂缩排”图标时，可以缩排除第一行之外的所有行，如图5-148所示。

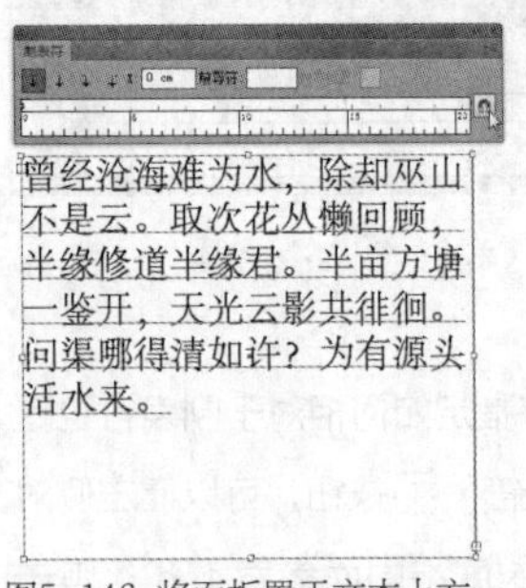

图5-146 将面板置于文本上方

图5-147 缩排首行文本

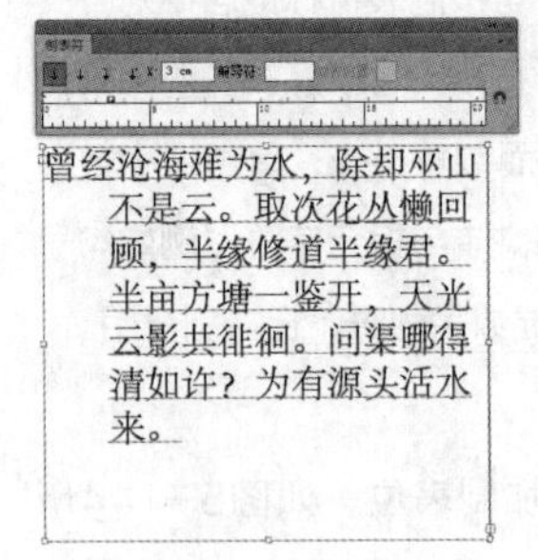

图5-148 缩排除第一行之外的文本

5.4.2 编辑制表符

编辑制表符包括重复制表符、移动制表符、删除制表符及增加制表前导符等操作，单击“制表符”面板右上角的“面板菜单”按钮，打开的面板菜单中包含“清除全部制表符”“重复制表符”“删除制表符”和“对齐单位”命令。

1. 删除制表符

执行“清除全部制表符”命令可将制表符恢复到原始状态，所有新添加的制表位都将被删除。在制表尺上单击选中一个制表位，将其拖曳至制表尺外侧，或者执行“删除制表符”命令，均可删除其制表位。

2. 重复制表符

“重复制表符”命令是根据当前所选制表符与左缩进或前一个制表符定位点间的距离创建多个制表符。从制表尺上单击选择一个制表位，如图5-149所示，再执行该命令即可创建重复制表符，如图5-150所示。

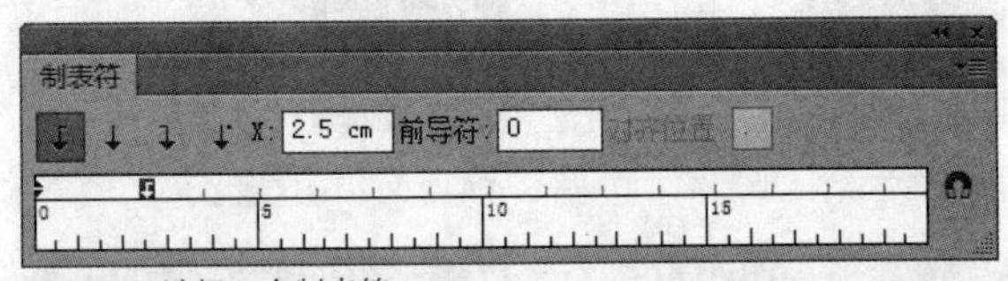

图5-149 选择一个制表符

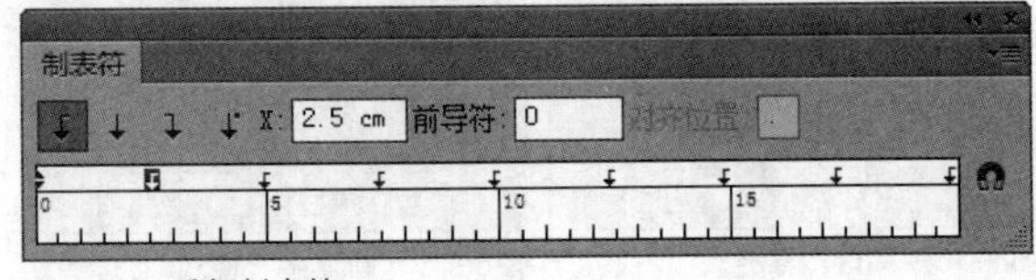

图5-150 重复制表符

3. 对齐单位

启动“对齐单位”命令，可以将制表位限制在制表尺的刻度上。

5.4.3 课堂范例——制作儿童学习卡片

源文件路径	素材\第5章\5.4.3课堂范例——制作儿童学习卡片
视 频 路 径	视频\第5章\5.4.3课堂范例——制作儿童学习卡片.mp4
难 易 程 度	★★★

本实例主要介绍如何使用“制表符”面板对齐文本。

01 启动 Illustrator，执行“文件”|“打开”命令，在“打开”对话框中选择“金缕衣 .ai”素材文件，将其打开，如图 5-151 所示。

图5-151 打开素材文件

02 使用“选择工具”选中古诗内容，如图 5-152 所示。执行“窗口”|“文字”|“制表符”命令，打开“制表符”面板，单击面板右侧的“将面板置于文本上方”

按钮，将“制表符”面板对齐到当前所选文本对象上方，如图 5-153 所示。

图5-152 选中古诗内容　　图5-153 打开“制表符”面板

03 单击“制表符”面板顶部的“居中对齐制表符” 按钮，在标尺的刻度上单击，添加 7 个制表符，如图 5-154 所示。

04 选择“文字工具” T，在字符前单击，进入文字输入状态，如图 5-155 所示，然后按 Tab 键即可。依次在第一行中的所有字符前单击并按 Tab 键，最后在逗号后面执行该操作，效果如图 5-156 所示。

图5-154 添加制表符　　图5-155 文字输入状态

05 将光标放置在逗号前，按 Delete 键，将空白字符删除，如图 5-157 所示。在第一行文字部分执行相同的操作，使汉字与拼音依次居中对齐，如图 5-158 所示。

06 运用相同的方式完成其他诗句的对齐，如图 5-159 所示。

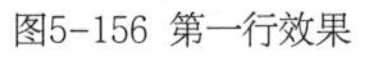

图5-156 第一行效果　　图5-157 删除逗号前的空格

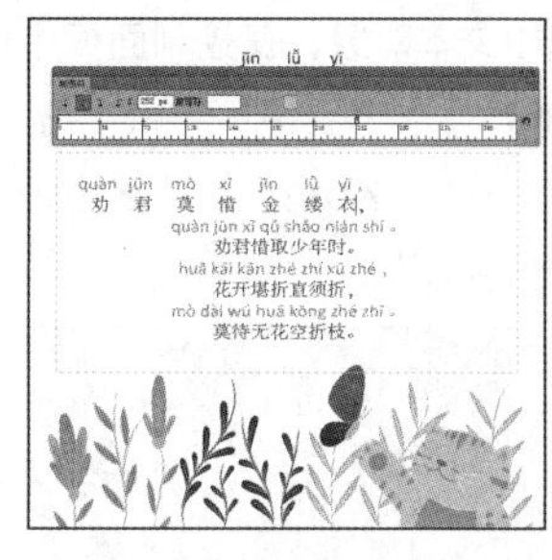

图5-158 对齐第一句的拼音和汉字　图5-159 对齐所有诗句

07 完成制表符的创建之后，可将“制表符”面板移开或关闭，如图 5-160 所示。调整诗句内容的位置，效果如图 5-161 所示。

图5-160 关闭“制表符”面板　　图5-161 调整诗句位置

5.5 修饰文本

在Illustrator中，可以通过对文本对象添加效果、转换文本为路径、设置图文混排等方式来对其进行修饰，以设计出理想的文字效果。

5.5.1 添加填充效果

选中文字对象后，可以在控制面板、“色板”面板、“颜色”面板和“渐变”面板等面板中为文字填充颜色或图案。但是在填充渐变前必须先将文字转换为轮廓。

练习 5-8 创建文字效果

源文件路径	素材\第5章\练习5-8创建文字效果
视 频 路 径	视频\第5章\练习5-8创建文字效果.mp4
难 易 程 度	★★

01 启动 Illustrator，执行“文件”|“打开”命令，在“打开”对话框中选择“文字 .jpg”素材文件，将其打开，如图 5-162 所示。

02 使用“选择工具” 选中文本对象，在控制面板中设置“填充”为（C57%、M6%、Y0%、K0%），“描边”为（C74%、M53%、Y40%、K0%），“描边粗细”为4pt，效果如图5-163所示。

图5-162 打开素材文件

图5-163 填充效果

03 执行“窗口”|“外观”命令，打开“外观”面板，单击面板底部的“添加新填色” 按钮，如图5-164所示。然后执行“窗口”|“色板库”|“图案”|“基本图形”|“基本图形-纹理”命令，打开“基本图形-纹理”色板库，如图5-165所示。单击选择“十字形”色板，将其应用到填充中，如图5-166所示。

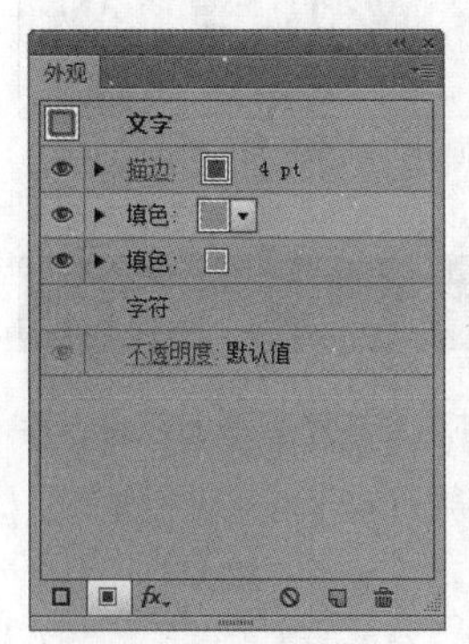

图5-164 添加新填色

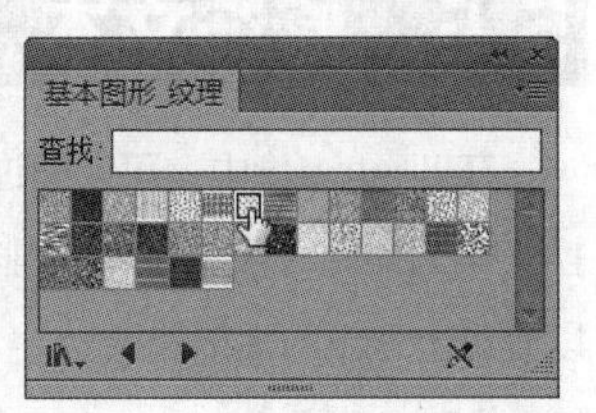

图5-165 “基本图形-纹理”色板库

相关链接	关于“外观”面板的相关知识点，请参阅本书第7章中“7.3 外观属性”。

04 在“外观”面板中单击图案填充层的“不透明度”按钮，打开下拉面板，设置“混合模式”为颜色加深，“不透明度”为50%，如图5-167所示。

05 执行“效果”|“艺术效果”|“胶片颗粒”命令，打开“胶片颗粒”对话框，设置相关参数，如图5-168所示。文字效果如图5-169所示。

图5-166 应用图案填充

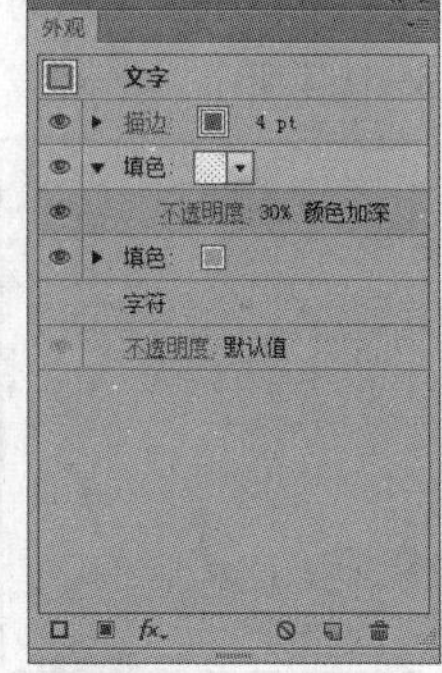

图5-167 设置混合模式

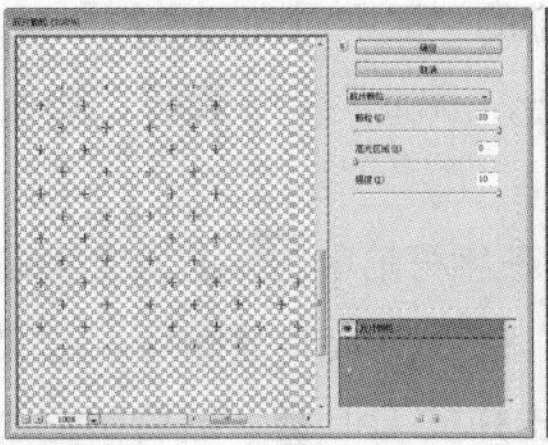
图5-168 “胶片颗粒”对话框

图5-169 文字效果

06 单击“外观”面板底部的“添加新描边” 按钮，添加“描边”为（C0%、M50%、Y100%、K0%），“描边粗细”为4pt，如图5-170所示。

07 执行“效果”|“路径”|“偏移路径”命令，打开“偏移路径”对话框，设置“位移”为-2px，如图5-171所示。效果如图5-172所示。

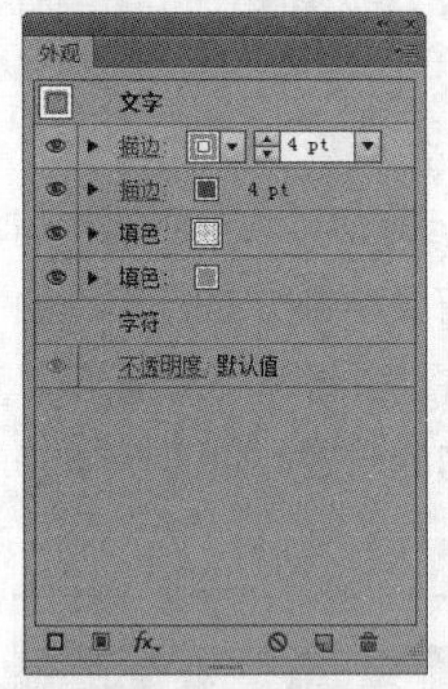

图5-170 添加新描边

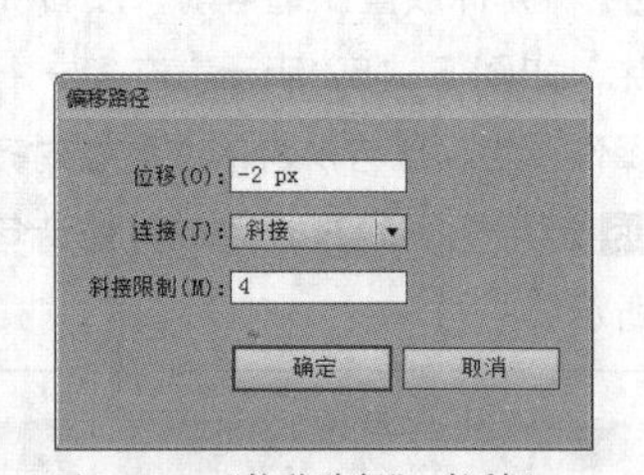

图5-171 “偏移路径”对话框

08 运用相同的方式再次添加新描边，设置“描边”为（C75%、M54%、Y42%、K0%），“描边粗细”为1pt，如图5-173所示。再次执行“偏移路径”命令，设置“位移”为-2px，如图5-174所示。

图5-172 文字效果

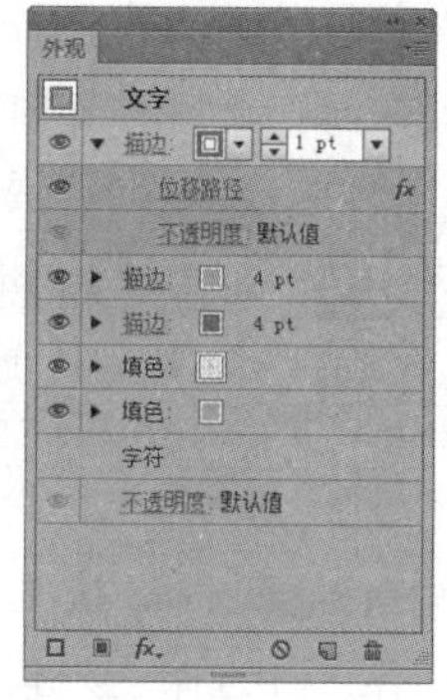
图5-173 添加新描边

09 单击“外观”面板底部的“添加新填色”按钮，添加“填充”为（C94%、M85%、Y60%、K40%），将该填充层移至“外观”最下方，如图5-175所示。执行“效果”|“扭曲和变换”|“变换”命令，打开“变换效果”对话框，设置“移动”和“副本”参数，如图5-176所示。效果如图5-177所示。

图5-174 偏移路径

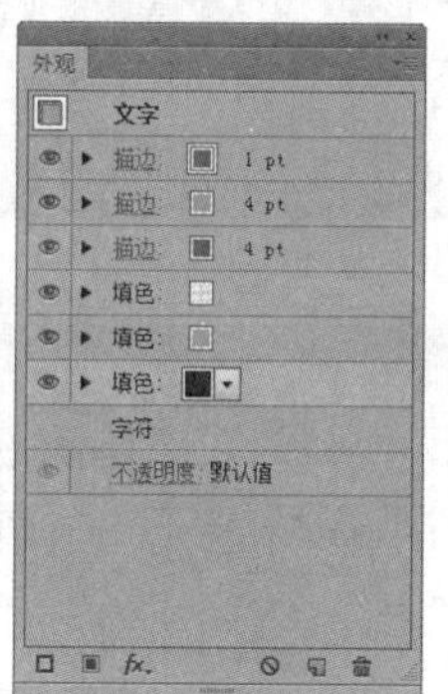
图5-175 调整顺序

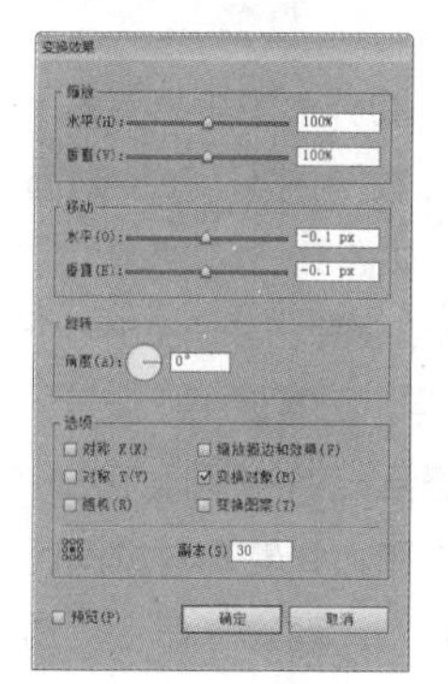
图5-176 “变换效果”参数

图5-177 变换效果

10 单击“外观”面板底部的“复制所选项目”按钮，复制上一步中的填充内容，将其展开，单击“变换”按钮，如图5-178所示。重新设置“变换效果”参数，如图5-179所示。最终效果如图5-180所示。

图5-178 单击“变换”按钮

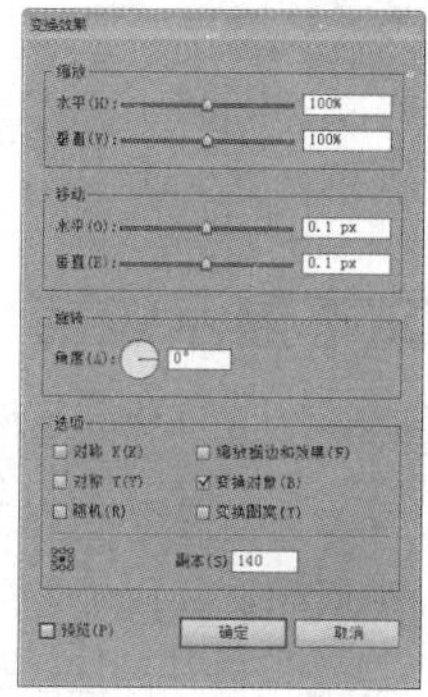
图5-179 更改变换参数

图5-180 最终效果

5.5.2 转换文本为路径

如果要对文本对象添加效果，首先需将文字转换为轮廓。选择文本对象，如图5-181所示，然后执行“文字”|“创建轮廓”命令，即可将文字转换为轮廓，如图5-182所示。已应用的描边和填色不会受到影响，并且可以像编辑其他矢量图形一样对其进行编辑，如填充渐变、添加效果等，如图5-183所示。但是无法再编辑文字内容。

图5-181 选择文本对象　图5-182 转换为轮廓

图5-183 添加渐变

5.5.3 文本显示位置

在Illustrator中进行排版操作时，通常需要对文字的显示方向及文本与图形对象之间的排列显示方式进行调整，以达到合理的排版效果。

1. 文本显示方向

在创建文字前，可以选择不同的文字工具创建不同显示方向的文本对象。还可以在创建文本之后，通过命令来改变其显示方向。首先选择文本对象，如图5-184所示，然后执行“文字”|“文字方向”|“水平”或“垂直”命令，即可更改文本的显示方向，如图5-185所示。

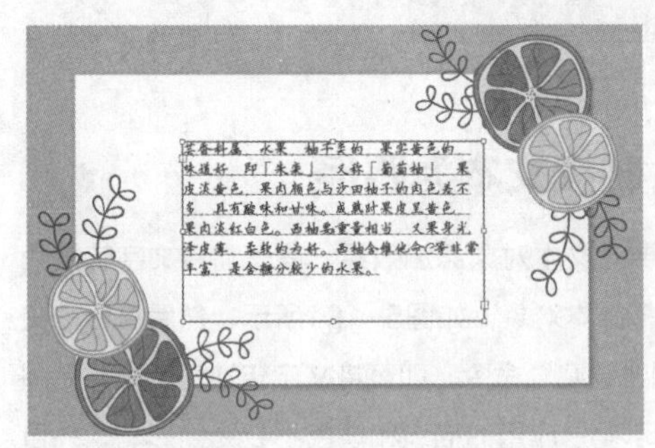

图5-184 选择文本对象

图5-185 更改文本的显示方向

2. 文本绕排

文本绕排是指区域文本围绕一个图形、图像或其他文本排列，创建出艺术性的图文混排效果。在创建文本绕排时，首先需要将文本内容与用于绕排的对象放在同一个图层中，且文本内容位于下方。

练习 5-9 创建文本绕排

源文件路径	素材\第5章\练习5-9创建文本绕排
视 频 路 径	视频\第5章\练习5-9创建文本绕排.mp4
难 易 程 度	★★★

01 启动 Illustrator，执行“文件”|“打开”命令，在“打开”对话框中选择“素材 .ai”素材文件，将其打开，如图 5-186 所示。在“图层”面板中单击“图层 3”，将其选中，在该图层中进行编辑，如图 5-187 所示。

图5-186 打开素材文件

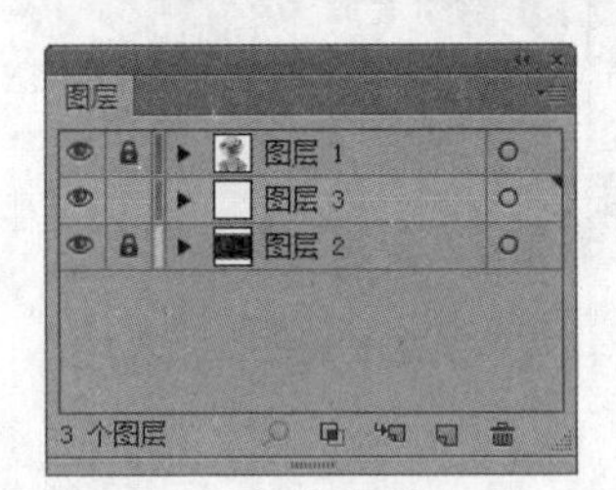

图5-187 选中“图层3”

02 使用“钢笔工具”在绘制人物外形的轮廓图形，如图 5-188 所示。选择“文字工具”，在控制面板中设置文本颜色、字体和大小，如图 5-189 所示。

03 然后使用“文字工具”，在画板右侧单击并拖曳出一个文本框，如图 5-190 所示。输入文字，如图 5-191 所示。在“图层”面板中，将文本图层调整至人物轮廓图层下方。

04 使用“选择工具”将文本和人物轮廓对象同时选中，执行“对象”|“文本绕排”|“建立”命令，创建文本绕排，如图 5-192 所示。在画板空白处单击，取消所有选择，再单击并拖曳文本对象，将其移向人物轮廓，文字将会重新排列，如图 5-193 所示。

图5-188 绘制人物外形轮廓

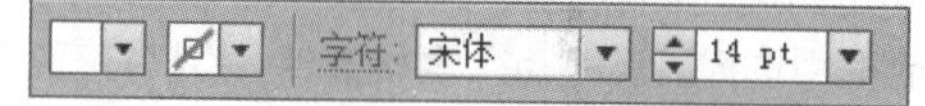

图5-189 设置文本样式

图5-190 创建文本框

图5-191 输入文字

图5-192 创建文本绕排

图5-193 重新排列文字

05 继续使用“选择工具” 拖曳文本框，将其扩大，使未显示的文字显示出来，如图5-194所示，然后在画板空白处单击，取消选择，如图5-195所示。

图5-194 扩大文本框

图5-195 绕排效果

提示

选中文本绕排对象，执行“对象”|“文本绕排”|“释放”命令，可以释放文本绕排。

● 设置文本绕排选项

选中文本绕排对象，如图5-196所示。执行“对象”|“文本绕排”|“文本绕排选项”命令，可以打开“文本绕排选项”对话框，如图5-197所示。

图5-196 选中绕排对象

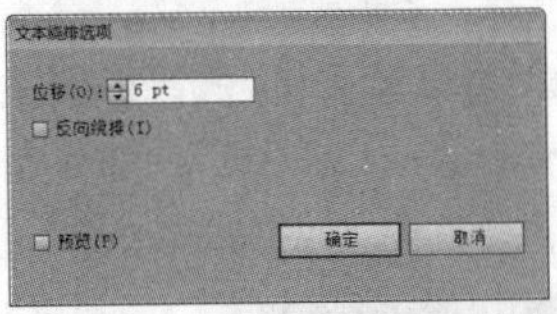

图5-197 “文本绕排选项”对话框

- “位移”：用来设置文本与绕排对象之间的间距。若输入正值，则会向对象外侧扩展排列，如图5-196所示；若输入负值，则会向对象内侧收缩排列，如图5-198所示。
- “反向绕排”：勾选该复选框，可以围绕对象反向绕排文本，如图5-199所示。

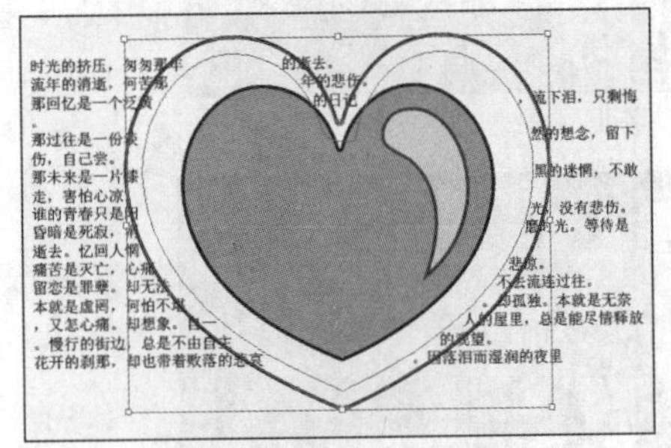

图5-198 想对象内侧收缩排列

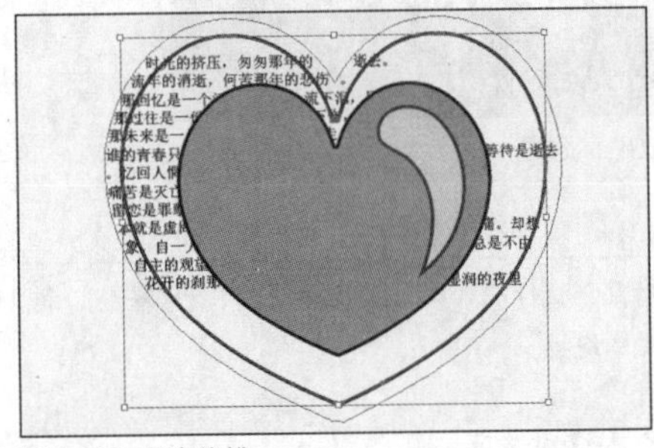

图5-199 反向绕排

5.5.4 链接与导出文字

1. 串接文本

串接文本是指将一个文本对象串接到下一个对象，在文本间创建链接关系。如果当前文本框不能容纳所有文字，可以通过创建链接文本的方式将未显示的文字导出到其他文本框中。只有区域文本和路径文本可以创建串接文本，点文本不能创建。

练习 5-10 串接文本

源文件路径	素材\第5章\练习5-10串接文本
视频路径	视频\第5章\练习5-10串接文本.mp4
难易程度	★★★

01 启动 Illustrator，执行“文件”|“打开”命令，在“打开”对话框中选择“素材 .ai”素材文件，将其打开。使用“选择工具” 选中文字对象，如图 5-200 所示。

02 此时，矩形框的左上角和右下角将会出现两个连接点，左上角的方框为输入连接点，右下角出现的带“+”号的小方框状图标，它们表示文字内容超出了该区域所能容纳的数量。单击任一图标，指针将变成状，如图 5-201 所示。

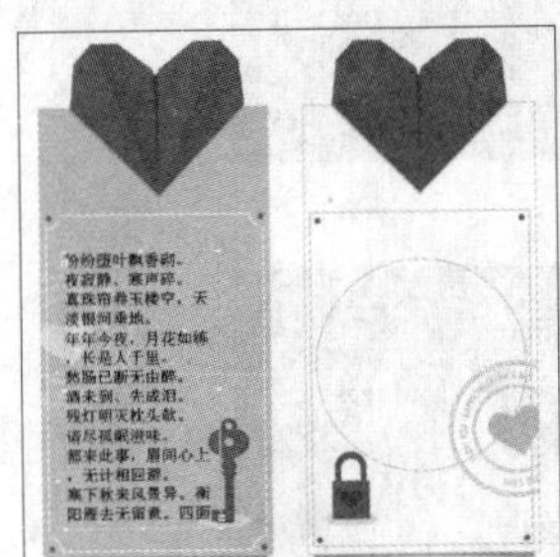

图5-200 选中文字对象　　图5-201 单击连接点

03 在画板其他位置单击并拖曳鼠标可以创建任意大小的文本框，并会将未显示的文字导入到新的文本框中，如图 5-202 所示。若在画板上单击，即可创建与原有文本框相同形状和大小的新区域，如图 5-203 所示。

图5-202 创建链接文本框

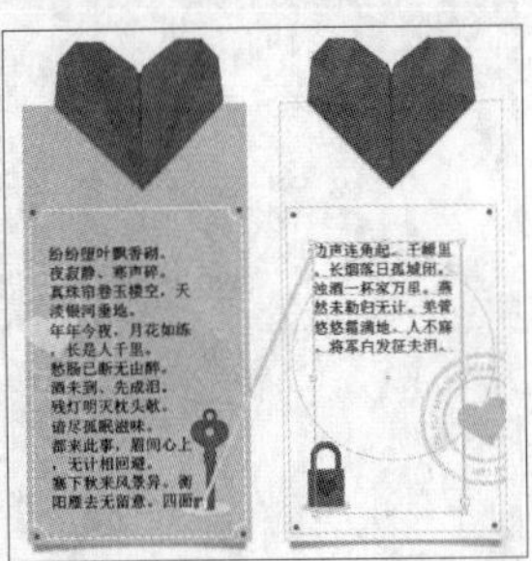

图5-203 创建相同形状和大小的链接文本框

04 如果单击一个图形，则可将未显示的文本导入到该图形中，如图 5-204、图 5-205 所示。

05 若将指针放在另一个区域文本对象上，指针将会变成状，如图 5-206 所示，此时单击即可串接这两个文本，如图 5-207 所示。

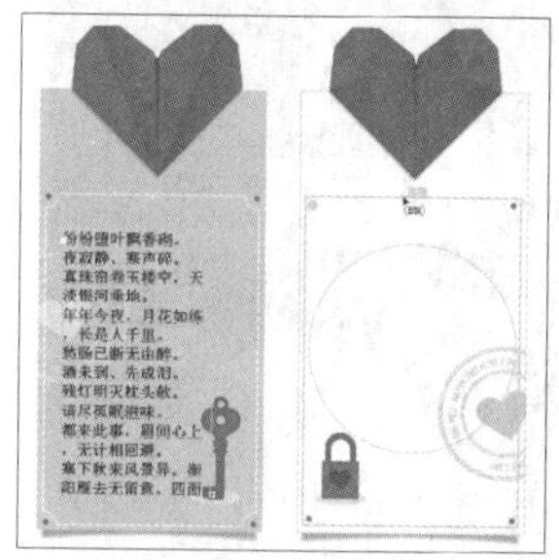

图5-204 单击图形

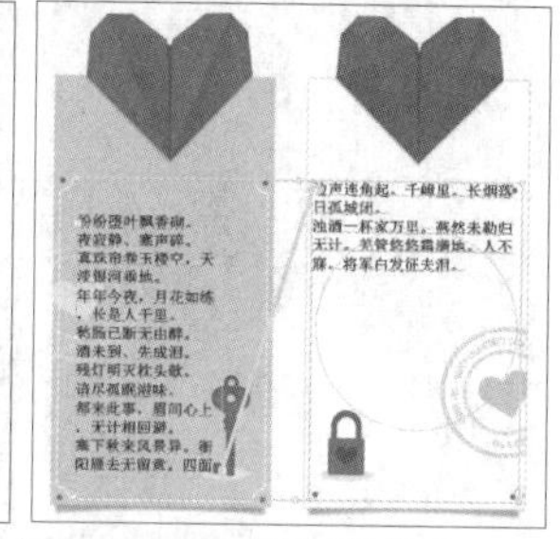

图5-205 导入未显示的文字

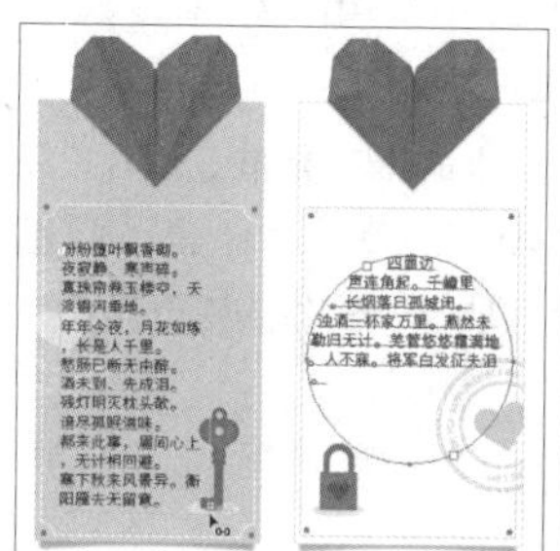

图5-206 另一个区域文本对象

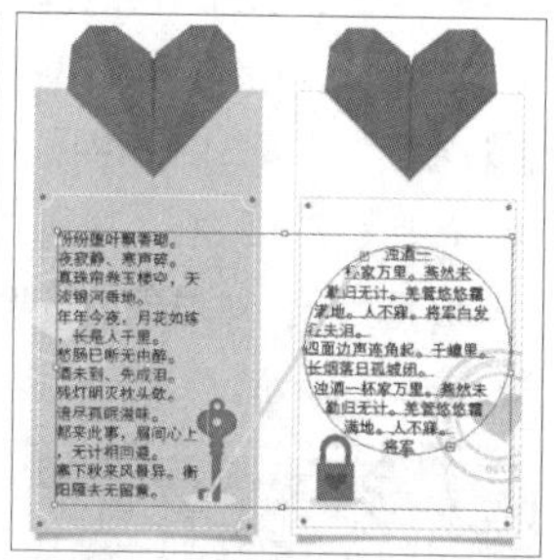

图5-207 串接两个文本

提示

同时选中两个或两个以上的区域文字对象，再执行“文字”|“串接文本”|“创建”命令，即可将选中的文本链接。

06 若要中断串接，可以双击连接点，即原状图标处，文本将会重新排列到第一个对象中，如图 5-208、图 5-209 所示。

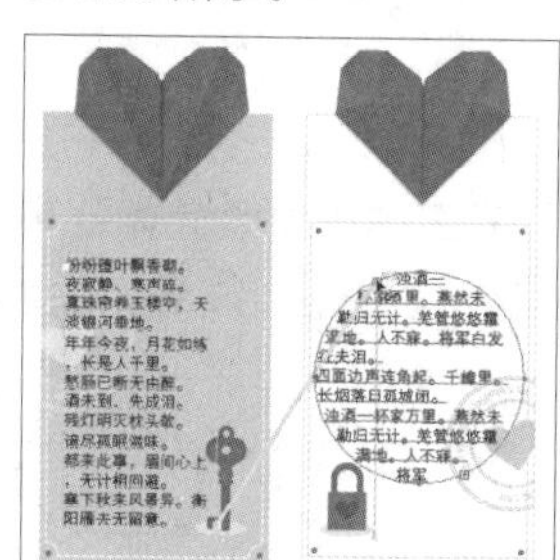

图5-208 双击连接点

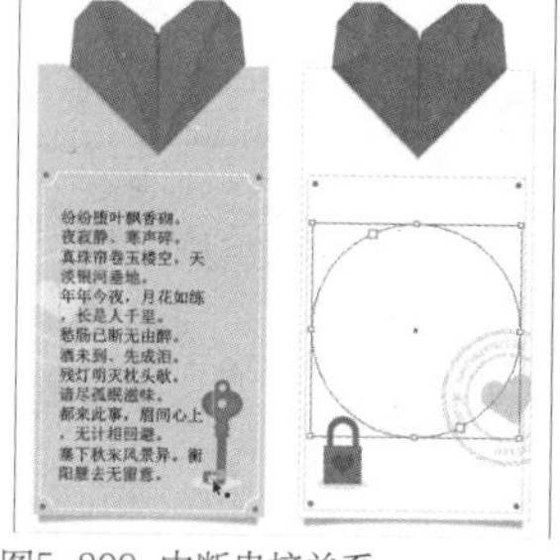

图5-209 中断串接关系

提示

若要从文本串接中释放对象，可以将文本对象选中，然后执行“文字”|“串接文本”|“释放所选文本”命令，文本将排列到下一个对象中。若要删除所有串接，可以执行“文字”|“串接文本”|“移去串接”命令，文本将保留在原位置。

2. 导出文字

将文本导出到文本文件中，首先使用文字工具将需要导出的文本对象选中，如图5-210所示。再执行“文件”|“导出”命令，打开“导出”对话框，选择文件位置并输入文件名，选择“文本格式.txt”，如图5-211所示，单击“导出”按钮即可将其导出到文本文件中。

图5-210 选择文本对象

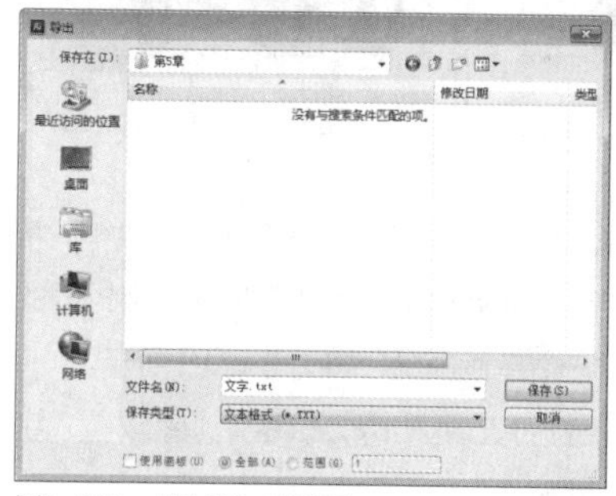

图5-211 “导出”对话框

5.5.5 课堂范例——制作跨年海报

源文件路径	素材\第5章\5.5.5课堂范例——制作跨年海报
视频路径	视频\第5章\5.5.5课堂范例——制作跨年海报.mp4
难易程度	★★★

本实例主要介绍如何将文字转换为轮廓，再对其进行变形操作。

01 启动 Illustrator，执行“文件”|“打开”命令，在“打开”对话框中选择“背景.ai”素材文件，将其打开，如图 5-212 所示。

02 选择“文字工具” T，在“字符”面板中设置字符样式参数，如图 5-213 所示，然后在右侧的空白画板中单击并输入文字，如图 5-214 所示。

03 保持文字的选中状态，执行“文字”|“创建轮廓”命令，将文字对象转换为轮廓，如图 5-215 所示。

图5-212 打开素材文件

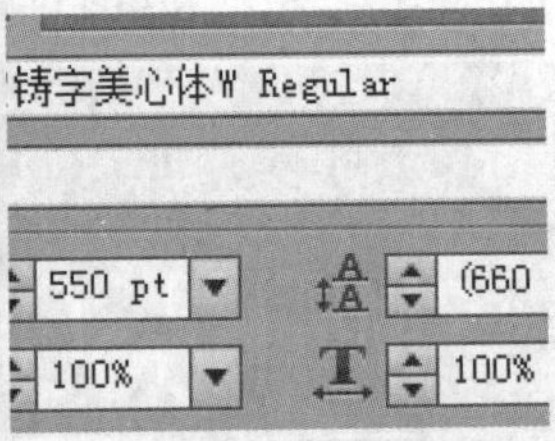

图5-213 “字符”面板

图5-214 输入文字

图5-215 转换为轮廓

04 选择“直接选择工具”，按住 Shift 键单击“年”字“丿”笔画上的锚点，按 Delete 键将其删除，运用相同的方式将“跨”字的“一”笔画删除，如图 5-216 所示。

05 继续使用“直接选择工具”，调整“跨年”2 字的位置和形状，如图 5-217 所示。

图5-216 删除部分路径

图5-217 调整路径

06 将文字移至海报背景的合适位置，如图 5-218 所示。保持对象的选中状态，按 Ctrl+C 和 Ctrl+F 快捷键将其复制一层，然后执行“对象”|“实时上色”|“建立”命令，创建实时上色组，再使用“实时上色工具”为其上色，效果如图 5-219 所示。

图5-218 调整位置

图5-219 上色效果

07 在“图层”面板中选择下方的“跨年”对象，按→、↓方向键，调整位置，如图 5-220 所示。

08 执行“效果”|“模糊”|“高斯模糊”命令，打开“高斯模糊”对话框，设置“半径”为 40 像素，如图 5-221 所示。对对象进行模糊处理，制作阴影效果，如图 5-222 所示。

图5-220 调整位置

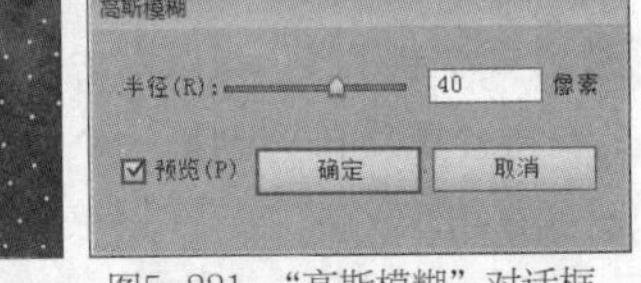

图5-221 “高斯模糊”对话框

09 选择“文字工具” T，在控制面板中设置“填充”为白色，无描边。使用“方正兰亭超细黑简体”和“Candara”字体，输入文字，调整位置和大小如图 5-223 所示。

10 在控制面板中更改“字体”为“汉仪菱心体简”，“字体大小”为 116pt，输入文字，调整字距，如图 5-224 所示，“字符”面板中参数如图 5-225 所示。

图5-222 阴影效果

图5-223 文字效果

图5-224 文字效果

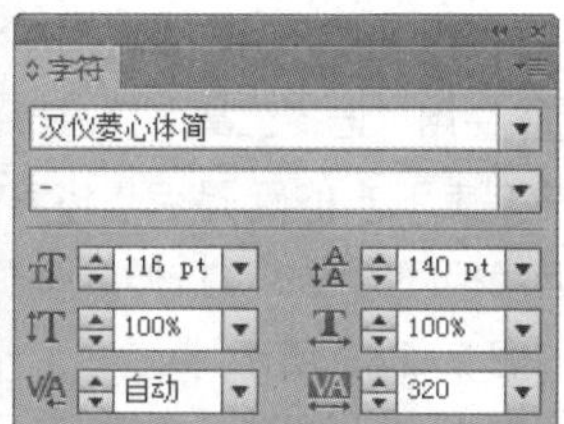

图5-225 文字参数

11 运用相同的方式，使用“方正兰亭粗黑简体”字体输入倒计时数字，将其转换为轮廓，重新上色并调整位置，如图 5-226 所示。使用“方正兰亭超细黑简体”字体输入文字，如图 5-227 所示。

12 使用“方正剪纸简体”和“方正兰亭超细黑简体”字体输入文字，调整字距和位置，如图 5-228 所示。使用“椭圆工具”绘制椭圆，并将其置于文字下方，如图 5-229 所示。

图5-226 数字效果

图5-227 文字效果

图5-228 文字效果

图5-229 绘制椭圆

13 运用相同的方式添加其他文字效果，完成跨年海报的制作，如图 5-230 所示。

图5-230 最终效果

5.6 综合训练——制作折纸创意字体

源文件路径	素材\第5章\5.6综合训练——制作折纸创意字体
视 频 路 径	视频\第5章\5.6综合训练——制作折纸创意字体.mp4
难 易 程 度	★★★★★

本实例主要介绍如何运用倾斜工具、自由变换工具和效果命令制作折纸效果的字体。

01 启用 Illustrator 后，执行“文件”|“新建”命令，弹出“新建”对话框，在对话框中设置参数，创建一个 420mm × 297mm 大小的空白文档。

02 使用“矩形工具”创建一个与画板大小相同的矩形，设置“填充”为浅灰色，无描边。按 Ctrl+C 和

Ctrl+F 快捷键复制一层，使用“选择工具” ，按住 Shift+Alt 快捷键拖曳定界点矩形将向中心缩小，并更改“填充”为更浅的灰色，效果如图 5-231 所示。

03 使用“文字工具” 创建文字，设置“字体”为 Arial，“字体样式”为 Bold，“字体大小”为 220pt，效果如图 5-232 所示。

图5-231 创建两个矩形

图5-232 输入文字

04 使用“选择工具” 单击文字对象，将其选中，并在文字上方单击鼠标右键，在打开的下拉菜单中选择“创建轮廓”命令，如图 5-233 所示。将文字对象转换为轮廓，并在“色板”面板中更改填充颜色，如图 5-234 所示。

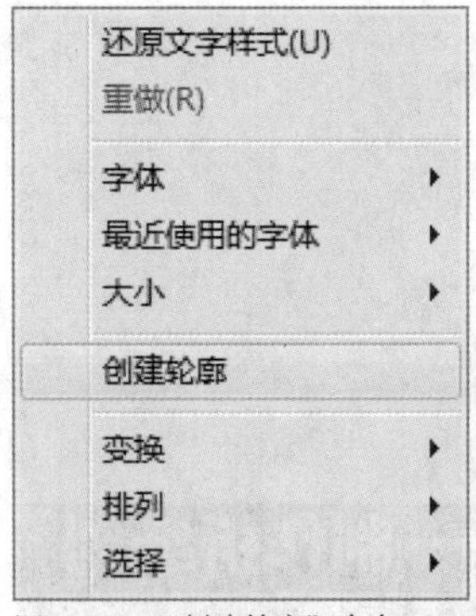

图5-233 “创建轮廓”命令

图5-234 将文字对象转换为轮廓

05 选择“倾斜工具” ，按住 Alt 键在“L”对象最左上角的锚点上单击，打开“倾斜”对话框，设置参数如图 5-235 所示。单击“复制”按钮，倾斜并复制一层文字对象，并修改其“填充”为（C56%、M5%、Y67%、K0%），如图 5-236 所示。

06 保持对象的选中状态，按 Ctrl+D 快捷键重复倾斜与复制，并修改复制对象的“填充”为（C35%、M0%、Y39%、K0%），如图 5-237 所示。

07 重复该操作，复制多层“LUSH”文字，并填充为相近的颜色，将最顶层的对象填充为白色，效果如图 5-238 所示。

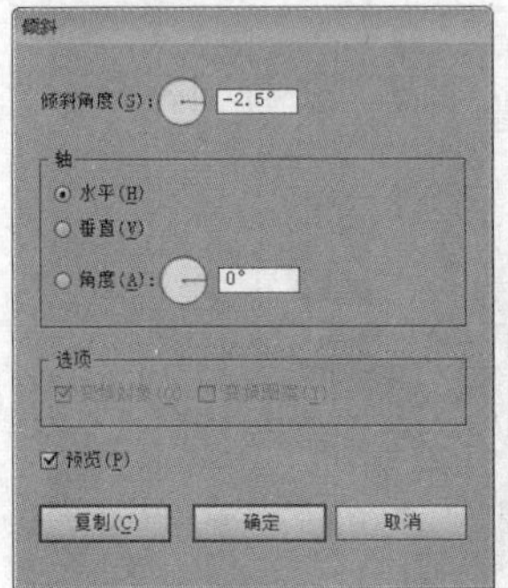

图5-235 倾斜参数

图5-236 倾斜效果

图5-237 继续倾斜

图5-238 复制多层

08 使用“选择工具” 选择最底层的“LUSH”对象，并拖曳下方的定界点，将其拉伸，如图 5-239 所示。运用相同的方式，拉伸或缩短对象，制作纸张的层次感，如图 5-240 所示。

图5-239 拉伸效果

图5-240 纸张层次感

09 选中所有“LUSH”对象，选择“自由变换工具” ，在定界框的定界点上单击，然后按住 Ctrl 键拖曳鼠标，调整整体透视，得到近大远小效果，如图 5-241 所示。

10 保持对象的选中状态，使用“选择工具” 按住 Shift 键单击最底层的灰色对象，将其取消选择，如图 5-242 所示。

图5-241 调整透视效果

图5-242 选中对象

11 执行“效果”|“风格化”|“投影”命令，在打开的“投影”对话框中设置相关参数，如图5-243所示。单击“确定”按钮，应用效果，如图5-244所示。

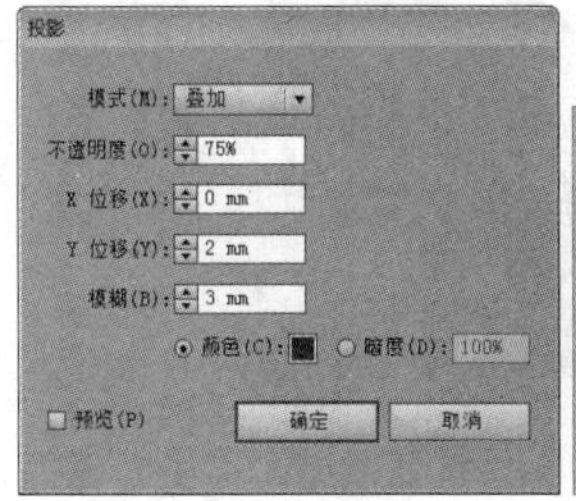

图5-243 “投影”参数

图5-244 投影效果

12 选中最下方的灰色对象，执行“效果”|“风格化”|“内发光”命令，在打开的“内发光”对话框中设置相关参数，如图5-245所示。单击“确定”按钮，应用效果，如图5-246所示。

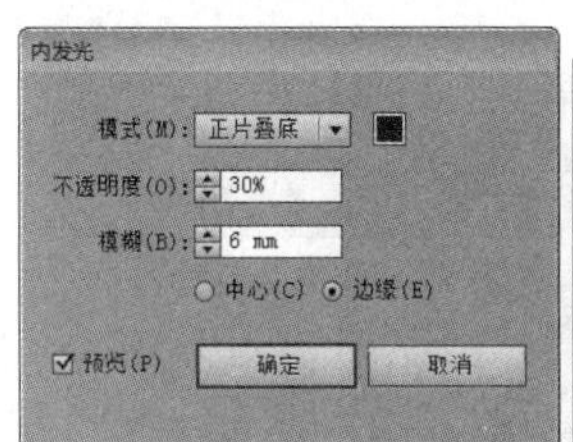

图5-245 “内发光”参数

图5-246 “内发光”效果

13 选中所有“LUSH”对象，按Ctrl+C和Ctrl+B快捷键原位后置粘贴一层，保持对象的选中状态，单击“路径查找器”面板中的“联集”按钮，将其合并。按→和↓方向键调整位置，设置填充为灰绿色，如图5-247所示。

14 执行“效果”|“模糊”|“高斯模糊”命令，在打开的“高斯模糊”对话框中设置“半径”为20px，如图5-248所示。

图5-247 创建投影图形

图5-248 模糊投影效果

15 在控制面板中调整投影的不透明度，并复制一层，调整大小，效果如图5-249所示。

16 运用相同的方式制作底层纸张的层次感并添加投影效果，最终效果如图5-250所示。

图5-249 创建多层投影

图5-250 最终效果

5.7 课后习题

本实例主要使用文字工具、钢笔工具、自由变换等多种工具和命令，制作一幅文字促销海报，如图5-251所示。

源文件路径	素材\第5章\习题——制作促销海报
视频路径	视频\第5章\习题——制作促销海报.mp4
难易程度	★★★

图5-251 习题——制作促销海报

第 6 章

组织图形对象

图层是 Illustrator 中非常重要的功能，用来管理图形和效果，相当于“文件夹”，包含了图稿中的所有内容，合理地管理图层能够帮助我们有效地选择和编辑对象，降低绘制图稿时的复杂程度。蒙版用于遮盖对象，使其呈现半透明或不可见状态，是一种非破坏性的编辑功能。

本章将详细讨论图层和蒙版的使用方法，以及不透明度面板的应用技巧。

本章学习目标

- 了解图层的基本功能
- 掌握混合对象的创建方式
- 掌握剪切蒙版的编辑方法
- 掌握透明度效果的应用

本章重点内容

- 图层的基本功能
- 混合对象的运用
- 剪切蒙版的编辑

扫码看课件

扫码看视频

6.1 图层

图层就像结构清晰的文件夹，可以将图稿的各个部分放置在不同的图层中，这样就能对其进行选择、调整堆叠顺序、隐藏、锁定和删除等操作。

6.1.1 认识【图层】面板

打开一个文件，如图6-1所示。执行“窗口”|“图层”命令，打开“图层”面板，面板中包含了当前文档中的所有图层，如图6-2所示。在该面板中可以选择、新建和删除图层，也可以为所选图层创建剪切蒙版。

图6-1 打开文件

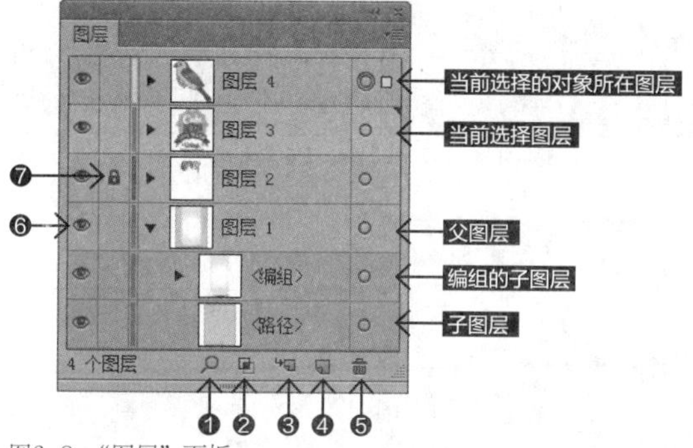

图6-2 “图层”面板

❶“定位对象” ：在图稿中选中一个对象后单击该按钮，即可定位到该对象所在的图层或子图层。

❷“建立/释放剪切蒙版” ：单击该按钮，可以在所选图层对象之间创建剪切蒙版。

❸“创建新子图层” ：单击该按钮，可以在当前所选的父图层内创建一个子图层。

❹“创建新图层” ：单击该按钮，可以创建一个父图层，新建图层总是位于当前所选图层上方，若未选择任何对象或图层，则会在所有图层最上方创建。将一个图层拖曳至该按钮上方，可以复制该图层。

❺“删除所选图层” ：选中一个图层后单击该按钮，或者将图层拖曳至该按钮上，可以将该图层删除。删除父图层时会一并删除其子图层。

❻“切换可视性” ：单击该图标可以显示图层与隐藏图层键切换，无图标时表示该图层被隐藏，单击即可显示该图标与图层。按住Ctrl键单击可以切换图层的视图模式，切换为轮廓模式，图标将会变成 状。

❼“切换锁定” ：显示 状图标时，表示该图层被锁定，被锁定的图层不能做任何操作。单击该图标，即可解除锁定。

6.1.2 创建图层

在Illustrator中新建一个文档时，会自动创建一个图层，即“图层1”。在开始绘制图形后，会添加一个子图层。单击“图层”面板底部的“创建新图层” 按钮，可以在当前选择的图层上方创建一个新图层，如图6-3所示。单击“创建新子图层” 按钮，则可以在当前选择的图层中创建一个子图层，如图6-4所示。

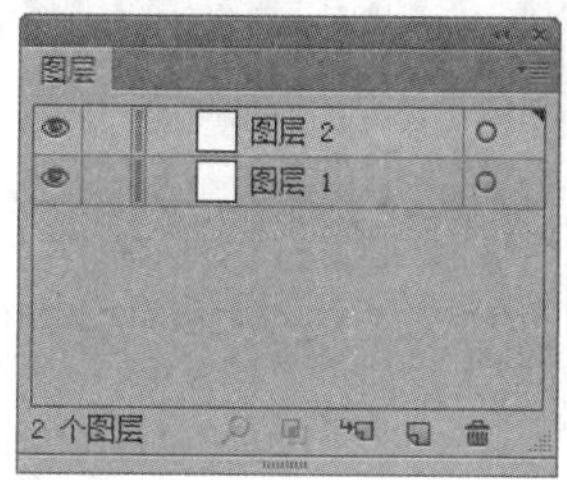

图6-3 创建新图层

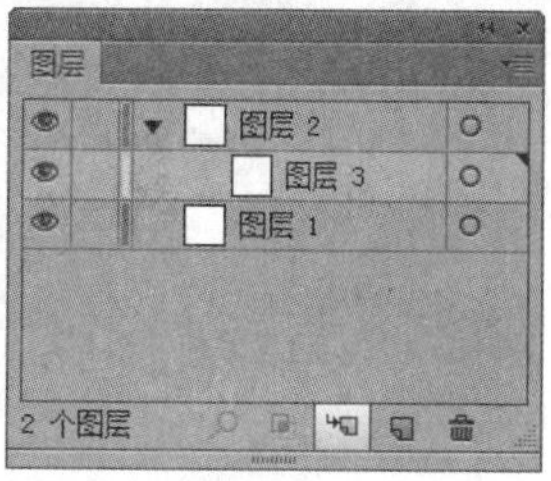

图6-4 创建新子图层

提示

按住Ctrl键单击“创建新图层” 按钮，可以在所有图层顶部创建一个新图层。

● 【图层选项】对话框

按住Alt键单击“创建新图层” 按钮，可以打开“图层选项”对话框，如图6-5所示。在该对话框中可以设置图层的名称和颜色等，单击“确定”按钮，即可应用该设置创建新图层。

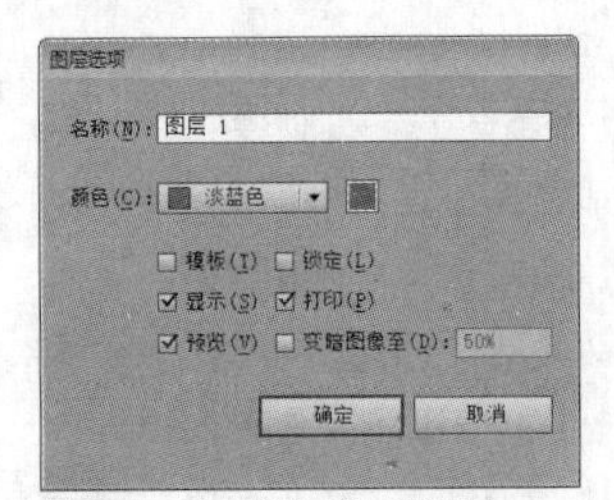

图6-5 “图层选项”对话框

提示

在“图层”面板中双击一个图层，或者选择一个图层后，单击面板顶部的“面板菜单”按钮，在面板菜单中选择“（图层名称）图层的选项”命令，也可以打开“图层选项”对话框，更改该图层的参数。

- 名称”：可以设置图层的名称，方便查找和管理。
- 颜色”：可以在该选项的下拉列表中为图层指定一种颜色，如图6-6所示，也可以双击右侧的颜色块，打开“颜色”对话框设置颜色。该颜色会显示在“图层”面板图层缩览图的左侧，如图6-7所示，它决定了该图层中所有对象的定界框、路径、锚点及中心点的颜色，如图6-8所示。

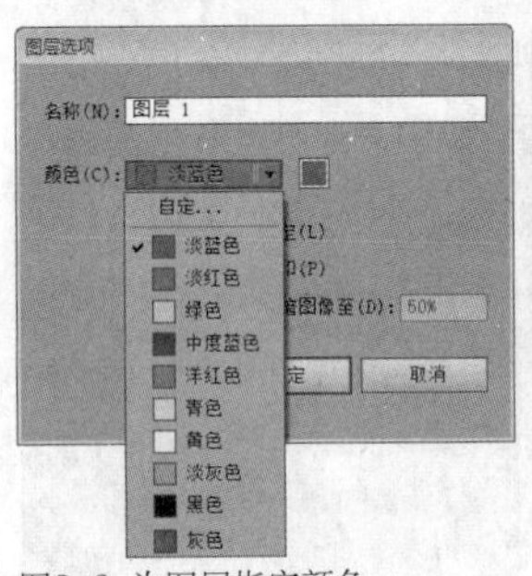

图6-6 为图层指定颜色

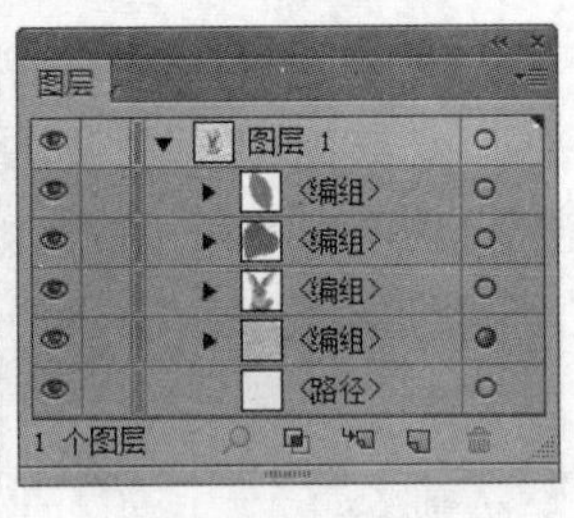

图6-7 图层颜色显示

图6-8 与图层颜色统一

- 模板”：勾选该复选框，可以创建模板图层，在图层左侧会显示▣状图标，图层的名称为倾斜的字体，并自动处于锁定状态，如图6-9所示。
- 显示”：勾选该复选框，可以创建可见图层，图层前会显示眼睛图标◉。取消勾选，即可隐藏图层。
- 预览”：勾选该复选框，则创建的图层为预览模式，图层前会显示眼睛图标◉。取消勾选，则会创建为轮廓模式，图层前会显示○状图标，如图6-10所示。

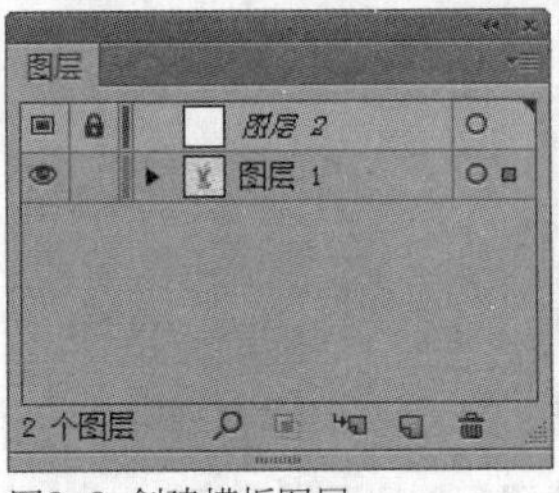

图6-9 创建模板图层

图6-10 轮廓模式

- 锁定”：勾选该复选框，可以锁定图层，图层前方会出现🔒状图标。
- 打印”：勾选该复选框，表示该图层可以进行打印。取消勾选，则该图层中的对象不能被打印，图层的名称为倾斜的字体，如图6-11所示。
- 变暗图像至”：勾选该复选框，然后在右侧的文本框中设置百分比，可以淡化当前图层中位图图像和连接图像的显示效果。该选项只对位图有效，矢量图像不会发生改变。图6-12所示为源图像，图6-13、图6-14所示为图层中位图对象“变暗图像至50%”的效果。

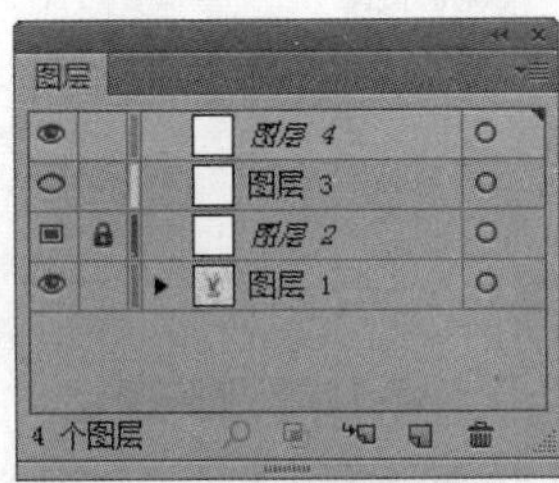

图6-11 不能打印的图层

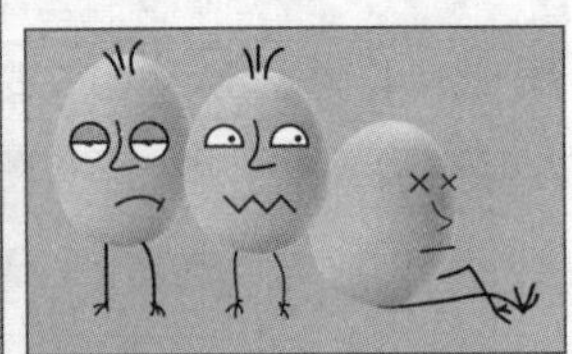
图6-12 源图像

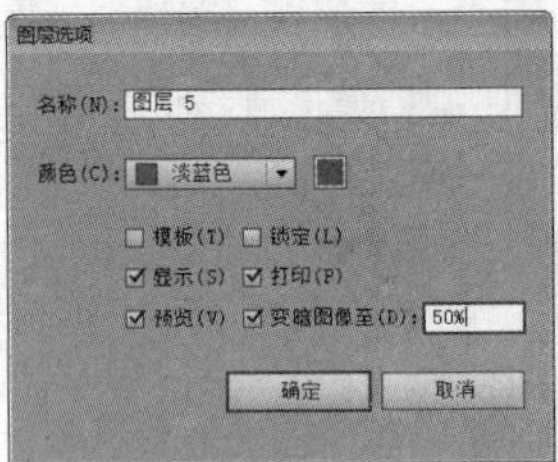

图6-13 “变暗图像至50%”

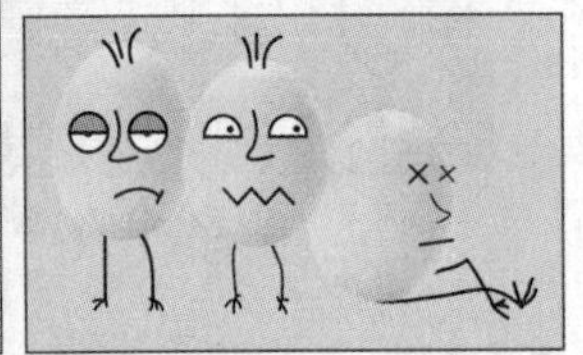
图6-14 变暗效果

● 复制图层

在“图层”面板中，将一个图层、子图层或组拖曳至面板底部的“创建新图层”▣按钮上，即可复制该图层。或者按住Alt键向上或向下拖曳，可将图层、子图层或组复制到指定的图层位置。

6.1.3 通过面板查看图层

在“图层”面板中，可以设置图层缩览图的显示尺寸、定位所选对象在该面板中的位置，也可以将暂时不用编辑的对象图层隐藏或锁定。

1. 更改图层缩览图显示

在“图层”面板中，图层名称左侧是对应的图层缩览图，可以预览该图层中包含的图稿内容。单击“图层”面板右上角的“面板菜单”按钮，在打开的面板菜单中个选择“面板选项”命令，打开“图层面板选项”对话框，如图6-15所示。在该对话框中可以调整图层缩览图的大小，以便查看和选择图层。图6-16所示为“行大小”设置为“大”的“图层”面板缩览图；图6-17所示为“行大小”设置为“其他：50px”的“图层”面板缩览图。

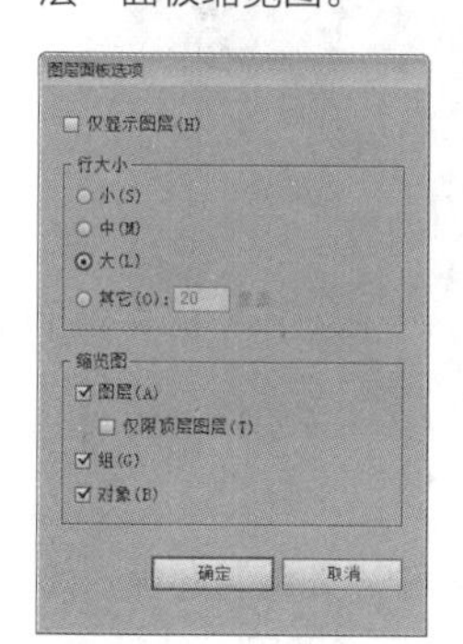

图6-15 “图层面板选项”对话框

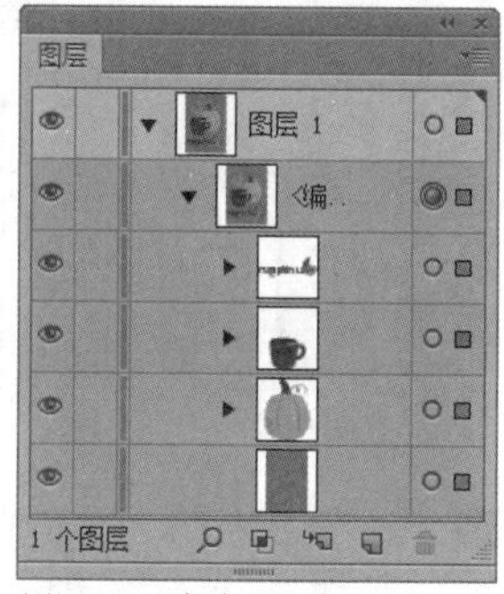

图6-16 “行大小”为“大”

2. 定位对象

在文档窗口中选中一个对象，如图6-18所示，如果想在“图层”面板中查看该对象的位置，但是图层结构太复杂，可以单击面板底部的“定位对象”按钮。或者单击面板右上角的“面板菜单”按钮，在打开的面板菜单中个选择“定位对象”命令，即可在“图层”面板中定位到该对象所在的图层，如图6-19所示。

3. 显示与隐藏图层

在“图层”面板中，每一个图层、子图层或组前面都有一个眼睛图标，表示该图层中的对象在画板中处于显示状态，如图6-20、图6-21所示。单击一个子图层或组前面的眼睛图标，可以将该子图层或组中的对象隐藏，如图6-22、图6-23所示。单击图层前面的眼睛图标，可以将图层中的所有对象隐藏，其中子图层或组的眼睛图标会变为灰色，如图6-24所示。在原眼睛图标处单击，可以重新显示对象。

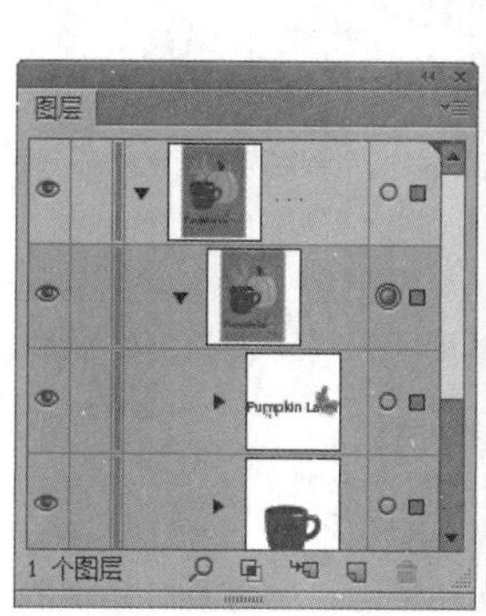

图6-17
“行大小”为“其他：50px”

图6-18 选中对象

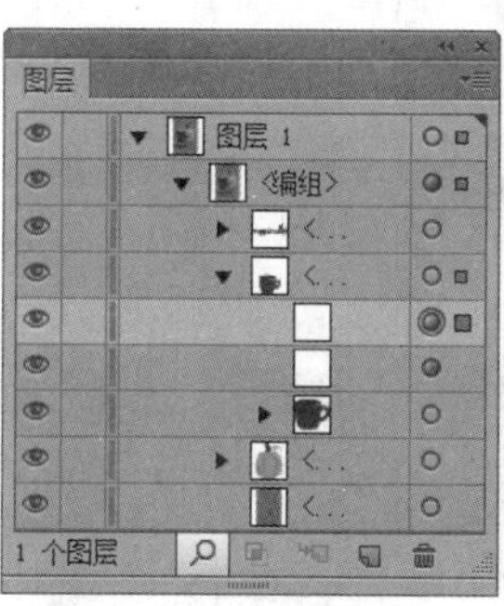

图6-19 定位对象所在的图层

图6-20 显示状态

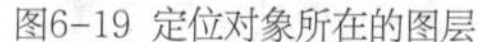

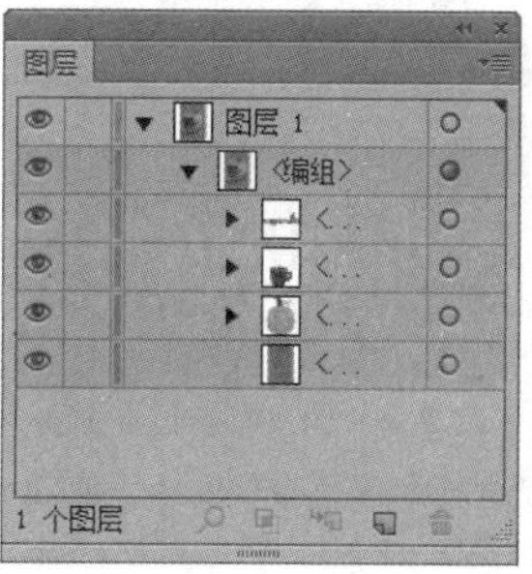

图6-21 “图层”面板

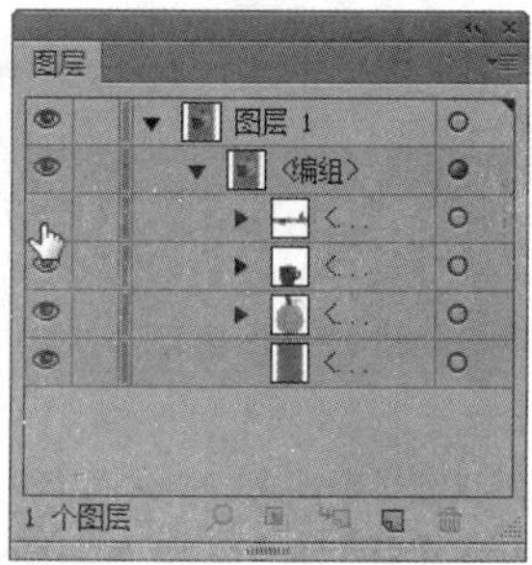

图6-22 隐藏子图层或组

图6-23 隐藏效果

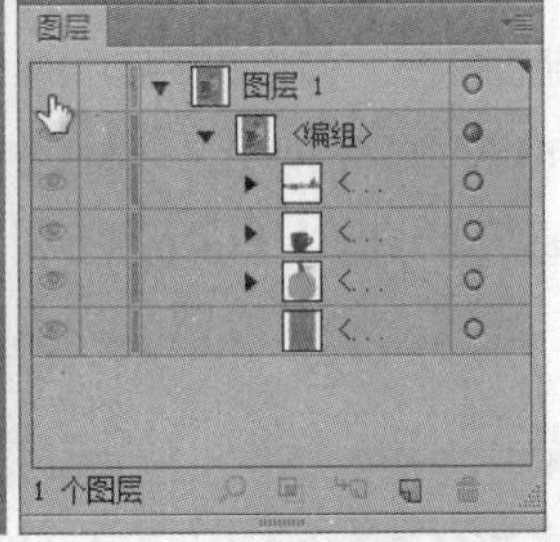

图6-24 隐藏图层中所有对象

提示

按住Alt键单击一个图层的眼睛图标，可以隐藏除该图层之外的其他图层。

4. 锁定图层

在“图层”面板中，每一个图层、子图层或者组的眼睛图标右侧有一个空白方块，在此处单击，会显示处一个状图标，如图6-25所示。此时即表示该图层被锁定，被锁定的对象不能被选择和修改，但它们是可见的，能够被打印出来。在选择和编辑对象路径时，为了不影响其他对象，或避免其他对象影响当前操作，即可将这些对象锁定。若锁定父图层，可以将其中的组和子图层同时锁定，如图6-26所示。如果要解除锁定，可以单击状图标。

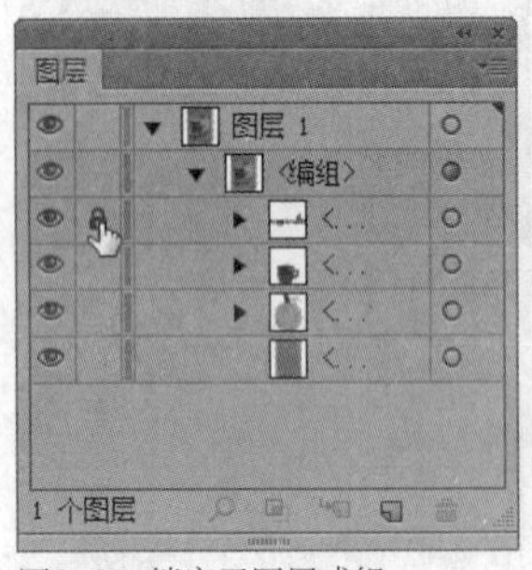

图6-25 锁定子图层或组

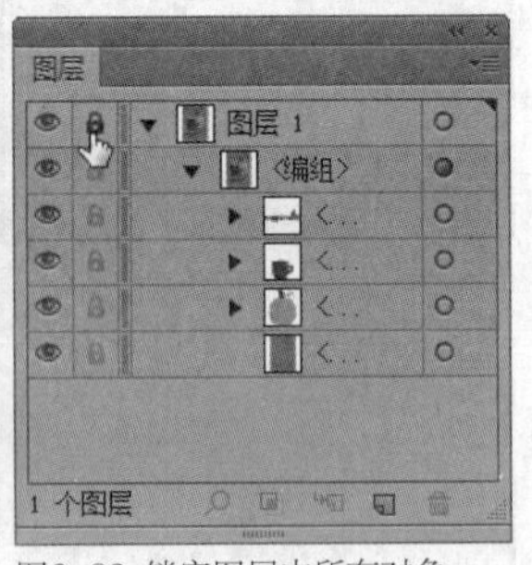

图6-26 锁定图层中所有对象

提示

如果要锁定文档中的所有图层，可以单击“图层”面板右上角的“面板菜单”按钮，在打开的面板菜单中个选择“锁定所有图层”命令。如果要解锁所有对象，可以执行“对象”|“全部解锁”命令。

6.1.4 课堂范例——制作日历

源文件路径　素材\第6章\6.1.4课堂范例——制作日历

视 频 路 径　视频\第6章\6.1.4课堂范例——制作日历.mp4

难 易 程 度　★★★

本实例主要介绍如何在图层面板中选择和复制图层。

01 启动Illustrator，执行“文件”|“打开”命令，在“打开”对话框中选择“日历.ai”素材文件，将其打开，如图6-27所示。

02 执行“窗口”|“图层”命令，打开“图层”面板，图层面板中显示了当前文档的所有内容，单击子图层“1月”缩览图左侧的三角形按钮，将图层展开，如图6-28所示。

图6-27 打开图像

图6-28 “图层”面板

03 单击子图层“1月”里的第一个“编组”图层，如图6-29所示，按住Alt键将其拖曳至子图层“2月”中，如图6-30所示，复制该图层。

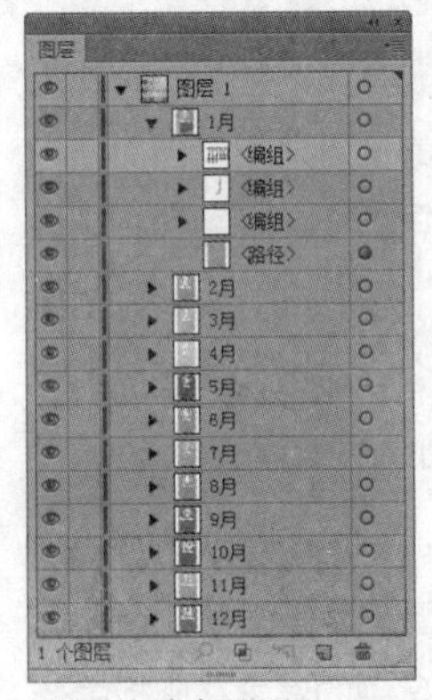

图6-29 选中子图层

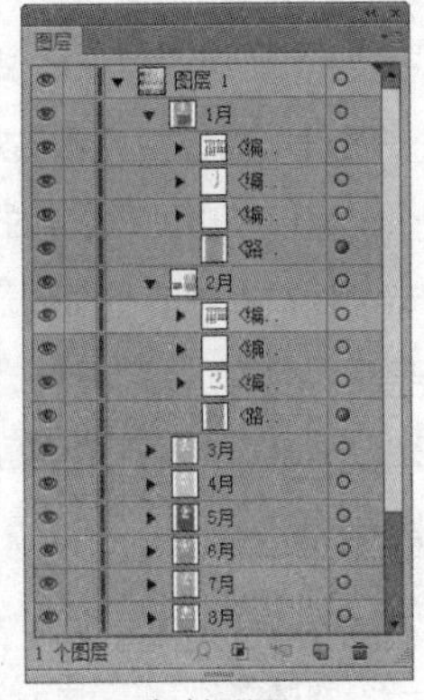

图6-30 复制图层

04 单击该复制图层右侧的定位图标，图标将变成状，如图 6-31 所示，此时即可在画板中将该图层中的对象选中，如图 6-32 所示。

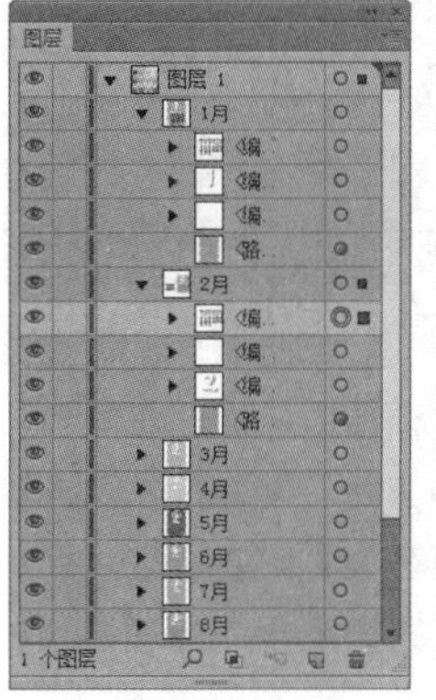

图6-31 单击定位图标

图6-32 选中对象

05 使用“选择工具”将选中的对象移至 2 月的日历上方，如图 6-33 所示。

06 运用相同的方式完成其他 10 个月份的日历制作，效果如图 6-34 所示。

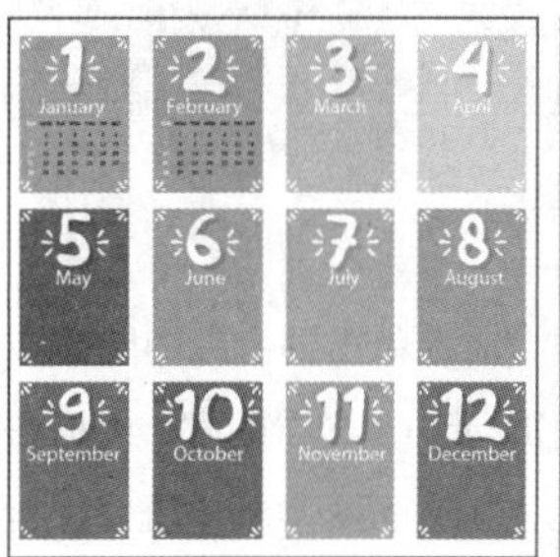

图6-33 移动位置

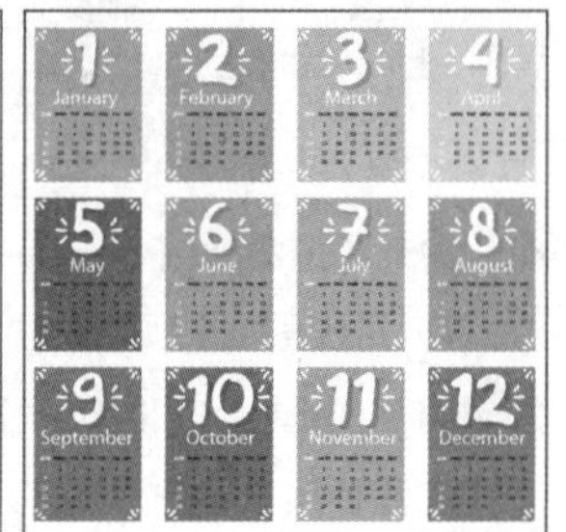

图6-34 日历效果

6.2 编辑和管理图层

在“图层”面板中，除了可以实现对象的位置移动、图层间的堆叠顺序调整外，还可以通过各种方式合并图层。

6.2.1 移动与合并图层

1. 调整图层的堆叠方式

在“图层”面板中，图层的堆叠顺序与画板中绘制对象的堆叠顺序一致。“图层”面板中最顶层的对象在画板中也位于所有对象的最前面，最底层的对象在画板中位于所有对象的最后面，如图6-35、图6-36所示。

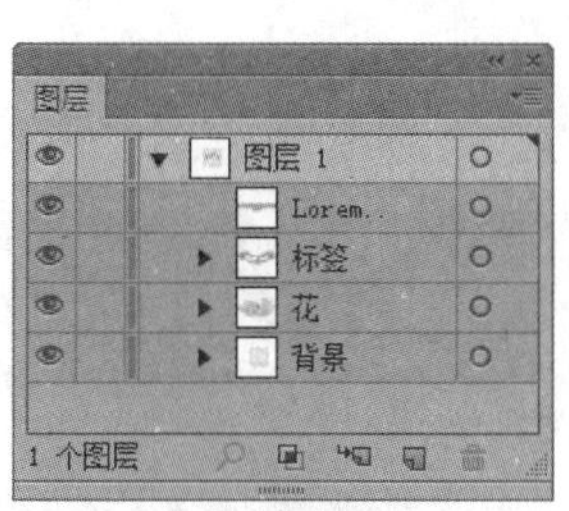

图6-35 图层的堆叠顺序

图6-36 对象的堆叠顺序

单击并将一个图层、子图层或图层中的对象拖曳到其他图层（或子图层）的上面或下面，可以调整图层的堆叠顺序，如图6-37、图6-38所示。如果将图层拖至另外的图层内，则可将其设置为目标图层的子图层。

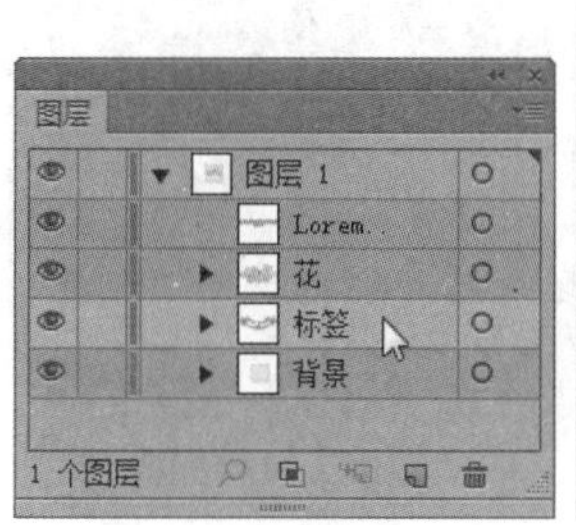

图6-37 调整图层顺序

图6-38 对象的堆叠顺序

选择多个图层后，如图6-39所示，执行“图层”面板菜单中的“反向顺序”命令，可以反转它们的堆叠顺序，如图6-40所示。

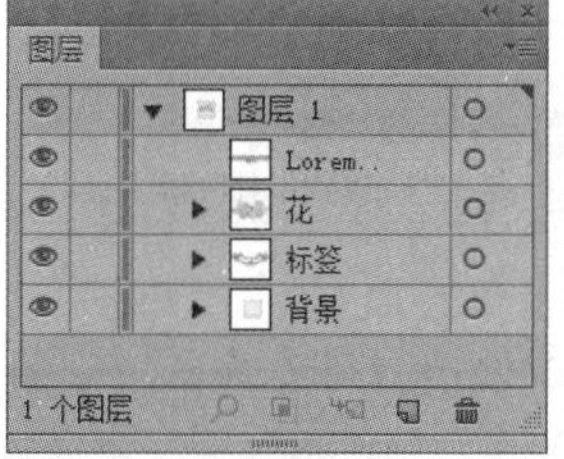

图6-39 选择多个图层

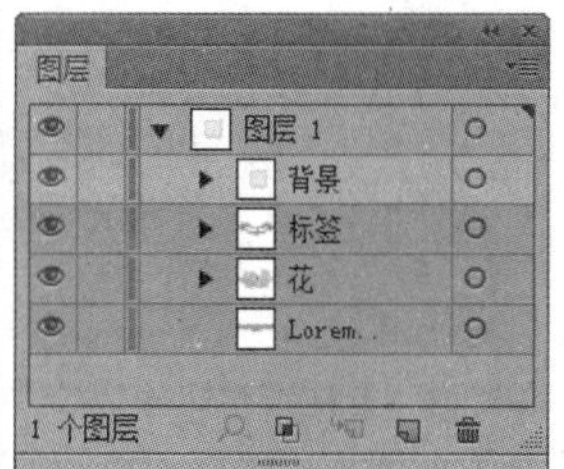

图6-40 反转堆叠顺序

2. 将对象移动到另一图层

在画板中选择一个对象后，如图6-41所示，“图层”面板中该对象所在的图层右侧会显示一个■状图标，如图6-42所示。将该图标拖曳到其他图层，可以将当前选择的对象移动到目标图层中，如图6-43所示。

状图标的颜色取决于当前图层的颜色，由于Illustrator会为不同的图层分配不同的颜色，因此，将对象调整到其他图层后，该图标的颜色也会变为目标图层的颜色，如图6-44所示。

图6-41 选择对象

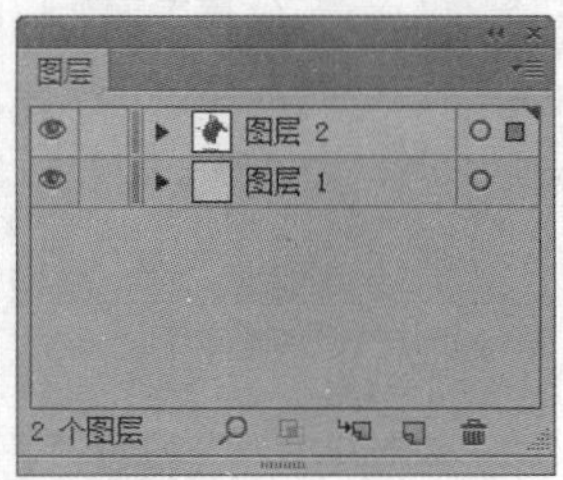

图6-42 对应图层

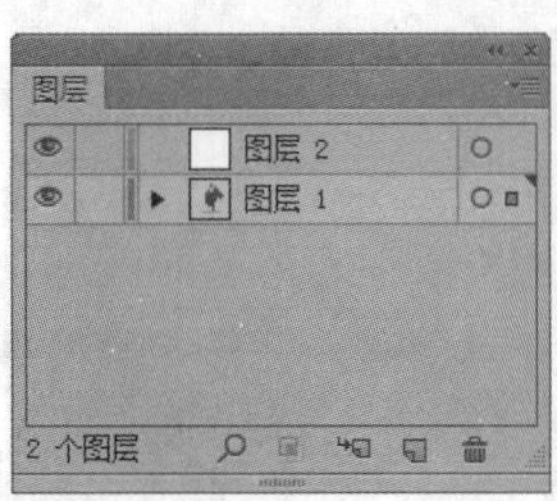

图6-43 移动图层

图6-44 图层颜色

3. 将对象释放到单独图层

Illustrator可以将图层中的所有对象重新分配到各图层中，并根据对象的堆叠顺序在每个图层中构建新的对象。该功能可用于制作web动画文件，尤其是创建累积动画顺序时非常有用。

练习 6-1 将对象释放到单独图层

源文件路径	素材\第6章\练习6-1将对象释放到单独图层
视 频 路 径	视频\第6章\练习6-1将对象释放到单独图层.mp4
难 易 程 度	★★★

01 启动 Illustrator，执行“文件”|“打开”命令，在“打开”对话框中选择“将对象释放到单独图层 .ai”素材文件，将其打开，如图 6-45 所示。在“图层”面板中单击选中“图层 1”，如图 6-46 所示。

02 单击“图层”面板右上角的面板菜单按钮，在打开的面板菜单中选择“释放到图层（顺序）”命令，可以将每一个对象都释放到单独的图层中，如图 6-47 所示。

图6-45 打开素材文件

图6-46 选择“图层 1”

03 按 Ctrl+Z 快捷键撤销操作，在面板菜单中选择“释放到图层（累积）”命令，则释放到图层中的对象是递减的，此时最底部的对象将出现在每个新建的图层中，最顶部的对象仅出现在最顶层的图层中，如图 6-48 所示。

图6-47 释放到图层（顺序）

图6-48 释放到图层（累积）

4. 合并和拼合图层

在“图层”面板中按住Ctrl键单击要合并的图层或组，将它们选中，如图6-49所示。单击“图层”面板右上角的面板菜单按钮，在打开的面板菜单中选择“合并所选图层”命令，所选对象会合并到最后一次选择的图层或组中，如图6-50所示。

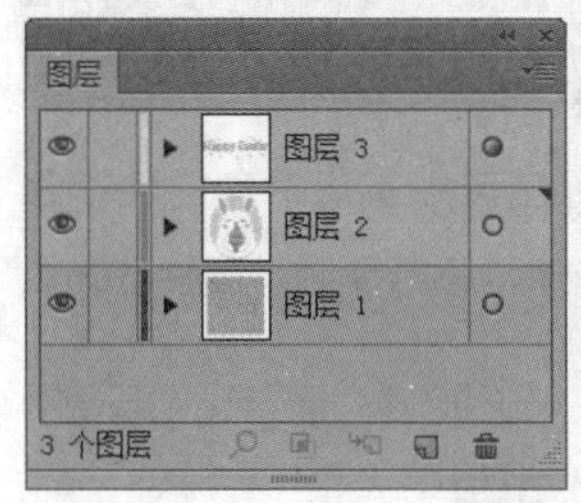

图6-49 选中多个图层

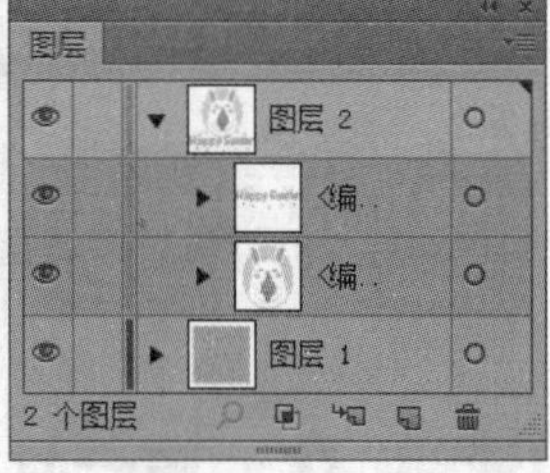

图6-50 合并所选图层

在“图层”面板中单击某一个图层，将其选中，如图6-51所示，然后单击“图层”面板右上角的面板菜单按钮，在打开的面板菜单中选择“拼合图稿”命令，即可将所有图稿都拼合到该图层中，如图6-52所示。

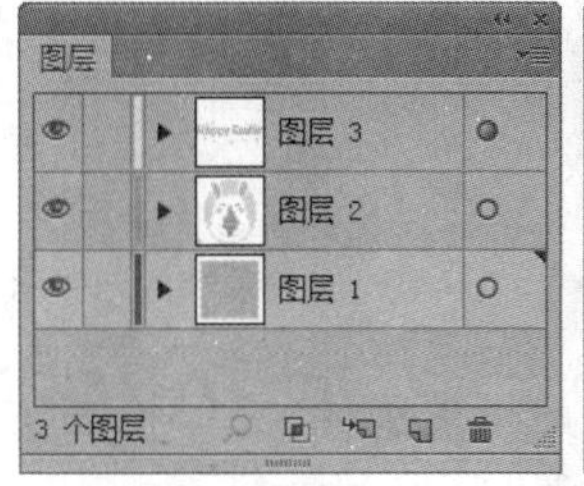

图6-51 选中某一图层

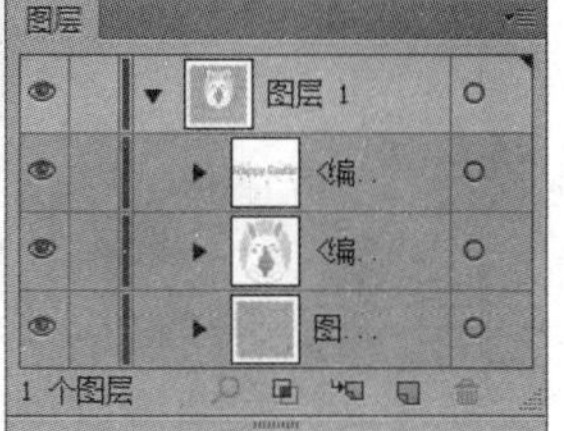

图6-52 拼合图稿

提示

无论使用哪种方式合并图层，图稿的堆叠顺序都保持不变，但其他的图层及属性（如剪切蒙版属性）将不会保留。

6.2.2 编组与取消编组

在绘制复杂的图稿时，文档中往往包含了许多图形和图层，为了便于选择和编辑，可以对多个对象进行编组，然后在进行移动、旋转和缩放等操作时，即可一同变换。编组之后，还可以使用“编组选择工具”选择组中的单个对象进行单独处理。

练习 6-2 编组与取消编组

源文件路径	素材\第6章\练习6-2编组与取消编组
视频路径	视频\第6章\练习6-2编组与取消编组.mp4
难易程度	★★★

01 启动Illustrator，执行“文件”|“打开”命令，在“打开”对话框中选择“编组.ai”素材文件，将其打开，如图6-53所示。

02 使用“选择工具”，按住Shift键单击画板中的两个对象，将它们同时选中，如图6-54所示。

图6-53 打开素材文件

图6-54 选中两个对象

03 执行“对象”|“编组”命令，或者按Ctrl+G快捷键，即可将所选对象编为一组。继续使用“选择工具”，按住Shift键单击选中画板中的其他对象，如图6-55所示。再次按Ctrl+G快捷键进行编组，即可将该组与其他对象再次编组，形成结构更为复杂的组。

04 使用“选择工具”单击编组后的任意一个对象时，将会选中整个组中的对象。此时进行变换操作，即会同时变换组内的对象，图6-56所示为该组缩放后的效果。

图6-55 选中其他对象

图6-56 缩放组中的对象

05 使用“编组选择工具”单击编组后的任意一个对象，可以将其选中，如图6-57所示，然后对其进行编辑。

06 选择一个组对象，如图6-58所示，执行“对象”|“取消编组”命令，或者按Shift+Ctrl+G快捷键，即可取消编组。

图6-57 单独选择组中的对象

图6-58 选择组

提示

在Illustrator中创建一个组后，再将其与其他对象再次编组或编入其他组中，即会形成嵌套结构。若要取消嵌套结构的组，需要多次执行取消编组命令才能取消所有编组。

6.2.3 课堂范例——在隔离模式下编辑图稿

源文件路径	素材\第6章\6.2.3课堂范例——在隔离模式下编辑图稿
视频路径	视频\第6章\6.2.3课堂范例——在隔离模式下编辑图稿.mp4
难易程度	★★★

隔离模式可以将对象隔离，在选择和编辑特定对象

或对象的某些部分时，不会受其他对象的干扰，同时也不会影响其他对象。

01 启动 Illustrator，执行“文件”|“打开”命令，在“打开”对话框中选择“动物 .ai”素材文件，将其打开，如图 6-59 所示。使用“选择工具”双击动物对象，即可进入隔离模式，如图 6-60 所示。在隔离模式下，隔离对象（即双击的当前对象）以原有状态呈现，其他对象的颜色将会变淡，并且在“图层”面板中只显示处于隔离状态下的对象。

图6-59

图6-60

02 此时可以对隔离对象进行编辑，其他对象均被自动锁定，不会受到影响。图 6-61 所示为调整色彩平衡后的效果。

03 如果在隔离模式下继续双击隔离对象的某个特定区域，可以继续隔离对象，如图 6-62 所示。单击文档窗口左上角的箭头按钮，或者在画板空白处双击，即可退出隔离模式。

图6-61

图6-62

提示

可以进入隔离模式的对象包括图层、子图层、组、符号、剪切蒙版、复合路径、渐变网格和路径。

6.3 混合对象

混合对象是指在两个对象之间平均分布形状，使之产生从形状到颜色的全面过渡效果，形成新的对象。用于创建混合的对象可以是图形、路径和混合路径，也可以是使用渐变和图案填充的对象。

6.3.1 创建混合对象

1. 创建同属性的图形对象混合

混合对象的创建既可以在两个对象之间，也可以在多个对象之间。既可以是同属性的图形对象，也可以是不同属性的图形对象。而不同情况下的图形对象进行混合，会得到不同的混合效果。

练习 6-3 用混合工具创建混合

源文件路径	素材\第6章\练习6-3用混合工具创建混合
视频路径	视频\第6章\练习6-3用混合工具创建混合.mp4
难易程度	★★★

01 启动 Illustrator，执行“文件”|“打开”命令，在“打开”对话框中选择“背景.ai”素材文件，将其打开，如图 6-63 所示。执行“窗口”|“图层”命令，打开“图层”面板，选择最底下的背景图层，如图 6-64 所示。

图6-63 打开背景素材

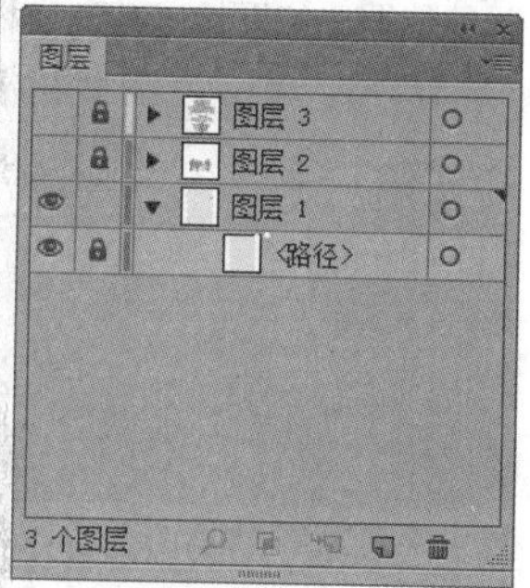

图6-64 “图层”面板

02 选择“钢笔工具”，在控制面板中设置无填充，“描边”为（C24%、M12%、Y36%、K0%），“描边粗细”为 0.75pt，在画板中 绘制曲线路径，如图 6-65 所示。

03 使用“选择工具”单击曲线路径，并按住 Alt+Shift 键向右拖曳，移动并复制该路径，如图 6-66 所示。

图6-65 绘制曲线路径

图6-66 移动并复制路径

04 选择“混合工具”，将指针放在其中一条曲线路径上方，当指针呈现状时单击鼠标，如图 6-67 所示，再将指针移至另一端的曲线上方，当指针呈现状时单击鼠标，即可创建两条曲线之间的混合，如图 6-68 所示。

图6-67 混合工具单击路径

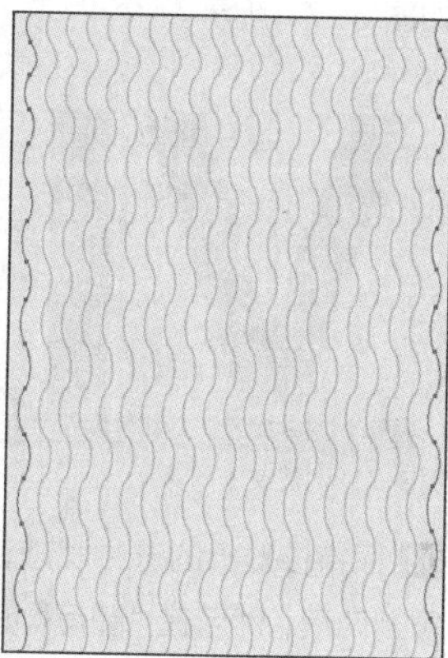

图6-68 创建混合

05 在“图层”面板中单击“图层 2”和“图层 3”右侧的眼睛图标，如图 6-69 所示，将隐藏的内容显示出来，如图 6-70 所示。

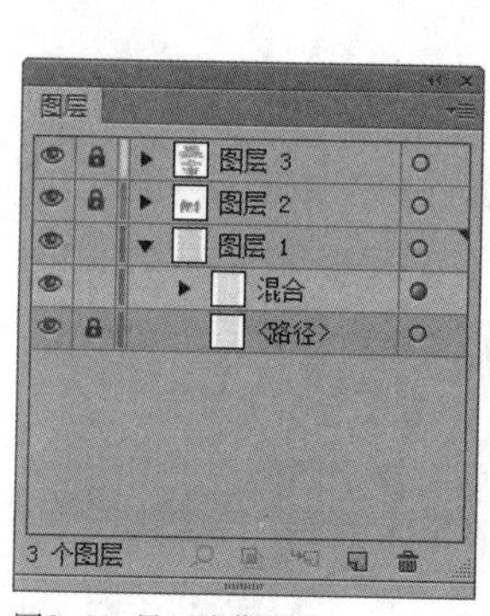

图6-69 显示隐藏图层

图6-70 最终效果

2. 创建不同属性的图形对象混合

在为图形较多或较复杂的对象创建混合时，使用“混合工具”很难准确地捕捉到锚点，则会导致混合效果发生扭曲变形，此时可使用混合命令来创建混合。

练习 6-4 用混合命令创建混合

源文件路径	素材\第6章\练习6-4用混合命令创建混合
视频路径	视频\第6章\练习6-4用混合命令创建混合.mp4
难易程度	★★★

01 启动 Illustrator，执行“文件”|“新建”命令，新建一个空白文档。

02 使用“文字工具” T 在画板中单击并输入文字“VIP”，在控制面板中设置“填充”为浅灰色，无描边，如图 6-71 所示。

图6-71 创建文本对象

03 保持该对象的选中状态，按 Ctrl+C、Ctrl+F 快捷键复制两层，然后在“图层”面板中选中最底层的“VIP”，如图 6-72 所示。

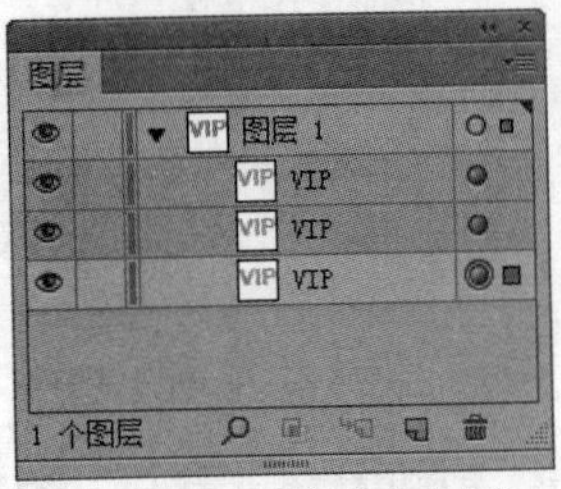

图6-72 选中最底层的文本对象

04 按→、↓方向键，移动位置，并在控制面板中更改“填充”为深灰色，如图 6-73 所示。运用相同的方式选中“图层”面板中最顶层的“VIP”，设置“填充”为白色。然后再选中两个灰色“VIP”，如图 6-74 所示。

图6-73 更改填充移动位置

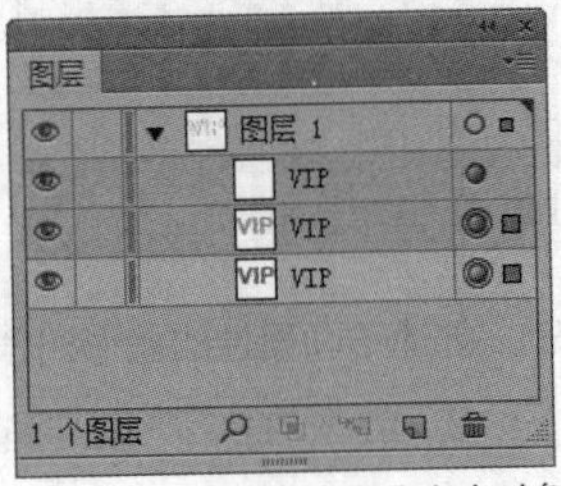

图6-74 选中下方的两个文本对象

05 执行“对象”|“混合”|“建立”命令，创建混合。双击“混合工具”图标，打开“混合选项”对话框，在“间距”下拉列表中选择“指定的步数”选项，并设置混合步数为 20，如图 6-75 所示。单击确定按钮，效果如图 6-76 所示。

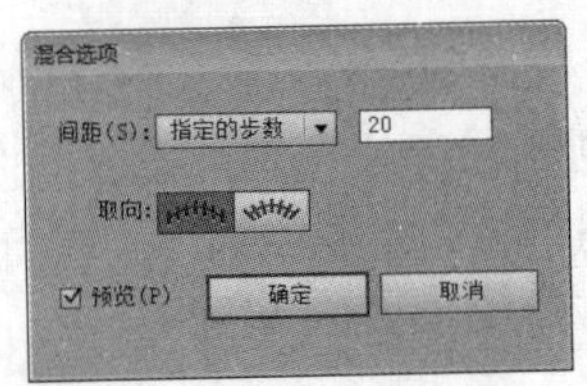

图6-75 “混合选项”对话框

图6-76 混合效果

06 选中顶层的白色“VIP”，复制两层，并将其中一层移至“图层”面板最底层，如图 6-77 所示。

07 保持对象的选中状态，在控制面板中修改最底层对象的“填充”和“描边”均为（C58%、M7%、Y8%、K0%），“描边粗细”为 20pt。按→、↓方向键，调整位置，如图 6-78 所示。

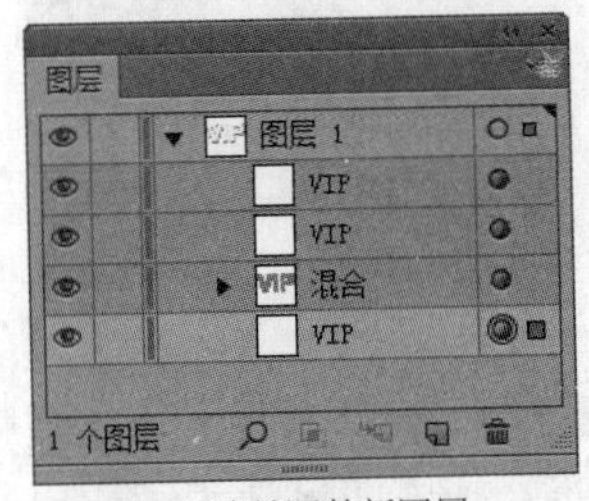

图6-77 创建并调整新图层

图6-78 调整对象位置

08 选中最顶层的“VIP”对象，执行“窗口”|“色板库”|“图案”|“基本图形”|“基本图形 - 线条”命令，打开“基本图形 - 线条”色板库，选择其中一个色板，如图 6-79 所示。为所选对象填充图案，如图 6-80 所示。

图6-79
“基本图形-线条”色板库

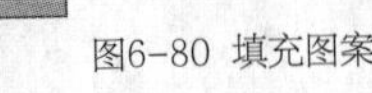

图6-80 填充图案

09 执行“文件”|“打开”命令，打开“素材 .ai”素材文件，如图 6-81 所示。使用“选择工具”将制作好的“VIP”效果字拖入该文档中，并运用相同的方式完成“会员日”字体的制作，效果如图 6-82 所示。

图6-81 打开素材文件

图6-82 最终效果

6.3.2 编辑混合对象

基于两个或多个图形对象创建混合后，混合对象会组成一个整体，如果对其中一个原始对象进行移动、重新着色或改变形状等操作，则混合效果也会随之发生改变。

1. 混合选项

选择一个混合对象，如图6-83所示，双击工具箱中的“混合工具”图标，可以打开“混合选项”对话框，如图6-84所示。在该对话框中可以修改图形的方向和颜色的过渡方式。

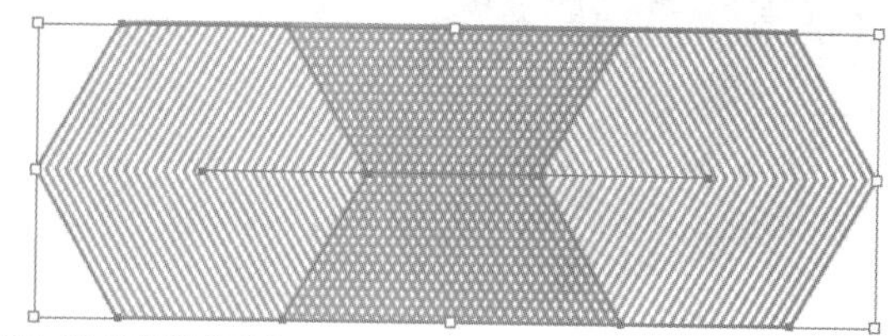
图6-83 选择混合对象

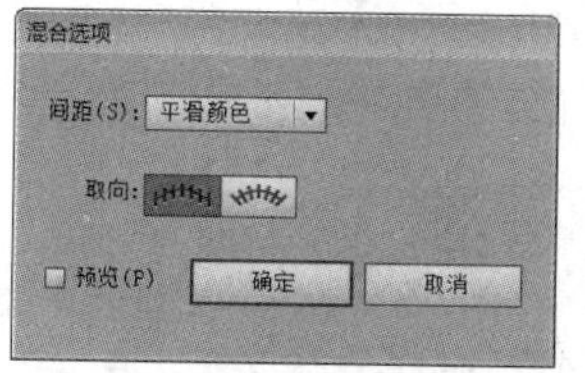

图6-84 “混合选项”对话框

- 间距”：在该下拉列表中可以设置添加混合步数的方式。若选择“平滑颜色”选项，可以自动计算合适的混合步数，创建平滑的颜色过渡效果，如图6-85所示；若选择“指定的步数”选项，可以在右侧的文本框中输入控制混合的具体步数值，如图6-86所示；若选择“指定的距离”选项，可以在右侧的文本框中输入控制混合步骤间距的具体数值，如图6-87所示。

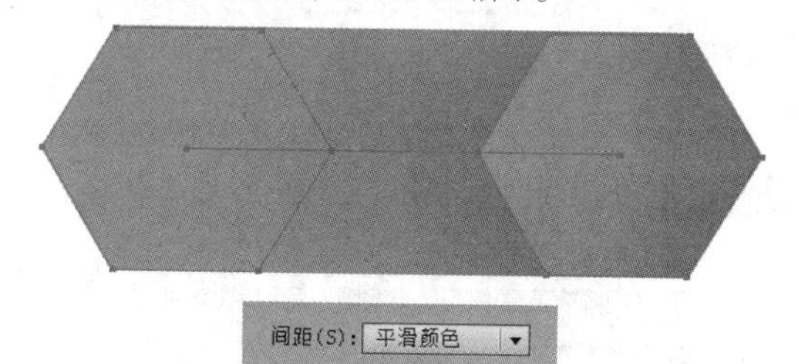

图6-85 平滑颜色

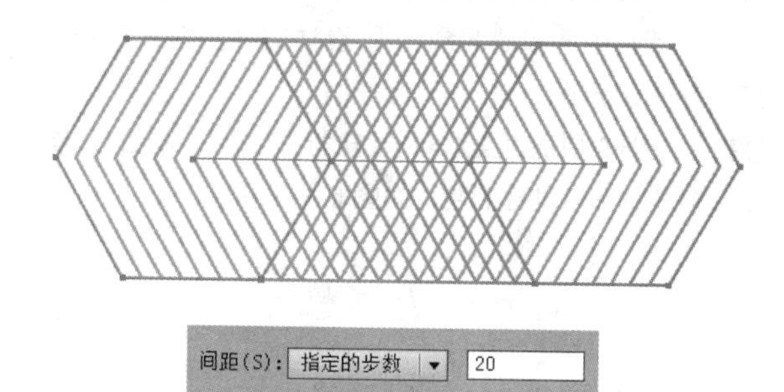

图6-86 指定的步数

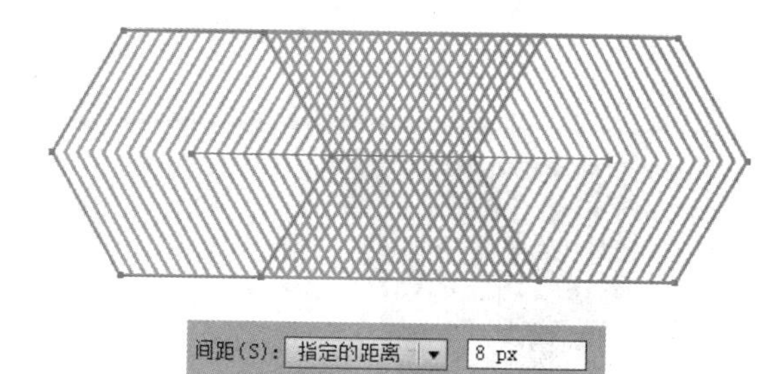

图6-87 指定的距离

- 取向”：用来控制混合对象的方向。如果混合轴是弯曲的路径，单击“对齐页面”按钮，对象的垂直方向将与页面保持一致，如图6-88所示；单击“对齐路径”按钮，对象将垂直于路径，如图6-89所示。

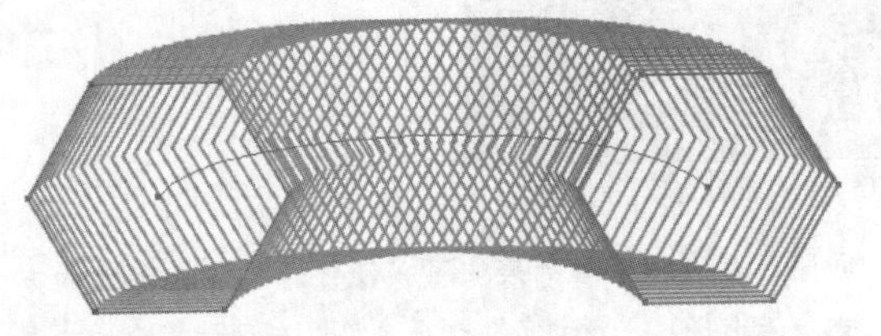

图6-88 对齐页面

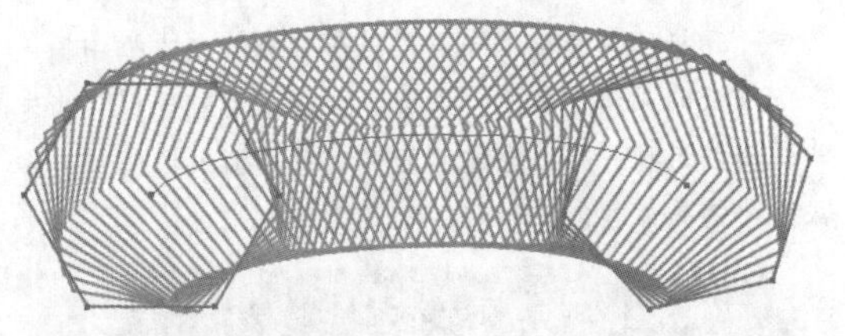

图6-89 对齐路径

练习 6-5 编辑混合对象

源文件路径	素材\第6章\练习6-5编辑混合对象
视频路径	视频\第6章\练习6-5编辑混合对象.mp4
难易程度	★★★

01 启动Illustrator，执行“文件”|“打开”命令，在“打开”对话框中选择“混合.ai”素材文件，将其打开，如图6-90所示。

02 按Ctrl+A快捷键全选对象，执行“对象”|“混合”|“建立”命令，即可创建混合，如图6-91所示。

图6-90 打开素材文件

图6-91 创建混合

03 保持混合对象的选中状态，双击“混合工具”图标，或者执行“对象”|“混合”|“混合选项”命令，打开“混合选项”对话框，如图6-92所示。在对话框中改变相应的参数，如图6-93所示，即可更改混合效果，如图6-94所示。

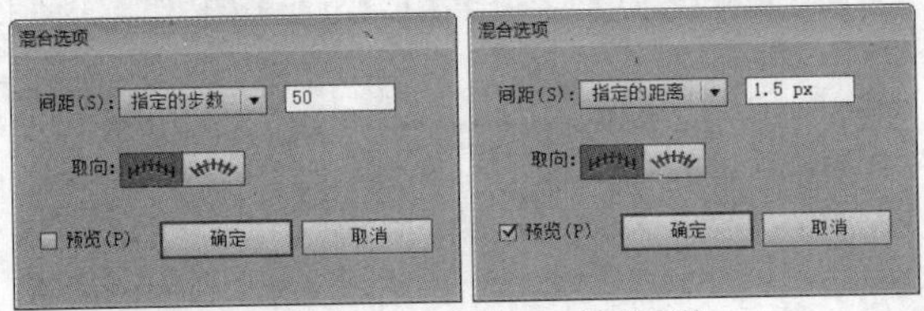

图6-92 “混合选项”对话框　　图6-93 更改参数

图6-94 混合效果

04 使用“编组选择工具”单击其中一个原始对象，将其选中并移动位置，混合效果也随之改变，如图6-95所示。

图6-95 更改混合效果

05 使用“等比例缩放”工具，按住Shift键拖曳图形，对其进行等比例缩放，混合效果也将发生改变，如图6-96所示。使用“旋转工具”旋转原始图形，也可以改变混合效果，如图6-97所示。

图6-96 等比例缩放原始对象之一

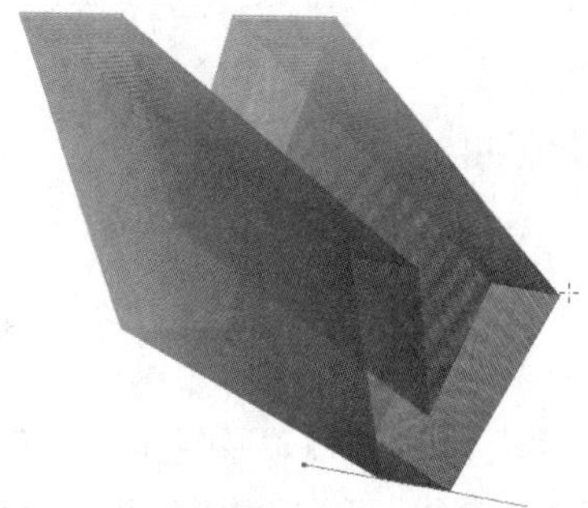
图6-97 旋转原始对象之一

06 选中原始对象之后，还可以修改其填充和描边属性，如图 6-98、图 6-99 所示。

图6-98 修改填充属性

图6-99 修改描边属性

2. 编辑混合轴

创建混合后，会自动生成一条用于连接对象的路径，即混合轴。在默认情况下，混合轴是一条直线路径，对混合轴上的锚点进行编辑，可以调整混合轴的形状。

练习 6-6 编辑和替换混合轴

源文件路径	素材\第6章\练习6-6编辑和替换混合轴
视频路径	视频\第6章\练习6-6编辑和替换混合轴.mp4
难易程度	★★★

01 启动 Illustrator，执行“文件”|“打开”命令，在“打开”对话框中选择“混合轴 .ai”素材文件，将其打开，如图 6-100 所示。在上方的两个彩色圆形对象间创建混合，效果如图 6-101 所示。

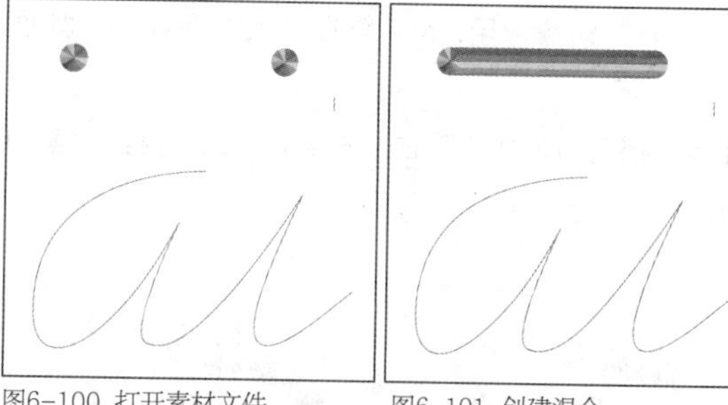
图6-100 打开素材文件　图6-101 创建混合

02 选择“转换锚点工具” ，将指针放在混合对象上方，捕捉到混合轴时，将指针移至混合轴的端点上，如图 6-102 所示。单击并拖曳鼠标，即可调整混合轴的形状，如图 6-103 所示。

图6-102 将光标放至混合轴端点上方

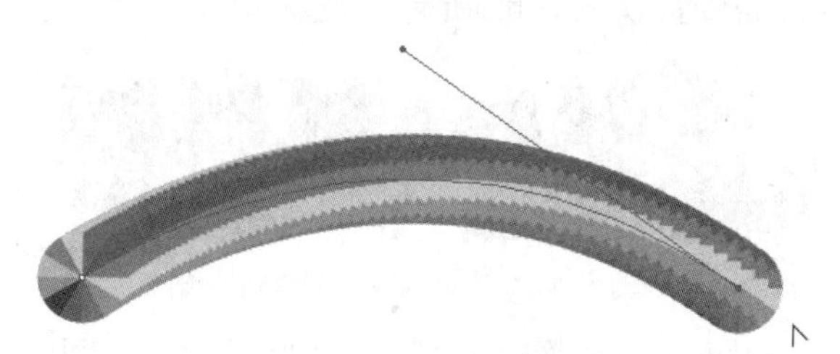
图6-103 调整混合轴形状

03 使用“钢笔工具” 在混合轴上单击，可以添加锚点，如图 6-104 所示。再次使用“转换锚点工具” 将混合轴上的平滑点转换为角点，如图 6-105 所示。

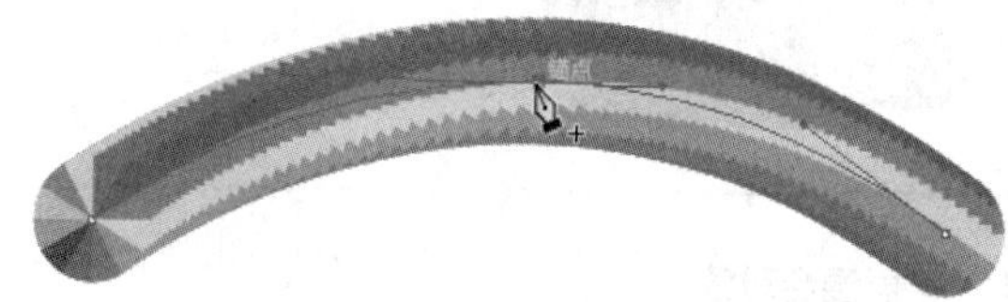
图6-104 添加锚点

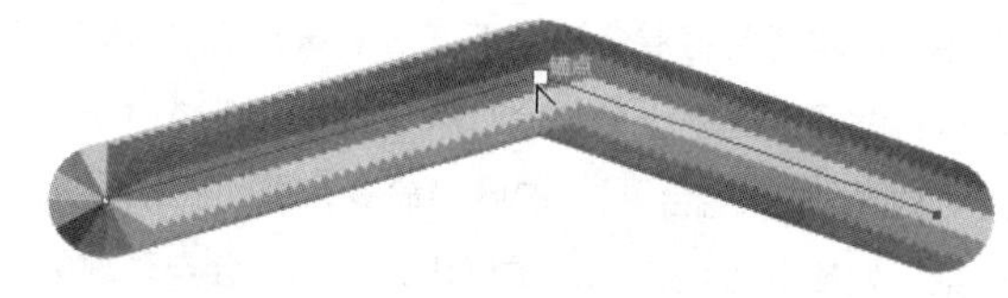
图6-105 转换锚点

04 使用“选择工具”，按住 Shift 键同时选择混合对象和画板中的“ai”路径，执行“对象”|“混合”|“替换混合轴”命令，用“ai”路径替换原有路径，如图 6–106 所示。

05 运用相同的方式，在右上方绘制一点，最终效果如图 6–107 所示。

图6–106 替换混合轴　　图6–107 最终效果

3. 反向混合与反向堆叠

选择一个混合对象，如图6–108所示，执行“对象”|“混合”|“反相混合轴”命令，可以反转混合轴上的混合顺序，如图6–109所示。

图6–108 选择混合对象　　图6–109 翻转混合轴

若执行“对象”|“混合”|“反向堆叠”命令，可以反转对象的堆叠顺序，使后面的图形排列到前面，如图6–110所示。

图6–110 反向堆叠

4. 扩展混合对象

创建混合后，原始对象之间产生的新图形无法进行选择和编辑。若将混合对象扩展为单独的图形对象，即可进行编辑。选中一个混合对象，如图6–111所示，执行“对象”|“混合”|“扩展”命令，即可将图形扩展出来，如图6–112所示。扩展出来的图形会自动编为一组，可以选择需要编辑的任意对象单独进行编辑。

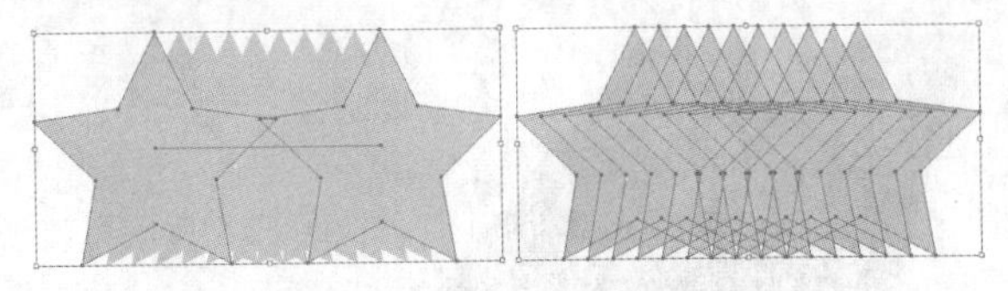

图6–111 选择混合对象　　图6–112 扩展混合对象

5. 释放混合对象

选中一个混合对象，如图6–113所示，执行“对象”|“混合”|“释放”命令，可以取消混合效果，释放原始对象。由混合生成的新图形将会被删除，并且还会释放出一条无填色、无描边的混合轴，如图6–114所示。

图6–113 选择混合对象　　图6–114 释放混合对象

6.3.3 课堂范例——制作 24 色色环

源文件路径	素材\第6章\6.3.3课堂范例——制作24色色环
视频路径	视频\第6章\6.3.3课堂范例——制作24色色环.mp4
难易程度	★★★★

本实例主要介绍如何在图层面板中选择和复制图层。

01 启用 Illustrator 后，执行“文件”|“新建”命令，弹出“新建”对话框，在对话框中设置参数，创建一个 140mm × 100mm 大小的空白文档。

02 使用“矩形工具”在画板空白处单击，打开“矩形”对话框，设置参数如图 6–115 所示。单击“确定”按钮，创建矩形，使用“选择工具”单击矩形，并按住 Alt 键拖曳，复制 3 个矩形，位置如图 6–116 所示。

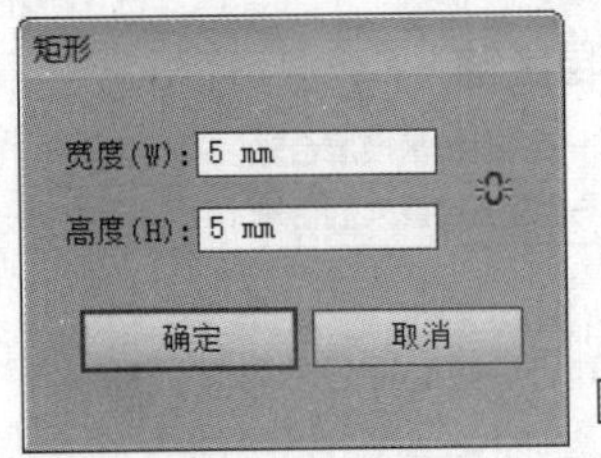

图6–115 “矩形”对话框　　图6–116 复制矩形

03 在工具选项栏中设置“填充”依次为 CMYK 模式下的三原色，无描边，如图 6-117 所示。

04 全选 4 个矩形对象，执行“对象”|“混合”|“混合选项”命令，打开“混合选项”对话框，设置相关参数如图 6-118 所示。

图6-117 填充三原色效果

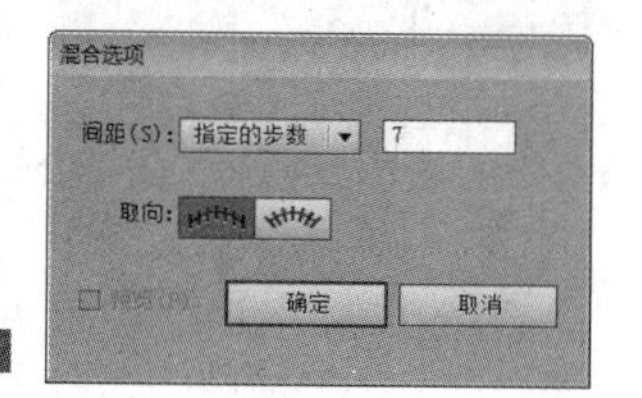

图6-118 “混合选项”对话框

提示

三原色颜色值分别为洋红（C0%、M100%、Y0%、K0%）、黄（C0%、M0%、Y100%、K0%）和青（C100%、M0%、Y0%、K0%）。

05 单击“确定”按钮关闭对话框。然后执行“对象”|“混合”|“建立”命令，应用混合，效果如图 6-119 所示。

06 保持对象的选中状态，执行“对象”|“扩展”命令，使用默认扩展设置扩展混合对象，如图 6-120 所示。

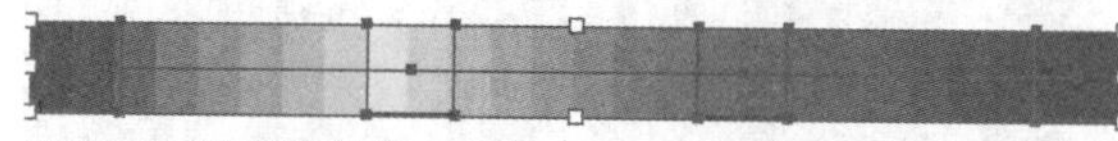
图6-119 应用混合效果

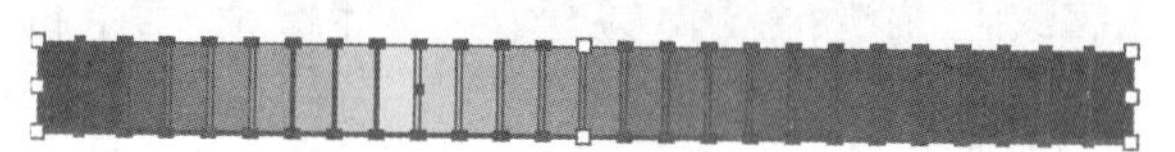
图6-120 扩展混合对象

07 执行“对象”|“取消编组”命令，取消扩展对象编组。继续使用“选择工具”，将指针移至对象上方，当指针呈现黑色箭头▶形状时单击其中一个对象，将其定义为参考对象，如图 6-121 所示。

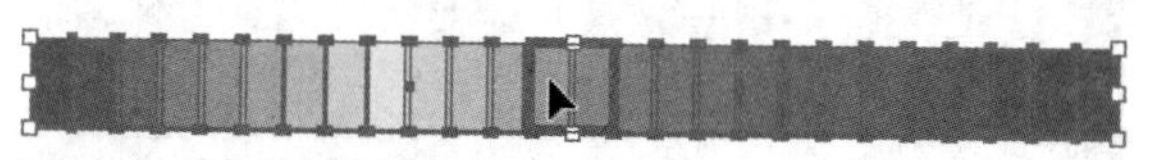
图6-121 定义参考对象

08 执行“窗口”|“对齐”命令，打开“对齐”面板，单击面板右上角的“面板选项”按钮，在打开的面板菜单中选择“显示选项”命令，展开面板中隐藏的内容。设置“间距值”为 3mm，然后单击“水平分布间距”按钮，如图 6-122 所示。

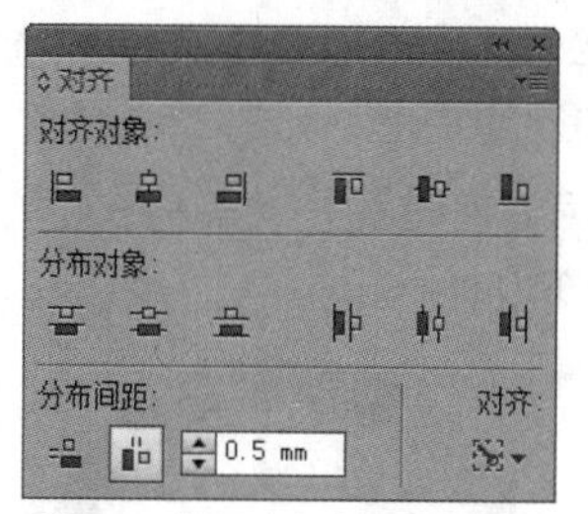

图6-122 设置水平分布参数

09 对齐分布效果如图 6-123 所示。删除其中一个重复的洋红色色块，得到 24 个色块，如图 6-124 所示。

图6-123 对齐分布效果

图6-124 24个色块

10 选中 24 个色块，执行“编辑”|“编辑颜色”|“调整饱和度”命令，在打开的“饱和度”对话框中，将“强度”值设置为 100%，如图 6-125 所示。效果如图 6-126 所示。

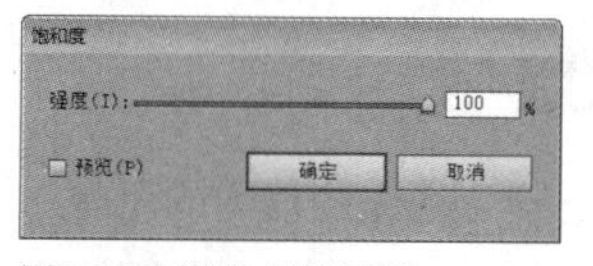

图6-125 设置“饱和度”

图6-126 调整效果

11 全选 24 个色块，将其拖入“画笔”面板中，在打开的“新建画笔”对话框中选择“艺术画笔”选项，单击“确定”按钮，打开“艺术画笔选项”对话框，设置相关参数（此处为默认参数）如图 6-127 所示。单击“确定”按钮，创建新画笔，如图 6-128 所示。

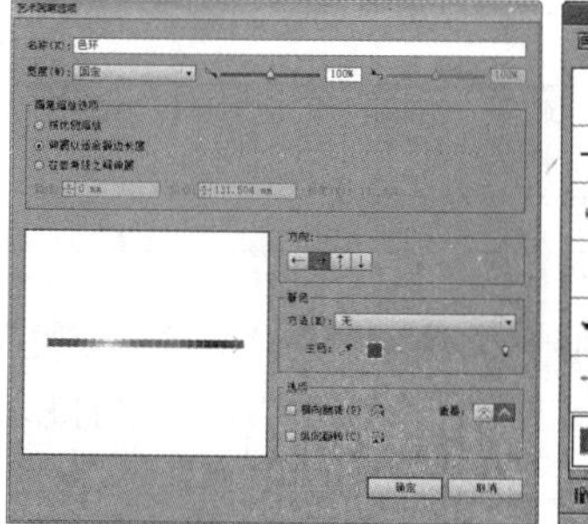
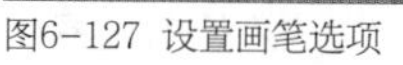
图6-127 设置画笔选项

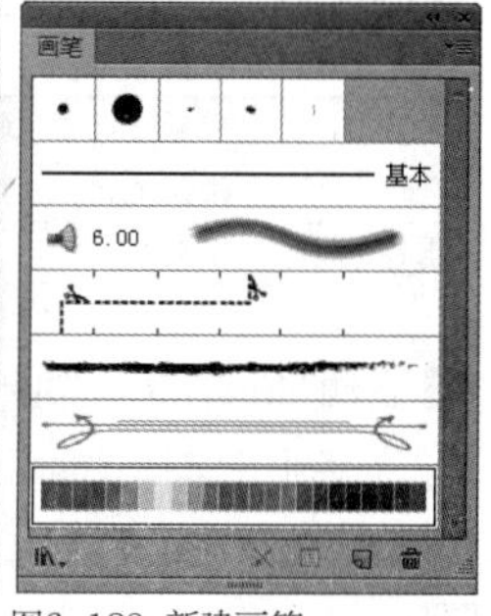

图6-128 新建画笔

12 使用“椭圆工具”绘制一个圆形，设置无填充，如图 6-129 所示。保持圆形对象的选中状态，单击“画笔”面板中的新建画笔样式，为圆形应用画笔，完成 24 色色环的制作，如图 6-130 所示。

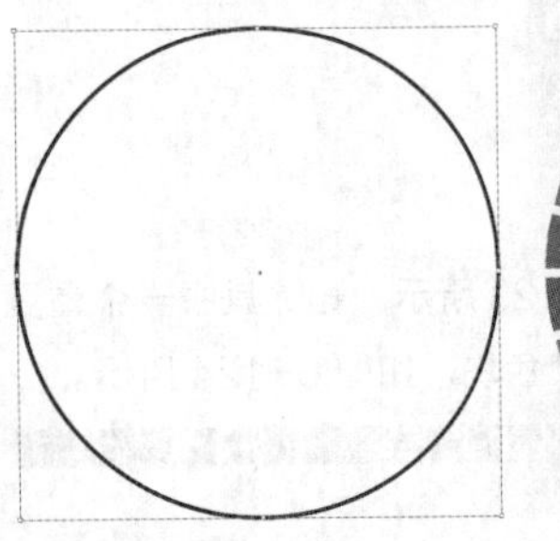

图6-129 创建圆形

图6-130 24色色环

6.4 剪切蒙版

剪切蒙版可以通过蒙版图形的形状遮盖其他对象，控制对象的显示区域。在“图层”面板中，蒙版图形和被蒙版遮盖的对象统称为剪切组合。

6.4.1 创建剪切蒙版

选择两个或多个对象、一个组或图层中的所有对象，都可以建立剪切组合。但是只有矢量对象可以作为蒙版图形，而被蒙版遮盖的对象可以为任何对象。

1. 使用“图层”面板创建

选择需要创建剪切蒙版的对象后，可以通过“图层”面板中的按钮或者面板菜单中的相关命令创建剪切蒙版。

练习 6-7 使用“图层”面板创建剪切蒙版

源文件路径	素材\第6章\练习6-7使用“图层”面板创建剪切蒙版
视频路径	视频\第6章\练习6-7使用“图层”面板创建剪切蒙版.mp4
难易程度	★★★

01 启动 Illustrator，执行“文件”|“打开”命令，在“打开”对话框中选择“插画元素 .ai”素材文件，将其打开，如图 6-131 所示。

02 在“图层”面板中选中“图层 1”，并单击该图层下方第一个子图层右侧的定位按钮，将其选中，如图 6-132 所示。

图6-131 打开素材文件

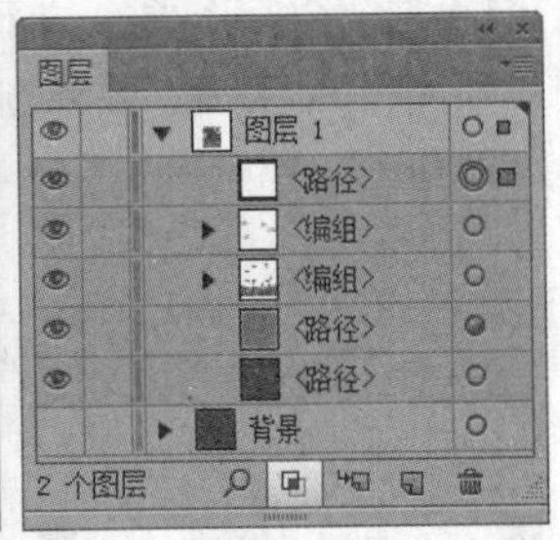

图6-132 选中路径图层

03 单击“图层”面板底部的“建立 / 释放剪切蒙版”按钮，即可为该图层创建剪切蒙版。此时，蒙版图形会遮盖该图层中的所有对象，如图 6-133 所示。

04 在“图层”面板中单击“背景”图层左侧的眼睛按钮，如图 6-134 所示，将隐藏对象显现出来，如图 6-135 所示。

图6-133 创建剪切蒙版

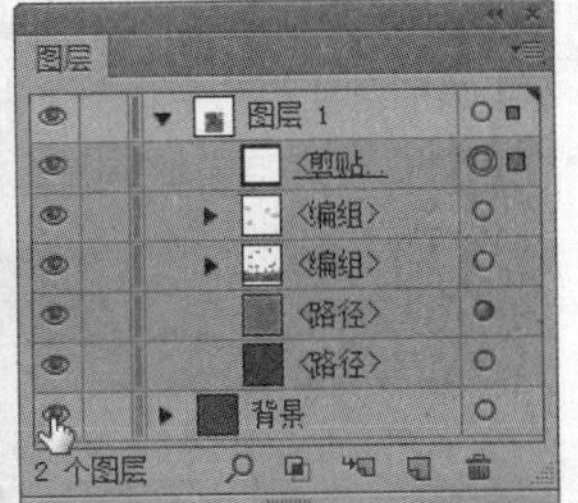

图6-134 显示隐藏图层对象

05 使用“文字工具”添加文字，最终效果如图 6-136 所示。

图6-135 创建单行选区

图6-136 最终效果

2. 使用命令创建

上述方式可以遮盖图层中蒙版对象以下的所有对象，若同时选择指定的被蒙版对象和蒙版图形，则可以创建只遮盖所选图形而不影响其他对象的蒙版。

练习 6-8 使用命令创建剪切蒙版

源文件路径	素材\第6章\练习6-8使用命令创建剪切蒙版
视 频 路 径	视频\第6章\练习6-8使用命令创建剪切蒙版.mp4
难 易 程 度	★★★

01 启动 Illustrator，执行“文件”|“打开”命令，在“打开”对话框中选择“动物剪影 .ai”素材文件，将其打开，如图 6-137 所示。“图层”面板如图 6-138 所示。

图6-137 打开素材文件

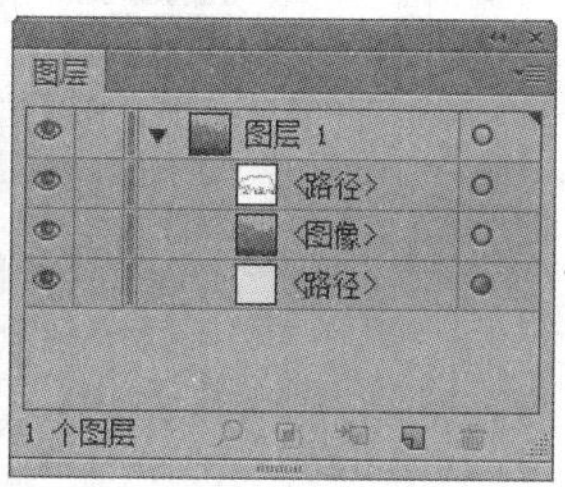

图6-138 “图层”面板

02 在“图层”面板中同时选中“图层 1”下的前两个子图层，如图 6-139 所示。选中对应的对象，如图 6-140 所示。

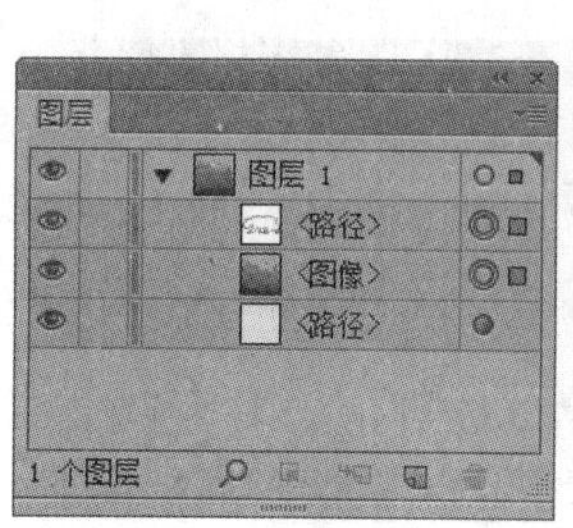

图6-139 选中图层对象

图6-140 选中对应对象

03 执行“对象”|“剪切蒙版”|“建立”命令，或者按 Ctrl+7 快捷键创建剪切蒙版，如图 6-141 所示。此时创建蒙版只会遮盖所选对象，该图层中的其他对象不会受到影响，如图 6-142 所示。

图6-141 创建剪切蒙版

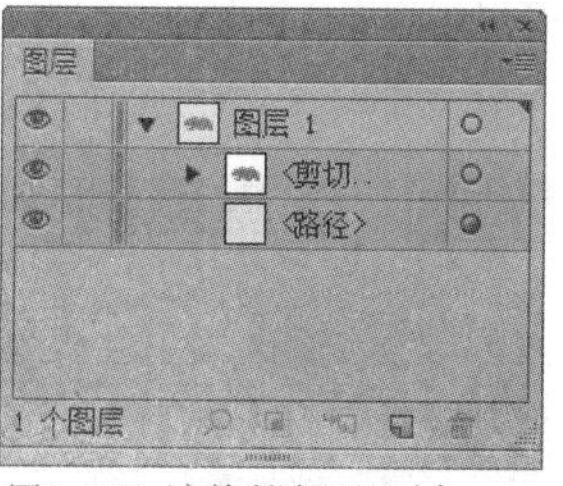

图6-142 遮盖所选图层对象

提示

> 在Illustrator中创建剪切蒙版之后，蒙版对象会自动移动到“图层”面板中的剪切蒙版组内，且无论蒙版对象的属性如何，创建剪切蒙版之后，都会变成一个无填色无描边的对象。

6.4.2 编辑剪切蒙版

创建剪切蒙版之后，可以对蒙版图形进行各种变换操作，如缩放、旋转、扭曲等，蒙版的遮盖情况也将发生改变。

练习 6-9 编辑剪切蒙版

源文件路径	素材\第6章\练习6-9编辑剪切蒙版
视 频 路 径	视频\第6章\练习6-9编辑剪切蒙版.mp4
难 易 程 度	★★★

01 启用 Illustrator 后，执行“文件”|“新建”命令，弹出“新建”对话框，在对话框中设置参数，创建一个 300mm×300mm 大小的空白文档。

02 使用“矩形工具”在画板空白处单击，在打开的“矩形”对话框中设置大小参数，如图 6-143 所示。单击“确定”按钮，创建矩形，设置“填充”为黑色，无描边，如图 6-144 所示。

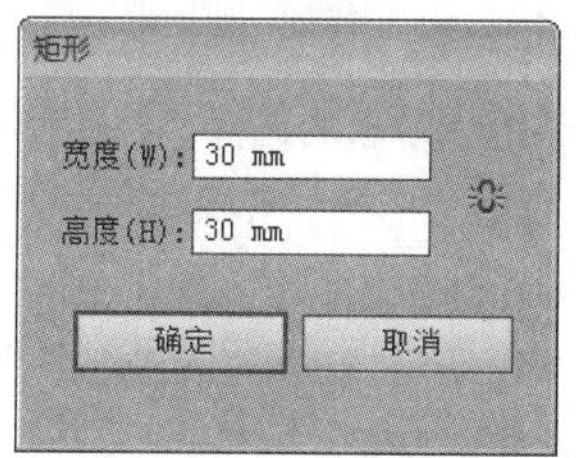

图6-143 “矩形”对话框

图6-144 创建矩形

03 使用“选择工具”选择矩形，按住 Alt 键单击并向右拖曳，移动并复制矩形，然后按 Ctrl+D 快捷键，重复应用该操作，创建一排矩形，如图 6-145 所示。运用相同的方式，创建更多矩形，如图 6-146 所示。

图6-145 创建一排矩形

图6-146 创建更多矩形

04 按 Ctrl+A 快捷键全选对象，再按 Ctrl+8 快捷键将所选对象建立为复合路径，如图 6-147 所示。

05 执行“文件”|“置入”命令，在打开的“置入”对话框中选择本实例配备的“素材 .jpg”文件，将其置入，调整至合适大小，如图 6-148 所示。

图6-147 创建复合路径

图6-148 置入素材

06 调整对象的排列顺序，将矩形复合路径置于顶层，然后全选对象，如图 6-149 所示。按 Ctrl+7 快捷键，创建剪切蒙版，如图 6-150 所示。

图6-149 全选对象

图6-150 创建剪切蒙版

07 在画板空白处单击，取消所有对象的选择。然后使用“编组选择工具”单击任意矩形框，可将其选中，如图 6-151 所示。然后切换到“选择工具”，可以调整其大小和位置，如图 6-152 所示。在调整的过程中，剪切蒙版中的显示区域也随之发生改变。

图6-151 选中一个矩形

图6-152 调整矩形

提示

使用“编组选择工具”选择蒙版路径之后，按Delete键可将其删除。

08 在画板空白处单击，取消所有对象的选择。使用“直接选择工具”单击任意矩形框上的任意锚点，将其选中，如图 6-153 所示。拖曳鼠标，移动锚点，也可以调整蒙版区域，如图 6-154 所示。

图6-153 选中锚点

图6-154 调整锚点

提示

使用“钢笔工具”可以在剪切路径上添加锚点，然后使用锚点编辑工具对其进行编辑。

09 运用相同的操作方式，创建拼贴效果，如图 6-155 所示。

10 使用“编组选择工具”选中蒙版对象后，可以使用“选择工具”对其进行移动、缩放、旋转等操作，如图 6-156 所示。

图6-155 创建拼贴效果

图6-156 调整蒙版对象

提示

选择剪切蒙版对象后，执行“对象”|“剪切蒙版”|“释放”命令，或者单击“图层”面板中的“建立/释放剪切蒙版”按钮，即可释放剪切蒙版，使被遮盖的对象重新显示出来。如果将剪切蒙版中的对象拖曳至其他图层中，也可以释放该对象。

6.4.3 课堂范例——制作彩虹图标

源文件路径	素材\第6章\6.4.3课堂范例——制作彩虹图标
视 频 路 径	视频\第6章\6.4.3课堂范例——制作彩虹图标.mp4
难 易 程 度	★★★

本实例主要介绍如何通过创建剪切蒙版制作彩虹图标。

01 启用 Illustrator 后，执行“文件”|“新建”命令，弹出“新建”对话框，在对话框中设置参数，创建一个 300mm×300mm 大小的空白文档。

02 使用“圆角矩形工具” 在画板空白处单击，打开“圆角矩形”对话框，设置参数如图 6-157 所示。单击“确定”按钮，创建圆角矩形，设置“填充”为浅蓝色，“描边”为深蓝色，“描边粗细”为 1pt，如图 6-158 所示。

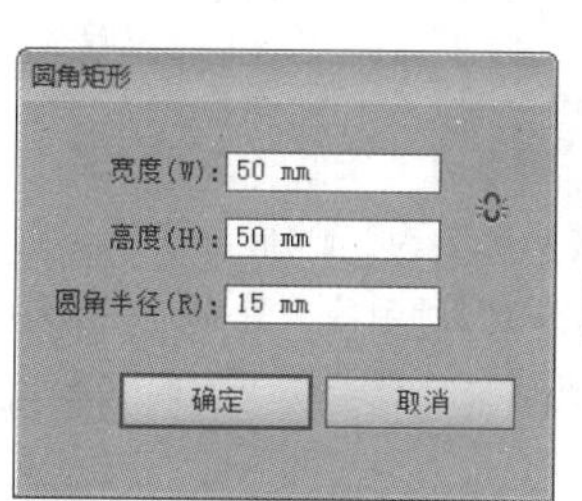

图6-157 “圆角矩形”对话框

图6-158 创建圆角矩形

03 使用“椭圆工具” 绘制 5 个圆，设置无填充，大小和描边粗细依次为：50mm×50mm（“描边粗细”为 12pt）、54mm×54mm（“描边粗细”为 12pt）、58mm×58mm（“描边粗细”为 10pt）、62mm×62mm（“描边粗细”为 6pt）、66mm×66mm（“描边粗细”为 6pt），效果如图 6-159 所示。

04 选中所有圆，单击“对齐”面板中的“水平居中对齐” 按钮和“垂直居中对齐” 按钮，对齐效果如图 6-160 所示。

图6-159 绘制5个正圆

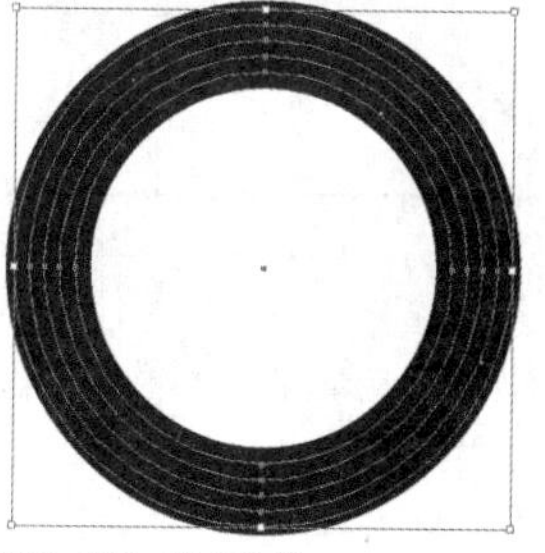

图6-160 对齐效果

05 依次修改描边颜色为赤、橙、黄、绿、青，如图 6-161 所示。

06 使用“椭圆工具” 绘制白色圆，调整位置绘制云朵，如图 6-162 所示。

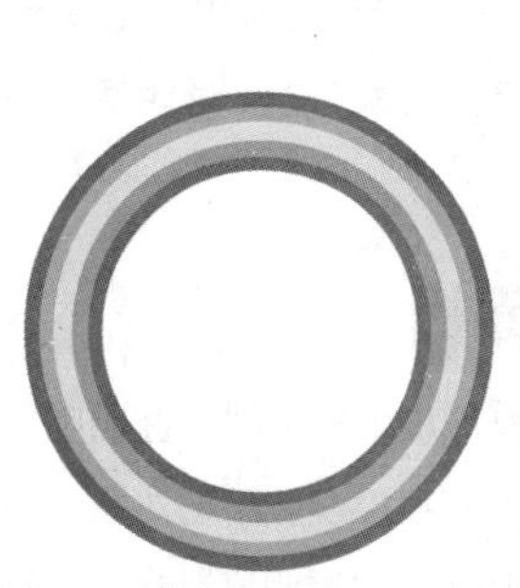

图6-161 描边效果

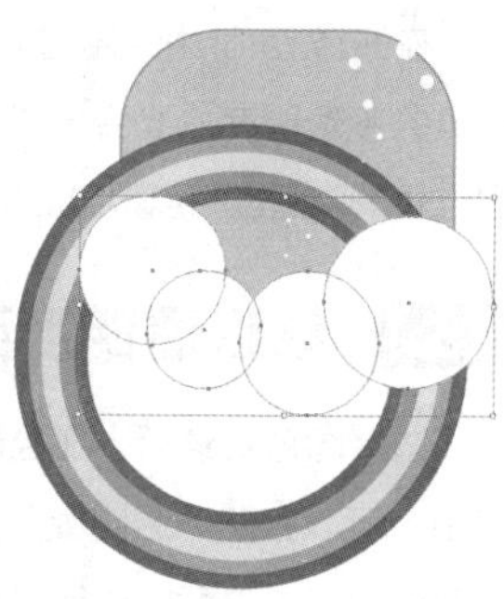

图6-162 绘制云朵

07 选择最底层的圆角矩形对象，按 Ctrl+C 和 Ctrl+F 快捷键原地复制对象，然后执行“对象”|“排列”|“至于顶层”命令，将复制的圆角矩形放置在所有对象最顶层，如图 6-163 所示。

08 按 Ctrl+A 快捷键全选对象，如图 6-164 所示。

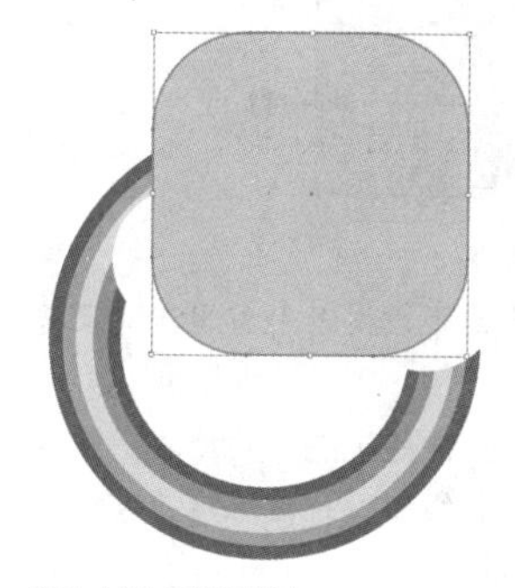

图6-163 至于顶层

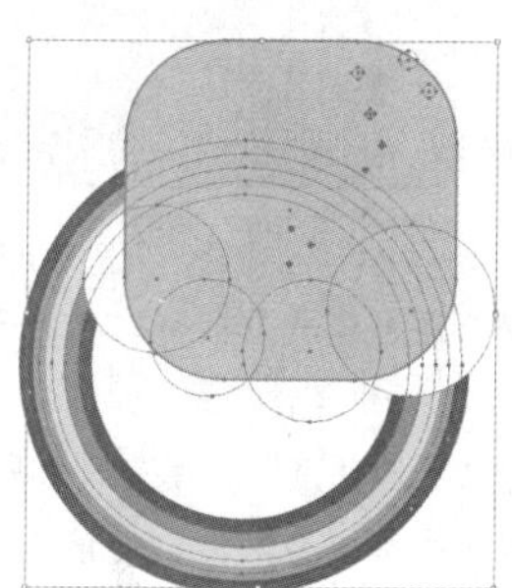

图6-164 全选对象

09 按 Ctrl+7 快捷键创建剪切蒙版，如图 6-165 所示。在“图层”面板中选中最顶层的圆角矩形对象，为其添加描边效果，并可对剪切蒙版中的剪切对象进行调整，得到满意的图标效果，如图 6-166 所示。

图6-165 创建剪切蒙版

图6-166 最终效果

6.5 透明度效果

在Illustrator中绘制图形对象之后，还可以通过设置对象的不透明度、混合模式及为对象创建不透明度蒙版的方式来创建透明度效果。

6.5.1 认识透明度面板

选择图形对象后，在控制面板中单击“不透明度”按钮，可以打开“透明度”面板直接设置所选对象的不透明度效果，也可以执行“窗口”|“透明度”命令，打开“透明度”面板进行设置，如图6-167所示。

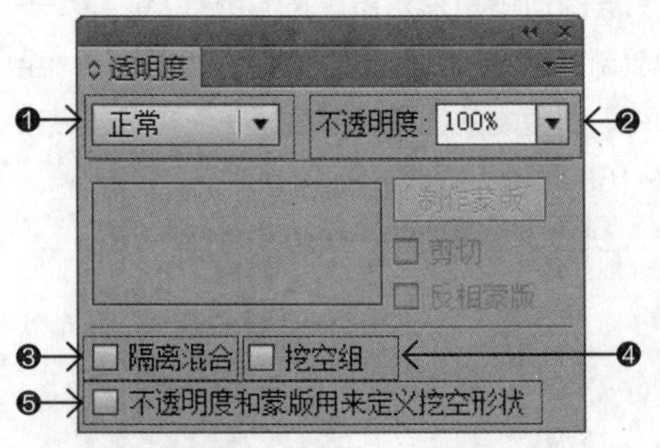

图6-167 “透明度”面板

❶“混合模式”：可以在打开的下拉列表中为当前对象选择一种混合模式。

❷“不透明度”：用来设置所选对象的不透明度。

❸“隔离混合”：勾选该选项后，可以将混合模式与已定位的图层或组进行隔离，以使它们下方的对象不受影响。

❹“挖空组”： 勾选该选项后，可以保证编组对象中单独的对象或图层在相互重叠的地方不能透过彼此而显示。

❺“不透明度和蒙版用来定义挖空形状”：用来创建与对象不透明度成比例的挖空效果。在不透明度接近100%的蒙版区域中，挖空效果较强；在不透明度较低的区域中，挖空效果较弱。

6.5.2 混合模式

默认情况下，创建的对象均处于“正常”模式，即无混合效果。单击“混合模式”选项按钮，打开的下拉列表中包含16中混合模式，分为6组，如图6-168所示。每一种混合模式可以产生不同的效果。

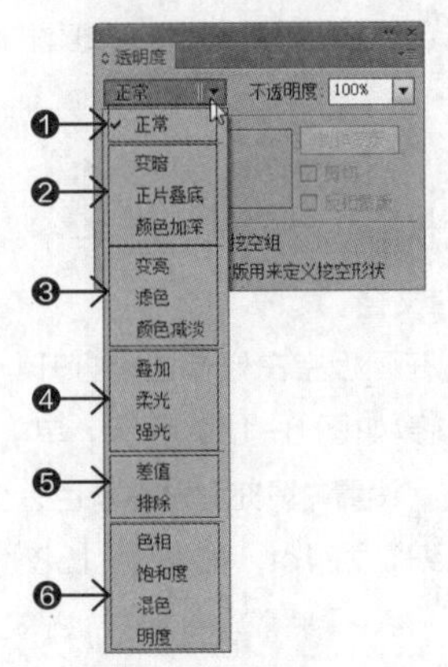

图6-168 “混合模式”选项

❶ 无混合模式

- “正常”：默认状态下，图形为“正常”模式，没有任何混合效果。当“不透明度”为100%时，图形会完全遮盖下面的对象。在图6-169所示的文件中，“图层2”的不透明度为100%，此时完全遮盖住下方的“图层1”对象。

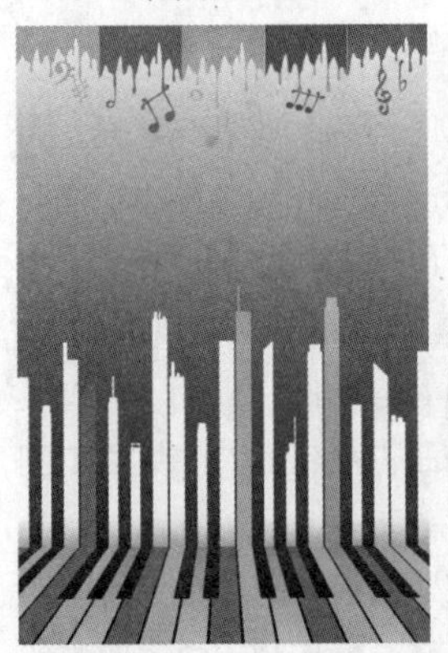

图层 2

图层 1

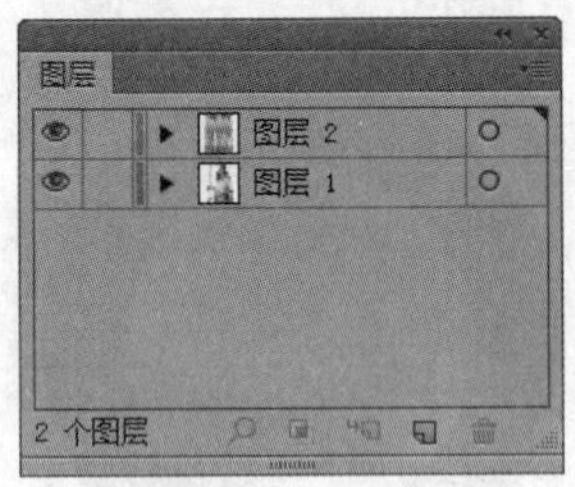

“图层”面板

图6-169 “正常”模式

❷ 加深颜色

- “变暗”：选择基色或混合色中较暗的一个作为结果色。比混合色亮的区域会被结果色所取代，比混合色暗的区域将保持不变，如图6-170所示。

- “正片叠底”：将基色与混合色相乘。得到的颜色总是比基色和混合色都暗一些。将任何颜色与黑色相乘都会产生黑色；将任何颜色与白色相乘则颜色保持不变，如图6-171所示。“正片叠底”效果类似于使用多个魔术笔在页面上绘图。
- “颜色加深”：加深基色以反映混合色。与白色混合后不产生变化，如图6-172所示。

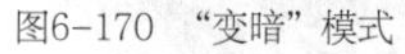

图6-170 “变暗”模式

图6-171 “正片叠底”模式

图6-172 “颜色加深”模式

❸ 减淡颜色

- “变亮”：选择基色或混合色中较亮的一个作为结果色。比混合色暗的区域将被结果色所取代；比混合色量的区域将保持不变，如图6-173所示。
- “滤色”：将混合色的反相颜色与基色相乘。得到的颜色总是比基色和混合色都要亮一些。用黑色滤色时颜色保持不变；用白色滤色将产生白色，如图6-174所示。“滤色”效果类似于多个幻灯片图像在彼此之上投影。
- “颜色减淡”：加亮基色以反映混合色。与黑色混合则不会发生变化，如图6-175所示。

图6-173 “变亮”模式

图6-174 “滤色”模式

图6-175 “颜色减淡”模式

❹ 比较颜色

- “叠加”：对颜色进行相乘或滤色，具体取决于基色。图案或颜色叠加在现有图稿上，在与混合色混合及反映原始颜色的亮度和暗度的同时，保留基色的高光和阴影，如图6-176所示。
- “柔光”：使颜色变暗或变亮，具体取决于混合色。此效果类似于漫射聚光灯照在图稿上。如果混合色（光源）比50%灰色亮，图片将变亮，就像被减淡了一样；如果混合色（光源）比50%灰度暗，则图稿变暗，就像加深后的效果。使用纯黑或纯白上色会产生明显的变暗或变亮区城，但不会出现纯黑或纯白，如图6-177所示。
- “强光”：对颜色进行相乘或过滤，具体取决于混合色。“强光”效果类似于耀眼的聚光灯照在图稿上。如果混合色（光源）比50%灰色亮，图片将变亮，就像过滤后的效果，这对于给图稿加高光很有用；如果混合色（光源）比50%灰度暗，则图稿变暗，就像正片叠底后的效果，这对于给图稿添加阴影很有用。用纯黑色或纯白色上色会产生纯黑色或纯白色，如图6-178所示。

图6-176 “叠加”模式

图6-177 “柔光”模式

图6-178 “强光”模式

❺ 反相与排除

- “差值”：从基色减去混合色或从混合色减去基色，具体情况取决于哪一种的亮度值较大。与白色混合将反转基色值；与黑色混合则不发生变化，如图6-179所示。
- “排除”：创建一种与“差值”模式相似但对比度更低的效果。与白色混合将反转基色分量；与黑色混合则不发生变化，如图6-180所示。

图6-179 “差值”模式

图6-180 “排除”模式

❻ 修改色相与饱和度

- “色相”：用基色的亮度和饱和度及混合色的色相创建结果色，如图6-181所示。
- “饱和度”：用基色的亮度和色相及混合色的饱和度创建结果色。在无饱和度（灰度）的区域上用此模式着色不会产生变化，如图6-182所示。
- “混色”：用基色的亮度及混合色的色相和饱和度创建结果色。这样可以保留图稿中的灰阶，对于给单色图稿上色及给彩色图稿染色都会非常有用，如图6-183所示。
- “明度”：用基色的色相和饱和度及混合色的亮度创建结果色。“明度”模式可创建与“颜色”模式相反的效果，如图6-184所示。

图6-181 “色相”模式

图6-182 “饱和度”模式

图6-183 “混色”模式

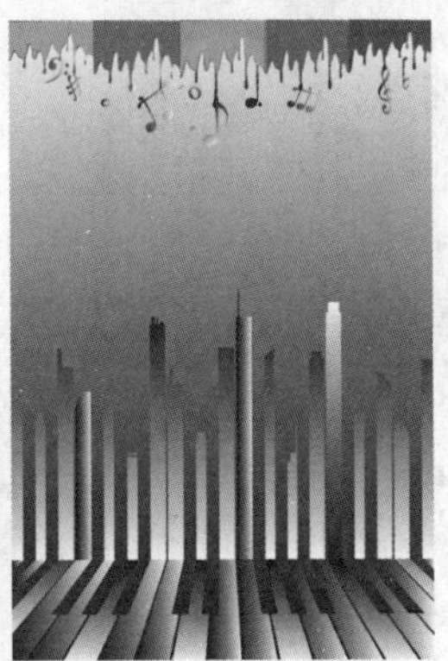
图6-184 “明度”模式

6.5.3 创建不透明度蒙版

剪切蒙版用来控制对象的显示区域，而不透明度蒙版可以用来控制对象的不透明度，使对象产生透明效果。创建不透明度蒙版前，首先应具备蒙版对象和被遮盖的对象，如图6-185、图6-186所示，并且蒙版对象应位于被遮盖的对象之上，如图6-187所示。

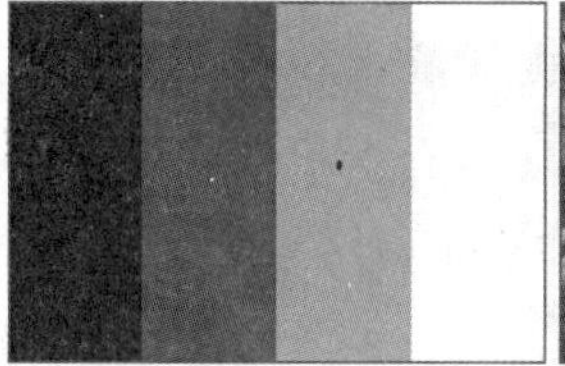
图6-185 蒙版对象

图6-186 被遮盖的对象

同时选择蒙版对象和被遮盖的对象，单击“透明度”面板中的“制作蒙版”按钮，如图6-188所示，即可创建不透明度蒙版，如图6-189所示。蒙版对象决定了透明区域和透明度。任何着色对象或栅格图像都可作为蒙版对象。如果蒙版对象是彩色的，则Illustrator会将其转换为灰度模式，并根据其灰度值来决定蒙版的遮盖程度。蒙版对象中的白色区域会完全显示下面的对象，黑色区域会完全遮盖下面的对象，灰色区域会使对象呈现不同程度的透明效果，如图6-190所示。

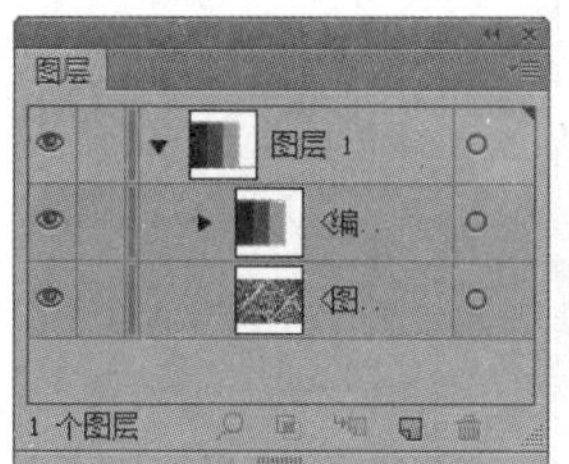

图6-187 蒙版图层位置

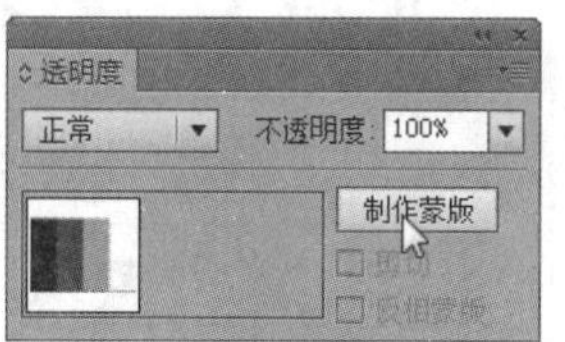

图6-188 制作蒙版

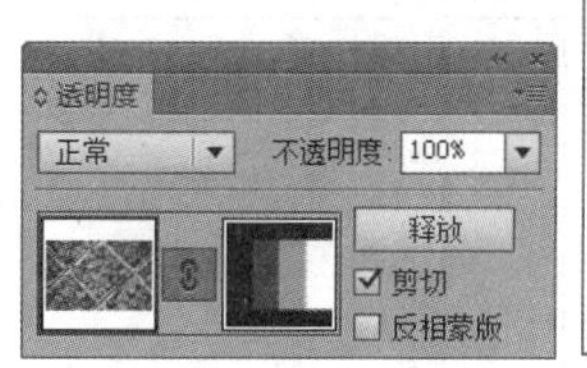

图6-189 不透明度蒙版

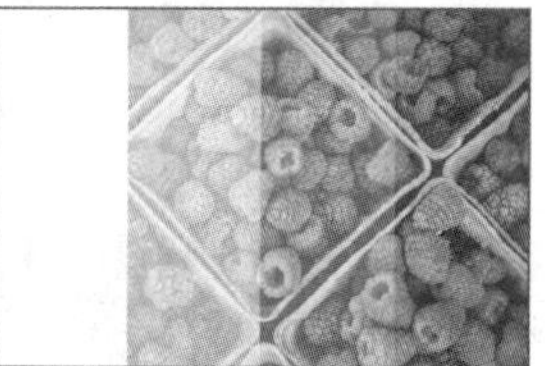
图6-190 不透明度蒙版效果

6.5.4 编辑不透明度

创建不透明度蒙版后，如图6-191所示，“透明度”面板中会出现两个缩览图，左侧是被蒙版遮盖的图稿缩览图，右侧是蒙版对象缩览图，如图6-192所示。如果要编辑对象，应单击对象缩览图，即可进入编辑状态；如果要编辑蒙版，则单击蒙版缩览图。编辑状态下的缩览图周围会显示一个蓝色矩形框。

图6-191 不透明度蒙版对象

图6-192 “透明度”面板

1. 链接与取消链接蒙版

创建不透明度蒙版以后，蒙版与被蒙版遮盖的对象将保持链接状态，在“透明度”面板的缩览图之间有一个链接图标，如图6-193所示。此时移动、旋转或变换对象时，蒙版会同时变换，因此，不会影响被遮盖的区域，如图6-194所示。单击链接图标可以取消链接，如图6-195所示，此时即可单独移动对象或蒙版，或者执行其他操作，如图6-196所示。再次在图标处单击，显示链接图标，可以重新建立链接。

图6-193 打开链接图标

图6-194 同时变换对象与蒙版

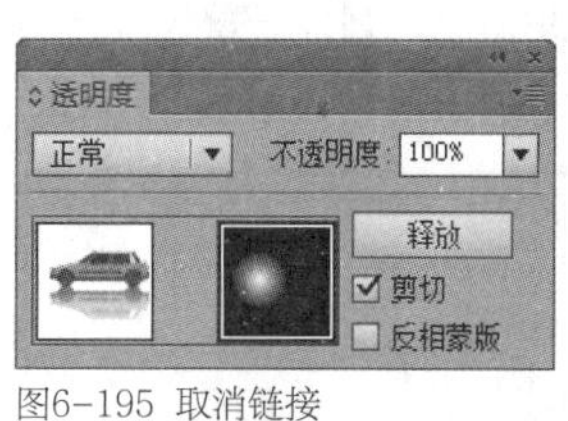

图6-195 取消链接

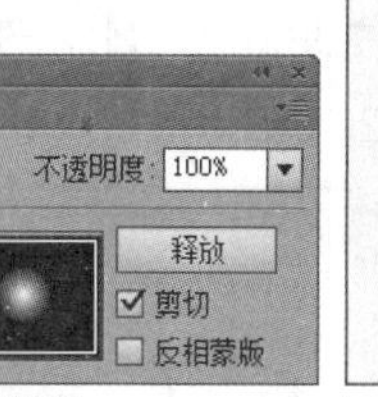
图6-196 单独移动蒙版

2. 停用与激活不透明度蒙版

在编辑不透明度蒙版时，可以按住Alt键单击蒙版缩览图，如图6-197所示，画板中就只会显示蒙版对象，如图6-198所示。这样可以避免蒙版内容的干扰，使操作更加精准。按住Alt键单击蒙版缩览图，可以重新显示蒙版效果。

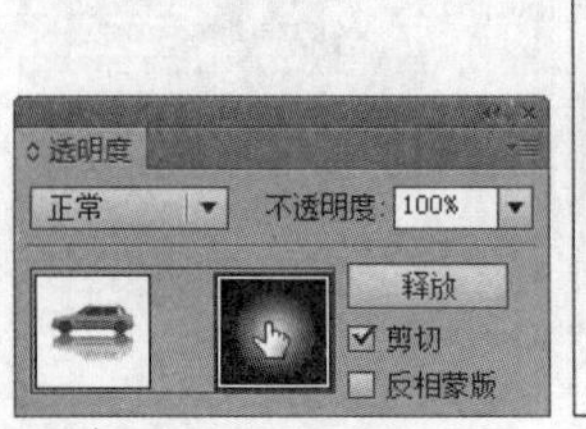

图6-197
按住Alt键单击蒙版缩览图

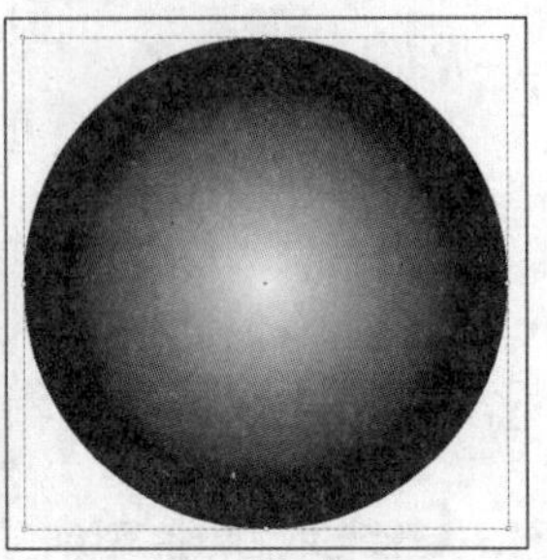

图6-198 显示蒙版对象

按住Shift键单击蒙版缩览图，缩览图上会出现一个红色的“×”，如图6-199所示，表示可以暂时停用蒙版，如图6-200所示。如果要恢复不透明度蒙版，可按住Shift键再次单击蒙版缩览图。

图6-199
按住Shift键单击蒙版缩览图

图6-200 暂时停用蒙版

3. 剪切与反相不透明度蒙版

在默认情况下，新创建的不透明度蒙版为剪切状态，如图6-201所示，即蒙版对象以外的部分都被剪切掉，如图6-202所示。如果取消“透明度”面板中“剪切”选项的勾选，如图6-203所示，则位于蒙版以外的对象会显示出来，如图6-204所示。

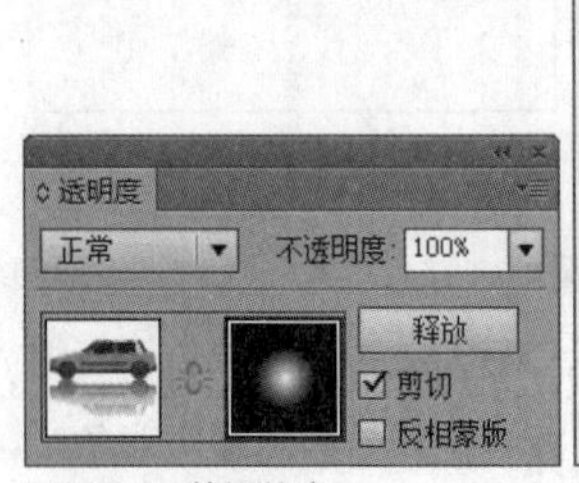

图6-201 剪切状态

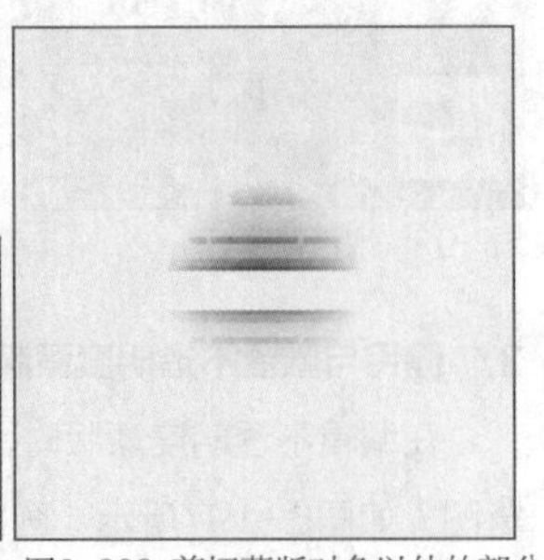

图6-202 剪切蒙版对象以外的部分

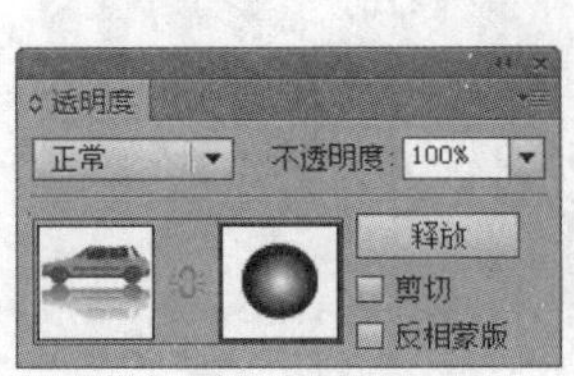

图6-203 取消“剪切”选项

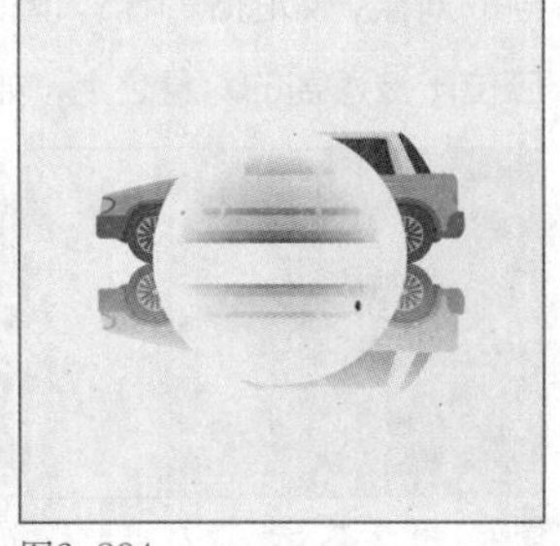

图6-204
显示蒙版对象以外的部分

在默认情况下，蒙版对象中的白色区域会完全显示下方对象，黑色区域会完全遮盖下方对象，灰色区域则会呈现不同程度的透明效果，如图6-205、图6-206所示。如果勾选“透明度”面板中的“反相蒙版”选项，如图6-207所示，则可以反转蒙版对象的明度值，即反转蒙版的遮盖范围，如图6-208所示。

图6-205 默认情况

图6-206 默认效果

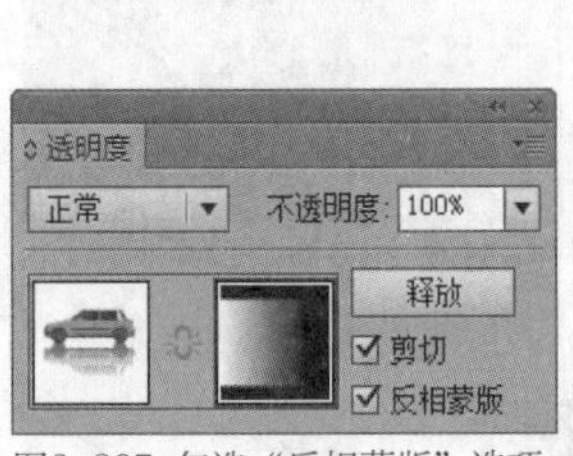

图6-207 勾选“反相蒙版”选项

图6-208 反相蒙版效果

4. 释放不透明度蒙版

选择不透明度蒙版对象之后，单击“透明度”面板中的“释放”按钮，即可释放不透明度蒙版，使对象恢复到添加蒙版前的状态。

6.5.5 课堂范例——制作玻璃图标

源文件路径	素材\第6章\6.5.5课堂范例——制作玻璃图标
视频路径	视频\第6章\6.5.5课堂范例——制作玻璃图标.mp4
难易程度	★★★

本实例主要介绍如何为图层添加不透明度蒙版制作玻璃效果。

01 启动Illustrator，执行“文件”|“打开”命令，在“打开”对话框中选择“图标.ai”素材文件，将其打开，如图6-209所示。

02 使用“矩形工具”，在图标路径的左上方绘制矩形，并对齐图标的垂直中心位置，设置“填充”为黑色，无描边，如图6-210所示。

图6-209 打开素材文件

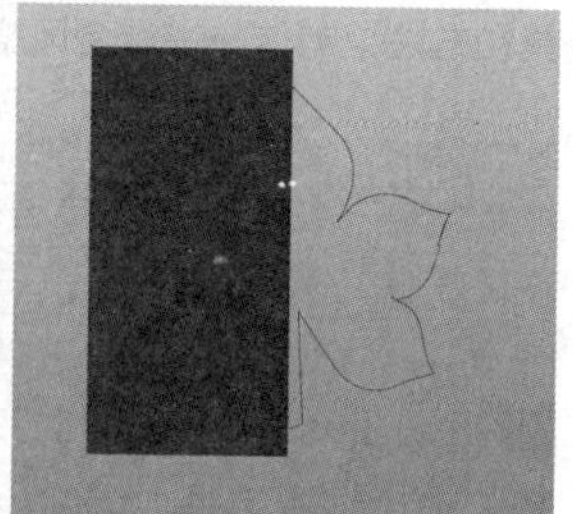

图6-210 绘制矩形

03 使用“选择工具”，按住Shift键同时选中图标和矩形路径，单击“路径查找器”面板上的“分割”按钮，如图6-211所示，分割图形，如图6-212所示。

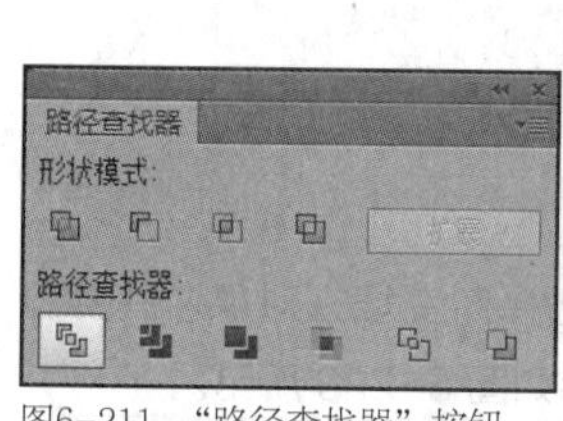

图6-211 “路径查找器”按钮

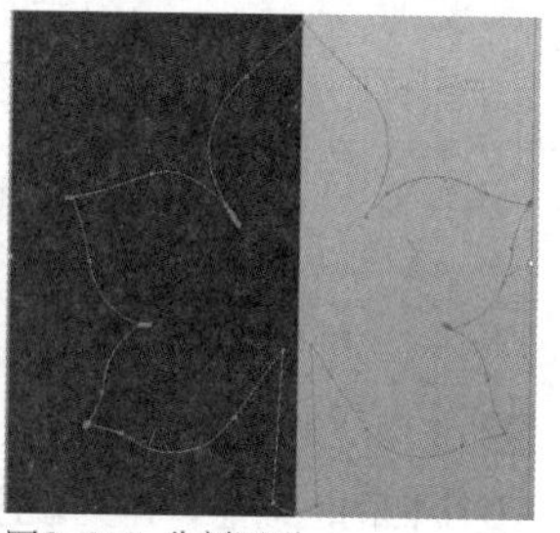

图6-212 分割图形

04 在“图层”面板中单击矩形路径图层前面的按钮，隐藏图层。单击图层右侧选择列圆形图标，选中图层，如图6-213所示。按Shift+F6快捷键打开“外观”面板，设置“描边”和“填充”，参数如图6-214所示。

05 单击控制面板中的“不透明度”按钮，在打开的“透明度”面板中设置“不透明度”为90%，效果如图6-215所示。

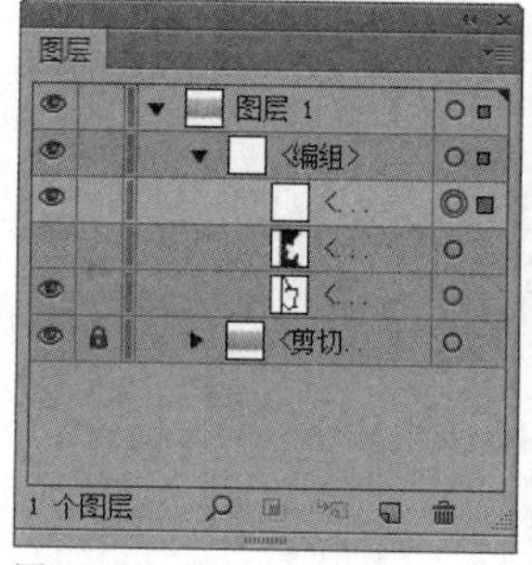

图6-213 “图层”面板

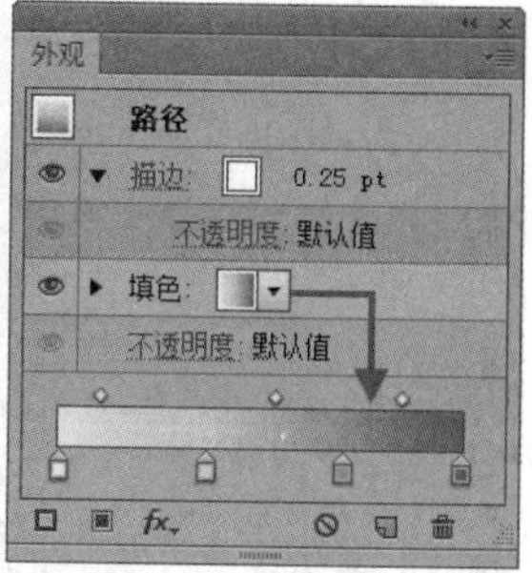

图6-214 “外观”面板

06 在“图层”面板中选择图标的另一半图形，如图6-216所示。设置“描边”和“填充”，参数如图6-217所示。在“透明度”面板中设置“混合模式”为叠加，“不透明度”为60%，效果如图6-218所示。

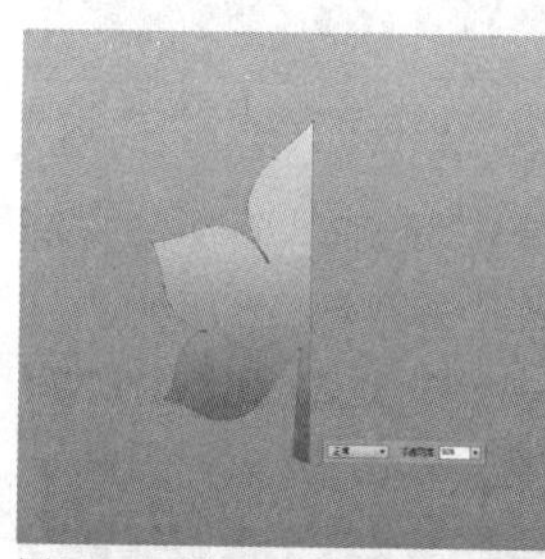

图6-215 设置不透明度效果

图6-216 选择图形另一半

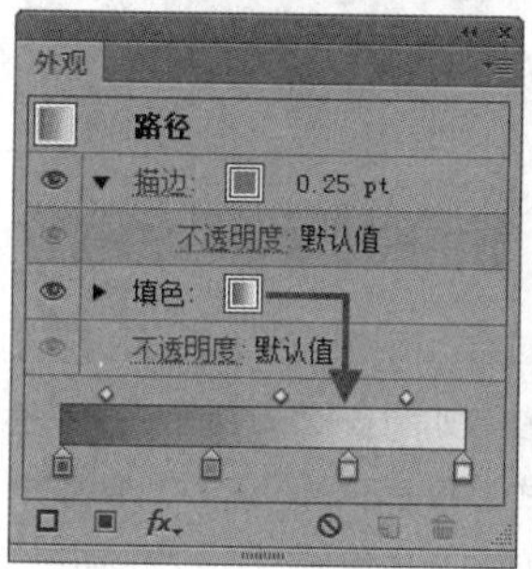

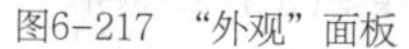

图6-217 “外观”面板

图6-218 设置不透明度效果

07 同时选取图标的左右两个部分，在菜单栏单击执行“效果”|“风格化”|“内发光”命令，在打开的“内发光”对话框中设置“内发光”属性，参数如图6-219所示。效果如图6-220所示。

08 使用“选择工具”选择整个图标对象，双击“镜像工具”按钮，打开“镜像”对话框，如图6-221所示。单击“复制”按钮，将图标复制一层，并调整位置，如图6-222所示。

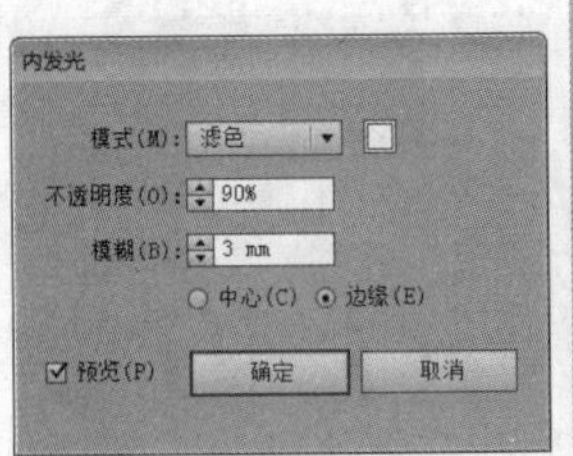

图6-219 “内发光”属性

图6-220 “内发光”效果

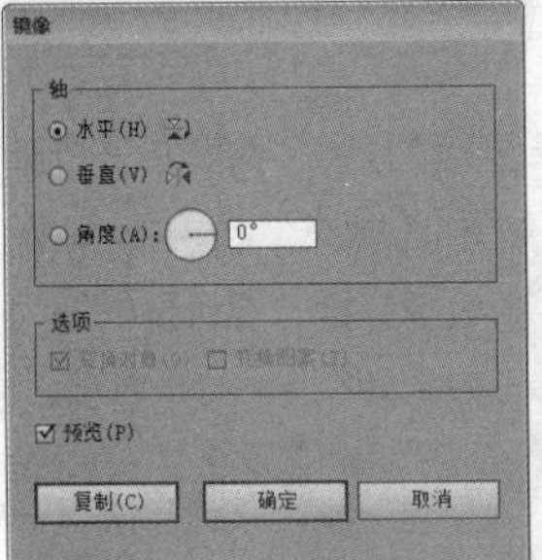

图6-221 “镜像”对话框

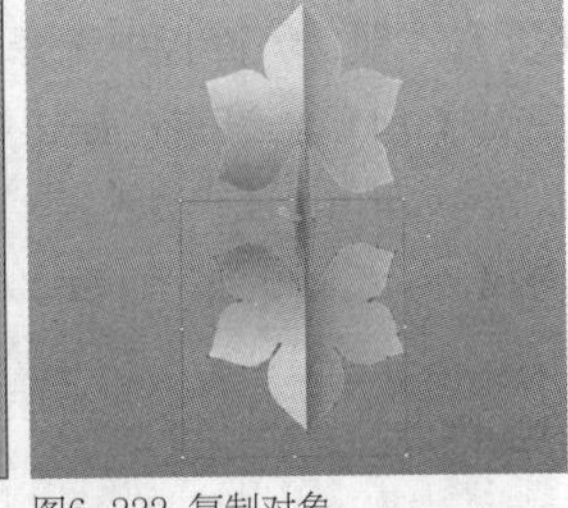

图6-222 复制对象

09 保持复制图形的选中状态，单击“透明度”面板中的“制作蒙版”按钮，创建不透明度蒙版，如图 6-223 所示。

10 单击蒙版缩览图，使其处于编辑状态，如图 6-224 所示。

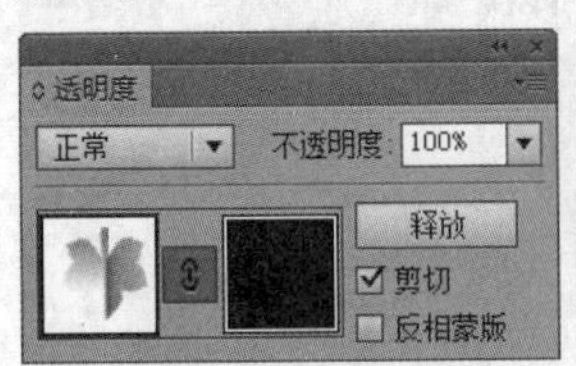

图6-223 创建不透明度蒙版

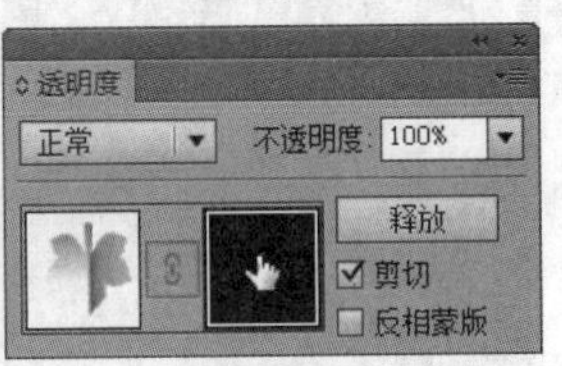

图6-224 是蒙版处于编辑状态

11 使用“矩形工具” 在对象上方绘制一个矩形，并设置“填充”为黑白线性渐变，参数如图 6-225 所示。在“透明度”面板中调整“混合模式”和“不透明度”，参数如图 6-226 所示。为图标添加投影，效果如图 6-227 所示。

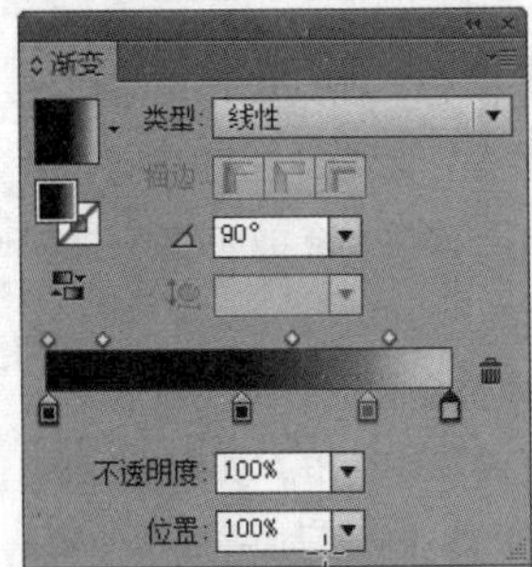

图6-225 线性渐变参数

透明度
正片叠底 不透明度: 60%
释放
剪切
反相蒙版

图6-226 不透明度属性

图6-227 最终效果

6.6 综合训练——制作混合风格海报

本训练综合使用混合工具、创建剪切蒙版等多种工具和方法，制作一幅混合风格海报。

源文件路径	素材\第6章\6.6综合训练——制作混合风格海报
视 频 路 径	视频\第6章\6.6综合训练——制作混合风格海报.mp4
难 易 程 度	★★★★

01 启动 Illustrator，执行“文件”|“打开”命令，在“打开”对话框中选择“混合 .ai”素材文件，将其打开，如图 6-228 所示。

图6-228 打开素材文件

02 使用“选择工具” 选择渐变填充对象，并复制 10 个相同的对象，排列顺序如图 6-229 所示。

图6-229 复制对象

提示

关于本案例中原始混合对象的制作方式，请参阅本书第4章的第4.2小节。

03 保持 10 个对象同时被选择的状态，使用“混合工具” 依次单击每一个对象，创建混合效果，如图 6-230 所示。按 Enter 键，打开“混合”对话框，设置参数如图 6-231 所示。效果如图 6-232 所示。

图6-230 创建混合效果

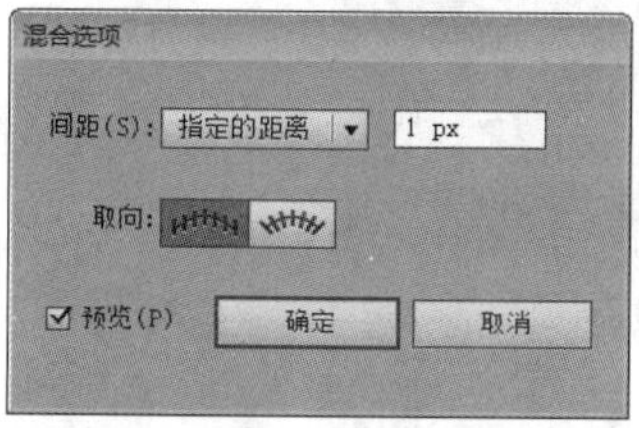

混合选项
间距(S): 指定的距离
1 px
取向:
预览(P)
确定
取消

图6-231 “混合”对话框

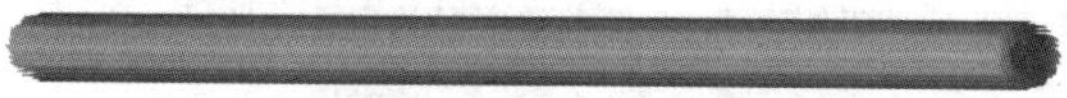

图6-232 混合效果

04 使用“选择工具” ，按住 Shift 键同时选中混合对象和文件中的路径，如图6-233所示，执行“对象”|“混合”|“替换混合轴”命令，替换混合轴。

05 再执行“对象”|“混合”|“混合选项”命令，设置参数如图 6-234 所示，单击“确定”按钮，得到混合效果如图 6-235 所示。

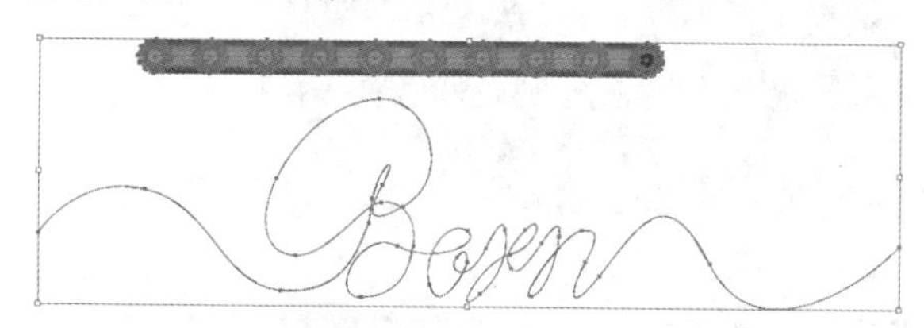

图6-233 选中混合对象和混合轴

混合选项
间距(S): 指定的距离
80 px
取向:
预览(P)
确定
取消

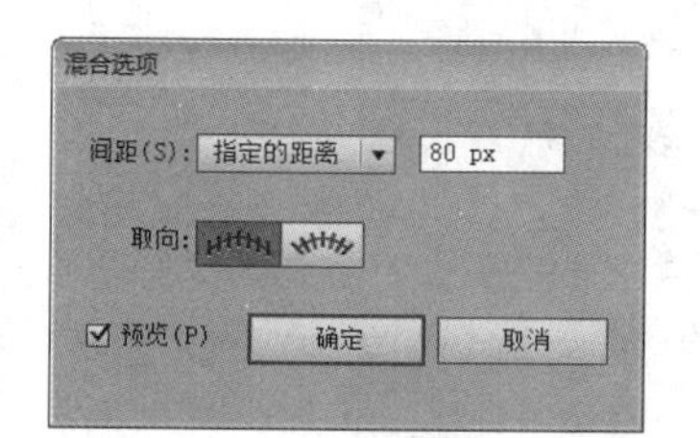

图6-234 “混合选项”参数

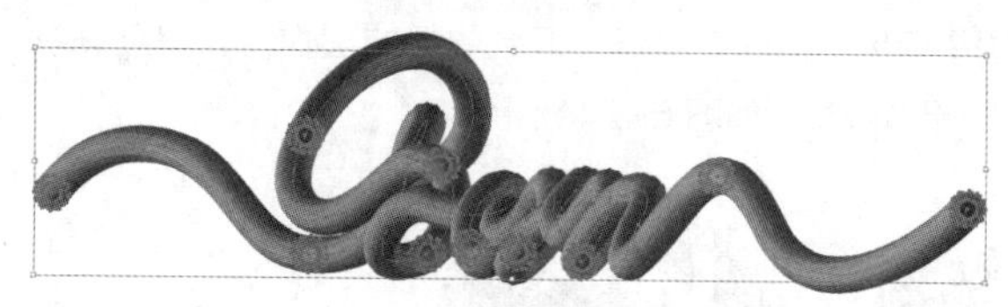

图6-235 混合效果

06 使用“选择工具” ，按住 Shift+Ctrl 键单击左侧的第一个原始混合对象，如图 6-236 所示，将其等比例放大，得到效果如图 6-237 所示。

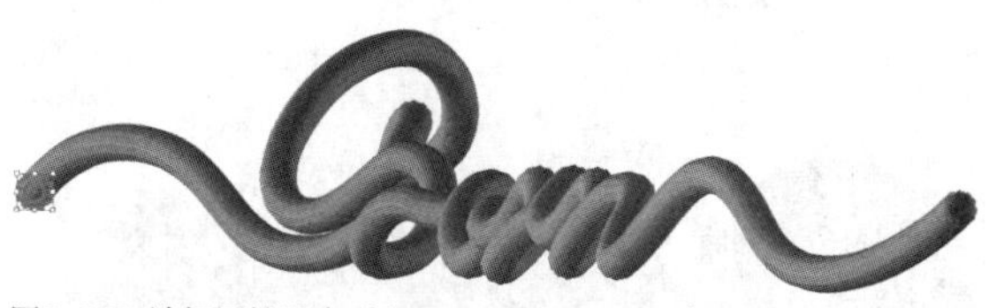

图6-236 选择原始混合对象

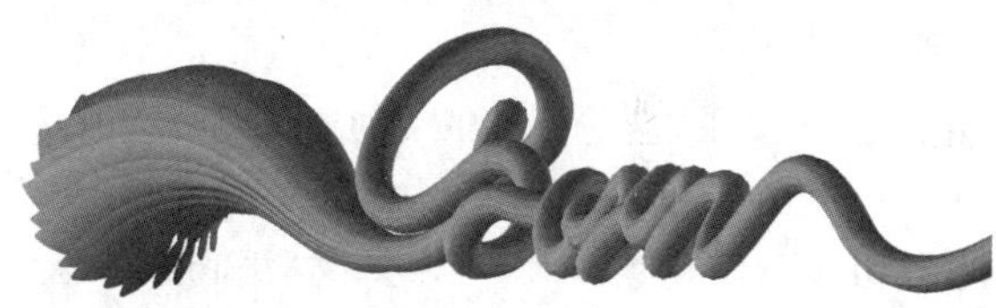

图6-237 放大对象

07 运用相同的操作方式，调整其他原始对象的大小，得到效果如图 6-238 所示。

08 选择任意一个原始对象，将窗口放大，如图 6-239 所示。

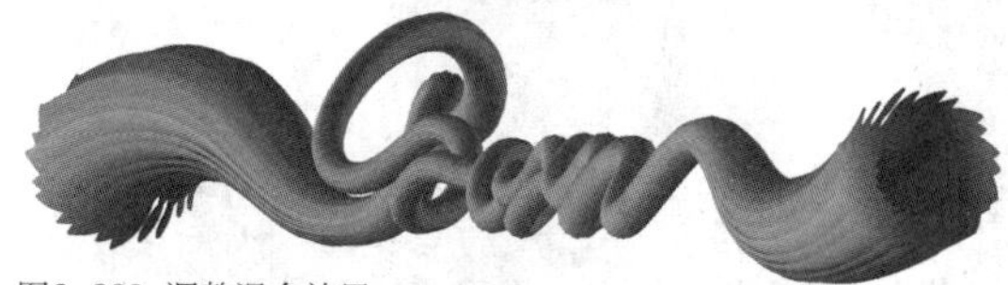

图6-238 调整混合效果

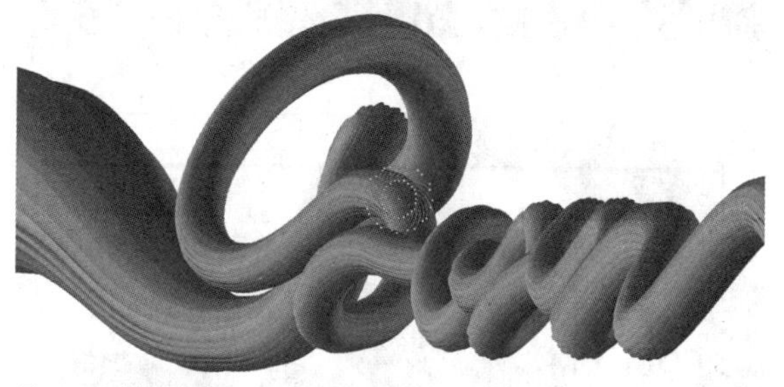

图6-239 放大窗口

09 使用“直接选择工具” 调整所选对象的锚点，混合效果也将发生改变，生成层次感更加丰富的混合，如图 6-240 所示。

10 运用相同的方式调整混合效果的层次感，得到满意的混合效果，如图 6-241 所示。

图6-240 调整混合效果

图6-241 调整混合效果

11 使用“选择工具” 调整混合对象在画板中的大小和位置，如图 6-242 所示。

12 使用“矩形工具” 绘制一个与画板大小相同的矩形。再使用“选择工具” 同时选中矩形与混合对象，按 Ctrl+7 快捷键创建剪切蒙版，运用所学知识添加文字装饰，完成海报的绘制，最终效果如图 6-243 所示。

图6-242 调整混合对象的大小和位置

图6-243 最终效果

6.7 课后习题

本实例主要使用椭圆工具、钢笔工具和“透明度”面板，制作气泡质感，如图6-244所示。

源文件路径	素材\第6章\习题——制作气泡质感
视 频 路 径	视频\第6章\习题——制作气泡质感.mp4
难 易 程 度	★★★

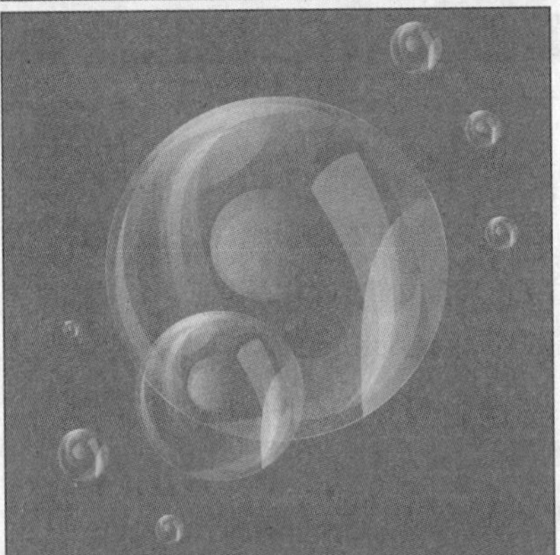

图6-244 习题——制作气泡质感

第 7 章

添加艺术效果

Illustrator 不仅可以绘制出形态各异的矢量图形，还可以为矢量图形添加立体效果、扭曲效果、模糊效果、纹理效果及 3D 效果等，使绘制的矢量图形更加丰富。

本章将详细讨论如何为图形对象添加各种艺术效果。

本章学习目标

- 了解矢量效果的添加方法
- 掌握 3D 效果的应用
- 掌握外观属性的应用
- 掌握图形样式的应用

本章重点内容

- 3D 效果的应用
- 图形样式的应用

扫 码 看 视 频

7.1 添加效果

Illustrator“效果”菜单中的命令可以针对矢量和位图两种图片格式，如图7-1所示。菜单上半部分的命令是矢量效果，其中部分效果命令能够同时应用于矢量和位图格式的图片，如3D、SVG滤镜、变形、变换、投影、羽化、内发光及外发光；菜单下半部分的命令为栅格效果，可应用于矢量对象和位图。

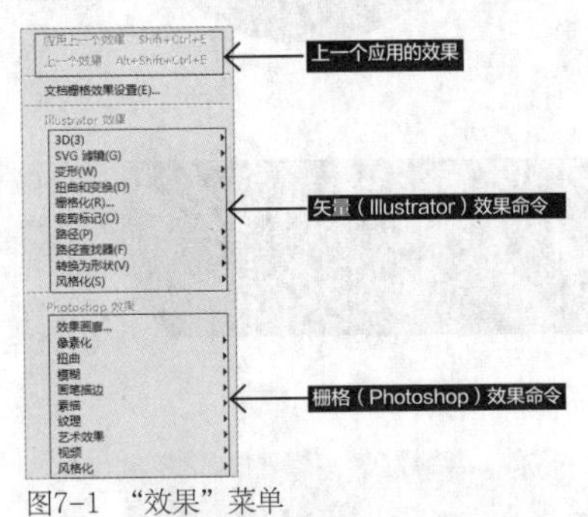

图7-1 “效果”菜单

7.1.1 矢量效果

Illustrator“效果”菜单中的“变形”和“扭曲和变换”命令，虽然与编辑图形对象章节中的变形与变换的效果相似，但是前者是改变图形形状得到的效果，后者则是在不改变图形基本形状的基础上，对对象进行变形。

1. 变形

“变形”命令中的选项可以扭曲或变形对象，应用的范围包括路径、文本、网格、混合及位图图像。执行“效果”|“变形”菜单中的任意子命令，如图7-2所示，可以打开“变形选项”对话框，如图7-3所示。为对象选择一种预定义的变形形状，然后设置对应的变形参数，即可对对象实施变形操作。

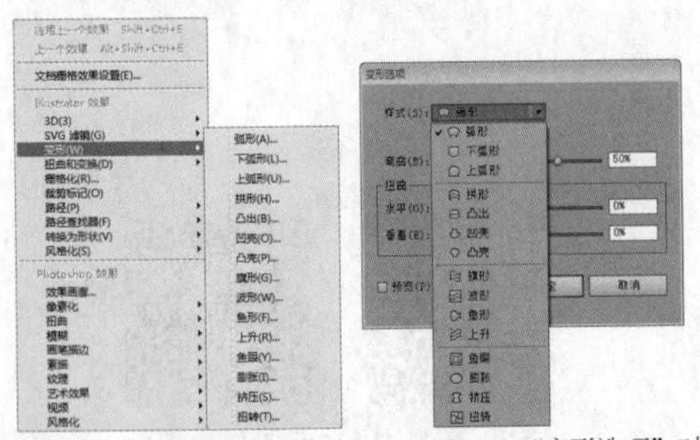

图7-2 “变形”命令子菜单　　图7-3 “变形选项”对话框

相关链接	“变形”效果与Illustrator中预设的封套扭曲样式相同，详情请参阅“4.3 封套扭曲”。

2. 扭曲和变换

“扭曲和变换”菜单中的命令可以快速改变矢量对象的形状，与使用液化工具组中的工具编辑图形对象得到的效果相似。执行“效果”|“扭曲和变换”命令，在打开的菜单中包含7种效果，执行不同的效果命令，可以快速改变对象的形状，并且可以随时修改或删除。

● 变换

执行“效果”|“扭曲和变换”|“变换”命令，可以打开“变换效果”对话框，通过重新设置对象大小、移动、旋转、镜像和复制等参数改变对象的形状。

相关链接：执行“效果”|“扭曲和变换”|“变换”命令与执行“对象”|“变换”|“分别变换”命令使用的方法相同，详情请参阅“4.1.4 变换对象”。

● 扭拧

执行“效果”|“扭曲和变换”|“扭拧”命令，可以打开“扭拧”对话框，如图7-4所示。通过设置相关参数可以随机地向内或向外弯曲和扭曲路径段，如图7-5、图7-6所示。

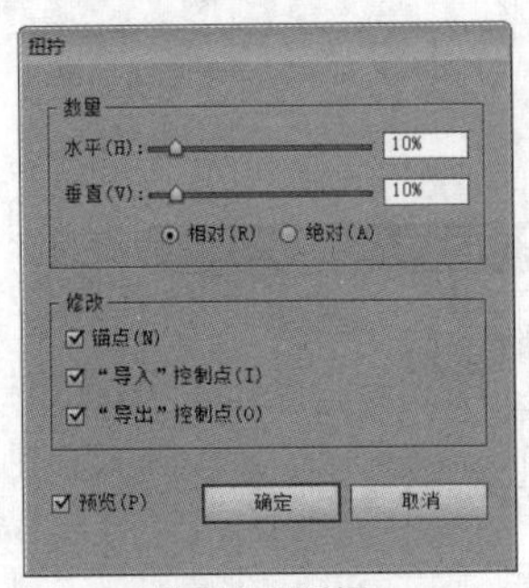

图7-4 “扭拧”对话框

图7-5 原图

图7-6 扭拧效果

- “数量”选项组：用来设置水平和垂直扭曲程度。勾选“相对”选项，可以使用相对量设置扭曲程度；勾选“绝对”选项，可以按照绝对量设置扭曲程度。
- “修改”选项组：用来设置是否修改锚点、移动通向路径锚点的控制点（“导入”控制点和“导出”控制点）。

● 扭转

执行“效果”|“扭曲和变换”|“扭转”命令，可以打开“扭转”对话框，如图7-7所示，通过设置相关参数可以旋转对象，中心的旋转程度比边缘的旋转程度大。

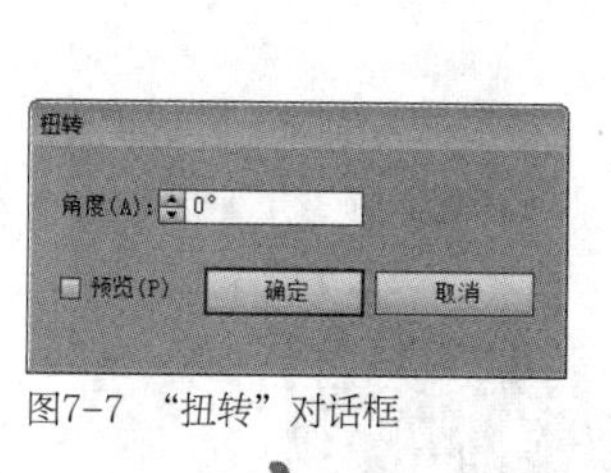

图7-7 “扭转”对话框

图7-8 原图

图7-9 “角度”为正值

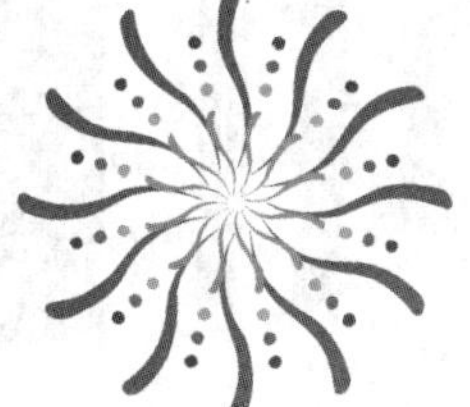
图7-10 “角度”为负值

- “角度”：用来设置扭转角度。在该对话框内输入正值将顺时针扭转；若输入负值将逆时针扭转，如图7-8~图7-10所示。

● 收缩和膨胀

执行“效果”|“扭曲和变换”|“收缩和膨胀”命令，可以打开“收缩和膨胀”对话框，如图7-11所示。通过滑动滑块可以将线段向内弯曲（收缩），并向外拉出矢量对象的锚点；或者将线段向外弯曲（膨胀），并向内拉入锚点，如图7-12~图7-14所示。这两个选项都可相对于对象的中心点来拉出锚点。

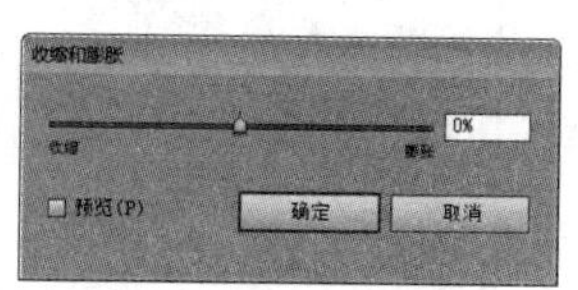

图7-11 “收缩和膨胀”对话框

图7-12 原图

图7-13 滑块靠近“收缩”

图7-14 滑块靠近“膨胀”

● 波纹效果

执行“效果”|“扭曲和变换”|“波纹效果”命令，可以打开“波纹效果”对话框，如图7-15所示，通过设置相关参数，可以将对象的路径段变换为同样大小的尖峰和凹谷形成的锯齿和波形数组，如图7-16、图7-17所示。

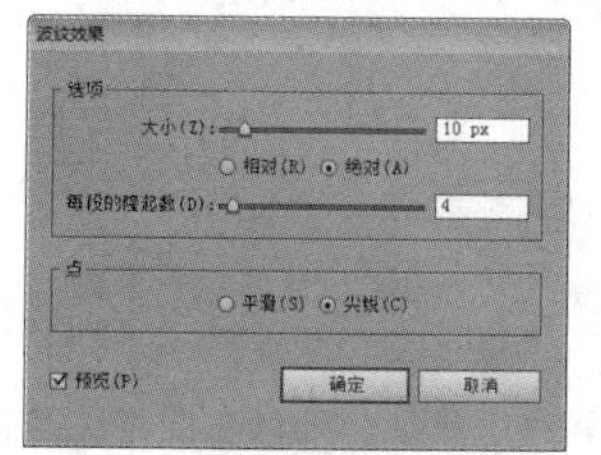

图7-15 “波纹效果”对话框

图7-16 原图

图7-17 波纹效果

- “大小”：可以选择绝对大小或相对大小，设置尖峰与凹谷之间的长度。
- “每段的隆起数”：用来设置每个路径段的脊状数量。
- “平滑/尖锐”：若选择“平滑”选项，路径段的隆起处为波形边缘；若选择“尖锐”选项，路径的隆起处为锯齿边缘。

● 粗糙化

执行“效果”|“扭曲和变换”|“粗糙化”命令，可以打开“粗糙化”对话框，如图7-18所示，通过设置相关参数，可以将矢量对象的路径段变形为各种大小的尖峰和凹谷的锯齿数组，如图7-19、图7-20所示。该效

果与波纹效果相似。

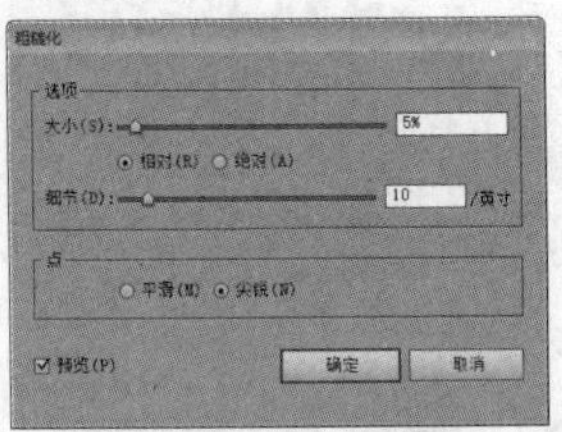

图7-18 “粗糙化”对话框　　图7-19 原图

图7-20 粗糙化效果

- “大小/相对/绝对”：可以选择绝对大小或相对大小，设置路径段的最大长度。
- “细节”：用来设置每英寸锯齿边缘的密度。
- “平滑/尖锐”：用来设置边缘效果。可以在圆滑边缘（平滑）和尖锐边缘（尖锐）之间选择。

● 自由扭曲

执行“效果”|“扭曲和变换”|“自由扭曲”命令，可以打开“自由扭曲”对话框，如图7-21所示。通过拖曳对话框中预览图形的四个控制点，可以改变矢量对象的形状，如图7-22、图7-23所示。

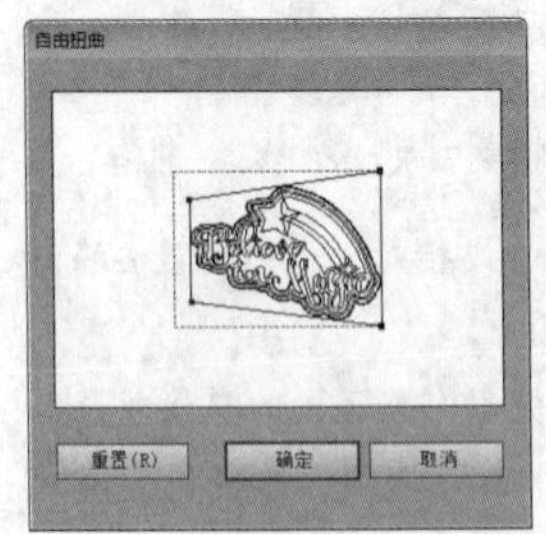

图7-21 “自由扭曲”对话框

图7-22 原图

图7-23 粗糙化效果

3. 转换为形状

执行“效果”|“转换为形状”命令，在打开的下拉菜单中包含“矩形”“圆角矩形”和“椭圆”3个命令，执行任意一个命令，可以打开“形状选项”对话框，如图7-24所示。设置相关参数即可将矢量对象转换为对应的形状，如图7-25、图7-26所示。

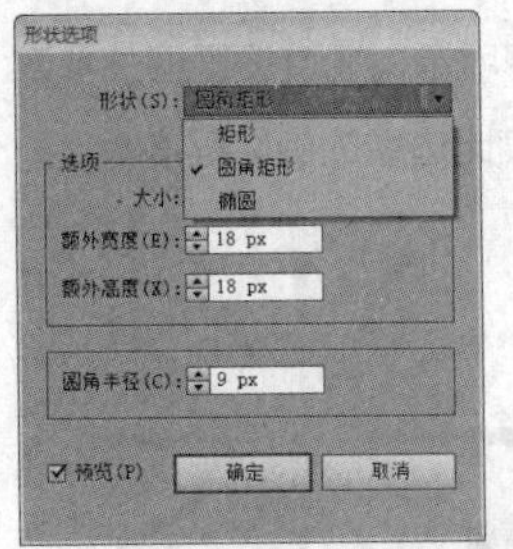

图7-24 “形状选项”对话框

图7-25 原图

图7-26 转换为圆角矩形

- “形状”：用来选择将对象转换为何种形状，包括“矩形”“圆角矩形”和“椭圆”。
- “绝对”：勾选该选项后，可以设置转换后对象的宽度和高度。
- “相对”：勾选该选项后，可以设置转换后对象相对于原对象扩展或收缩的尺寸。
- “圆角半径”：若选择将对象转换为“圆角矩形”，可以在该选项中设置圆角半径值。

4. 风格化

“风格化”子菜单中包含6种效果命令，如图7-27所示，用来为对象添加发光、投影、涂抹和羽化等外观样式。这些样式可以在同一对象上重复应用，加强效果。

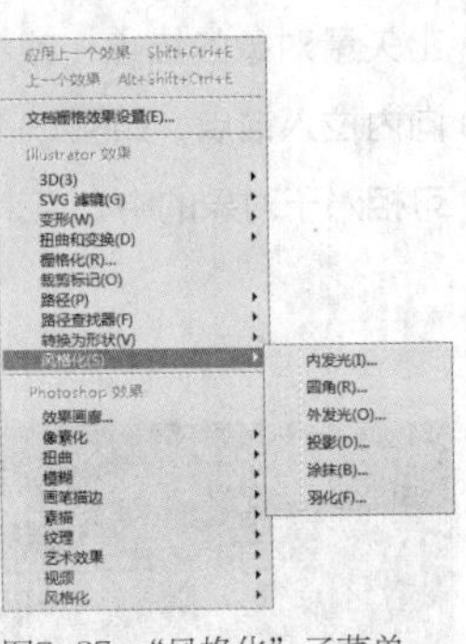

图7-27 “风格化”子菜单

● 内发光

选择要添加效果的对象、组或图层，如图7-29所示，执行“效果”|“风格化”|“内发光”命令，打开“内发光”对话框，如图7-28所示。设置相关参数，可以在对象内部创建发光效果。

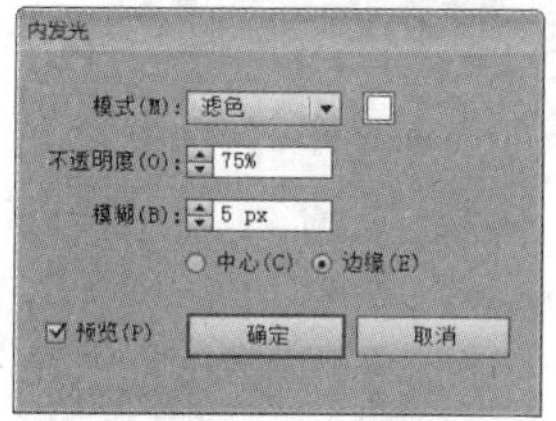

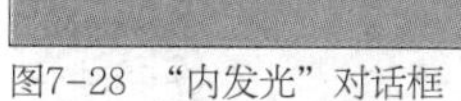
图7-28 “内发光”对话框

图7-29 原图

图7-30 勾选“中心”选项效果

图7-31 勾选“边缘”选项效果

- “模式”：用来设置发光的混合模式。单击右侧的颜色块，可以打开“拾色器”对话框选择发光颜色。
- “不透明度”：用来设置发光效果的不透明度百分比。
- “模糊”：用来设置要进行模糊处理之处到选区中心或选区边缘的距离，即发光效果的模糊范围。
- “中心/边缘”：若勾选“中心”选项，将会产生从对象中心发散的发光效果，如图7-30所示；若勾选“边缘”选项，将会在对象边缘产生发光效果，如图7-31所示。

● 圆角

选择要添加效果的对象、组或图层，执行“效果”|“风格化”|“圆角”命令，打开“圆角”对话框，如图7-32所示。设置相关参数，可以将矢量对象的边角控制点转换为平滑的曲线，使图形中的尖角变为圆角，如图7-33、图7-34所示。

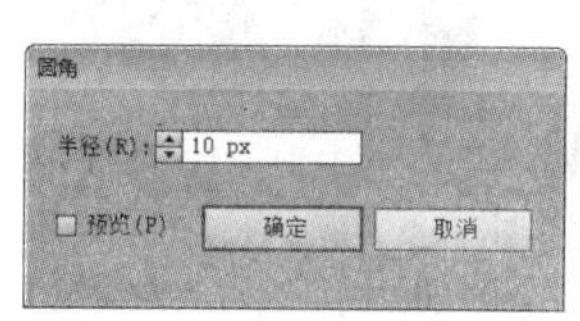

图7-32 “圆角”对话框

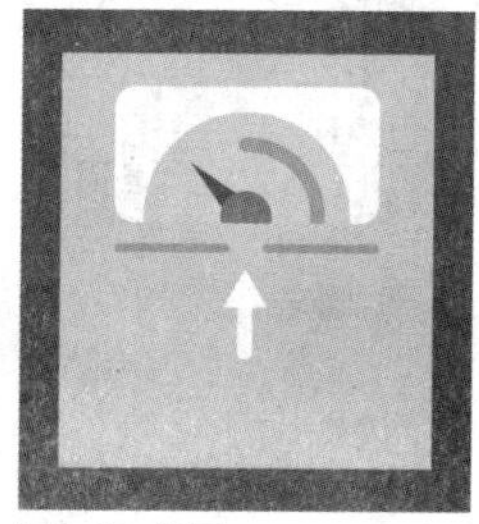
图7-33 原图

图7-34 圆角效果

- “半径”：用来设置圆滑曲线的曲率。

● 外发光

选择要添加效果的对象、组或图层，执行“效果”|“风格化”|“外发光”命令，打开“外发光”对话框，如图7-35所示。设置相关参数，可以在对象的边缘产生向外发光的效果，如图7-36、图7-37所示。该对话框中的选项与“内发光”对话框中的相同。

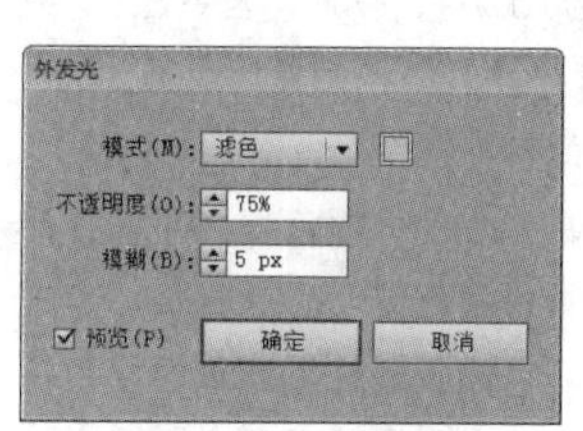

图7-35 “外发光”对话框

图7-36 原图

图7-37 外发光效果

提示

对添加了“内发光”效果的对象进行扩展时，内发光本身会呈现为一个不透明度蒙版；对添加了“外发光”效果的对象进行扩展时，外发光会变成一个透明的栅格对象。

● 投影

选择要添加效果的对象、组或图层，执行“效果”|“风格化”|“投影”命令，打开“投影”对话框，如图7-38所示。设置相关参数，可以为所选对象添加投

影，创建立体效果，如图7-39、图7-40所示。

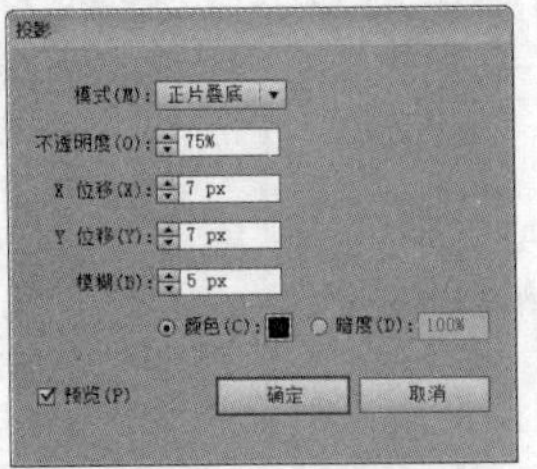

图7-38 “投影”对话框

图7-39 原图

图7-40 投影效果

- “模式”：用来选择投影效果的混合模式。
- “不透明度”：用来设置投影的不透明度。该值为0%时，投影完全透明；该值为100%时，投影完全不透明。
- “X位移/Y位移”：用来设置投影偏移对象的距离。
- “模糊”：用来设置投影的模糊范围。
- “颜色”：勾选该选项，单击右侧的颜色块，可以打开“拾色器”对话框设置投影的颜色。
- “暗度”：勾选该选项，可以为投影设置添加的黑色深度百分比。对象自身的颜色将与添加的黑色混合生成投影。该值为0%时，投影显示为对象自身的颜色；该值为100%时，投影显示为黑色。

● 涂抹

选择要添加效果的对象、组或图层，如图7-41所示，执行“效果”|“风格化”|“涂抹”命令，打开“涂抹选项”对话框，如图7-42所示。设置相关参数，可以为对象的描边或填色添加类似素描的手绘效果，如图7-43~图7-53所示。

图7-41 选择对象

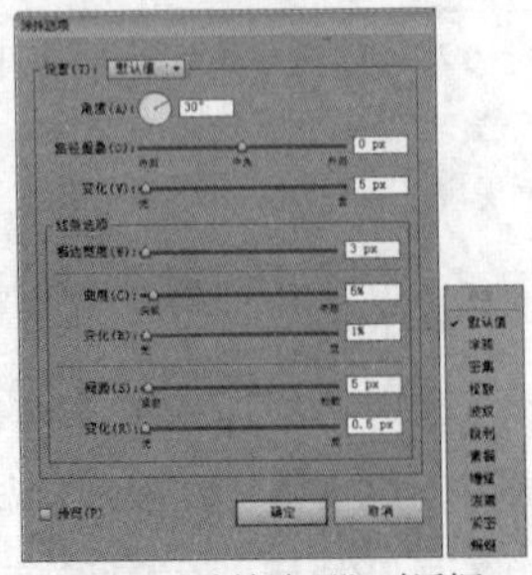

图7-42 “涂抹选项”对话框

图7-43 默认值

图7-44 涂鸦

图7-45 密集

图7-46 松散

图7-47 波纹

图7-48 锐利

图7-49 素描

图7-50 缠结

图7-51 泼溅

图7-52 紧密

图7-53 蜿蜒

- “设置”：用来选择不同的预设选项，得到相应的涂抹效果。并且可以在预设参数的基础上进行调整，创建自定义的涂抹效果。
- “角度”：用来控制涂抹线条的方向。
- “路径重叠/变化”：用来设置涂抹线条在路径边界内部距路径边界的量，或在路径边界外距路径边界的量。若为负值，可以将涂抹线条控制在路径边界内部；若为正值，则将涂抹线条延伸至路径边界外部。“变化”（作用于“路径重叠”）用来设置涂抹线条彼此之间的相对长度差异。
- “描边宽度”：用来设置涂抹线条的宽度。
- “曲度/变化”：用来设置涂抹曲线在改变方向之前的曲度。“变化”（作用于“曲度”）用来设置涂抹曲线彼此之间的相对曲度的差异大小。
- “间距/变化”：用来设置涂抹曲线之间的折叠间距量。“变化”（作用于“间距”）用来设置涂抹线条之间的折叠间距差异量。

● 羽化

选择要添加效果的对象、组或图层，执行“效果”|“风格化”|“羽化”命令，打开“羽化”对话框，如图7-54所示。设置相关参数，可以使对象的边缘变得柔滑，使其产生从内部到边缘逐渐透明的效果，如图7-55、图7-56所示。

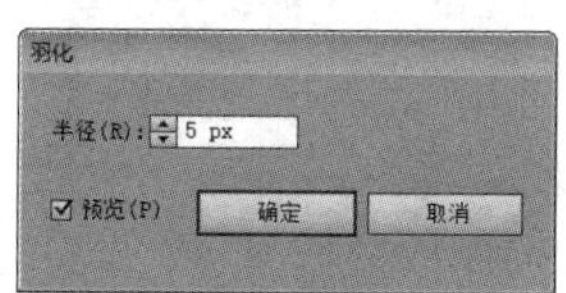

图7-54 “羽化”对话框

图7-55 原图

图7-56 羽化效果

7.1.2 位图效果

Illustrator“效果”菜单下半部分的“Photoshop效果”为栅格效果，是从Photoshop中移植过来的，这些命令既能够针对位图图像，也能够针对矢量图形，但是对矢量图形执行这些命令之后，矢量图形会以位图格式显示。本章将重点介绍其中的“扭曲”“模糊”“纹理”和“艺术效果”4个命令的相关内容。

1. 扭曲效果

选择对象，如图7-57所示，执行“效果”|“扭曲”命令，该命令中包含“扩散亮光”“玻璃”和“海洋玻璃”效果命令，如图7-58所示。选择其中一个，打开对应的对话框，设置相关参数，即可为对象添加扭曲效果。

图7-57 选择对象

图7-58 “扭曲”命令组

● 扩散亮光

“扩散亮光”效果将透明的白色添加到所选对象上，并从选区的中心向外渐隐亮光。将对象创建为类似透过柔和的扩散滤镜观看的效果，如图7-59所示。

● 海洋玻璃

“海洋玻璃”效果将随机分割的波纹添加到图稿，将对象创建为类似在水中的效果，如图7-60所示。

● 玻璃

“玻璃”效果可以选择一种预设的玻璃效果，也可以使用Photoshop文件创建自定义玻璃棉，并且可以对其进行缩放、扭曲、调整平滑度及添加纹理等操作。将对象创建为类似透过不同类型的玻璃来观看的效果，如图7-61所示。

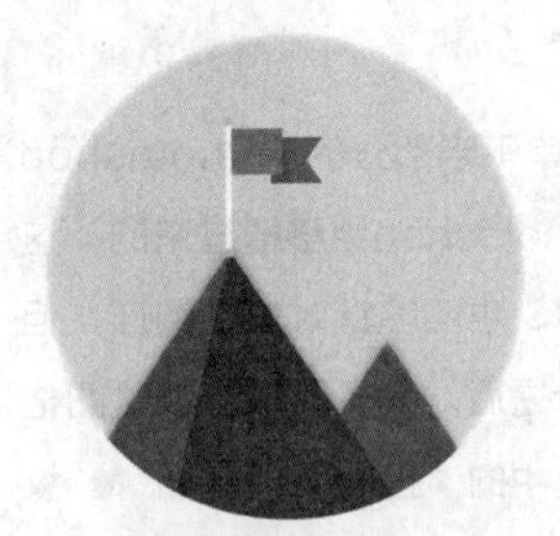

图7-59 扩散亮光效果

图7-60 海洋玻璃效果

图7-61 玻璃效果

2. 模糊效果

选择对象，如图7-62所示，执行“效果”|“模糊”命令，该命令中包含“径向模糊”“特殊模糊”和“高斯模糊”效果命令，如图7-63所示。选择其中一个，打开对应的对话框，设置相关参数，即可为对象添加模糊效果。模糊效果可以削弱相邻像素之间的对比度，使图像达到柔化的效果。

图7-62 选择对象

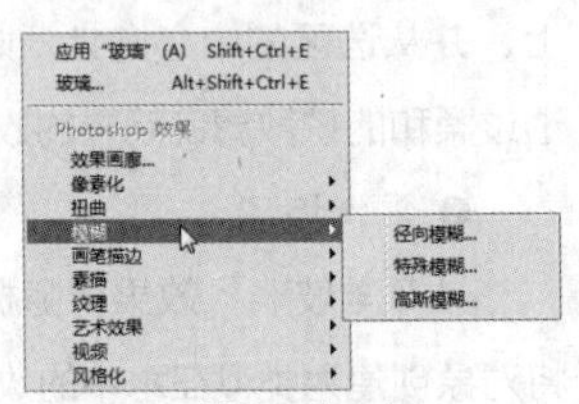

图7-63 “模糊”命令组

● 径向模糊

“径向模糊”效果模拟对相机进行缩放或旋转而产生柔和的模糊。对话框和效果分别如图7-64、图7-65所示。

- 数量：用于设置模糊的强度。数值越高，模糊效果越强烈。

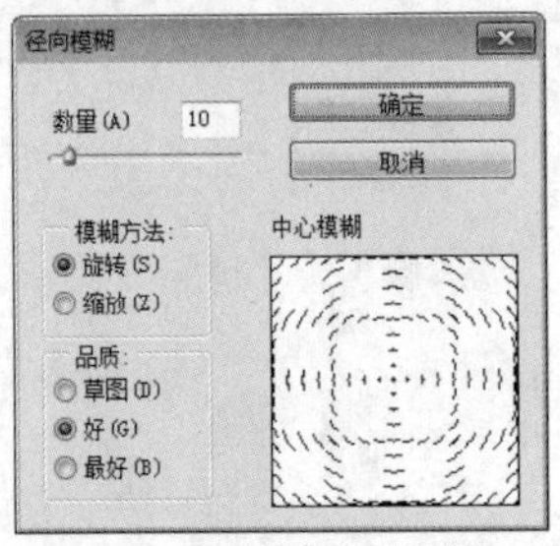

图7-64 “径向模糊”对话框

图7-65 径向模糊效果

- 模糊方法：勾选“旋转”复选框时，图像会沿同心圆环线产生旋转的模糊效果，如图7-66所示；勾选“缩放”选项时，图像从中心向外产生反射模糊效果，如图7-67所示。

图7-66 旋转模糊方法

图7-67 缩放模糊方法

- 品质：用来设置应用模糊效果后图像的显示品质。勾选“草图”选项，处理的速度最快，但会产生颗粒状效果；勾选“好”选项和“最好”选项，都可以产生较为平滑的效果，但除非在较大的图像上，否则看不出这两种品质的区别。
- 中心模糊：在该设置框内单击，可以将单击点定义为模糊的原点，原点位置不同，模糊中心也不相同，图7-68所示和图7-69所示分别为不同原点的旋转模糊效果。

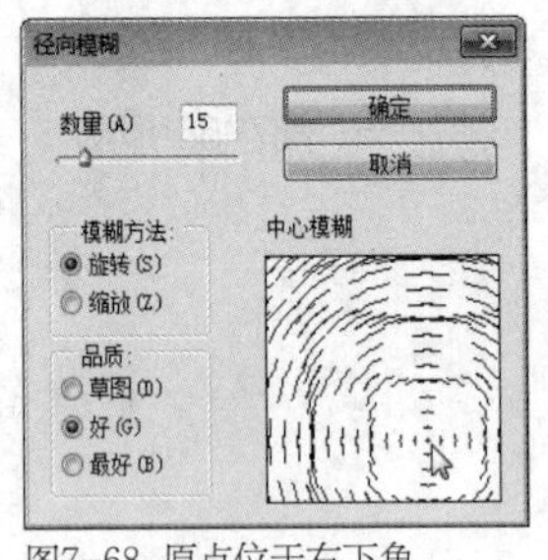

图7-68 原点位于右下角

提示

使用“径向模糊”滤镜处理图像时，需要进行大量的计算，如果图像的尺寸较大，可以先设置较低的“品质”来观察效果，在确认最终效果后，再提高“品质”来处理。

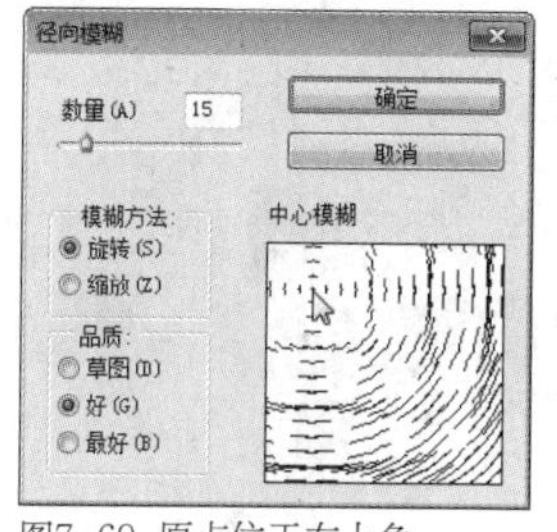

图7-69 原点位于左上角

● 特殊模糊

“特殊模糊”命令提供了半径、阈值和模糊品质等设置选项，可以精确地模糊图像。对话框和效果分别如图7-70、图7-71所示。

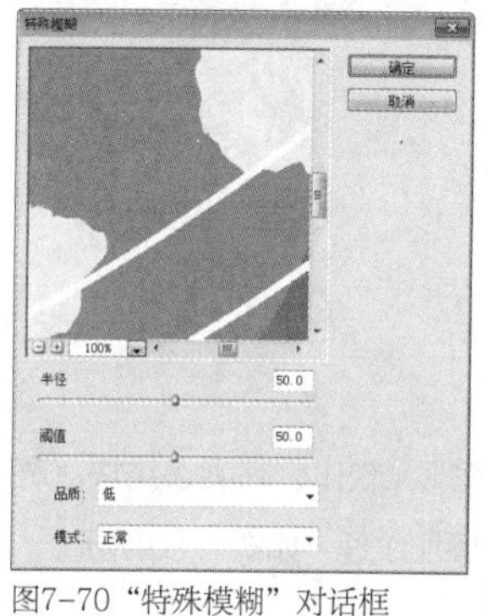

图7-70 “特殊模糊”对话框

图7-71 “特殊模糊”滤镜效果

- 半径：用于设置模糊的范围，该值越高，模糊效果越明显。
- 阈值：用于设置像素具有多大差异后才会被模糊处理。
- 品质：用于设置模糊效果的质量，包含“低”“中等”和“高”三种。
- 模式：在该选项的下拉列表中可以选择产生模糊效果的模式。选择“正常”选项，不会在图像中添加任何特殊效果；选择“仅限边缘”选项，将以黑色显示图像，以白色描绘出图像边缘像素亮度值变化强烈的区域，如图7-72所示；选择“叠加边缘”选项，将以白色描绘出图像边缘像素亮度值变化强烈的区域，如图7-73所示。

图7-72 仅限边缘效果

图7-73 叠加边缘效果

● 高斯模糊

“高斯模糊”命令可以添加低频细节，使图像产生一种朦胧效果。对话框和效果分别如图7-74、图7-75所示。

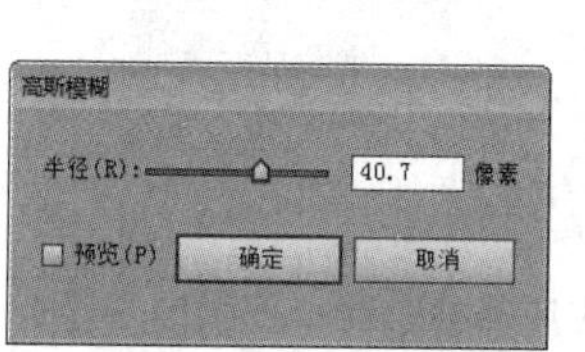

图7-74 “高斯模糊”对话框

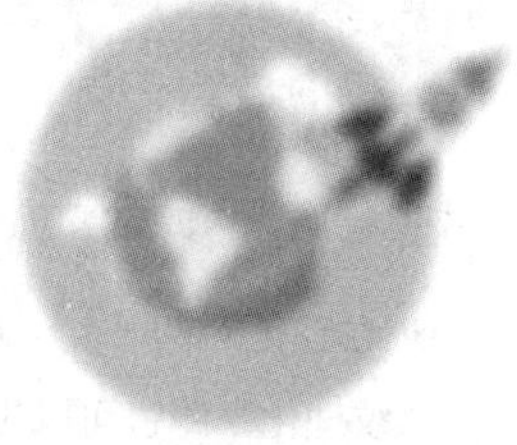

图7-75 “高斯模糊”滤镜效果

- 半径：通过调整“半径”值可以设置模糊的范围，它以像素为单位，数值越高，模糊效果越强烈。

3. 纹理效果

选择对象，如图7-76所示，执行“效果”|“模糊”命令，该命令中包含“拼缀图”“染色玻璃”“纹理化”等效果命令，如图7-77所示。选择其中一个，打开对应的对话框，设置相关参数，即可为对象添加纹理效果。纹理效果可以使对象的表面具有深度感和质地感，或者赋予其有机风格，使对象的表面变化更为丰富。

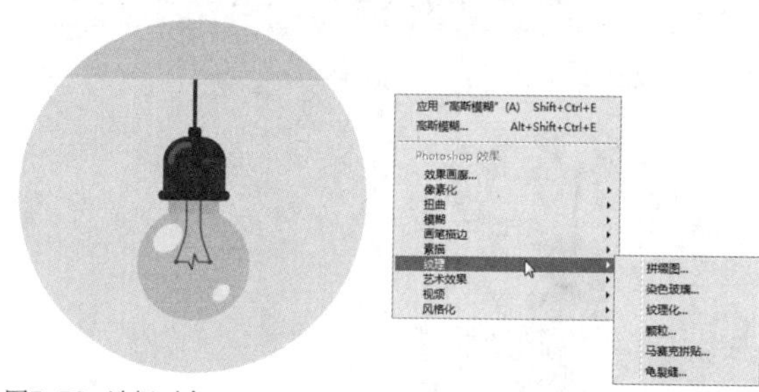

图7-76 选择对象

图7-77 “纹理效果”命令组

● 拼缀图

“拼缀图”滤镜可以将图像分成规则排列的正方形块，每一个方块使用该区域的主色填充。该滤镜可随机减小或增大拼贴的深度，以模拟高光和阴影，如图7-78所示。

● 染色玻璃

“染色玻璃”滤镜可以将图像重新绘制为单色的相邻单元格，色块之间的缝隙用前景色填充，使图像看起来像是彩色玻璃，如图7-79所示。

图7-78 “拼缀图”滤镜效果　　图7-79 “染色玻璃”滤镜效果

● 纹理化

“纹理化”滤镜可以生成各种纹理，在图像中添加纹理质感，将选定的纹理应用于图像。对话框和效果分别如图7-80、图7-81所示。

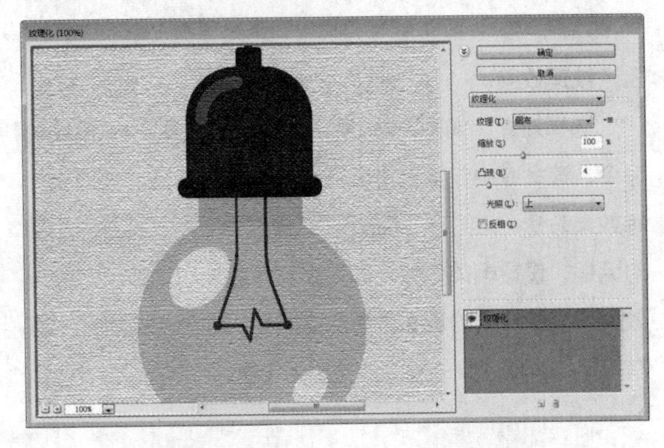

图7-80“纹理化”对话框

图7-81“纹理化”滤镜效果

- 纹理：用来选择纹理的类型，包括“砖形”“粗麻布”“画布”和“砂岩”，如图7-82所示。
- 缩放：设置纹理的缩放比例。
- 凸现：用来设置纹理的凹凸程度。
- 光照：在该选项的下拉列表中可以选择光线照射的方向。
- 反相：可以反转光线照射的方向。

“砖形”纹理　　“粗麻布”纹理

“画布”纹理

“砂岩”纹理

图7-82 纹理类型

● 颗粒

“颗粒”滤镜可以使用常规、软化、喷洒、结块、斑点等不同种类的颗粒在图像中添加纹理，如图7-83所示。

● 马赛克拼贴

“马赛克拼贴”滤镜可以渲染图像，使它看起来像是由小的碎片或拼贴组成，然后加深拼贴之间缝隙的颜色，如图7-84所示。

● 龟裂缝

“龟裂缝”滤镜可以将图像控制在一个高凸现的石膏表面上，以循着图像等高线生成精细的网状裂缝。使用该滤镜可以对包含多种颜色值或灰度值的图像创建浮雕效果，如图7-85所示。

图7-83“颗粒”滤镜效果

图7-84“马赛克拼贴”滤镜效果

图7-85“龟裂缝”滤镜效果

4. 艺术化效果

选择对象，如图7-86所示，执行“效果”|“艺术效果”命令，该命令中包含“塑料包装”“壁画”“干画笔”等效果命令，如图7-87所示。选择其中一个，打开对应的对话框，设置相关参数，即可为对象添加艺术化效果。艺术化命令可以模仿自然或传统介质，使对象看起来更贴近绘画或艺术效果。

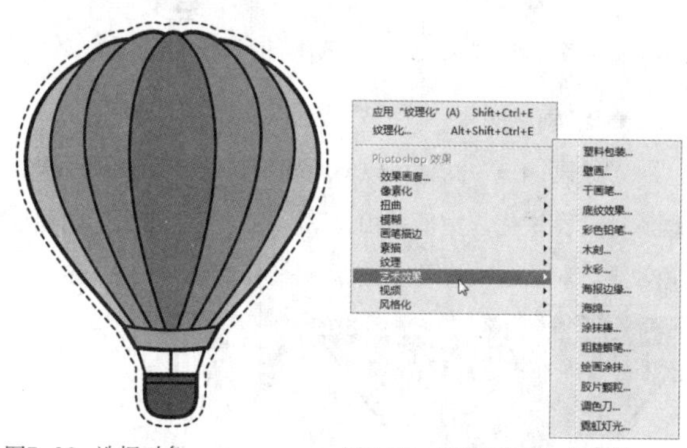

图7-86 选择对象　　图7-87 “艺术效果”命令组

- 塑料包装

“塑料包装”滤镜可以给图像涂上一层光亮的塑料，以强调表面细节，如图7-88所示。

- 壁画

“壁画”滤镜使用粗略涂抹的短而圆的小块颜料，以一种粗糙的风格绘制图像，使图像呈现一种古壁画般的效果，如图7-89所示。

- 干画笔

“干画笔”滤镜使用干画笔技术绘制图像边缘，画笔介于油彩和水彩之间，并通过将图像的颜色范围降到普通颜色范围来简化图像，如图7-90所示。

图7-88 “塑料包装”滤镜效果

图7-89 “壁画”滤镜效果

图7-90 “干笔画”滤镜效果

- 底纹效果

“底纹效果”滤镜可以在带纹理的背景上绘制图像，然后将最终图像绘制在该图像上，如图7-91所示。

- 彩色铅笔

“彩色铅笔”滤镜用彩色铅笔在纯色背景上绘制图像，可保留重要边缘，外观呈粗糙阴影线，纯色背景色会透过平滑的区域显示出来，如图7-92所示。

图7-91 “底纹效果”滤镜效果

图7-92 “彩色铅笔”滤镜效果

● 木刻

“木刻”滤镜可以使图像看上去像是由从彩纸上剪下的边缘粗糙的剪纸片组成的，高对比度的图像看起来呈剪影状，而彩色图像看上去是由多层彩纸组成的，如图7-93所示。

● 水彩

“水彩”滤镜能够以水彩的风格绘制图像，它使用蘸了水和颜料的中号画笔绘制以简化细节，当边缘有显著的色调变化时，该滤镜会使颜色变得饱满，如图7-94所示。

图7-93 “木刻”滤镜效果

图7-94 “水彩”滤镜效果

● 海报边缘

“海报边缘”滤镜可以按照设置的选项自动跟踪图像中颜色变化剧烈的区域，在边界上填充黑色的阴影，大而宽的区域有简单的阴影，而细小的深色细节遍布图像，使图像产生海报效果，如图7-95所示。

● 海绵

“海绵”滤镜用颜色对比强烈、纹理较重的区域创建图像，模拟海绵绘画效果，如图7-96所示。

图7-95 “海报边缘”滤镜效果

图7-96 “海绵”滤镜效果

● 涂抹棒

“涂抹棒”滤镜使用较短的对角线条涂抹图像中的暗部区域，从而柔化图像，亮部区域会因变亮而丢失细节，使整个图像显示涂抹扩散的效果，如图7-97所示。

● 粗糙蜡笔

“粗糙蜡笔”滤镜可以在带纹理的背景上应用粉笔描边。在亮部区域，粉笔效果比较厚，几乎观察不到纹理；在深色区域，粉笔效果比较薄，纹理效果非常明显，如图7-98所示。

图7-97 “涂抹棒”滤镜效果

图7-98 “粗糙蜡笔”滤镜效果

● 绘画涂抹

“绘画涂抹”滤镜可以使用简单、未处理光照、未处理深色、宽锐化、宽模糊和火花等不同类型的画笔创建绘画效果。对话框和效果分别如图7-99、图7-100所示。

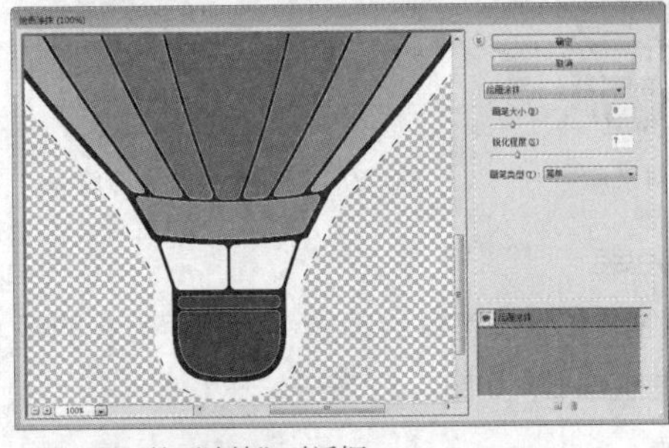

图7-99 “绘画涂抹”对话框

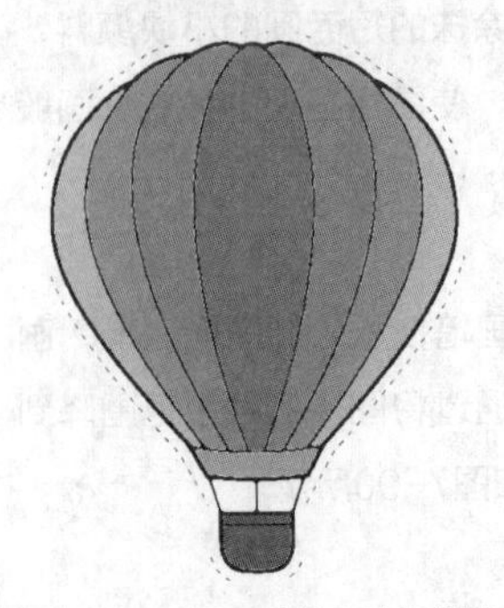

图7-100 “绘画涂抹”滤镜效果

- **画笔大小**：用来设置画笔的大小，该值越高，涂抹范围越广。
- **锐化程度**：用来设置图像的锐化程度，该值越高，效果越锐利。
- **画笔类型**：用来设置绘画涂抹的画笔类型，包含“简单”“未处理光照”“未处理深色”“宽锐化”“宽模糊”和“火花”6种类型，如图7-101所示。

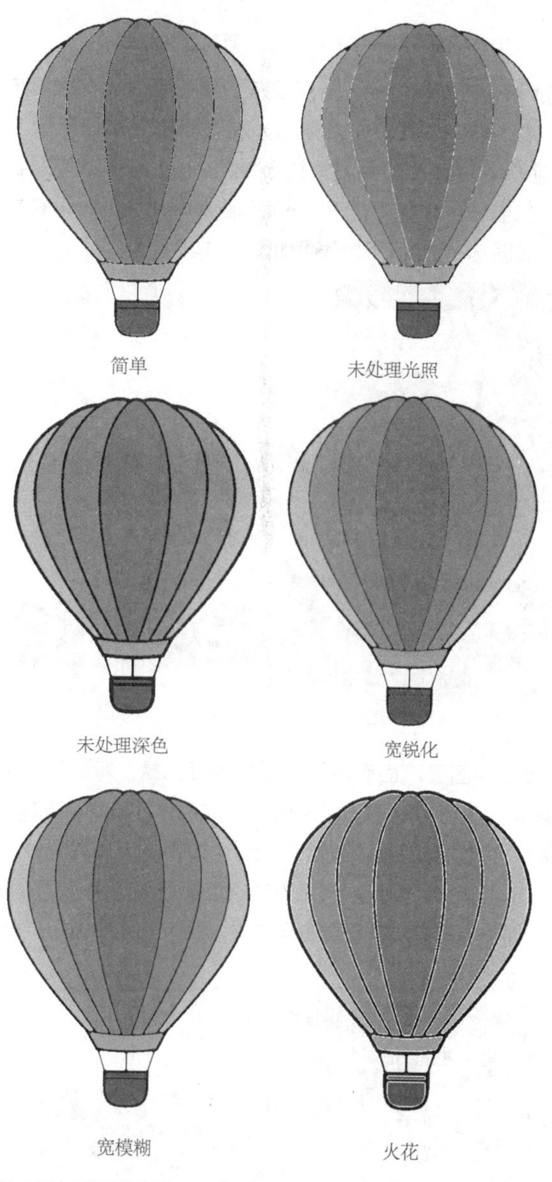

图7-101 6种画笔类型

● 胶片颗粒

“胶片颗粒”滤镜将平滑的图案应用于阴影和中间色调，将一种更平滑、饱和度更高的图案添加到亮区。在消除混合的条纹和将各种来源的图像在视觉上进行统一时，该滤镜非常有用，如图7-102所示。

● 调色刀

“调色刀”滤镜可以减少图像中的细节，以生成淡淡的描绘效果，并显示出下面的纹理，如图7-103所示。

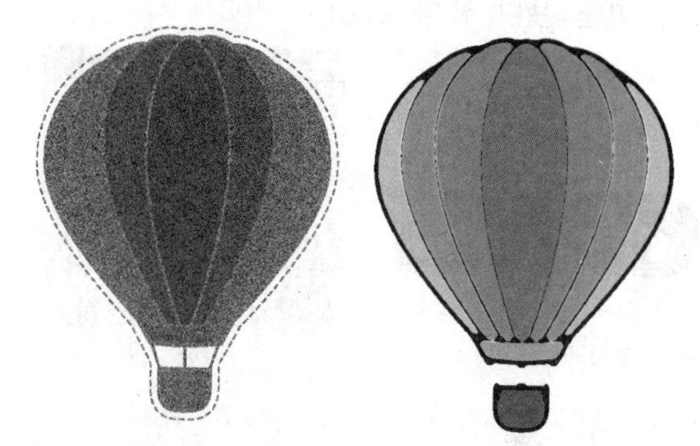

图7-102 “胶片颗粒”滤镜效果 图7-103 “调色刀”滤镜效果

● 霓虹灯光

“霓虹灯光”滤镜可以将霓虹灯光效果添加到图像上。该滤镜可以在柔化图像外观时给图像着色，在图像中产生彩色氖光灯照射的效果，如图7-104所示。

图7-104 “霓虹灯光”滤镜效果

7.1.3 课堂范例——制作草坪文字

源文件路径	素材\第7章\7.1.3课堂范例——制作草坪文字
视频路径	视频\第7章\7.1.3课堂范例——制作草坪文字.mp4
难易程度	★★★

本实例主要介绍运用Illustrator中提供的各种效果命令创建草坪风格的文字。

01 启动 Illustrator，执行“文件”|“打开”命令，在“打开”对话框中选择“Grass.ai”素材文件，将其打开，如图 7-105 所示。选中文字对象，按 Ctrl+C 和 Ctrl+F 快捷键原地复制一层，如图 7-106 所示。

02 选中上方的文字对象，执行“效果”|“素描”|“便条纸”命令，打开“便条纸”对话框，设置参数如图 7-107 所示，单击“确定”按钮，应用效果如图 7-108 所示。

图7-105 打开素材文件

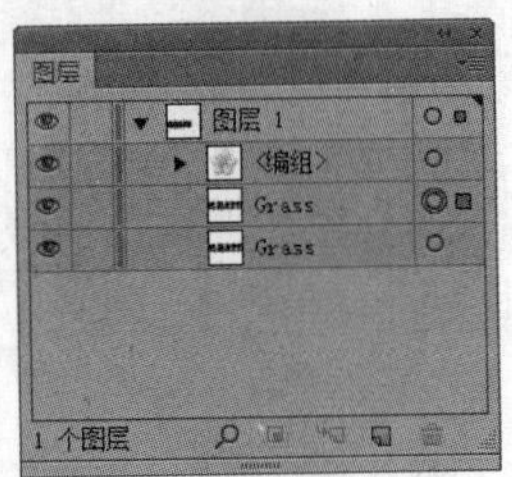

图7-106 复制文字对象

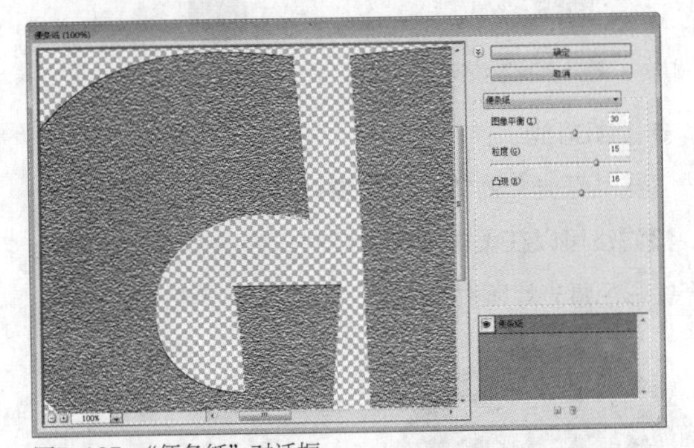

图7-107 “便条纸”对话框

图7-108 “便条纸”滤镜效果

03 保持对象的选中状态，执行“对象”|“扩展外观”命令，然后单击控制面板中的“图像描摹”按钮，再单击 ▤ 按钮，打开“图像描摹”面板，设置相关参数如图 7-109 所示。单击控制面板中的“扩展”按钮，将对象扩展，如图 7-110 所示。

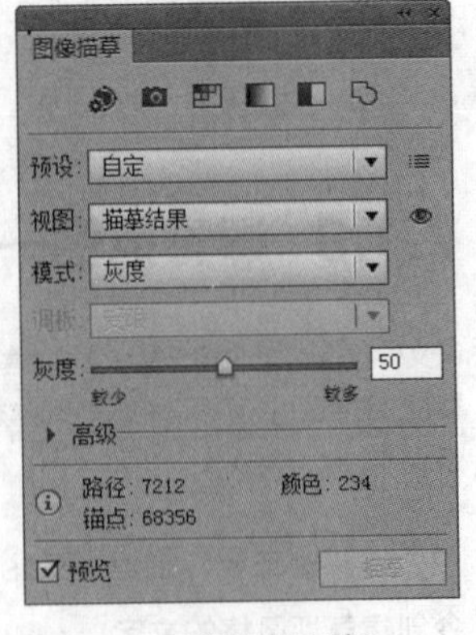

图7-109 “图像描摹”面板

04 使用“编组选择工具” 选择描摹后自动添加的背景，按 Delete 键将其删除，并选中文字对象，如图 7-111 所示。

图7-110 扩展文字效果

图7-111 删除多余背景

05 单击工具箱中的“渐变填充” 按钮，为对象填充渐变，参数如图 7-112 所示，效果如图 7-113 所示。

06 保持对象的选中状态，执行“效果”|“扭曲和变换”|“收缩和膨胀”命令，打开“收缩和膨胀”对话框，设置参数如图 7-114 所示，效果如图 7-115 所示。

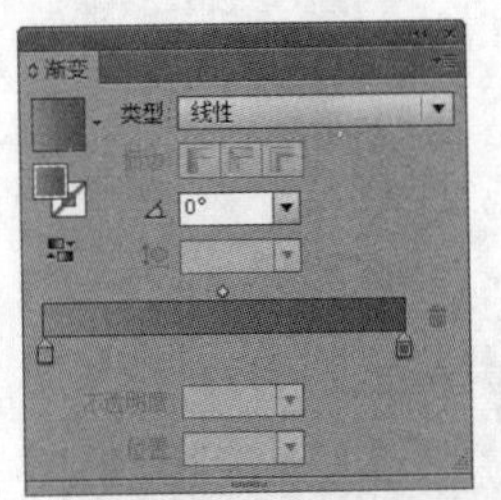

图7-112 渐变参数

图7-113 渐变效果

图7-114 “收缩和膨胀”对话框

图7-115 “收缩和膨胀”效果

07 在“图层”面板中选中底层的文字对象，如图 7-116 所示。执行“效果”|“风格化”|“羽化”命令，在打开的“羽化”对话框中设置“半径”为 10px，如图 7-117 所示，单击“确定”按钮为对象添加羽化效果。然后将文件中的花朵对象移至合适位置，最终效果如图 7-118 所示。

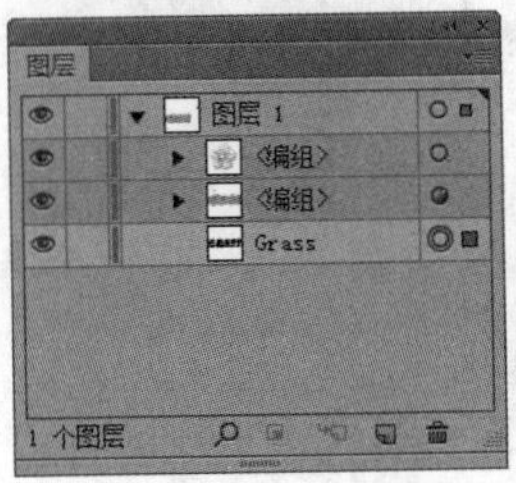

图7-116 选中底层对象

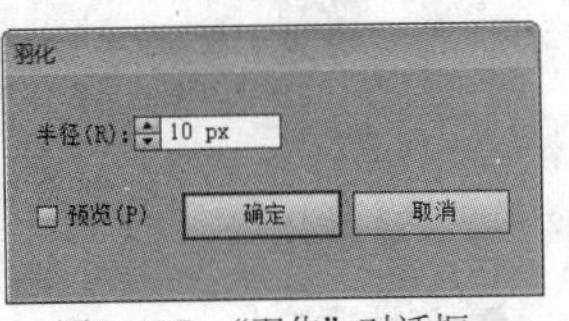

图7-117 “羽化”对话框

图7-118 最终效果

7.2 3D效果

3D效果命令可以将二维对象创建为三维效果，通过改变开放路径、封闭路径或位图等对象的高光方向、投影、旋转等属性来创建3D对象。而且它还可以将对象转换为符号后作为贴图投射到三维对象表面，模拟真实的纹理和立体效果。

7.2.1 创建凸出和斜角效果

执行“效果”|“3D”命令，在打开的下拉菜单中包含3种创建3D对象的命令，即“凸出和斜角”“绕转”和“旋转”。选择一个二维对象，如图7-119所示，执行“效果”|“3D”|“凸出和斜角”命令，打开“3D 凸出和斜角选项”对话框，如图7-120所示。设置相关参数可以将一个二维对象沿其Z轴拉伸，增加其深度，创建为三维对象，如图7-121所示。

图7-119 二维对象

图7-120
“3D 凸出和斜角选项”对话框

图7-121 创建三维对象

- “位置”：在该下拉列表中可以选择一个预设的旋转角度，也可以拖曳观景框中的立方体，自由调整角度，如图7-122、图7-123所示；或者在“指定绕X轴旋转”、“指定绕Y轴旋转”和“指定绕Z旋转”选项中输入角度值，设置精确的旋转角度，如图7-124、图7-125所示。

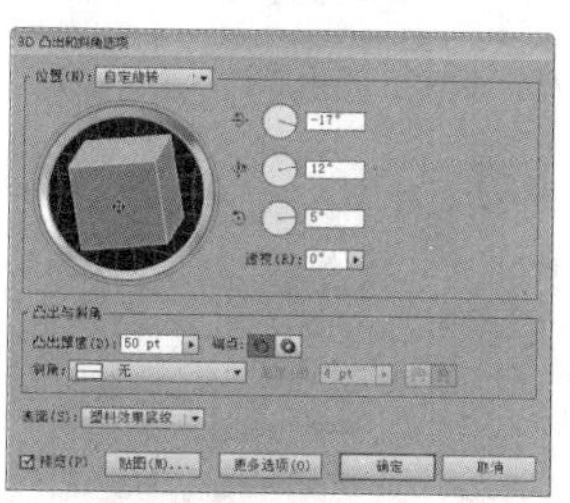
图7-122 自由调整角度

图7-123 自由调整角度

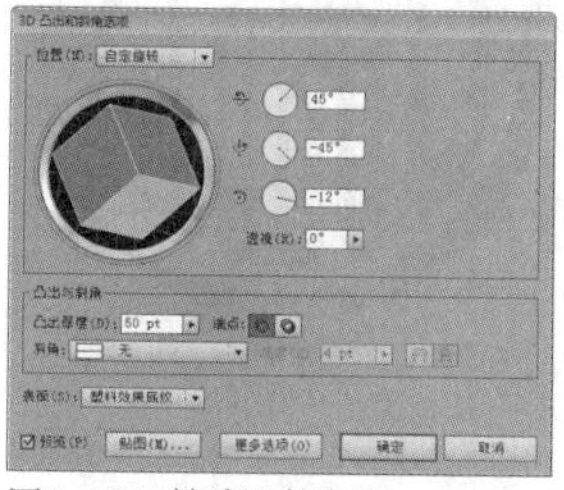
图7-124 精确调整角度

图7-125 精确调整角度

- “透视”：用来设置对象的透视角度，使立体效果更加真实。在右侧的文本框中可以输入0°~160°之间的数值，如图7-126所示；或者单击文本框右侧的箭头按钮，在打开的下拉菜单中拖曳滑块进行调整，如图7-127所示。
- “凸出厚度”：用来设置对象沿Z轴挤压的厚度。图7-128、图7-129所示为不同厚度参数的挤压效果。

图7-126 输入“透视”数值

图7-127 拖曳滑块进行调整

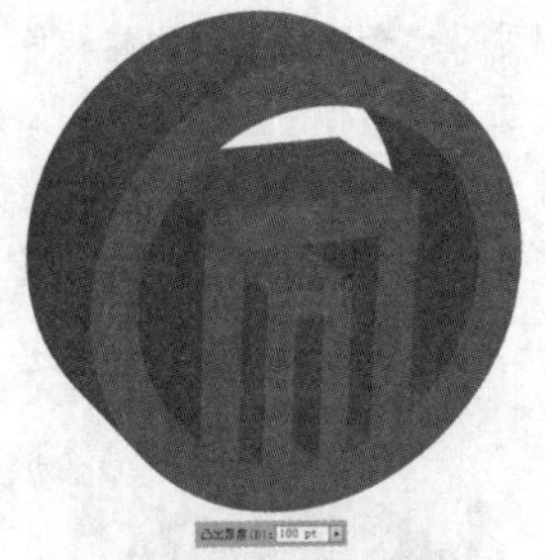

图7-128 “凸出厚度”为100pt　图7-129 “凸出厚度”为50pt

- “端点”：若按◎按钮，可以创建实心立体对象，如图7-130所示；若按◎按钮，可以创建空心立体对象，如图7-131所示。

图7-130 实心立体对象

图7-131 空心立体对象

- “斜角”：在该选项的下拉列表中选择一个斜角形状，可以为立体对象添加斜角效果。默认情况下，该选项为“无”，图7-132~图7-142所示为选择不同选项的斜角效果。

图7-132 无

图7-133 经典

图7-134 复杂1

图7-135 复杂2

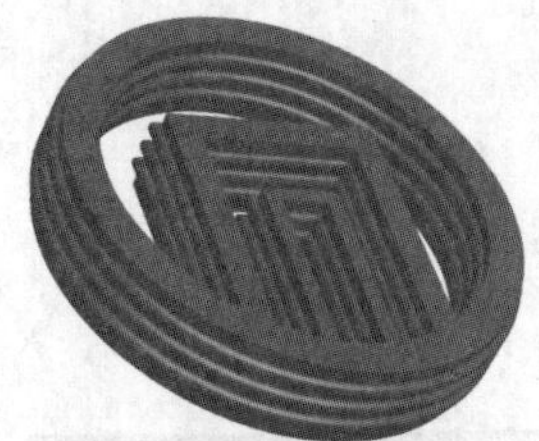

图7-136 复杂3

图7-137 复杂4

图7-138 拱形

图7-139 锯齿形

图7-140 旋转形

图7-141 圆形

图7-142 长圆形

- “高度”：为对象添加斜角效果之后，可以在“高度”文本框中输入高度值，设置斜角的高度。此外，若单击右侧的“斜角外扩”按钮，可以在保持对象大小的基础上通过增加像素形成斜角，如图7-143所示；若按“斜角内缩”按钮，则从对象上切除部分像素形成斜角，如图7-144所示。

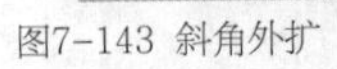

图7-143 斜角外扩

图7-144 斜角内缩

相关链接	在为对象创建完3D效果之后，若想进行调整，可以在“外观”面板中单击3D属性按钮，打开对应的对话框进行修改。“外观”面板的详情介绍请参阅“7.3 外观属性”。

提示

由多个图形组成的对象可以同时创建3D效果。将对象全部选中，再执行“效果”|“3D”选项中的命令，图形中的对象都会应用相同程度的挤压。通过这种方式创建3D对象之后，可以单独选择其中任意一个图形，然后单击“外观”面板中的3D属性按钮，在打开的对话框中调整参数即可单独改变所选图形的挤压效果，而其他图形不会受到影响。如果先将所有对象编组，再统一制作3D效果，则编组图形将成为一个整体，不能再单独进行编辑。

7.2.2 创建绕转效果

选择一个二维对象，如图7-145所示，执行“效果”|“3D”|“绕转”命令，打开“3D 绕转选项”对话框，如图7-146所示。设置相关参数可以让所选对象做圆周运动，从而创建3D对象。由于绕转轴是垂直固定的，因此用于绕转的路径应该是所需3D对象面向正前方时垂直剖面的一半，否则会出现偏差。“3D 绕转选项”对话框中所包含的选项组与“3D 凸出和斜角选项”对话框中的基本相同，不同之处是“3D 绕转选项”对话框中包含“旋转”选项组，而没有“凸出和斜角”选项组，下面是对“旋转”选项组的介绍。

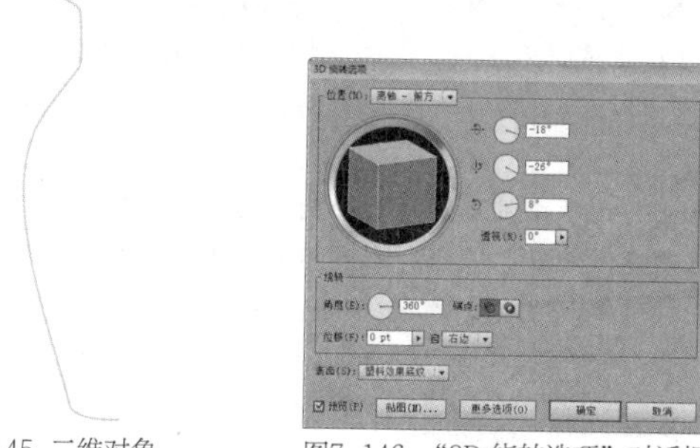

图7-145 二维对象　　图7-146 “3D 绕转选项”对话框

- “角度”：用来设置对象的环绕角度。默认为360°，此时可生成完整的立体图，如图7-147所示；可设置0°~360°范围内的数值，当该值小于360°时，则会出现断面，如图7-148所示。

图7-147 “角度”值为360°

图7-148 “角度”值小于360°

- “端点”：若按按钮，可以创建实心立体对象；若按按钮，可以创建空心立体对象。
- “位移”：用来设置绕转对象与自身轴心的距离。默认值为0pt，如图7-149所示，该值越高，对象离轴心越远，如图7-150、图7-151所示。

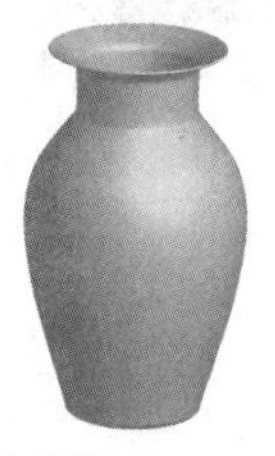

图7-149 “位移”值为0pt

图7-150 “位移”值为10pt

图7-151 “位移”值为50pt

- “自”：用来设置对象绕之转动的轴，包括“左边”和“右边”。需要根据创建绕转图形来决定选择“左边”还是“右边”，否则会产生错误的结果，如图7-152~图7-154所示。

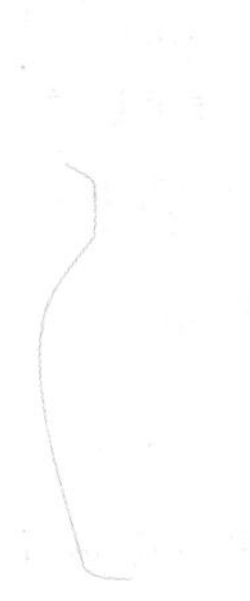

图7-152 原始对象

图7-153 从“左边”绕转

图7-154 从“右边”绕转

7.2.3 创建旋转效果

选择一个二维对象，如图7-155所示，执行“效果”|“3D”|“旋转”命令，打开“3D 旋转选项”对话框，如图7-156所示，设置相关参数可以将对象在模拟

的单位空间中旋转，使其产生透视效果，如图7-157所示。“3D 旋转选项”对话框中所包含的选项组与“3D 凸出和斜角选项”对话框中的基本相同。

提示

执行3D旋转命令的对象可以是一个普通的2D图形或图像，也可以是一个由“凸出和斜角”或“绕转”命令创建的3D对象。

图7-155 选择二维对象

图7-156 “3D 旋转选项”对话框

图7-157 创建旋转效果

7.2.4 设置表面

在执行“凸出和斜角”“绕转”或“旋转”命令时，在打开的选项对话框底部都有一个“更多选项”按钮，单击该按钮可以打开隐藏的选项，通过设置这些选项参数可以为3D对象添加表面效果和光源。

1. 选择不同的表面格式

单击任意一个3D选项对话框底部的“表面”按钮，可以在打开的下拉列表中选择表面底纹，如图7-158所示。

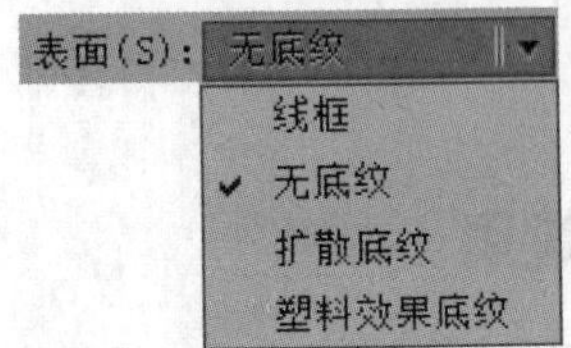

图7-158 选择表面底纹

- “线框”：显示对象几何形状的线框轮廓，并使每个表面透明。如果为对象的表面设置了贴图，则贴图也会显示为线条轮廓，如图7-159所示。
- “无底纹”：不为对象添加任何新的表面属性，此时3D对象具有与原始2D对象相同的颜色，如图7-160所示。
- “扩散底纹”：对象以一种柔和的、扩散的方式反射光，但光影的变化还不够真实和细腻，如图7-161所示。
- “塑料效果底纹”：对象以一种类似光亮的材质反射光，可获得最佳的3D效果，但计算机屏幕的运行速度会变慢，如图7-162所示。

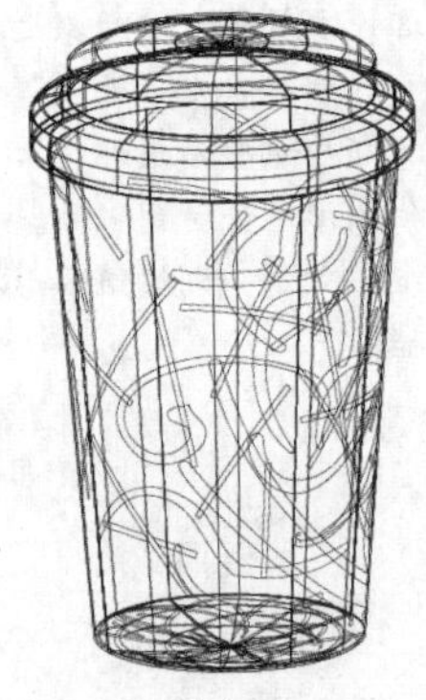

图7-159 线框

图7-160 无底纹

图7-161 扩散底纹

图7-162 塑料效果底纹

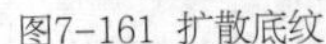

提示

“表面”选项中的可用项目会随所选的效果而变化，若为对象创建“旋转”效果，则可用的“表面”选项只有“扩散底纹”和“无底纹”。

2. 设置光源

在为3D对象添加“扩散底纹”或“塑料效果底纹”表面效果之后，可以再为其添加光源，创建更多的光影变化，使立体效果更加真实。单击相应对话框中的“更多选项”按钮，可以显示光源设置选项，如图7-163所示。

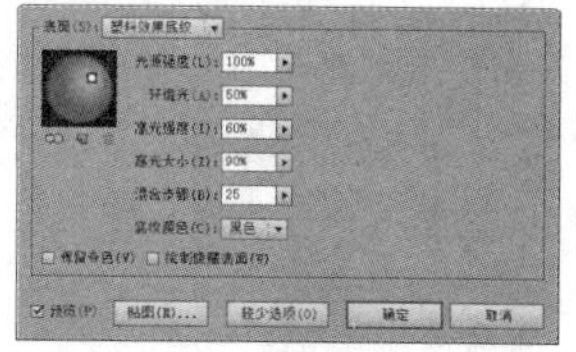

图7-163 光源设置选项

- “光源编辑预览框”：在“表面”选项组左侧是光源预览框，默认情况下只有一个光源，如图7-164所示。单击预览框下方的“新建光源” 按钮，可以添加一个新光源，新建的光源会出现在球体正前方的中心位置，如图7-165所示。单击并拖曳光源可以重新定义其位置，如图7-166所示。单击一个光源将其选中，再单击 按钮，可以将其移动到对象的后面，如图7-167所示；若单击 按钮，可以将其移动到对象的前面，如图7-168所示。选择光源后，单击“删除光源”按钮，可以将其删除，但是场景中至少应保留一个光源。

图7-164 一个光源效果

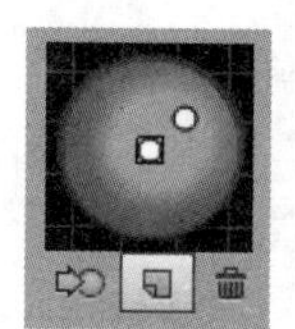

图7-165 添加一个新光源

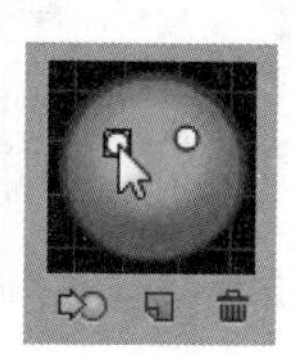

图7-166 重新定义光源位置

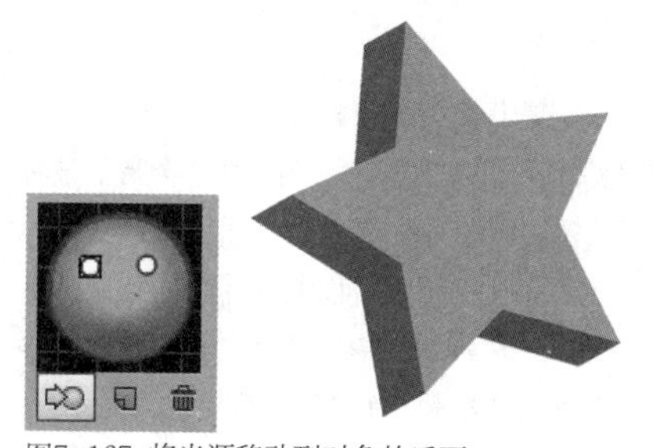

图7-167 将光源移动到对象的后面

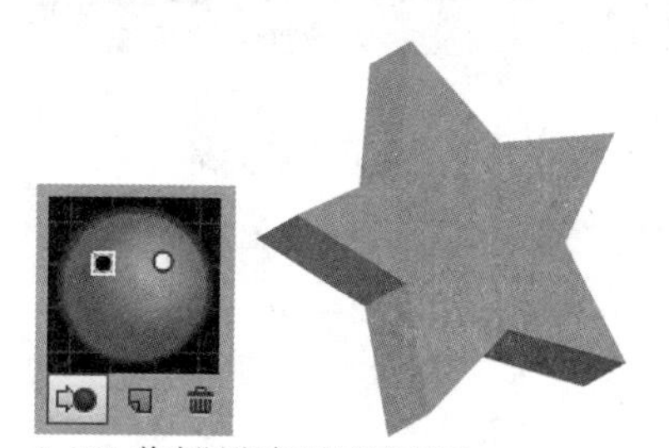

7-168 将光源移动到对象的前面

- “光源强度”：用来更改光源的强度，范围在0%~100%之间，该值越高，光照的强度越大，如图7-169、图7-170所示。

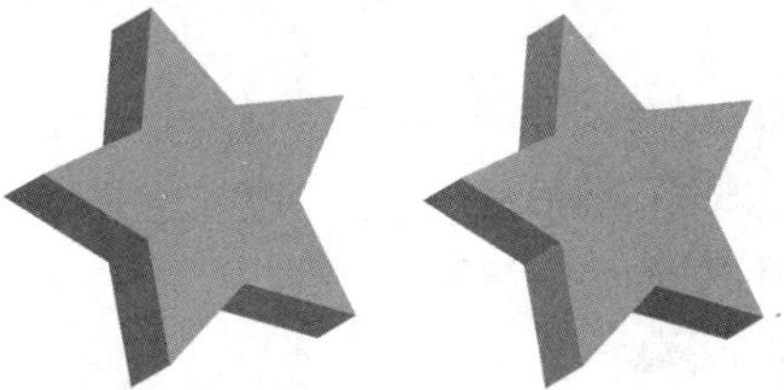

图7-169 “光源强度”为0%

图7-170 “光源强度”为100%

- “环境光”：用来控制全局光照，影响对象的整体表面亮度，如图7-171~图7-173所示。

图7-171 “环境光”为0%

图7-172 “环境光”为50%

图7-173 “环境光”为100%

- “高光强度”：用来控制对象反射光的强度。默认值为60%。较低的值会产生暗淡的表面，较高的值会产生光亮的表面。
- “高光大小”：用来控制高光区域的大小。该值越高，高光的范围越广。
- “混合步骤”：用来控制对象表面所表现出来的底纹的平滑程度。步骤数越高，所产生的底纹越平滑，路径也越多。如果该值设置得过高，则系统可能会因为内存不足而无法完成操作。
- “底纹颜色”：用来控制对象的底纹颜色。默认为“黑色”，表示通过在对象填充颜色的上方叠印黑色底纹来为对象添加底纹，如图7-174所示；还包括“无”和“自定”两个选项，若选择“无”，表示不为底纹添加任何颜色，如图7-175所示；若选择“自定”，可单击选项右侧的颜色块，在打开的“拾色器”中选择任意一种颜色，如图7-176所示。

- “保留专色”：如果在“底纹颜色”选项中选择了“自定”，则无法保留专色。如果使用专色，选择该选项可以保证专色不发生改变。

图7-174 “底纹颜色”为黑色　　图7-175 “底纹颜色”为无

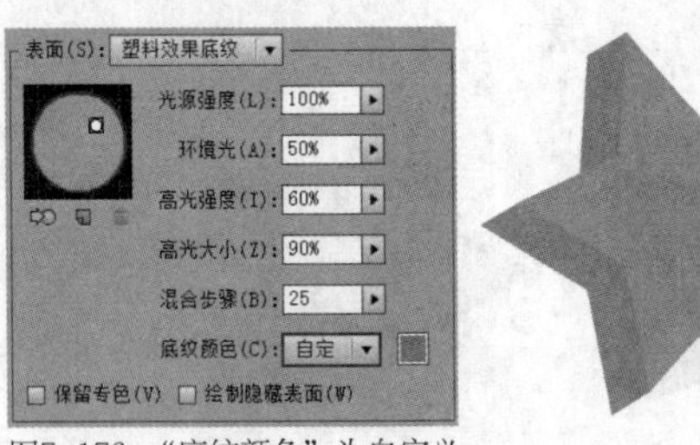

图7-176 “底纹颜色”为自定义

- “绘制隐藏表面”：勾选该选项可以显示对象的隐藏背面。如果对象透明，或展开对象并将其拉开时，便能看到对象的背面。如果对象具有透明度，并且要通过透明的前面来显示被隐藏的后表面，应执行“对象”|“编组”命令将对象进行编组，然后再应用3D效果。

7.2.5 设置贴图

使用“凸出和斜角”及“绕转”命令创建的3D对象都由多个表面组成。例如，由矩形绕转创建的圆柱体具有6个表面，如图7-177所示，每一个表面都可以贴图。单击“3D 凸出和斜角选项”或“3D 绕转选项”对话框底部的“贴图”按钮，可以打开“贴图”对话框，如图7-178所示。在该对话框中可以将符号或指定的符号添加到立体对象的表面，如图7-179所示。

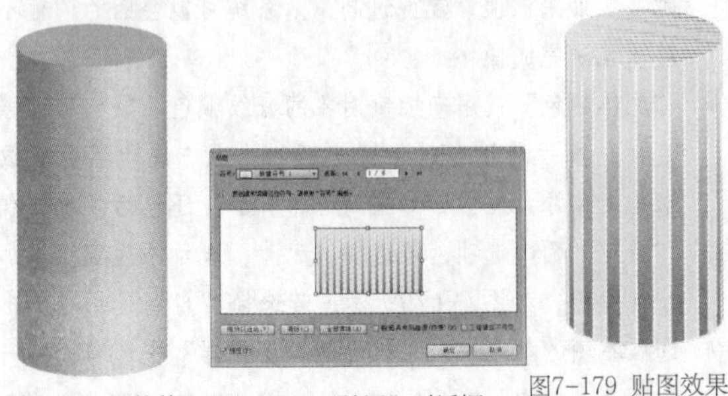

图7-177 圆柱体　图7-178 “贴图”对话框　图7-179 贴图效果

- “表面”：用来选择要为其贴图的对象表面。单击“第一个”、“上一个”、“下一个”和“最后一个”按钮可以切换表面，也可以在文本框中输入一个表面编号。切换表面时，被选择的表面在文档窗口中会出现红色的轮廓显示，如图7-180、图7-181所示。

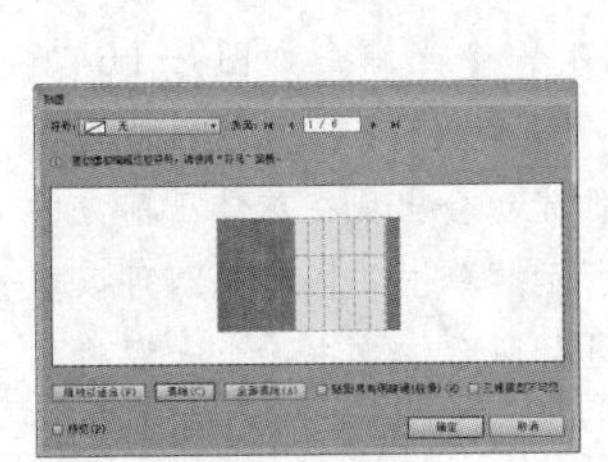

图7-180 1/6表面

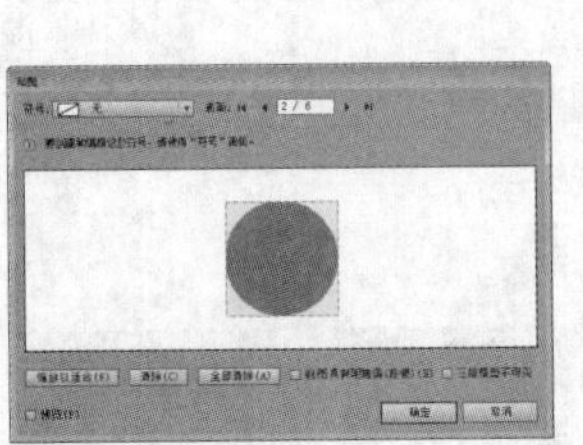
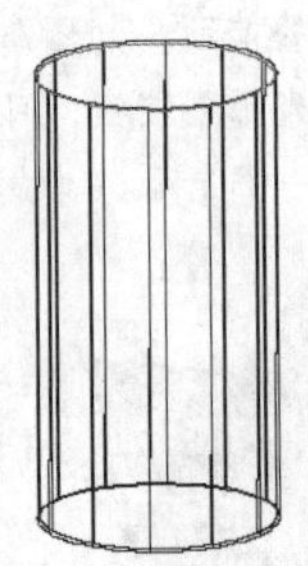

图7-181 2/6表面

提示

在“贴图”对话框的预览窗口中，浅灰色区域表示当前在文档窗口中可见该表面，深灰色区域则表示该表面的当前位置被对象遮住。

- “符号”：选择一个表面之后，可以在“符号”下拉列表中选择一个符号添加到当前表面，在预览框中会显示该符号，如图7-182所示。在符号定界框内单击并拖曳鼠标，可以移动符号，如图7-183所示；拖曳定界框的控制点可以缩放符号，如图7-184所示；将指针放在控制点外侧单击并拖曳鼠标，可以旋转符号，如图7-185所示。

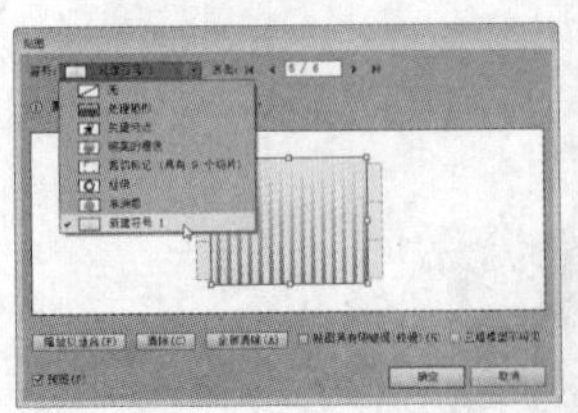

图7-182 “符号”下拉列表

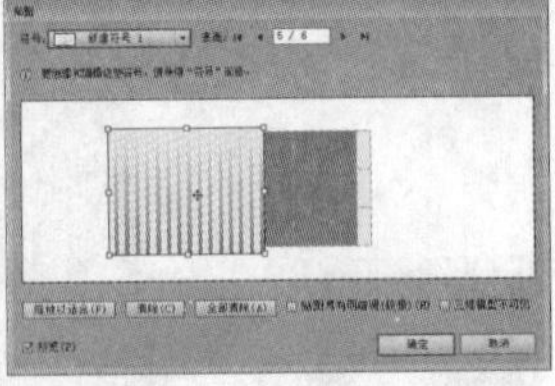

图7-183 移动符号

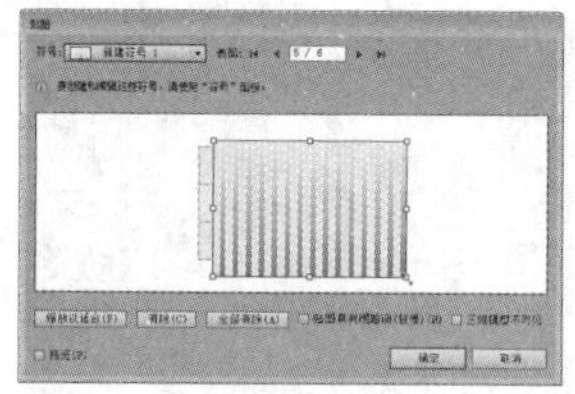

图7-184 缩放符号

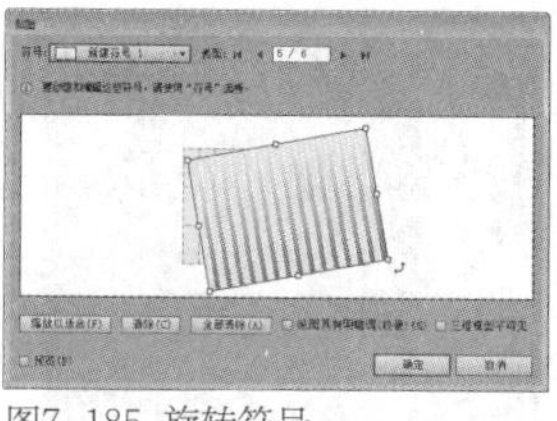

图7-185 旋转符号

- “缩放以合适”：单击该按钮，可以将贴图自动缩放，使其适合所选表面的边界，如图7-186、图7-187所示。

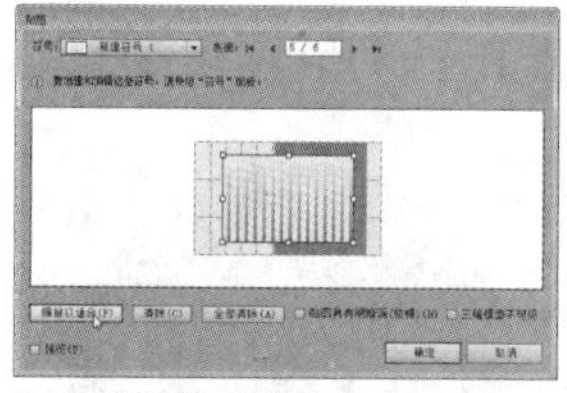

图7-186 符号位置

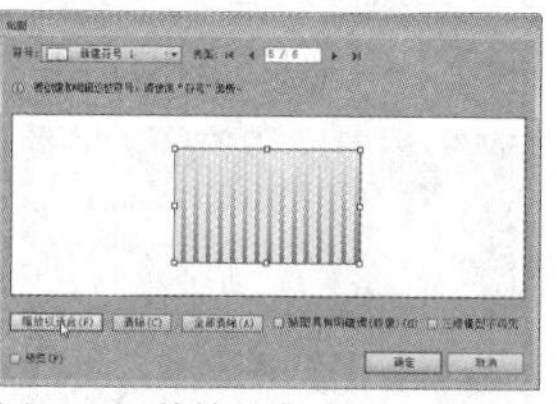

图7-187 缩放以合适

- “清除/全部清除”：单击“清除”按钮，可以将当前选择的表面贴图删除；单击“全部清除”，可以删除所有表面的贴图。
- “贴图具有明暗”：勾选该复选框，可以为贴图添加底纹或应用光照，使贴图表面与对象表面的明暗保持一致，如图7-188、图7-189所示。
- “三维模型不可见”：勾选该复选框，可以隐藏立体对象，仅显示贴图效果，如图7-190、图7-191所示；未勾选时，可以显示立体对象和贴图效果，如图7-189所示。

图7-188 原效果

图7-189 贴图具有明暗

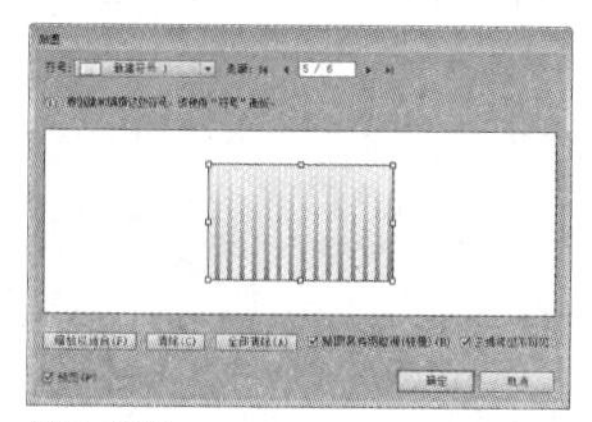

图7-190 勾选“三维模型不可见”选项

图7-191 仅显示贴图效果

相关链接	在为3D对象进行贴图之前，需要先将作为贴图的图稿保存到“符号”面板中。用作贴图的符号可以是路径、符号路径、文本、栅格图像、网格对象及编组对象。有关“符号”的相关知识详情请参阅“第8章 符号与图表制作”。

7.2.6 课堂范例——制作发光球体

源文件路径	素材\第7章\7.2.6课堂范例——制作发光球体
视频路径	视频\第7章\7.2.6课堂范例——制作发光球体.mp4
难易程度	★★★

本实例主要介绍如何运用3D绕转命令创建球体并为其贴图，创建发光效果。

01 启动Illustrator，执行“文件”|“打开”命令，在“打开”对话框中选择“球体.ai”素材文件，将其打开，如图7-192所示。执行“窗口”|“符号”命令，打开“符号”面板。使用“选择工具”选中画板中的图形，将其拖入“符号”面板中，创建为符号，如图7-193所示。

图7-192 打开素材对象

图7-193 创建为符号

02 使用“椭圆工具”绘制一个无填充，“描边”为黑色的圆形，按Ctrl+C和Ctrl+F快捷键原地复制一侧，并将下方的图形隐藏，如图7-194所示。

03 选中上方的圆形对象，并使用“直接选择工具”选中一侧的锚点，按Delete键将其删除，得到半圆形，如图7-195所示。

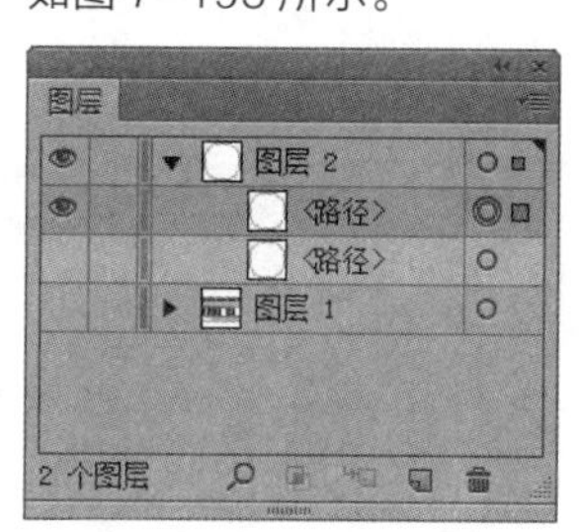

图7-194 隐藏下方图层

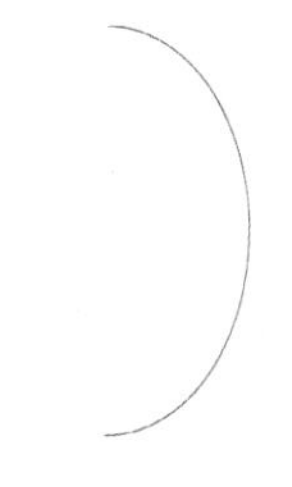

图7-195 创建半圆形

04 保持半圆对象的选中状态，执行“效果”|“3D”|“绕转”命令，打开“3D绕转选项”对话框，设置“表面”

选项为线框，如图 7-196 所示。效果如图 7-197 所示。

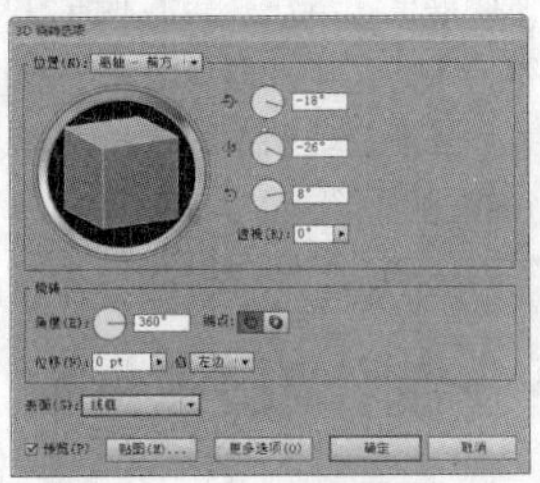

图7-196 “3D绕转选项”对话框

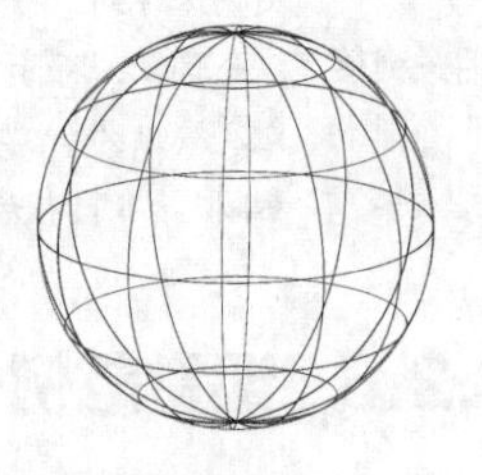

图7-197 3D效果

05 单击对话框底部的“贴图”按钮，打开“贴图”对话框，在右上角的“符号”选项中选择上一步中保存的符号样式，单击“缩放以适合”按钮，并勾选“三维模型不可见”选项，如图 7-198 所示。

06 单击“确定”按钮关闭“贴图”对话框，拖曳“3D 绕转选项”对话框左上角观景框中的立方体，自由调整角度，如图 7-199 所示，得到球形效果如图 7-200 所示。

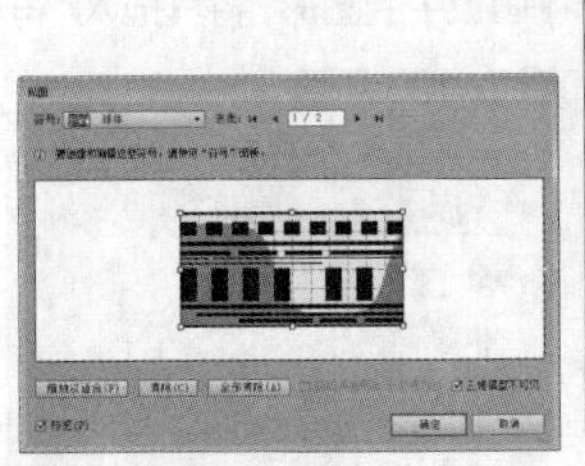

图7-198 “贴图”对话框

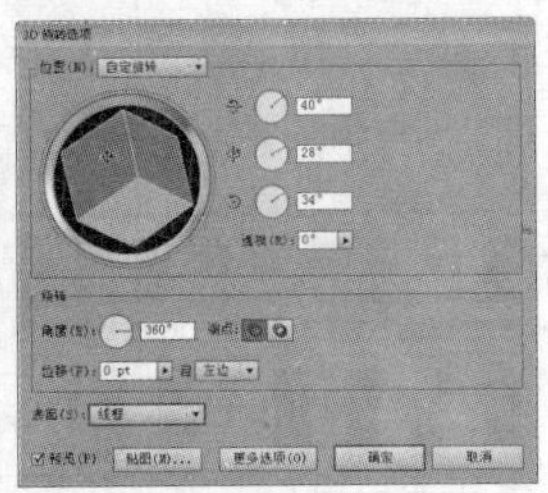

图7-199 调整角度

07 保持对象的选中状态，执行“对象”|“扩展外观”命令，并对扩展后的对象执行“取消编组”命令，删除多余的图形，并将其他图形全选，填充为白色，如图 7-201 所示。在“外观”面板中设置“混合模式”为叠加，如图 7-202 所示。

08 在“图层”面板中显示隐藏的圆形对象，并将其选中，如图 7-203 所示。

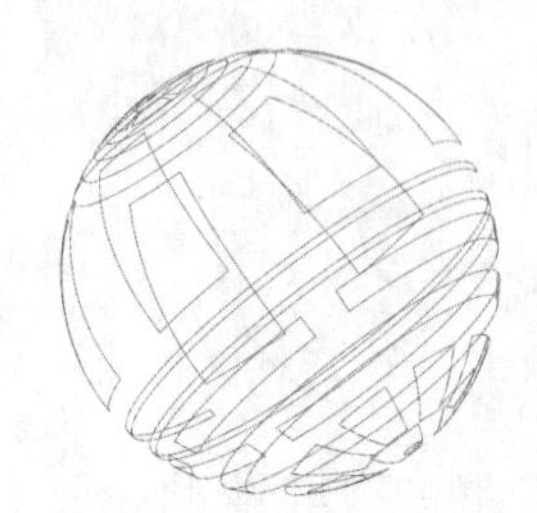

图7-200 球形效果

图7-201
删除多余图形并添加填充

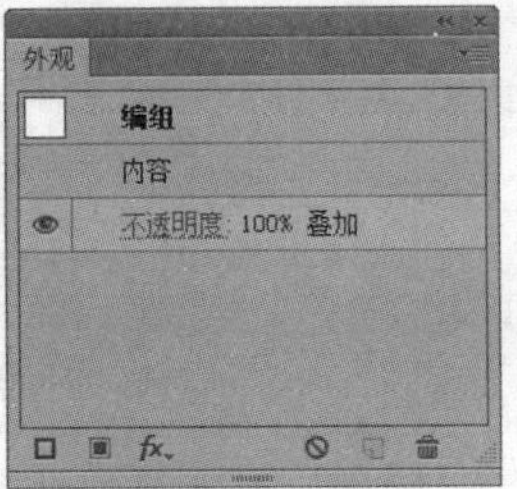

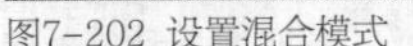

图7-202 设置混合模式

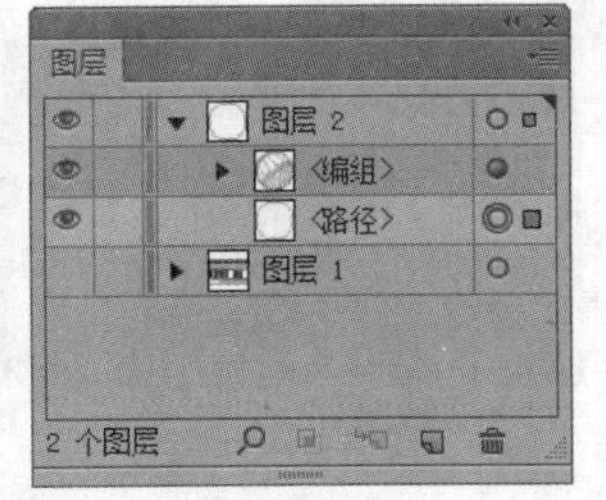

图7-203 选中底层圆形

09 为底部的圆形对象填充径向渐变，参数如图 7-204 所示。得到发光球体效果如图 7-205 所示。

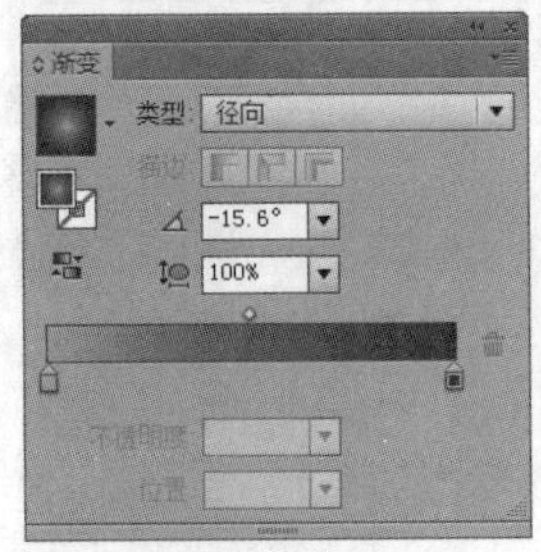

图7-204 渐变参数

图7-205 最终效果

7.3 外观属性

外观属性是一组在不改变对象基础结构的前提下影响对象外观的属性，包括填色、描边、透明度和效果。外观属性应用于对象后，可以随时对其进行编辑或删除，而不会影响基础对象及该对象应用的其他属性。

7.3.1 外观面板

选择对象，如图7-206所示，执行“窗口”|“外观”命令，或者按Shift+F6快捷键打开“外观”面板。所选对象的填色和描边等属相会显示在该面板中，各种效果按其应用顺序从上到下排列，如图7-207所示。

图7-206 选择对象

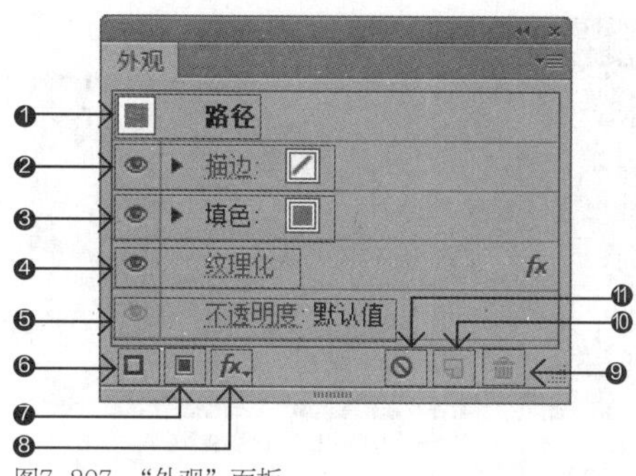

图7-207 “外观”面板

❶“所选对象的缩览图”：显示当前所选择对象的缩览图，右侧显示对象的类型，通常为路径、文字、组、位图图像和图层等。

❷“描边”：显示当前对象的描边属性，包括描边颜色、宽度和类型，可以随时修改。

❸“填色”：显示当前对象的填充内容，可以随时修改。

❹“效果”：显示当前对象应用的效果，可以随时修改。

❺“不透明度”：显示当前对象的不透明度和混合模式，可随时修改。

❻“添加新描边”：单击该按钮，可以为对象添加一个描边属性。

❼“添加新填色”：单击该按钮，可以为对象添加一个填色属性。

❽“添加新效果”：单击该按钮，可以在打开的下拉菜单中选择一个效果。

❾“清除外观”：单击该按钮，可以清除所选对象的外观，使其变为无描边、无填色状态。

❿“复制所选项目”：选择面板中的任意一个属性，单击该按钮可以复制该属性。

⓫“删除所选项目”：选择面板中的任意一个属性，单击该按钮可以将其删除。

提示

在“外观”面板中，每个属性前面都有一个“眼睛图标”，单击该图标，可以隐藏或显示该属性效果。当某个项目包含其他属性时，该项目名称的左上角会出现一个三角形图标，单击该图标，可以显示其他属性。

练习 7-1 设置外观属性

源文件路径	素材/第7章/练习7-1设置外观属性
视频路径	视频/第7章/练习7-1设置外观属性.mp4
难易程度	★★★

1. 创建新的填色和描边

01 启动 Illustrator，执行“文件”|“打开”命令，在“打开”对话框中选择“唐朝.ai”素材文件，将其打开，如图7-208 所示。使用“选择工具”选择任意对象，如图7-209 所示，执行“窗口”|“外观”命令，打开“外观”面板，显示所选对象的当前外观属性，如图7-210 所示。

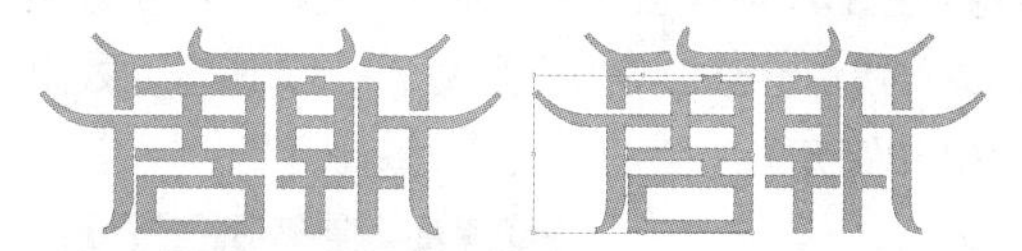

图7-208 打开素材文件　图7-209 选择对象

02 单击“外观”面板底部的“添加新描边”按钮，为所选对象添加新描边，如图7-211 所示。单击“描边”属性中的按钮，在打开的面板中设置描边属性，如图7-212 所示，效果如图7-213 所示。

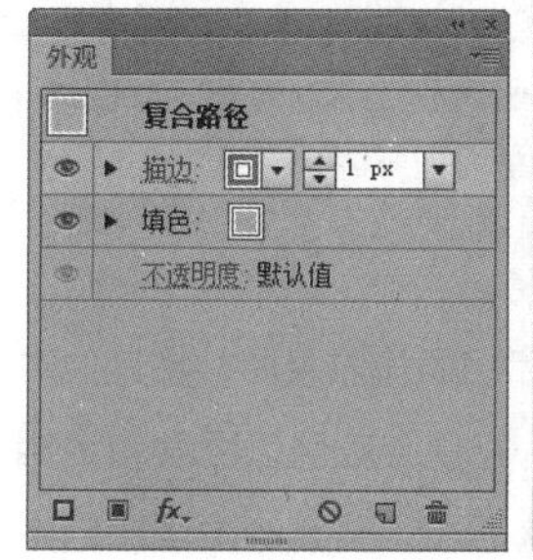

图7-210 “外观”面板

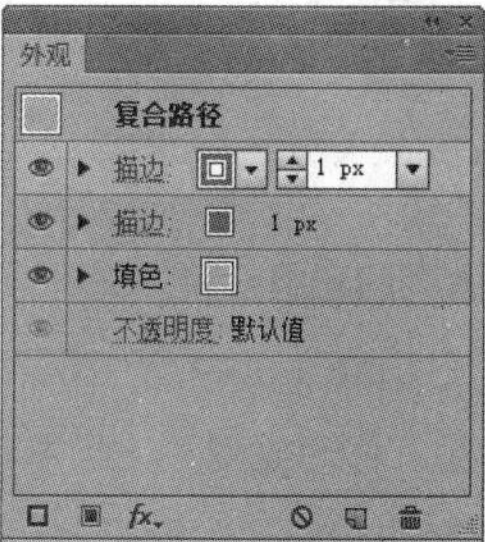

图7-211 添加新描边

03 保持该属性的选中状态，如图7-214 所示，执行“效果”|“扭曲和变换”|“变换”命令，设置变换参数如图7-215 所示。效果如图7-216 所示。

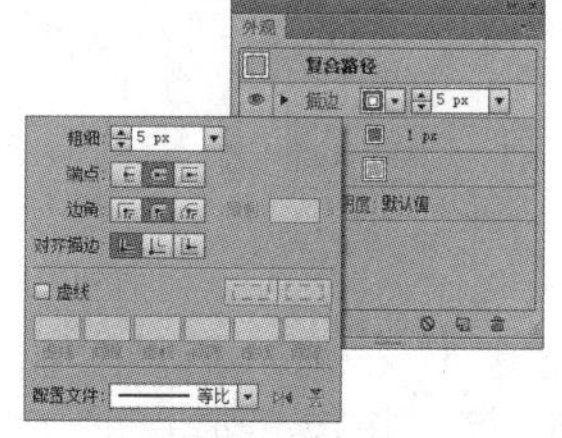

图7-212 设置描边属性　图7-213 描边属性

图7-214 选中属性

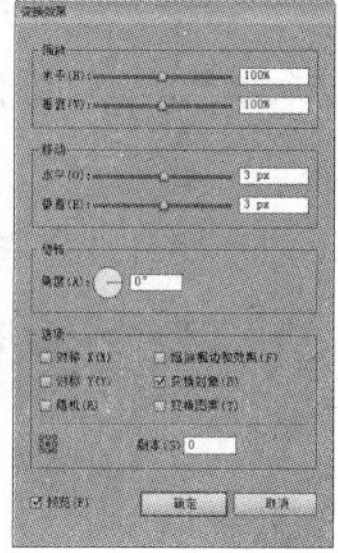

图7-215 变换参数

2. 调整外观的堆栈顺序

在“外观”面板中，外观属性按照其应用于对象的先后顺序堆叠排列，这种形式称作堆栈。向上或向下拖动外观属性，可以调整它们的堆栈顺序，对象的显示效果也会发生改变。

04 保持对象的选中状态，在“外观”面板中将新添加的“描边”属性移至最下方，如图 7-217 所示，效果如图 7-218 所示。

图7-216 变换效果　　图7-217 调整堆栈顺序

3. 为图层和组设置外观

在Illustrator中，为图层和组添加效果后，将其他对象创建、移动或编入该组中，它便会应用以图层和组相同的外观效果。如果将对象从添加效果后的图层和组中移出，它将失去效果，因为效果属于图层和组，而不属于图层和组中的单个对象。

05 运用相同的方式为其他对象添加效果，如图7-219所示。

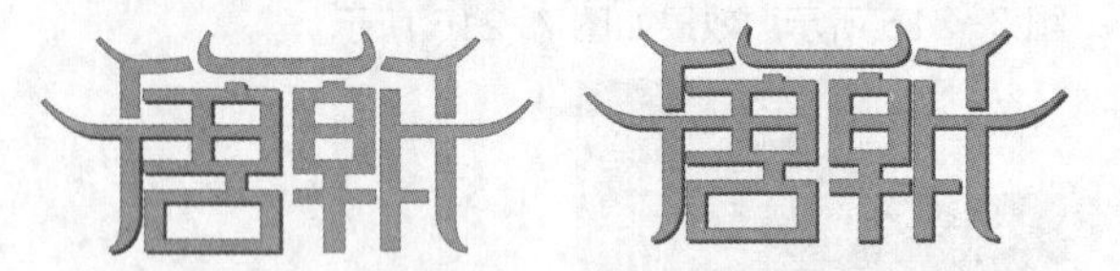

图7-218 调整效果　　图7-219 添加属性效果

06 在“图层”面板中单击“图层 1”右侧的 状图标，将该图层选中，如图 7-220 所示。执行“效果”|“风格化”|“投影”命令，在打开的“投影”对话框中设置参数，如图 7-221 所示。此时该图层中所有的对象都会添加投影效果，如图 7-222 所示。

07 将“图层 2”中的对象拖曳至“图层 1”中，如图 7-223 所示，即可为所有图层应用相同的投影效果，如图 7-224 所示。

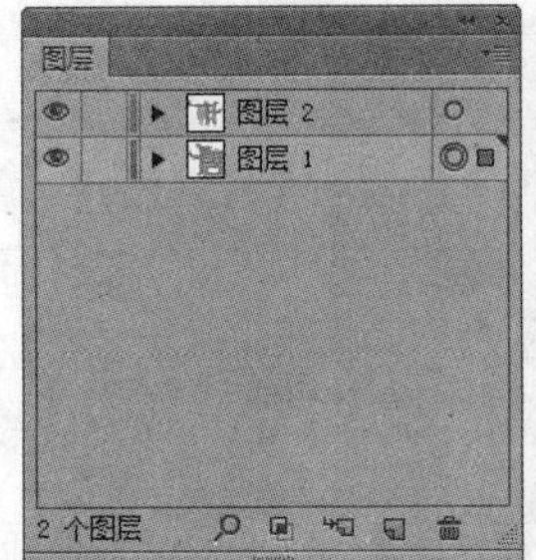

图7-220 选中图层

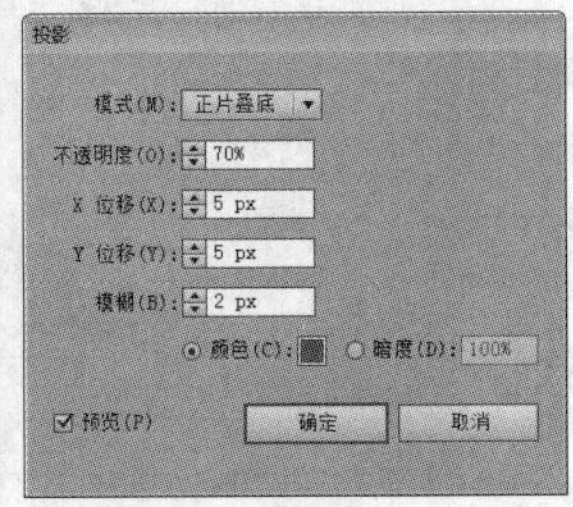

图7-221 投影参数

图7-222 投影效果

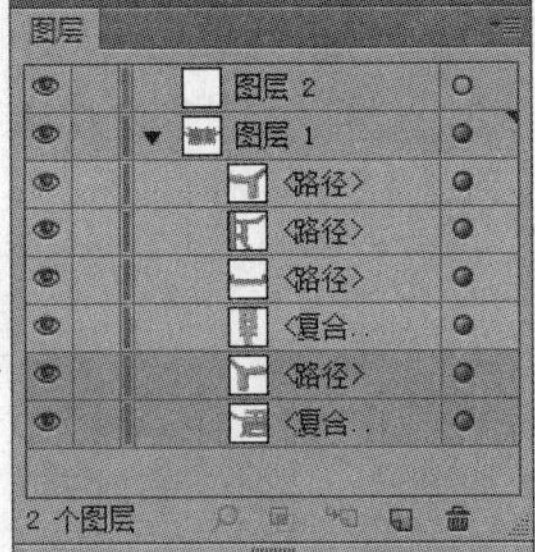

图7-223 调整图层位置

图7-224 最终效果

7.3.2 编辑属性

“外观”面板中除了显示基本属性外，还会显示为对象添加的效果滤镜。通过“外观”面板不仅可以重新设置所有属性的参数，还可以复制该属性至其他对象中，以及通过隐藏某些属性使对象呈现不同的效果。

练习 7-2 编辑外观属性

源文件路径	素材/第7章/练习7-2编辑外观属性
视 频 路 径	视频/第7章/练习7-2编辑外观属性.mp4
难 易 程 度	★★★

01 启动 Illustrator，执行“文件”|“打开”命令，在“打开”对话框中选择“标签 .ai”素材文件，将其打开，如图 7-225 所示。使用“直接选择工具” 选择其中一个对象，如图7-226所示。执行“窗口”|“外观”命令，打开“外观”面板，显示所选对象的当前外观属性，如图7-227所示。

图7-225 打开素材文件

图7-226 选择对象

图7-227 “外观”面板

1. 重新设置外观属性

02 选择对象后，单击“外观”面板中的填色、描边和不透明度等属性，可以进行修改，如图7-228所示。单击“填色”属性，将其修改为图案填充，效果如图7-229所示。

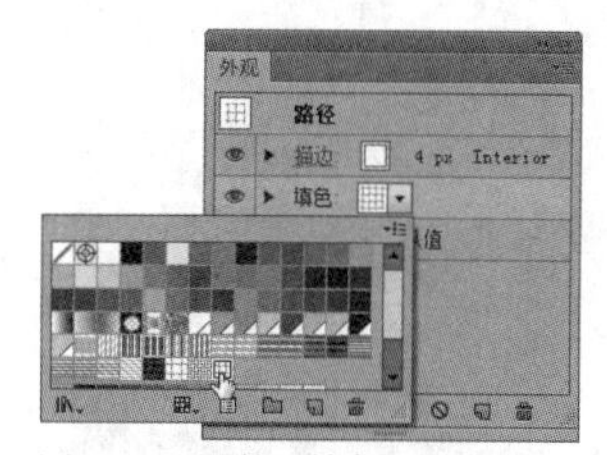

图7-228 调整“填色”属性

图7-229 调整效果

03 选择另一个对象，如图7-230所示，在“外观”面板中显示所选对象的当前外观属性，如图7-231所示。单击“拼缀图”效果左侧的空白处，显示眼睛图标，将“拼缀图”效果显示出来，如图7-232所示。

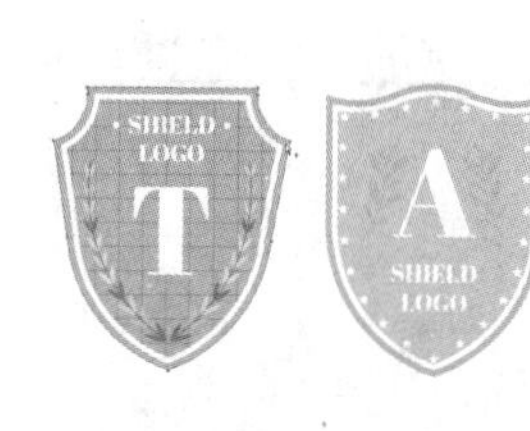

图7-230 选择对象

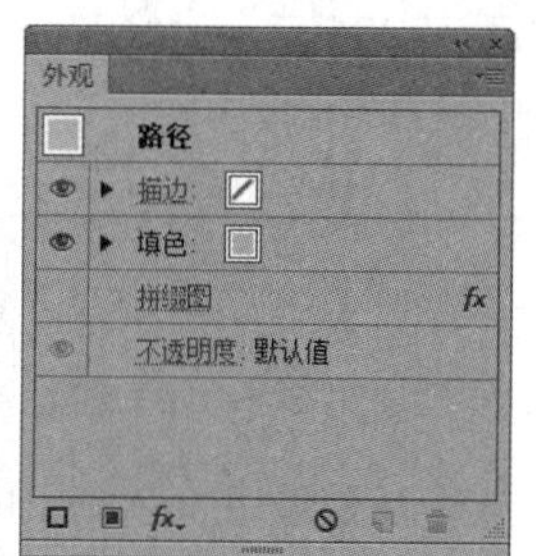

图7-231 “外观”面板

04 “拼缀图”效果如图7-233所示。单击“拼缀图”效果名称，可以打开相应的对话框修改效果参数，如图7-234所示，单击“确定”按钮关闭对话框即可应用新效果，图7-235所示为“纹理化”效果。

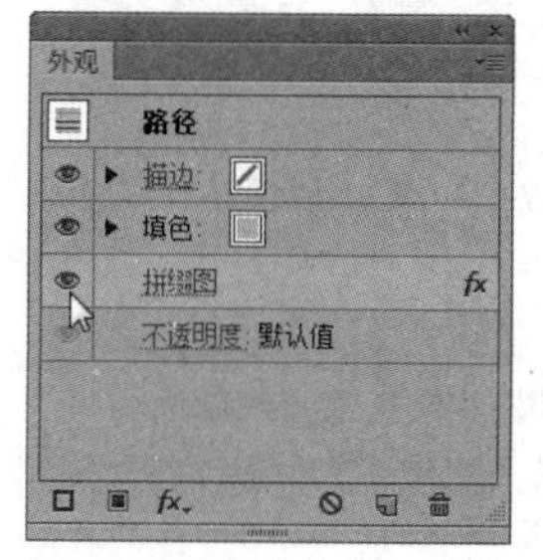

图7-232 显示隐藏外观属性

图7-233 拼缀图效果

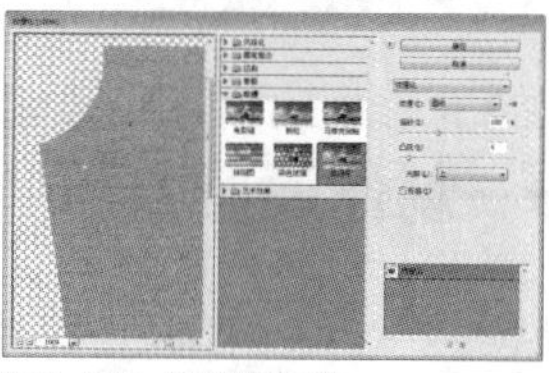

图7-234 纹理化参数

图7-235 纹理化效果

2. 复制外观属性

05 使用“直接选择工具”选择对象，如图7-236所示。将“外观”面板顶部的缩览图拖曳至右侧的标签对象上，如图7-237所示，即可将所选对象的外观属性复制给目标对象，如图7-238所示。

图7-236 选择对象

图7-237 拖曳缩览图应用外观属性

06 使用“直接选择工具”选择右侧的内部对象，如图7-239所示。然后使用“吸管工具”，在左侧的内部对象上单击，如图7-240所示，即可将它的外观属性复制给所选对象，如图7-241所示。

图7-238 复制外观属性

图7-239 选择对象

图7-240 吸取外观属性

图7-241 复制外观属性

提示

如果要删除某种外观属性，可以将其拖曳至“删除所选项目”按钮上，即可删除。如果要删除填色和描边之外的所有外观属性，可以执行面板菜单中的“简化至基本外观”命令。如果要删除所有外观属性，可以单击“清除外观”按钮，即可将对象变为无填色、无描边状态。

7.3.3 课堂范例——制作质感名牌

源文件路径	素材\第7章\7.3.3课堂范例——制作质感名牌
视频路径	视频\第7章\7.3.3课堂范例——制作质感名牌.mp4
难易程度	★★★

本实例主要介绍如何在“外观”面板中添加和编辑对象外观属性。

01 启动Illustrator，执行“文件”|“打开”命令，在“打开”对话框中选择“名牌.ai”素材文件，将其打开，如图7-242所示。使用“选择工具”选中文字对象，去除对象的填充效果，如图7-243所示。

图7-242 打开素材文件 　　图7-243 去除填充效果

02 保持对象的选中状态，单击“外观”面板中的“添加新填色”按钮，为对象添加新填充，如图7-244所示。再次单击“添加新填色”按钮，为对象添加红色填充，如图7-245所示。

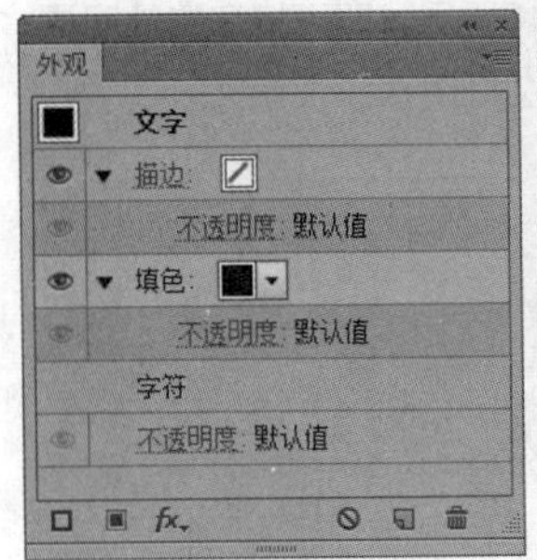

图7-244 添加新填充

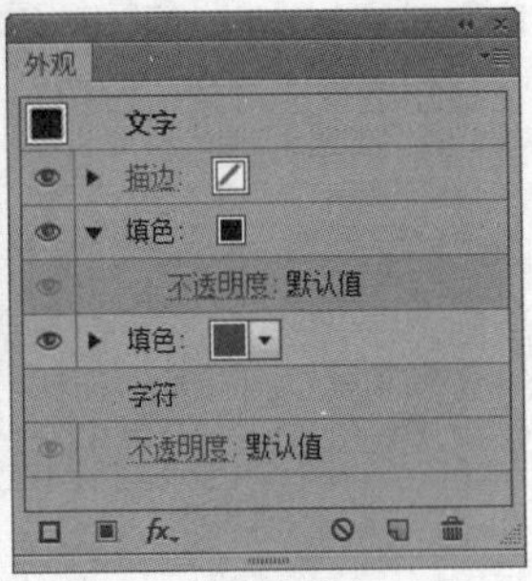

图7-245 添加红色填充

03 选中红色填充，执行“效果”|“转换为形状”|“圆角矩形”命令，在打开的“形状选项”对话框中设置相关参数，如图7-246所示。

04 单击“确定”按钮，关闭对话框，得到效果如图7-247所示。在“外观”面板中复制红色填充属性，并修改填充颜色为灰色，如图7-248所示。

05 保持灰色填充属性的选中状态，执行“效果”|“路径”|“位移路径”命令，在打开的“偏移路径”对话框中设置参数，如图7-249所示。

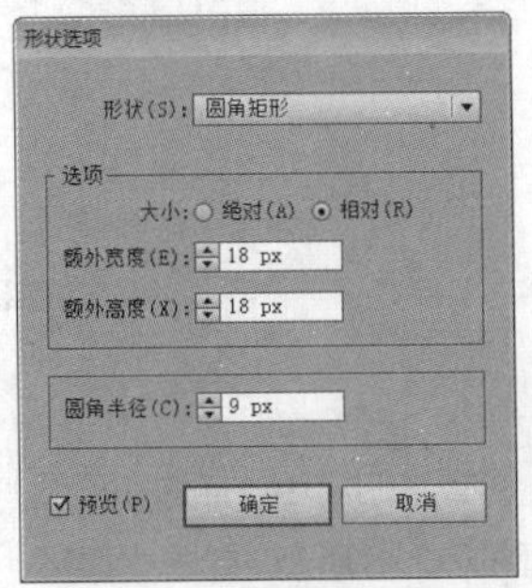

图7-246 “形状选项”对话框

图7-247 填充效果

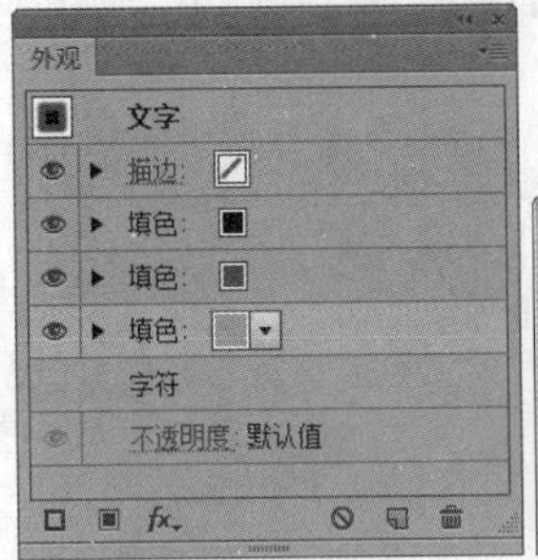

图7-248 “外观”面板

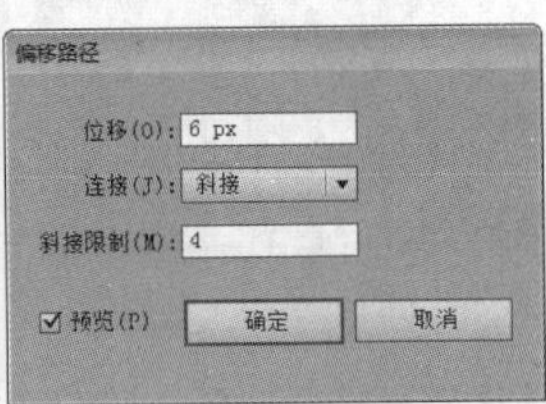

图7-249 偏移路径参数

06 单击“确定”按钮，关闭对话框，得到效果如图7-250所示。在“外观”面板中选择第一层填充属性，如图7-251所示，修改为渐变填充，渐变参数如图7-252所示。

图7-250 偏移效果　　图7-251 “外观”面板

07 渐变效果如图 7-253 所示。单击“外观”面部底部的“添加新描边” 按钮，在顶部添加描边属性，如图 7-254 所示。保持虚线描边的选中状态，执行“效果”|“路径”|“位移路径”命令，在打开的“偏移路径”对话框中设置参数如图 7-255 所示。

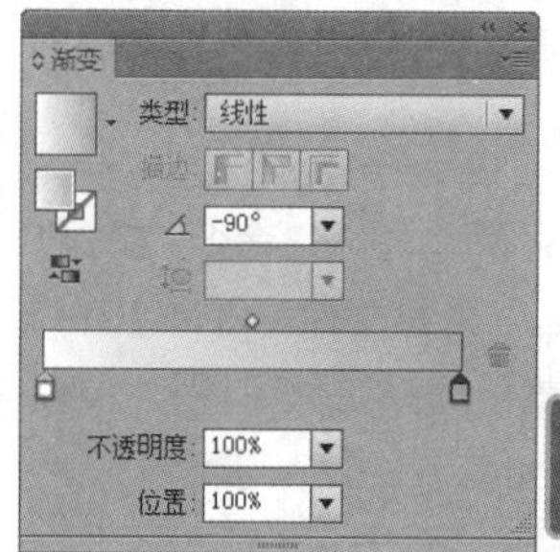

图7-252 渐变参数

图7-253 渐变效果

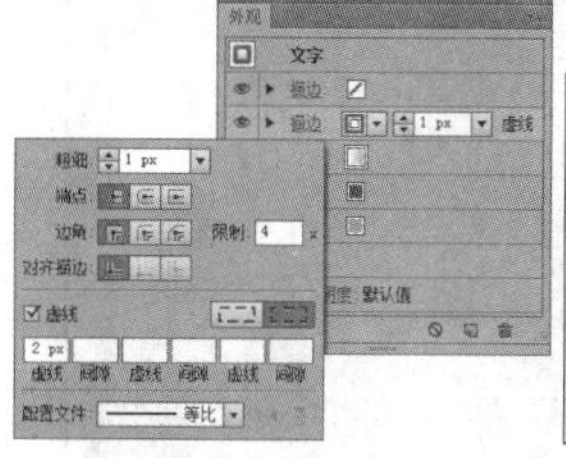
图7-254 描边属性

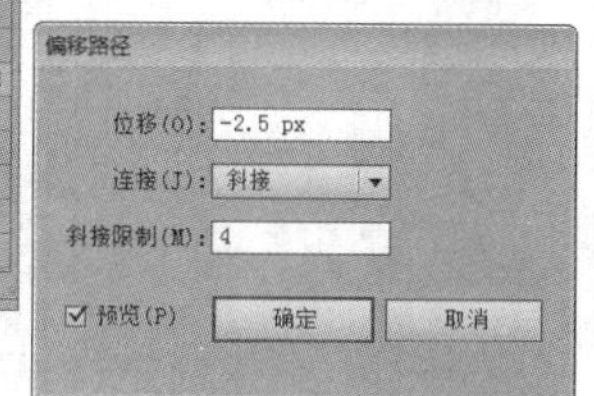

图7-255 偏移路径参数

08 虚线描边效果如图 7-256 所示。在“外观”面板中复制灰色渐变属性，并修改“填充”为灰色，“混合模式”为正片叠底，如图 7-257 所示。执行“效果”|“扭曲和变换”|“变换”命令，在打开的“变换效果”对话框中设置参数如图 7-258 所示。

图7-256 虚线描边效果

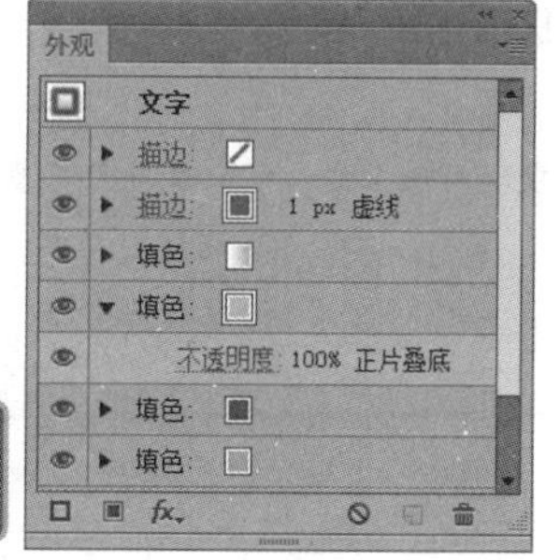

图7-257 设置外观属性

09 变换效果如图 7-259 所示。在“外观”面板中选择红色填充属性，设置为渐变填充，如图 7-260 所示，效果如图 7-261 所示。

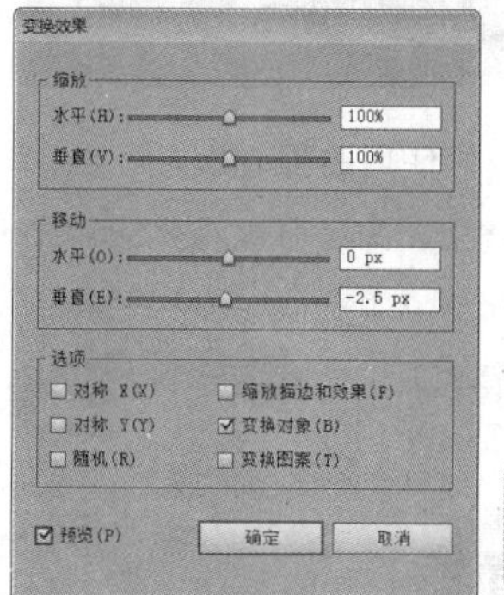

图7-258 变换参数

图7-259 变换效果

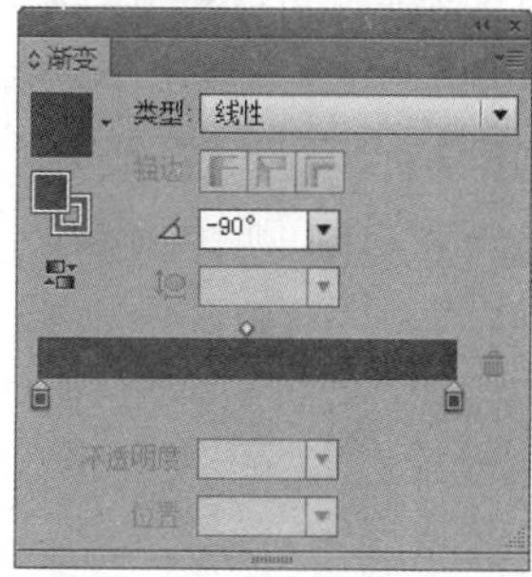

图7-260 渐变参数

图7-261 渐变效果

10 运用以上方式，制作黄色虚线描边，如图 7-262 所示。然后在“外观”面板中选择最底层的灰色填充，修改为灰白线性渐变，再执行“效果”|“风格化”|“投影”命令，设置投影参数如图 7-263 所示，最终效果如图 7-264 所示。

图7-262 黄色虚线描边效果

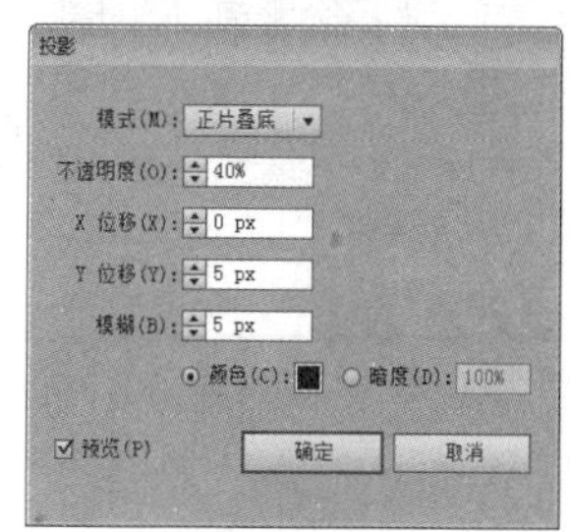

图7-263 投影参数

图7-264 最终效果

7.4 图形样式

图形样式是一组可以反复使用的外观属性，图形样式可以快速更改对象的外观，并且可以将其应用于对象、组和图层。在Illustrator中提供了多种预设的图层样式库，用户也可以根据需求创建自定义的图形样式。

7.4.1 图形样式面板

使用“图形样式”面板可以创建、保存和应用外观属性。新建一个文档，执行“窗口”|“图形样式”命令时，在打开的“图形样式”面板中会显示默认的图形样式，如图7-265所示。若打开一个文档，则会显示与文档一同存储的图形样式。

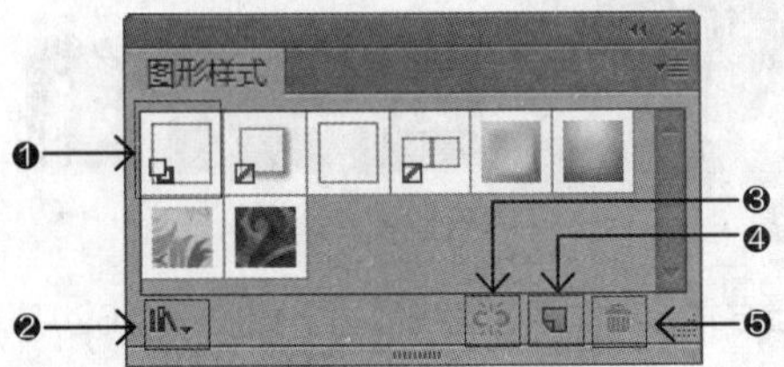

图7-265 “图形样式”面板

❶“默认” ：单击该按钮，可以将所选对象设置为黑色描边、白色填充的默认样式。

❷“图形样式库菜单” ：单击该按钮，可以在打开的下拉列表中选择一个预设的图形样式库。

❸“断开图形样式链接” ：单击该按钮，可以断开当前对象使用的样式与面板中样式的链接。断开连接后，可以单独修改应用于对象的样式，而不会影响面板中的样式。

❹“新建图形样式” ：单击该按钮，可以将所选对象应用的样式保存至“图形样式”面板中。将面板中的某个样式拖曳到该按钮上可以将其复制。

❺“删除图形样式” ：单击该按钮，可以删除所选样式。

7.4.2 应用与创建图形样式

“图形样式”面板中包含各种类型的样式面板。Illustrator提供了非常丰富的样式库，包括3D效果、图像效果、文字效果等。除了可以应用预设的图形样式外，还可以将现有对象中的效果存储为对象属性进行编辑，以方便以后应用。

练习 7-3 应用图形样式

源文件路径	素材/第7章/练习7-3应用图形样式
视频路径	视频/第7章/练习7-3应用图形样式.mp4
难易程度	★★★

1. 应用图形样式

01 启动Illustrator，执行“文件”|“打开”命令，在“打开”对话框中选择“海报.ai”素材文件，将其打开，如图7-266所示。使用“直接选择工具” ，按住Shift键选择两个树状图形，如图7-267所示。

图7-266 打开素材文件

图7-267 选择对象

02 单击“图形样式”面板中的某个样式，如图7-268所示，即可为所选对象添加该样式，如图7-269所示。如果再单击其他样式，则会替换已有样式。

提示

在没有选择任何对象时，将“图形样式”面板中的样式拖曳至对象上方，可以直接为其添加该样式。

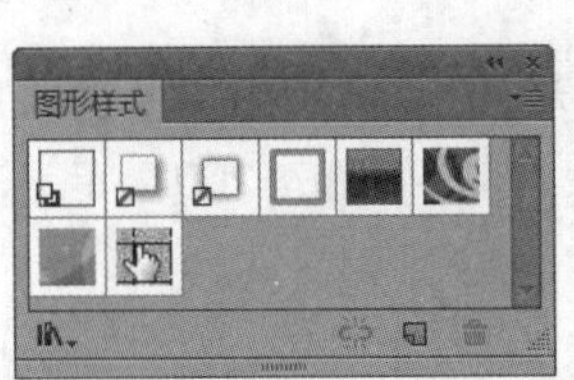

图7-268 “图形样式”面板

图7-269 添加样式效果

2. 应用图形样式库

03 使用“选择工具”选择背景图形，如图7-270所示。单击“图形样式”面板底部的“图形样式库菜单”按钮，或者执行“窗口”|“图形样式”命令，在下拉列表中选择“涂抹效果”选项，打开“涂抹效果”图形样式库，选择“涂抹 2”样式，如图7-271所示。即可为所选对象添加该样式，如图7-272所示。同时，该样式会自动添加到“图形样式”面板中，如图7-273所示。

图7-270 选择背景图形

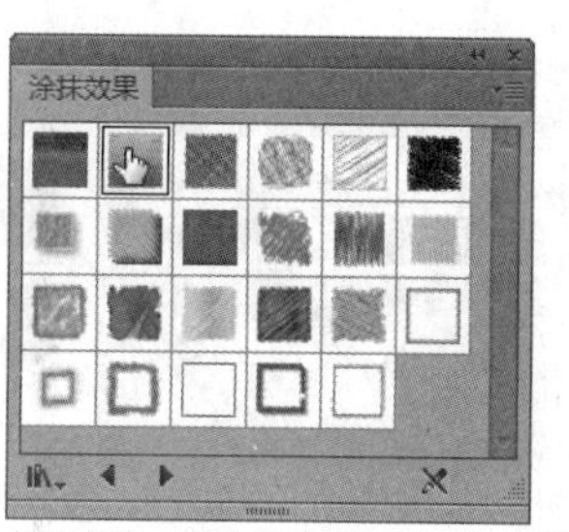

图7-271 “涂抹效果”图形样式库

图7-272 添加样式效果

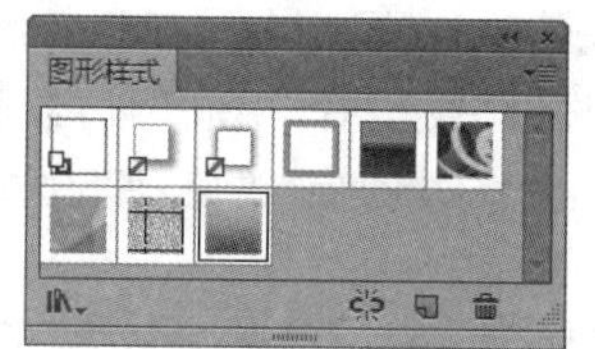

图7-273 “图形样式”面板

3. 重新定义图形样式

04 保持背景图形的选中状态。执行“窗口”|“外观”命令，打开“外观”面板，在该面板中显示了当前图形样式的属性，如图7-274所示。

05 单击“涂抹”效果按钮，打开“涂抹选项”对话框，重新设置参数，如图7-275所示，效果如图7-276所示。

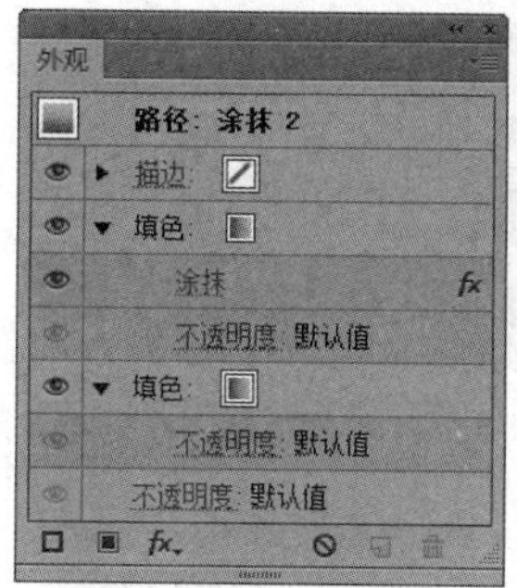

图7-274 “外观”面板

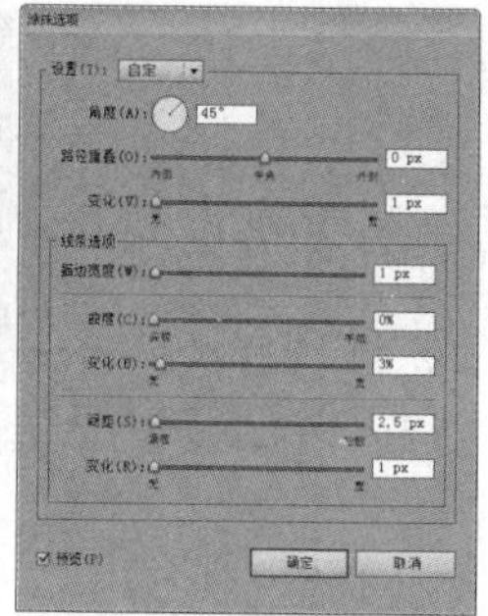

图7-275 “涂抹选项”参数

图7-276 涂抹效果

06 保持背景图形的选中状态。执行“效果”|“纹理”|“颗粒”命令，打开“颗粒”对话框，设置相关参数如图7-277所示。单击“确定”按钮，为所选对象添加“颗粒”效果，如图7-278所示。

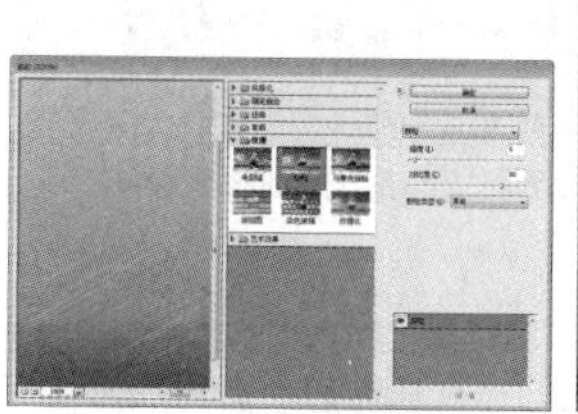
图7-277 “颗粒”参数

图7-278 “颗粒”效果

07 单击“外观”面板右上角的面板菜单按钮，在打开的面板菜单中选择“重新定义图形样式”命令，如图7-279所示，即可将“图形样式”面板中原有的样式替换为修改后的图形样式，如图7-280所示。

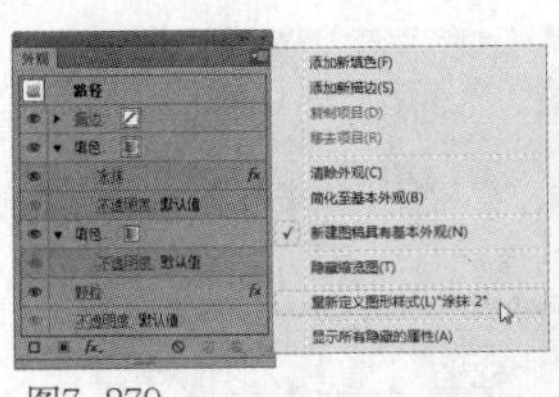

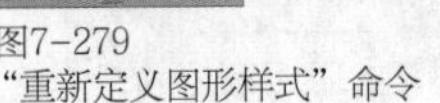

图7-279 “重新定义图形样式”命令

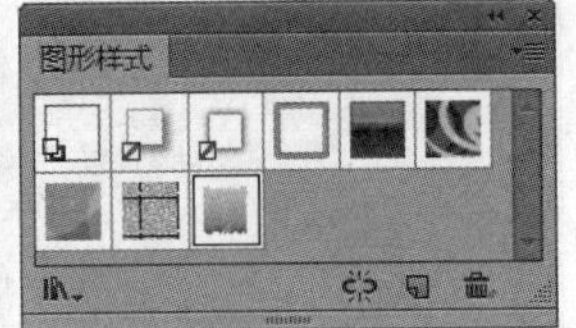

图7-280 替换图形样式

提示

如果当前修改的样式被文档中的其他对象使用，则对象的外观会自动更新。若不想改变已应用的样式效果，可以在修改样式前选择对象，单击“图形样式”面板底部的“断开图形样式链接”按钮，断开它与面板中的样式的链接，然后再对样式进行修改，则应用到对象的样式不会发生改变。

练习 7-4 创建图形样式

源文件路径	素材/第7章/练习7-4创建图形样式
视频路径	视频/第7章/练习7-4创建图形样式.mp4
难易程度	★★★

1. 创建图形样式

01 启动Illustrator，执行“文件”|“打开”命令，在“打开”对话框中选择“Happy.ai”素材文件，将其打开，并选中“Happy”对象，如图7-281所示。

02 将“外观”面板顶部的缩览图拖曳到“图形样式”面板中，如图7-282所示，即可将所选对象应用的外观属性创建为图层样式，如图7-283所示。

图7-281 打开素材文件

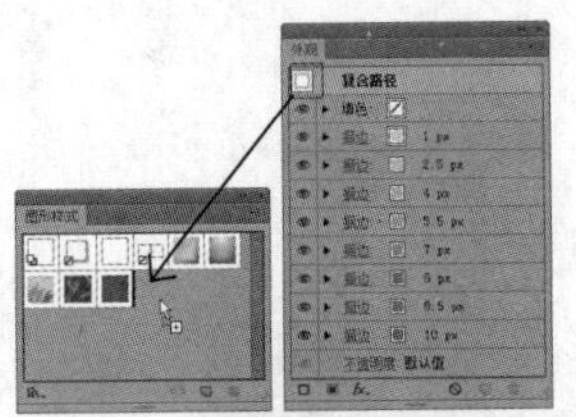

图7-282 拖曳添加图形样式

提示

选中对象后，单击“图形样式”面板底部的“新建图形样式”按钮，也可以将它的外观属性存储为图形样式。按住Alt键单击“新建图形样式”按钮，即可打开“图形样式选项”对话框设置名称。

2. 合并图形样式

03 按住Ctrl键，在“图形样式”面板中同时选中多个图形样式，如图7-284所示。单击“图形样式”面板右上角的面板菜单按钮，在打开的面板菜单中选择“合并图形样式”命令，即可将所选样式中包含的所有属性合并，创建一个新的图形样式，如图7-285所示。

04 为对象添加合并样式的效果如图7-286所示。

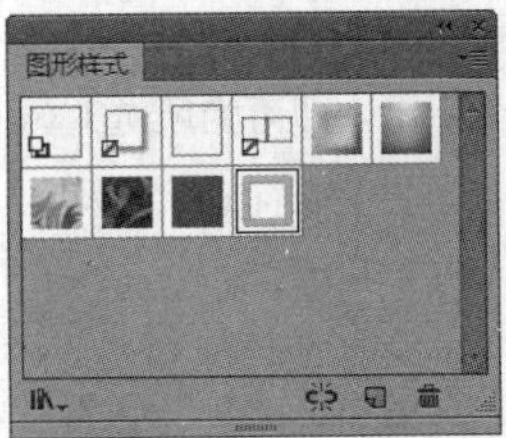

图7-283 创建图形样式

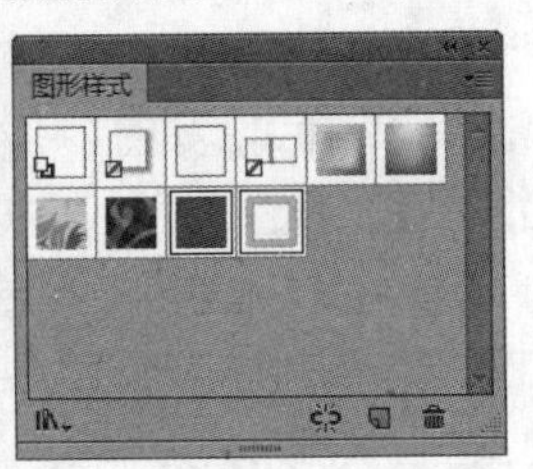

图7-284 选中多个图形样式

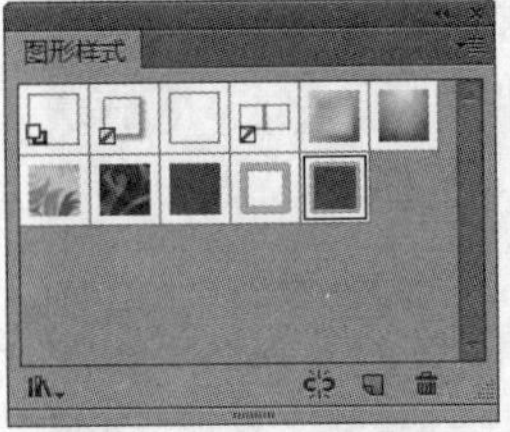

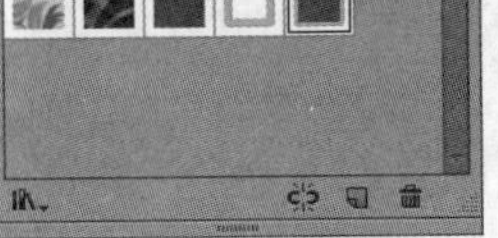

图7-285 合并图形样式

图7-286 应用合并样式效果

3. 创建自定义图形样式库

05 在“图形样式”面板中添加所需要的图形样式并删除不需要的图形样式。单击“图形样式”面板右上角的面板菜单按钮，在打开的面板菜单中选择“存储图形样式库”命令，在打开的对话框中定义存储位置和名称，即可将其存储。

06 单击“图形样式”面板底部的“图形样式库菜单”按钮，或者执行“窗口”|“图形样式”命令，在下拉列表中选择“其他库”选项，即可选择打开自定义的图形样式库。

7.4.3 课堂范例——制作黑板创意海报

源文件路径	素材\第7章\7.4.3课堂范例——制作黑板创意海报
视频路径	视频\第7章\7.4.3课堂范例——制作黑板创意海报.mp4
难易程度	★★★

本实例主要介绍如何创建图形样式并存储，以及如何从其他文档中导入图形样式库。

01 启动Illustrator，执行“文件”|“新建”命令，创建一个任意大小的画板。使用“矩形工具”创建一个深色背景，按Ctrl+2快捷键将其锁定。使用“文字工具”输入任意文字，设置无填充，无描边，如图7-287所示。

02 在“外观”面板中为文字添加“填充”为白色，如图 7-288、图 7-289 所示。

图7-287 创建文字

图7-288 添加填充

图7-289 填充效果

03 保持“外观”面板中填充属性的选中状态，执行“效果”|“风格化”|“涂抹”命令，在打开的“涂抹选项”对话框中设置参数如图 7-290 所示，得到涂抹效果如图 7-291 所示。

04 在“外观”面板中为文字添加新描边，如图 7-292、图 7-293 所示。

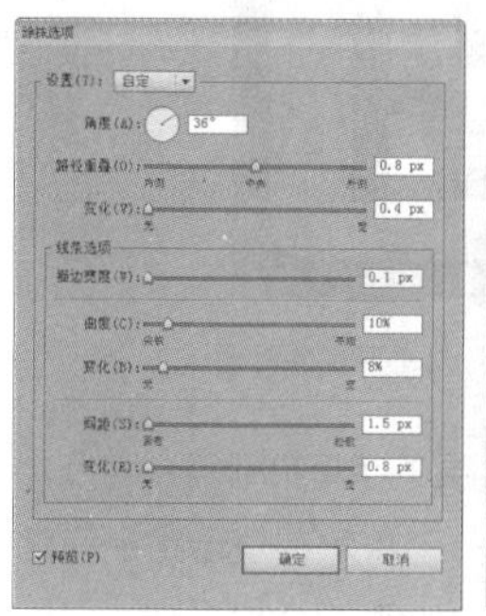
图7-290 涂抹参数

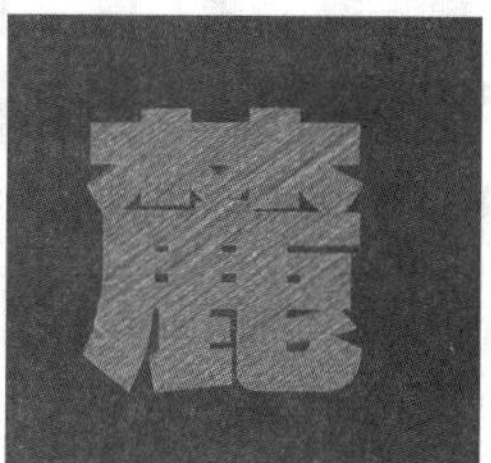
图7-291 涂抹效果

05 将“外观”面板顶部的缩览图拖曳到“图形样式”面板中，如图 7-294 所示，即可将所选对象应用的外观属性创建为图层样式。

图7-292 添加描边属性

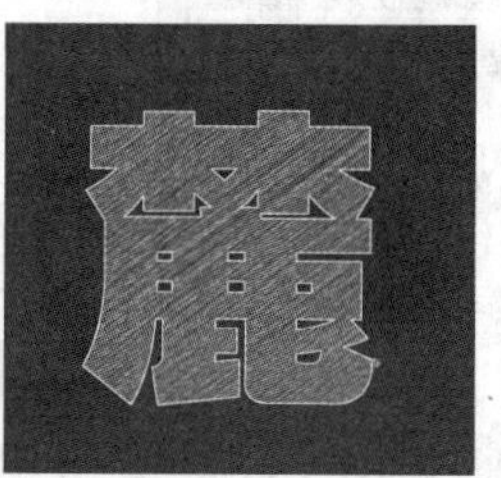
图7-293 添加描边效果

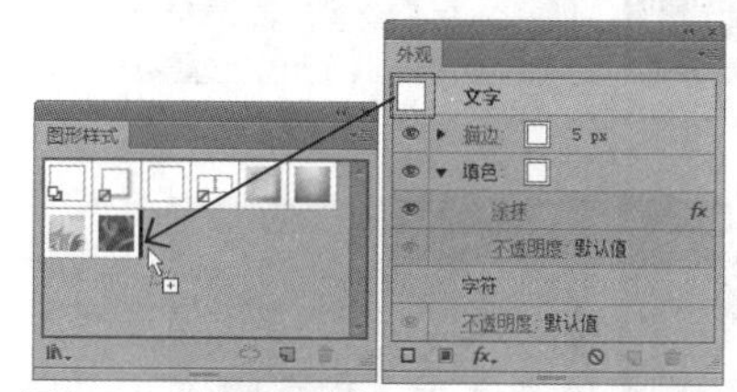

图7-294 创建图形样式

06 单击“图形样式”面板右上角的面板菜单按钮，在打开的下拉菜单中选择“选择所有未使用的图形样式”命令，即可选中文件中未使用的图形样式，如图 7-295 所示。再单击面板底部的“删除图形样式”按钮，将所选图形样式删除，如图 7-296 所示。

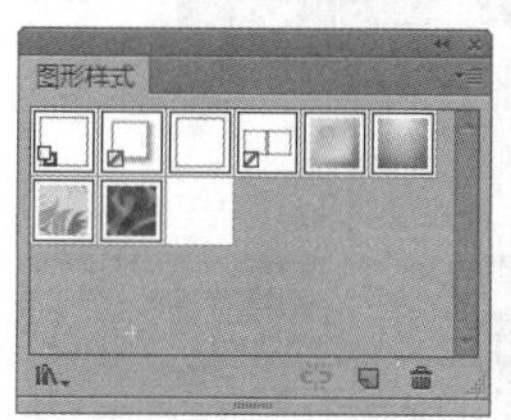

图7-295
选择所有未使用的图形样式

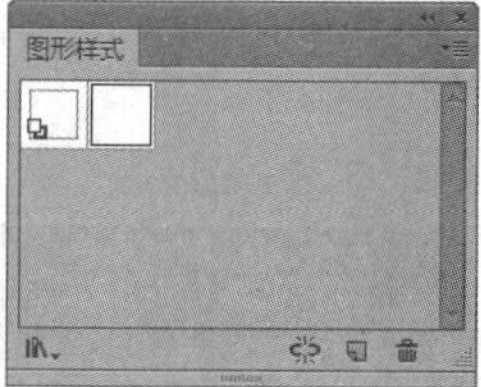

图7-296
删除所有未使用的图形样式

07 再次单击“图形样式”面板右上角的面板菜单按钮，在打开的下拉菜单中选择“存储图形样式库”命令，在打开的对话框中定义存储位置和名称，将其存储。

08 执行“文件”|“打开”命令，在“打开”对话框中选择“海报.ai”素材文件，将其打开，如图 7-297 所示。执行“窗口”|“图形样式”|“其他库”命令，在打开的对话框中选择上一步骤中存储图形样式库，将其打开，如图 7-298 所示。

09 使用“编组选择工具”选择画板中的黄色字体对象，单击“粉笔样式”面板中的图形样式，即可应用该样式，效果如图 7-299 所示。在“外观”面板中会显示当前对象应用的图形样式属性，可以随时进行编辑，根据字体的大小调整涂抹参数，最终效果如图 7-300 所示。

图7-297 打开素材文件

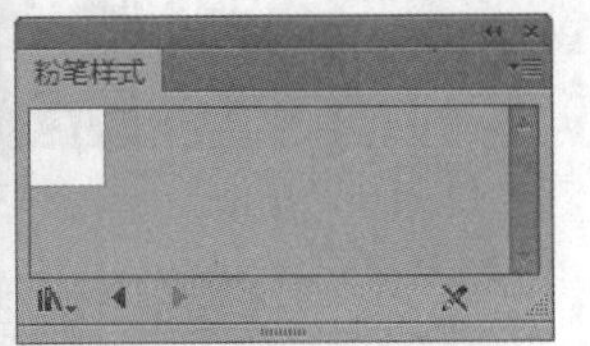

图7-298 "粉笔样式"面板

图7-299 应用样式效果

图7-300 最终效果

7.5 综合训练——制作立体方块积木

本训练综合使用几何图形工具、3D、外观面板等多种工具和命令，制作一组立体方块积木。

源文件路径	素材/第7章/7.5综合训练——制作立体方块积木
视频路径	视频/第7章/7.5综合训练——制作立体方块积木.mp4
难易程度	★★★★★

01 启动 Illustrator，执行"文件"|"新建"命令，创建一个 250px×200px 大小的画板。使用"矩形工具"创建一个 50px×50px 大小的正方形，设置无描边，如图 7-301 所示。

02 选择"圆角矩形"工具，按住 Alt 键在正方形的中心点上单击，在打开的"圆角矩形"对话框中设置参数如图 7-302 所示，创建无描边的圆角矩形，如图 7-303 所示。

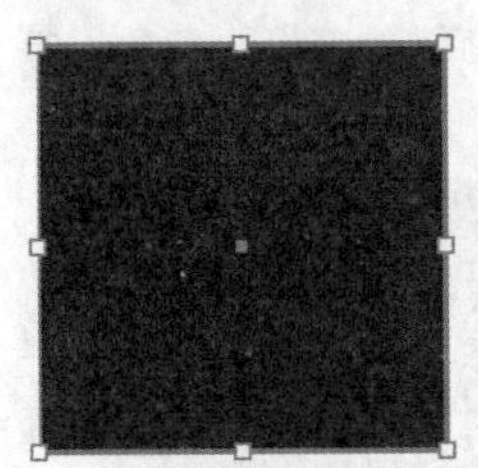

图7-301 创建正方形

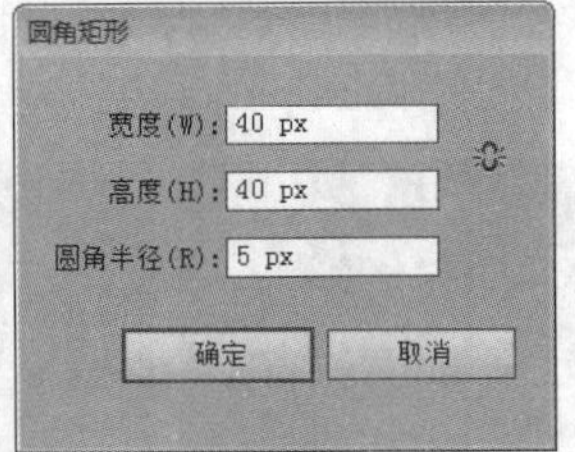

图7-302 "圆角矩形"对话框

03 同时选中两个几何图形，单击"路径查找器"面板中的"减去顶层"按钮，得到效果如图 7-304 所示。

04 使用"文字工具"输入字母，如图 7-305 所示。保持文字的选中状态，并在文字对象上方单击鼠标右键，在打开的下拉列表中选择"创建轮廓"命令，再按 Ctrl+A 快捷键全选对象，按 Ctrl+8 快捷键创建为复合路径，如图 7-306 所示。

图7-303 创建圆角矩形

图7-304 几何图形效果

图7-305 添加文字

图7-306 创建为复合路径

05 运用相同的方式，创建其他需要的字母符号复合路径，如图 7-307、图 7-308 所示。分别将所有复合路径拖曳至"符号"面板中，创建为符号，如图 7-309 所示。

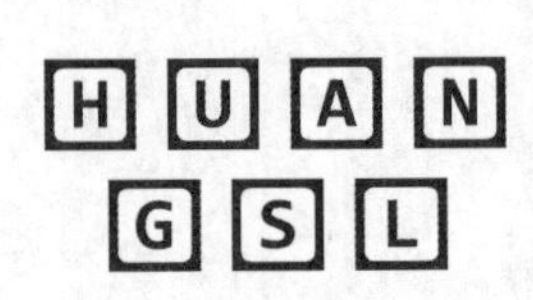

图7-307 创建字母符号

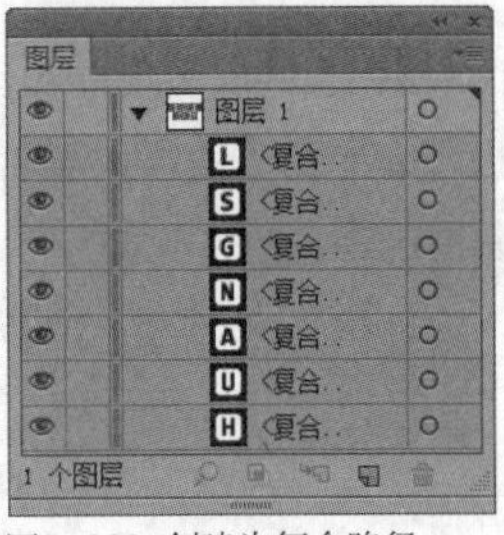

图7-308 创建为复合路径

06 使用“矩形工具” 创建一个 50×50px 大小的正方形，设置“填充”为灰色，无描边，如图 7-310 所示。

07 保持正方形的选中状态，执行“效果” | “3D” | “凸出和斜角”命令，在打开的“3D 凸出和斜角”对话框中单击“更多选项”按钮，展开隐藏选项，设置参数如图 7-311 所示。此时 3D 效果如图 7-312 所示。

图7-309 创建为符号

图7-310 创建正方形

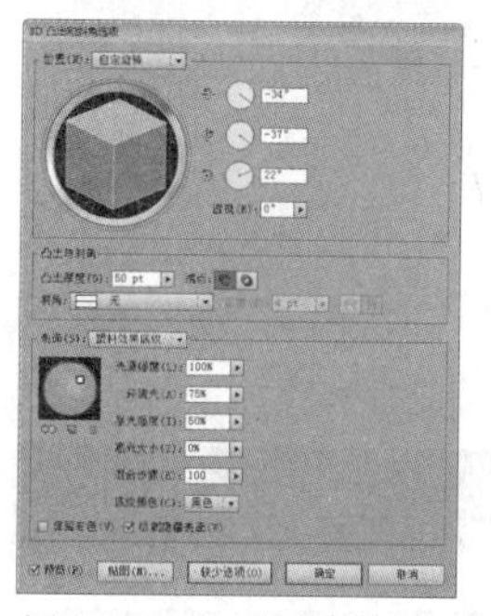
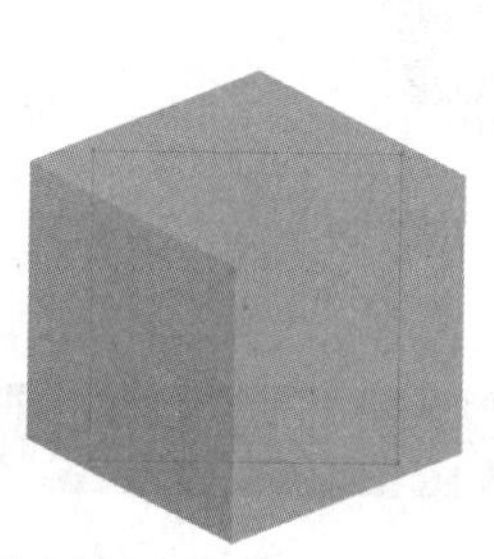
图7-311 “3D凸出和斜角”参数 图7-312 3D效果

08 单击对话框底部的“贴图”按钮，打开“贴图”对话框，为对象的每个面添加符号贴图，其中第 5 个表面的贴图需旋转 90°，如图 7-313 所示，得到 3D 效果如图 7-314 所示。

图7-313 “贴图”对话框

图7-314 3D效果

09 运用相同的方式，创建其他几个 3D 对象，并调整位置如图 7-315 所示。

10 选择其中一个立体对象，执行“对象” | “扩展外观”命令，然后按两次 Shift+Ctrl+G 快捷键取消编组，如图 7-316 所示。在“图层”面板中选择立体对象后面的 3 个表面，如图 7-317 所示，按 Delete 键将其删除。

图7-315 创建所有3D对象

图7-316 取消所有编组

图7-317 选择不可见表面并删除

11 使用“选择工具” 选择立体对象前面的 3 个表面，在“外观”面板中设置“混合模式”为叠加，“不透明度”为 50%，如图 7-318 所示，效果如图 7-319 所示。

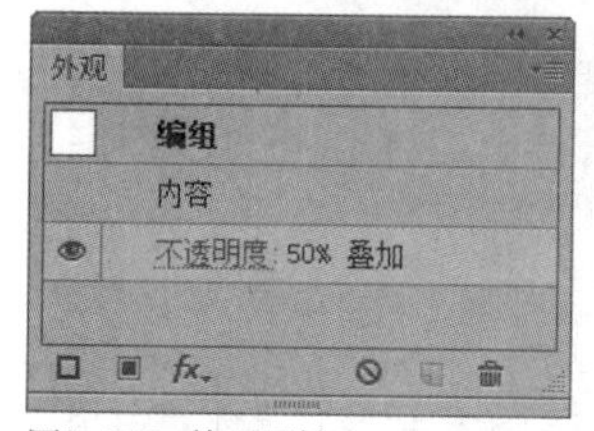

图7-318 外观属性

图7-319 表面效果

12 依次选择 3 个表面，分别为其设置渐变填充，参数如图 7-320~ 图 7-322 所示。

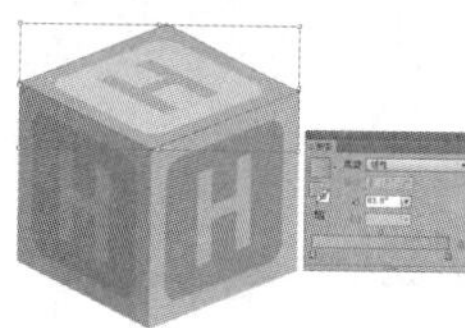

图7-320 顶部渐变

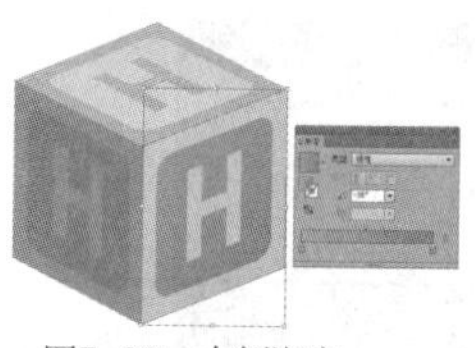
图7-321 右侧渐变

图7-322 左侧渐变

13 使用“直线工具” 在立方体前方的3条边上分别绘制宽为1 px的白色直线，如图7-323所示。同时选中3条直线，在“外观”面板中设置“混合模式”为柔光，“不透明度”为70%，如图7-324所示。直线效果如图7-325所示。

14 使用“选择工具” 选择立体对象前面的3个表面，按Ctrl+C和Ctrl+F快捷键原地复制一层，并单击“路径查找器”面板中的“联集” 按钮，将其合并，如图7-326所示。

图7-323 绘制直线

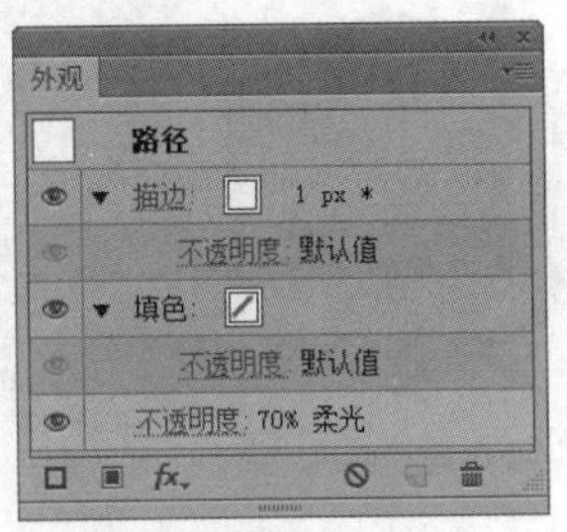

图7-324 外观属性

图7-325 直线效果

图7-326 复制并合并表面

15 在“图层”面板中将合并对象移至该立方体复合路径的下方，如图7-327所示。然后在“外观”面板中更改填充颜色和混合模式，如图7-328所示，效果如图7-329所示。

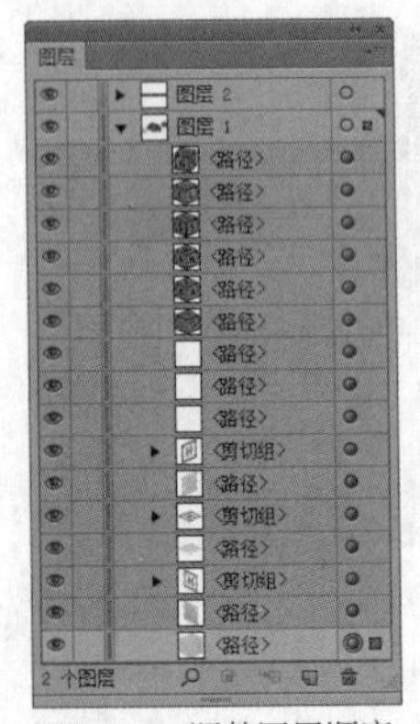

图7-327 调整图层顺序

图7-328 外观属性

图7-329 立体图形效果

16 运用相同的方式，完成其他几个立体对象的效果制作，如图7-330所示。

图7-330 最终效果

7.6 课后习题

本实例主要使用几何图形工具、3D、外观面板等多种工具和命令，制作立体图形组合成文字的效果，如图7-331所示。

源文件路径	素材/第7章/习题——制作立体文字
视 频 路 径	视频/第7章/习题——制作立体文字.mp4
难 易 程 度	★★★

图7-331 习题——制作立体文字

第 8 章

符号与图表的制作

在绘制图形效果时，经常需要创建包含大量重复对象的图稿，如纹样、地图和技术图纸等。Illustrator 为此提供了一项简便的功能，即符号。Illustrator 中的制作图表功能可以制作 9 种图表，并且在一个图表中还可以组合不同类型的图表。

本章将分别介绍符号与图表的创建、编辑与应用等操作。

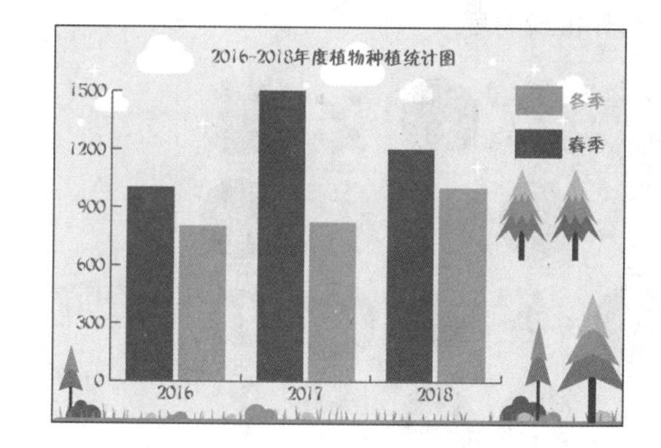

本章学习目标

- 了解符号的基本功能
- 掌握符号的创建方法
- 了解图标的基本功能
- 掌握图标的创建方法

本章重点内容

- 符号的创建方法
- 图标的创建方法

扫 码 看 视 频

8.1 认识与应用符号

符号常用来表现文档中大量重复的对象，将一个对象定义为符号后，可以通过符号工具快速创建大量相同的对象，能够节省绘图时间，还可以显著减少文件占用的存储空间。

8.1.1 认识符号面板

1. “符号”面板

符号是一种特殊的对象，任意一个符号样本都可以生成大量相同的对象，即符号实例，每一个符号实例都与“符号”面板或者符号库中的符号样本链接。打开一个文件，如图8-1所示，执行“窗口”|“符号”命令，可以打开“符号”面板，如图8-2所示，该面板可以创建、编辑和管理符号。

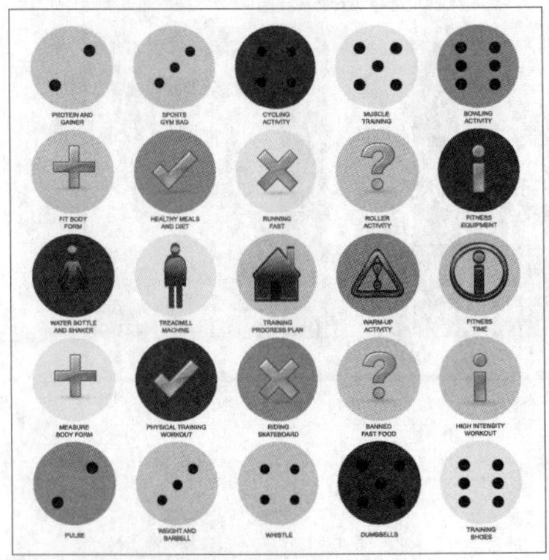

图8-1 打开素材文件

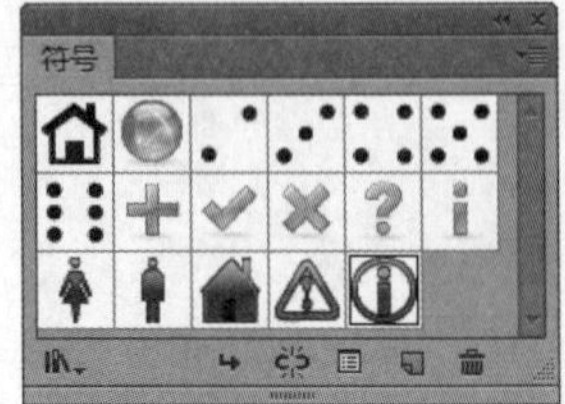

图8-2 “符号”面板

- “符号库菜单”：单击该按钮，可以打开下拉菜单选择一个预设的符号库；
- “置入符号实例”：选择面板中的一个符号，单击该按钮，即可在画板中创建该符号的一个实例；
- “断开符号链接”：选择画板中的符号实例，单击该按钮，可以断开它与画板中符号样本的链接，该符号实例便会成为单独编辑的对象；
- “符号选项”：单击该按钮，可以打开“符号选项”对话框；
- “新建符号”：选择画板中的某个对象，单击该按钮，可将其定义为符号；
- “删除符号”：选择画板中的符号样本，单击该按钮可以将其删除。

提示

执行“文件”|“新建”命令时，在“配置文件”选项的下拉列表中提供了不同的文件类型，预设了文件大小、颜色模式及分辨率等参数，Illustrator也为每种类型的文档设置了相应的“符号”面板，选择不同的配置文件时，“符号”面板的内容是不一样的。

2. “符号库”面板

Illustrator为用户提供了不同类别的预设符号，即符号库，包括3D符号、图标、地图、花朵和箭头等。符号库与“符号”面板的相同之处是都可以选择符号、调整符号排序和查看项目，这些操作都与“符号”面板中的操作一样。但是在符号库中不能添加、删除符号或编辑项目。

单击“符号”面板底部的“符号库菜单”按钮，或者执行“窗口”|“符号库”命令，在打开的下拉菜单中可以选择一个符号库，如图8-3所示。单击即可打开一个单独的符号库面板，符号名称前出现✓标志，即表示该符号库已经打开，如图8-4所示。

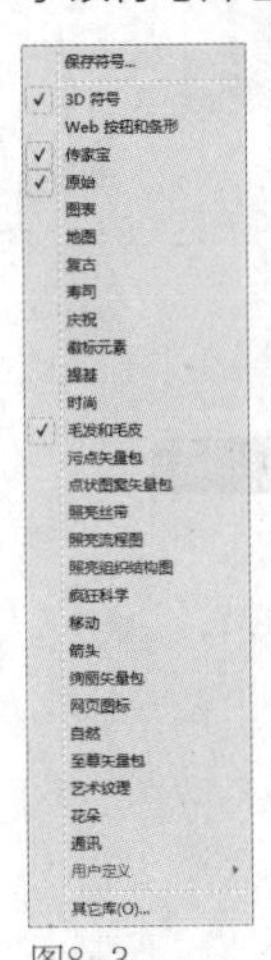

图8-3 选择符号库

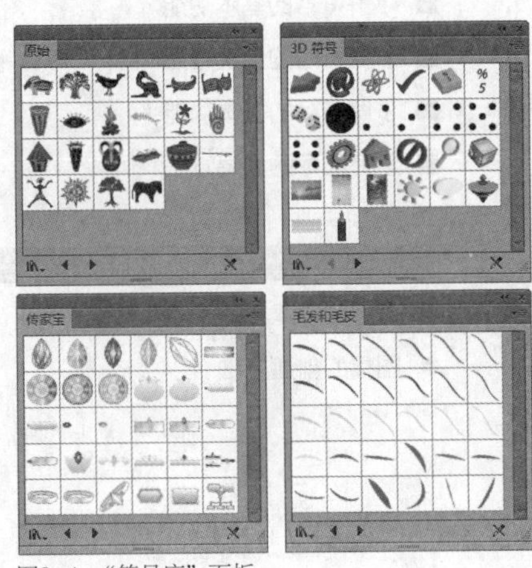

图8-4 “符号库”面板

提示

使用符号库中的符号时，会将符号自动添加到“符号”面板中。

8.1.2 定义符号

在Illustrator中，如果符号库中的符号无法满足制作需求，可以将绘制的图形转换为符号，不论绘制的是图形、复合路径、文本、位图图像、网格对象或是包含以上对象的编组对象，都可以创建为符号样本。

练习 8-1 定义符号样本

源文件路径	素材\第8章\练习8-1定义符号样本
视频路径	视频\第8章\练习8-1定义符号样本.mp4
难易程度	★★

01 启动Illustrator，执行“文件”|“打开”命令，在“打开”对话框中选择“符号.ai”素材文件，单击“打开”按钮，将其打开，如图8-5所示。使用“选择工具”选中要创建为符号的对象，如图8-6所示。

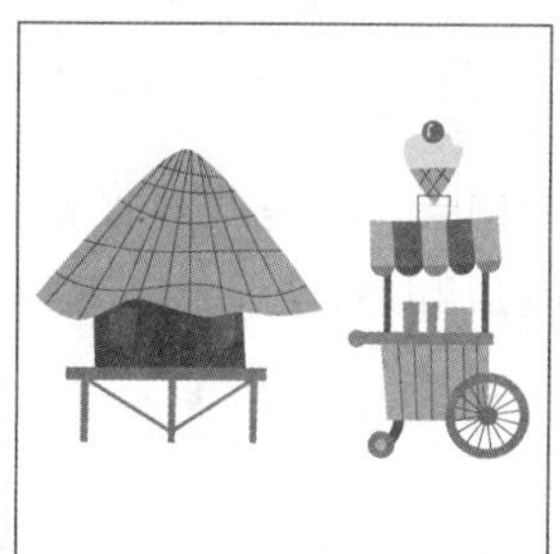
图8-5 打开素材文件

图8-6 选择符号对象

02 打开“符号”面板，单击面板底部的“新建符号”按钮，如图8-7所示，打开“符号选项”对话框，输入名称，如图8-8所示。

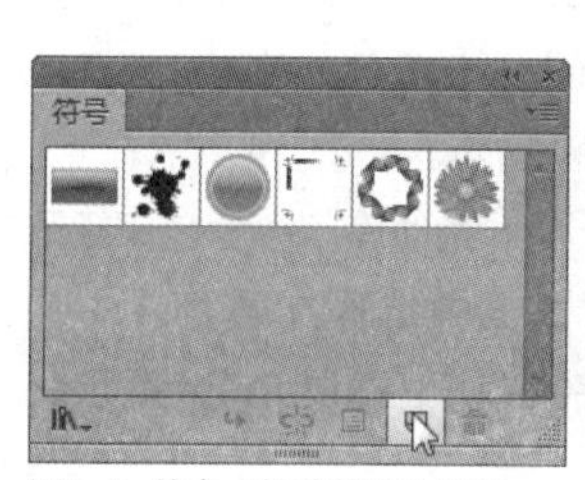

图8-7 单击“新建符号”按钮

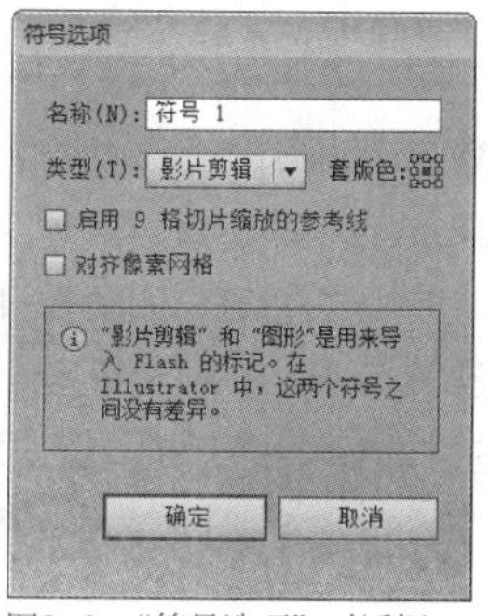

图8-8 “符号选项”对话框

提示

若按住Alt键单击“新建符号”按钮，则不会打开“符号选项”对话框。

03 单击“确定”按钮，即可将所选对象定义为符号，如图8-9所示。默认情况下，所选对象创建为符号之后，该对象会变成新符号的实例，如图8-10所示。如果不希望该对象变为实例，可以通过按住Shift键单击“新建符号”按钮的方式来创建。

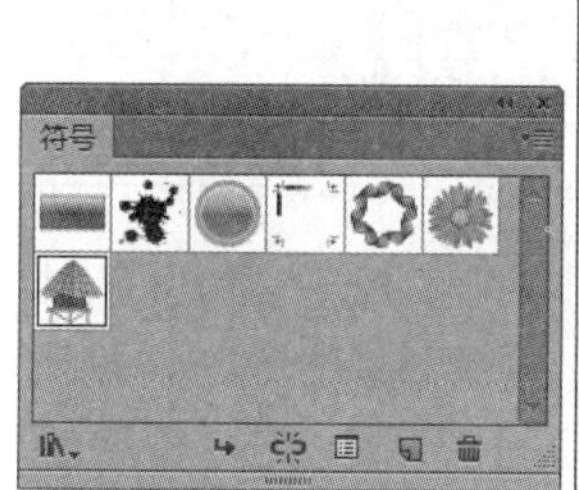

图8-9 在“符号”面板中定义为符号

图8-10 符号实例

提示

直接将对象拖曳至“符号”面板中也可以创建为符号。需要注意的是，无法从链接的图稿或一些组（如图表组）中创建符号。

● 符号选项

在“符号”面板中单击选中一个符号，如图8-11所示，再单击面板右上角的面板菜单按钮，在打开的下拉列表中选择“符号选项”命令，或者单击面板底部的“符号选项”按钮，即可打开所选符号的“符号选项”对话框，如图8-12所示。

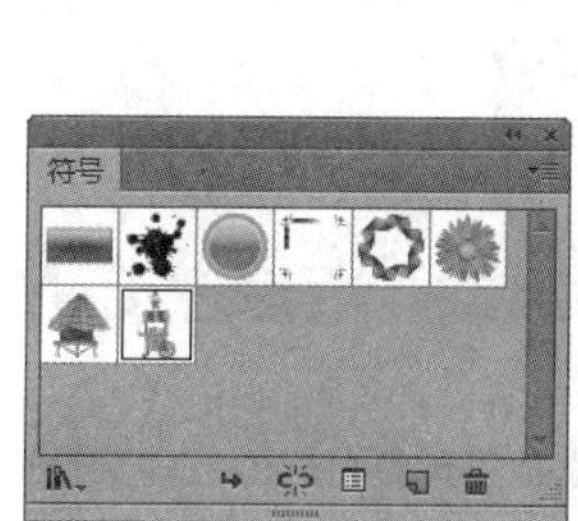

图8-11 选中一个符号

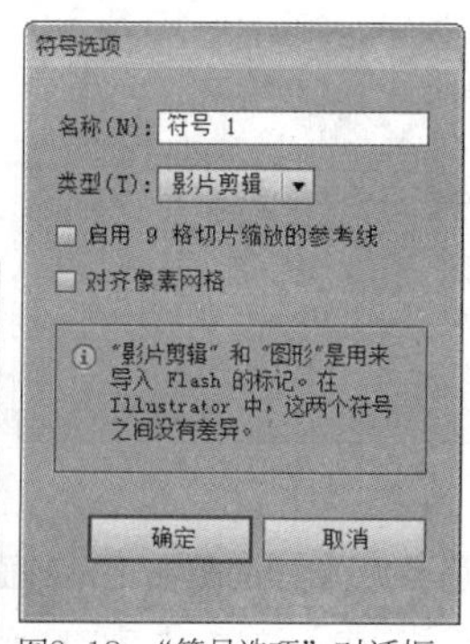

图8-12 “符号选项”对话框

- “名称”：用于修改当前符号的名称。
- “类型”：包含“影片剪辑”和“图形”两个选项。其中“影片剪辑”是Flash和Illustrator中的默认符号类型。
- “启用9格切片缩放的参考线”：勾选该复选框，可以在Flash中使用9格切片缩放。
- “对齐像素网格”：勾选该复选框，可以对符号应用像素对齐属性。

● 创建自定义符号库

在Illustrator中，用户可以创建自定义的符号库。

练习 8-2 创建自定义符号库

源文件路径	素材\第8章\练习8-2创建自定义符号库
视 频 路 径	视频\第8章\练习8-2创建自定义符号库.mp4
难 易 程 度	★★

01 启动Illustrator，执行“文件”|“打开”命令，在“打开”对话框中选择“符号库.ai”素材文件，单击“打开”按钮，将其打开。执行“窗口”|“符号”命令，打开“符号”面板，如图8-13所示。

02 按住Shift键选中不需要的符号，单击面板底部的“删除符号”按钮，将选中的符号删除，如图8-14所示。

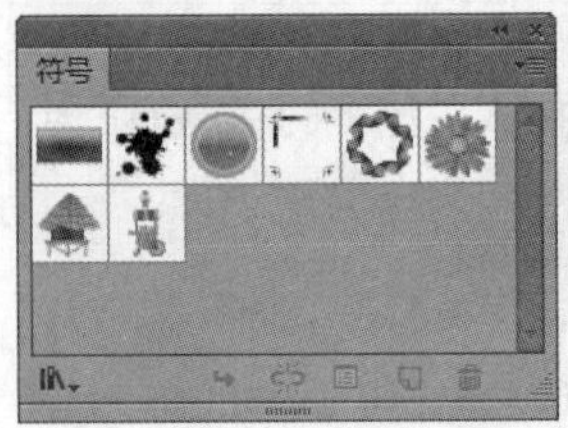

图8-13 “符号”面板

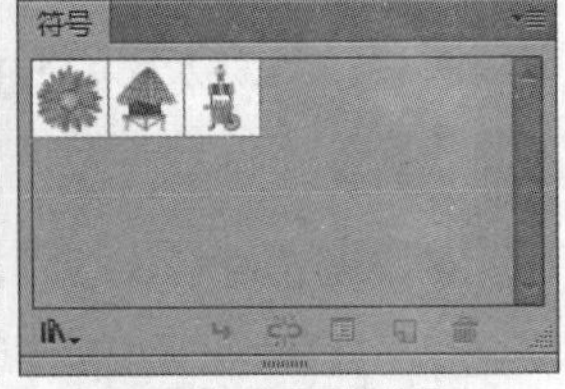

图8-14 删除不需要的符号

03 单击“符号”面板底部的“符号库菜单”按钮，在下拉列表中选择一个符号库如“复古”，将其打开，如图8-15所示。单击所需的符号，将其添加到“符号”面板中，如图8-16所示。

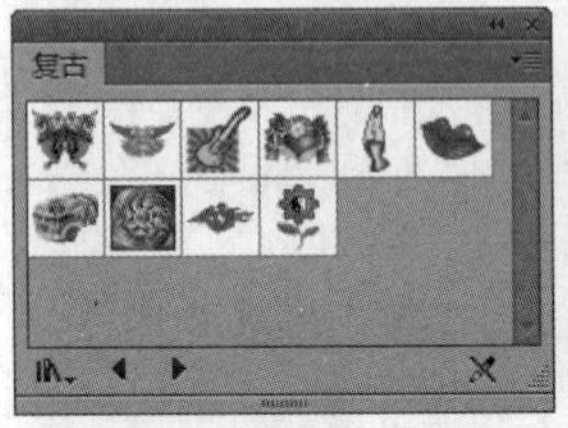

图8-15 “复古”符号库

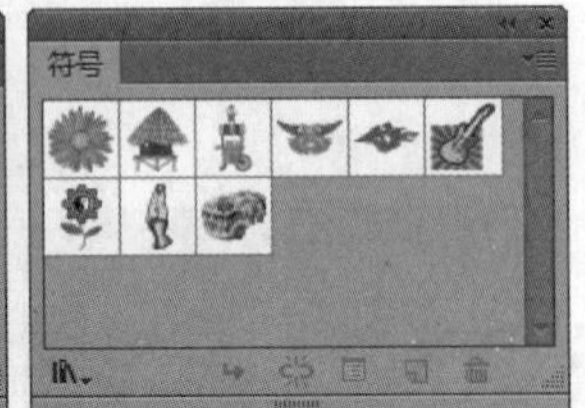

图8-16 添加所需的符号

04 然后单击面板右上角的面板菜单按钮，在打开的下拉列表中选择“存储符号库”命令，打开“将符号存储为库”对话框，如图8-17所示。单击“保存”按钮，即可将其保存。

05 单击“符号”面板底部的“符号库菜单”按钮，在下拉列表中选择“其他库”命令，在打开的“选择要打开的库”对话框中选择需要打开的符号库，即可打开一个单独的符号库，如图8-18所示。

图8-17 “将符号存储为库”对话框

图8-18 “自定义符号库”面板

提示

如果将自定义符号库存储到Illustrator默认的“符号”文件夹中，则该符号库的名称会自动显示在“符号库”下拉列表和“打开符号库”下拉菜单中。

8.1.3 应用符号

在符号库中单击某个缩览图后，该符号会自动添加至“符号”面板中，这时即可应用该符号。此外，还可以使用符号工具创建符号组。

1. 置入符号

应用“符号”或“符号库”面板中的符号样式，可以在画板中生成大量相同的对象。

练习 8-3 置入符号

源文件路径	素材\第8章\练习8-3置入符号
视 频 路 径	视频\第8章\练习8-3置入符号.mp4
难 易 程 度	★★

01 启动Illustrator，执行“文件”|“打开”命令，在“打开”对话框中选择“素材.ai”素材文件，单击“打开”按钮，将其打开，如图8-19所示。

02 执行“窗口”|“符号库”|“其他库”命令，在打开的“选择要打开的库”对话框中选择本章素材中的“Travel.ai”符号文件，将其打开，如图8-20所示。

图8-19 打开素材文件

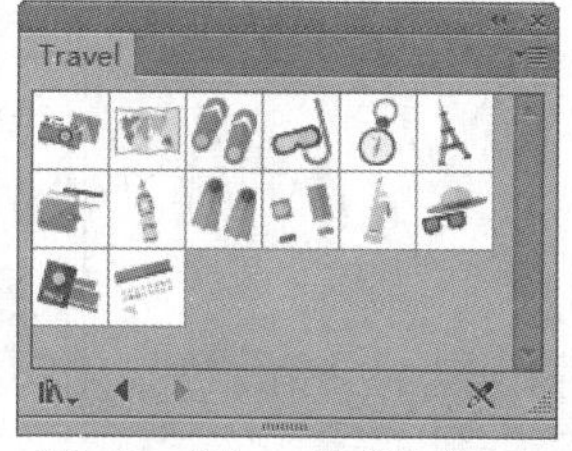

图8-20 “Travel”符号库

03 单击“Travel”符号库中的一个符号，如图 8-21 所示，即可自动添加到“符号”面板中，如图 8-22 所示。

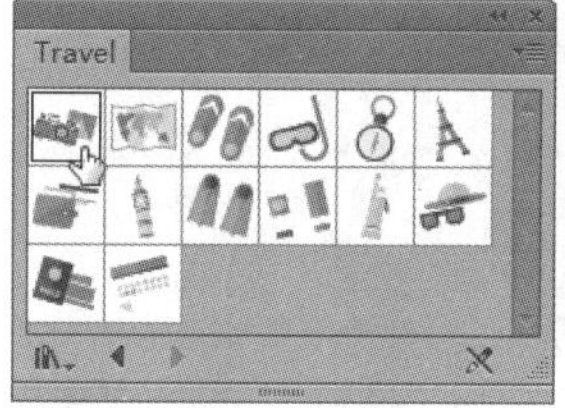

图8-21 单击选中任意符号

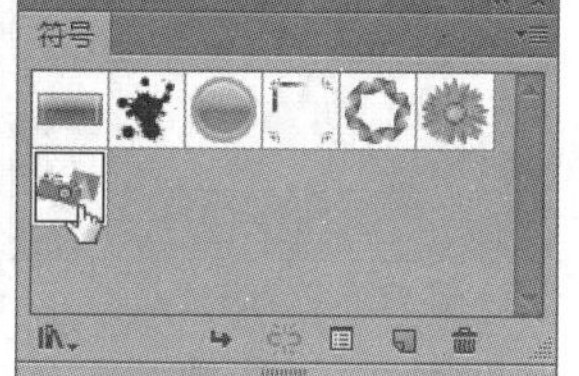

图8-22 所选符号自动添加至“符号”面板中

04 单击“符号”面板底部的“置入符号实例”按钮，将所选符号实例置入到文档窗口中。使用“选择工具”将其移动到白色圆环上，拖曳定界框上的控制点可以进行旋转和缩放，如图 8-23 所示。

05 运用相同的方式置入另一个符号，如图 8-24 所示。

图8-23 置入符号并调整位置

图8-24 继续置入符号

06 单击并将符号从面板中拖出，可以将其放置在文档窗口的任意位置，如图 8-25 所示。运用置入或直接拖出的方法，为图稿添加装饰符号，最终效果如图 8-26 所示。

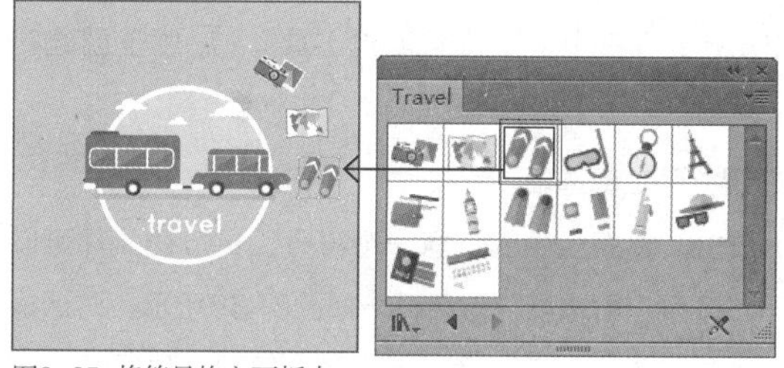

图8-25 将符号拖入画板中

图8-26 最终效果

2. 创建符号组

使用“符号喷枪工具”可以创建大小、方向相同的符号组。

练习 8-4 创建符号组

源文件路径	素材\第8章\练习8-4创建符号组
视频路径	视频\第8章\练习8-4创建符号组.mp4
难易程度	★★

01 启动 Illustrator，执行“文件”|“打开”命令，在“打开”对话框中选择“城市烟花 .ai”素材文件，单击“打开”按钮，将其打开，如图 8-27 所示。

02 执行“窗口”|“符号库”|“庆祝”命令，打开“庆祝”符号库，单击“焰火”符号，如图 8-28 所示，将会自动添加到“符号”面板中。

图8-27 打开素材文件

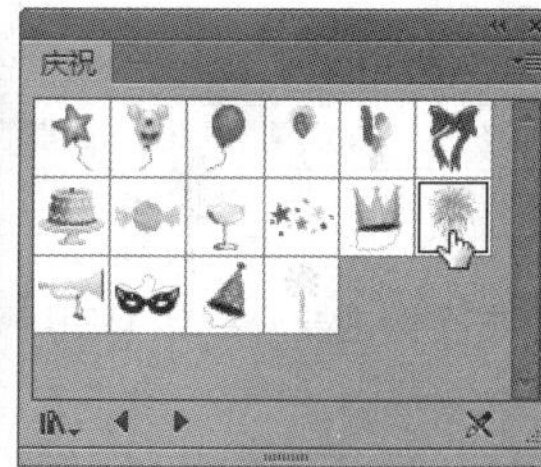

图8-28 “庆祝”符号组

03 保持“符号”面板中“焰火”符号的选中状态，如图 8-29 所示。选择“符号喷枪工具”，在画板中单击，可以创建一个符号，如图 8-30 所示。

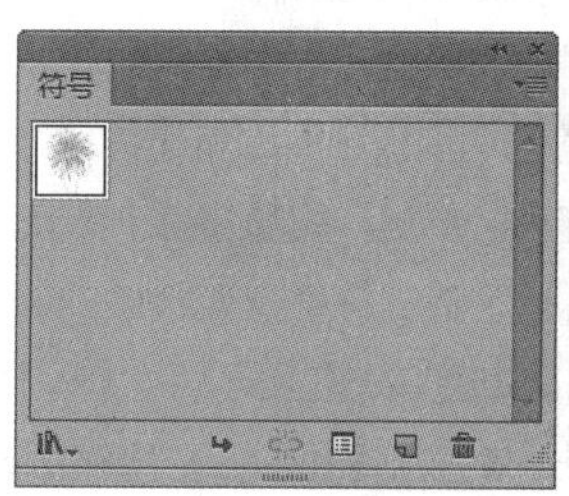

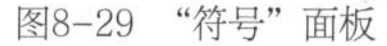

图8-29 “符号”面板

图8-30 创建符号

04 按 Ctrl+Z 快捷键撤销上一步操作。继续使用“符号喷枪工具” 在画板中单击，如果按住鼠标左键不放，则符号会以鼠标的单击点为中心向外扩散，如图 8-31 所示；如果按住鼠标左键并拖曳鼠标，则符号会沿着鼠标指针的运行轨迹分布，如图 8-32 所示。

图8-31 符号向外扩散

图8-32 符号沿鼠标指针的运动轨迹分布

提示

使用任意一个符号工具时，按键盘中的]键，可以增加工具的直径；按[键，可以减小工具的直径；按Shift+]键，可以增加符号的创建强度；按Shift+[键，可以减小强度。

8.1.4 课堂范例——制作风景插画

源文件路径	素材\第8章\8.1.4课堂范例——制作风景插画
视频路径	视频\第8章\8.1.4课堂范例——制作风景插画.mp4
难易程度	★★★

本实例主要介绍如何使用“符号”面板和符号工具制作风景插画。

01 启动 Illustrator，执行“文件”|“打开”命令，在“打开”对话框中选择“背景 .ai”素材文件，单击“打开”按钮，将其打开，如图 8-33 所示。使用“画板工具” 创建一个空白画板。使用“椭圆工具” 和“直线工具” 绘制不同形状的树，如图 8-34 所示。

02 使用“选择工具” 依次选择上一步中绘制的树状对象，并按住 Alt 键单击“符号”面板中的“新建符号”按钮 ，将绘制的树状对象创建为符号，如图8-35所示。

03 继续使用“选择工具” ，将“符号”面板中的新建符号拖入画板中适当位置，如图 8-36 所示。

04 全选所有符号实例，单击“对齐”面板中的“垂直低对齐” 按钮，对齐所有树状符号，效果如图 8-37 所示。

图8-33 打开素材文件

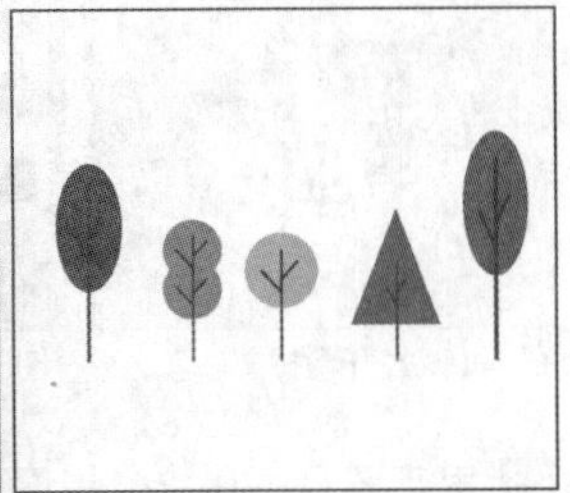

图8-34 绘制符号形状

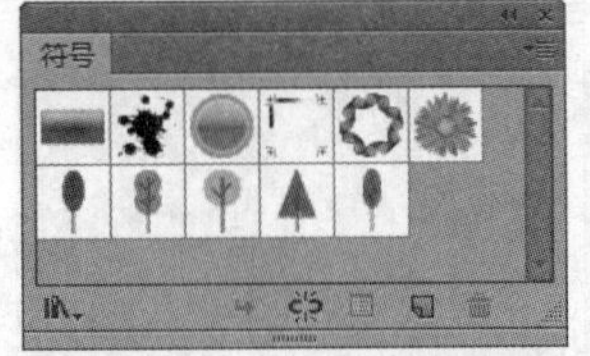

图8-35 创建为符号

图8-36 添加符号实例

图8-37 最终效果

8.2 创建与管理符号

虽然使用“选择工具” 可以对符号实例进行简单的编辑，但是为了更加精确地编辑符号实例，Illustrator 为用户提供了专门编辑符号的工具组。

8.2.1 设置符号工具

Illustrator的工具面板中包含8种符号工具，如图8-38所示。其中，“符号喷枪工具” 用于创建符号，其他工具用于编辑符号。

1. 设置符号工具选项

双击工具面板中的任意一个符号工具按钮，都可以打开“符号工具选项”对话框，如图8-39所示。对话框的上半部是常规选项，通过单击各个符号工具图标，可以显示该工具的特定选项。

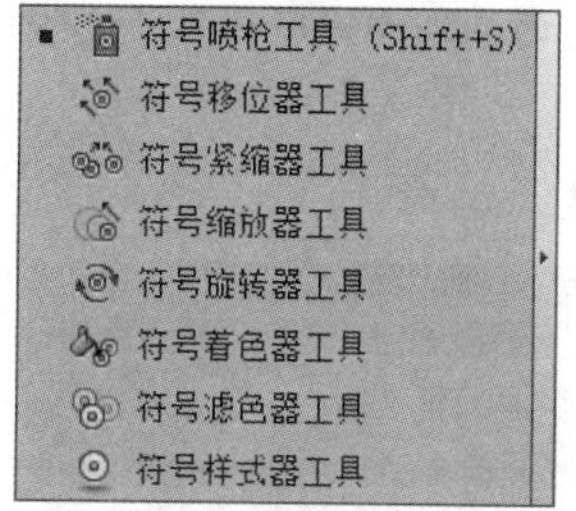

图8-38 8种符号工具

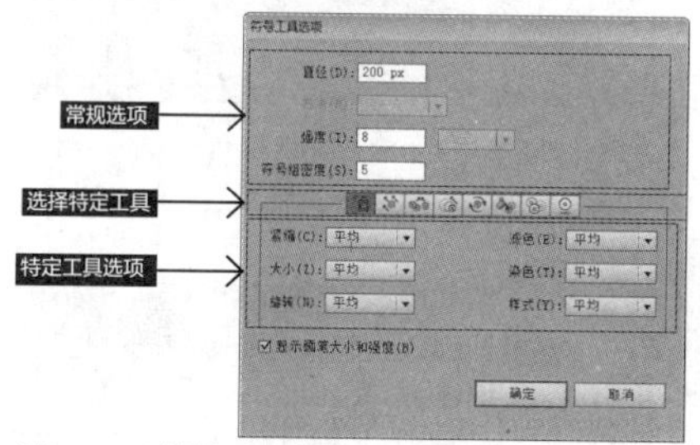

图8-39 “符号工具选项”对话框

● 常规选项

- “直径”：用来设置符号工具的画笔大小。在使用符号工具时，也可以按[键减小画笔直径，或者按]键增加画笔直径。
- “方法”：用来指定符号紧缩器、符号缩放器、符号旋转器、符号着色器、符号滤色器和符号样式器工具调整符号实例的方式。若选择“用户定义”，可以根据指针位置逐步调整符号；若选择“随机”，则会在指针下的区域随机修改符号；若选择“平均”，则会逐步平滑符号。
- “强度”：用来设置各种符号工具的更改速度。该值越高，更改速度越快。
- “符号组密度”：用来设置符号组的吸引值。该值越高，符号的数量越多、密度越大，如图8-40、图8-41所示。如果选择了符号组，然后双击任意符号工具打开“符号工具选项”对话框，修改该值将影响符号组中所有符号的密度，但不会改变符号的数量。

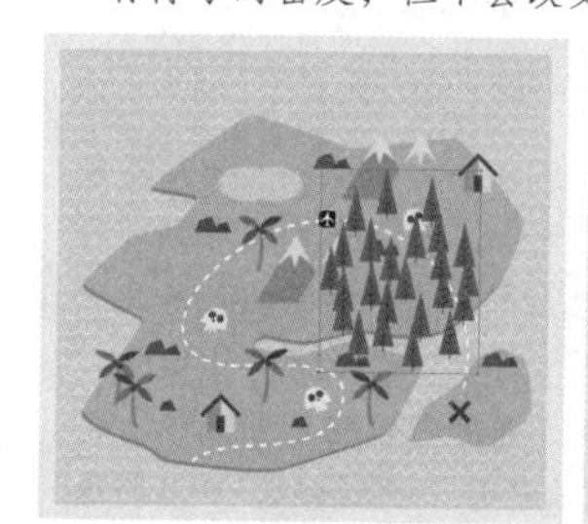

图8-40 “符号组密度”为5

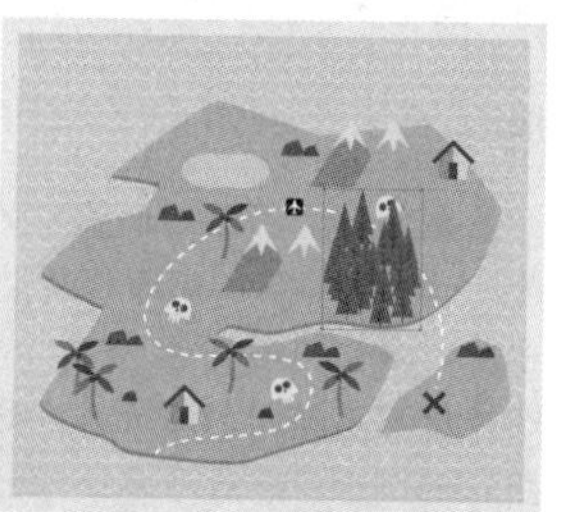

图8-41 “符号组密度”为7

- “显示画笔大小和强度”：选择该选项后，光标在画板中会变为一个圆圈，圆圈代表工具的直径，圆圈的深浅代表了工具的强度，即颜色越浅，强度值越低，如图8-42~图8-45所示。

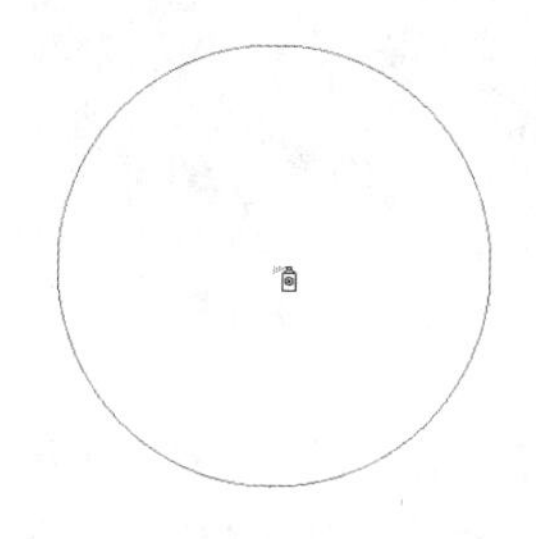

图8-42 “直径”为200px、“强度”为8

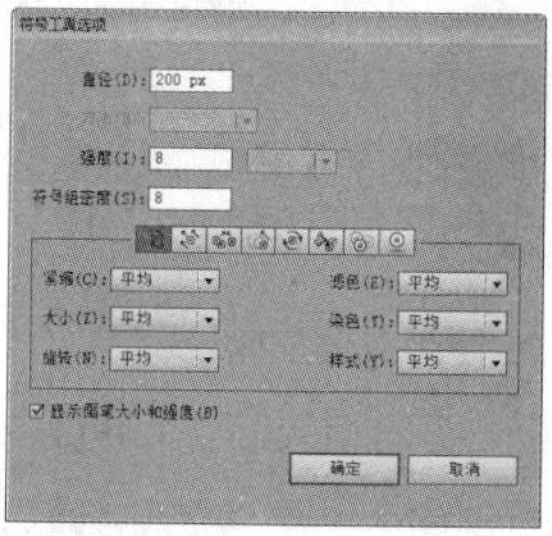

图8-43 “符号工具选项”对话框

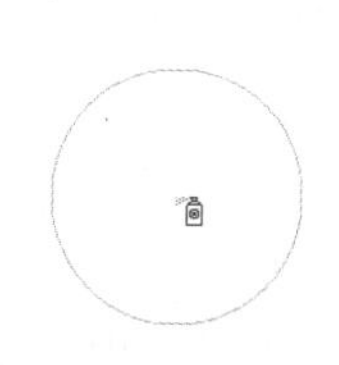

图8-44 “直径”为100px、“强度”为5

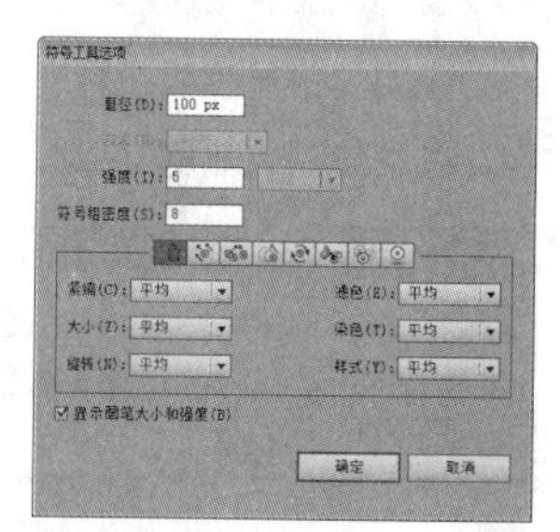

图8-45 “符号工具选项”对话框

● 特定工具选项

- “符号喷枪选项”：当选择符号喷枪工具时，对话框底部会显示“紧缩”“大小”“旋转”“滤色”“染色”和“样式”等选项，如图8-46所示。它们用来控制新符号实例添加到符号组的方式，并且每一个选项都提供了两个选择方式。若选择“平均”，可以添加一个新符号，它具有画笔半径内现有符号实例的平均值；若选择“用户定义”，则会为每个参数应用特定的预设值。
- “符号缩放器选项”：当选择符号缩放器工具时，对话框底部会显示“符号缩放器”选项，如图8-47所示。若选择“等比缩放”，可以保持缩放时每个符号实例的形状一致；若选择“调整大小影响密度”，在放大时可以使符号实例彼此远离，缩小时可以使符号实例彼此聚拢。

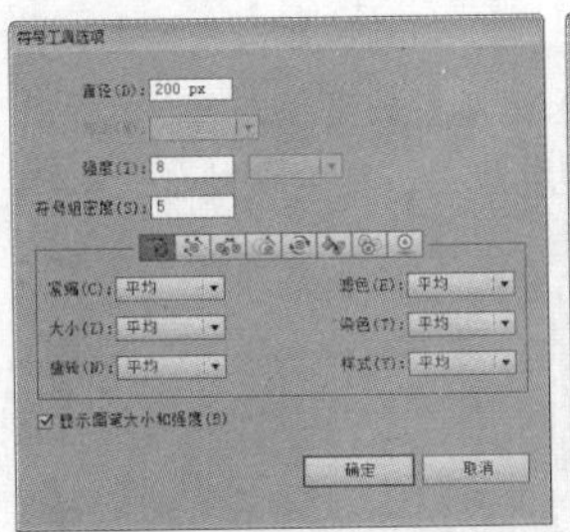

图8-46 “符号喷枪选项”对话框

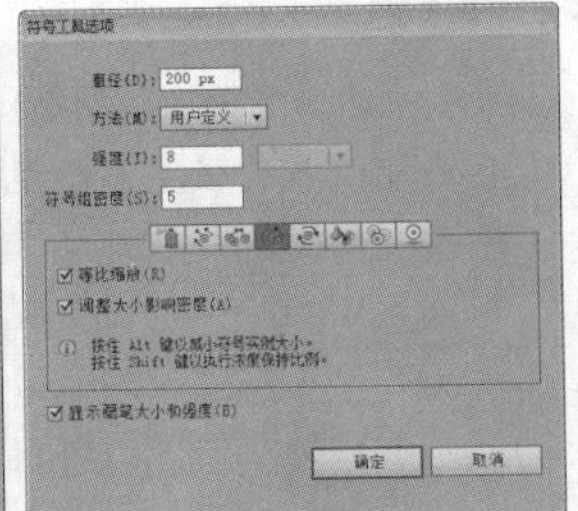

图8-47 “符号缩放器选项”对话框

2. 使用符号工具

通过使用符号工具组中的工具，可以对符号实例进行创建、位移、旋转、着色等操作，并且还能够将普通的图形对象创建为符号，方便重复使用。

● 添加和删除符号

使用“符号喷枪工具” 能够添加和删除符号实例，它是最基本的符号工具。

练习 8-5 添加和删除符号

源文件路径	素材\第8章\练习8-5添加和删除符号
视 频 路 径	视频\第8章\练习8-5添加和删除符号.mp4
难 易 程 度	★★

01 启动 Illustrator，执行“文件”|“打开”命令，在“打开”对话框中选择“花 .ai”素材文件，单击“打开”按钮，将其打开，如图 8-48 所示。

02 单击“符号”面板中的“花 1”符号样本，将其选中，如图 8-49 所示。

图8-48 打开素材文件

图8-49 选中“花 1”符号样本

03 使用“符号喷枪工具” 在画板中单击并拖曳鼠标，创建符号组，如图 8-50 所示。保持符号组的选中状态，单击“符号”面板中的“花 2”符号，如图 8-51 所示。

04 再次使用“符号喷枪工具” 在画板中单击并拖曳鼠标，即可在组内添加符号，如图 8-52 所示。

05 如果要删除符号实例，首先保证符号组处于选中状态，在“符号”面板中单击要编辑的符号样本，如图 8-53 所示。

图8-50 创建符号组

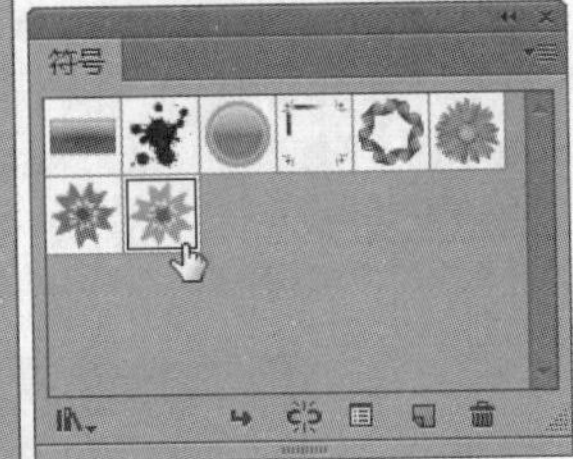

图8-51 选中“花 2”符号样本

图8-52 在符号组中添加符号

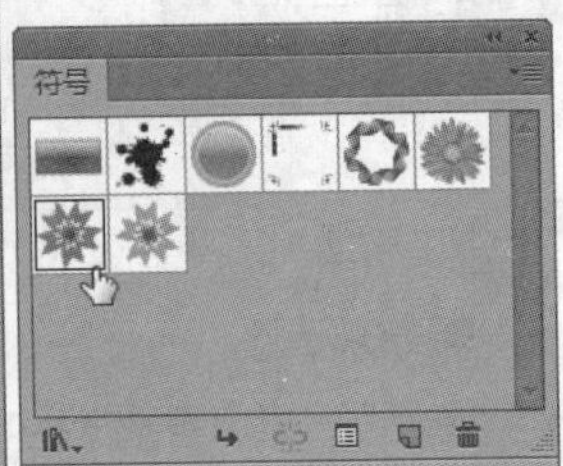

图8-53 选中符号样本

06 继续使用“符号喷枪工具” ，将光标置于符号上方，如图 8-54 所示，然后按住 Alt 键单击一个符号实例，即可将其删除，如图 8-55 所示。按住 Alt 键单击并拖曳鼠标，可以删除出现在光标范围内的符号。

图8-54 将光标置于符号上方

图8-55 删除符号

提示

如果要删除“符号”面板中的符号，可以将其拖曳到“符号”面板底部的“删除符号” 按钮上。如果要删除文档中所有未使用的符号，可以从“符号”面板菜单中选择“选择所有未使用的符号”命令，即可将这些符号选中，如图8-56所示，然后再单击“删除符号” 按钮，即可将这些符号删除，如图8-57所示。

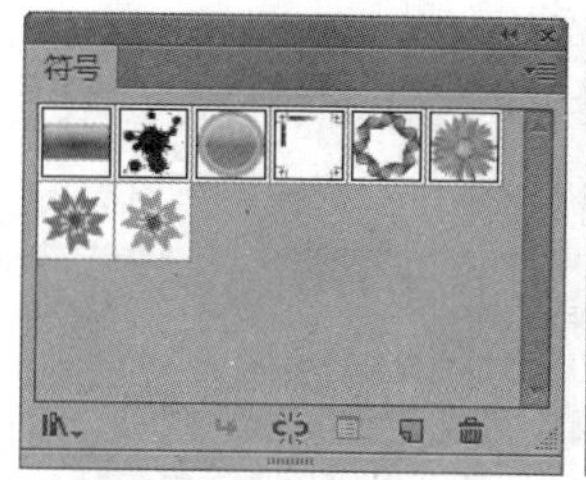

图8-56 选择所有未使用的符号

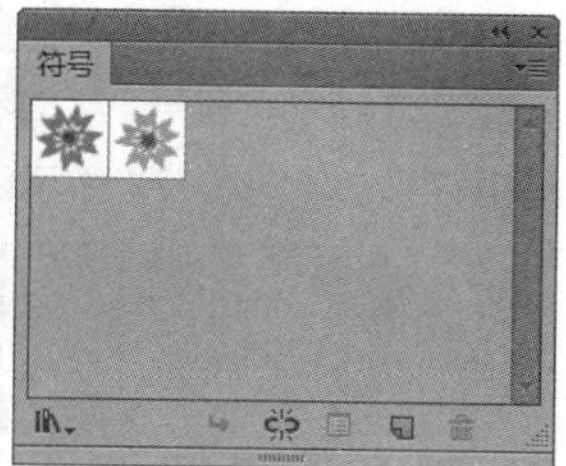

图8-57 删除所选符号

● 移动符号

使用“符号移位器工具”可以移动符号、调整符号的堆叠顺序。

练习 8-6 移动符号

源文件路径	素材\第8章\练习8-6移动符号
视 频 路 径	视频\第8章\练习8-6移动符号.mp4
难 易 程 度	★★

01 启动 Illustrator，执行“文件”|“打开”命令，在“打开”对话框中选择“花 .ai”素材文件，单击“打开”按钮，将其打开，如图 8-58 所示。

02 使用“选择工具”选择符号组。单击“符号”面板中的“花 1”符号样本，将其选中，如图 8-59 所示。

图8-58 打开素材文件

图8-59 选中“花 1”符号样本

03 使用“符号移位器工具”，将光标放在需要移动的符号实例上方，如图 8-60 所示。单击并拖曳鼠标，可以移动样本所对应的符号实例，如图 8-61 所示。

图8-60 将光标放在符号上方

图8-61 移动符号实例

04 将光标放移动到一个符号实例上方，如图 8-62 所示，按住 Shift 键单击，可以将其调整到其他符号的上方，如图 8-63 所示。若按住 Shift+Alt 键单击某个符号，可以将其调整到其他符号的下方。

图8-62 将光标放在符号上方

图8-63 调整符号层次

● 调整符号密度

使用“符号紧缩器工具”可以调整符号的间距，使之聚拢或散开。

练习 8-7 调整符号密度

源文件路径	素材\第8章\练习8-7调整符号密度
视 频 路 径	视频\第8章\练习8-7调整符号密度.mp4
难 易 程 度	★★

01 启动 Illustrator，执行“文件”|“打开”命令，在“打开”对话框中选择“花 .ai”素材文件，单击“打开”按钮，将其打开，如图 8-64 所示。

02 使用“选择工具”选择符号组，按住 Shift 键单击“符号”面板中的“花 1”“花 2”符号样本，将它们同时选中，如图 8-65 所示。

图8-64 打开素材文件

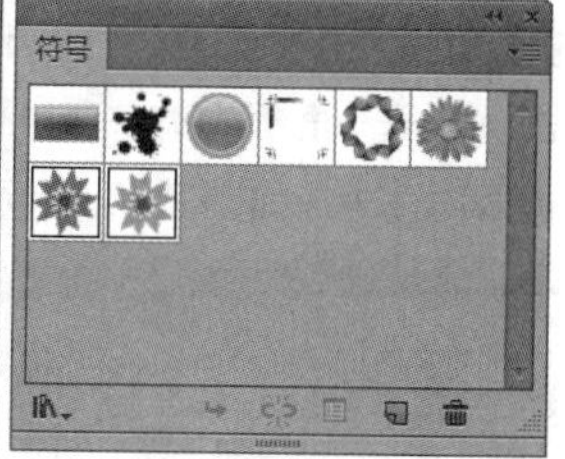

图8-65 选中符号样本

03 使用“符号紧缩器工具”在符号上单击或单击并拖曳鼠标，可以聚拢符号，如图 8-66 所示。按住 Alt 键执行该操作，可以使符号扩散，如图 8-67 所示。

图8-66 聚拢符号

图8-67 扩散符号

● 调整符号大小

使用"符号缩放器工具" 可以调整符号的大小，即对符号进行缩放。

练习 8-8 调整符号大小

源文件路径	素材\第8章\练习8-8调整符号大小
视频路径	视频\第8章\练习8-8调整符号大小.mp4
难易程度	★★

01 启动Illustrator，执行"文件"|"打开"命令，在"打开"对话框中选择"花.ai"素材文件，单击"打开"按钮，将其打开，如图8-68所示。

图8-68 打开素材文件

02 使用"选择工具" 选择符号组。按住Shift键单击"符号"面板中的"花1""花2"符号样本，将它们同时选中，如图8-69所示。

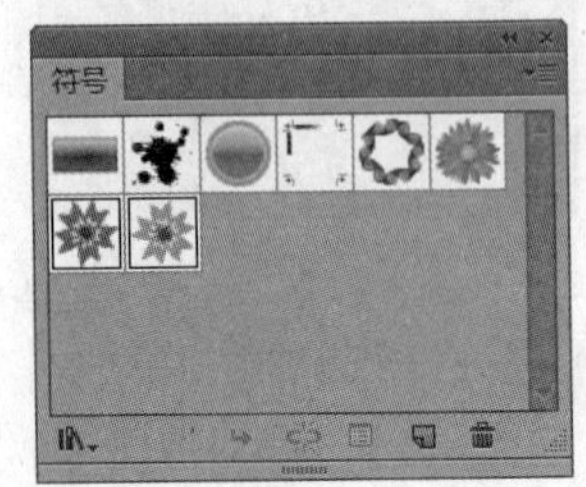

图8-69 选中符号样本

03 使用"符号缩放器工具" 在符号上单击，可以放大符号，如图8-70所示。单击并拖曳鼠标，可以放大光标下方的所有符号。若按住Alt键执行该操作，可以缩小符号，如图8-71所示。

图8-70 放大符号

图8-71 缩小符号

● 旋转符号

使用"符号旋转器工具" 可以旋转符号。在旋转时，符号上会出现一个带有箭头的方向图标，通过它可以观察符号的旋转方向和角度。

练习 8-9 旋转符号

源文件路径	素材\第8章\练习8-9旋转符号
视频路径	视频\第8章\练习8-9旋转符号.mp4
难易程度	★★

01 启动Illustrator，执行"文件"|"打开"命令，在"打开"对话框中选择"花.ai"素材文件，单击"打开"按钮，将其打开，如图8-72所示。

02 使用"选择工具" 选择符号组。按住Shift键单击"符号"面板中的"花1""花2"符号样本，将它们同时选中，如图8-73所示。

图8-72 打开素材文件

图8-73 选中符号样本

03 使用"符号旋转器工具" 在符号上单击或单击并拖曳鼠标，符号上会出现一个带有箭头的方向图标，如图8-74所示，释放鼠标即可旋转符号，如图8-75所示。

图8-74 箭头方向图标

图8-75 旋转符号

● 为符号着色

使用“符号着色器工具” 可以为符号着色。在着色时，将使用原始颜色的明度和上色颜色的色相生成符号的颜色。具有极高或极低明度的颜色改变很少，黑色或白色对象则完全无变化。

练习 8-10 为符号着色

源文件路径	素材\第8章\练习8-10为符号着色
视 频 路 径	视频\第8章\练习8-10为符号着色.mp4
难 易 程 度	★★

01 启动 Illustrator，执行“文件”|“打开”命令，在“打开”对话框中选择“花 .ai”素材文件，单击“打开”按钮，将其打开，如图 8-76 所示。

02 使用“选择工具” 选择符号组。单击“符号”面板中的“花 1”符号样本，将其选中，如图 8-77 所示。

图8-76 打开素材文件

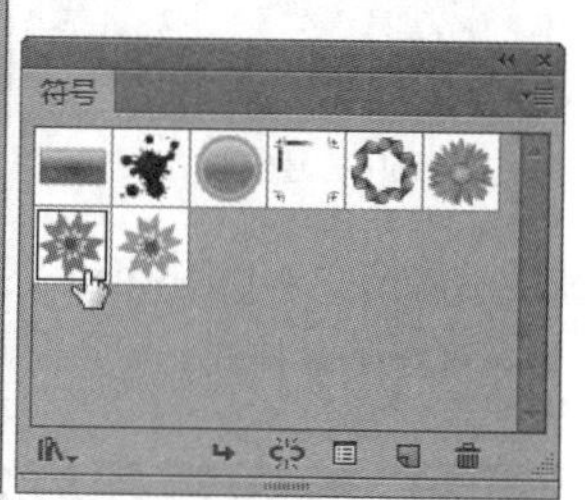

图8-77 选中符号实例

03 执行“窗口”|“色板”或“颜色”命令，打开对应的面板，设置一个填充颜色，如图 8-78 所示。使用“符号着色器工具” 在符号上单击，即可为其着色，如图 8-79 所示。

04 连续在同一个符号上单击，可以增加颜色的浓度，直至将符号实例变为所选颜色，如图 8-80 所示。如果要还原颜色，可以按住 Alt 键单击符号，连续单击可以逐渐还原至原有颜色，如图 8-81 所示。

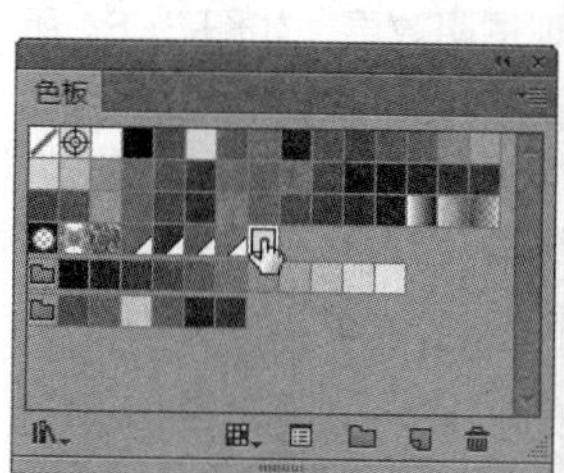

图8-78 设置填充颜色

图8-79 为符号着色

图8-80 增加颜色浓度

图8-81 逐渐还原颜色

● 调整符号的透明度

使用“符号滤色器工具” 可以调整符号的透明度，使其呈现半透明状态。

练习 8-11 调整符号的透明度

源文件路径	素材\第8章\练习8-11调整符号的透明度
视 频 路 径	视频\第8章\练习8-11调整符号的透明度.mp4
难 易 程 度	★★

01 启动 Illustrator，执行“文件”|“打开”命令，在“打开”对话框中选择“花 .ai”素材文件，单击“打开”按钮，将其打开，如图 8-82 所示。

02 使用“选择工具” 选择符号组。按住 Shift 键单击“符号”面板中的“花 1”“花 2”符号样本，将它们同时选中，如图 8-83 所示。

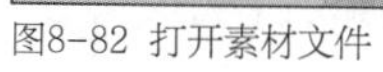

图8-82 打开素材文件

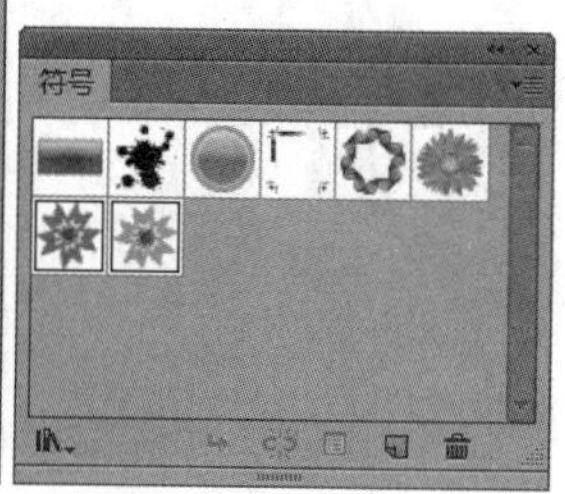

图8-83 选中符号样本

03 使用“符号滤色器工具” 在符号实例上单击或单击并拖曳鼠标可以使符号呈现透明效果，如图 8-84 所示。连续操作可增加透明度直到符号在画面中消失，如图 8-85 所示。

图8-84 透明效果

图8-85 逐渐消失

04 如果按住 Alt 键在符号上单击或单击并拖曳鼠标可以还原符号的透明度，连续执行该操作可以逐渐恢复为原来的状态。

● 为符号添加图形样式

使用“符号样式器工具” 可以为符号实例添加不同的样式，使符号呈现丰富的变化。为符号添加样式时，需要配合“图形样式”面板进行操作。

练习 8-12 为符号添加图形样式

源文件路径	素材\第8章\练习8-12为符号添加图形样式
视 频 路 径	视频\第8章\练习8-12为符号添加图形样式.mp4
难 易 程 度	★★

01 启动 Illustrator，执行“文件”|“打开”命令，在“打开”对话框中选择“花 .ai”素材文件，单击“打开”按钮，将其打开，如图 8-86 所示。

02 使用“选择工具” 选择符号组。执行“窗口”|“图形样式”命令，打开“图形样式”面板，在该面板中选择一种样式，如图 8-87 所示。

图8-86 打开素材文件

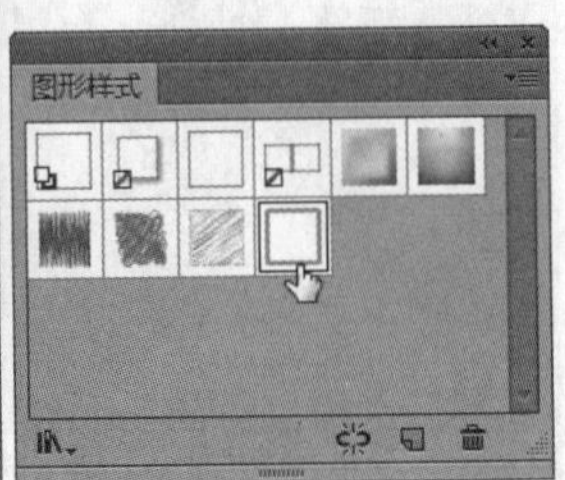

图8-87 选择图形样式

03 此时符号组中的所有符号实例都会应用该样式，如图 8-88 所示。

04 保持符号组的选中状态，选择“符号样式器工具” ，然后在“图形样式”面板中选择一种样式，如图 8-89 所示。

图8-88 应用图形样式

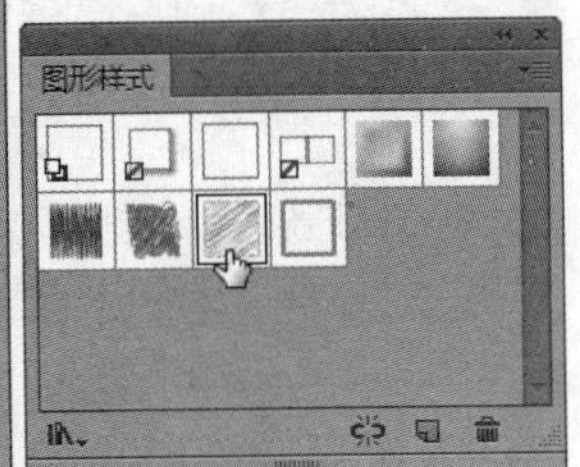

图8-89 选择图形样式

05 单击“符号”面板中的“花 1”符号样本，将其选中，如图 8-90 所示。使用“符号样式器工具” 在符号实例上单击或单击并拖曳鼠标，可以将所选样式应用到符号中，如图 8-91 所示。样式的应用量会随着鼠标单击或拖曳次数的增加而增加。

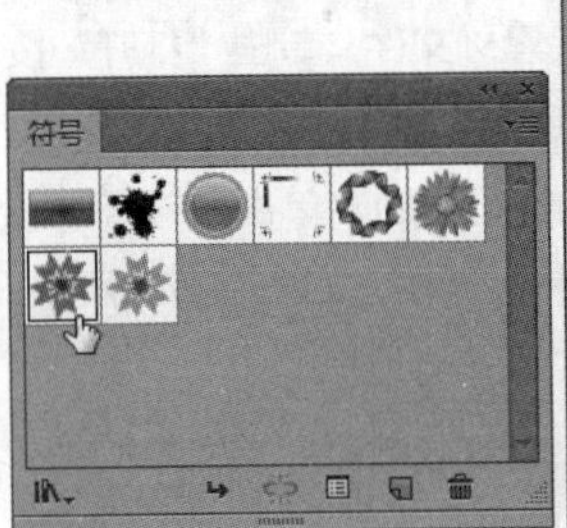

图8-90 选中符号样本

图8-91 应用样式

06 若果按住 Alt 键执行上述操作，可以减少样式的应用量，直至清除样式。

8.2.2 编辑符号样本

无论是符号库中预设的符号样本还是自定义的符号，都可以对其进行复制、替换操作，也可以修改符号并重新定义，或者将符号扩展为普通的图形对象。

1. 复制符号

对符号进行旋转、缩放、着色和调整透明度等操作后，若想再次创建相同效果的符号实例，可以通过复制的方式进行操作。

练习 8-13 复制符号

源文件路径	素材\第8章\练习8-13复制符号
视 频 路 径	视频\第8章\练习8-13复制符号.mp4
难 易 程 度	★★

01 启动 Illustrator，执行“文件”|“打开”命令，在“打开”对话框中选择“酒杯 .ai”素材文件，单击“打开”按钮，将其打开，如图 8-92 所示。在“符号”面板中选择“酒杯”符号样本，如图 8-93 所示。

图8-92 打开素材文件

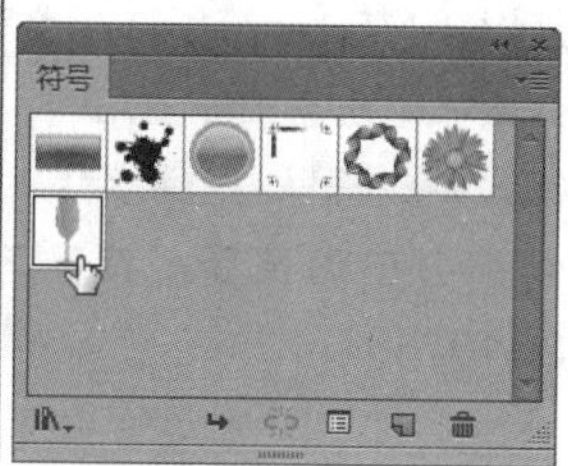

图8-93 选择符号样本

02 将“酒杯”符号添加到画板中，如图 8-94 所示。使用“选择工具”选择该符号，并对其进行旋转，调整位置如图 8-95 所示。

图8-94 添加符号

图8-95 旋转符号

03 保持“符号”面板中符号样本和画板中符号实例的选中状态。使用“符号喷枪工具”在符号实例上单击，即可复制出相同的符号实例，如图 8-96 所示。

04 使用“符号位移器工具”和“符号旋转器工具”，调整“酒杯”符号位置如图 8-97 所示。

提示

使用“选择工具”选中符号实例，按住Alt键单击并拖曳鼠标，也可以复制变换后的符号实例。无论是缩放、旋转或复制符号实例，都不会改变“符号”面板中的符号样本，只是改变符号在画板中的显示效果。

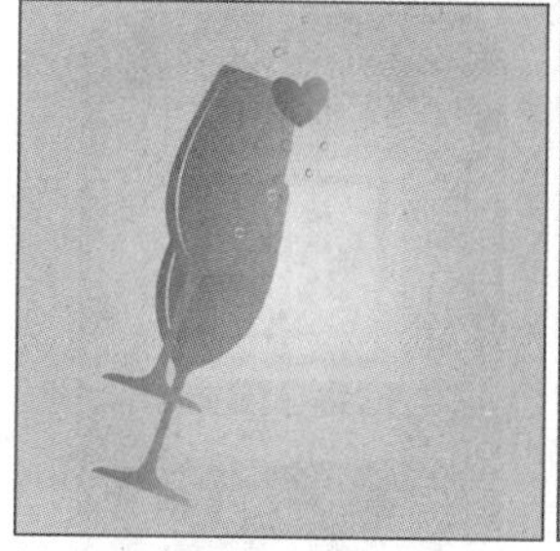

图8-96 复制符号实例

图8-97 调整酒杯位置

2. 替换符号

在画板中对符号实例进行编辑后，如果想要更换实例中的符号，可以通过替换符号的方式进行操作。

练习 8-14 替换符号

源文件路径	素材\第8章\练习8-14替换符号
视 频 路 径	视频\第8章\练习8-14替换符号.mp4
难 易 程 度	★★

01 启动 Illustrator，执行“文件”|“打开”命令，在“打开”对话框中选择“碎花卡片 .ai”素材文件，单击“打开”按钮，将其打开，如图 8-98 所示。

02 使用“选择工具”，按住 Shift 键单击心形符号，将它们全部选中，如图 8-99 所示。

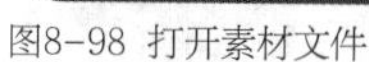

图8-98 打开素材文件

图8-99 选中心形符号

提示

在进行选择时，可先在“图层”面板中单击“图层3”缩览图前面的眼睛按钮，将其隐藏。

03 在“符号”面板中选择“花 1”符号样本，如图 8-100 所示，单击面板右上角的面板菜单按钮，在打开的面板菜单中选择“替换符号”命令，即可用“花 1”符号替换所选符号实例，如图 8-101 所示。

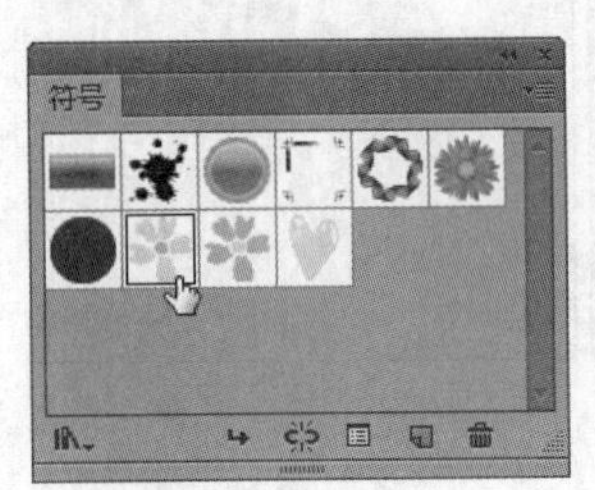

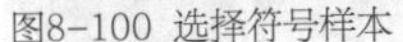

图8-100 选择符号样本

图8-101 替换符号实例

3. 重新定义符号

如果符号组中使用了不同的符号，但只想替换其中一种符号，可以通过重新定义符号的方式进行操作。

练习 8-15 重新定义符号

源文件路径	素材\第8章\练习8-15重新定义符号
视频路径	视频\第8章\练习8-15重新定义符号.mp4
难易程度	★★

01 启动 Illustrator，执行“文件”|“打开”命令，在“打开”对话框中选择“碎花卡片 .ai”素材文件，单击“打开”按钮，将其打开，如图 8-102 所示。

02 双击“符号”面板中的“花 1”符号样本，如图 8-103 所示，进入符号编辑状态，文档窗口中会单独显示符号。

图8-102 打开素材文件

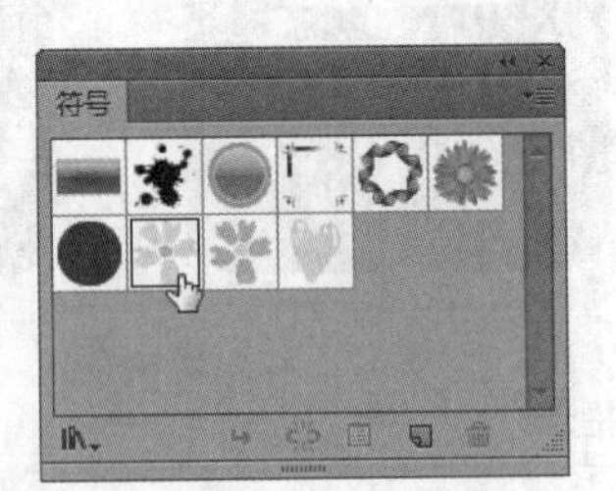

图8-103 选择符号样本

03 使用“编组选择工具”，按住 Shift 键单击黄色花瓣，将它们全部选中，如图 8-104 所示。然后在“色板”或“颜色”面板中重新定义一个颜色，如图 8-105 所示。

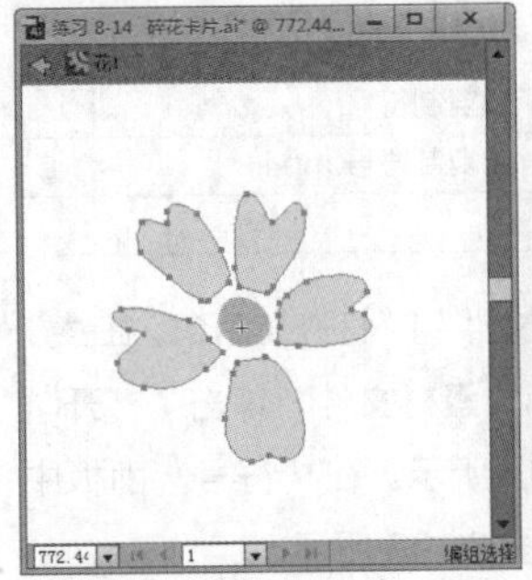

图8-104 选择黄色花瓣

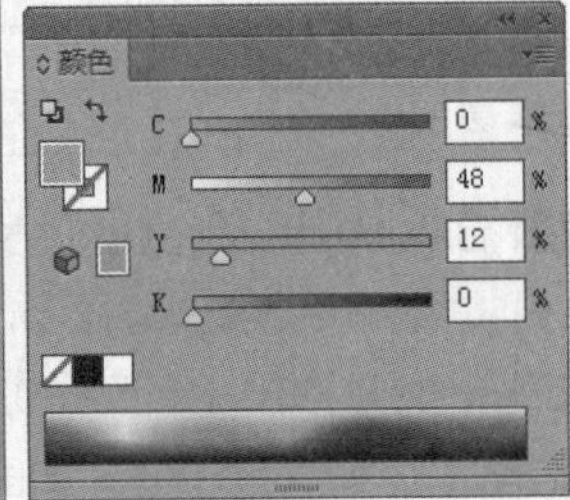

图8-105 重新定义颜色

04 将“花 1”符号样式重新定义为图 8-106 所示的效果。单击窗口左上角的“退出符号编辑模式”按钮，完成符号的重新定义，所有使用该样本的符号实例都会自动更新，其他符号实例保持不变，如图 8-107 所示。

图8-106 重新定义颜色效果

图8-107 更新符号实例

提示

将符号样本添加到画板中之后，单击“符号”面板中的“断开符号链接”按钮，断开实例与样本的链接，此时可对符号实例进行编辑和修改。修改完成后，执行“符号”面板菜单中的“重新定义符号”命令，可将其重新定义为符号，文档中所有使用该符号样本创建的符号实例也将会自动更新。

4. 扩展符号实例

在画板中建立的符号实例，均与“符号”面板中的符号样本相连，如果修改符号的形状或颜色，画板中的符号实例都会被修改。如果只想单独修改符号实例，而不影响符号样本，可以通过扩展符号实例的方式进行操作。

练习 8-16 扩展符号实例

源文件路径	素材\第8章\练习8-16扩展符号实例
视频路径	视频\第8章\练习8-16扩展符号实例.mp4
难易程度	★★

01 启动 Illustrator，执行“文件”|“打开”命令，在“打开”对话框中选择“碎花卡片 .ai”素材文件，单击“打开”按钮，将其打开，如图 8-108 所示。选择画板中的符号实例，如图 8-109 所示。

图8-108 打开素材文件

图8-109 选择符号实例

02 执行“对象”|“扩展”命令，扩展所选符号实例，如图 8-110 所示。然后对它们单独进行编辑，如图 8-111 所示。

图8-110 扩展符号实例

图8-111 单独编辑符号对象

提示

如果选择的是符号组，再执行“对象”|“扩展”命令，即可将符号组中的符号实例扩展为单个的对象，然后使用“编组选择工具”选择对象进行编辑。

8.2.3 课堂范例——制作音乐海报

源文件路径	素材\第8章\8.2.3课堂范例——制作音乐海报
视频路径	视频\第8章\8.2.3课堂范例——制作音乐海报.mp4
难易程度	★★★

本实例主要介绍如何使用“符号”面板和符号工具制作音乐海报。

01 启动 Illustrator，执行“文件”|“打开”命令，在“打开”对话框中选择“矢量人物 .ai”素材文件，单击“打开”按钮，将其打开，如图 8-112 所示。

02 打开“符号”面板，将该面板中原有的符号删除，如图 8-113 所示。

图8-112 打开素材文件

图8-113 删除原有符号样本

03 使用“选择工具”选择画板中的矢量人物，如图 8-114 所示，然后按住 Shift 键单击“符号”面板中的“新建符号”按钮，分别为它们命名，将所有矢量人物保存为单独的符号样本，如图 8-115 所示。

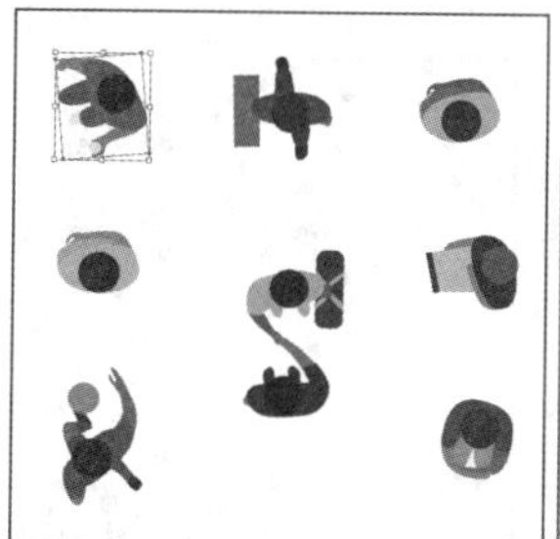

图8-114 选择矢量人物

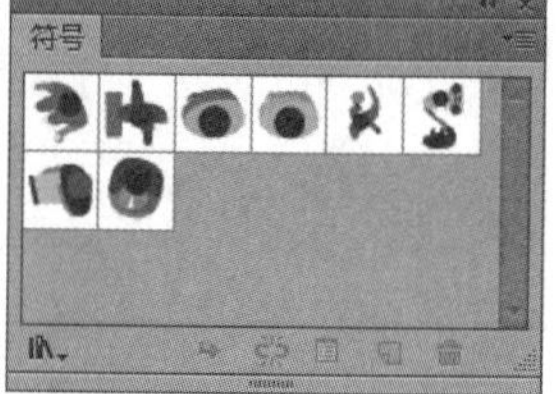

图8-115 分别创建为符号样本

04 单击面板右上角的面板菜单按钮，在打开的下拉列表中选择 “存储符号库” 命令，打开 “将符号存储为库” 对话框，命名为 “矢量人物符号”，然后单击 “保存” 按钮，将其保存。

05 执行“文件”|“打开”命令，在“打开”对话框中选择“海报.ai”素材文件，单击“打开”按钮，将其打开，如图8-116所示。

06 单击“符号”面板底部的“符号库菜单” 按钮，在下拉列表中选择“其他库”命令，在打开的“选择要打开的库”对话框中选择“矢量人物符号”符号库，将其打开，如图8-117所示。

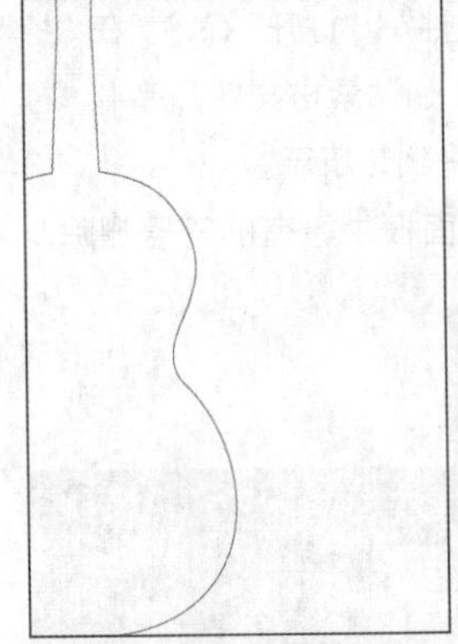

图8-116 打开素材文件

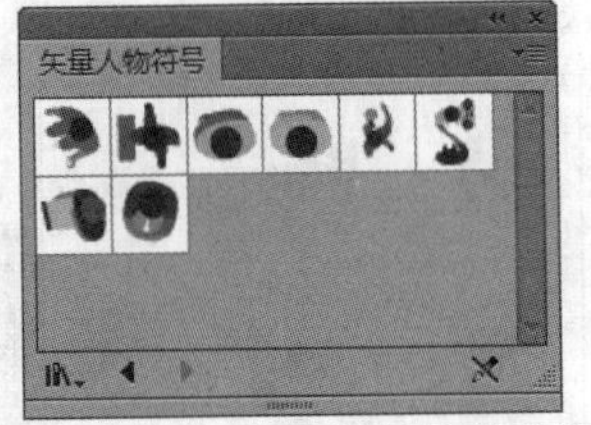

图8-117 “矢量人物符号”符号库

07 在“矢量人物符号”符号库中单击选择一个符号样本，再使用“符号喷枪工具” 在画板中创建符号组，如图8-118所示。保持符号组的选中状态，在符号库面板中切换符号样本，运用相同的方式在符号组中添加符号实例，如图8-119所示。

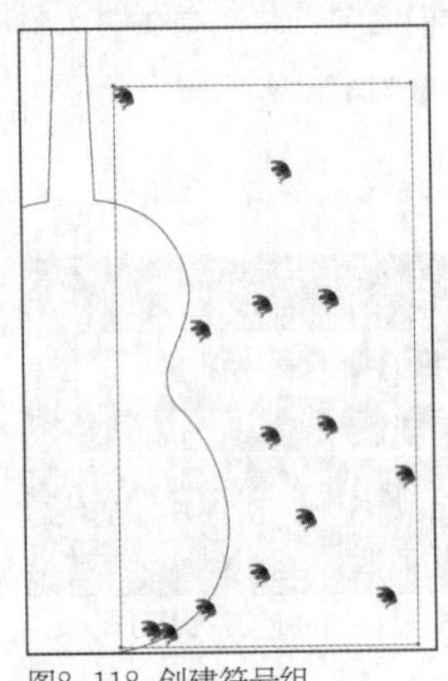

图8-118 创建符号组

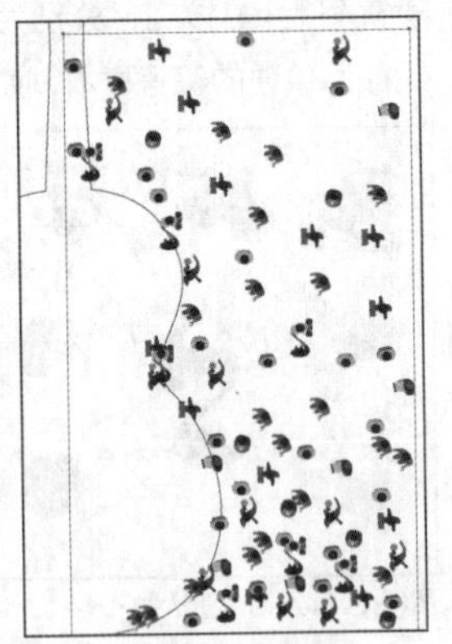

图8-119 添加符号实例

08 使用其他符号工具对符号组的疏密排列情况稍作调整。保持符号组的选中状态，执行“对象”|“扩展”命令，扩展符号实例，如图8-120所示。

09 使用“编组选择工具” 单独对符号实例进行编辑，调整位置及方向，效果如图8-121所示。

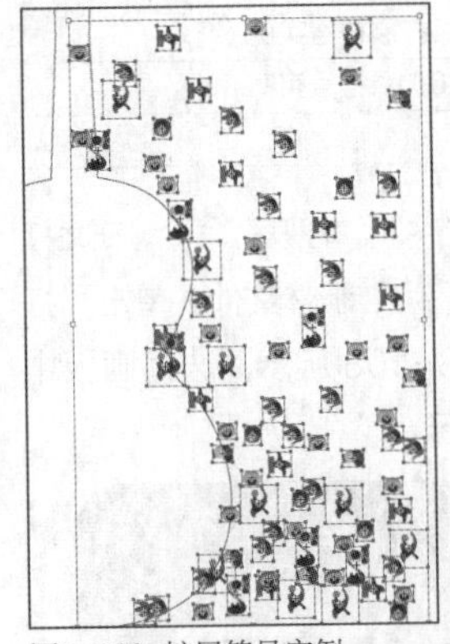

图8-120 扩展符号实例

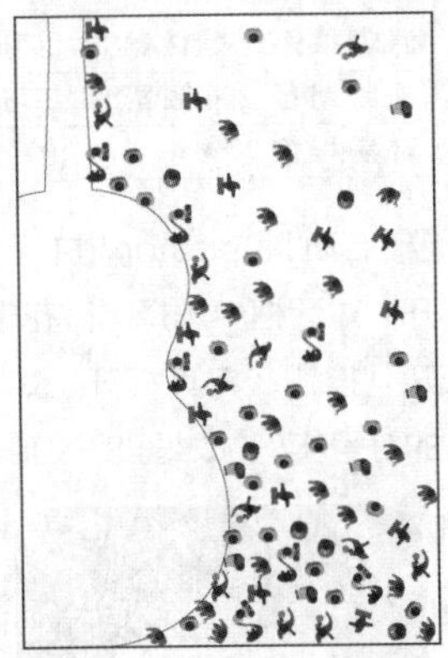

图8-121 调整符号

10 在“图层”面板中将大提琴路径隐藏，如图8-122、图8-123所示。

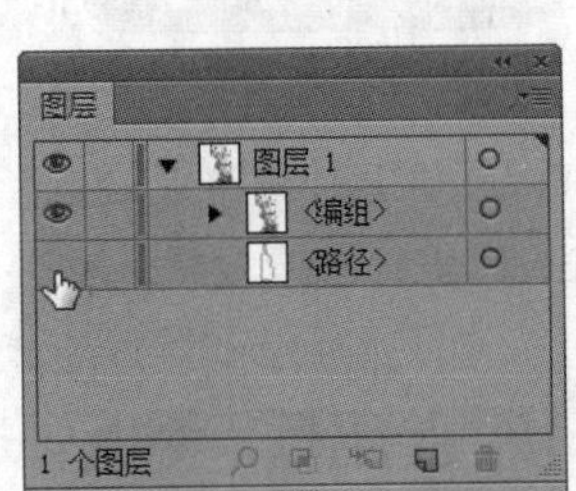

图8-122 隐藏大提琴路径

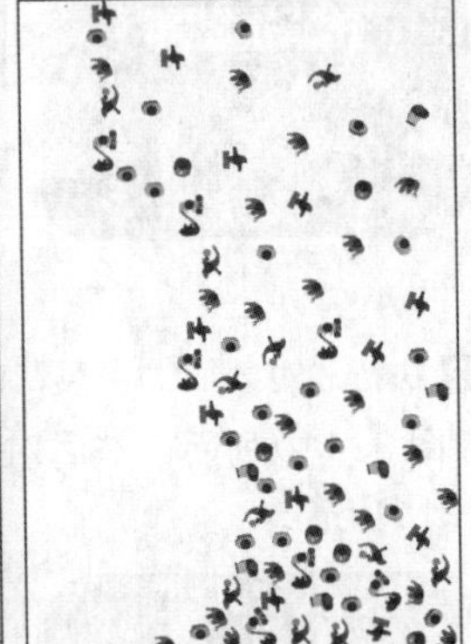

图8-123 图像效果

11 使用“文字工具” 为海报添加文字内容，如图8-124所示。使用“矩形工具” 绘制黑白矩形，完成海报的制作，最终效果如图8-125所示。

图8-124 添加文字内容

图8-125 最终效果

8.3 创建图表

在Illustrator中，不仅能够绘制矢量图形，还能够创建图表。图表可以直观展示统计信息，是将数据形象化、可视化的重要手段。在创建图表的过程中，统计信息既可以用简单的几何图形显示，也可以使用符号或外部图形显示。

8.3.1 图表的种类

Illustrator的工具箱中包含9种图表工具，如图8-126所示，可以根据所需要表达的信息制作9种不同类型的图表。

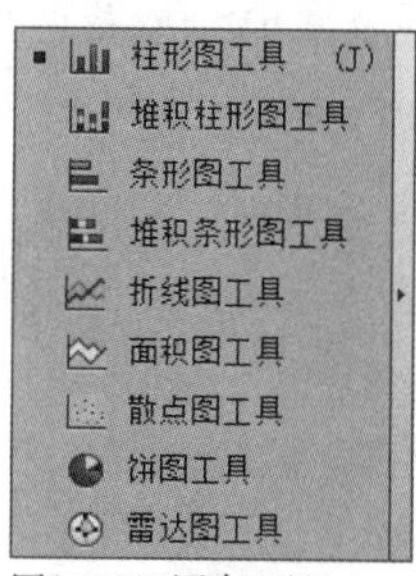

图8-126 图表工具

1. 柱形图图表

使用“柱形图工具”可以创建柱形图图表。柱形图图表是最常用的图表之一，它以坐标轴的形式显示数据，柱形的高度代表与其对应的数据，数值越大，柱形的高度越高，如图8-127所示。

2. 堆积柱形图图表

使用“堆积柱形图工具”可以创建堆积柱形图图表。该图表与柱形图图表相似，但它将各个柱形堆积起来，而不是互相并列。在该类图表中，数据会堆积在一起，因此，可以显示某些数据的总量，并且便于观察每一个分量在总量中所占的比例，如图8-128所示。

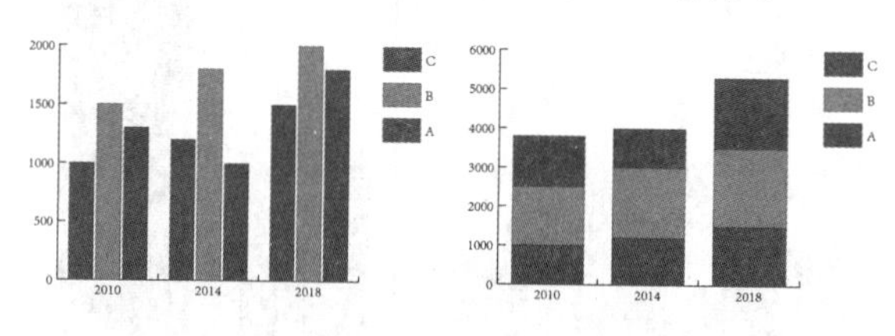

图8-127 柱形图图表 图8-128 堆积柱形图图表

3. 条形图图表

使用“条形图工具”可以创建条形图图表。该图表与柱形图图表相似，但它是水平放置条形而不是垂直放置柱形，如图8-129所示。

4. 堆积条形图图表

使用“堆积条形图工具”可以创建堆积条形图图表。该图表与堆积柱形图图表相似，但它是水平堆积条形而不是垂直堆积柱形，如图8-130所示。

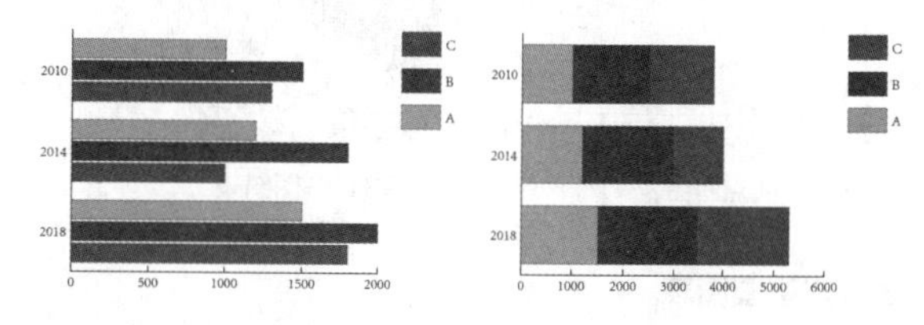

图8-129 条形图图表 图8-130 堆积条形图图表

5. 折线图图表

使用“折线图工具”可以创建折线图图表。该图表以点来显示统计数据，再通过不同颜色的折线来连接不同组的点，每列数据对应折线图中的一条线，如图8-131所示。这类图表通常用于表示在一段时间内一个或多个主题的变化趋势，对于确定一个项目的进程很有帮助。

6. 面积图图表

使用“面积图工具”可以创建面积图图表。该图表与折线图图表相似，但它会对形成的区域进行填充，适合强调数值的整体和变化情况，如图8-132所示。

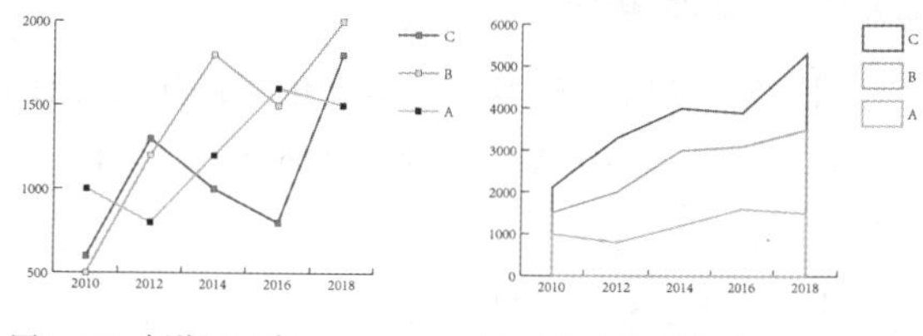

图8-131 折线图图表 图8-132 面积图图表

7. 散点图图表

使用“散点图工具”可以创建散点图图表。该图表沿X轴和Y轴将数据点作为成对的坐标组进行绘制，如图8-133所示。这类图表适合识别数据中的图案或趋势，还可以表示变量是否相互影响。

8. 饼图图表

使用“饼图工具”可以创建饼图图表。该图表适合表现百分比的比较结果，它把数据的总和作为一个圆形，各组统计数据依据其所占的比例将圆形划分，数据的百分比越高，在总量中所占的面积越大，如图8-134所示。

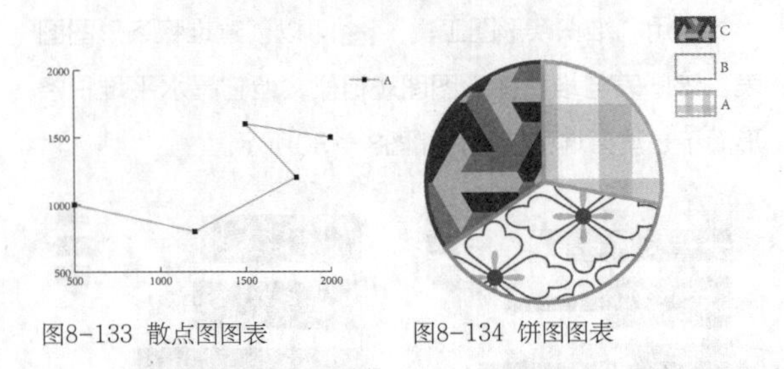

图8-133 散点图图表　　图8-134 饼图图表

9. 雷达图图表

使用“雷达图工具”可以创建雷达图图表，雷达图也称作网状图。该图表可以在某一特定时间或特定类别上比较数值组，并以圆形格式表示，如图8-135所示。这类图表常用于专业性较强的自然科学统计。

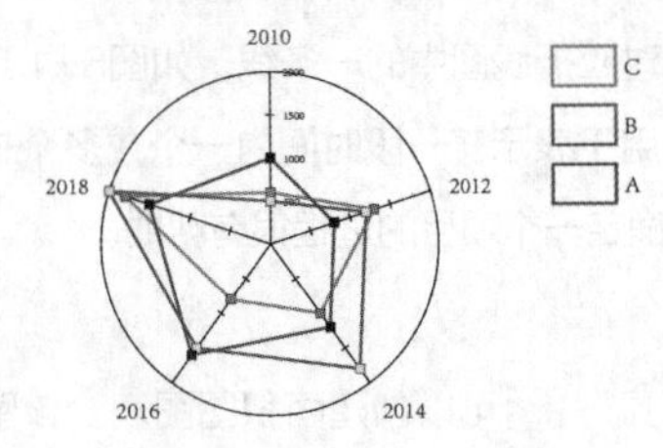

图8-135 雷达图图表

8.3.2 创建图表

根据统计信息的不同，可以使用不同的图表工具来创建图表，还可以使用Microsoft Excel数据、文本文件中的数据来创建图表。

● “图表数据”对话框

使用任意图表工具在画板中单击并拖曳鼠标，定义图表的大小，释放鼠标后，将会弹出“图表数据”对话框，如图8-136所示。

图8-136 “图表数据”对话框

- 输入文本框：用来输入不同数据组的标签内容。这些标签将在图例中显示（标签用于说明比较的数据组和要比较的种类）。单击对话框中的一个单元格，如图8-137所示，然后在输入文本框中输入数据，数据便会出现在所选单元格中，如图8-138所示。

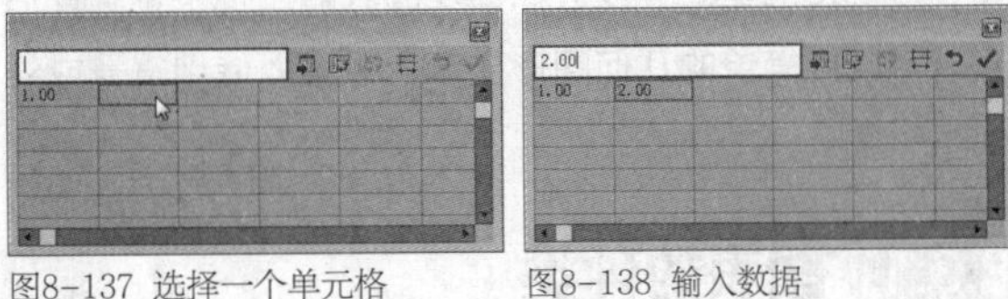

图8-137 选择一个单元格　　图8-138 输入数据

提示

按↑、↓、←、→方向键可以切换单元格；按Tab键可以输入数据并选择同一行中的下一个单元格。如果希望Illustrator为图表生成图例，则需删除左上角单元格的内容并保留此单元格为空白。

- 单元格左列：单元格的左列用于输入类别的标签。类别通常包括时间单位，如日、月或年。这些标签沿图表的水平轴或者垂直轴显示，但雷达图图表例外，他的每个标签都产生单独的轴。如果要创建包括数字的标签，应使用直式双引号将数字引起来，如图8-139、图8-140所示。若使用全角引号，则引号也会显示在图表中，如图8-141、图8-142所示。

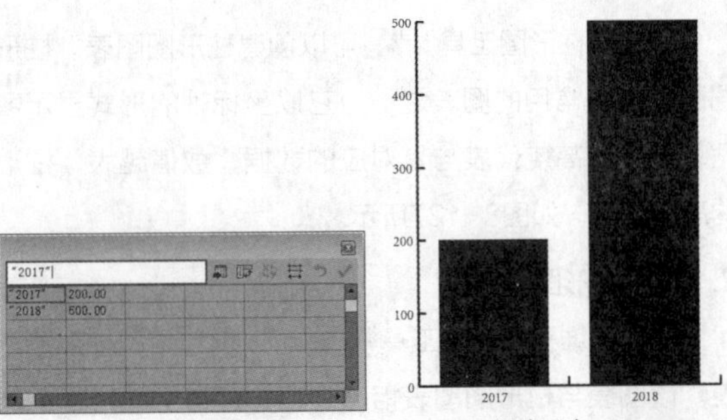

图8-139 直式双引号输入年份　　图8-140 创建图表

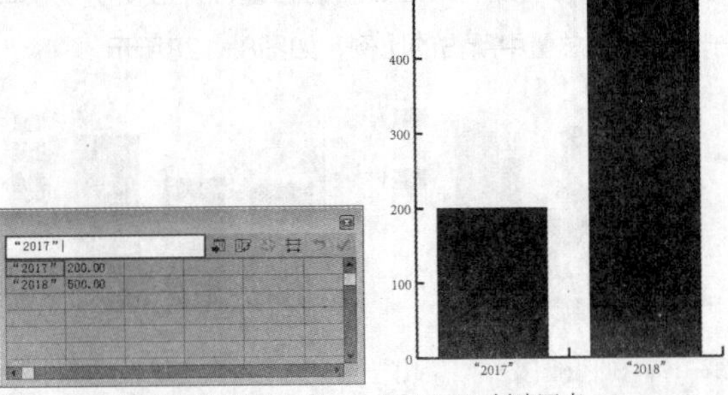

图8-141 全角双引号输入年份　　图8-142 创建图表

- “导入数据”按钮：单击该按钮，可以导入其他应用程序创建的数据。
- “换行/列”按钮：单击该按钮，可以转换行与列中的数据。
- “切换X/Y”按钮：在创建散点图表时，单击该按钮，可以切换X轴与Y轴的位置。
- “单元格样式”按钮：单击该按钮，可以打开“单元格样式”对话框，如图8-143所示。其中“小数位数”选项用来定义数据中小数点后面的位数。默认为2位小数，此时若在单元格中输入数字5，在“图表数据”窗口中会显示为5.00；若在单元格中输入数字3.14159，则会显示为3.14。如果要增加小数位数，可增加该选项中的数值。“列宽度”选项用来调整“图表数据”对话框中每一列数据间的宽度，如图8-145所示。调整列宽不会影响图表中列的宽度，只是会使“图表数据”对话框中的每一列能查看更多或更少的数字。

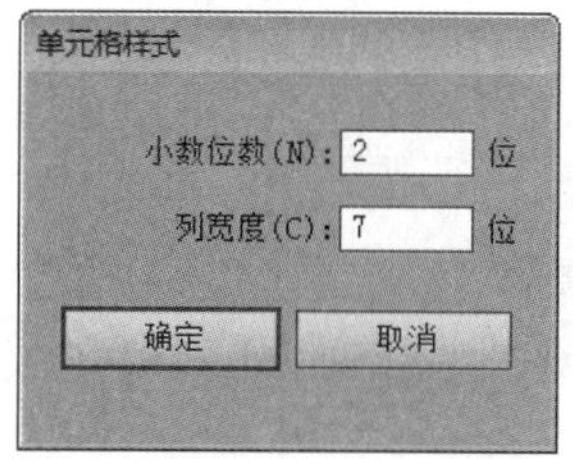

图8-143 “单元格样式”对话框

- “恢复”按钮：单击该按钮，可以将修改的数据恢复为初始状态。
- “应用”按钮：在该对话框中输入或修改数据之后，单击该按钮，可以创建或刷新图表。

1. 创建任意大小的图表

使用任意图表工具在画板中单击并拖曳鼠标，即可定义图表的大小。若使用任意图表工具在画板中单击，将会弹出“图表”对话框，输入数值可以创建具有精确宽度和高度的图表，但是该数值不包括图表的标签和图例。

练习 8-17 创建任意大小的图表

源文件路径	素材\第8章\练习8-17创建任意大小的图表
视频路径	视频\第8章\练习8-17创建任意大小的图表.mp4
难易程度	★★

01 启动 Illustrator，执行“文件”|“新建”命令，创建一个空白画板。

02 使用“柱形图工具”在画板上单击并拖曳出一个矩形框，如图8-144所示。释放鼠标后，弹出“图表数据”对话框，如图8-145所示。

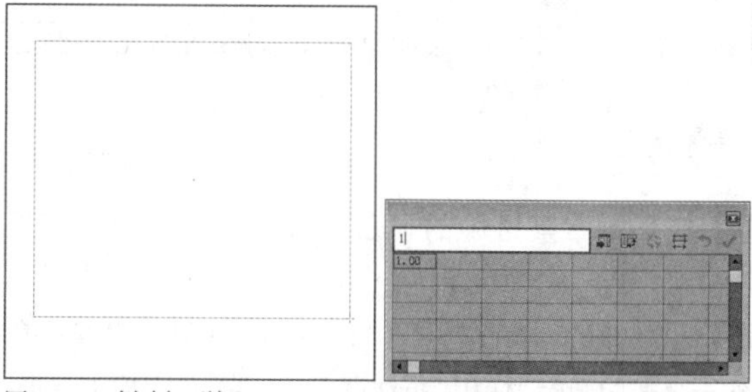
图8-144 创建矩形框　　图8-145 打开“图表数据”对话框

提示

在使用图表工具绘制矩形框定义图表大小时，若按住Alt键可以从中心绘制，若按住Shift键可以绘制正方形图表。

03 单击一个单元格，然后在窗口顶部的文本框中输入数值，可以按↑、↓、←、→方向键切换单元格，或者通过单击选择单元格，输入所有表格数据，如图8-146所示。

04 单击“图表数据”对话框右上角的“应用”按钮，即可创建图表，如图8-147所示。

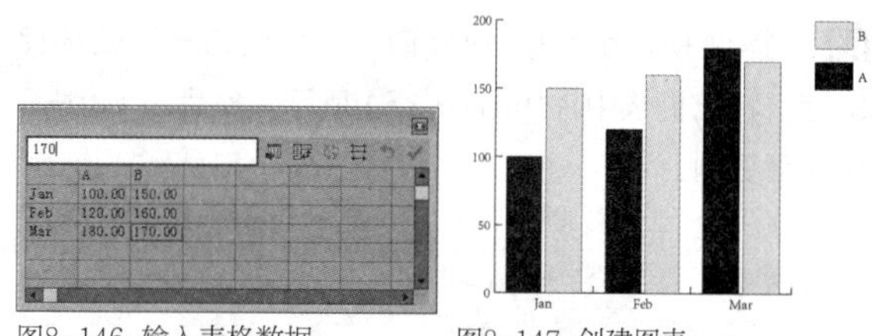

图8-146 输入表格数据　　图8-147 创建图表

提示

在创建图表时，工具面板中选择的图表工具类型决定了Illustrator生成的图表类型。但是，这并不意味着图表的类型固定不变，关于修改图表类型的详情请参阅本章8.4小节。

2. 使用 Microsoft Excel 数据创建图表

从电子表格应用程序（如Lotus1-2-3或Microsoft Excel）中复制数据后，可以在Illustrator的“图表数据”对话框中粘贴为图表的数据。

练习 8-18 使用 Microsoft Excel 数据创建图表

源文件路径	素材\第8章\练习8-18使用Microsoft Excel数据创建图表
视 频 路 径	视频\第8章\练习8-18使用Microsoft Excel数据创建图表.mp4
难 易 程 度	★★

01 打开本章素材中的 Microsoft Excel 文件，如图 8-148 所示。

02 启动 Illustrator，执行“文件”|“新建”命令，创建一个空白画板。使用“折线图工具”在画板中单击，打开“图表”对话框，输入图表的宽度和高度，如图 8-149 所示。

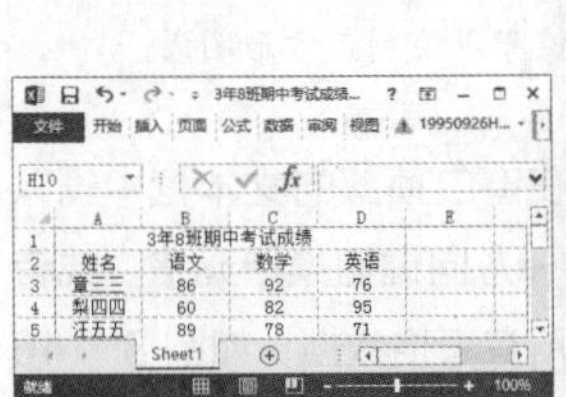

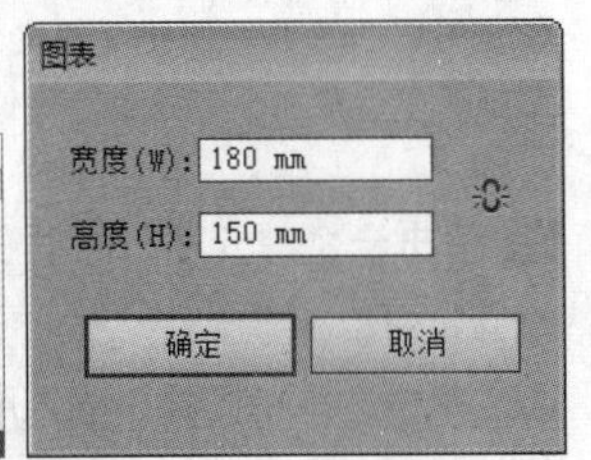

图8-148 打开Microsoft Excel文件　图8-149 打开“图表”对话框

03 单击“确定”按钮，打开“图表数据”对话框，删除默认数值，如图 8-150 所示。

04 切换到 Microsoft Excel 窗口。在姓名一列处拖曳鼠标，将它们选中，如图 8-151 所示，然后按 Ctrl+C 快捷键复制。

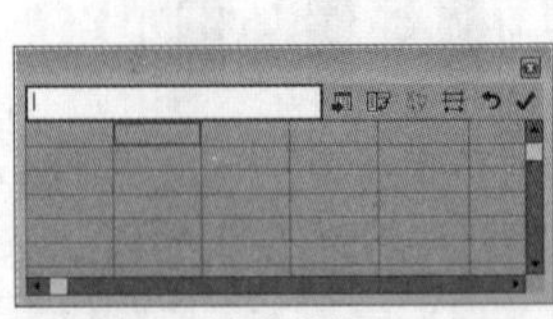

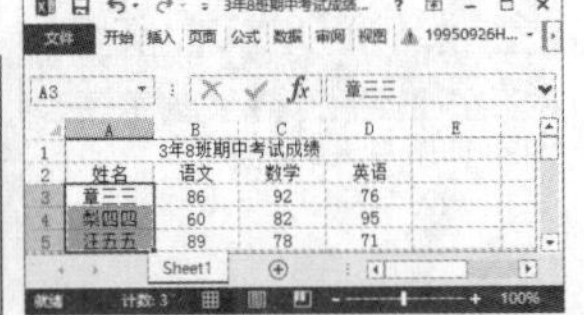

图8-150 删除默认值　图8-151 复制姓名信息

05 切换到 Illustrator 窗口，在对应的单元格处单击并拖曳鼠标，将它们选中，如图 8-152 所示。按 Ctrl+V 快捷键粘贴，如图 8-153 所示。

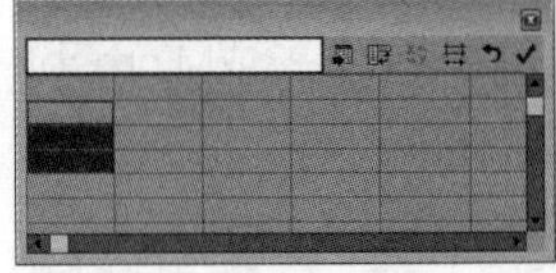

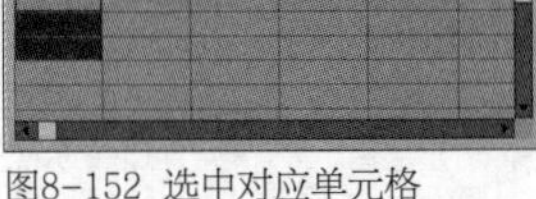

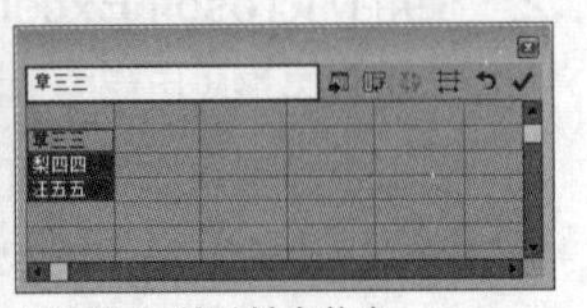

图8-152 选中对应单元格　图8-153 粘贴姓名信息

06 切换到 Microsoft Excel 窗口，选中“科目”一行，如图 8-154 所示，按 Ctrl+ C 快捷键复制，将其粘贴到 Illustrator 中对应的单元格中，如图 8-155 所示。

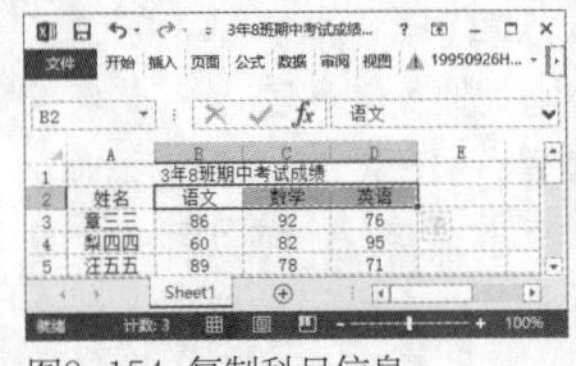

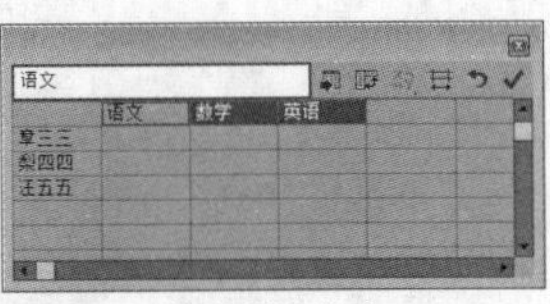

图8-154 复制科目信息　图8-155 粘贴科目信息

07 运用相同的方式复制成绩数据至 Illustrator 中，如图 8-156 所示。单击“图表数据”对话框右上角的“应用”按钮，即可创建图表，如图 8-157 所示。

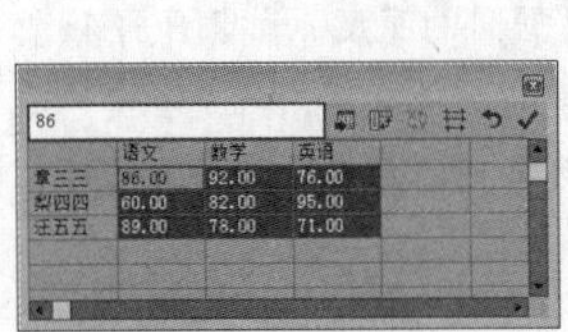

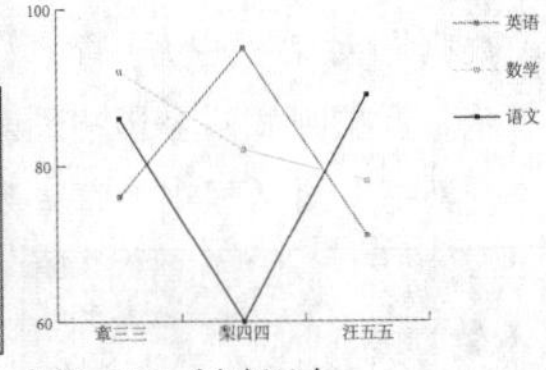

图8-156 复制成绩数据　图8-157 创建图表

3. 使用文本中的数据创建图表

从文字处理程序中导入数据文本至Illustrator中，也可以生成图表。

练习 8-19 使用文本中的数据创建图表

源文件路径	素材\第8章\练习8-19使用文本中的数据创建图表
视 频 路 径	视频\第8章\练习8-19使用文本中的数据创建图表.mp4
难 易 程 度	★★

01 打开素材中的“图表数据 .txt”文件，如图 8-158 所示。启动 Illustrator，执行“文件”|“新建”命令，创建一个空白画板。

02 使用“条形图工具”在画板中单击并拖曳鼠标，绘制矩形框，释放鼠标后弹出“图表数据”对话框。单击对话框顶部的“导入数据”按钮，在打开的“导入图表数据”对话框中选择素材中的“图表数据 .txt”文件，如图 8-159 所示。

图表数据.txt - 记事本
文件(F) 编辑(E) 格式(O) 查看(V) 帮助(H)

	A公司	B公司
"2016"	1500	2000
"2017"	2000	2200
"2018"	2500	2800

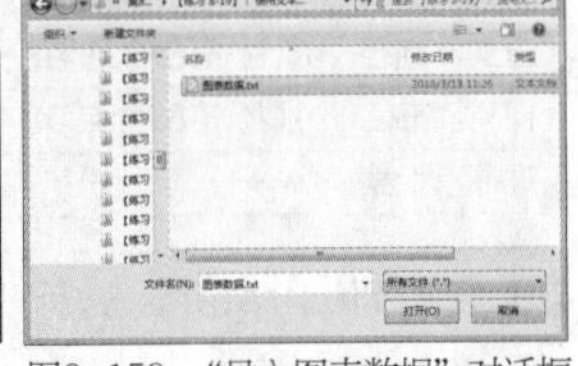

图8-158 打开文本文件　图8-159 “导入图表数据”对话框

03 单击“打开”按钮，将其导入，如图 8-160 所示。单击“图表数据”对话框右上角的“应用” ☑ 按钮，即可创建图表，如图 8-161 所示。

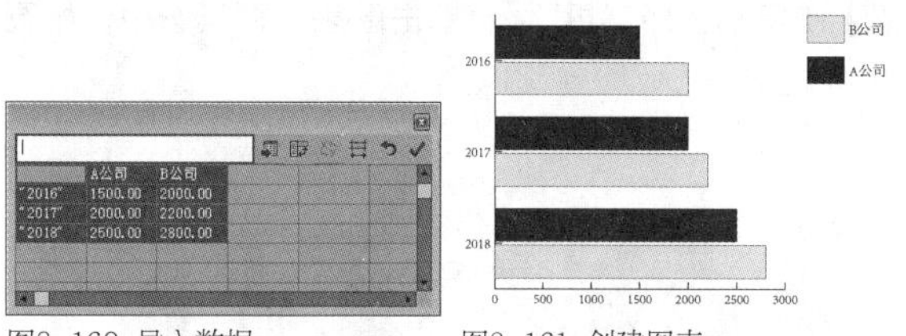

图8-160 导入数据　　图8-161 创建图表

提示

在使用文本文件时，数据只能包含小数点或小数分隔符（如应输入123000，而不是123,000），并且，文件中的每个单元格的数据应由制表符隔开，每行的数据应由段落回车符隔开。例如，在记事本中输入一行数据，数据间的空格部分需要按Tab键隔开，按Enter键换行。

8.3.3 课堂范例——创建办公图表

源文件路径	素材\第8章\8.3.3课堂范例——创建办公图表
视 频 路 径	视频\第8章\8.3.3课堂范例——创建办公图表.mp4
难 易 程 度	★★★

本实例主要介绍如何使用图表工具创建指定大小的图标。

01 启动 Illustrator，执行“文件”|“打开”命令，在“打开”对话框中选择“背景 .ai”素材文件，单击“打开”按钮，将其打开，如图 8-162 所示。

02 使用“柱形图工具” 在画板上单击，打开“图表”对话框，输入图表的宽度和高度，如图 8-163 所示。单击“确定”按钮，打开“图表数据”对话框，输入数值如图 8-164 所示。

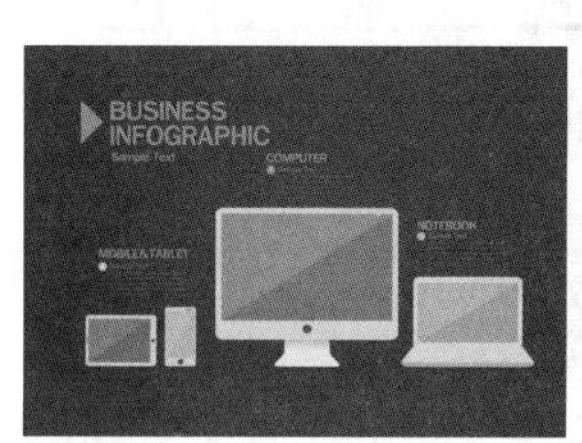

图8-162 打开素材文件

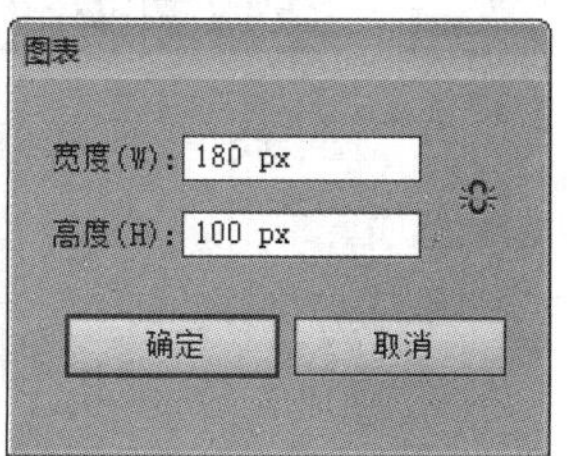

图8-163 “图表”对话框

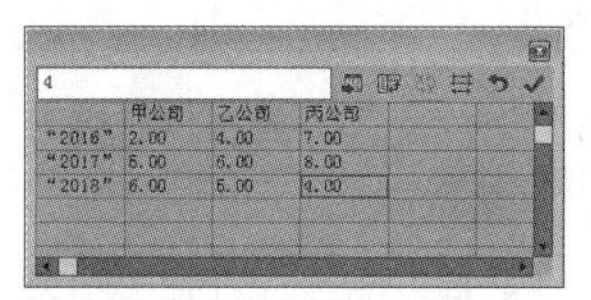

图8-164 “图表数据”对话框

提示

在“图表”对话框中定义的尺寸指的是图表主要部分的大小，并不包括图表的标签和图例。

03 单击“图表数据”对话框右上角的“应用” ☑ 按钮，即可应用指定的宽度和高度创建图表，调整其位置，如图 8-165 所示。

04 运用相同的方式添加其他图表，效果如图 8-166 所示。

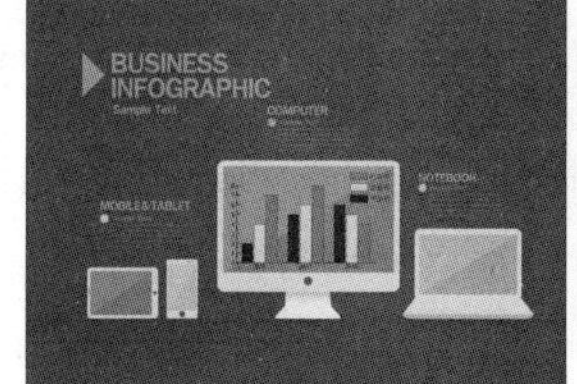

图8-165 创建图表　　图8-166 最终效果

8.4 改变图表的表现形式

在Illustrator中，可以用多种方式来设置图表格式。不仅可以更改图表轴的外观和位置、添加投影、移动图例、组合显示不同的图表类型，也可以修改底纹的颜色、修改字体和文字样式，还可以进行移动、对称、切变、旋转或缩放操作，对图表应用透明、渐变、混合、画笔描边、图表样式和其他效果。

8.4.1 修改图表数据

在创建图表的过程中，“图表数据”对话框是在创建的同时显示并进行数据输入的。当图表创建完成后，若想重新输入或者修改图表中的数据，可以通过该对话框来修改。

练习 8-20 修改图表数据

源文件路径	素材\第8章\练习8-20修改图表数据
视 频 路 径	视频\第8章\练习8-20修改图表数据.mp4
难 易 程 度	★★★

01 启动Illustrator，执行“文件”|“打开”命令，在“打开”对话框中选择“图表.ai”素材文件，单击“打开”按钮，将其打开，如图8-167所示。

02 执行“对象”|“图表”|“数据”命令，打开“图表数据”对话框，如图8-168所示。

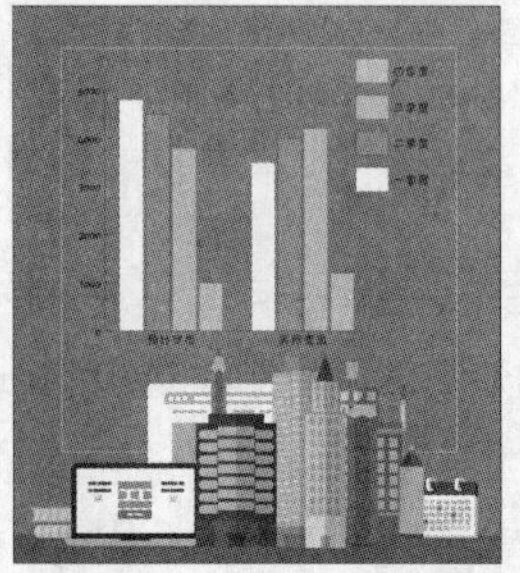

图8-167 打开素材文件

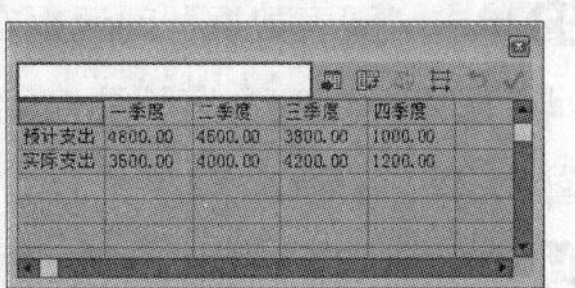

图8-168 “图表数据”对话框

03 修改该对话框中的参数，如图8-169所示。单击“图表数据”对话框右上角的“应用”☑按钮，即可更新画板中的图表数据，如图8-170所示。

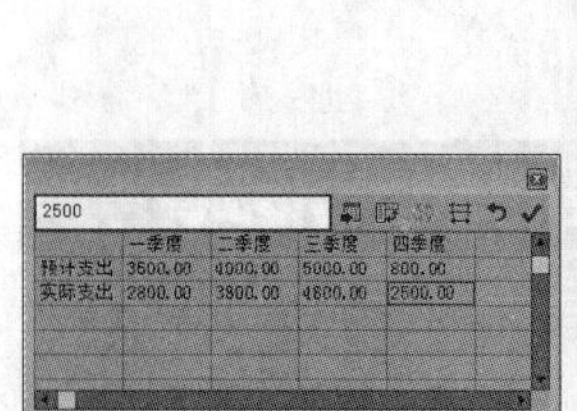

图8-169 修改图表数据

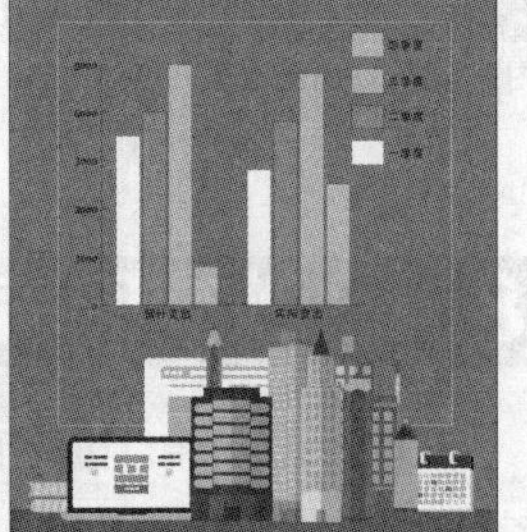

图8-170 更新图表

提示

创建图表以后，所有对象会自动编为一组。如果取消图表编组，则无法再更改该图表。如果需要编辑图表，可以使用“直接选择工具”或“编组选择工具”选中图表中的图例、图表轴和文字等内容进行修改。

8.4.2 设置图表类型

创建图表之后，还可以将其更改为其他类型的图表，以更多的方式来展示和比较数据。

练习 8-21 设置图表类型

源文件路径	素材\第8章\练习8-21设置图表类型
视频路径	视频\第8章\练习8-21设置图表类型.mp4
难易程度	★★

01 启动Illustrator，执行“文件”|“打开”命令，在“打开”对话框中选择“图表.ai”素材文件，单击“打开”按钮，将其打开，如图8-171所示。

02 使用“选择工具”单击图表，将其选中，如图8-172所示。

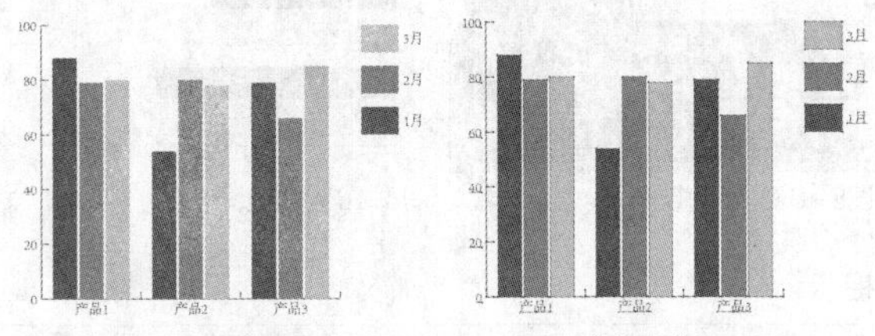

图8-171 打开素材文件　图8-172 选中图表

03 执行“对象”|“图表”|“类型”命令，或者双击工具面板中的任意一个图表工具，打开“图表类型”对话框，在“类型”选项中单击所需的图表类型按钮，如图8-173所示，然后单击“确定”按钮，即可转换图表的类型，如图8-174所示。

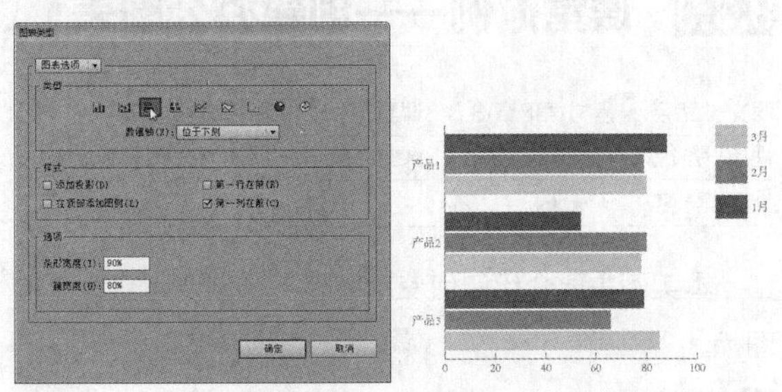

图8-173 “图表类型”对话框　图8-174 转换图表类型

提示

如果对图表进行了填充等操作，则修改图表类型时会导致填充样式消失。为防止出现这种情况，可以在修改图表类型后再对图表进行填充。

8.4.3 设置图表格式

在“图表类型”对话框中可以设置所有类型图表的图表选项。

● 设置图表选项

选中图表对象后，执行“对象”|“图表”|“类型”命令，或者双击工具面板中的图表工具，可以打开“图表类型”对话框，在该对话框中设置不同类型图表选项。

1. 常规图表选项

使用“选择工具”选中图表，如图8-175所示。执行“对象”|“图表”|“类型”命令，或者双击工具面板中的图表工具，打开“图表类型”对话框，如图8-176所示。在该对话框中可以设置所有类型图表的常规选项。

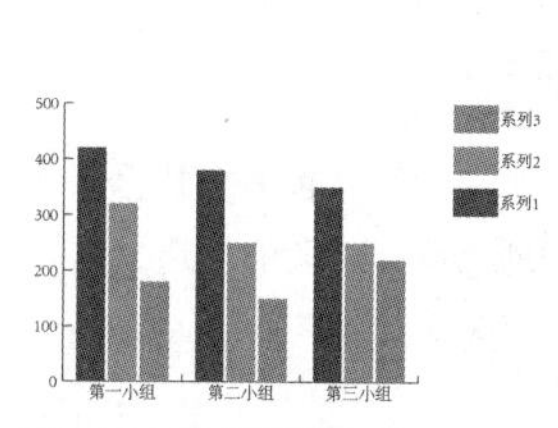

图8-175 选中图表

图8-176 “图表类型”对话框

- “数值轴”：用来设置表示测量单位的数值轴出现的位置，包括“位于左侧”，如图8-175所示；“位于右侧”，如图8-177所示；“位于两侧”，如图8-178所示。

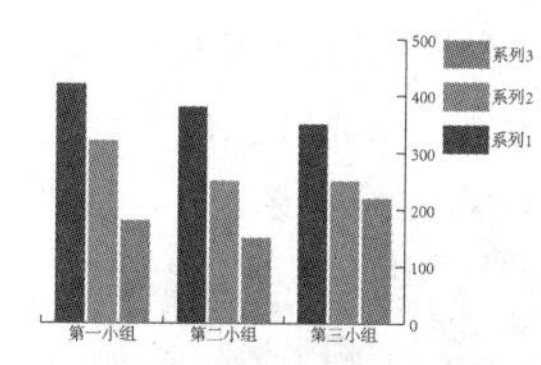

图8-177 位于右侧

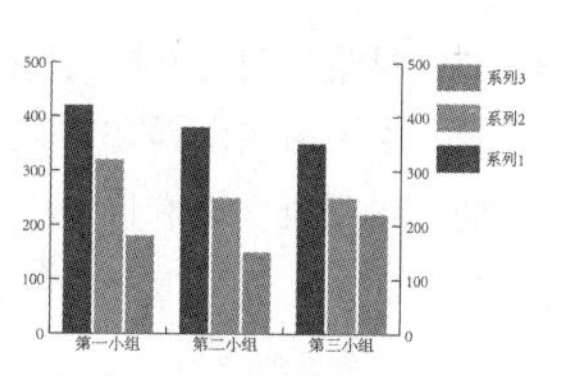

图8-178 位于两侧

- “添加投影”：在图表中的柱形、条形或线段后面，以及对整个饼图图表应用投影，如图8-179所示。
- “在顶部添加图例”：默认情况下，图例显示在图表的右侧水平位置。勾选该选项后，图例将显示在图表的顶部，如图8-180所示。

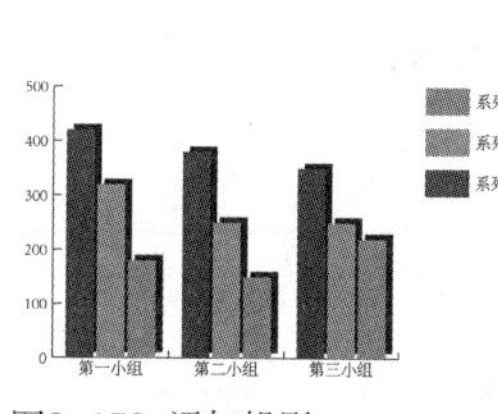

图8-179 添加投影

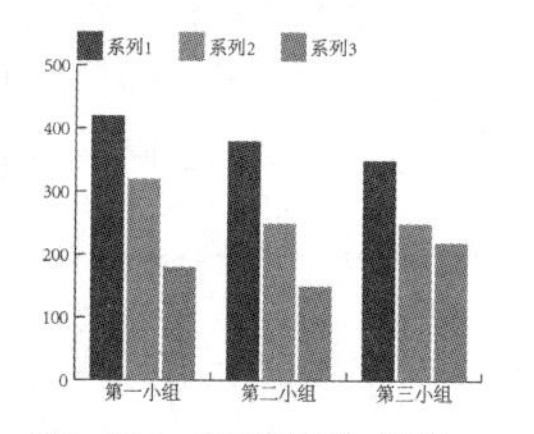

图8-180 在顶部添加图例

- “第一行在前”：当“簇宽度”大于100%时，勾选该选项，可以控制图表中数据的类别或群集重叠的方式，如图8-181、图8-182所示。在创建柱形或条形图表时，此选项最有帮助。

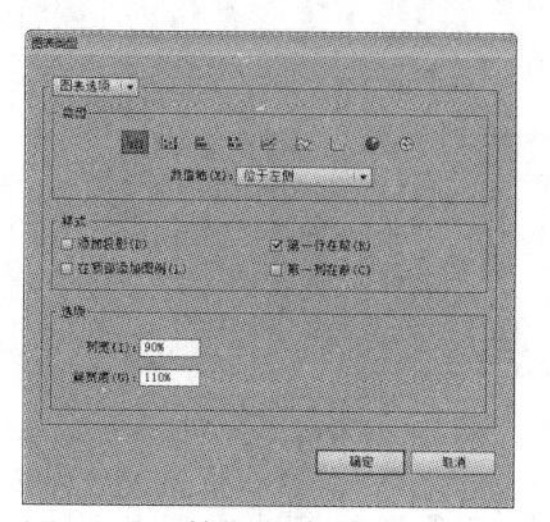
图8-181 第一行在前

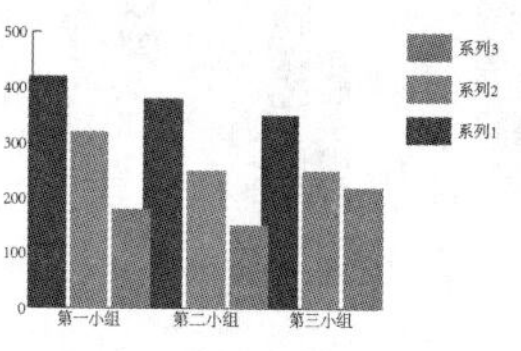

图8-182 图表效果

- “第一列在前”：该选项用于确定“列宽”大于100%时，柱形和堆积柱形图表中哪一列位于顶部，以及“条宽度”大于100%时，条形和堆积条形图表中哪一列位于顶部，如图8-183、图8-184所示。还可以在顶部的“图表数据”窗口中放置与数据第一列相对应的柱形、条形或线段。

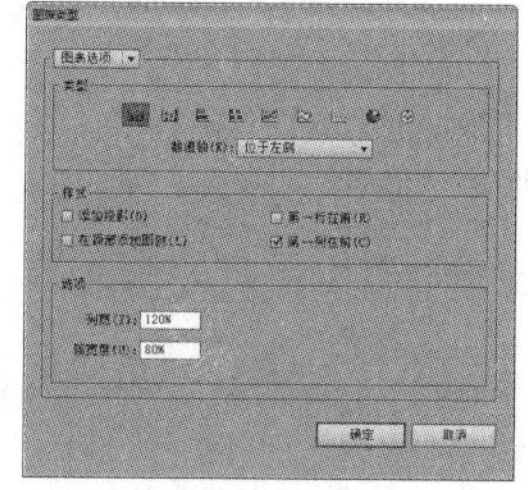
图8-183 第一列在前

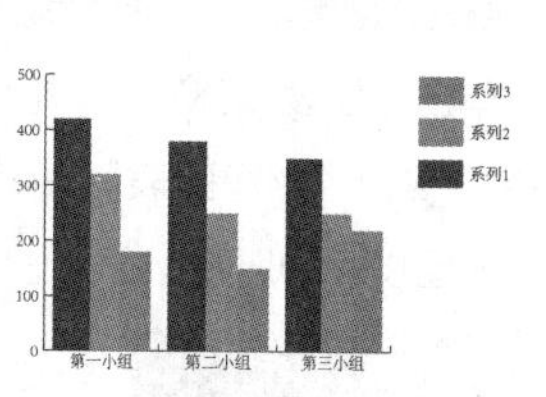

图8-184 图表效果

2. 柱形图和堆积柱形图图表选项

在“图表类型”对话框的“类型”选项中单击不同的图表按钮，可以在“选项”组内显示相应的选项。除了面积图图表外，其他类型的图表都有附加的选项。单击“柱形图图表”按钮或“堆积柱形图图表”按钮时，可以显示相应的选项，如图8-185所示。

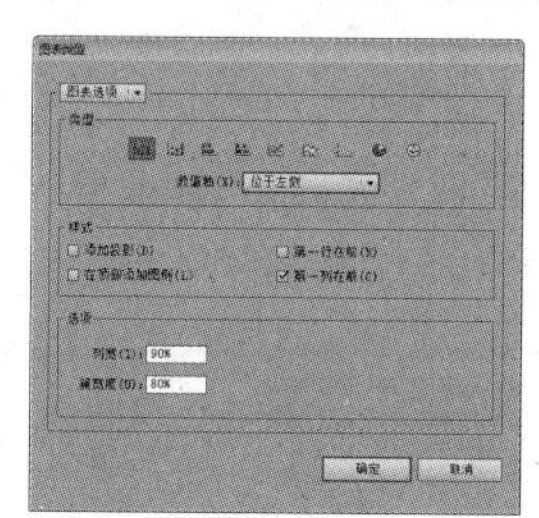
图8-185 柱形图和堆积柱形图图表选项

- “列宽”：用来设置图表中柱形之间的空间。当该数值大于100%时，会导致柱形相互堆叠，如图8-186所示；当该数值小于100%时，柱形之间会保留相应数量的空间，如图8-187所示。

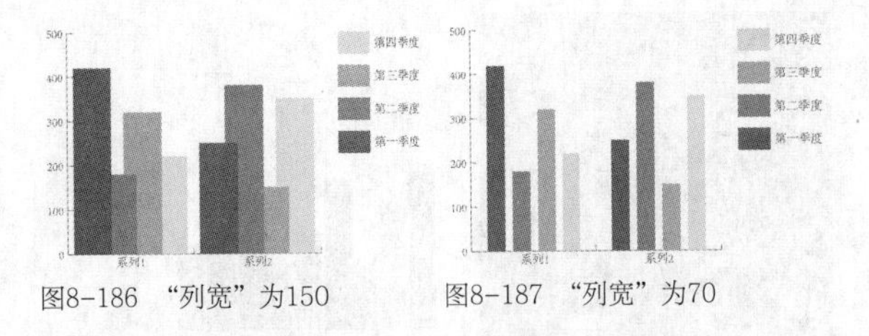

图8-186 “列宽”为150　　图8-187 “列宽”为70

- “簇宽度”：用来设置图表数据群集之间的空间数量，如图8-188、图8-189所示。

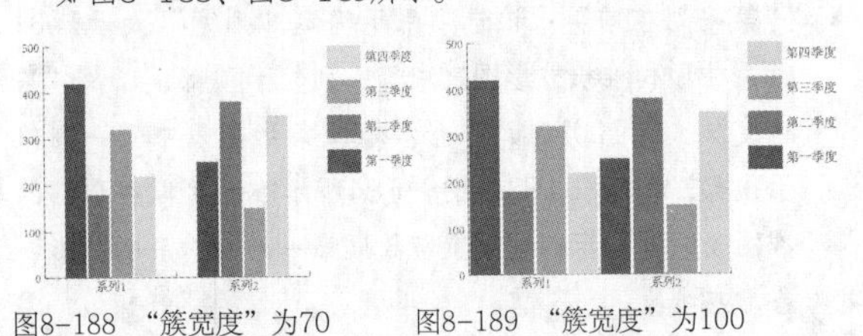

图8-188 “簇宽度”为70　　图8-189 “簇宽度”为100

3. 条形图和堆积条形图图表选项

单击“图表类型”对话框中的“条形图图表”按钮或“堆积条形图图表”按钮，可以显示相应的选项，如图8-190所示。

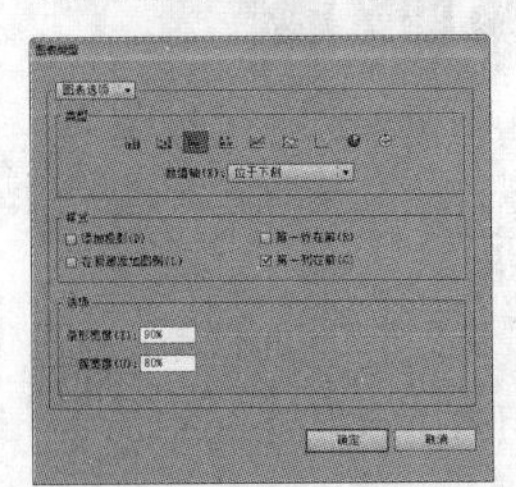

图8-190 条形图和堆积条形图图表选项

- “条形宽度”：用来设置图表中条形之间的宽度。当该值大于100%时，会导致条形相互堆叠，如图8-191所示；当该值小于100%时，会使条形之间留有一定的空间，如图8-192所示。
- “簇宽度”：用来设置图表数据群集之间的空间数量。该值越高，数据群集的间隔越小。

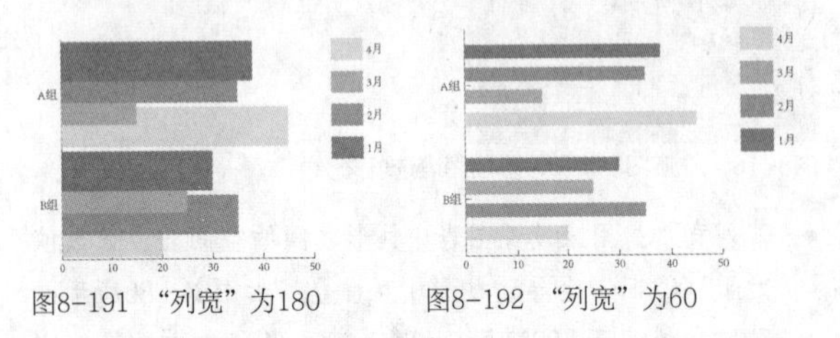

图8-191 “列宽”为180　　图8-192 “列宽”为60

4. 折线图、雷达图和散点图图表选项

单击“图表类型”对话框中的“折线图图表”按钮、“雷达图图表”按钮或“散点图图表”按钮，可以显示相应的选项，如图8-193所示。

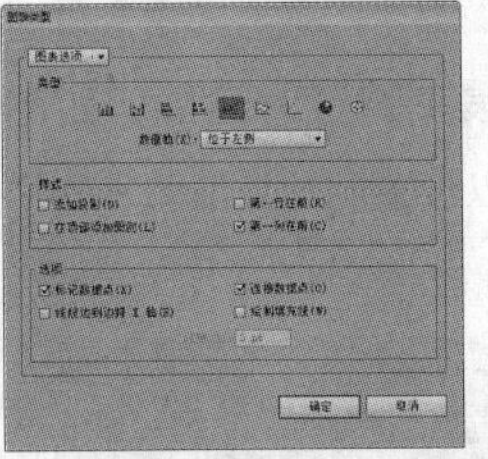

图8-193 折线图、雷达图和散点图图表选项

- “标记数据点”：勾选该选项后，可以在每个数据点上置入正方形标记，如图8-194所示；若取消勾选，则不会显示数据点标记，如图8-195所示。

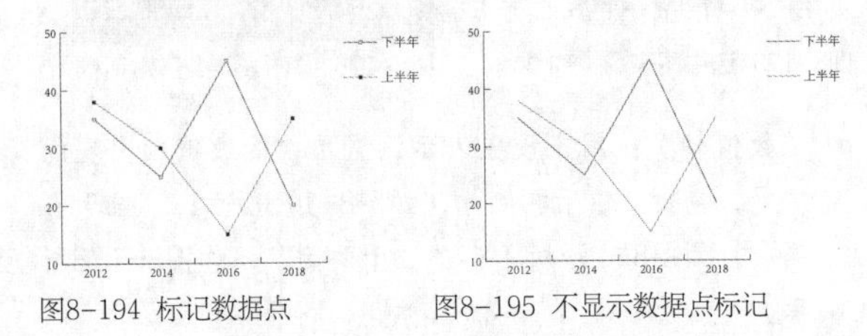

图8-194 标记数据点　　图8-195 不显示数据点标记

- “线段边到边跨X轴”：勾选该选项后，可沿水平（X）轴从左到右绘制跨越图表的线段，如图8-196所示。在散点图图表中没有该选项，如图8-197所示。

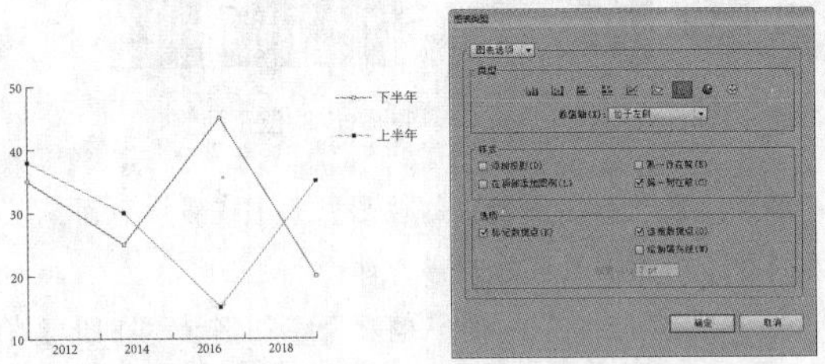

图8-196 线段边到边跨X轴　　图8-197 散点图图表选项

- “连接数据点”：勾选该选项后，可以添加便于查看数据间关系的线段，如图8-198所示；若取消勾选，则只会显示数据点，如图8-199所示。

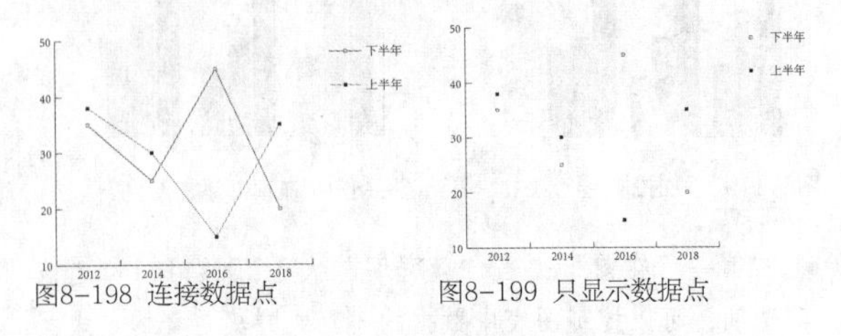

图8-198 连接数据点　　图8-199 只显示数据点

- “绘制填充线”：勾选“连接数据点”时，该选项才有效。勾选该选项后，可以根据“线宽”文本框中输入的

数值创建更宽的线段，并且“绘制填充线”选项还会根据该系列数据的规范来确定用何种颜色填充线段。图8-200、图8-201所示为勾选该选项后设置“线宽”的图表效果。

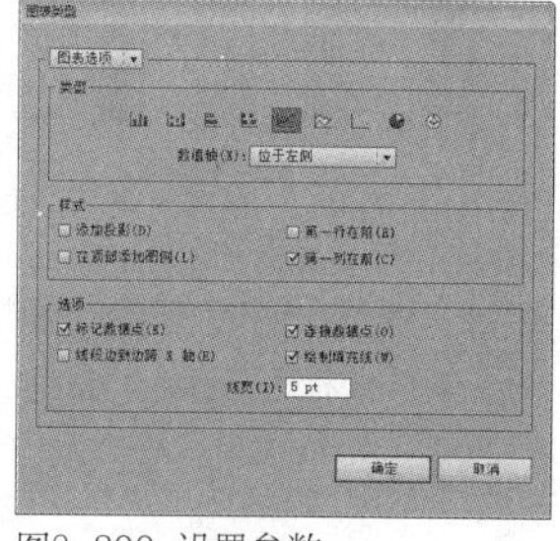
图8-200 设置参数

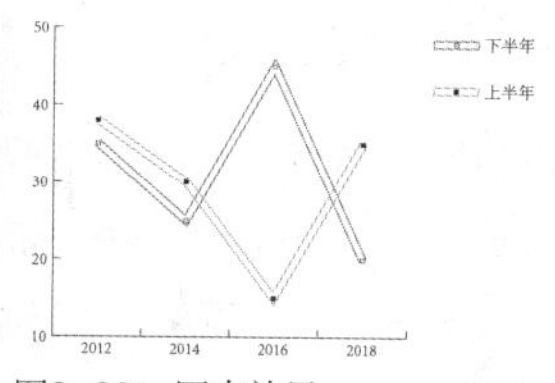

图8-201 图表效果

5. 饼图图表选项

单击“图表类型”对话框中的“饼图图表”按钮，可以显示相应的选项，如图8-202所示。

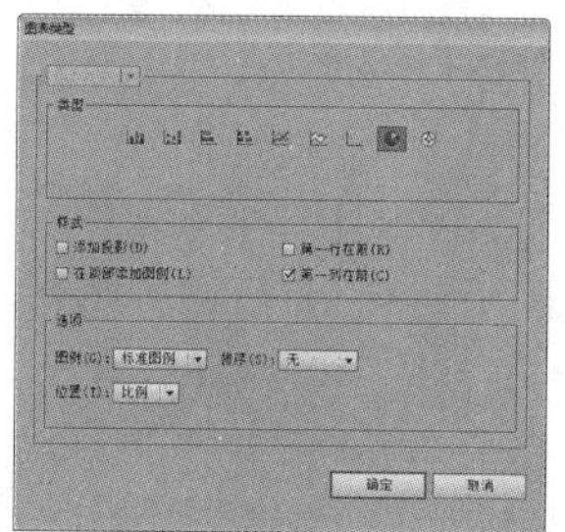
图8-202 饼图图表选项

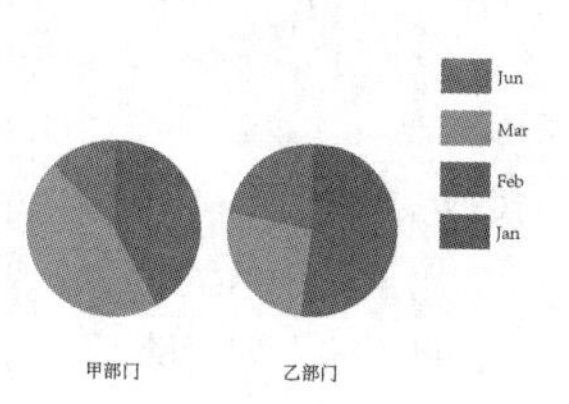

图8-203 默认情况

- “图例”：用来设置图表中图例的位置。默认情况下为“标准图例”，表示在图表外侧放置标签，如图8-203所示；若选择“无图例”，则不会创建图例，如图8-204所示；若选择“楔形图例”，可以将标签插入到对应的楔形中，如图8-205所示。

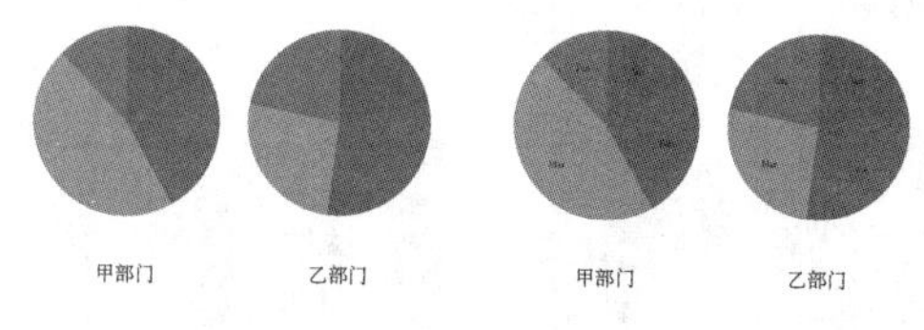

图8-204 无图例　　图8-205 楔形图例

- “位置”：用来设置如何显示多个饼图。默认情况下为“比例”，表示按照比例调整饼图的大小，如图8-203所示；若选择“相等”，所有饼图具有相等的直径，如图8-206所示；若选择“堆积”，饼图互相堆积，每个图表按照相互间的比例调整大小，如图8-207所示。

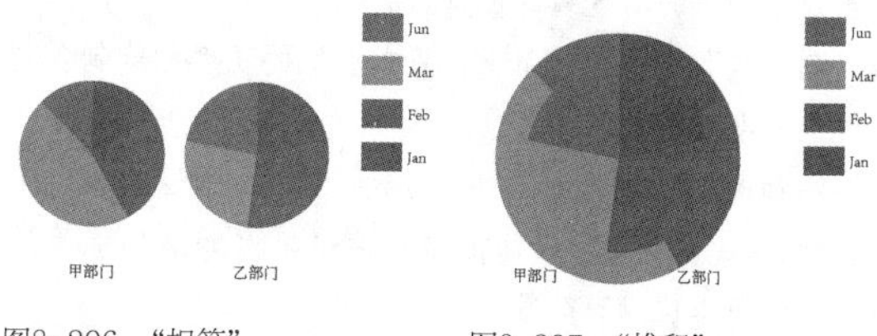

图8-206 “相等”　　图8-207 “堆积”

- “排序”：用来设置饼图的排序顺序。默认情况下为“无”，表示饼图按照输入的顺序顺时针排列，如图8-203所示；若选择“全部”，饼图按照从大到小的顺序顺时针排列，如图8-208所示；若选择“第一个”，最大的饼图将被放置在顺时针方向的第一个位置，其他的饼图按照输入的顺序顺时针排列，如图8-209所示。

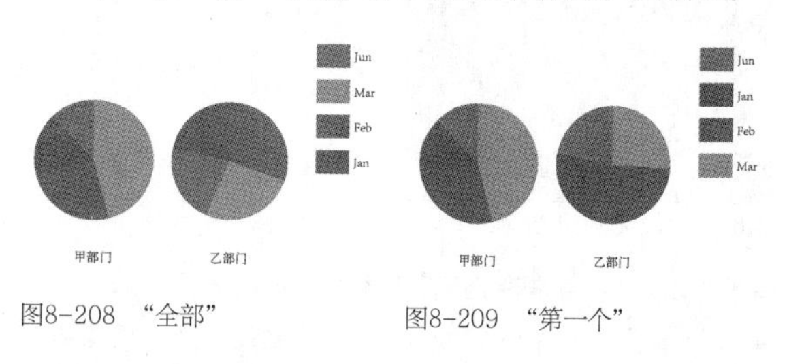

图8-208 “全部”　　图8-209 “第一个”

● 设置图表轴格式

除饼图图表之外，所有的图标都有显示图表测量单位的数值轴，可以选择在图表的一侧或两侧显示数值轴。条形、堆积条形、柱形、堆积柱形、折线和面积图也有在图表中定义数据类别的类别轴。

1. 修改数据轴

执行“对象”|“图表”|“类型”命令，或者单击任意一个图表工具，打开“图表类型”对话框，在对话框顶部的下拉列表中选择“数据轴”，即可显示相应的选项，如图8-210所示。

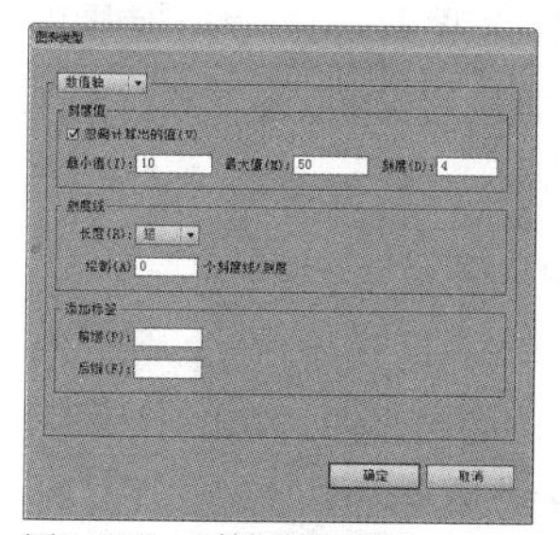
图8-210 “数据轴”选项

- “刻度值”选项组：用来设置数据轴、左轴、右轴、下轴或上轴上的刻度线的位置。
- “刻度线”选项组：用来设置刻度线的长度和绘制各刻度线刻度的数量。
- “添加标签”选项组：用来为数据轴、左轴、右轴、下轴或上轴上的数字添加前缀和后缀。例如添加货币符号、计量单位或百分号等。

2. 设置类别轴

在“图表类型”对话框顶部的下拉列表中选择“类别轴”，即可显示相应的选项，如图8-211所示。

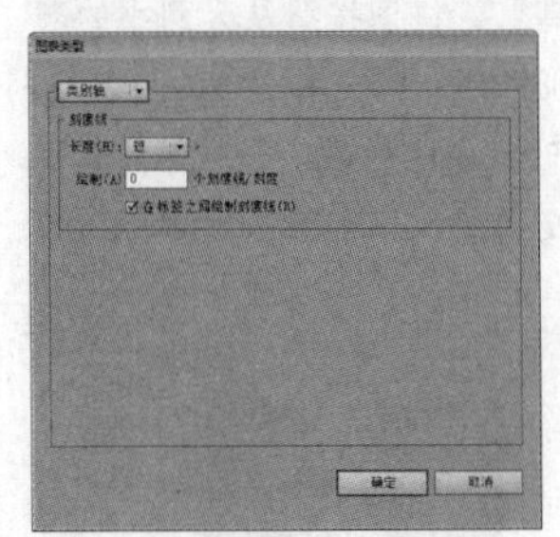

图8-211 “类别轴”选项

- “长度”：用来设置类别轴刻度线的长度。
- “绘制”：用来设置类别轴上两个刻度之间分成几部分间隔。
- “在标签之间绘制刻度线”：勾选该选项时，可以在标签或列的任意一侧绘制刻度线；若取消选择，标签或列上的刻度线则会居中。

8.4.4 课堂范例——将符号添加到图表

源文件路径	素材\第8章\8.4.4课堂范例——将符号添加到图表
视频路径	视频\第8章\8.4.4课堂范例——将符号添加到图表.mp4
难易程度	★★★

Illustrator为用户提供了9种不同的图表工具来创建图表，但创建的图表都是以几何图形为主。为了使图表效果更生动，还可以使用普通图形或符号图案来替代几何图形。

本实例主要介绍如何将图形或符号添加到图表中。

01 启动Illustrator，执行“文件”|“打开”命令，在“打开”对话框中选择“图表.ai”素材文件，单击“打开”按钮，将其打开，如图8-212所示。

02 使用“选择工具”单击“铅笔”对象，将其选中，如图8-213所示。

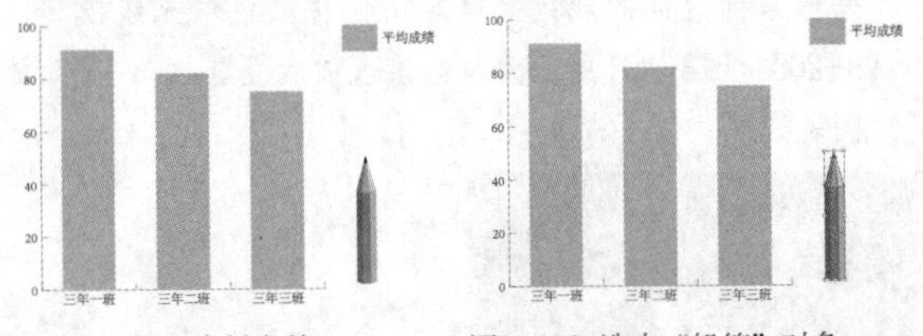

图8-212 打开素材文件　　图8-213 选中“铅笔”对象

03 执行“对象”|“图表”|“设计”命令，在打开的“图表设计”对话框中单击“新建设计”按钮，将所选对象定义为一个设计图案，如图8-214所示，然后单击“确定”按钮关闭对话框。

04 继续使用“选择工具”单击图表对象，将其选中，如图8-215所示，

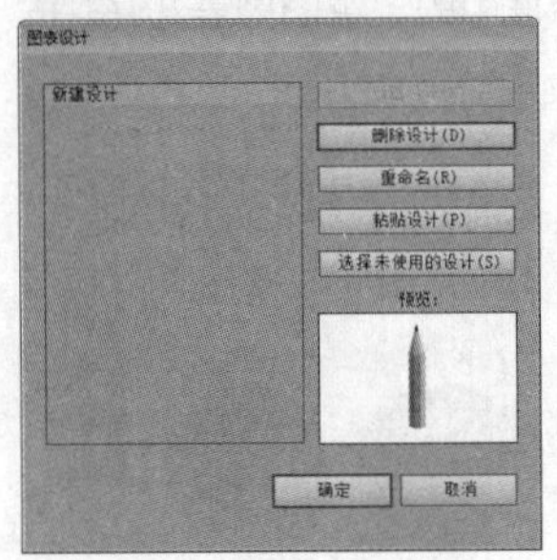

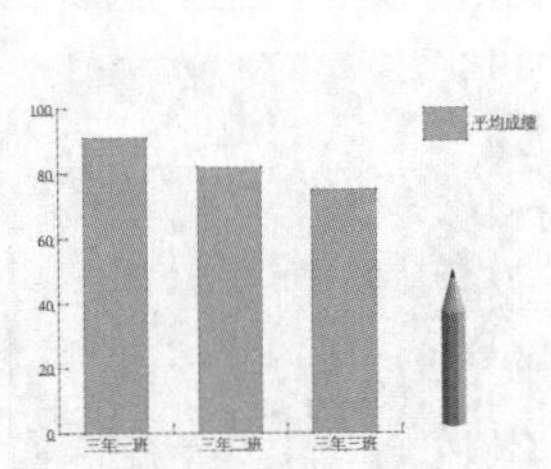

图8-214 定义为设计图案　　图8-215 选中图表对象

05 执行“对象”|“图表”|“柱形图”命令，在打开的“图表列”对话框中单击新创建的设计图案，在“列类型”选项下拉列表中选择“垂直缩放”，并取消“旋转图例设计”选项的勾选，如图8-216所示。然后单击“确定”按钮，完成图例的替换，如图8-217所示。

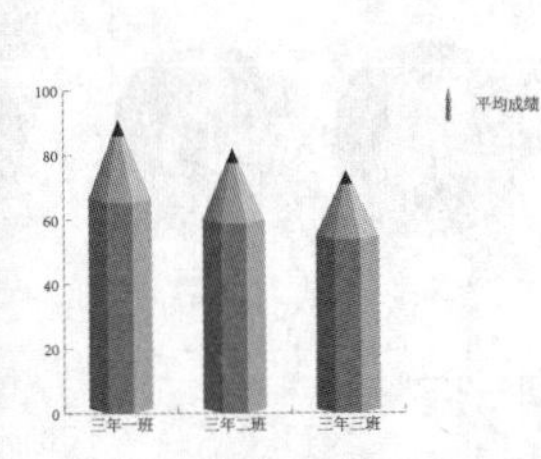

图8-216 “图表列”对话框　　图8-217 替换图例

8.5 综合训练——制作高端折线图表

本训练综合使用几何工具、变换命令、效果命令模式等多种工具和方法，制作富有创意和艺术性的图表。

源文件路径	素材\第8章\8.5综合训练——制作高端折线图表
视 频 路 径	视频\第8章\8.5综合训练——制作高端折线图表.mp4
难 易 程 度	★★★★★

01 启动 Illustrator，执行“文件”|“新建”命令，创建一个 600px × 600px 大小的空白画板。执行“视图”|“显示网格”命令，再执行“视图”|“对齐网格”命令，将“对齐网格”选项勾选。

02 单击控制面板中“首选项”按钮，打开“首选项”对话框，分别在“参考线和网格”和“单位”选项卡中设置相关参数，如图 8-218、图 8-219 所示。显示网格效果如图 8-220 所示。

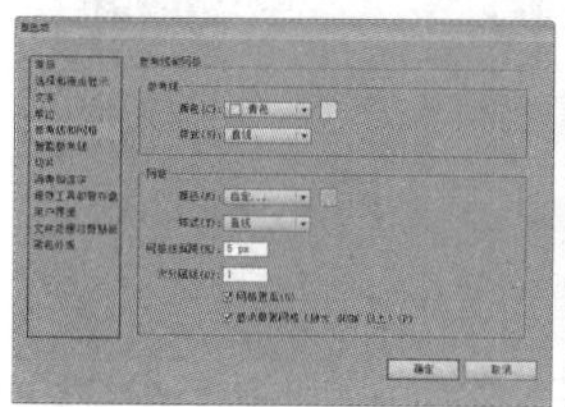

图8-218 “参考线和网格”选项

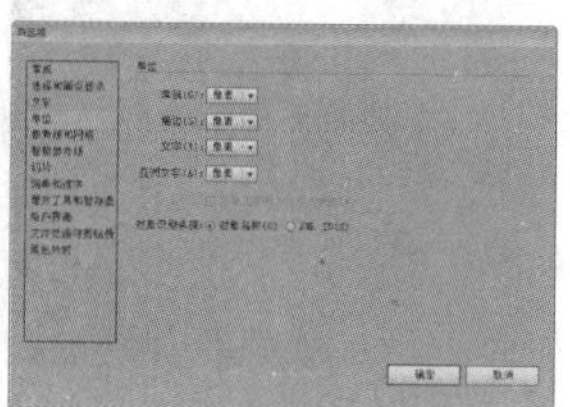

图8-219 “单位”选项

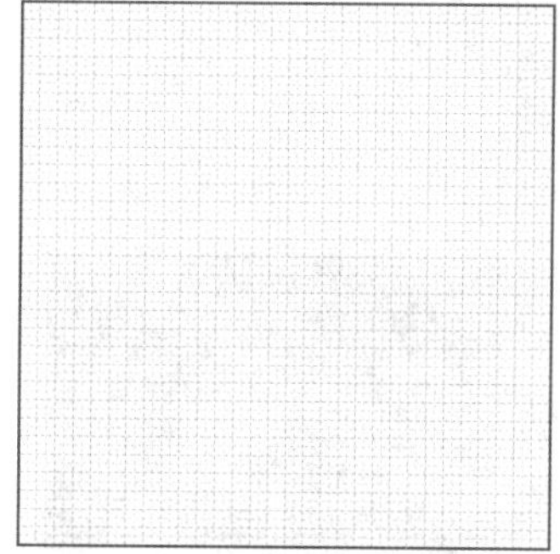

图8-220 显示网格效果

03 使用“矩形工具”创建两个正方形，调整位置如图 8-221 所示。使用“网格工具”在画板上单击，打开“网格”对话框，设置参数如图 8-222 所示，创建网格调整位置如图 8-223 所示。

04 选中网格，取消编组，将网格的边框路径删除，如图 8-224 所示。全选其他网格线，打开“描边”面板，设置描边属性，如图 8-225 所示，效果如图 8-226 所示。

图8-221 创建两个正方形

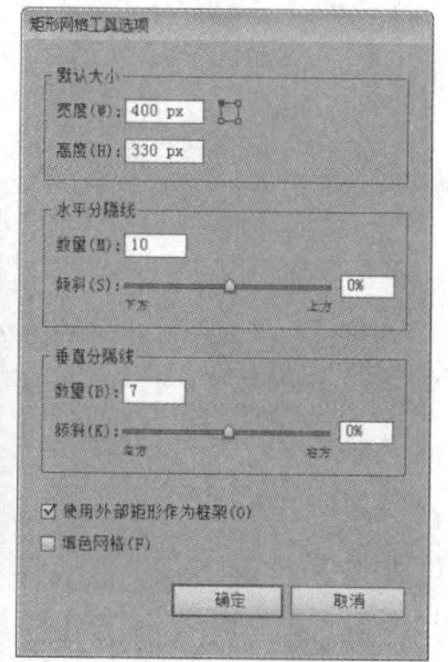

图8-222 “网格”对话框

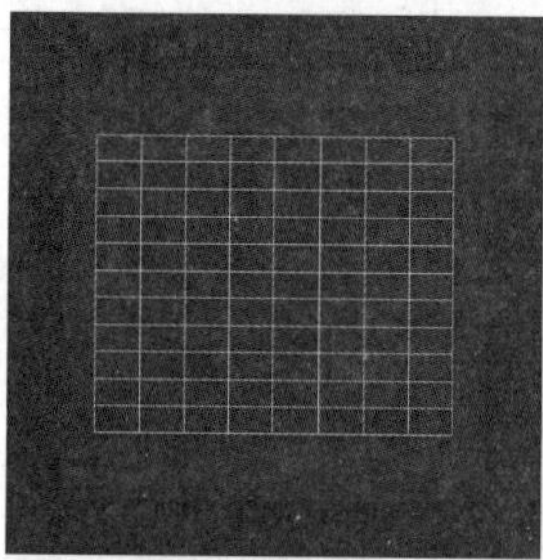

图8-223 创建网格

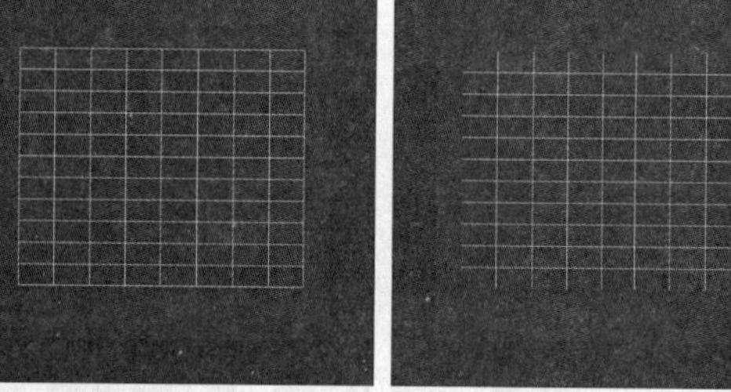

图8-224 删除边框

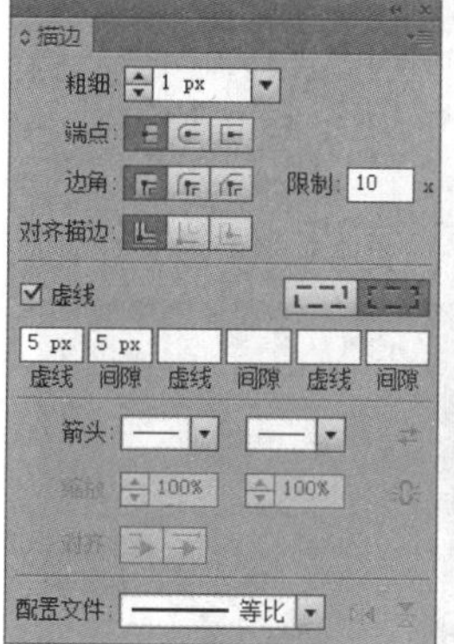

图8-225 “描边”面板

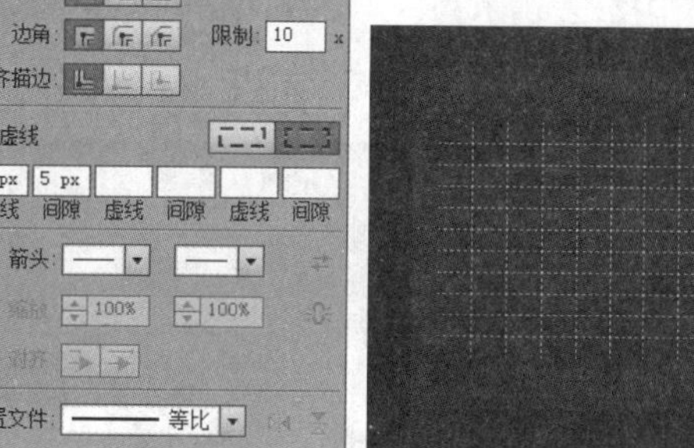

图8-226 描边效果

05 按 Ctrl+G 快捷键对所有网格线重新进行编组，并保持选中状态，执行“效果”|“扭曲和变换”|“变换”命令，打开“变换效果”对话框，设置参数如图 8-227 所示。

06 再执行“效果”|“风格化”|“投影”命令，设置“投影”参数如图 8-228 所示，效果如图 8-229 所示。

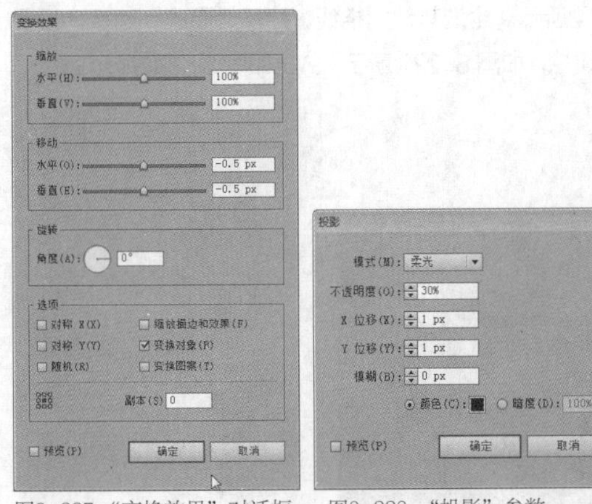

图8-227 “变换效果”对话框　图8-228 “投影”参数

07 使用“钢笔工具”绘制3条折线路径，应用不同的描边颜色，如图8-230所示。在“描边”面板中设置3条折线的描边属性，如图8-231所示，效果如图8-232所示。

图8-229 投影效果　图8-230 折线路径

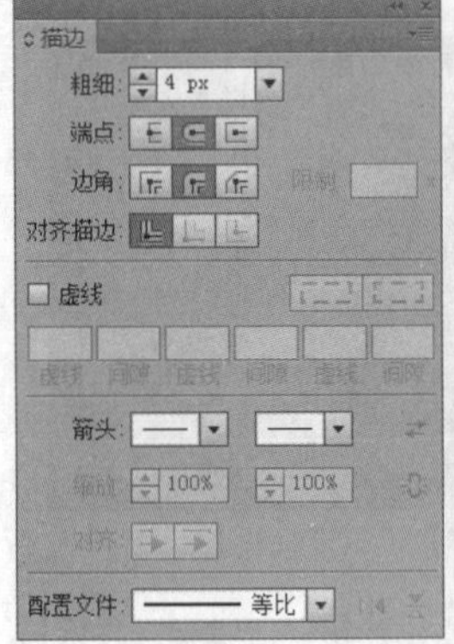

图8-231 描边属性　图8-232 描边效果

08 选择黄色折线路径，打开“外观”面板，将“描边”属性复制一层，并修改属性参数，如图8-233所示。

09 保持对象选中状态，执行“效果”|“扭曲和变换”|“变换”命令，设置变换参数如图8-234所示，效果如图8-235所示。

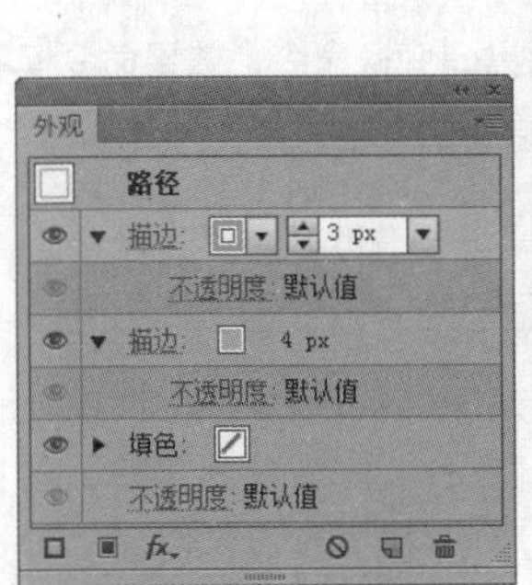

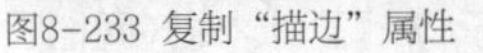

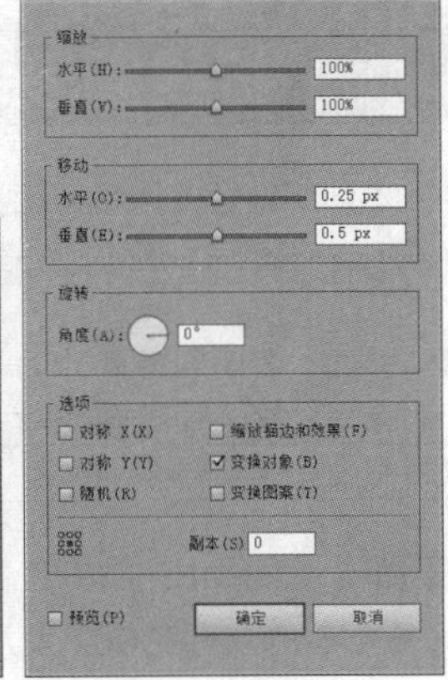

图8-233 复制“描边”属性　图8-234 变换参数

10 再次执行相同的操作，复制描边属性并移动位置，参数如图8-236、图8-237所示，效果如图8-238所示。

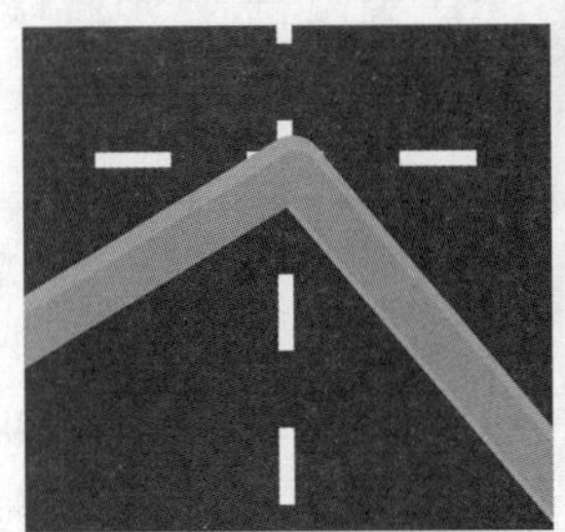

图8-235 变换效果　图8-236 复制“描边”属性

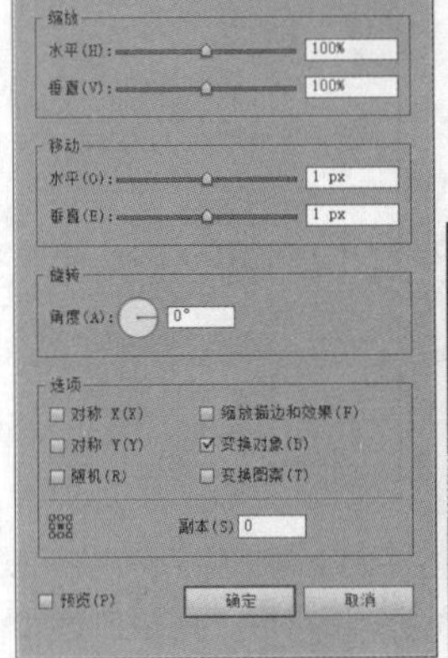

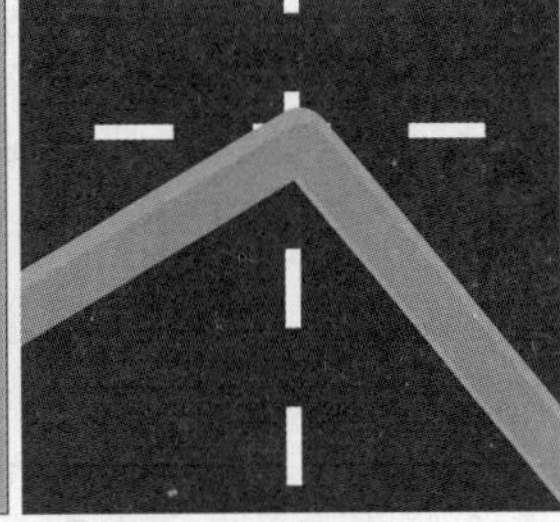

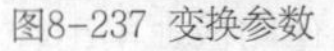

图8-237 变换参数　图8-238 变换效果

11 再次复制“描边粗细”为4px的描边属性，修改属性参数如图8-239所示，效果如图8-240所示。

12 在“外观”面板中选中“描边粗细”为4px的描边属性，如图8-241所示。执行“效果”|“风格化”|“投

影”命令，设置“投影”参数如图 8-242 所示，并将该属性复制 3 次，选中最下方的一层，如图 8-243 所示，更改参数如图 8-244 所示。

图8-239
复制并修改“描边”属性

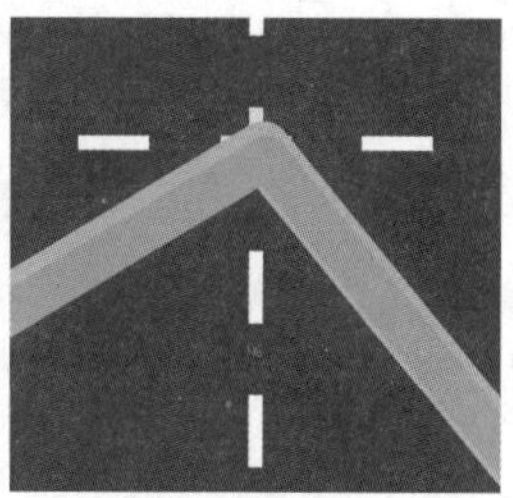
图8-240 描边效果

图8-241 选中描边属性

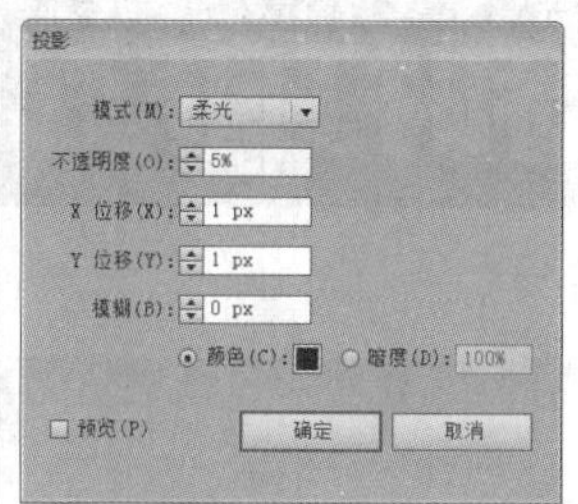

图8-242 “投影”参数

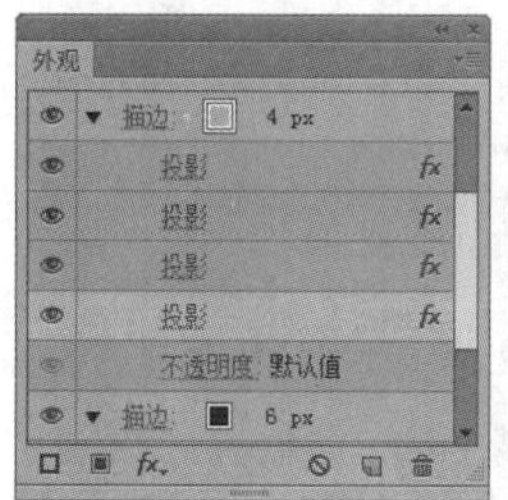

图8-243 选中最下方的投影

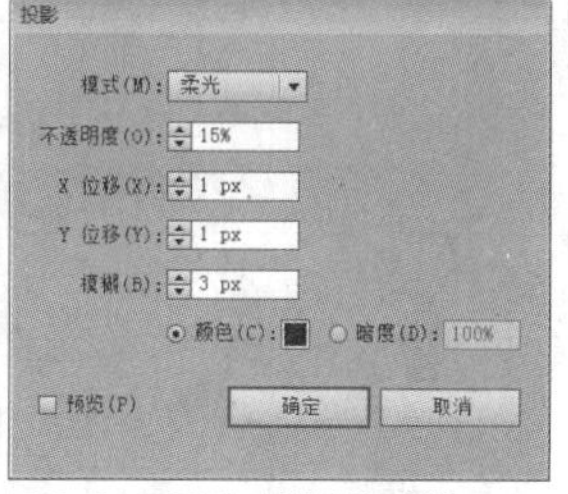

图8-244 更改“投影”参数

13 选中黄色折线路径整体，如图 8-245 所示。执行“效果”|“风格化”|“圆角”命令，设置“半径”为 5px，效果如图 8-246 所示。

图8-245 选中对象

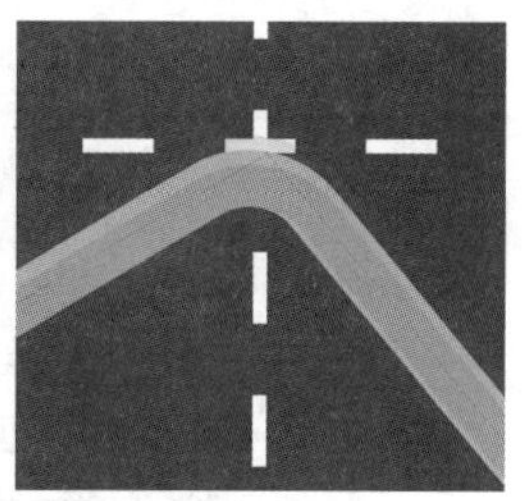
图8-246 圆角效果

14 运用相同的方式，为其他两条折线路径添加相同的属性，效果如图 8-247 所示。

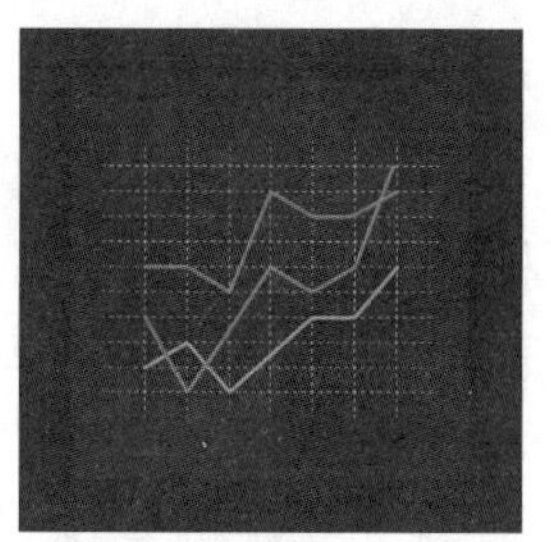
图8-247 折线效果

15 添加文本装饰，如图 8-248 所示。运用所学知识，完成图表的装饰，最终效果如图 8-249 所示。

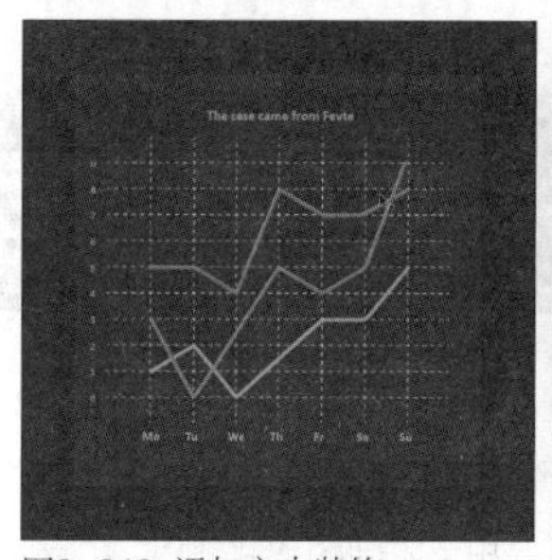

图8-248 添加文本装饰

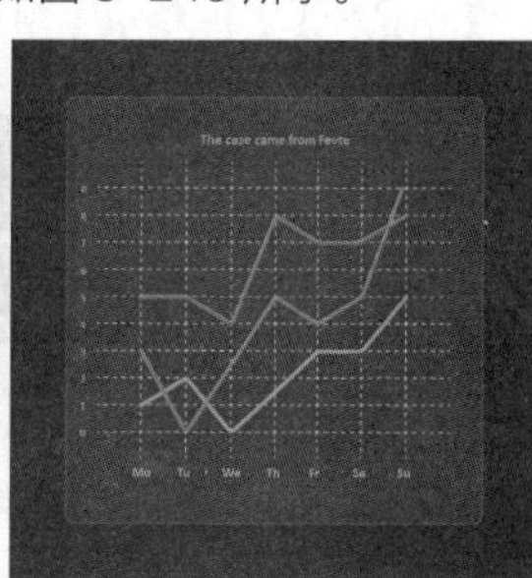

图8-249 最终效果

8.6 课后习题

本实例主要使用图表工具、直线工具、参考线等多种工具和命令，创建图形图表，如图8-250所示。

源文件路径	素材\第8章\习题——创建图形图表
视 频 路 径	视频\第8章\习题——创建图形图表.mp4
难 易 程 度	★★★

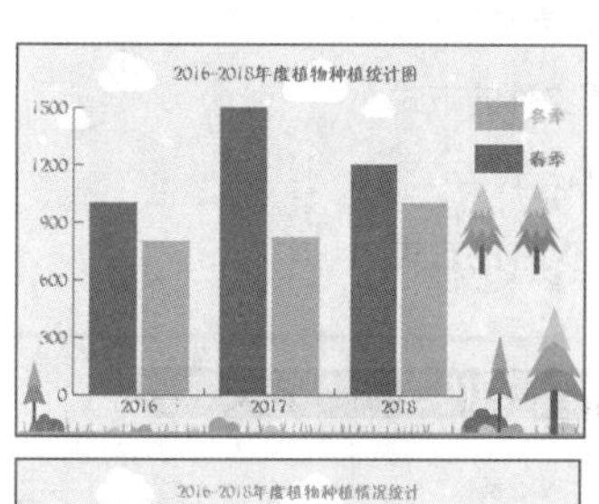

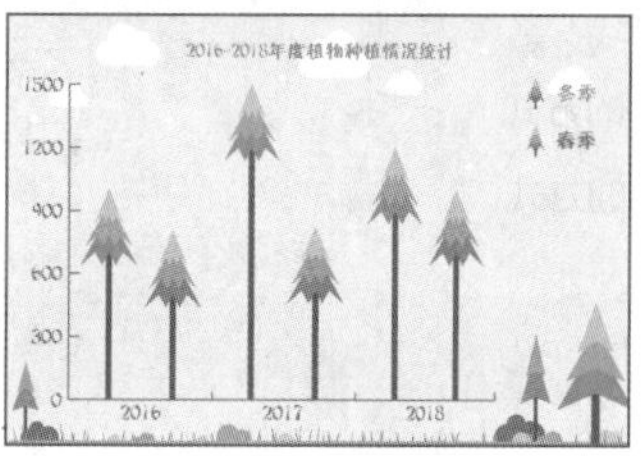

图8-250 习题——创建图形图表

第 9 章

文件的导出和打印

Illustrator 能够识别所有通用的图形文件格式，可以将创建的文件导出为不同的格式，以便在其他程序中使用。也可以将在 Illustrator 中创建的各种艺术作品打印输出，如广告宣传单、名片、画册等印刷品。

本章主要介绍打印的各种选项，以及各种格式文件的导出方式。

本章学习目标

- 了解导出文件的原理
- 了解创建 Web 文件的方式
- 掌握打印文件的方式
- 掌握创建 PDF 文件的方式

本章重点内容

- 导出文件的原理
- 创建 Web 文件的方式
- 创建 PDF 文件的方式

扫 码 看 课 件

扫 码 看 视 频

9.1 导出Illustrator文件

在Illustrator中绘制的图形对象，可以存储为AI、PDF、ESP或SVG格式。如果需要将图稿存储为某特定格式，以便在不同的软件中使用，可以将其导出。AI格式的文件能够导出为各种图像文件，甚至还能够以动画形式查看。

9.1.1 导出图像格式

图像格式包括位图格式和矢量图格式，其中位图图像格式分为带图层的PSD格式、JPEG格式，以及TIFF格式。通过执行“文件”|“导出”命令，打开“导出”对话框，如图9-1所示，在该对话框中可以选择需要导出的格式进行导出，如图9-2所示。

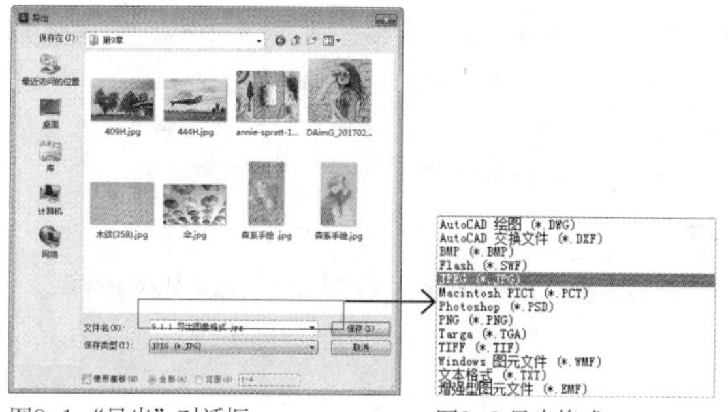

图9-1 “导出”对话框　　图9-2 导出格式

1. 导出 PSD 格式

PSD是Photoshop的标准格式，在Illustrator中创建矢量图形后，可以导出为PSD格式文件，然后导入到Photoshop中进行加工处理。在将文件导出为PSD格式时，将会打开“Photoshop导出选项”对话框，如图9-3所示。

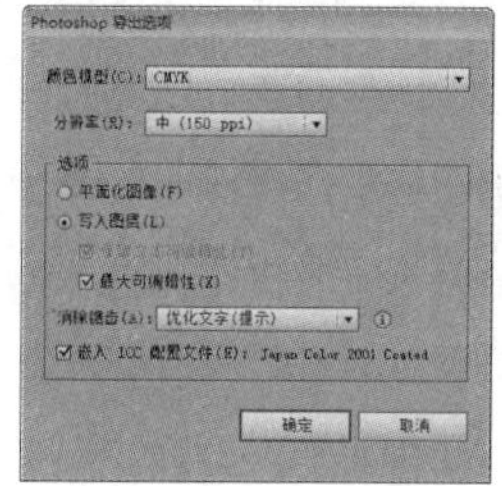

图9-3 “Photoshop导出选项”对话框

- “颜色模式”：用来设置导出文件的颜色模式。
- “分辨率”：用来设置导出文件的分辨率。
- “平面化图像”：勾选该选项，将会合并所有图层并将Illustrator文件导出为栅格化图像。
- “写入图层”：勾选该选项，即可将组、复合形状、嵌套图层和切片导出为单独的可编辑的Photoshop图层。
- “保留文本可编辑性”：勾选该选项，可以将图层中的水平和垂直点文字导出为可编辑的Photoshop文字。
- “消除锯齿”：用来设置消除锯齿的方式，包括“无”“优化图稿（超像素取样）”和“优化文字（提示）”选项。
- “嵌入ICC配置文件”：用来创建色彩管理的文档。

提示

Illustrator无法导出并应用包含图形样式、虚线描边或画笔的复合形状。若想导出该复合形状，则必须将其更改为栅格形状。

2. 导出 JPEG格式

JPEG是在Web上显示图像的标准格式。在将文件导出为JPEG格式时，将会打开“JPEG选项”对话框，如图9-4所示。

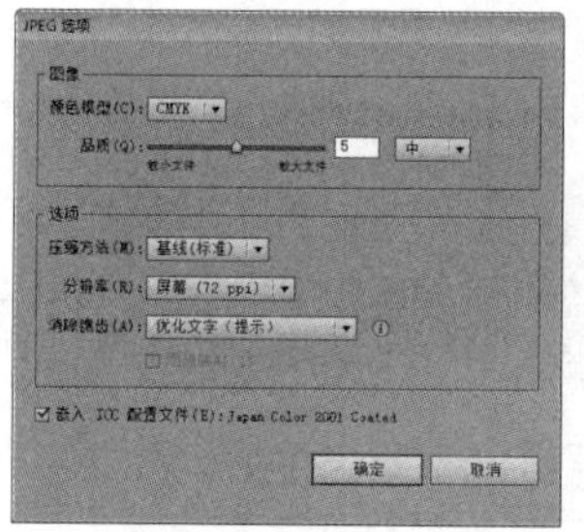

图9-4 “JPEG选项”对话框

- “品质”：用来调整JPEG文件的品质和大小。
- “颜色模式”：用来设置导出文件的颜色模式。
- “压缩方法”：若选择“基线（标准）”选项，可以使用大多数Web浏览器识别；若选择“基线（优化）”选项，可以获得优化的颜色和稍小的文件大小；若选择“连续”选项，可以在Web浏览器中以渐进的方式显示图像。
- “分辨率”：用来设置导出文件的分辨率。
- “消除锯齿”：用来设置消除锯齿的方式，包括“无”“优化图稿（超像素取样）”和“优化文字（提示）”选项。
- “图像映射”：勾选该复选框，可以为图像生成代码。
- “嵌入ICC配置文件”：用来创建色彩受管理的文档。

3. 导出 TIFF 格式

TIFF是标记图像文件格式，用于在应用程序之间和计算机平台之间的交换文件。在将文件导出为TIFF格式时，将会打开“TIFF选项”对话框，如图9-5所示。

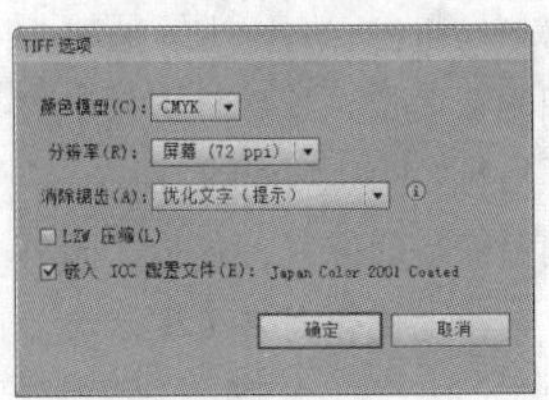

图9-5 “TIFF选项”对话框

- “LZW压缩”：应用LZW压缩是一种不会丢失图像细节的无损压缩方法。

4. 导出 BMP 格式

BMP标准图像格式，可以指定颜色模式、分辨率和消除锯齿设置，用于栅格化文件，其格式和位深度用于确定图像可包含的颜色总数。在将文件导出为BMP格式时，将会打开“栅格化选项”对话框，如图9-6所示，设置相关选项并按“确定”按钮，将会打开“BMP选项”对话框，如图9-7所示。

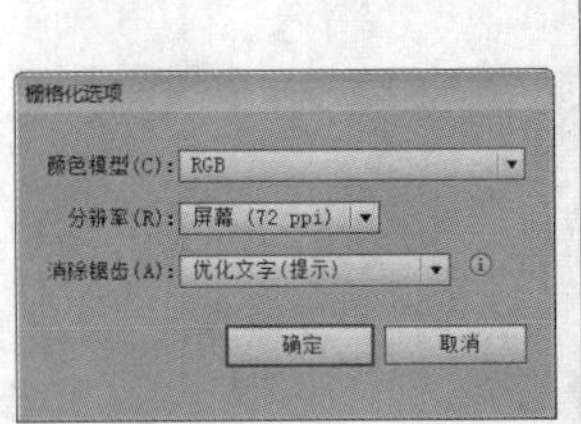

图9-6 “栅格化选项”对话框

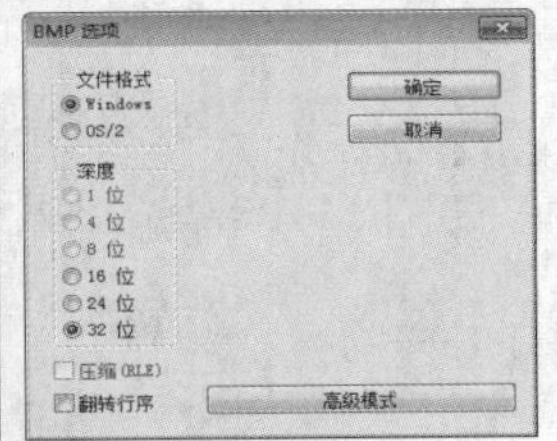

图9-7 “BMP选项”对话框

9.1.2 导出 AutoCAD 格式

AutoCAD是计算机辅助设计软件，可用于绘制工程图和机械图。AutoCAD文件包含DXF和DWG格式。在将文件导出为DXF或DWG格式时，将会打开“DXF/DWG导出选项”对话框，如图9-8所示。

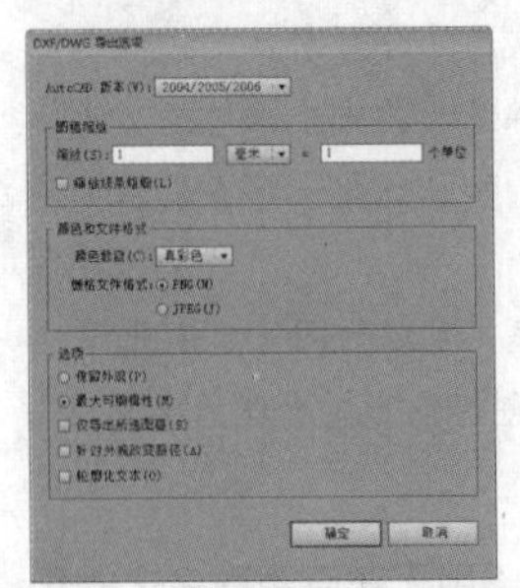
图9-8 “DXF/DWG导出选项”对话框

- “AutoCAD版本”：用来选择支持导出文件最早版本的AutoCAD。
- “缩放”：用于设置在导出AutoCAD文件时，Illustrator图稿的缩放长度。
- “缩放线条粗细”：勾选该复选框，可以将线条粗细连同绘图的其余部分在导出文件中进行缩放。
- “颜色数目”：用于设置导出文件的颜色深度。
- “栅格文件格式”：用来设置导出过程中栅格化的图像和对象是否以PNG或JPEG格式存储。
- “保留外观”：勾选该复选框，可以保留外观，而不需要对导出的文件进行编辑。
- “最大可编辑性”：勾选该复选框，可以最大限度地编辑AutoCAD中的文件。
- “仅导出所选图稿”：勾选该复选框，可以只导出选中的图稿。
- “针对外观改变路径”：勾选该复选框，可以改变AutoCAD中的路径以保留原始外观。
- “轮廓化文本”：勾选该复选框，可以在导出之前将所有文本转换为路径以保留外观。

提示

只有PNG格式才支持透明度，因此需要最大限度地保留外观。

9.1.3 导出 SWF-Flash 格式

由于Flash（SWF）文件格式是一种基于矢量的图形文件格式，它适用于体积较小的图形。由于这种文件格式基于矢量，因此，图稿可以在任何分辨率下保持其图像品质，并且非常适合创建动画帧。Illustrator强大的绘图功能为动画元素提供了保证。它可以导出SWF和GIF格式文件，再导入Flash中进行编辑，制作成动画。

1. 制作图层动画

在Illustrator中，绘制完动画元素，应将绘制的元素释放到单独的图层中，每一个图层为动画的一帧或一个动画文件。将图层导出SWF帧，可以很容易地动起来。

相关链接	在“图层”面板中包含“释放到图层（顺序）”和“释放到图层（累积）”命令，详细介绍请参阅本书第6章。

提示

使用两种释放到图层的方法创建图层，数目虽然相同，但制作出来的动画效果却有很大差异。对于重复使用的图像，可以将其定义为“符号”。每次在画板中放置一个符号后，它会与“符号”面板中的符号创建一个链接，以减小动画的大小，在导出后，每个符号仅在SWF文件中定义一次。

2. 导出 SWF 动画

Flash是一个强大的动画编辑软件，但是在绘制矢量图形方面没有在Illustrator软件中绘制得精美。而Illustrator虽然可以制作动画，但是不能编辑精美的动画。两者结合，才能创建出更完美的动画。这就需要在Illustrator中绘制动画元素，为动画的每一帧创建单独的图层，然后导出SWF格式，导入Flash中进行编辑。

执行“文件”|“导出”命令，打开“导出”对话框，在“保存类型”下拉列表框中选择“Flash（*SWF）”格式，然后单击“保存”按钮，即可打开“SWF选项”对话框，如图9-9所示。单击“高级”按钮，可以打开高级选项，如图9-10所示，用来设置图像格式、方法、帧速率等。

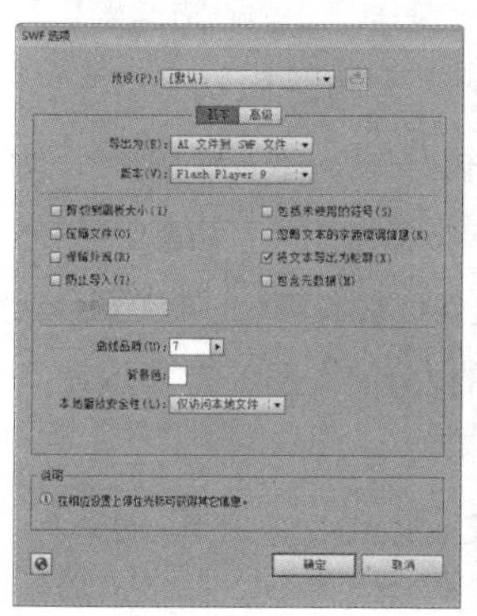
图9-9 “SWF选项”对话框

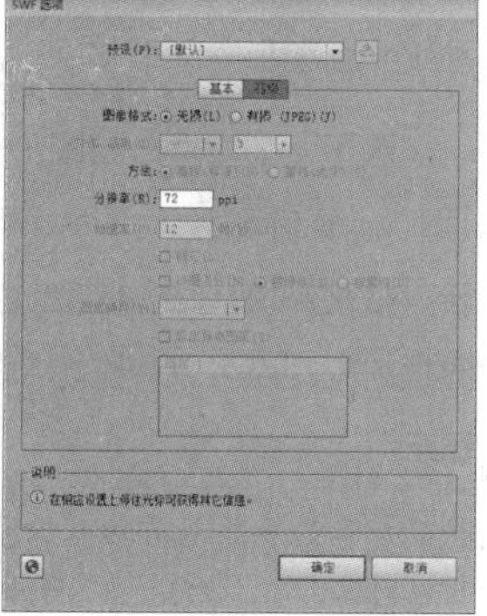
图9-10 高级选项

- “预设”：可以选择用于导出的预设选项。
- “剪切到画板大小”：勾选该选项，可以导出完整的Illustrator文档页至SWF文件中。
- “将文本作为轮廓导出”：勾选该选项，可以将文字转换为矢量路径。
- “图像格式”：该选项用于设置文件的压缩方式，包括“有损”和“无损（JPEG）”。
- “JPEG品质”：用于设置导出图像中的细节量。
- “方法”：用于设置所使用的JPEG压缩类型。
- “分辨率”：用于调整位图图像的屏幕分辨率。
- “帧速率”：用于设置在Flash Player中播放动画的速度。
- “图层顺序”：用于设置动画的时间线。
- “导出静态图层”：勾选该选项，可以导出所有SWF格式的静态图层。

9.2 创建Web文件

网页包含许多元素，如HTML文本、位图图像和矢量图形等。整个网页图稿制作完成后，需要上传到网络，但由于图片太大，会影响网页的打开速度。在Illustrator中可以通过切片工具将其裁切为小尺寸图像，存储为Web格式后再上传。

9.2.1 创建切片

切片工具主要用于Web，是将完整的网页图像划分为若干较小的图像，这些图像可在网页上重新组合。在输出网页时，可以对每块图形进行优化。通过划分图像，可以指定不同的URL链接以创建页面导航或制作动态按钮。在保证图像品质的同时能得到更小的文件，从而缩短图像的下载时间。

Illustrator中有4种创建切片的方式。创建新切片时，将自动生成附加切片来占据图像的其他区域。

1. 使用“切片工具”创建切片

使用“切片工具”创建切片，是裁切网页图像最常用的方法。选择“切片工具”在画板中单击并拖曳鼠标，如图9-11所示，即可创建切片，其中淡红色为自动切片，如图9-12所示。

图9-11 单击并拖曳鼠标定义区域

图9-12 创建切片

2. 从参考线创建切片

从参考线创建切片时，首先需要在文档中创建参考线，如图9-13所示。然后执行“对象”|“切片”|“从参考线创建”命令，即可根据文档的参考线创建切片，如图9-14所示。

图9-13 创建参考线

图9-14 创建切片

3. 从所选对象创建切片

选择网页图稿中的一个或多个对象，如图9-15所示，执行“对象”|“切片”|“从所选对象创建”命令，将会根据选中图形最外侧的轮廓创建切片，如图9-16所示。

图9-15 选择对象

图9-16 创建切片

4. 创建单个切片

选择网页图稿中的一个或多个对象，如图9-17所示，执行“对象”|“切片”|“建立”命令，将会根据选中的图像，分别创建单个切片，如图9-18所示。

图9-17 选择对象

图9-18 创建切片

提示

如果希望切片尺寸与网页图稿中的图形原色边界匹配，可以执行“对象”|“切片”|“建立”命令，该命令创建的切片可以捕捉文本和基本格式特性；如果希望切片尺寸与底层图稿无关，可以使用其他3种方式创建切片。

9.2.2 编辑切片

为网页图稿创建切片后，如图9-19所示，使用“切片选择工具”单击一个切片，可以将其选中，如图9-20所示。按住Shift键可以同时选中多个切片。单击并拖曳鼠标可以移动切片位置，并且Illustrator会重新生成子切片和自动切片，如图9-21所示。按住Shift键拖曳可以将移动限制在垂直、水平或45°对角线方向上。

图9-19 创建切片

图9-20 选择切片

选择一个切片，如图9-22所示，执行“对象”|“切片”|“复制切片”命令，可以复制切片，如图9-23所示，按住Alt键单击并拖曳也可以复制切片。拖曳切片定界框的控制点可以调整切片的大小，如图9-24所示。

提示

提示：如果要将所有切片的大小调整到画板边界，可以执行“对象”|“切片”|“剪切到画板”命令。

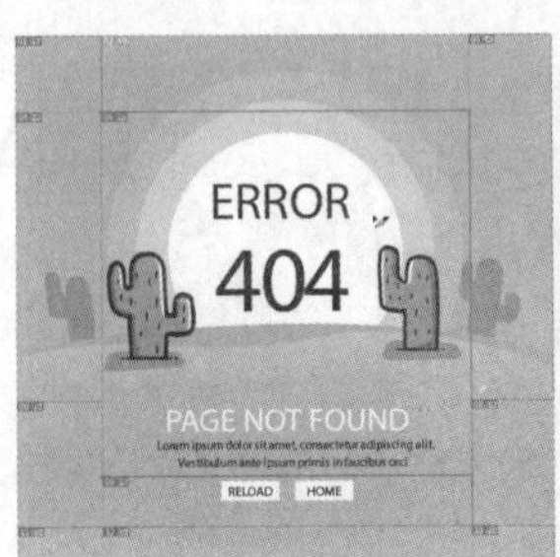

图9-21 移动切片

图9-22 选择切片

图9-23 复制切片　　图9-24 调整切片大小

1. 设置切片选项

Illustrator文档中的切片与生成的网页中的表格单元格相对应，切片本身具有颜色、线条和编号等属性。默认情况下，切片区域可导出为包含表格单元格中的图像文件。使用“切片选择工具”选择一个切片，如图9-25所示，执行“对象”|“切片”|“切片选项”命令，可以打开“切片选项”对话框，如图9-26所示。在该对话框中可以选择切片的类型，包括“图像”“无图像”和“HTML文本”。

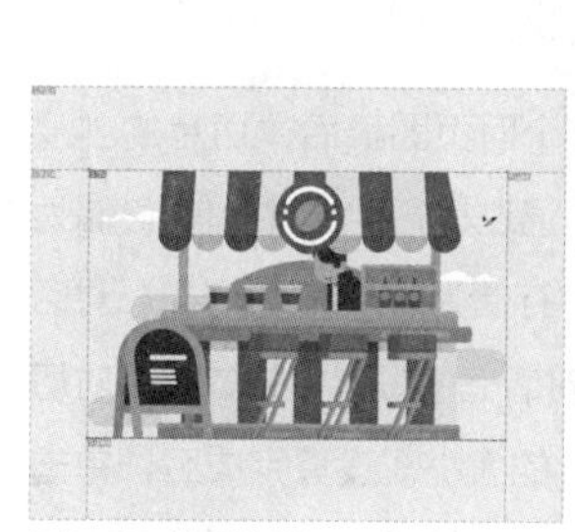
图9-25 选择切片

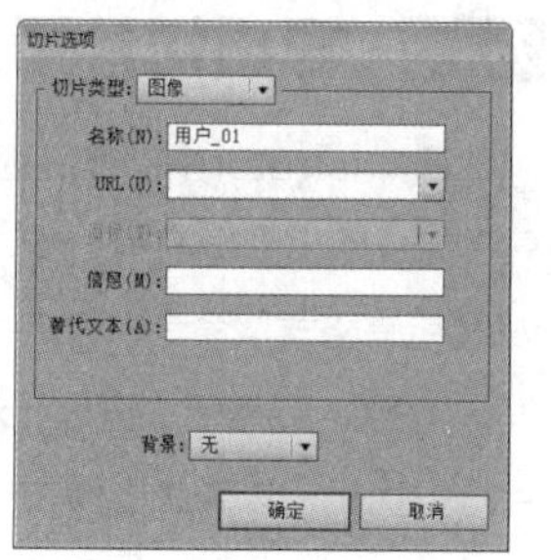

图9-26 “切片选项”对话框

● 图像

在“切片类型”下拉列表中选择“图像”，此时切片区域在生成的网页中为图像文件。

- “名称”：可以输入切片的名称。
- “URL/目标”：如果希望图像是HTML链接，可以输入URL和目标框架。设置切片的URL链接地址后，在浏览器中单击该切片图像，即可链接到URL选项中设置的地址。
- “信息”：可输入当鼠标位于图像上时浏览器的状态区域中所显示的信息。
- “替代文本”：用来设置浏览器下载图像时，未显示图像前所显示的替代文本。

● 无图像

在“切片类型”下拉列表中选择“无图像”，如图9-27所示，此时切片区域在生成的网页中包含HTML文本和背景颜色。

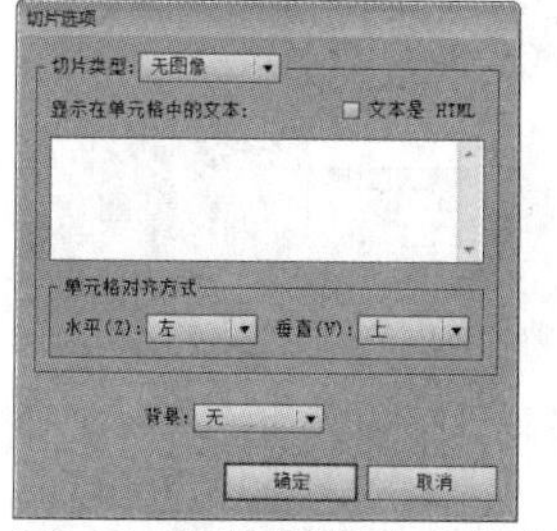

图9-27 “切片类型”为“无图像”

- “显示在单元格中的文本”选项：可以在文本框中输入所需的文本。需要注意的是，输入的文本不能超过切片区域可以显示的长度，若文本过多，将会扩展到相邻的切片中并影响网页的布局。
- “文本是HTML”复选框：勾选该选项，可以使用HTML标记设置文本格式。
- “水平/垂直”：可以更改表格单元格中文本的对齐方式。
- “背景”：在该下拉列表中可以设置切片图像的背景颜色。如果选择“其他”选项，则可以在打开的“拾色器”对话框中进行设置。

● HTML文本

选择文本对象，并执行“对象”|“切片”|“建立”命令创建切片后，才能在“切片类型”下拉列表中选择“HTML文本”选项，如图9-28所示。可以通过生成的网页中基本的格式属性将Illustrator文本转换为HTML文本。

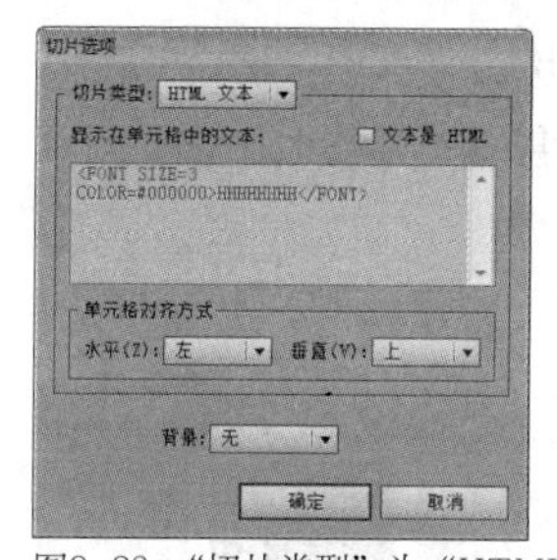

图9-28 “切片类型”为“HTML文本”

2. 划分切片

使用“切片选择工具”选择一个切片，如图9-29所示，执行“对象”|“切片”|“切片划分”命令，打开“切片划分”对话框，如图9-30所示。在对话框中设置选项可以将所选切片划分为多个切片。

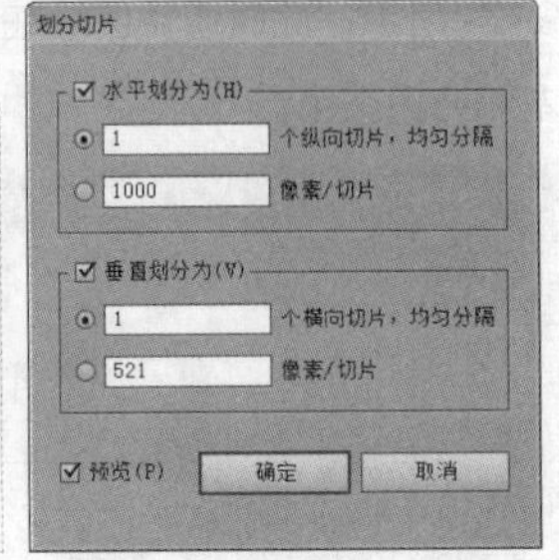

图9-29 选择切片　　图9-30 “切片划分”对话框

- “水平划分为”：用来设置切片的水平划分数量。勾选“个纵向切片，均匀分割”复选框时，可以在它前面的文本框中输入划分的精确数量，如图9-31所示；勾选“像素/切片”复选框时，可以在它前面的文本框中输入水平切片的间距，Illustrator将会自动划分切片，如图9-32所示。

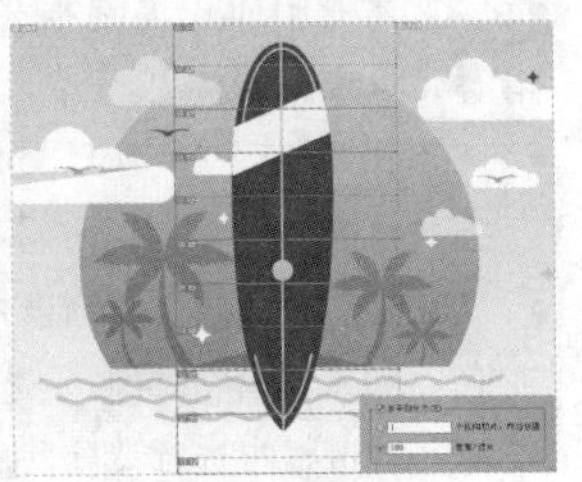

图9-31 5个纵向切片，均匀分割　图9-32 100像素/切片

- “垂直划分为”：用来设置切片的垂直划分数量。

3. 组合切片

使用“切片选择工具” 选择多个切片，如图9-33所示，执行“对象”|“切片”|“组合切片”命令，可以将它们组合成一个切片，如图9-34所示。如果被组合的切片不相邻，或者具有不同的比例或对齐方式，则切片可能与其他切片重叠。

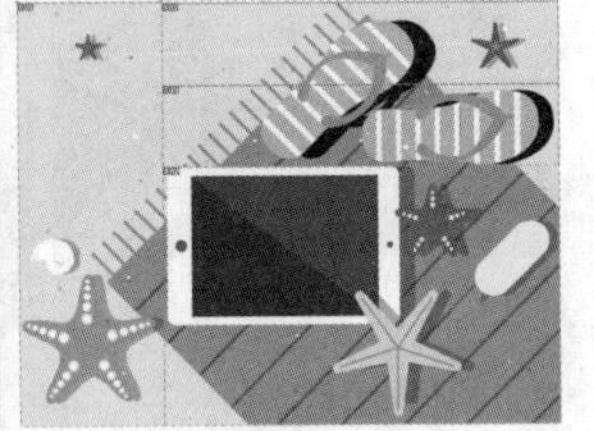

图9-33 选择多个切片　　图9-34 组合切片

4. 锁定切片

锁定切片可以防止由于操作不当而影响了切片的大小或位置。执行“视图”|“锁定切片”命令，可以锁定所有切片，再次执行该命令，可以解除锁定。如果要锁定单个切片，可以在“图层”面板中将其锁定。

5. 显示和隐藏切片

执行“视图”|“隐藏切片”命令，可以隐藏画板中的切片。执行“视图”|“显示切片”即可重新显示切片。

提示

执行“编辑”|“首选项”|“切片”命令，可以在打开的“首选项”对话框中设置切片线条的颜色，以及是否显示切片的编号。

6. 释放和删除切片

使用“切片选择工具” 选择切片，执行“对象”|“切片”|“释放”命令，可以释放切片，对象将会恢复为切片前的状态。如果按Delete键，则可以将其删除。执行“对象”|“切片”|“全部删除”命令，可以将当前文档中的所有切片删除。

9.2.3 导出切片图像

在Illustrator中制作完整个网页图稿后，切片的创建只是完成网页图像的第一步。通过执行“文件”|“存储为Web所有格式”命令，打开“存储为Web所有格式”对话框，如图9-35所示，可以在对话框中设置相关参数，对切片进行优化，以减少图像文件的大小。设置完成后，单击“存储”按钮，即可将图稿保存为在Web上使用的格式。

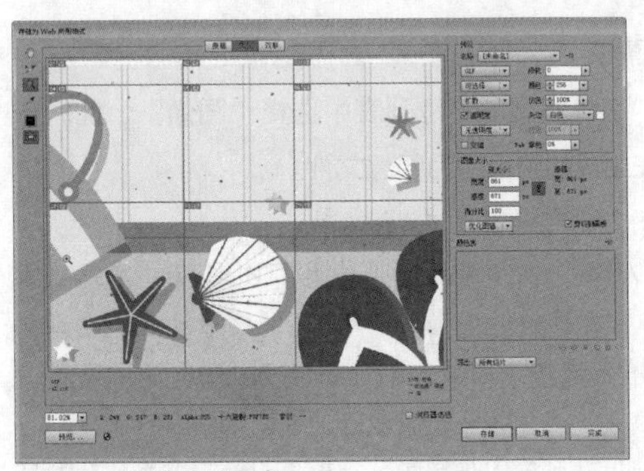

图9-35 “优化”选项卡

- “显示选项”：单击“原稿”选项卡，可以显示没有优化的图像，如图9-36所示；单击“优化”选项卡，可以显示应用了当前优化设置的图像，如图9-35所示；单击“双联”选项卡，可以并排显示优化前和优化后的图像，如图9-37所示。

图9-36 “原稿”选项卡

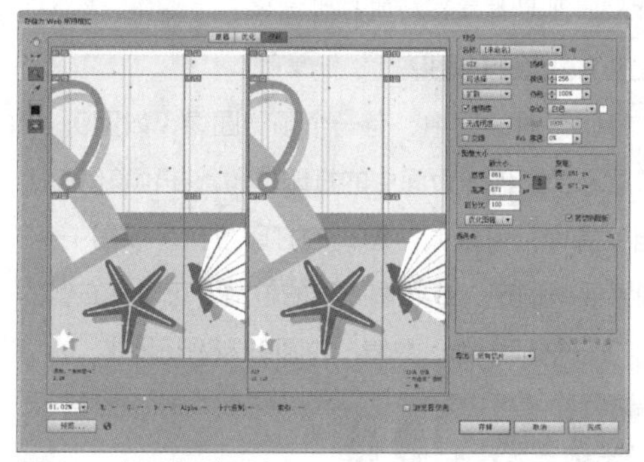

图9-37 “双联”选项卡

- “缩放工具”🔍：使用该工具在图像上单击可以放大图像的显示比例，若按住Alt键单击则可以缩小显示比例。
- “抓手工具”✋：使用该工具在图像上单击并拖曳，可以在预览窗口内移动图像位置。
- “切片选择工具”：当图像中包含多个切片时，使用该工具可以选择其中一个或多个切片进行优化。
- “吸管工具”/“吸管颜色”■：使用“吸管工具”在图像上单击，可以吸取单击点的颜色。吸取的颜色会显示在下方的“吸管颜色”■颜色块中。
- “切换切片可视性”：单击该按钮，可以显示或隐藏切片。
- “注释区域”：在对话框底部，每个图像下方的注释区域都会显示相关信息。其中，原稿图像的注释显示了文件名和文件大小；优化图像的注释区域显示了当前优化选项、优化文件的大小及颜色数量等信息。
- “缩放文本框”：可输入百分比值来缩放窗口，也可在下拉列表中选择预设的缩放值。
- “状态栏”：在状态栏中会显示当前指针所在位置图像的颜色信息，如图9-38所示，并且信息内容将会随指针的移动而变化。
- “预览”：单击该按钮，可以使用默认的浏览器预览优化的图像，同时，还可以在浏览器中查看图像的文件类型、像素尺寸、文件大小、压缩规格和其他HTML信息，如图9-39所示。

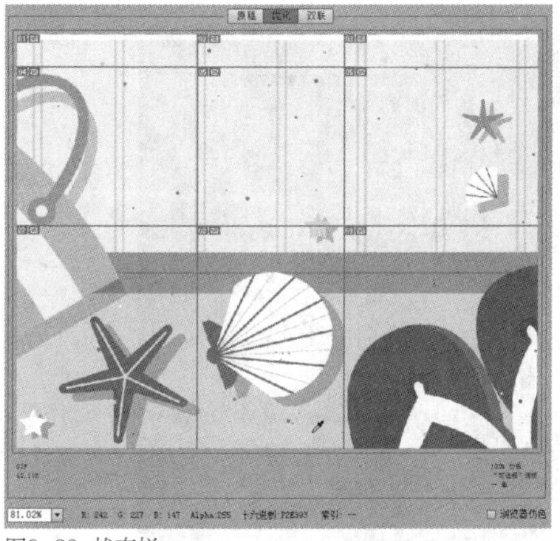

图9-38 状态栏

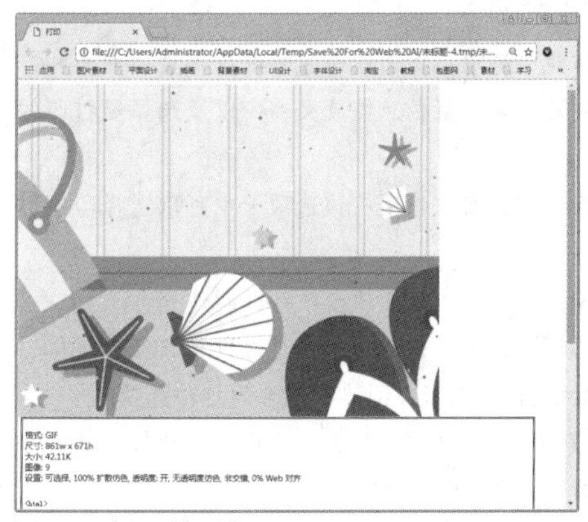

图9-39 在网页中预览

9.3 打印Illustrator文件

在Illustrator中创作的各种艺术作品，都可以将其打印输出，如广告宣传单、招贴、画册等印刷品。打印文件先要了解打印的相关设置和注意事项。Illustrator的打印功能很强大，可以调整颜色、设置页面，还可以添加印刷标记和出血等。

9.3.1 打印

打印文件前需要设置相关选项，指导完成文档的打印过程。通过执行“文件”|“打印”命令，在打开的

“打印”对话框中设置选项，如图9-40所示。在该对话框左侧选择该组的名称，其中很多选项是由启动文档时选择的启动配置文件预设的。

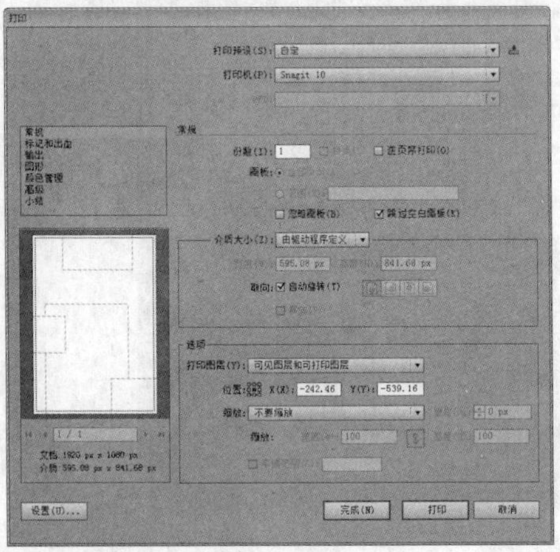

图9-40 “打印”对话框

- 设置“常规”选项：该选项卡中可以设置页面大小和方向，指定要打印的页数，缩放文件，以及选择要打印的图层。
- 设置“标记和出血”选项：该选项卡中可以选择印刷标记与创建出血。
- 设置“输出”选项：该选项卡中可以创建分色。
- 设置“图形”选项：该选项卡中可以设置路径、字体、PostScript文件、渐变、网格和混合的打印选项。
- 设置“颜色管理”选项：该选项卡中可以选择一套打印颜色配置文件和渲染方法。
- 设置“高级”选项：该选项卡中可以控制打印时的矢量文件拼合（或可能栅格化）。
- 设置“小结”选项：该选项卡中可以查看和存储打印设置小结。

1. 设置打印机和打印份数

在“打印”对话框中，Illustrator提供了打印机、打印份数的可选选项，如图9-41所示。

图9-41 设置打印机和打印份数

- “打印预设”：可以选择一个预设的打印设置，用它来完成打印作业。
- “打印机”：可以选择一种打印机。如果要打印到文件而不是打印机，可以选择“Adobe PostScript文件”或“Adobe PDF”。
- “PPD”：PPD（PostScript Printer Description）文件用来定制用户指定的PostScript打印机驱动程序的行为。这个文件包含有关输出设备的信息，其中包含打印机驻留文字，可用介质大小及方向，优化的网频、网角、分辨率及色彩输出功能。当遇到PostScript打印机、PostScript文件或PDF时，Illustrator会自动使用该设备的默认PPD。
- “份数”：可以设置图稿的打印份数。

2. 重新定位页面上的图稿

在“打印”对话框中，有一个预览图像，如图9-42所示，它显示了图稿在页面中的打印位置。在预览图稿上单击并拖曳鼠标，可以调整图稿的打印位置，如图9-43所示。如果要精确定义或微调图稿的位置，可以在右侧的“X”和“Y”选项中输入数值，如图9-44所示。

图9-42 预览图像

图9-43 调整图稿的打印位置

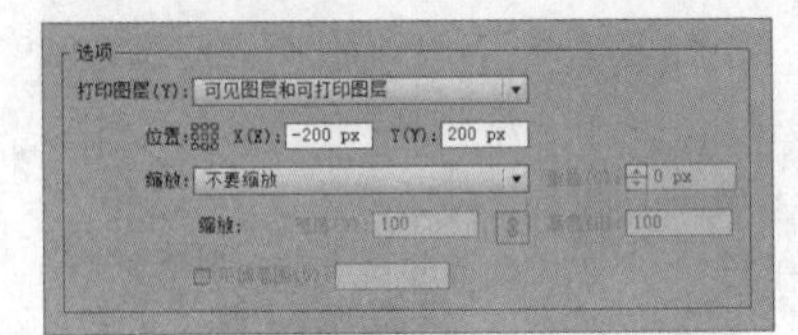

图9-44 精确调整图稿的打印位置

3. 打印多个画板

如果要将文档中所有画板都作为单独的页面打印，可以在“打印”对话框中勾选 “全部页面”选项，如图9-45

所示；如果要将所有画板作为一页打印，可以勾选“范围”选项，然后指定要打印的画板；如果要在打印时自动跳过不包含图稿的空白图稿，可以勾选“跳过空白画板”选项。

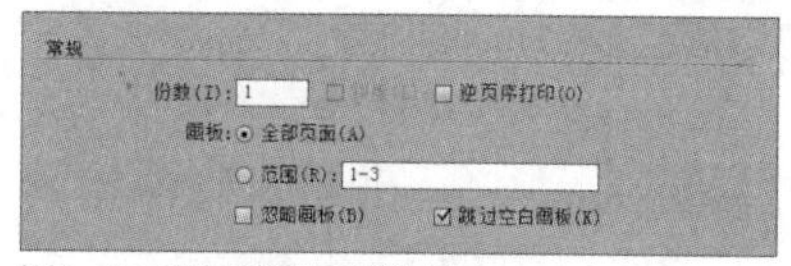

图9-45 设置打印画板数量

4. 打印时自动旋转画板

在“打印”对话框中，“取向”选项组可以设置页面的方向，如图9-46所示。若勾选“自动旋转”选项，文档中所有画板都可以自动旋转，以适应所选图像的大小。如果要自定义打印方向，可以按其中一个按钮。如果使用支持横向打印和自定义页面大小的PPD，则可以选择“横向”，使打印稿旋转90°。

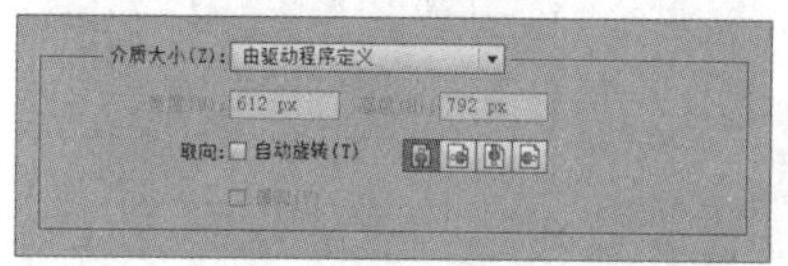

图9-46 设置打印时自动旋转画板

5. 在多个页面上拼贴图形

默认情况下，Illustrator会将每个画板打印在一张纸上。如果图稿超过打印机上的可用页面大小，则我们可以将其打印在多张纸上。

在“打印”对话框中选择“拼版”选项（如果文档有多个画板，应先选择“忽略画板”选项，或在“范围”选项中指定一页并在“缩放”下拉列表中选择“调整到页面大小”选项），然后在“缩放”下拉列表中选择一个选项，如图9-47所示。

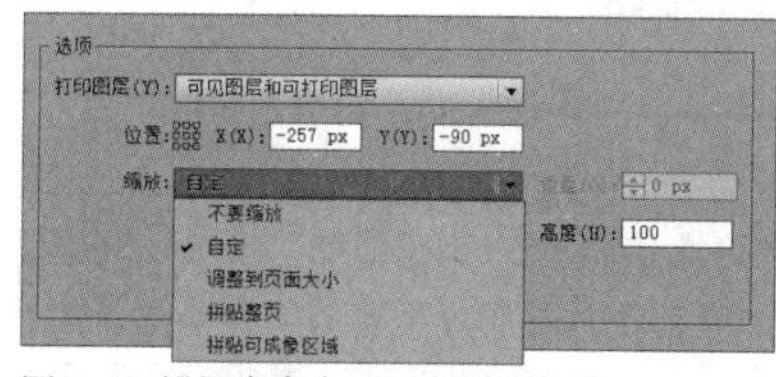

图9-47 设置在多个页面上拼贴图形

- “拼贴整页”：可以将画板划分为全介质大小的页面以进行输出。
- “拼贴可成像区域”：根据所选设备的可成像区域，将画板划分为一些页面。在输出大于设备可处理的图稿时，该选项非常有用，因为我们可以将拼贴的部分重新组合成原来的较大图稿。

6. 调整页面大小

在“打印”对话框中，“介质大小”下拉列表中包含Illustrator预设的打印介质选项，如图9-48所示。例如，如果要将图稿打印在A4纸之上，可以选择“A4”选项。如果打印机的PPD文件允许，我们还可以自定义打印尺寸。操作方法是在“介质大小”下拉列表中选择“自定”选项，然后在“宽度”和“高度”文本框中指定一个自定义的页面大小。

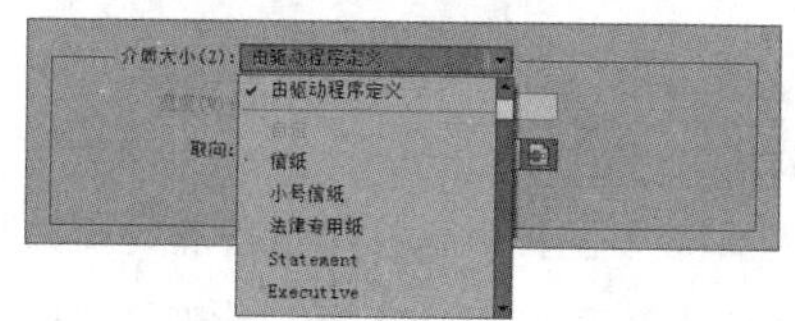

图9-48 设置“介质大小”

7. 为打印缩放文档

如果要将一个超大的文档打印在小于图稿实际尺寸的纸张上，可以在“打印”对话框中调整文档的宽度和高度。

如果要自动缩放图稿以适合页面，可以在“缩放”下拉列表中选择“调整到页面大小”选项，如图9-49所示。缩放百分比由所选PPD定义的可成像区域决定。如果要自定义打印尺寸，可以选择“自定”选项，然后在“宽度”和“高度”文本框中输入1到1000之间的数值，如图9-50所示。

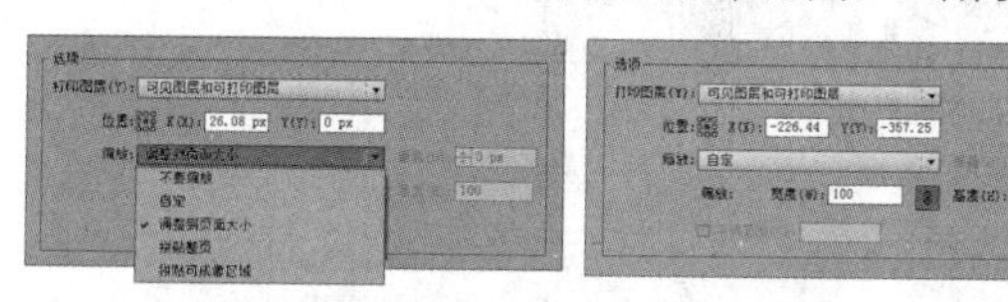

图9-49 “调整到页面大小”选项 图9-50 “自定”选项

提示

自定义“宽度”和“高度”值时，按两个选项之间的按钮，可以进行等比例缩放。

8. 修改打印机分辨率和网频

在Illustrator中打印时，使用默认的打印机分辨率和网频，效果最快最好。如果要修改打印机分辨率和网频，可以单击“打印”对话框中的“输出”选项，然后在“打印机分辨率”下拉列表中选择所需选项即可。

9. 打印分色

在印刷图像时，印刷商通常将图像分为四个印版（称为印刷色），分别用于图像的青色、洋红色、黄色和黑色四种原色。在这种情况下，要为每种原色分别创建一个印版。当着色恰当并相互套准打印时，这些颜色组合起来就会重现原始图稿。

如果要打印分色可以在“打印”对话框左侧列表中选择“输出”选项，然后将“模式”设置为“分色（基于主机）”或“In- RIP分色”，为分色指定药膜、图像和打印机分辨率，如图9-51所示，最后单击“打印”按钮进行打印。

10. 印刷标记和出血

标记是指为打印准备图稿时，打印设备需要精确套准图稿元素并校验正确颜色的几种标记。出血则是指图稿位于印刷边框、裁剪线和裁切标记之外的部分。在“打印”对话框中，单击左侧列表中的“标记和出血”选项，可以添加标记和出血，如图9-52所示。

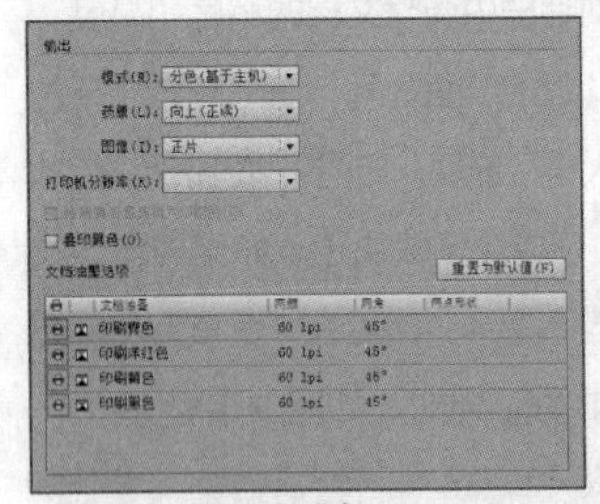

图9-51 设置打印分色

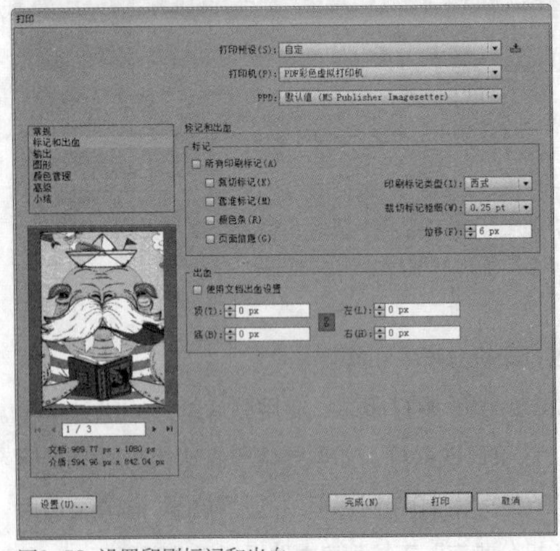

图9-52 设置印刷标记和出血

在“标记”选项组中，可以选择需要添加的印刷标记的种类。还可以在西式和日式标记之间选择。在“出血”选项组中的“顶”“左”“底”和“右”文本框中输入相应数值，可以指定出血标记的位置。

9.3.2 叠印

默认情况下，在打印不透明的重叠色时，上方颜色会挖空下方的区域。叠印可以防止挖空，使顶层的叠印油墨相对于底层油墨显得透明。选择要叠印的一个或多个对象，如图9-53所示，在“属性”面板中选择“叠印填充”或“叠印描边”选项，即可设置叠印，如图9-54所示。设置叠印选项后，应使用“叠印预览”模式（执行“视图”|“叠印预览”命令）来查看叠印颜色的近似打印效果，如图9-55所示。

图9-53 选择叠印对象

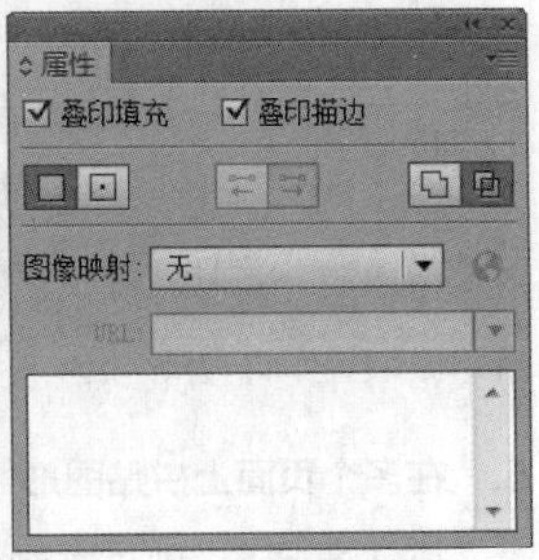

属性
叠印填充　叠印描边
图像映射：无
URL：

图9-54 “属性”面板

图9-55 叠印预览

提示

如果在100%黑色描边或填色上使用“叠印”选项，那么黑色油墨的不透明度可能不足以阻止下方的油墨色透显出来。为避免透显问题，可使用四色（复色）黑色而不要用100%黑色。

9.3.3 陷印

在进行分色版印刷时，如果颜色互相重叠或彼此相连处套印不准，便会导致最终输出时各颜色之间出现间隙。印刷商会使用一种称为陷印的技术，在两个相邻颜色之间创建一个小重叠区域（称为陷印），从而补偿图稿中各个颜色之间的潜在间隙。

陷印有两种：一种是外扩陷印，其中较浅色的对象重叠较深色的背景，看起来像是扩展到背景中；另一种是内部陷印，其中较浅色的对象重叠陷入背景中较深色的对象，看起来像是挤压或缩小该对象。

如果要创建陷印，可以选择对象，然后执行“路径查找器”面板菜单中的“陷印”命令，如图9-56所示。

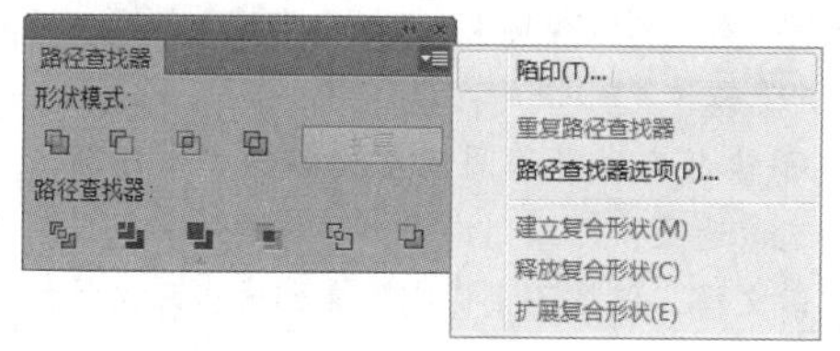

图9-56 “陷印”命令

9.4 创建Adobe PDF文件

便携文档格式（PDF）是一种通用的文件格式，可保留在各种应用程序和平台上创建的字体、图像和版面。Adobe PDF是对全球使用的电子文档和表单进行安全可靠的分发和交换的标准。Adobe PDF文件小而完整，任何使用免费Adobe Reader软件的人都可以对其进行共享、查看和打印。

9.4.1 PDF 兼容性级别

从Illustrator中创建不同类型的PDF文件，并且可以通过设置PDF选项来创建多页PDF、包含图层的PDF和 PDF/X兼容的文件，也可以执行“文件”|“存储为”命令，选择Adobe PDF文件格式来创建。在“存储Adobe PDF”对话框左侧列出了各类预设选项，如图9-57所示。

在创建PDF文件时，需要确定使用哪个PDF版本，另存为PDF或编辑PDF预设时，可通过切换到不同的预设或选择兼容性选项来改变PDF版本。

除非指定需要向下兼容，一般都使用最新的版本，最新的版本包括所有最新的特性和功能。但是，如果要创建能在较大范围内分发的文档，考虑选取Acrobat 5，以确保所有用户都能查看和打印文档。

9.4.2 PDF 的压缩和缩减像素采样选项

在AdobePDF中存储文件时，可以压缩文本和线状图，并且压缩和缩减像素取样位图图像。根据选择的设置，压缩和缩减像素取样可减小PDF文件大小，并且损失很少或不损失细节和精度。选择“存储Adobe PDF”对话框中的“压缩”选项组，如图9-58所示。

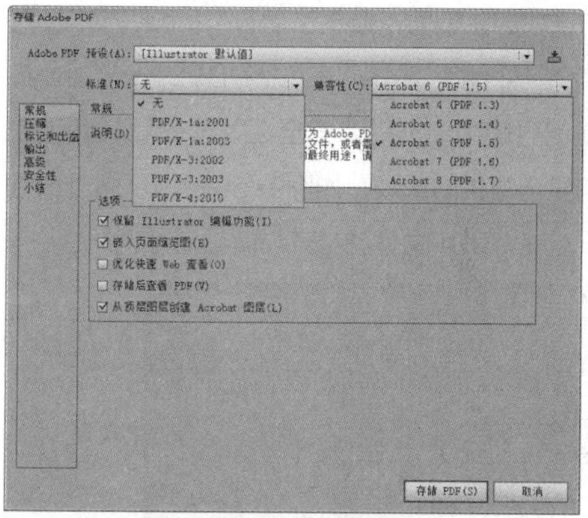

图9-57 “存储Adobe PDF”对话框

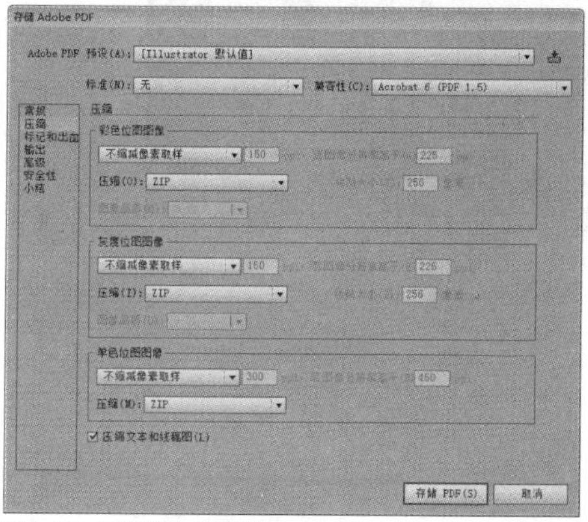

图9-58 “压缩”选项组

在不同颜色模式的图像“压缩”选项组中，下拉列表中的选项是相同的，列表选项的作用如下。而压缩决定使用的压缩类型，包括ZIP压缩、JPEG压缩、JPEG2000压缩、CCITT压缩和行程压缩。

- “不缩减像素取样”：缩减像素取样指减少图像中像素的数量。如果在Web上使用PDF文件，使用缩减像素取样以允许进行更高的压缩；如果计划以高分率打印PDF文件，不要使用缩减像素取样。

- “平均缩减像素取样至”：平均采样区域的像素并以指定分辨率下的平均像素颜色替换整个区域。
- “双立方缩减像素取样至”：使用加权平均决定像素色，通常比简单平均缩减像素取样效果好。
- “次像素取样”：在采样区域中央选择一个像素，并以该像素色替换整个区域。

9.4.3 PDF 安全性

“存储Adobe PDF”对话框中的选项，与“打印”对话框中的选项部分相同，但是“存储Adobe PDF”对话框中除了PDF的兼容性外，还包括PDF的安全性。在该对话框左侧列表中，选择“安全性”选项后，即可在对话框右侧显示相关的选项，如图9-59所示。通过该选项的设置，能够为PDF文件的打开与编辑添加密码。

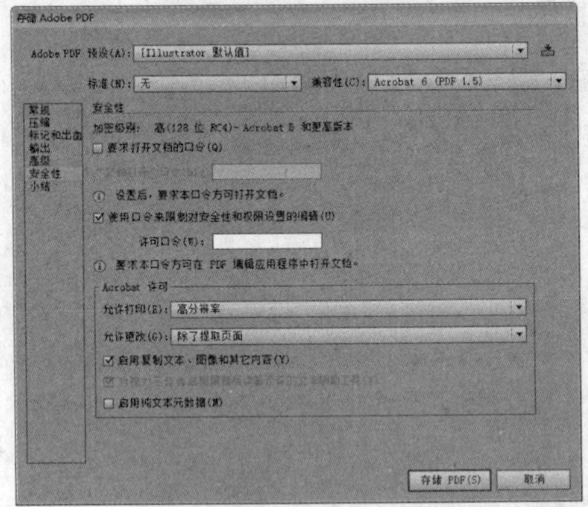

图9-59 “安全性”选项组

当创建PDF或应用口令保护PDF时，可以选择以下选项。

- “许可口令”：用于指定要求更改许可设置的口令．如果选择前面的选项，则此选项可用。
- “允许打印”：用于指定允许用户用于PDF文档的打印级别，包括“无”“低分辨率（150dpi）”和“高分辨率”选项。
- “允许更改”： 用于定义允许在PDF文档中执行的编辑操作，包括“无”“插入、删除和旋转页面”“填写表单域和签名”“注释、填写表单域和签名”和“除了提取页面”选项。
- “启用复制文本、图像和其他内容”：勾选该选项，可以允许用户选择和复制PDF的内容。
- “为视力不佳者启用屏幕阅读器设备的文本辅助工具”：勾选该选项，可以允许视力不佳的用户用屏幕阅读器阅读文档，但是不允许它们复制或提取文档的内容。
- “启用纯文本元数据”：允许用户从PDF中复制和提取内容，只有在“兼容性”设置为Acrobat6或更高版本时，该选项才可用。